全国高等职业教育规划教材

机床电气与PLC控制技术项目教程

主编　高安邦　成建生　陈银燕
参编　薛　岚　杨　帅　赵冉冉
主审　俞　宁　徐建俊

机械工业出版社

本项目教程凸现工学结合、学用一致，理论密切联系生产实际，“教、学、做”一体化的现代教学特色，从注重对高职大学生进行高素质和高技能培养与提高的实用角度出发，将“机床电气与 PLC 控制技术”课程教学目标分解为 6 个工作过程（项目）：①如何阅读机床设备的电气控制电路图；②如何阅读机床设备的 PLC 控制电路图；③如何设计机床设备的电气控制系统；④如何设计机床设备的 PLC 控制系统；⑤如何进行机床电气与 PLC 控制系统常见故障的维修；⑥拓展与提高：几种常用典型复杂机床设备电气与 PLC 控制设计/维修案例。每个项目又分为若干个有针对性的工作任务，以工作过程（项目）为导向，通过任务驱动，经过教师启发式理论教学和学生们的强化实践训练，理实统一、师生互动，最终完成本课程能真正阅读分析、设计、维修机床电气与 PLC 控制系统的课程教学目标。

本项目教程可作为高职高专院校机械电子工程（机电一体化）专业、机械设计制造及自动化专业、数控机床专业、汽车工程专业、自动控制工程专业、电气工程专业、工企自动化专业、计算机应用专业等相关专业教材及参考书；也可作为相关技术培训的实用教材及参考书；还可供教学、科研和工矿企事业单位的工程技术人员学习、掌握机床电气控制与 PLC 技术，以及在设计改造传统机床、机电控制设备的应用中参考。

图书在版编目（CIP）数据

机床电气与 PLC 控制技术项目教程/高安邦，成建生，陈银燕主编. —北京：机械工业出版社，2010.1（2012.6 重印）

全国高等职业教育规划教材

ISBN 978-7-111-29030-8

Ⅰ. 机… Ⅱ. ①高…②成…③陈… Ⅲ. ①机床—电气控制—教材②可编程序控制器—教材 Ⅳ. TG502.35 TM571.6

中国版本图书馆 CIP 数据核字（2009）第 206256 号

机械工业出版社（北京市百万庄大街 22 号 邮政编码 100037）
策划编辑：黄丽梅 责任编辑：黄丽梅 版式设计：霍永明
封面设计：张 静 责任校对：陈延翔 责任印制：乔 宇
北京汇林印务有限公司印刷
2012 年 6 月第 1 版第 3 次印刷
169mm × 239mm · 32.5 印张 · 745 千字
6001—8000 册
标准书号：ISBN 978-7-111-29030-8
定价：56.00 元

凡购本书，如有缺页、倒页、脱页，由本社发行部调换

电话服务
社服务中心：（010）88361066
销 售 一 部：（010）68326294
销 售 二 部：（010）88379649
读者购书热线：（010）88379203

网络服务
门户网：http://www.cmpbook.com
教材网：http://www.cmpedu.com
封面无防伪标均为盗版

序

我国的职业教育是一块正待开垦的处女地；是一片充满希望的原野；是一轮冉冉升起的朝阳；是一艘乘风破浪的航船。随着职业教育的改革，我国职业教育的光明大道已经找到，曙光就在前头！

为了更有效地推进我院的高职教育，完成我院创建“省内一流、国内知名”高水平示范性高职院的战略布署和目标，我院在重拳出击、狠抓师资培养内涵建设的同时，还大胆决策引进了一批高层次的专家教授，形成我院优质办学和创示范性高职院的整体合力。高安邦教授就是我院 2005 年引进的人才之一。

高安邦教授不负众望，自从来到我院，就以主人翁的态度，积极参加了我院的教学评估获优和创建江苏省首批示范性高职院的工作，竭尽全力做出了自己力所能及的贡献：

1）发挥特聘教授“传帮带”作用，创建了省级优秀教学团队。

2）大胆引进高新技术，凸现办学和创示范的高品位。

3）以引进的高新技术为支撑，成功申报并完成了 6 项国家与省市“十一五”规划教学与科研课题。

4）校企合作共建了高新技术研发中心和大学生创新实践训练基地。

5）积极参加创建省级特色专业、精品课程、精品教材和国家级精品课程建设。

6）大力开展大学生创新实践主体活动，荣获了省市创新大赛和省院毕业设计多项大奖。

7）主持著书立说和发表学术论文，开展学术交流活动，努力提高我院的学术水平。

8）为了我院“机电一体化”专业的可持续发展，积极建议将“机电一体化”专业调整到电气工程系来办，实现以“机械”为主体、“控制”和“计算机”为技术核心，“机械 + 电气 + 计算机”三分天下的教学格局，为创建“机电一体化”品牌专业做了一些准备。

作为“机电一体化”新专业的学术带头人，高安邦教授多年来一直承担着“机床电气与 PLC”课程的教学研究和科研开发工作。早在哈尔滨理工大学任职期间，他就创建了“机电传动控制（含 PLC）”学校和黑龙江省精品课程；完成了“在‘机电一体化’专业课中实现素质教育研究与实践”的省级教育科学研究课题，荣获了黑龙江省优秀教学成果二等奖和论文一等奖”；主编的“机电传动控制（含 PLC）”全国统编教材由国家高等教育出版社 2002 年 12 月出版，现已 10 多次印刷。特别是来我院任职以来，他作为“机床电气与 PLC”课程的首席主讲教师，深感以往教材和教学中，机床电气控制与 PLC 控制技术的严重脱节，学生学习完该课程后不会用 PLC 高新技术改造传统落后的旧机床和创新设计 PLC 控制的新机床，甚至不知道 PLC 技术是如何控制机床设备的。课程的教学改革和创新必须从教材抓起，于是他从编写院内试用教材开始，后又在学院和机械工业出版社立项，于2008年3月正式编写出版了工学结合教材《新编机床电气与PLC控制技术》，现已第3次印刷，被遴选为2009年江苏省评优精品教材。

高职教育作为国家高等教育（大学）的一部分，高职教育特定的培养目标，是面向生产、建设、服务和管理第一线特需的高级应用型人才，尤其是当前加快发展先进制造业和现代服务业急需的高技能创新人才（未来的蓝领人才）。这类人才的主要作用是将已经成熟的技术和管理规范变成现实的生产和服务，在第一线从事管理和运用工作。因此培养学生的技术能力已成为高等职业教育的核心。为此，在高职高专教学中推广应用项目化课程教学模式，打破学科化的知识体系，从职业岗位工作任务分析出发，依据职业岗位工作任务组建一系列行动化的学习项目，而这些项目通常就是典型零件、典型产品和典型工艺过程等。学生的学习过程是以行动为主的自我建构过程，以完成工作化的学习任务为基础，在有目标的行动化学习中积累实践技能、获取理论知识。为了与时俱进，紧跟上高职院新一轮项目化教学改革和创新的步伐，高安邦教授在《新编机床电气与PLC控制技术》教材的基础上，改编了这部《机床电气与PLC控制技术项目教程》，更加适合于高职高专教学。

该教程最大的特点是工学结合、理实并重、实用性强，既针对高职高专学生的特点，首先教会学生掌握阅读分析、设计和维修常用典型机床电气与PLC控制的专业技术知识及方法；又通过大量示教示范案例和强化实践训练，使学生掌握本课程重在动手实践的专业岗位技能；特别是该教程不是一般的概念性介绍，而且给出了能设计出机床电气与PLC控制系统常用电动机和各种低压电器的具体选用技术参数、能维修机床电气与PLC控制装置的具体方法和步骤。利用该教程，就可以阅读分析、设计和维修真实机床的电气与PLC控制系统，变传统教材的纸上谈兵为真枪实弹的演练和上岗培训。

我衷心祝贺这部“项目教程”的出版，希望它能为我国高职教育的蓬勃发展和掘起腾飞发挥作用。

俞　宁

全国电子信息产业专业教学指导委员会委员、

淮安市电子学会副理事长、计算机学会副理事长

信安信息职业技术学院主抓教学的副院长/副教授/研究员级高级工程师

前 言

高职教育作为国家高等教育（大学）的一部分，其特定的培养目标是面向生产、建设、服务和管理第一线特需的高级应用性人才，尤其是当前加快发展先进制造业和现代服务业急需的高技能创新人才（未来的蓝领人才）。这类人才的主要作用是将已经成熟的技术和管理规范变成现实的生产和服务，在第一线从事管理和运用工作。因此培养学生的技术能力已成为高等职业教育的核心。为此，在高职高专教学中推广应用项目化课程教学模式，打破学科化的知识体系，从职业岗位工作任务分析出发，依据职业岗位工作任务组建一系列行动化的学习项目，而这些项目通常就是典型零件、典型产品和典型工艺过程等。学生的学习过程是以行动为主的自我建构过程，以完成工作化的学习任务为基础，在有目标的行动化学习中积累实践技能、获取理论知识。

机电一体化及其相关专业的职业岗位定位是：从事机电一体化设备的安装、调试、操作、管理、维护、设计和技术改造；机电一体化产品的生产、制造、销售与售后服务；普通车床、数控车床操作与维护；自动化仪表操作、管理、质检、采购、营销、现代企业的基层管理等。

"机床电气与 PLC"是机电一体化及其相关专业一门理论性和实践性都很强的典型专业核心课程。一方面，传统的脱离实践的系统理论教学不适宜高职高专以培养技能为主的教学；而另一方面，没有正确理论指导的实践又必然是盲目的实践。现代教学改革的目的既不是一味追求空洞系统理论的"填鸭式"灌输，更不是不要理论的盲目实践，而是要工学结合，使理论紧密接合实际，通过采用工作过程（项目）导向、任务驱动，将系统的理论知识拆解融合在项目实施的过程中，在每个项目中完成相关理论知识的学习，并且将理论立即应用到实践中，这样既可以使学生能用理论指导实践，又可以使他们获得的理论知识得到巩固。在这个过程中，教师既是知识的传授者，又是实践的指导者，教师要传授给学生相关的理论知识，同时又要注意启发学生利用所学的知识，发挥自己的创造性，完成工作任务所要达到的目的。通过这种教学方式的改革，可以使学生摆脱"填鸭式"的盲目学习，提高学习兴趣，在项目进行的过程中鼓励学生自主运用不同的方法来实现目标，培养学生的创新意识，有利于提高学生的技术能力，增强就业竞争力。本课程的教学目标就是要：工学结合，使理论紧密结合实际，经过"教+学+做"，使学生真正能掌握各种典型机床设备电气和 PLC 控制电路的识图、设计、故障维护等方面的专业技术知识和岗位实践技能，将学生培养成为高素质、高技能、高层次应用型技术人才。

基于此，本项目教程根据本专业对应工作岗位及岗位群实施典型工作任务分析和本课程的教学目标，将教学内容分为6个项目：如何阅读机床设备的电气控制电路图；如何阅读机床设备的 PLC 控制电路图；如何设计机床设备的电气控制系统；如何设计机床设备的 PLC 控制系统；如何进行机床电气与 PLC 控制系统常见故障的维修；拓展与提高：几种常用典型复杂机床设备电气与PLC控制设计/维修案例。每个项目又分为若干个有针对性的工作任务，以工作过程（项目）为导向，通过任务驱动，经过教师启发式理论教学和学生们的强化实践训练，理实统一、师生互动，最终完成本课程的教学目标。

本项目教程由多年来一直从事该课程教学研究和科研开发的专家教授主持编写，其最大特点是实用性强。本教程既针对高职高专学生的特点，教会学生掌握阅读分析、设计和维修常用典型机床电气与PLC控制的专业技术知识及方法，而且又通过大量示教示范案例和强化实践训练，使学生掌握动手实践的专业岗位技能。特别是该教程不是一般的概念性介绍，而是给出了能设计出机床电气与PLC控制系统常用电动机和各种低压电器的具体选用技术参数、能维修机床电气与PLC控制装置的具体方法和步骤。利用本教程就能阅读分析、设计和维修真实机床的电气与PLC控制系统，变传统教材的纸上谈兵为真枪实弹的演练和上岗培训。

本项目教程已被列入中国高等教育学会“十一五”教育科学规划课题（批准号：06AIP0090046）；江苏省教育科学“十一五教育科学”规划课题（立项编号：高校系统：179）；也是淮安信息职业技术学院创建江苏省首批示范性高职院（全省10个）和首批优秀教学团队（全省45个）的重点建设项目。

参加本项目教程编写工作的有高安邦教授（本书策划、立项、前言和项目6）；成建生系主任/副教授/高级工程师（项目1）；陈银燕讲师/硕士（项目2）；薛岚讲师/硕士（项目4）；杨帅讲师/硕士（项目5）；赵冉冉讲师/硕士（项目3）。全书由淮安信息职业技术学院特聘教授、哈尔滨理工大学教授、硕士生导师高安邦主持编写和负责统稿；聘请了全国电子信息产业专业教学指导委员会委员、淮安市电子学会副理事长、计算机学会副理事长、淮安信息职业技术学院主管教学的副院长俞宁教授（研究员级高级工程师）和省级名师、淮安信息职业技术学院副院长徐建俊教授（高级工程师）担任主审，他们对本书的编写提供了大力支持并提出了最宝贵的编写意见。该书的编写得到了淮安信息职业技术学院的大力支持，高安邦教授业余指导的电气系科技部计算机协会的学生李婷、王曼、孙正奇、庞骁、葛康、何雨、黄晓春、王宇航、武婷婷、张纺也为本书做了大量的辅助性工作，在此表示最真诚的感激之意！更对本书所引用著作和论文的编著者表示最诚挚的感谢！

鉴于本项目教程是一部正在高职高专院校进行着项目化教学改革的新编教程，限于编者的水平和经验，书中错误、疏漏和不妥之处在所难免，恳请各位读者和专家们不吝批评、指正，以便今后更好地修订、完善和提高。

编　者

目　录

目　录

项目1 如何阅读机床设备的电气控制电路图

一、项目目标

按照机电一体化专业高素质、高技能应用型人才培养目标和高职高专学生就业职业岗位技能的要求，本项目首先要求学生学会阅读、分析常用机床的电气控制电路图，即能看懂常用机床的电气控制电路图，把前人的智慧精华和经验总结学好并继承下来。要实现能够维护、检修和设计常用机床电气控制设备的职业岗位技能最终目标，必须首先得看懂一些常用机床的电气控制电路图。

二、任务驱动

根据项目目标，将其工作过程分解为9个工作任务。通过项目引导和任务驱动，使学生工学结合、理论和实践密切结合、学用一致，既要掌握高素质、高技能应用型人才必备的专业技术理论知识，更着重训练学生工程实践的动手能力，培养学生创新意识和综合素质，最终完成能看懂常用机床的电气控制电路图的项目目标。

任务1　了解机床设备的结构、主要运动形式和对控制的要求

任务2　熟识机床传动电动机的运行和使用

任务3　掌握机床控制常用的低压电器的工作和使用

任务4　了解机床电气制图与识图方法

任务5　熟知机床控制中常用的电路环节

任务6　掌握机床控制常用的控制原则

任务7　进行嵌入中级电工考级的教学实践训练

任务8　实地进行阅读分析典型机床电路图的综合训练

任务9　回答应知应会问题，进行自我专业技术知识和岗位技能测试

三、任务驱动流程图（见图1-0）

四、项目情景条件

1）实用机床或者车床教学模型。

2）实用机床的电路图。

3）实用机床传动电动机或者电动机教学模型。

4）三相交流异步电动机结构分解挂图或者动画演示图。

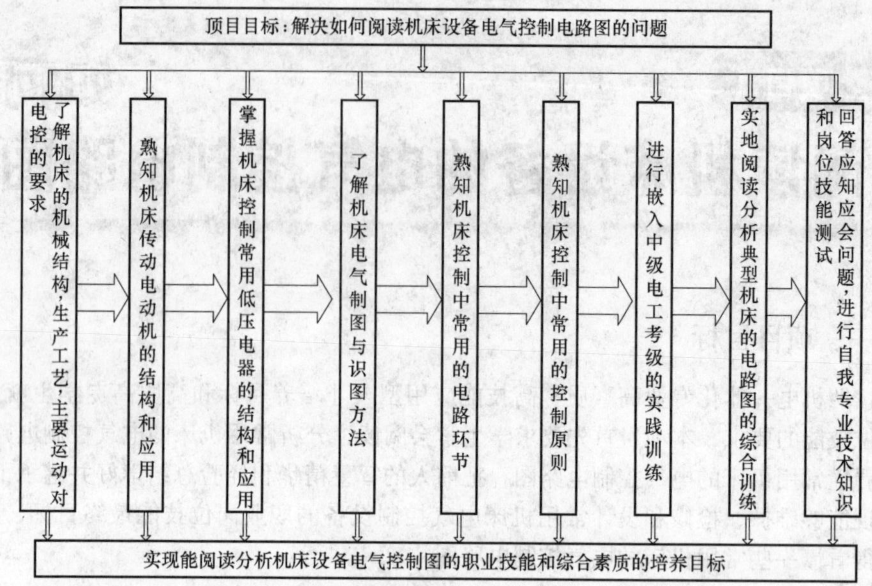

图 1-0　任务驱动流程图

5）机床控制常用的各种低压电器实物和机床电气操作箱、控制柜等。

6）各种低压电器结构分解挂图或者动画演示片。

7）电气制图国家最新标准 GB/T 4728.1～13-1996～2000《电气简图用图形符号》。

8）机床控制常用的各种基本电路环节挂图或者动画演示片。

9）机床电气元器件安装、接线、维修常用电工工具及万用表等。

10）机床电气控制实验、实训、工程实践训练基地或者校企合作实习工厂等。

五、教学环境设置和教学方法选择

任务 1　选用图示教学和观看实际生产演示或实习等现场教学

任务 2～任务 3　选用实物或图示教学

任务 4　图示和课堂讲解相结合

任务 5～任务 6　课堂讲解、图示、动画教学相结合，提升阅图、分析理解能力

任务 7　嵌入中级电工考级要求，进行实践动手能力强化训练

任务 8　组织学生选择典型车床电气控制电路图进行实地阅读分析演练，培养综合能力

任务 9　回答应知应会问题，进行自我专业技术知识和岗位技能测试，考核本项目目标真实的完成情况

引　言

机床是机械制造业中的主要加工设备，机床的质量、数量及自动化水平直接影响整个机械工业的发展，机床的自动化水平在提高生产效率和产品质量、减轻操作人员的体力劳动等方面都起到极为重要的作用。

机床的电气控制对于现代机床的发展有着非常重要的作用，从广义上说，现代机床电气控制的重要标志是自动调节技术、电子技术、检测技术、计算技术、综合控制技术在机床中的应用。虽然目前机床采用各种不同的动力设备，如液压装置、气压装置及电气设备等，但其中电气设备使用最广泛，是最主要的动力设备。即使使用液压或气压装置做动力，也离不开电气控制，电气自动控制装置的配置情况正是机床自动化水平的重要标志。

机床设备电路图是机床工程技术人员进行技术交流的工程语言，能阅读分析机床设备电路图是每个机床工程技术人员最基本的职业岗位技能，更是高职高专机电一体化专业每个学生应知应会的基本功。

所谓电气控制电路，就是把工作电源、控制装置（如开关电器等）和负载（用电设备或器具）等用导线连接起来，形成从电源的一端到另一端的闭合回路，这个闭合回路称为电气控制电路。

根据电气设备的工作原理，按照一定的技术规则，用特定的图形符号、文字符号以及数字标号来表达电气装置中各电气元件间的工作关系和作用的图，称为电气控制电路图。

识图分析就是认识并确定电路图上所画电气设备和电气元件的名称、型号和规格。再以图中的电气图形符号、文字符号及回路标号为依据，了解图样所表达的电气控制电路中的电气设备、装置或元件的工作原理、电气功能、状态、特性以及接线方向、顺序和规则，从而应用图样完成安装接线、维护检修和操作运行管理。

任务1　了解机床的结构、主要运动形式和对控制的要求

对于任何机床电控系统，不论其复杂程度如何，都是用来控制机床生产设备，为其生产工艺服务的。因此要阅读分析机床设备电控线路图，必须首先要了解生产工艺及生产设备对电控系统的控制要求。这就需要先对机床设备的机械结构、运动过程和操作方式等有一定的了解。否则，由于对被控制的机床对象不熟悉，不弄清其动作过程就很难阅读分析或设计绘制其电控线路图。

机床的种类和产品繁多。车床是机械加工业中应用最广泛的一种机床，约占机床总数的25%～50%左右。在各种车床中，使用最多的就是普通车床。普通车床主要用来车削外圆、内圆、端面和螺纹等，还可以安装钻头或铰刀等进行钻孔和铰孔等加工。本工作任务就以车床为例来初识机床。

1.1.1 普通车床的结构

CA6140普通车床的结构如图1-1所示，主要由床身、主轴变速箱、进给箱、挂轮箱、溜板箱、溜板与刀架、尾架、丝杠、光杠等部分组成。其结构组成示意图如图1-2所示。

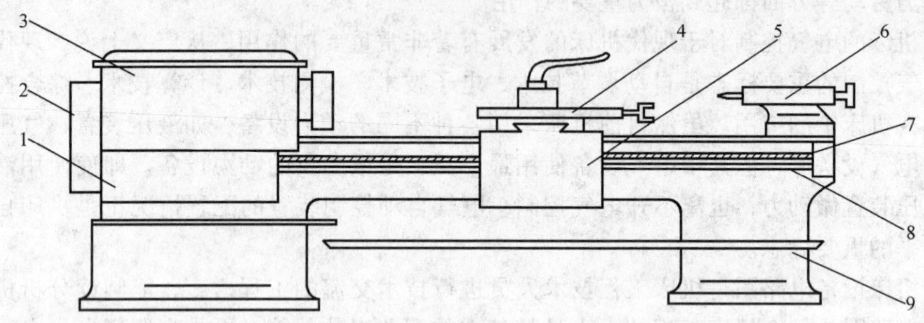

图1-1 CA6140普通车床的结构示意图

1—进给箱 2—挂轮箱 3—主轴变速箱 4—溜板与刀架 5—溜板箱
6—尾架 7—丝杠 8—光杠 9—床身

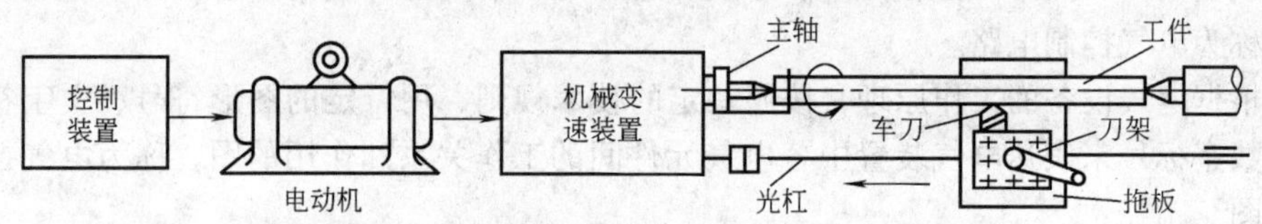

图1-2 CA6140普通车床的结构组成示意图

1.1.2 车床的运动形式

由图1-2可以看出，车床在加工各种旋转表面时必须具有切削运动和辅助运动。切削运动包括主运动和进给运动；而切削运动以外的其他运动皆称为辅助运动。

车床的主运动为工件的旋转运功，由主轴通过卡盘或顶尖去带动工件旋转，它承受车削加工时的主要切削功率。车削加工时，应根据被加工零件的材料性质、工件尺寸、加工方式、冷却条件及车刀等来选择切削速度，这就要求主轴能在较大的范围内调速。对于普通车床，调速范围 D 一般大于70。调速的方法可通过控制主轴变速箱外的变速手柄来实现。车削加工时一般不要求反转，但在加工螺纹时，为避免乱扣，要求反转退刀，再纵向进刀继续加工，这就要求主轴能够正、反转。主轴旋转是由主轴电动机经传动机构拖动的，因此主轴的正、反转可通过操作手柄采用机械方法来实现。

车床的进给运动是指刀架的纵向或横向直线运动，其运动形式有手动和机动两种。加工螺纹时，工件的旋转速度与刀具的进给速度应有严格的比例关系，所以车床主轴箱输出轴经挂轮箱传给进给箱，再经光杆传入溜板箱，以获得纵、横两个方向的进给运动。

车床的辅助运动有刀架的快速移动和工件的夹紧与松开。

图 1-3 为普通车床传动系统的方框图。

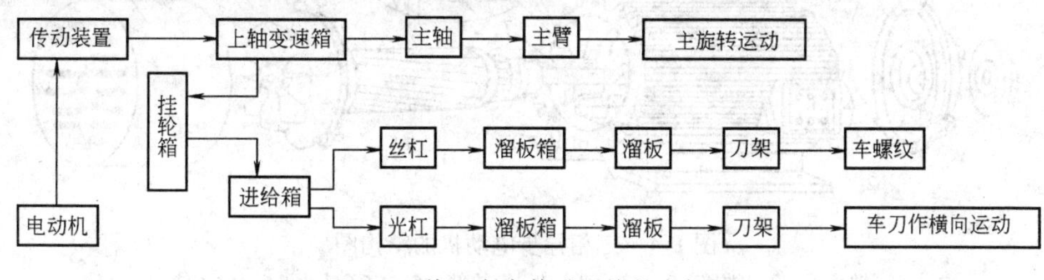

图 1-3　普通车床传动系统的方框图

1.1.3　车床对电控的要求

1）主轴能在较大的范围内调速。

2）调速的方法可通过控制主轴变速箱外的变速手柄来实现。

3）加工螺纹时，要求反转退刀，这就要求主轴能够正、反转。主轴的正、反转可通过采用机械方法（如操作手柄）获得；也可通过按钮直接控制主轴电动机的正、反转。

任务 2　熟识机床传动中的三相交流异步电动机

从图 1-2 和图 1-3 可以看出，机床的传动控制主要就是电动机的控制，电动机包括普通交直流电动机和控制电动机，控制方法有继电器-接触器控制、交直流调速控制、步进电机控制、伺服驱动控制、PLC 控制、单片机控制、计算机数控等。随着电力电子技术的发展，还会出现各种各样新的控制方法，这些方法将是普通机床传动控制的基础。因此，要学好机床电气和 PLC 控制，必须首先要了解和掌握机床传动电动机及其拖动的基本知识。而在普通机床中应用最多的还是本任务所要熟识的三相交流异步电动机。

1.2.1　机床电动机的结构与工作原理

交流异步电动机按照转子的结构形式分为笼型异步电动机和绕线转子异步电动机。笼型异步电动机因具有结构简单、制造方便、价格低廉、坚固耐用、转子惯量小、运行可靠等优点，在机床中得到了极其广泛的应用。绕线式异步电动机因其转子采用绕线方式，具有调速简单、成本低的优点，在吊车、卷扬机等中小设备中得到了广泛的应用。

1. 机床电动机的结构

图 1-4 是一台三相异步电动机，它主要由定子、转子两大部分构成，定子与转子之间有一定的气隙。定子是静止不动的部分，由定子铁心、定子绕组和机座组成。转子是旋转部分，由转子铁心、转子绕组和转轴组成。

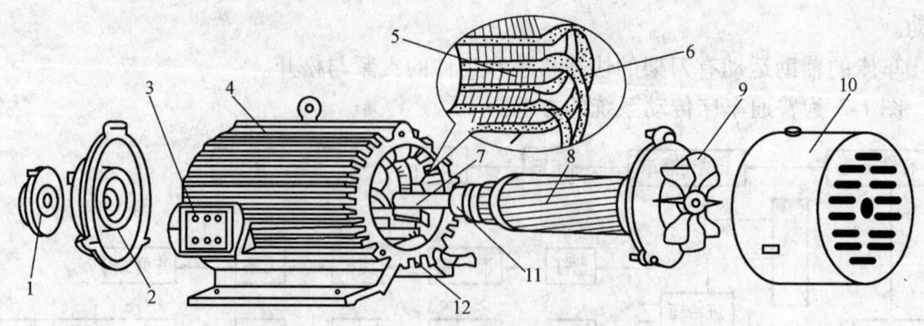

图 1-4　三相异步电动机的结构图

1—轴承盖　2—端盖　3—接线盒　4—散热筋　5—定子铁心　6—定子绕组　7—转轴　8—转子　9—风扇　10—罩壳　11—轴承　12—机座

笼型电动机的转子绕组与定子绕组大不相同，它是在转子铁芯槽里插入铜条。再将全部铜条焊接在两个端铜环上，如果将转子铁芯拿掉，则可看出，剩下来的绕组形状像个笼子，如图 1-5 所示，因此叫笼型转子。对于中小功率，多采用铝离心浇铸而成。

绕线式异步电动机的转子绕组与定子绕组一样，是由线圈组成绕组放入转子铁芯槽里，转子可以通过电刷和集电环外串电阻以调节转子电流的大小和相位的方式进行调速。笼型异步电动机不能使转子电阻改变而调速，但同绕线式电动机相比，要坚固而价廉，在机床等实际工业现场使用的电动机当中，绝大多数是笼型异步电动机。

2. 异步电动机的工作原理

异步电动机的工作原理如图 1-6 所示。三相异步电动机旋转磁场的产生如图 1-7 所示。当定子接三相对称电源后，电动机内便形成圆形旋转磁场，设其方向为顺时针旋转，速度为 n_0。若转子不转，转子笼型导条与旋转磁场有相对运动，转子导条中便感应有电动势 e，方向由右手定则确定。由于转子导条彼此在端部短路，于是导条中便

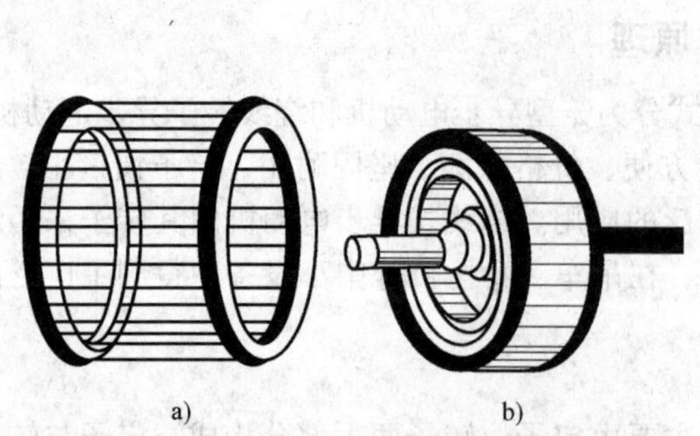

图 1-5　三相异步电动机的结构图

a）笼型绕组　b）转子外形

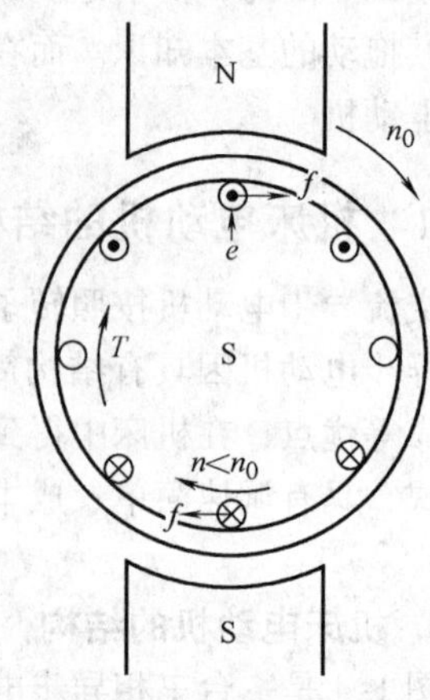

图 1-6　异步电动机的工作原理

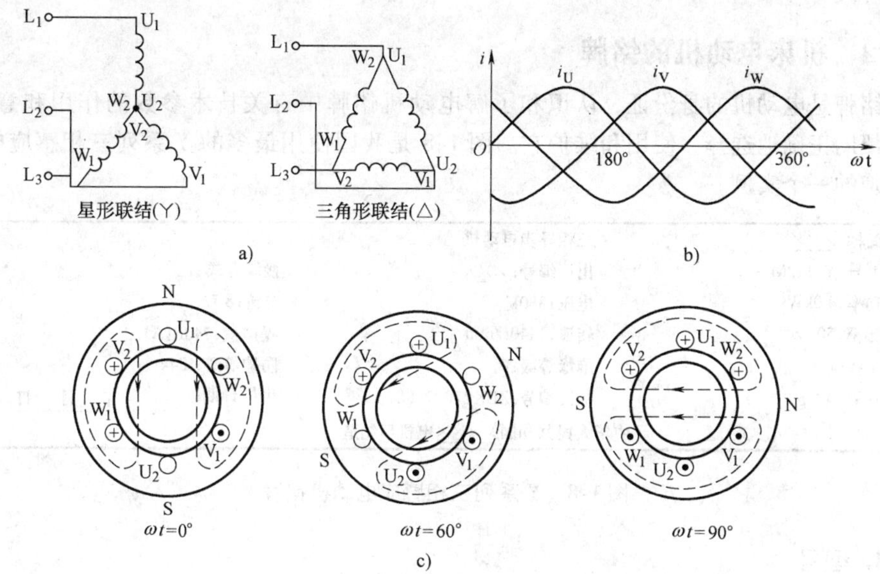

图 1-7　三相异步电动机旋转磁场的产生

a）定子接法　b）波形　c）磁场

有感应电流，不考虑电动势与电流的相位差时，电流方向同电动势方向。这样，载流导条就在磁场中感生电磁力 f，形成电磁转矩 T，用左手定则可确定其方向与旋转磁场方向相同。转子便在方向与旋转磁场同方向的力 f（电磁转矩 T）的作用下，跟随着旋转磁场旋转起来。

转子旋转后，假设其转速为 n，只要 $n < n_0$，转子导条与磁场之间仍有相对运动，产生与转子不转时相同方向的电动势、电流及受力 f，电磁转矩 T 仍旧为顺时针方向，转子继续旋转，最终稳定运行在电磁转矩 T 与负载转矩 T_L 相平衡的状况下。

异步电动机内部磁场的旋转速度 n_0 被称作同步转速。在电动机运行时，电动机轴输出机械功率，异步电动机的实际转速 n 总是低于旋转磁场转速 n_0，也就是说转子的旋转速度 n 总是与同步转速 n_0 不等，故异步电动机的名称由此而来。另外，由于转子电流的产生和电能的传递是基于电磁感应现象，故异步电动机又称为感应电动机。

异步电动机的同步转速 n_0 与定子绕组磁极对数 P（等于磁极数的一半）成反比，与定子侧电源频率 f_1 成正比（对于交流电动机其定子侧的物理量习惯用下标 1 或者下标 s 表示，对其转子侧的物理量习惯用下标 2 或者下标 r 表示），故有：$n_0 = 60f_1/P$。

带有负载的电动机转子实际转速 n 要比电动机的同步转速 n_0 低一些，常用转差率来描述异步电动机的各种不同运行状态。转差率 s 定义为：$s = (n_0 - n)/n_0$；故近似有 $n = n_0(1 - s)$。

当电动机为空载（输出的机械转矩近似为零），忽略摩擦转矩，转速近似为 n_0 时，转差率 s 近似为零。而当电动机为满负载（产生额定转矩）时，则转差率 s 一般在 1% ~9% 范围内。

1.2.2 机床电动机的铭牌

铭牌是电动机的身份证，认识和了解电动机铭牌中有关技术参数的作用和意义，可以帮助正确地选择、使用和维护它。图 1-8 是我国使用最多的 Y 系列三相感应电动机铭牌的一个实例。

商标:××××	三相异步电动机	
型号:Y-112M-4	出厂编号:××××	接线方式:△
功率:4.0kW	电压:380V	电流:8.7A
频率:50Hz	转速:1440r/min	噪声值:74dB(A)
工作制:S1	绝缘等级:B	防护等级:IP44
质量:49kg	标准编号:ZBK22007-88	出厂日期: 年 月 日
	中华人民共和国××××电机厂制造	

图 1-8 Y 系列三相感应电动机铭牌

1. 型号

型号如 Y-112M-4。

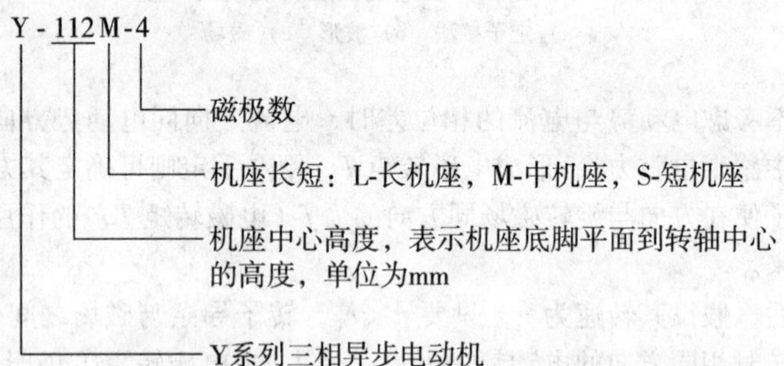

2. 额定值

(1) 额定功率 P_N 指电动机在额定状态运行时，电动机轴上输出的机械功率，单位为 kW。

(2) 额定电压 U_N 指额定运行状态下加在电动机定子绕组上的线电压，单位为 V。

(3) 额定电流 I_N 指电动机在定子绕组上施加额定电压、电动机轴上输出额定功率时的线电流，单位为 A。

可以根据电动机的额定电压、电流及功率，利用三相交流电路功率计算公式计算出电动机在额定负载时定子边的功率因数 $\cos\Phi$。例如图 1-8 所示铭牌的电动机在额定负载时的功率因数 $\cos\Phi = 4000/(3^{1/2} \times 380 \times 8.7) = 0.699$。

(4) 额定频率 f_N 我国规定工业用电的频率是 50Hz，国外有些国家采用 60Hz。

(5) 额定转速 n_N 指电动机定子加额定频率的额定电压、轴端输出额定功率时电动机的转速，单位为 r/min。可以根据额定转速与额定频率计算出电动机的极数 p 和额定转差率 s_N。

3. 噪声值（LW）

指电动机在运行时的最大噪声。一般电动机功率越大，磁极数越少，额定转速越高，噪声越大。

4. 工作制式

指电动机允许工作的方式，共有 S1 ~ S10 十种工作制。其中，S1 为连续工作制；S2 为短时工作制；其他为不同周期或者非周期工作制。

5. 绝缘等级

绝缘等级与电动机内部的绝缘材料有关。它与电动机允许工作的最高温度有关，共分 A、E、B、F、H 五种等级。其中 A 级最低，H 级最高。在环境温度额定为 40℃时，A 级允许的最高温升为 105℃，H 级允许的最高温升为 140℃。

6. 连接方法

有如图 1-7 所示的Y/△两种方式。请注意有些电动机只能固定一种接法，有些电动机可以两种切换工作。但是要注意工作电压，防止错误接线烧坏电动机。高压大、中型容量的异步电动机定子绕组常采用Y接线，只有三根引出线。对中、小容量低压异步电动机，通常把定子三相绕组的六根出线头都引出来。根据需要可接成Y形或△形，如图 1-9 所示。另外，有一点需要说明的是，在电动机直接起动过程中，为了减小起动冲击电流（$I_Q=(4\sim7)\ I_N$）对于电网的影响，一种简单、实用、低成本的方法是采用如图 1-10 所示的Y/△减压起动。起动过程用Y联结（KM 和 KM_1 闭合，KM_2 断开，绕组电压 220V），起动过程结束后切换为△联结（KM 和 KM_2 闭合，KM_1 断开，绕组电压 380V）运行。

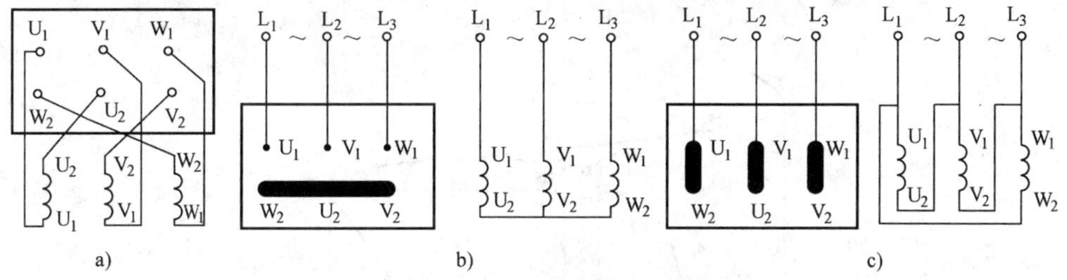

图 1-9　三相异步电动机的引出线

a）线端的排列　b）Y联结　c）△联结

7. 防护等级

IP 为防护代号，第一位数字（0 ~ 6）规定了电动机防护体的等级标准。第二位数字（0 ~ 8）规定了电动机防水的等级标准。如 IP00 为无防护，数字越大，防护等级越高。

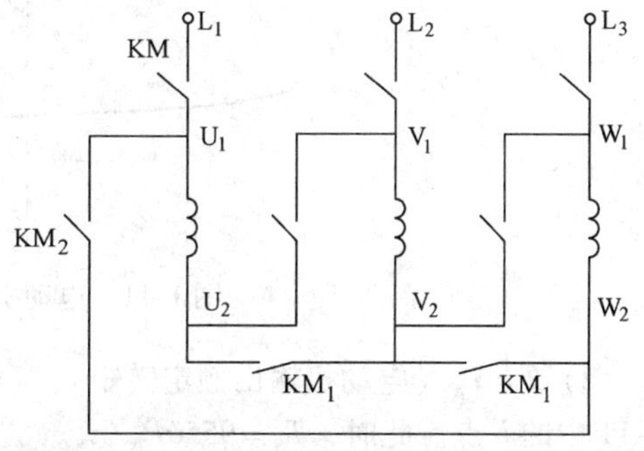

图 1-10　Y/△减压起动的接线图

8. 其他

对于绕线转子电动机还必须标明转子绕组接法、转子额定电动势及转子额定电流；有些还标明了电动机的转子电阻；有些特殊电动机还标明了冷却方式等。

1.2.3 机床电动机的工作特性

在异步电动机中，电动机电磁转矩 T 与转差率 s 的关系 $T=f(s)$ 通常叫做 T-s 曲线。为了符合习惯画法，可将 T-s 曲线转换成转速 n 与转矩 T 之间的关系曲线 $n=f(T)$，称为异步电动机的机械特性，分为固有机械特性和人为机械特性。

1. 固有（自然）机械特性

异步电动机在额定电压和额定频率下，用规定的接线方式，定子和转子电路中不串联任何电阻或电抗时的机械特性称为固有（自然）机械特性，如图1-11所示。曲线1为电源正相序时的固有机械特性；曲线2为负相序时的机械特性。其特点如下：

1）在 $0<s\leqslant 1$，即 $0<n<n_0$ 的范围内，特性在第一象限，电磁转矩 T 与转速 n 都为正，电动机工作在电动状态，电动机轴输出机械功率。

2）在 $s<0$ 范围内，$n>n_0$，特性在第二象限，电磁转矩 $T<0$ 为负值，工作在发电状态，电动机的轴机械功率转化为电能。

3）在 $s>1$ 范围内，$n<0$，特性在第四象限。$T>0$，电动机处于一种制动状态。

从特性曲线上可以看出，其中有4个特殊点可以决定特性曲线的基本形状和异步电动机的运行性能，这4个特殊点是：

1）$T=0$，$n=n_0$，$s=0$，电动机处于理想空载转速（同步转速）n_0。实际上由于摩擦力矩的存在，电动机的理想空载转速只是一个理论值，对应图1-11中的 a 点。

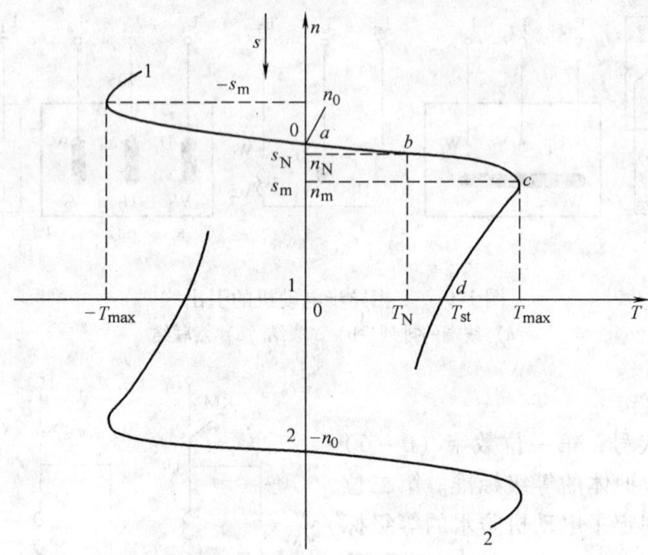

图1-11 电动机的固有机械特性

2）$T=T_N$（电动机输出额定转矩），$n=n_N$，$s=s_N$，为电动机额定工作点，对应图1-11中的 b 点。此时，$T_N=9550P_N/n_N$。

3）$T=T_{max}$（电动机最大转矩），$n=n_m$（临界速度），$s=s_m$（临界转差率），为电动机的临界工作点，当电动机的负载转矩超过此点时。电动机的输出转矩将会急剧下降，转速也会随之下降，甚至造成堵转，对应图 1-11 中的 c 点。

4）$T = T_{st}$（电动机起动转矩），$n = 0$，$s = 1$，为电动机的起动工作点，对应图1-11中的 d 点。

通常把在固有机械特性上起动转矩与额定转矩之比 $\lambda_{st} = T_{st}/T_N$ 作为衡量异步电动机起动能力的一个重要数据；把 $\lambda_m = T_{max}/T_N$ 称为电动机的过载能力系数，它表征了电动机能够承受过负载的能力大小。绕线型转子电动机的 λ_m 往往大于笼型异步电动机，这就是绕线转子电动机多用于起重、冶金等冲击性负载的机械设备上的原因。

2. 人为机械特性

异步电动机的机械特性除与电动机的参数有关外，还与外加定子电压 U_1、定子电源频率 f_1、定子或者转子电路中串入的电阻或电抗等有关，将这些参数人为地加以改变而获得的机械特性称为异步电动机的人为机械特性。

（1）降低电源电压时的人为机械特性　降低电动机电源电压时的人为机械特性如图 1-12 所示。从图中可以看出，电压的改变并不影响理想空载转速 n_0 和临界转差率 s_m，只是影响 T_{max}，即电压越低，人为机械特性曲线越往左移。理论可以证明，最大转矩 T_{max} 与 U_1^2 成正比。因此，如果电压降低太多，会大大降低电动机的过载能力与起动转矩。甚至使电动机发生堵转或者根本不能起动的现象。此外，电网电压下降，在负载不变的条件下，将使电动机转速下降，转差率增大，电流增加，引起电动机发热甚至烧坏。在实际应用中常采用的软起动器就是采用晶闸管（SCR）调压调速的原理而设计的起动装置。

（2）定子电路接入电阻或电抗时的人为机械特性　在电动机定子电路中外串电阻或电抗后，电动机端电压为电源电压减去定子外串电阻上或电抗上的压降，致使定子绕组相电压降低，这种情况下的人为特性与降低电源电压时相似，如图 1-13 所示。图中实线 1 为降低电源电压的人为特性；虚线 2 为定子电路串入电阻或电抗时的人为特性。从图中可以看出，串入电阻或电抗后的最大转矩 T_{max} 要比直接降低电源电压时的最

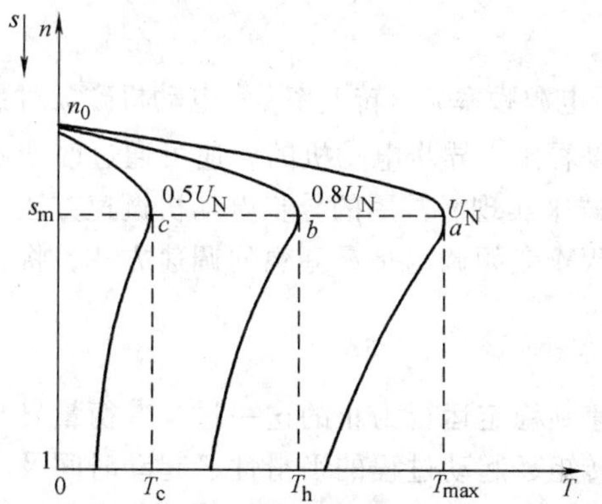

图 1-12　改变电源电压时的人为机械特性

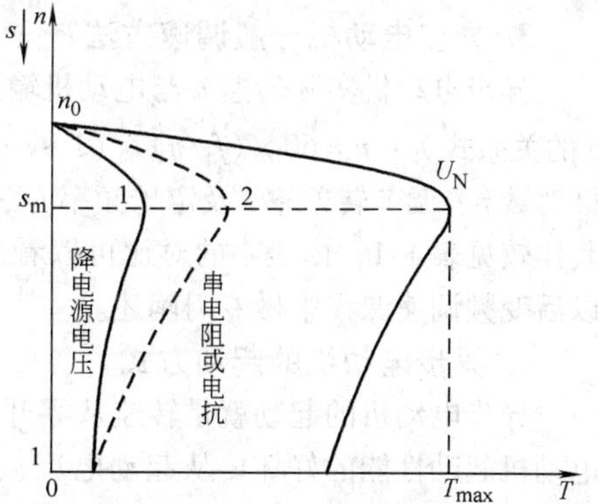

图 1-13　定子电路外接电阻或电抗时的人为机械特性

大转矩 T_{max} 大一些。因此，在一些要求低成本的电动机起动的场合，在起动过程中，通常采用串接电阻或电抗器起动的方法，以减小对电网的冲击。常用的手动起动补偿器就属于采用串接电抗器降压起动的实例。

（3）改变定子电源频率时的人为机械特性　改变定子电源频率 f_1 对三相异步电动机机械特性的影响是比较复杂的，一般变频调速采用恒转矩调速，即希望最大转矩 T_{max} 保持为恒值，电动机气隙磁通保持不变，为此在改变频率 f_1 的同时，电源电压 U_1 也要做相应的变化，使 U_1/f_1 = 常数。在上述条件下，存在有 $n_0 \propto f_1$，$T_{st} \propto 1/f_1$ 和 T_{max} 不变的关系，即随着 f_1 频率的降低，理想空载转速 n_0 要减小，临界转差率 s_m 要增大，起动转矩 T_{st} 要增大，而最大转矩 T_{max} 维持不变，如图 1-14 所示。

（4）转子电路串电阻时的人为机械特性　在三相绕线转子异步电动机的转子电路中串入电阻后的机械特性如图 1-15 所示。电阻的串入对理想空载转速 n_0、最大转矩 T_{max} 没有影响，但临界转差率 s_m 则随着电阻的增加而增大，此时的人为特性将是一根相对固有机械特性较软的一条曲线。

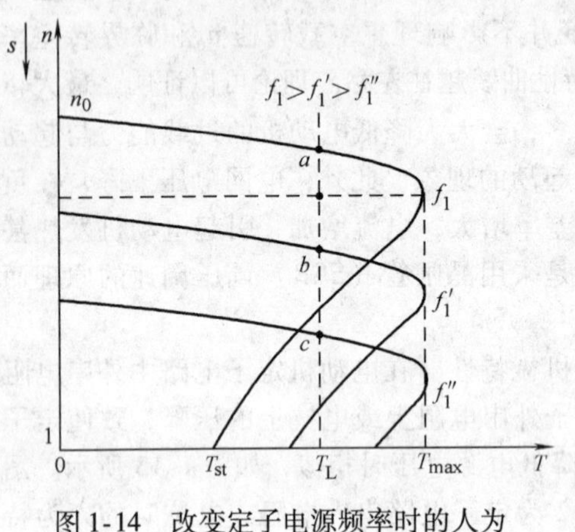

图 1-14　改变定子电源频率时的人为机械特性

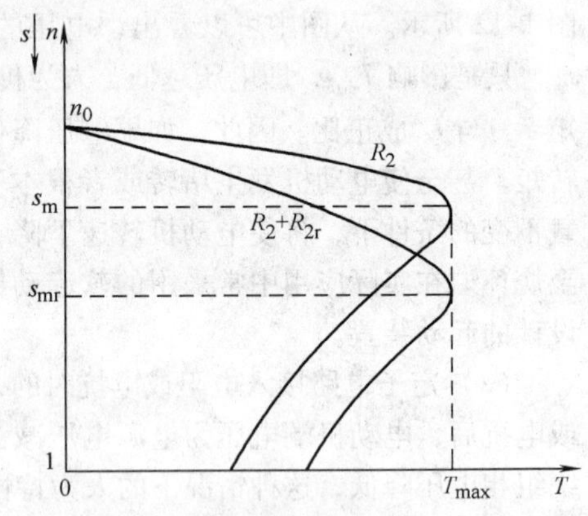

图 1-15　转子电路串电阻的人为机械特性

3. 异步电动机一般调速方法

异步电动机实际转速 n 与电动机输入定子电源频率 f_1、转差率 s 和电动机磁极对数 p 的关系式为：$n = 60 \times (f_1/p) \times (1-s)$。可以看出，异步电动机的调速可通过改变磁极对数 p、调节转差率 s 及定子频率 f_1 三种方式来实现。常用的异步电动机调速方法及其比较见表 1-1，由表中的对比可以看出，PWM 变频调速是最理想的调速方式，将在以后变频调速课程中做专门阐述。

4. 异步电动机的起动方式

异步电动机的起动就是转速从零开始加速到稳定运行为止的这一过程。衡量异步电动机起动性能的好坏要从起动电流、起动转矩、起动过程的平滑性、起动时间及经济性等方面来考虑，其中最主要的是：①电动机应有足够大的起动转矩。②在保证一定大小的起动转矩的前提下，起动电流越小越好。

表 1-1　常用的异步电动机调速方法及其比较表

调速方法	磁极对数 p	改变定子频率	调节转差率 s		
调速根据	改变电动机极对数 p	PWM 变频（变 f/U）	改变定子输入交流电压值	改变转子串接电阻值	改变逆变器逆变角 β，调节转差电压
调速类别	有级	无级	无级	有级，调速平滑性差	调速范围小时可做到无级平滑调速
调速范围	25/50/100（%额定）	100～0（%额定）	100～80（%额定）	100～50（%额定）	100～50（%额定）
调速精度	高	最高	一般	一般	高
节能效果	高效	最高效	低效	低效	高效
功率因数	良	优	良	良	差
动态响应	快	最快	快	差	较快
控制装置	简单	复杂	较简单	简单	较复杂
初投资	低	最高	较低	低	中
电网干扰	无	有	大	无	较大
维护保养	最易	较易	易	易	较难
装置故障处理方法	停车处理	不停车，投工频	不停车，投工频	停车处理	停车处理
适用范围	在几档速度下恒速运行的场合	长期低速运行，起停频繁或调速范围较大的场合	长期在高调速范围内调速运行的小容量异步电动机	调速范围不大，硬度要求不高场合的绕线转子电动机	调速范围不大，单象限运行，对动态性能要求不高的绕线转子电动机

异步电动机在刚起动时转差率 $s=1$，忽略励磁电流，则起动电流数值很大，一般电动机的起动电流可达额定电流值的 4～7 倍。这样大的起动电流，一方面使电源和线路上产生很大的压降，影响其他用电设备的正常运行，使电灯亮度减弱，电动机的转速下降，欠电压继电保护动作而将正在运转的电气设备断电等。另一方面电流很大将引起电动机发热，特别对频繁起动的电动机，发热更为厉害。起动时虽然电流很大，但定子绕组阻抗压降变大，电压为定值，此时起动转矩并不大。

异步电动机常用的起动方法如下：

（1）直接起动　直接起动是最简单的起动方法。对于一般小型笼型异步电动机，当电源容量足够大时，应尽量采用直接起动方法。对于某一电网，多大容量的电动机才允许直接起动，可按下列经验公式来确定：

$$K_I = I_{st}/I_N \leqslant (3/4 + P_S/4P_N) \tag{1-1}$$

式中，P_S为电网容量，P_N为电动机的额定功率。起动电流倍数 K_I需符合经验公式(1-1)中电网允许的起动电流倍数，才允许直接起动，否则应采取降压起动。一般中小型电动机都可以直接起动。随着电网容量的不断加大，允许直接起动的电动机容量也会变大。

起动时用闸刀开关、磁力起动器或接触器将电动机定子绕组直接接到电源上。直接起动时，起动电流很大，一般选取熔断器熔丝的额定电流为电动机额定电流的2.5~3.5倍。

（2）减压起动　减压起动是指电动机在起动时降低加在定子绕组上的电压，起动结束时加额定电压运行的起动方式。减压起动虽然能降低电动机起动电流，但由于电动机的转矩是与电压的平方成正比，因此减压起动时电动机转矩会减小较多，故此法一般仅适用于电动机空载或轻载起动。减压起动常用的方法有以下几种：

1）定子串接电抗器或电阻的减压起动。定子边串电阻起动时，其能耗较大，实际应用并不多。

2）Y-△起动。其对供电变压器造成冲击的起动电流是直接起动时的1/3；起动时起动转矩也是直接起动时的1/3。

3）自耦变压器（起动补偿器）起动。自耦变压器一般有2~3组抽头，其电压可以分别为原边电压U_1的80%、65%或80%、60%、40%等。

4）延边三角形起动。需要厂家提供特殊电动机，目前已很少使用。

笼型异步电动机除了可在定子绕组想办法减压起动外，还可以通过改进笼的结构来改善起动性能，这类电动机主要有深槽式和双笼式。

5. 异步电动机的反转与制动方式

从三相异步电动机的工作原理可知，电动机的旋转方向取决于定子旋转磁场的旋转方向。因此只要改变旋转磁场的旋转方向，就能使三相异步电动机反转。

上述电动机在起动、调速和反转运行时有一个共同的特点，即电动机的电磁转矩和电动机的旋转方向相同，故称电动机处于电动运行状态。

三相异步电动机还有一类运行状态称为制动，包括机械制动和电气制动。机械制动是利用机械装置使电动机从电源切断后能迅速停转。它的结构有好几种形式，应用较普遍的是电磁抱闸，它主要用于起重机械上吊重物时，使重物迅速而又准确地停留在某一位置上。电气制动是指电动机所产生的电磁转矩和电动机的旋转方向相反状态，如在负载转矩为位能转矩的机械设备中（例如起重机下放重物时，运输工具在下坡运行时）使设备保持一定的运行速度；在机械设备需要减速或停止时，电动机能实现减速或停止。

电气制动通常可分为能耗制动、反接制动和再生制动等三类。

（1）能耗制动　将运行着的异步电动机的定子绕组从三相交流电源上断开后，立即接到直流电源上，这种方法是将转子的动能转变为电能，消耗在转子回路的电阻上，所以称能耗制动。

对于采用能耗制动的异步电动机，既要求有较大的制动转矩，又要求定、转子回路中电流不能太大而使绕组过热。根据经验，能耗制动时对笼型异步电动机取直流励磁电流为（4~5）I_0，对绕线转子异步电动机取（2~3）I_0，制动所串电阻$R=(0.2\sim0.4)\dfrac{E_{2N}}{\sqrt{3}I_{2N}}$。

能耗制动的优点是制动力强，制动较平稳。缺点是需要一套专门的直源电源供制动用。

（2）反接制动　反接制动分为电源反接制动和倒拉反接制动两种。

1）电源反接制动。改变电动机定子绕组与电源的联接相序。电源的相序改变，旋转磁场立即反转，而使转子绕组中感应电势、电流和电磁转矩都改变方向，因机械惯性，转子转向未变，电磁转矩与转子的转向相反，电动机进行制动，此称电源反接制动。

2）倒拉反接制动。当绕线式异步电动机拖动位能性负载时，在其转子回路串入很大的电阻。在位能负载的作用下，使电动机反转。因这是由于重物倒拉引起的，所以称为倒拉反接制动（或称倒拉反接运行）。

绕线式异步电动机倒拉反接制动状态常用于起重机低速下放重物。

（3）回馈制动　在外力（如起重机下放重物）作用下，使电动机的转速超过旋转磁场的同步转速，转矩方向与转子转向相反，成制动转矩。此时电动机将机械能转变为电能馈送电网，所以称回馈制动。为了限制下放速度过高，转子回路不应串入过大的电阻。

1.2.4　机床电动机的故障维修

异步电动机的故障可分机械故障和电气故障两类。机械故障是指如轴承、铁心、风叶、机座转轴等的故障，一般比较容易观察与发现。电气故障主要是定子绕组、转子绕组、电刷等导电部分出现的故障。电动机不论出现机械故障或电气故障，都将给电动机的正常运行带来影响。故障处理的关键是通过电动机在运行中出现的种种不正常现象来进行分析，从而找到电动机的故障部位与故障点。由于电动机的结构、型号、质量、使用和维护情况的不同，要正确判断故障，必须先进行认真细致的研究、观察和分析，然后进行检查与测量，找出故障所在，并采取相应的措施予以排除。检查电动机故障的一般步骤是：

1. 调查

首先了解电动机的型号、规格、使用条件及年限，以及电动机在发生故障前的运行情况，如所带负荷的大小、温升高低、有无不正常的声音、操作使用情况等。并认真听取操作人员的反映。

2. 察看

察看的方法要按电动机故障情况灵活掌握，有时可以把电动机接上电源进行短时运转，直接观察故障情况再进行分析研究。有时电动机不能接电源，可通过仪表测量或观察来进行分析判断，然后再把电动机拆开，测量并仔细观察其内部情况，找出其故障所在。

异步电动机常见的故障现象、产生故障的可能原因及处理方法见表1-2。

表1-2　异步电动机常见的故障、产生故障的可能原因及处理方法

故障现象	产生故障的可能原因	处理方法
电源接通后电动机不起动	（1）定子绕组接线错误 （2）定子绕组断路、短路或接地，绕线电动机转子绕组断路 （3）负载过重或传动机构被卡住 （4）绕线转子电动机转子回路断线（电刷与集电环接触不良、变阻器断路、引线接触不良等） （5）电源电压过低	（1）检查接线，纠正错误 （2）找出故障点，排除故障 （3）检查传动机构及负载 （4）找出断路点，并加以修复 （5）检查原因并排除

（续）

故障现象	产生故障的可能原因	处理方法
电动机温升过高或冒烟	（1）负载过重或起动过于频繁 （2）三相异步电动机断相运行 （3）定子绕组接线错误 （4）定子绕组接地或匝间、相间短路 （5）笼型电动机转子断条 （6）绕线转子电动机转子绕组断相运行 （7）定子、转子相擦 （8）通风不良 （9）电源电压过高或过低	（1）减轻负载、减少起动次数 （2）检查原因，排除故障 （3）检查定子绕组接线，加以纠正 （4）查出接地或短路部位，加以修复 （5）铸铝转子必须更换，铜条转子可修理或更换 （6）找出故障点，加以修复 （7）检查轴承、转子是否变形，进行修理或更换 （8）检查通风道是否畅通，对不可反转的电动机检查其转向 （9）检查原因并排除
电动机振动	（1）转子不平衡 （2）带轮不平稳或轴弯曲 （3）电动机与负载轴线不对 （4）电动机安装不良 （5）负载突然过重	（1）校正平衡 （2）检查并校正 （3）检查、调整机组的轴线 （4）检查安装情况及底脚螺栓 （5）减轻负载
运行时有异声	（1）定子转子相擦 （2）轴承损坏或润滑不良 （3）电动机两相运行 （4）风叶碰机壳等	（1）见上面 （2）更换轴承，清洗轴承 （3）查出故障点并加以修复 （4）检查交消除故障
电动机带负载时转速过低	（1）电源电压过低 （2）负载过大 （3）笼式电动机转子断条 （4）绕线转子电动机转子绕组一相接触不良或断开	（1）检查电源电压 （2）核对负载 （3）见上面 （4）检查电刷压力，电刷与集电环接触情况及转子绕组
电动机外壳带电	（1）接地不良或接地电阻太大 （2）绕组受潮 （3）绝缘有损坏、有脏物或引出线碰壳	（1）按规定接好地线，消除接地不良处 （2）进行烘干处理 （3）修理，并进行浸漆处理，消除脏物，重接引出线

任务3　掌握机床控制常用的低压电器

机床电气控制系统不仅需要电动机或液压、气动装置来驱动，还需要一套电气控制装置来控制，包括各类低压电器，用以实现机床的各种工艺要求。因此要阅读机床电控图，不能不掌握机床电气控制常用的各类低压电器，重点是常用的各类低压电器的结构组成、工作原理和图形及符号说明。

1.3.1 常用低压电器分类

所谓电器就是指能控制电的器具，即对电能的生产、输送、分配和使用起控制、调节、检测、转换及保护作用的电工器械。所谓低压电器，指工作在交流电压 1200V 或直流电压 1500V 及以下的电路中起通断、检测、保护、控制或调节作用的电器产品。常见的部分低压电器如图 1-16 所示。

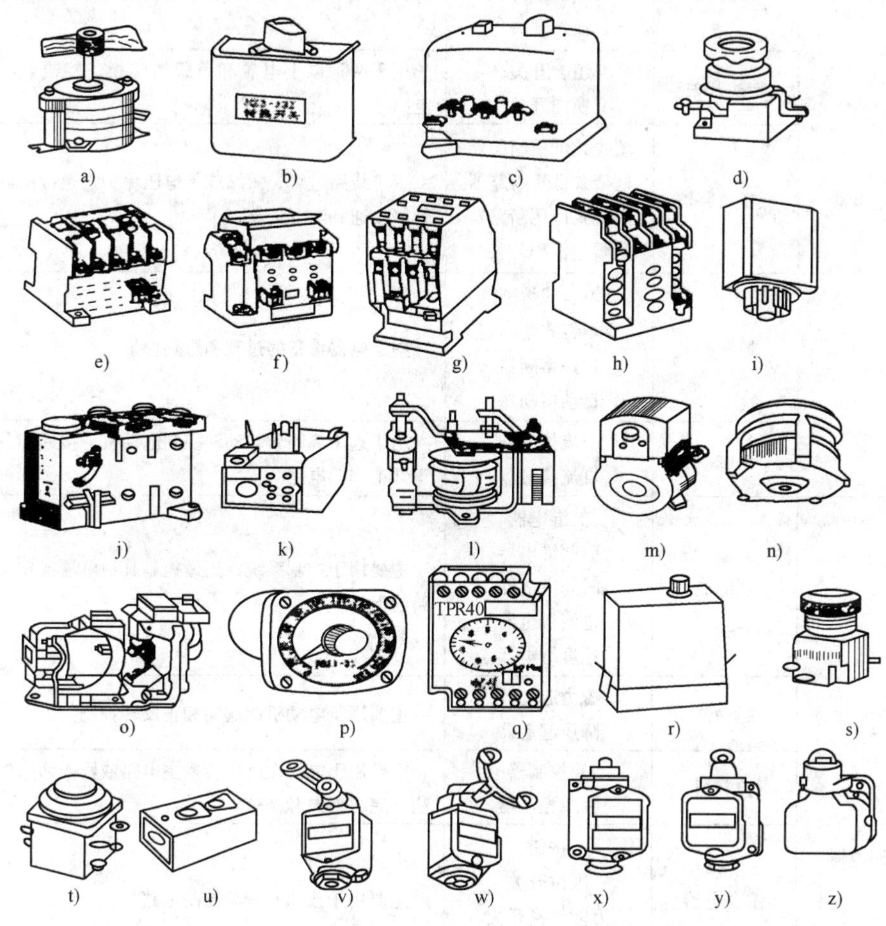

图 1-16　机床中常见的部分低压电器图示

a）HZ10/3 型组合开关　b）HZ3 型转换开关　c）DZ5-20 型断路器　d）RL 螺旋式熔断器　e）CJ10-10 型交流接触器　f）CJ10-20 型交流接触器　g）JDB 型交流接触器　h）JZ7 型中间继电器　i）JDS 型中间继电器　j）JR0 型热继电器　k）UA 型热继电器　l）JT4 型过电流继电器　m）JFZ0 型速度继电器　n）JY1 型速度继电器　o）JS7 型空气阻尼式时间继电器　p）JS11 型电动式时间继电器　q）TBR 型电动式时间继电器　r）JS14 型晶体管式时间继电器　s）LA19 型按钮　t）LA18 型按钮　u）LA10 型按钮　v）JLXK1-111 型行程开关　w）JLXK1-211 型行程开关　x）JLXK1-311 型行程开关　y）JLXK1-411 型行程开关　z）X2-N 型行程开关

电器的种类很多，分类的方法也不同。表1-3为机床控制常用低压电器分类及用途说明。

表1-3　机床控制常用低压电器分类及用途说明

种　类	名　称	主要品种	用　途
配电电器	刀开关	负荷开关 熔断器式开关 扳形开关	主要用于电路的隔离，也能接通和分断额定电流
	转换开关	组合开关 换向开关	用于两种以上电源和负载的转换，接通或分断电路
	低压断路器	塑壳式低压断路器 框架式低压断路器 限流式低压断路器 漏电保护开关	用于线路过载、短路或欠电压保护，也可用做不频繁接通和断开电路
	熔断器	无填料式熔断器 有填料式熔断器 快速熔断器 自动熔断器	用于电器设备的过载和短路保护
	接触器	交流接触器 直流接触器	用于远距离频繁起动和控制电动机，接通和分断正常工作的电路
控制电器	继电器	热继电器 中间继电器 时间继电器 电流继电器 速度继电器	主要用于控制系统，用做控制其他电器或作主电路的保护
	起动器	磁力起动器 降压起动器	主要用于电动机的起动和正反转控制
	控制器	轮控制器 主令控制器	主要用于电气设备中转换主电路或励磁回路的接法，完成换向和调速
	主令电器	按钮 限位开关 万能转换开关 微动开关	主要用于接通和分断控制电路
	变阻器	励磁变阻器 起动变阻器 频敏变阻器	用于发电机及电动机减压起动和调速
	电磁铁	起重电磁铁 牵引电磁铁 制动电磁铁	用于起重、操纵或牵引机械装置

1. 按控制作用分类

（1）执行电器　用来完成某种动作或传递功率。例如接触器、电磁阀、电磁铁。

（2）控制电器　用来控制电路的通断。例如开关、继电器。

（3）主令电器　用来发出信号指令的电器。它的信号指令将通过继电器、接触器和其他自动电器的动作，接通和分断被控制电路，以实现对电动机和其他生产机械的远距离控制。例如按钮、主令控制器、转换开关等。

（4）保护电器　用来保护电源、电路及用电设备的安全，使它们不致在短路、过载状态下运行，免遭损坏。例如熔断器、热继电器、漏电断路器、过欠电流（压）继电器等。

（5）配电电器　用于电能的输送和分配的电器。如低压断路器、隔离器等。

2. 按动作方式分类

（1）自动切换电器　按照信号或某个物理量的变化而自动动作的电器。例如接触器、继电器等。

（2）非自动电器　通过人力操作而动作的电器。例如开关、按钮等。

3. 按动作原理分类

（1）电磁式电器　它是根据电磁铁的原理工作的。例如接触器、继电器等。

（2）非电磁式电器　它是依靠外力（人力或机械力）或某种非电量的变化而动作的电器。例如行程开关、按钮、速度继电器、热继电器等。

4. 按在机床中的用途分类

按在机床中的用途又可分为以下三类：

（1）信号及控制电器　用于发送控制指令及实现机床控制电路中逻辑运算、延时等功能的电器。如按钮开关、行程开关、刀开关、中间继电器、时间继电器、速度继电器等。

（2）执行电器　用于完成传动或实现机床某种动作的电器。如接触器、电磁阀、电磁铁、电磁离合器等。

（3）保护电器　用于保护机床控制电路及其用电设备安全的电器。如熔断器、热继电器、过欠电流（压）继电器等。

本工作任务就从阅图的角度出发，按其在机床控制中的用途来分类认识它们的结构、动作原理和图形及符号说明。

1.3.2　信号与控制电器

1. 非自动切换信号及控制电器

（1）按钮（SB）　按钮又称控制按钮或按钮开关，是一种手动控制电器。它只能短时接通或分断5A以下的小电流电路，向其他自动电器发出指令性的电信号，控制其他自动电器动作。由于按钮载流量小，不能直接用于控制主电路的通断。常用按钮的结构如图1-17所示。按钮的作用是发布命令，在控制电路中用于远距离操纵接触器、继电器等，从而控制电动机的起动、运转、停止。常态时，动断（常闭）触点闭合，动合（常开）触点断开。按下按钮，动断（常闭）触点断开，动合（常开）触点闭合，松开按钮，在复位弹簧作用下使触点复位。为避免误操作，常将钮帽做成不同的颜色来区别，如以红色作为停止和急停，绿色作为起动和运行，黄色表示干预，黑色表示点动；蓝色表示复位；另外还有黄、白等颜色等，供不同场合使用。按钮的图形符号如图 1-18 所示。

按钮在选择使用时应从使用场合、所需触点数、触点形式及按钮帽的颜色等因素考虑。

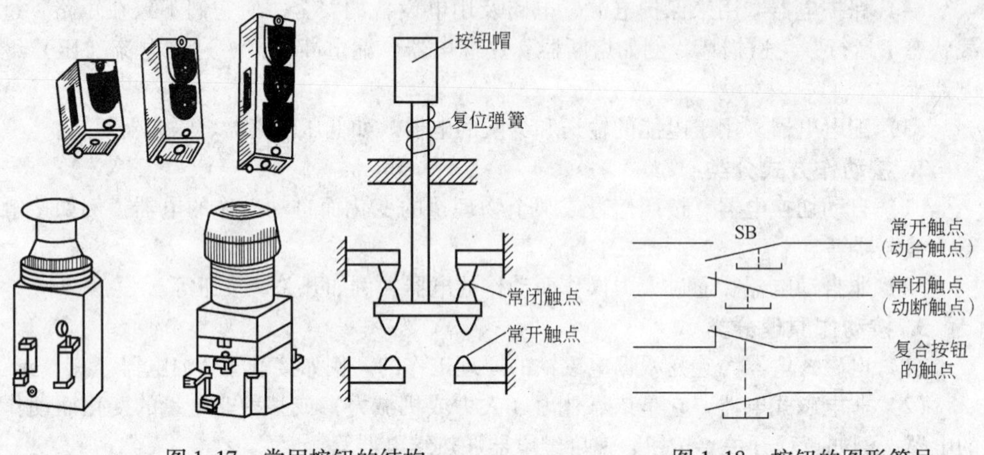

图 1-17　常用按钮的结构　　　　图 1-18　按钮的图形符号

（2）刀开关（QS）　刀开关俗名闸刀，是一种结构最简单且应用最广泛的手控低压电器，主要用于接通和切断长期工作设备的电源。广泛用在照明电路和小容量(5.5kW)、不频繁起动的动力电路的控制电路中。刀开关的种类很多，根据通路的数量可分为单极、双极和三极。一般刀开关的额定电压不超过 500V，额定电流有 10A 到上千安培多种等级，有的刀开关附有熔断器。三极刀开关的结构如图 1-19 所示；其图形符号如图 1-20 所示。主要根据电源种类、电压等级、工作电流、所需极数选择刀开关。

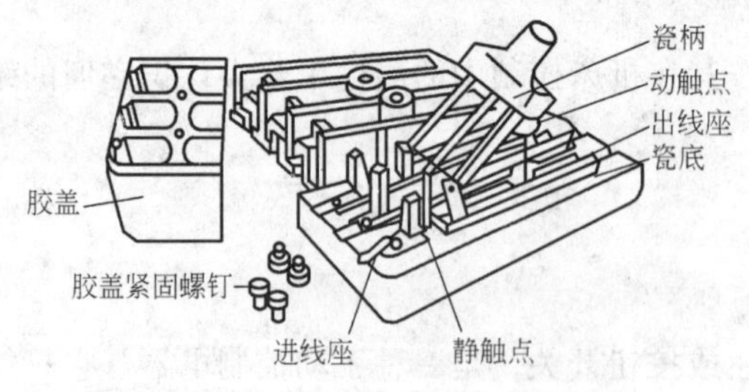

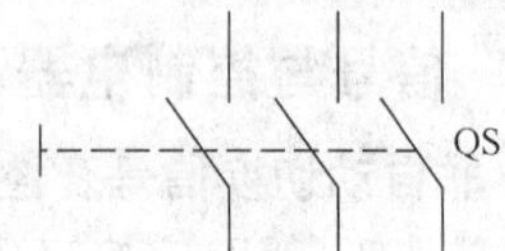

图 1-19　三极刀开关的结构　　　　图 1-20　三极刀开关的图形符号

（3）行程开关［ST（Q）］行程开关又称为限位开关，是一种根据运动部件的行程位置而切换电路的电器，用于反映机构的运动方向或所在位置，可实现行程控制及极限位置的保护。行程开关分为有触点式和无触点式两种。常见无触点式行程开关为高频振荡型接近开关，它是由装在运动部件上的一个金属片接近或离开振荡线圈来实现控制的。接近开关有使用寿命长、操作频率高、定位精度好、反应迅速的特点。有触点行程开关的动作原理与按钮类似，动作时碰撞行程开关的顶杆。按结构可分为直动式、滚轮式和微动式三种。直动式结构简单，因其触点的分合速度取决于挡块的移动速度，当挡块的移动速度低于0.4m/min时，触点切断太慢，使电弧在触点上停留太长，易于烧蚀触点。此时可以选用有盘形弹簧机构能瞬时动作的滚轮式行程开关，其特点是通断时间不受挡块移动速度的影响，动作快；缺点是结构复杂，价格高。为克服直动式结构的问题，还可以选用有弯片状弹簧的微动式行程开关，这种行程开关更为灵巧、敏捷，缺点是不耐用。行程开关的结构图如图1-21所示。

行程开关的图形符号如图1-22所示，文字符号为ST或用SQ。

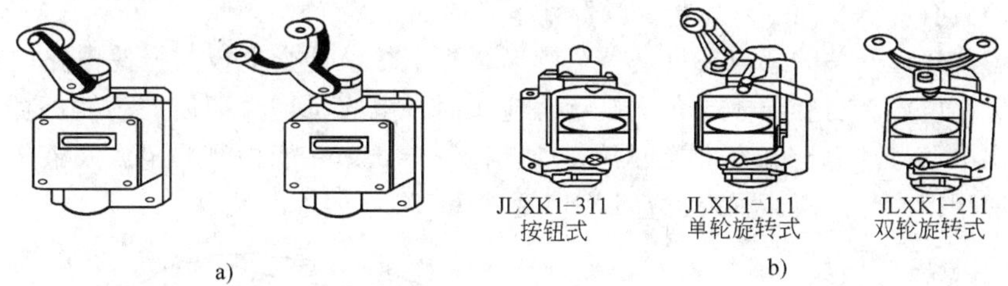

图1-21 行程开关的结构

a）LX19系列 b）JLXK1系列

行程开关的选择主要应根据电源种类、电压等级、工作电流、现场使用环境条件等进行。

随着电子技术的不断发展，目前还广泛使用电子式接近开关作为行程或位置控制。其电路图和图形符号如图1-23所示。

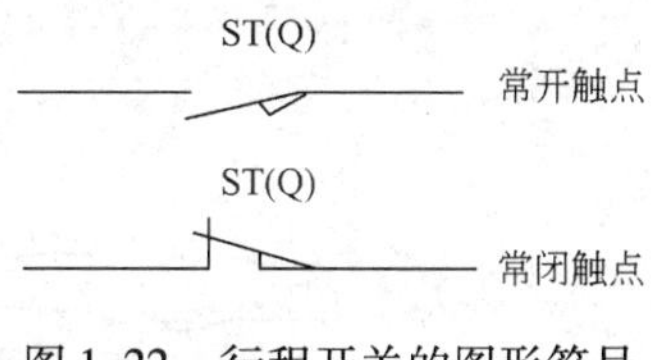

图1-22 行程开关的图形符号

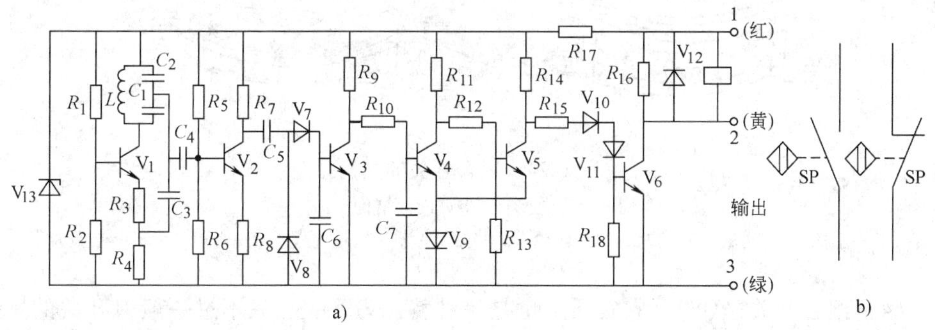

图1-23 接近开关的电路原理图及符号

a）LJ2系列晶体管接近开关原理图 b）接近开关的图形及文字符号

接近开关分为电容式和电感式两种，电感式的感应头是一个具有铁氧体磁心的电感线圈，故只能检测金属物体的接近。常用的型号有LJ1、LJ2等系列。图1-23为LJ2

系列晶体管接近开关电路原理图，由图可知，电路由晶体管 V_1、振荡线圈 L 及电容器 C_1、C_2、C_3 组成电容三点式高频振荡器，其输出经由 V_2 放大，V_7、V_8 整流成直流信号，加到晶体管 V_3 的基极，晶体管 V_4、V_5 构成施密特电路，V_6 级为接近开关的输出电路。

当开关附近没有金属物体时，高频振荡器谐振，其输出经由 V_2 放大并经 V_7、V_8 整流成直流，使 V_3 导通，施密特电路截止，V_7 饱和导通，输出级 V_8 截止，接近开关无输出。

当金属物体接近振荡线圈 L 时，振荡减弱，直至停止，这时 V_3 截止，施密特电路翻转，V_7 截止，V_8 饱和导通，即有输出。其输出端可带继电器或其他负载。

接近开关采用非接触型感应输入和晶体管作无触头输出及电子放大开关构成的开关，线路具有可靠性高、寿命长、操作频率高等优点。

电容式接近开关的感应头只是一个圆形平板电极，这个电极与振荡电路的地线形成一个分布电容。当有导体或介质接近感应头时，电容量增大而使振荡器停振，输出电路发出电信号。由于电容式接近开关既能检测金属，又能检测非金属及液体，因而在国外应用得十分广泛，国内也有 LXJ15 系列和 TC 系列等产品。

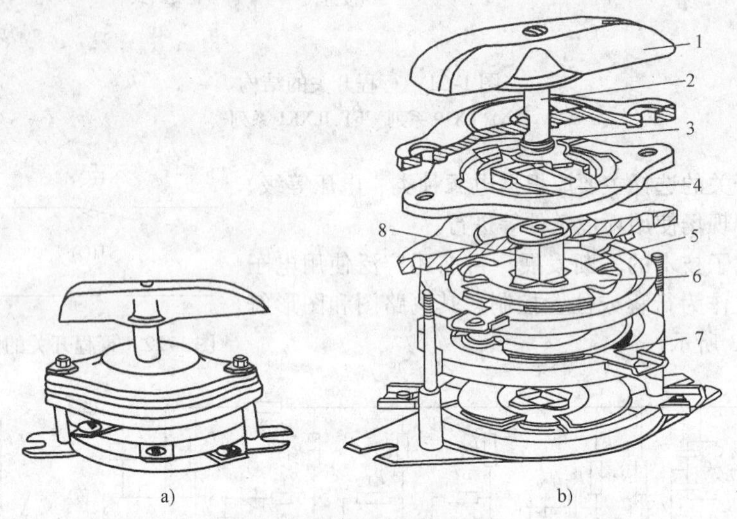

图 1-24　组合开关的结构

a）外形图　b）内部结构

1—手柄　2—转轴　3—弹簧　4—凸轮　5—绝缘垫板　6—动触点　7—静触点　8—绝缘方

（4）组合开关（QS）　它实质上也是一种特殊刀开关，只不过一般刀开关的操作手柄是在垂直安装面的平面内向上或向下转动，而组合开关的操作手柄则是平行于安装面的平面内向左或向右转动。组合开关多用在机床电气控制线路中，作为电源的引入开关，也可以用作不频繁地接通和断开电路、换接电源和负载以及控制 5kW 以下的小容量电动机的正反转和星三角起动等。组合开关的结构如图 1-25 所示。组合开关的图形符号如图 1-25 所示。

组合开关的选择主要应根据电源种类、电压等级、工作电流、使用场合的具体环境条件等进行。

QS

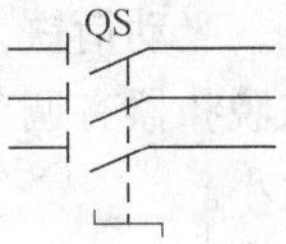

图 1-25　组合开关的图形符号

(5) 万能转换开关（SA）　具有更多操作位置和触点，能够连接多个电路的一种手动控制电器。由于它的档位多、触点多，可控制多个电路，能适应复杂线路的要求。

万能转换开关的结构如图 1-26 所示。万能转换开关的图形符号和开关表如图 1-27 所示。

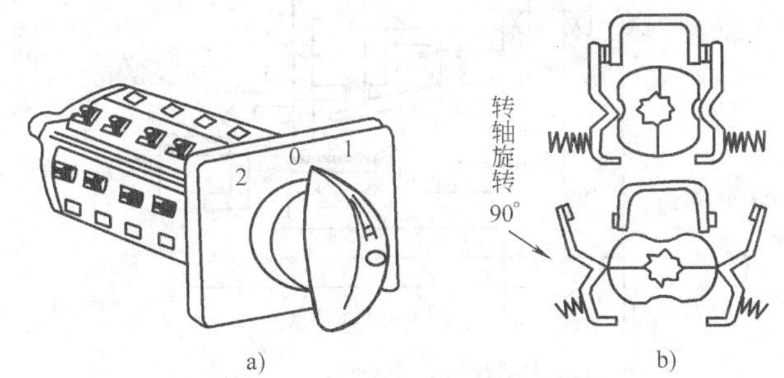

图 1-26　万能转换开关的结构

a) 外形　b) 凸轮通断触点示意图

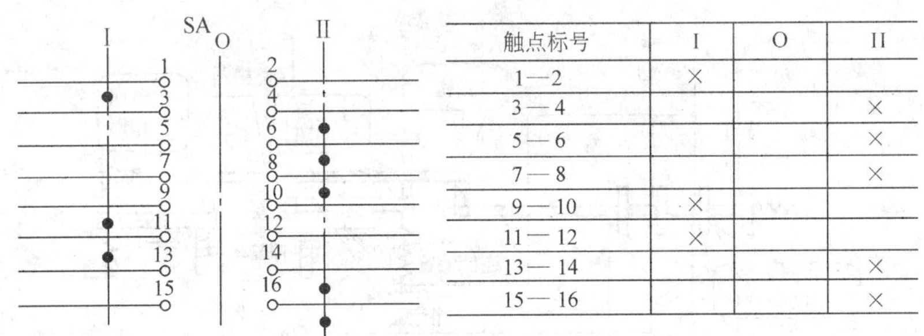

触点标号	I	O	II
1—2	×		
3—4			×
5—6			×
7—8			×
9—10	×		
11—12	×		
13—14			×
15—16			×

图 1-27　万能转换开关的图形符号和开关表

万能转换开关的选择也应该根据电源种类、电压等级、工作电流、使用场合的具体环境条件等进行。

(6) 低压断路器（QF）　低压断路器俗称自动开关，是一种集操作控制和多种保护功能于一身的电器。它除主要能完成接通和分断电路外，还能对电路或电气设备发生的短路、过载、失电压等故障进行保护。常用作低压配电的总电源开关和电动机主电路的短路、过载、失电压保护开关。其结构和工作原理如图 1-28、图 1-29 所示。低压断路器主要由触点系统、操作机构、各种脱扣器和灭弧装置等组成。触点系统、操作机构主要完成合、分闸操作，实现开关的作用。

脱扣器是自动开关的主要保护装置，包括电磁脱扣器（作短路保护）、热脱扣器（作过载保护）、失电压脱扣器以及由电磁和热脱扣器组合而成的复式脱扣器等种类。电磁脱扣器的线圈串联在主电路中，若电路或设备短路，主电路电流增大，线圈磁场增强，吸动衔铁，使操作机构动作，断开主触点，分断主电路而起到短路保护作用。电磁脱扣器有调节螺钉，可以根据用电设备容量和使用条件手动调节脱扣器动作电流的大小。

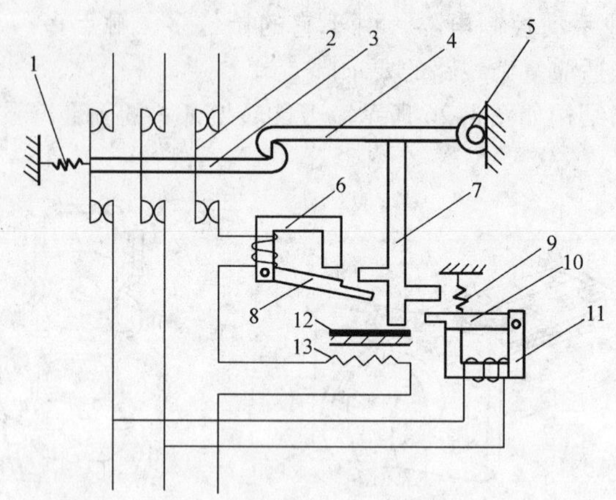

图 1-28　低压断路器的结构

1、9—弹簧　2—触点　3—锁钩　4—搭钩　5—轴　6—过电流脱扣器　7—杠杆　8、10—衔铁　11—电压脱扣器　12—双金属片　13—电阻丝

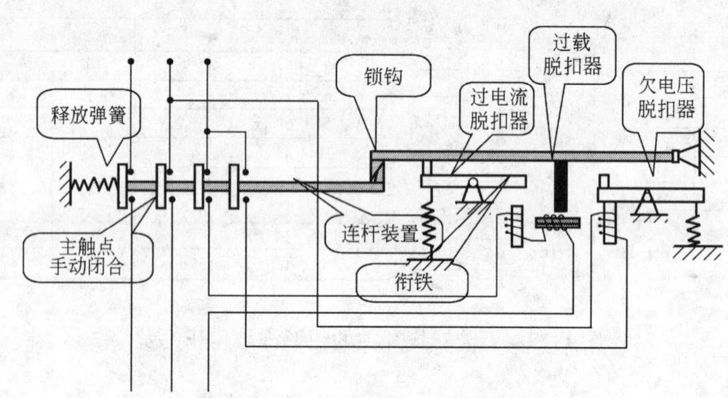

图 1-29　低压断路器的工作原理

热脱扣器是一个双金属片热继电器。它的发热元件串联在主电路中。当电路过载时，过载电流使发热元件温度升高，双金属片受热弯曲，顶动自动操作机构动作，断开主触点，切断主电路而起过载保护作用。

低压断路器的图形符号如图 1-30 所示。低压断路器的选择应考虑额定电压、额定电流和允许切断的极限电流以及脱扣器的整定值等和所控制的主电路相匹配。

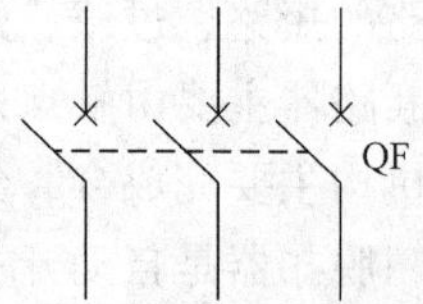

图 1-30　低压断路器的图形符号

（7）负荷开关（QF）　为保障机床供电主电路大电流的安全可靠，还常采用封闭式的电源开关，如铁壳开关或带有熔断器的三相低压断路器。它们均为负荷开关，即可在带负荷大电

流状态下直接分断大负荷主电路。

铁壳开关的结构如图 1-31 所示。DW10 和 DW16 系列三相低压断路器的结构如图 1-32所示。其图形符号同图 1-30 所示的低压断路器。

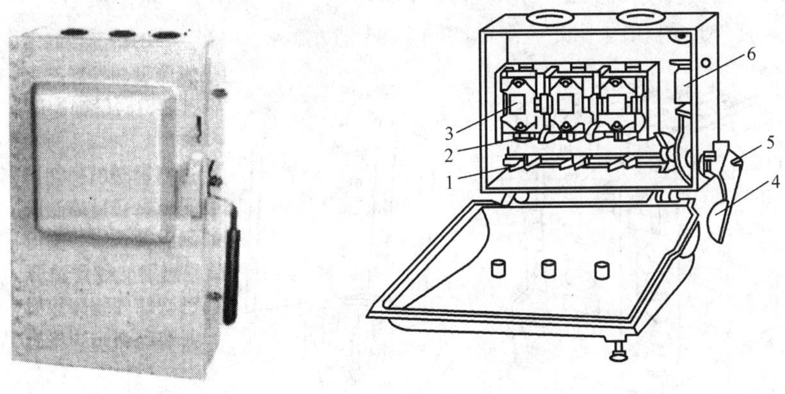

图 1-31　铁壳开关的结构

1—闸刀　2—夹座　3—熔断器　4—手柄　5—转轴　6—速断弹簧

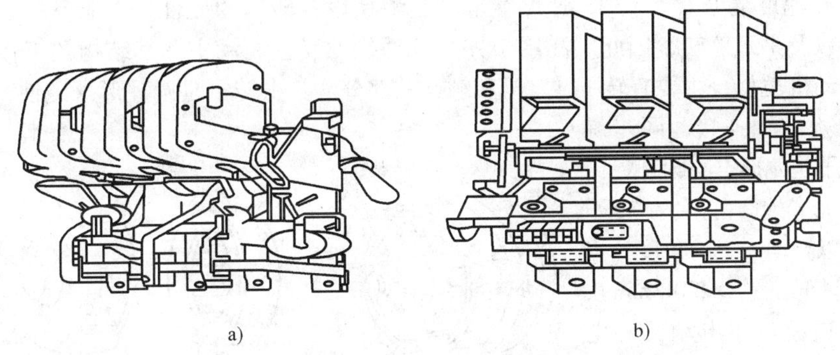

图 1-32　DW10 和 DW16 系列三相低压断路器的结构

a）DW10 系列　b）DW16 系列

2. 自动切换信号及控制电器

自动切换信号及控制电器是指主要借助电磁力或某个物理量的电磁继电器。继电器主要用于传递控制信号，其触点通常接在控制电路中。继电器种类很多，机床电气控制系统中常用的主要有电磁式中间继电器、速度继电器、时间继电器等。继电器的工作特点是阶跃式的输入输出特性（见图 1-33）。当继电器输入量由零增加到 x_2 以前，继电器输出为零；当输入量 x 增加到 x_2时，继电器吸合，通过其触点的输出量突变为 y_1 并保持不变。若 x 再增加，输出 y_1 不变。当 x 减少到 x_1时，

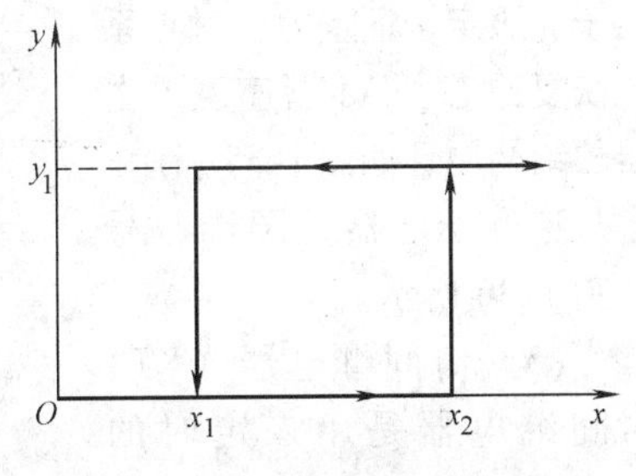

图 1-33　继电器特性曲线

继电器释放。输出 y 从 y_1 降到零。x 再小，输出仍为零。

(1) 中间继电器（KA） 中间继电器也是一种电压继电器，其主要用途是进行电路的逻辑控制或实现触点的转换和扩展（增加触点的数量和容量），故触点的数量多（可多达六对或更多），触点通断电流大（额定电流 5 ~ 10A），动作灵敏（功作时间小于 0.5s）。其外形图和图形文字符号如图 1-34 所示。

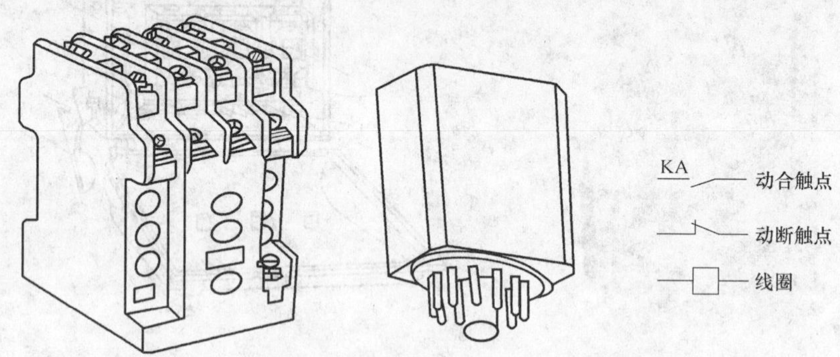

图 1-34 中间继电器的外形图和图形文字符号

(2) 速度继电器（KS） 速度继电器是测量设备转速的元件。它能反映设备转动的方向以及是否停转，因此广泛用于异步电动机的反接制动中。其结构和工作原理与笼型电动机类似，主要有转子、定子和触点三部分。其中转子是圆柱形永磁铁，与被控旋转机构的轴连接，同步旋转。定子是笼形空心圆环，内装有笼形绕组，它套在转子上，可以转动一定的角度。当转子转动时（约≥120r/min），在绕组内感应出电动势和电流，此电流和磁场作用产生转矩使定子柄向旋转方向转动，拨动簧片使触点闭合或断开。当转子转速接近零（约≤100r/min）时，转矩不足于克服定子柄重力，触点系统恢复原态。JYJ 型速度继电器的结构原理如图 1-35 所示。

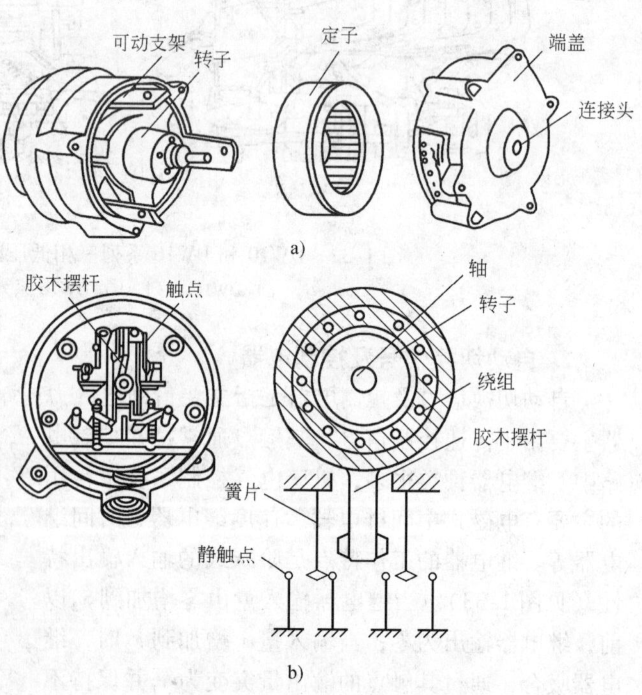

图 1-35 JYJ 型速度继电器的结构原理

速度继电器的图形符号如图 1-36 所示。

(3) 时间继电器（KT） 时间继电器是用来定时的电器件，是一种按照时间原则进行控制的电器。时间继电器的外形和结构如图1-37所示。

时间继电器按工作方式可分为通电延时动作型和断电延时动作型两类；按动作原理分为空气阻尼型、电磁式、电动机式、半导体式。

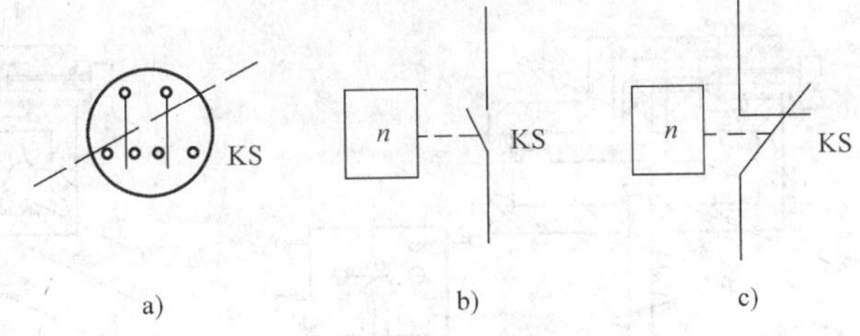

图1-36　速度继电器的图形符号

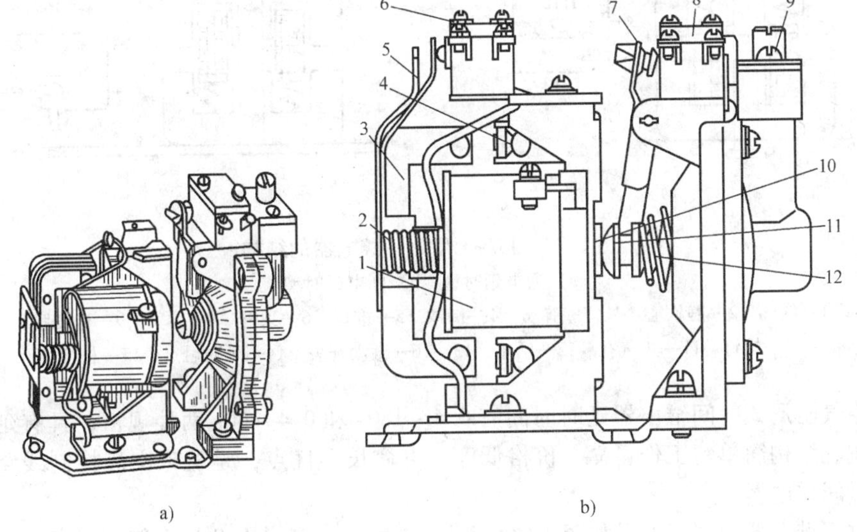

图1-37　时间继电器的外形和结构

a）外形　b）结构

1—线圈　2—反力弹簧　3—衔铁　4—静铁心　5—弹簧片　6、8—微动开关　7—杠杆　9—调节螺钉　10—推杆　11—活塞杆　12—宝塔弹簧

1）常见空气阻尼型时间继电器有JS7-A型。延时范围为0.4～180s。JS7-A型时间继电器的结构如图1-38所示。

JS7-A由电磁机构、工作触点及气室三部分组成，它的延时是靠空气的阻尼作用来实现的，按其控制原理有通电延时和断电延时两种类型。

通电延时型时间继电器电磁铁线圈1通电后，将衔铁4吸下，于是顶杆6与衔铁4间出现一个空隙，当与顶杆6相连的活塞12在弹簧7作用下由上向下移动时，在橡皮膜9上面形成空气稀薄的空间（气室），空气由进气孔11逐渐进入气室，活塞12因受到空气的阻力，不能迅速下降，在降到一定位置时，杠杆15使延时触点14动作（常开触点闭合，常闭触点断开）。线圈断电时，弹簧使衔铁和活塞等复位，空气经橡皮膜9与顶杆6之间推开的气隙迅速排出，触点瞬时复位。

断电延时型时间继电器与通电延时型时间继电器的原理与结构均相同，只是将其电磁机构翻转180°安装，即为断电延时型。

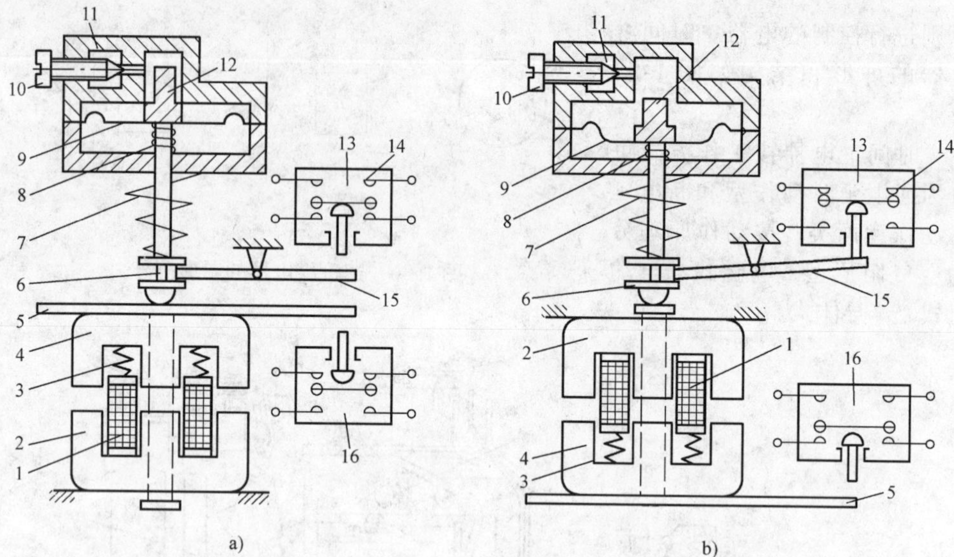

图 1-38　JS7-A 型时间继电器的结构

a）通电延时型　b）断电延时型

1—线圈　2—静铁心　3、7—弹簧　4—衔铁　5—推板　6—顶杆　8—弹簧　9—橡皮膜　10—螺钉　11—进气孔　12—活塞　13、16—微动开关　14—延时触点　15—杠杆

空气阻尼式时间继电器延时时间有 0.4 ~ 180s 和 0.4 ~ 60s 两种规格，具有延时范围较宽、结构简单、工作可靠、价格低廉、寿命长等优点，是机床交流控制线路中常用的时间继电器。

时间继电器的图形符号如图 1-39 所示。应特别注意：在分析和记忆时间继电器的图形符号时首先要看其触点是常开触点还是常闭触点？然后再将是闭合时延时还是开启时延时加上就可以了，这样不容易混淆。常用的有：①延时闭合的常开触点（开启时不延时，见图 1-39d）；②延时断开的常闭触点（闭合时不延时，见图 1-39e）；③延时断开的常开触点（闭合时不延时，见图 1-39f）；④延时闭合的常闭触点（开启时不延时，见图 1-39g）。

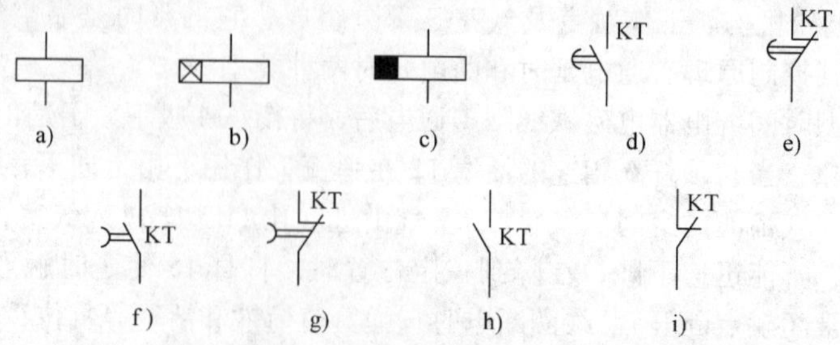

图 1-39　时间继电器的图形符号

a）线圈一般符号　b）通电延时线圈　c）断电延时线圈　d）延时闭合常开触点　e）延时断开的常闭触点　f）延时断开常开触点　g）延时闭合常闭触点　h）瞬动常开触点　i）瞬动常闭触点

2）晶体管式时间继电器也称半导体式时间继电器，具有延时范围广（最长可达3600s、精度高（一般为5%左右）、体积小、耐冲击震动、调节方便和寿命长等优点，它的发展很快，使用也日益广泛。

晶体管式时间继电器是利用RC电路中电容电压不能跃变，只能按指数规律逐渐变化的原理——电阻尼特性获得延时的。所以，只要改变充电回路的时间常数即可改变延时时间。由于调节电容比调节电阻困难，所以多用调节电阻的方式来改变延时时间。

常用的产品有JSJ、JSl3、JS14、JS15、JS20型等。现以JRJ型为例说明晶体管式时间继电器的工作原理。图1-40所示为JSJ型晶体管式时间继电器的原理。

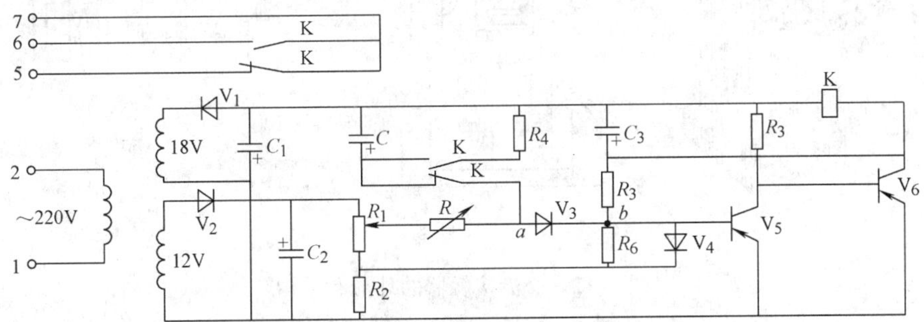

图1-40　JSJ型晶体管式时间继电器的原理

其工作原理为：接通电源后，变压器二次侧18V负电源通过继电器K的线圈、R_5使V_3获得偏流而导通，从而V_6截止。此时K的线圈中只有较小的电流，不足以使K吸合，所以继电器K不动作。同时，变压器二次侧12V的正电源经V_2半波整流后，经过电位器R_1、R、继电器常闭触头K向电容C充电，使a点电位逐渐升高。当a点电位高于b点电位并使V_3导通时，在12V正电源作用下V_5截止，V_6通过R_3获得偏流而导通。V_6导通后继电器线圈K中的电流大幅度上升，达到继电器的动作值时使K动作，其常闭打开，断开充电回路，常开闭合，使C通过R_4放电，为下次充电作准备。继电器K的其他触头则分别接通或分断其他电路。当电源断电后，继电器K释放。所以，这种时间继电器是通电延时型的，断电延时只有几秒钟。电位器R_1用来调节延时范围。

1.3.3　执行电器

执行电器以电磁式为主，常用的有接触器、电磁阀、电磁铁、电磁离合器等。

1. 接触器（KM）

接触器是一种接通或切断电动机或其他负载主电路的自动切换电器。它是利用电磁力来使开关打开或断开的电器，适用于频繁操作、远距离控制强电电路，并具有低压释放的零压保护性能。接触器通常分为交流接触器和直流接触器。其主要结构包括触点系统、电磁机构、灭弧机构以及反作用弹簧等。其工作原理是当线圈得电后，衔铁被吸合，带动三对主触点闭合，接通电路，辅助触点也闭合或断开；当线圈失电后，衔铁被释放，三对主触点复位，电路断开，辅助触点也断开或闭合。

选择接触器主要考虑以下参数：①触点通断电源种类：交流或直流；②主触点额定电压和电流；③辅助触点种类、数量及触点额定电流；④电磁线圈的电源、种类及频率。

交流接触器的外形和结构图如图 1-41 所示。交流接触器的图形符号如图 1-42 所示。

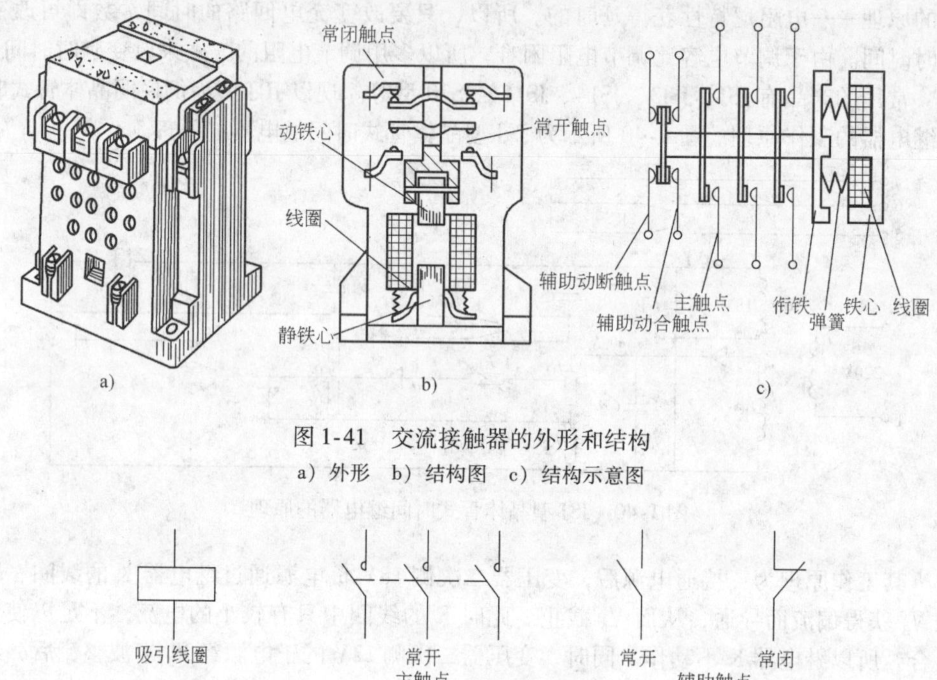

图 1-41　交流接触器的外形和结构

a）外形　b）结构图　c）结构示意图

图 1-42　交流接触器的图形符号

作为交流接触器的升级和换代产品，交流固态继电器（Solid state releys，SSR）是一种无触点通断电子开关，为四端有源器件。其中两个端子为输入控制端，另外两端为输出受控端，中间采用光电隔离，作为输入输出之间电气隔离（浮空）。在输入端加上直流或脉冲信号，输出端就能从关断状态转变成导通状态（无信号时呈阻断状态），从而控制较大负载。整个器件无可动部件及触点，可实现相当于常用的机械式电磁继电器一样的功能。光电耦合式固态继电器的工作原理图如图 1-43 所示。

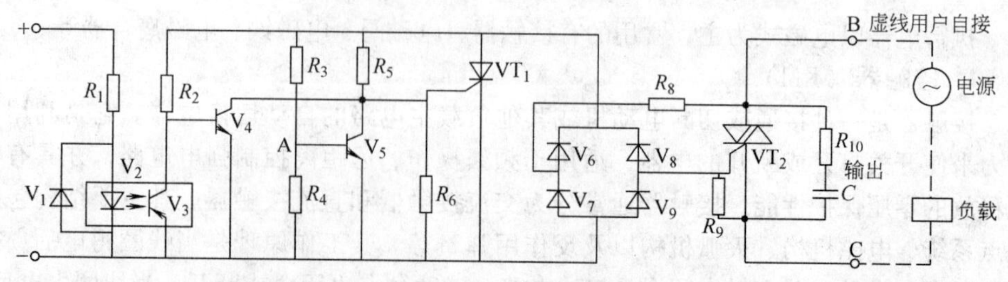

图 1-43　光电耦合式固态继电器的工作原理图

2. 电磁阀

电磁阀是用来控制流体的自动化基础元件，属于执行器。电磁阀常用于控制液压流动方向，机床的机械装置有些是由液压缸控制的，所以就会用到电磁阀。电磁阀里有密闭的腔，它的不同位置开有通孔，每个孔都通向不同的油管，腔中间是阀，两面是两块电磁铁，哪面的磁铁线圈通电阀体就会被吸引到哪边，通过控制阀体的移动来挡住或漏出不同的排油的孔，而进油孔是常开的，液压油就会进入不同的排油管，然后通过油的压力来推动液压缸的活塞，活塞又带动活塞杆，活塞杆带动机械装置运动。这样通过控制电磁铁的电流就控制了机械运动。

电磁阀主要由阀体和电磁铁组成，在气动或液动的系统中用来控制流向、流速与通断。阀门的开闭由电磁铁推动滑阀移动操纵，即控制电磁铁就是控制电磁阀。电磁阀一般无辅助触点，需借助中间继电器传递逻辑关系。电磁阀的结构性能用其位置数和通路数表示，“位”是指滑阀位置，“通”是指流体的通道数，常用的有两位三通、两位四通、三位五通等。两位四通电磁阀结构和图形符号如图 1-44 所示。

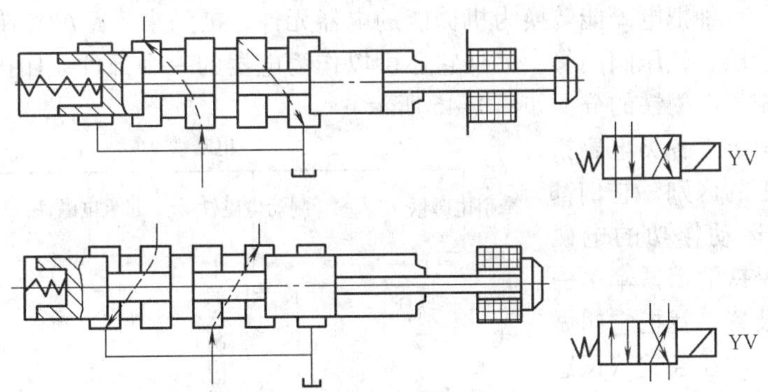

图 1-44　两位四通电磁阀结构和图形符号

在气动或液动的系统中，与电磁阀配套使用的几种常见液压元件的图形符号如图 1-45 所示。它们是组成电液（气）控制系统的常用器件。

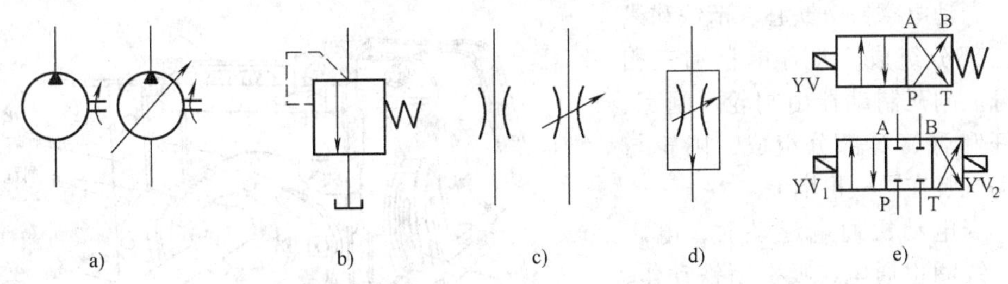

图 1-45　几种常见液压元件的图形符号

a）液压泵　b）溢流阀　c）节流阀　d）调速阀　e）换向阀

电磁阀从原理上分为三大类，即：直动式、分布直动式、先导式。

（1）直动式电磁阀　通电时，电磁线圈产生电磁力把关闭件从阀座上提起，阀门打开；断电时，电磁力消失，弹簧把关闭件压在阀座上，阀门关闭。其特点是在真空、负压、零压时能正常工作；但通径一般不超过25mm。

（2）分布直动式电磁阀　它利用的是直动和先导式相结合的原理，当入口与出口没有压差时，通电后，电磁力直接把先导小阀和主阀关闭件依次向上提起，阀门打开；当入口与出口达到起动压差时，通电后，电磁力先导小阀，主阀下腔压力上升，上腔压力下降，从而利用压差把主阀向上推开；断电时，先导阀利用弹簧力或介质压力推动关闭件，向下移动，使阀门关闭。其特点是在零压差或真空、高压时亦能可靠动作，但功率较大，要求必须水平安装。

（3）先导式电磁阀　通电时，电磁力把先导孔打开，上腔室压力迅速下降，在关闭件周围形成上低下高的压差，流体压力推动关闭件向上移动，阀门打开；断电时，弹簧力把先导孔关闭，入口压力通过旁通孔迅速在关闭件周围形成下低上高的压差，流体压力推动关闭件向下移动，关闭阀门。其特点是流体压力范围上限较高，可任意安装（需定制）但必须满足流体压差条件。

3. 制动电磁铁

电磁铁是一种把电磁能转换为机械能的电器元件，被用来远距离控制和操作各种机械装置及液压、气压阀门等。另外它还可以作为电器的一个部件，如接触器、继电器的电磁系统。电磁铁的分类如图1-46所示。

从结构上讲，各类电磁铁并没有本质上的区别，它们都是利用衔铁运动作功的电磁铁。如果电磁铁的衔铁牵引一个制动抱闸装置，就把它叫做制动电磁铁。本任务就认识这种机床设备中常用的制动电磁铁。

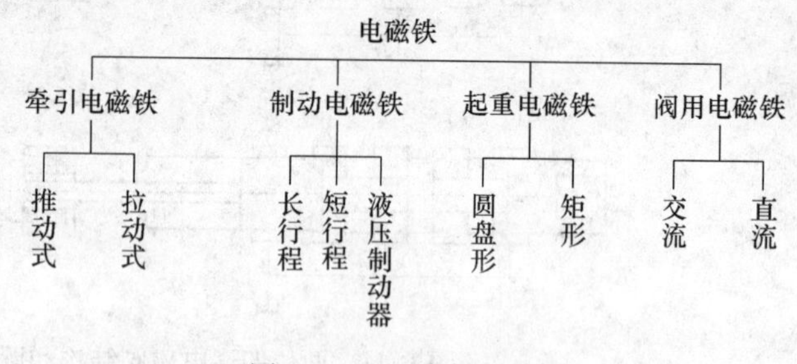

图1-46　电磁铁的分类

制动电磁铁是一种电磁机构，它的作用是控制抱闸机构或电磁离合器实现制动。电磁抱闸电磁铁的结构如图1-47所示，它主要由两部分组成，制动电磁铁和闸瓦制动器。制动电磁铁由铁心、衔铁和线圈三部分组成，并有单相和三相之分。闸瓦制动器由闸轮、闸瓦、杠杆和弹簧等部分组成，闸轮与电动机装在同一根轴上。

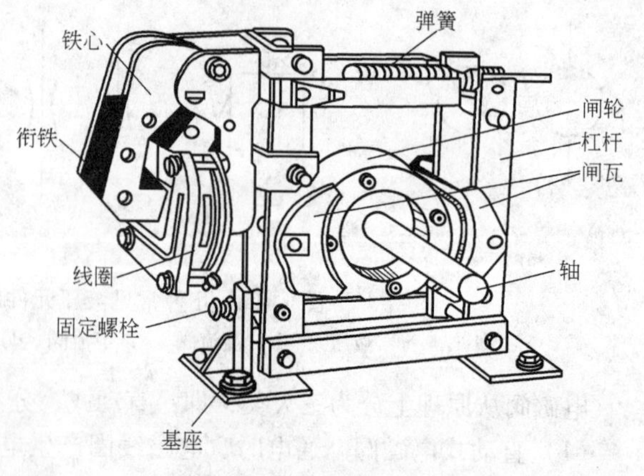

图1-47　电磁抱闸电磁铁的结构

当电动机通电起动时，电磁抱闸线圈也通电，吸引衔铁动作，克服弹簧力推动杠杆使闸瓦松开闸轮，电动机正常运行。当电动机切断电源时，线圈也同时断电，衔铁与铁心分离，在弹簧的作用下，使闸瓦与闸轮紧紧抱住，电动机被迅速制动而停转。

制动电磁铁一般分为两类：一类是短行程的，其行程为 5~10mm；另一类是长行程的，其行程在 20mm 以上。制动电磁铁还可按励磁电流种类分为直流的和交流的、单相的和三相的以及按励磁方式分为并励的和串励的等。

1.3.4 保护电器

机床电气控制中除了使用操作控制电器外，还必须有安全可靠的保护电器才能保证安全正常生产，常用的有如下几种。

1. 熔断器（FU）

熔断器是一种在短路或严重过载时利用熔化作用而切断电路的保护电器，熔断器主要由熔体（俗称保险丝）和安装熔体的熔管两部分组成。熔体由易熔金属材料铅、锡、锌、银、铜及其合金制成，通常做成丝状或片状，熔体既是敏感元件又是执行元件。熔断器的熔体与被保护的电路串联，当电路正常工作时，熔体允许通过一定大小的电流而不熔断。当电路发生短路或严重过载时，熔体中流过很大的故障电流，当电流产生的热量达到熔体的熔点时，熔体熔断切断电路，从而实现保护目的。熔管是装熔体的外壳，由陶瓷、绝缘钢纸或玻璃纤维制成，在熔体熔断时兼有灭弧作用。熔断器种类很多，常见有瓷插式、螺旋式、封闭管式等，如图 1-48 所示。

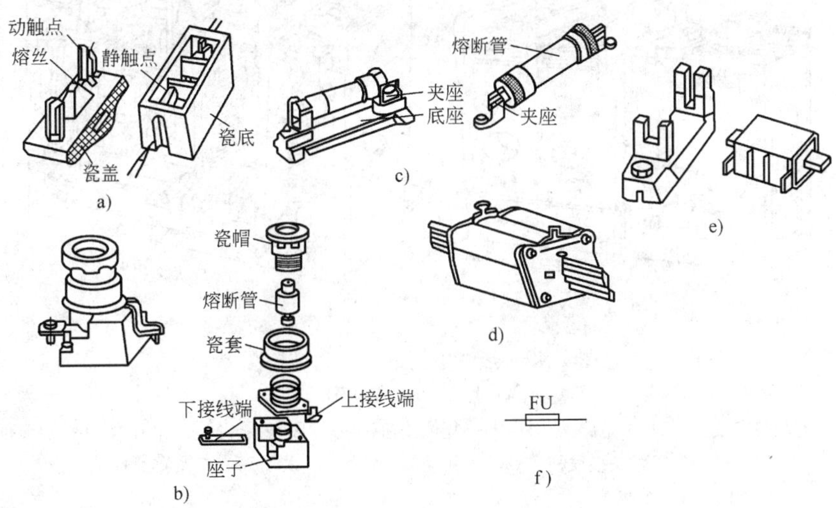

图 1-48 常用的部分熔断器的结构图

a）RClA 系列瓷插式 b）RLl 系列螺旋式 c）RM 系列无填料封闭管式
d）RT0 系列有填料封闭管式 e）NT 系列有填料封闭管式 f）符号

选择熔断器，主要选择熔断器的额定电压、额定电流等级和熔体的额定电流。对没有冲击电流的电路，熔体的额定电流应稍大于线路工作电流，对有冲击电流的电路，熔体的额定电流应取为最大电流的 0.4 倍。

2. 热继电器（KR或FR）

热继电器是利用电流热效应原理进行动作的一种保护电器，它在电路中主要用于过载保护。电动机具备一定的过载能力，在实际运行中，只要过载不严重，时间较短，温升不超过容许值，电动机仍能工作。若过载严重，时间长，使电动机温升过高，会老化绕组绝缘，严重时还会使绕组烧毁，因此连续工作制的电动机工作时需要有过载保护装置。但热继电器有惯性，对短时间大电流不会立即动作，不能用于短路保护。热继电器种类很多，应用最广泛的是基于双金属片的热继电器，其外形及结构如图1-49所示，主要由热元件、双金属片和触头三部分组成。热继电器的常闭触点串联在被保护的二次回路中，它的热元件由电阻值不高的电热丝或电阻片绕成，串联在电动机或其他用电设备的主电路中。靠近热元件的双金属片，是用两种不同膨胀系数的金属用机械辗压而成，为热继电器的感测元件。热继电器中双金属片与加热元件串接在接触器负载端（电动机电源端）的主回路中。当电动机正常运行时，热元件产生的热量虽能使双金属片弯曲，但还不足以使继电器动作。当电动机过载时，流过热元件的电流增大，热元件产生的热量增加，使双金属片产生的弯曲位移增大，主双金属片推动导板，并通过补偿双金属片与推杆将触点（即串接在接触器线圈回路的热继电器常闭触点）分开，以切断电路保护电动机。

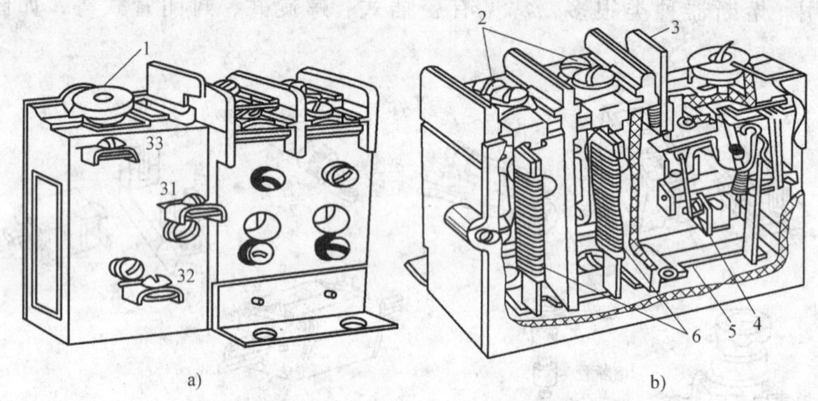

图1-49　热继电器的外形和结构图

a）外形　b）结构图

1—电流整定装置　2—主电路接线柱　3—复位按钮　4—常闭触头　5—动作机构　6—热元件

31—常闭触头接线柱　32—公共动触头接线柱　33—常开触头接线柱

为防止机床的拖动电动机在缺相故障情况下运行而烧坏电动机，对重要负荷还常采用带有缺相保护设施的热继电器。热继电器的动作结构原理如图1-50所示。带有缺相保护设施的热继电器的结构原理如图1-51所示。热继电器的图形及文字符号如图1-52所示。

热继电器的选择主要是根据电动机的额定电流来确定型号与规格，热继电器元件的额定电流应接近或略大于电动机的额定电流。在一般情况下，可选用两相结构的热继电器。在恶劣工作环境可选用三相结构的热继电器。

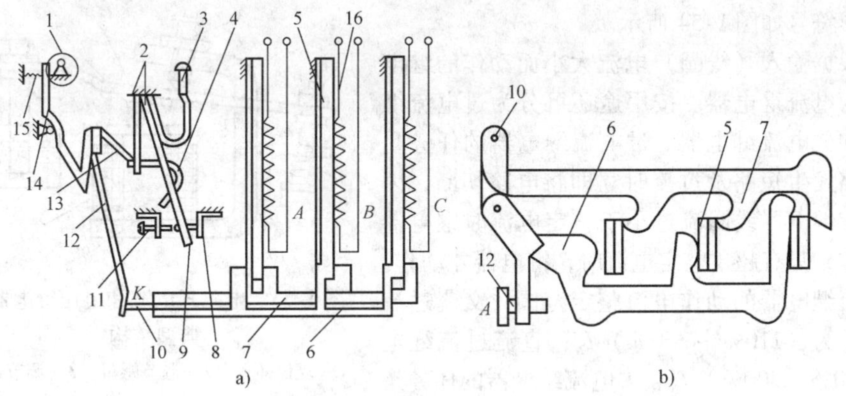

图 1-50 热继电器的动作结构原理

a）结构原理示意 b）差动式断相保护示意

1—电流条件凸轮 2—簧片 3—手动复位机构 4—弓簧 5—主双金属片 6—外导板 7—内导板 8—常闭触头 9—静触头 10—杠杆 11—复位条件螺钉 12—补偿双金属片 13—推杆 14—连杆 15—压簧 16—热元件

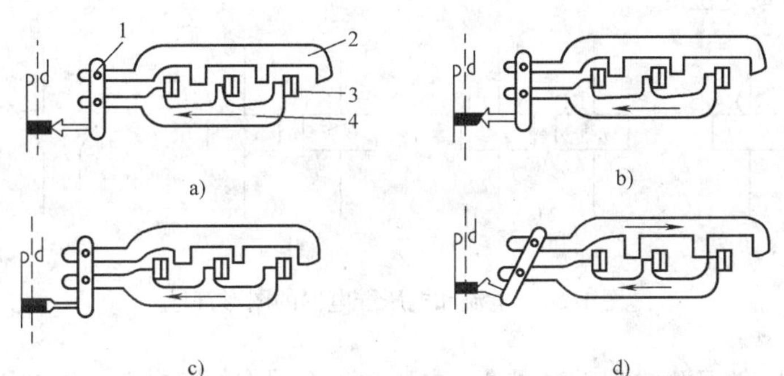

图 1-51 带有缺相保护设施的热继电器的结构原理

a）端电 b）正常运行 c）过载 d）单相断相

1—杠杆 2—上导板 3—双金属片 4—下导板

3. 电流和电压继电器

电流继电器的作用是反映电路中电流的变化，需将其线圈串在被测电路中，为不影响电路正常工作，要求线圈的匝数少、导线粗、阻抗小。电压继电器的作用是反映电路中电压的变化，和电流继电器相比其线圈要并联在被测电路，故要求线圈的匝数多、导线细。

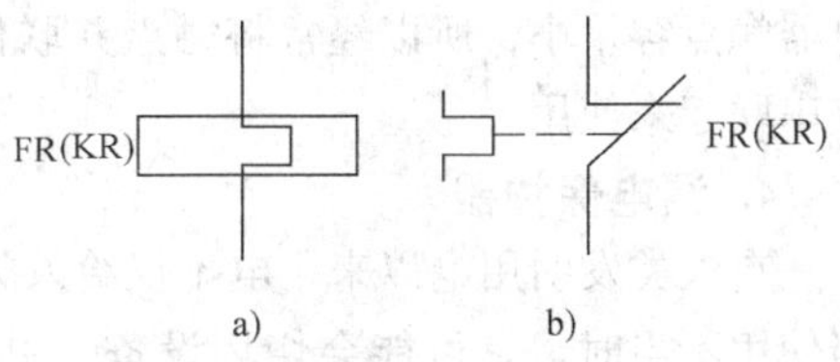

图 1-52 热继电器的图形及文字符号

a）热元件 b）常闭触点

电流和电压继电器主要用于保护电路中，按其用途又可分为过电流和过电压继电器和欠电流和欠电压继电器。前者是电流或电压超过规定值时衔铁吸合，后者是电流或电压低于规定值时衔铁释放。电磁式电流和电压继电器的典型结构如图 1-53 所示。

其图形符号如图 1-54 所示。

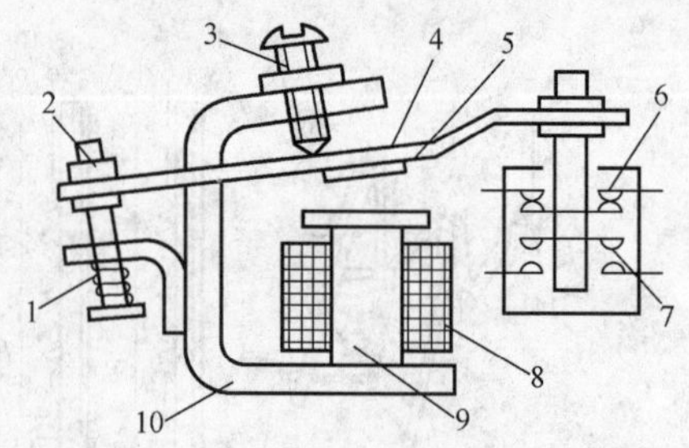

图 1-53　电磁式电流和电压继电器的典型结构

1—复位弹簧　2—调节螺母　3—调节螺钉　4—衔铁　5—垫片　6—动断触点　7—动合触点　8—吸引线圈　9—铁心　10—磁轭

根据输入（线圈）电流大小而动作的继电器称为电流继电器。按用途还可分为过电流继电器和欠电流继电器。过电流继电器的任务是当电路发生短路及过流时立即将电路切断，因此过流继电器线圈流过小于整定电流时继电器不动作，只有超过整定电流时，继电器才动作。过电流继电器的动作电流整定范围，交流过流继电器为（110%～350%）I_N；直流过流继电器为70%～300%）I_N。欠电流继电器的任务是当电路电流过低时立即将电路切断，因此欠电流继电器线圈通过的电流大于或等于整定电流时，继电器吸合，只有电流低于整定电流时，继电器才释放。欠电流继电器动作电流整定范围，吸合电流为（30%～50%）I_N，释放电流为（10%～20%）I_N，欠电流继电器一般是自动复位的。

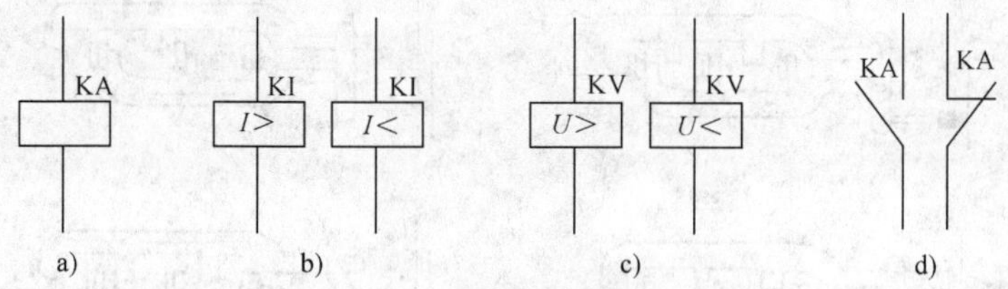

图 1-54　电流和电压继电器的图形符号

与此类似，电压继电器是根据输入电压大小而动作的继电器，过电压继电器动作电压整定范围为（105%～120）U_N，欠电压继电器吸合电压调整范围为（30%～50%）U_N，释放电压调整范围为（7%～20%）U_N。

电流（压）继电器选用时主要依据继电器所保护或所控制对象对继电器提出的要求，如触点的数量、种类，返回系数，控制电路的电压、电流、负载性质等。由于继电器触点容量小，所以经常将触点并联使用。有时增加触点的分断能力，也可以把触点串联起来使用。

4. 漏电保护器

自人类发明用电以来，电不仅给人类带来了很多方便，也给人类带来了灭顶之灾。当使用不当时，它可能会烧坏设备，引起火灾；或者使人触电，危及人的生命安全。如果有一种设备可以使人们安全地使用电，将会避免很多不必要的损失。所以在五花八门的电器接踵而来的同时，也诞生了各式各样的保护电器。其中有一种是专门保护人的，称为漏电保护器。漏电保护器又称漏电保护开关，是一种新型的电气安全装置，在两网改造中，大量使用了剩余电流动作漏电保护器。其主要用途是：①防止由于电气设备和电气线路漏电引起的触电事故；②防止用电过程中的单相触电事故；③及时切断电气设备运行中的单相接地故障，防止因漏电引起的电气火灾事故；④随着工农业生产的发展和人们生活水平的日益提高，工业用电和家用电器不断增加，在用电过程中，由于电气设备本身的缺陷、使用不当和安全技术措施不利而造成的人身触电和火灾事故，给人民的生命和国家财产带来了不应有的损失，而漏电保护器的出现，对预防各类事故的发生，及时切断电源，保护设备和人身安全，提供了可靠而有效的技术手段。

在了解漏电保护器的主要原理前，人们有必要先了解一下什么是触电。触电指的是电流通过人体而引起的伤害。如图 1-55 所示，当人手触摸电线并形成一个电流回路的时候，人身上就有电流通过；当流过人体的电流足够大时，就能够被人感觉到以至于形成危害。当触电已经发生的时候，就要求在最短的时间内切除电流，比如说，当通过人体的电流是 50mA 的时候，要求在 1s 内切断电流；如果是 500mA 的电流通过人体，那么时间限制是 0.1s，否则就会危及人的生命安全。

图 1-56 是简单的漏电保护装置原理图。从图中可以看到漏电保护装置安装在电源线进户处，也就是电度表的附近，接在电度表的输出端即用户端。图中把所有的用电电器用一个电阻 R_L 替代，用 R_N 替代接触者的人体电阻。

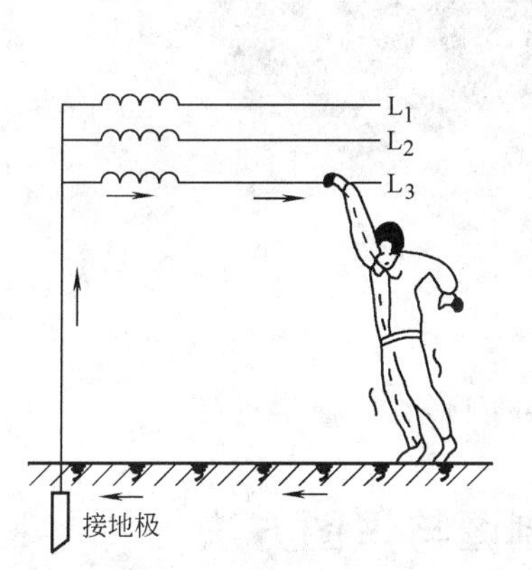

图 1-55　人体触电示意图

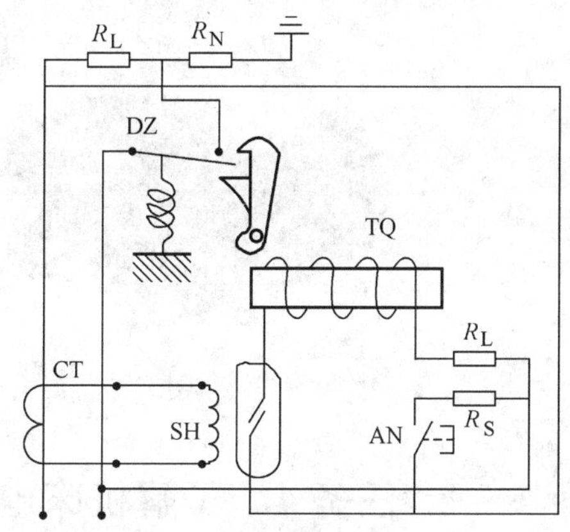

图 1-56　简单的漏电保护装置原理图

图中的 CT 表示“电流互感器”，它是利用互感原理测量交流电流用的，所以叫“互感器”，实际上是一个变压器。它的一次线圈是进户的交流线，把两根线当作一根线并起来构成一次线圈。二次线圈则接到“舌簧继电器”SH 的线圈上。

所谓的“舌簧继电器”，就是在舌簧管外面绕上线圈，当线圈里通电的时候，电流产生的磁场使得舌簧管里面的簧片电极吸合，来接通外电路。线圈断电后簧片释放，外电路断开。总而言之，这是一个灵巧实用的继电器。

原理图中开关 DZ 不是普通的开关，它是一个带有弹簧的开关，当人克服弹簧力把它合上以后，要用特殊的钩子扣住它才能够保证处于通的状态；否则一松手就又断了。

舌簧继电器的簧片电极接在“脱扣线圈”TQ 电路里。脱扣线圈是个电磁铁的线圈，通过电流就产生吸引力，这个吸引力足以使上面说的钩子解脱，使得 DZ 立刻断开。因为DZ就串在用户总电线的火线上，所以脱了扣就断了电，触电的人就得救了。不过，漏电保护器之所以可以保护人，首先它要“意识”到人触了电。那么漏电保护器是怎样知道人触电了呢？从图中可以看出，如果没有触电的话，电源来的两根线里的电流肯定在任何时刻都是一样大的，方向相反。因此CT的原边线圈里的磁通完全地消失，副边线圈没有输出。如果有人触电，相当于火线上有经过电阻，这样就能够连锁导致副边上有电流输出，这个输出就能够使得SH的触点吸合，从而使脱扣线圈得电，把钩子吸开，开关DZ断开，从而起到了保护的作用。

值得注意的是，漏电保护器一旦脱了扣，即使脱扣线圈TQ里的电流消失也不会自行把DZ重新接通。因为没人帮它合上是无法恢复供电的。触电者离开，经检查无隐患后想再用电，需把DZ合上使其重新扣住，便恢复了供电。

目前电器市场上漏电保护器的种类品牌繁多，其外形如图1-57所示，漏电保护关系人的生命安全，使用中一定要注意慎重选择。

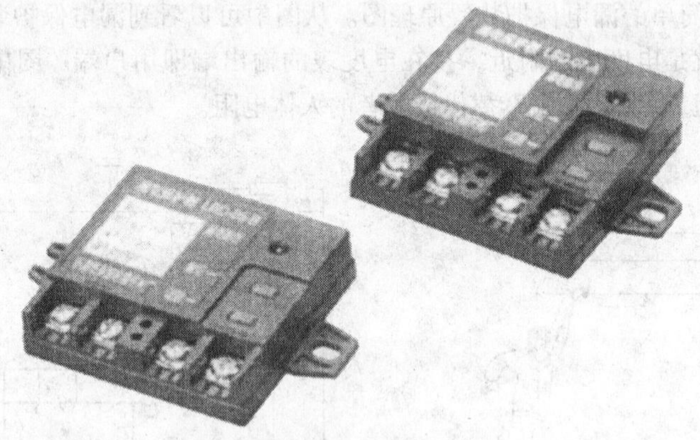

图1-57　漏电保护器的外形

任务4　了解机床电气制图与识图方法

电气图样是使用维护机床电控设备的重要文件，是进行技术交流的工程语言。要读懂机床电气图样，必须了解机床电气制图与识图方法，掌握这种工程语言。

电气线路根据电流和电压的大小可分为主电路和控制电路。主电路是流过大电流或高电压的电路，如机床主轴电动机所在的电路；控制电路是流过小电流或低电压的电路，如接触器和继电器的线圈所在电路以及耗能低的保护电路、联锁电路。电气控制系统图就是指根据国家电气制图标准，用规定的电气符号、图线来表示系统中各电气设备、装置、元器件的连接关系的电气工程图。电气控制系统图通常包括：①电气原理图；②电器元件布置图；③电气安装接线图等。

1.4.1　机床电气控制原理图

机床电气控制原理图表示机床电气控制电路的工作原理，即表示电流从电源到负载的传送情况和各电器元件的动作原理及相互关系，而不考虑各电器元件实际安装的位置和实际连线情况。绘制电气控制原理图时，一般应遵循以下原则：

1. 所有电动机、电器等元件都要采用国家最新统一规定的图形符号和文字符号来表示

（1）文字符号　用来表示电气设备、装置、元器件的名称、功能、状态和特征的字符代码。例如，FR 表示热继电器，KM 表示接触器等，见附录 A。

（2）图形符号　用来表示一台设备或概念的图形、标记或字符。例如，“~”表示交流，R 表示电阻等。国家电气图用符号标准 GB/T4728.1 ~ GB/T4728.13 规定了电气简图中图形符号的画法，该标准及国家电气制图标准 GB/T6988.1 重新修订于 2008 年 11 月 1 日正式开始执行，见附录 A。

2. 电气原理图绘制原则

某车床电气原理图的绘制样例如图 1-58 所示。其绘制原则概括为：

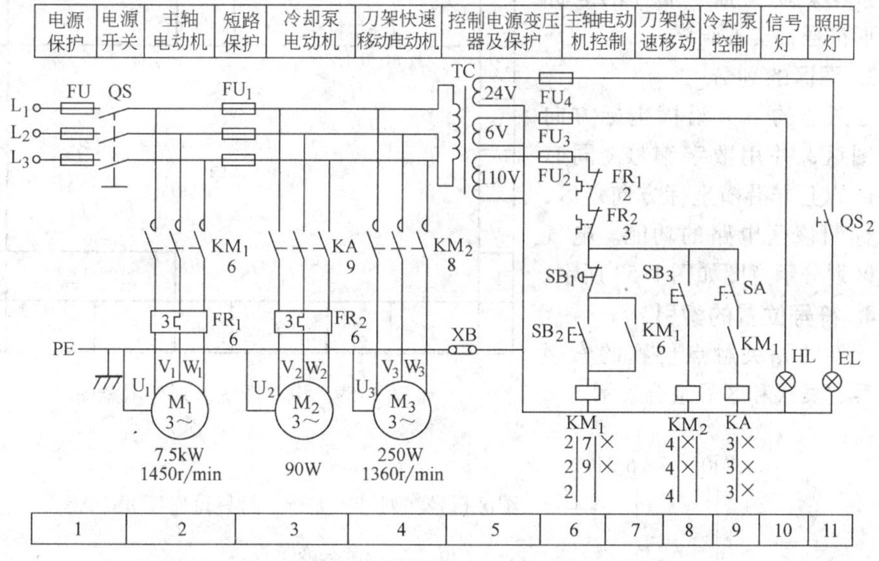

图 1-58　某车床电气原理图绘制样例

1）电气控制线路分主电路和控制电路。一般主电路用粗线条画在左侧或上方，控制电路用细线条画在右侧或下方。

2）所有电器元件，均采用国家标准规定的图形符号和文字符号表示。需要测试和拆、接外部引线的端子，应用图形符号“空心圆”表示。电路的连接点用“实心圆”表示。

3）同一电器的不同部分（如线圈、触点）可分散在图中不同部位。按功能布置，分别放在它们完成逻辑作用的地方。为易于识别，同一电器的不同部位使用同一文字符号标明；若有多个同一种类的电器元件，可在文字符号后加上数字符号的下标，如 KM_1、KM_2 等。

4）电气控制线路的所有按钮、触点均按没有外力作用和没有通电时的原始状态画出。“原始状态”对按钮、行程开关等是指没有受到外力时的触点状态；而对于接触器、继电器等是指线圈未通电时的触点状态。

5）控制电路的分支电路，原则上按动作顺序和信号流自上而下或从左到右的原则绘制。电路图应按主电路、控制电路、照明电路、信号电路分开绘制。直流和单相电源电路用水平线画出，一般画在图样上方，相序自上而下排列。中性线（N）和保护接地线（PE）放在相线之下。主电路与电源电路垂直画出。控制电路与信号电路垂直画在两条水平电源线之间。耗电元件（如电器的线圈、电磁铁、信号灯等）直接与下方水平线连接。控制触点连接在上方水平线与耗电元件之间。当图形垂直放置时，各元器件触点图形符号以“左开右闭”绘制。当图形为水平放置时以“上闭下开”绘制。其触点动作的方向是从下向上、由左到右。

特别值得注意的是，目前国内仍有很多图书资料的图稿很不标准和规范，仍然采用国家早就明文强令废弃的老标准图形符号，实不应该。

3. 图区的划分

在图样的下方沿横坐标方向划分图区，并用数字编号。同时在图样的上方沿横坐标方向划区，分别标明该区电路的功能。电气图图区划分示意图如图1-59所示。

4. 符号位置的索引

元件的相关触点位置的索引用图号、页次和区号组合表示。

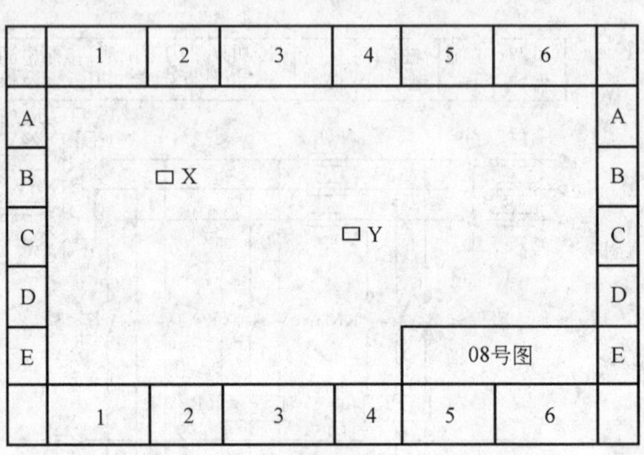

图1-59 电气图图区划分示意图

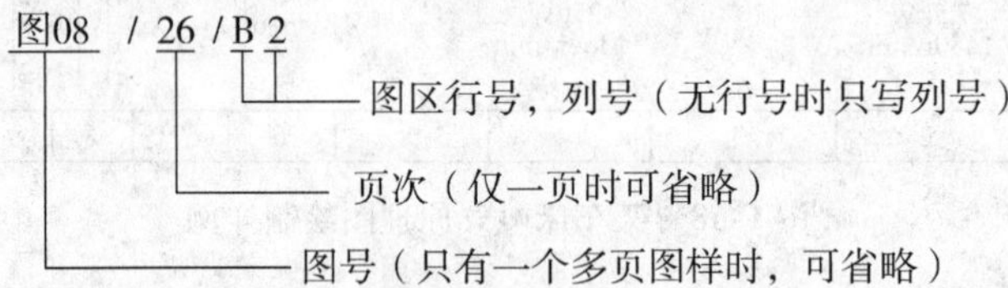

接触器和继电器的触点位置可采用附图的方式表示。

接触器各栏的含义：

左栏	中栏	右栏
主触点的图区号	辅助动合触点的图区号	辅助动断触点的图区号

继电器各栏的含义：

左栏	右栏
动合触点的图区号	动断触点的图区号

5. 主电路各接点标记

三相交流电源引入线采用 L_1、L_2、L_3 标记。电源开关之后的分别按U、V、W顺序标记。分级三相交流电源主电路可采用1U、1V、1W；2U、2V、2W 等。各电动机分支电路各接点可采用三相文字代号后面加数字来表示，如 U11、U21 等，数字中的十位数字表示电动机代号，个位数字表示该支路的接点代号。

控制电路采用阿拉伯数字编号，一般由三位或三位以下的数字组成。

1.4.2 机床电器元件布置图

机床电器元件布置图表示各种电气设备在机床设备和电气控制柜中的实际安装位置。各电器元件都要按照在安装底板（或电气控制箱、控制柜）中的实际安装位置绘出；元件所占据的面积按它的实际尺寸依照适当的比例绘制；一个元件的所有部件应画在一起，并用虚线框起来。各电器元件之间的位置关系视安装底板的面积大小、长宽比例及连接线的顺序来决定，并要注意不得违反安装规程。各电器元件的安装位置是由机床结构和工作要求决定的，如电动机要和被拖动的机械部件在一起，行程开关应放在要取得信号的地方，操作元件放在操作方便的地方，一般电器元件放在电气控制柜内。电器元件布置图详细绘制出电气设备、零件的安装位置。绘制电器元件布置图时应遵守以下原则：

1）在一个完整的自动控制系统中，由于各种电器元件所起的作用不同，各自安装的位置也不同。因此，在进行电器元件布置图绘制之前应根据电器元件各自安装的位置划分各组件。

根据机床设备的工作原理和控制要求，将控制系统划分为几个组成部分称为部件；根据电气设备的复杂程度，每一部分又可划分为若干组件。同一组件内，电器元件的布置应满足以下原则：

① 体积大和较重的元件应安装在电器板的下面，发热元件应安装在电器板的上面。

② 强电与弱电分开应注意弱电屏蔽，防止外界干扰。

③ 需要经常维护、检修、调整的电器元件安装位置不宜过高或过低。

④ 电器元件的布置应考虑整齐、美观、对称。结构和外形尺寸较类似的电器元件应安装在一起，以利于加工、安装、配线。

⑤ 各种电器元件的布置不宜过密，要有一定的间距。

2）各种电器元件的位置确定之后，即可以进行电器元件布置图的绘制。电器元件布置图根据电器元件的外形进行绘制，并要求标出各电器元件之间的间距尺寸。其中，每个电器元件的安装尺寸（即外形大小）及其公差范围应严格按其产品手册标准进行标注，以作为安装底板加工依据，保证各电器元件的顺利安装。

3）在电器元件的布置图中，还要根据本部件进出线的数量和采用导线的规格，选择进出线方式及适当的接线端子板或接插件，按一定顺序在电器元件布置图中标出进出线的接线号。为便于施工，在电器元件的布置图中往往还留有 10% 以上的备用面积及线槽位置。

某机床电器元件布置示意图如图 1-60 所示，图中各电器代号应与有关电路和电器清单上所有元器件代号相同。

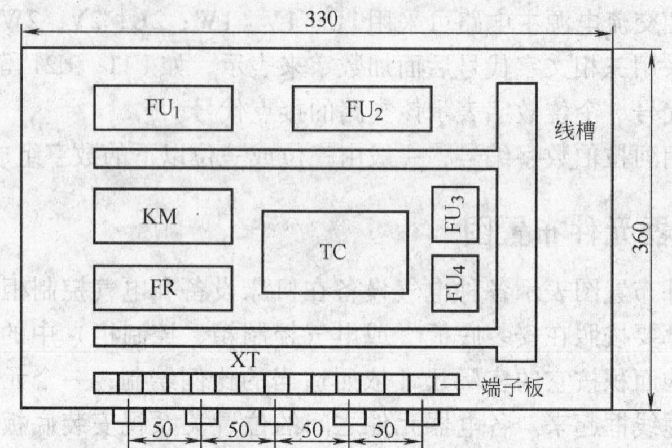

图 1-60　某机床电器元件布置示意图

1.4.3　机床电气安装接线图

电气安装接线图是按照电器元件的实际位置和实际接线绘制的，它根据电器元件布置最合理、连接导线最经济等原则来安排，它为安装电气设备、电器元件之间进行配线及检修电气故障等提供了必要的可靠依据。图 1-61 为某机床三相笼型异步电动机正反转控制的安装接线图。绘制安装接线图时应遵循以下原则：

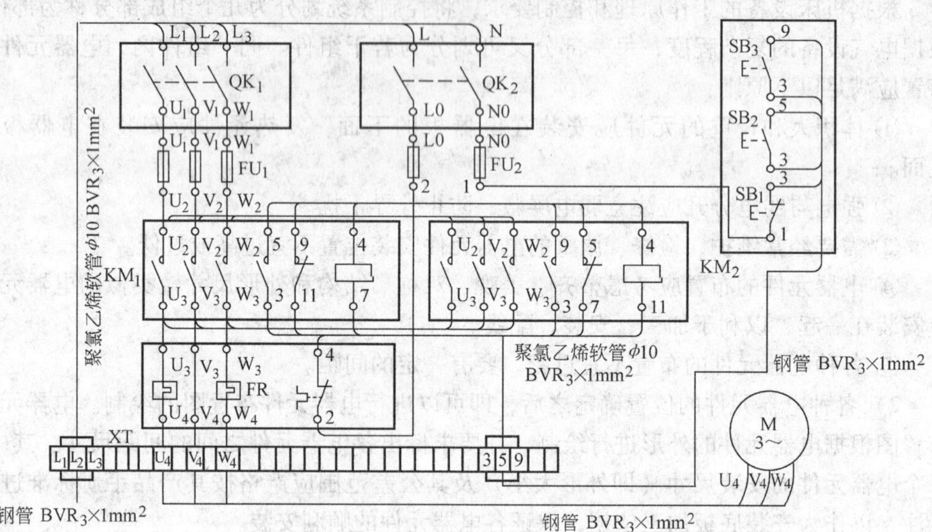

图 1-61　某机床三相笼型异步电动机正反转控制的安装接线图

1）各电器元件用规定的图形、文字符号绘制，各电器元件的相对位置应与实际安装的相对位置一致。各电器元件按其实际外形尺寸以统一比例绘制。

2）同一电器元件的各部件必须画在一起，并用点画线框起来。

3）各电器元件上凡需接线的端子均应予以编号，且与电气原理图中的导线编号必须一致。

4）在接线图中，所有电器元件的图形符号、各接线端子的编号和文字符号必须与原理图中的一致，且符合国家的有关规定。

5）电气安装接线图一律采用细实线。成束的接线可用一条实线表示。接线很少时，可直接画出电器元件间的接线方式；接线很多时，接线方式用符号标注在电器元件的接线端，标明接线的线号和走向，可以单线画出或者不画出两个元件间的接线。

6）在接线图中应当标明配线用的电线型号、规格、标称截面。穿管或成束的接线还应标明穿管的种类、内径、长度等及接线根数、接线编号。

7）安装底板内外的电器元件之间的连线需通过接线端子板进行，并按电气原理图进行接线连接。

8）注明有关接线安装的技术条件。

1.4.4 机床电气识图方法与步骤

1. 识图方法

（1）结合电工基础知识识图　在掌握电工基础知识的基础上，准确、迅速地识别电气图。如改变电动机电源相序，即可改变其的旋转方向的控制。

（2）结合典型电路识图　典型电路就是常见的基本电路，如电动机的起动、制动、顺序控制等。不管多复杂的电路，几乎都是由若干基本电路组成的。因此，熟悉各种典型电路，是看懂较复杂电气图的基础。

（3）结合制图要求识图　在绘制电气图时，为了加强图样的规范性、通用性和示意性，必须遵循一些规则和要求，利用这些制图的知识能够准确地识图。

2. 识图步骤

（1）准备　了解机床设备生产过程和工艺对电路提出的要求；了解各种用电设备和控制电器的位置及用途；了解图中的图形符号及文字符号的意义。

（2）主电路　首先要仔细看一遍电气图，弄清电路的性质，是交流电路还是直流电路。然后从主电路入手，根据各元器件的组合判断电动机的工作状态。如电动机的起停、正反转、调速和制动等。

（3）控制电路　分析完主电路后，再分析控制电路。对复杂的控制电路要化整为零，抓住最基本的控制环节，按动作顺序对每条小回路逐一分析研究；然后再全面分析各条回路相互间的配合（连锁）和制约（互锁）关系，要特别注意与机械、液压部件的动作关系。

（4）最后阅读检测、保护、照明、信号指示等部分。

任务5　熟知机床控制中常用的电路环节

任何一个复杂的机床电气控制线路，总是由一些基本的控制环节、辅助环节和保护环节，根据机床生产工艺的要求，按照一定的规律组合起来的。因此，要阅读一台复杂机床电气控制电路图，必须首先掌握这些基本的控制环节，这也是设计机床电气控制线路的基础。

1.5.1 机床的起动电路环节

1. 机床的全电压起动控制电路

机床起动实际上就是指机床所用电动机的转子由静止状态变为正常运转状态的过程。笼型交流异步电动机起动时的起动电流很大，约为额定值的 4~7 倍，过大的起动电流一方面会引起供电线路上很大的压降，影响线路上其他用电设备的正常运行；另一方面电动机频繁起动会严重发热，加速线圈老化，缩短电动机的寿命。由经验公式，当 $I_{st}/I_N \leqslant (3/4 + P_S/4P_N)$ 时，中小型电动机可全电压直接起动。式中，I_{st}为电动机起动电流（A）；I_N为电动机额定电流（A）；P_S为电源容量（kVA）；P_N为电动机额定功率（kW）。图 1-62 为两种全电压直接起动控制电路。图 1-62a 为开关直接起动，适用于小型风机、电钻、冷却设备。图 1-62b、c 为按钮和接触器组成的“起-保-停”直接起动，是机床最常用电路，适用于中小型机床。

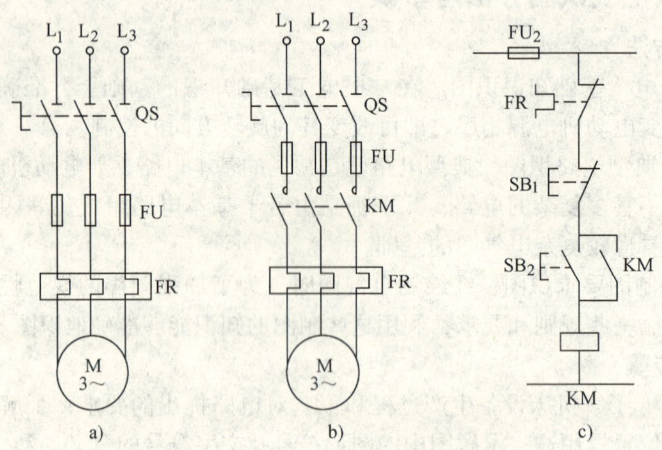

图 1-62 两种全电压直接起动控制电路

2. 机床的既能点动又能长动控制电路

机床常常需要试车、调整对刀或齿轮变速，刀架、横梁、立柱也常需要快速移动等，此时需要所谓的“点动”动作，即按下按钮，电动机转动，带动生产机械运动；放开按钮，电动机停转，生产机械就停止运动。正常工作时又要求连续工作，按下起动按钮，接触器 KM 的线圈通电，其主控触点 KM 吸合，电动机起动，此时辅助触点也吸合；若松开按钮，接触器 KM 线圈通过其辅助触点可以继续保持通电，维持其吸合状态，电动机继续转动。这里是用接触器的辅助触点 KM 来代替按钮闭合导通回路。这种利用接触器自身的触点来使其线圈保持长期通电的环节，叫“自锁（保）环节”。要停车时，按下停车按钮，接触器 KM 的线圈失电，主触点断开，电动机失电停转。长动与点动的主要区别就在于接触器 KM 能否自锁。

如果生产机械既要能点动又要能连续工作，则可以采用图 1-63 所示电路来实现。图 1-63a 用按钮来实现；图 1-63b 用开关来实现；图 1-63c 用中间继电器来实现。其共同点是能自保的即为长动；不能自保的即为点动。

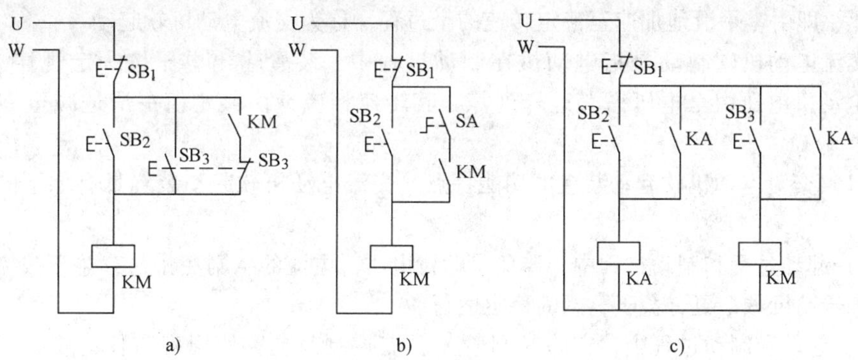

图 1-63　既可点动又可长动（带自锁）控制线路

a）用按钮实现长动与点动控制电路　b）用开关实现长动与点动的控制电路

c）用中间继电器实现长动与点动控制电路

3. 机床的减压起动控制电路

由于大容量笼型异步电动机起动电流很大，会引起电网电压降低，使电动机转矩减小，甚至起动困难，而且还会影响其他设备的正常工作，因此常采用减压起动控制电路以限制起动电流和对电网及设备的冲击。图 1-64 为自耦变压器降压起动控制线路，即起动时采用低电压，运行时切换到全电压。

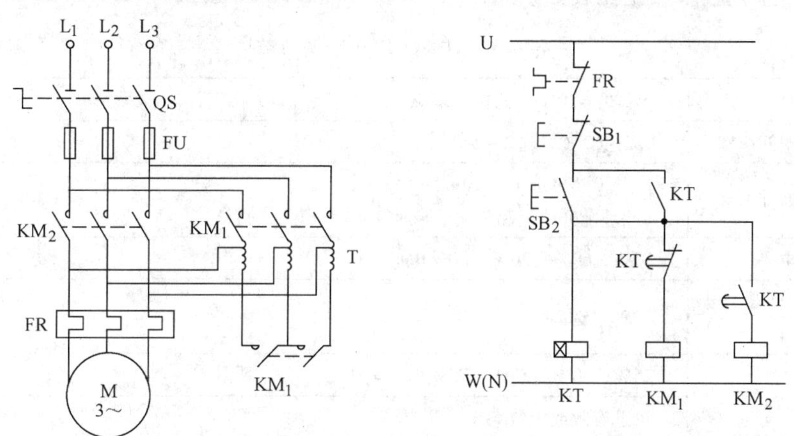

图 1-64　自耦变压器减压起动控制线路

4. 机床电动机的软起动控制

交流异步电动机软起动技术成功地解决了交流异步电动机起动时电流大、线路电压降大、电力损耗大以及对传动机械带来破坏性冲击力等问题。交流电动机软起动装置对被控电动机既能起到软起动，又能起到软制动作用。

交流电动机软起动是指电动机在起动过程中，装置输出电压按一定规律上升，被控电动机电压由起始电压平滑地升到全电压，其转速随控制电压变化而发生相应的特性变化，即由零平滑地加速至额定转速的全过程，称为交流电动机软起动。

交流电动机软制动是指电动机在制动过程中，装置输出电压按一定规律下降，被控电动机电压由全电压平滑地降到零，其转速相应地由额定值平滑地减至零的全过程。

（1）交流电动机软起动装置的功能特点　交流电动机软起动装置具有如下的功能特点：

1）起动过程和制动过程中，避免了运行电压、电流的急剧变化，有益于被控制电动机和传动机械，更有益于电网的稳定运行。

2）起动和制动过程中，实施晶闸管无触点控制，装置使用寿命长，故障事故率低，通常免检修。

3）集相序、缺相、过热、起动过电流、运行过电流和过载的检测及保护于一身，节电、安全、功能强。

4）能实现以最小起始电压（电流）获得最佳转矩的节能效果。

（2）交流电动机软起动装置系列产品介绍

1）JDRQ 系列交流电动机软起动器。JDRQ 系列软起动器是微电脑全数字自动控制的交流电动机软起动器，采用双向晶闸管输出，利用晶闸管的输出随着触发脉冲宽度的变化而变化的软特性实现控制，适用于普通的笼型感应电动机软起动和软制动的控制。JDRQ 系列技术数据见表 1-4。

表 1-4　JDRQ 系列技术数据

电源电压/V	AC380 = 10%，三相，50Hz
斜坡上升时间/s	0.5 ~ 60（可选 2 ~ 240）
斜坡下降时间/s	1 ~ 120（可选 4 ~ 480） （斜坡上升时间和斜坡下降时间是完全独立的）
阶跃下降电平	50%、60%、70%、80% 电源电压
最大电流极限上升保持时间/s	30（可选 240）
起始电压	25%、40%、55%、75% 电源电压
突跳起动	可选有效或无效
突跳起动电压	70% 或 90% 电源电压
突跳起动时间/s	0.25、0.5、1.0、2.0
故障检测	电源或电动机缺相、控制电源异常、内部故障
微电脑和显示器能诊断显示的信号	L1 控制电源，L2 斜坡上升/相序错误（闪烁），L3 斜坡下降，L4 故障，L5 限流，L6 起动完成，L7 散热器过热，因此，利用 LED 和继电器信号，能使用户掌握有关软起动器和负载状态的详细信号

① JDRQ- A 系列软起动器型号规格见表 1-5。

表 1-5 JDRQ-A 系列软起动器型号规格

序　号	型　号	电流/A	功率/kW
1	JDRQ-A35	35	15
2	JDRQ-A42	42	18.5
3	JDRQ-A50	50	22
4	JDRQ-A65	65	30
5	JDRQ-A80	80	37
6	JDRQ-A100	100	45
7	JDRQ-A120	120	55
8	JDRQ-A160	160	75

② JDRQ 系列交流电动机软起动器电气主线路和控制线路原理图如图 1-65 所示。

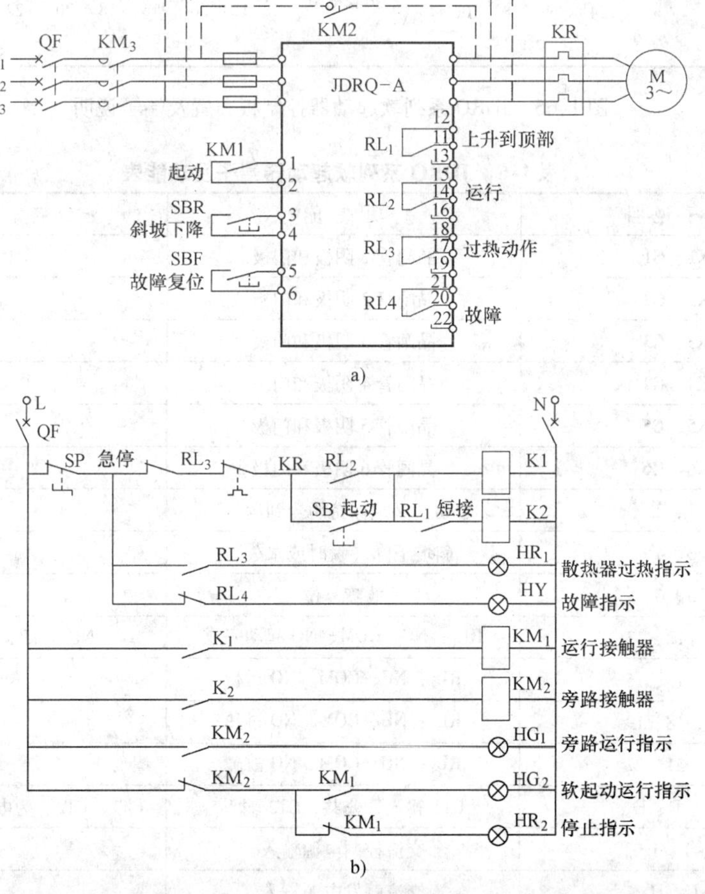

图 1-65 JDRQ 系列交流电动机软起动器电气主线路和控制线路原理图

③ JDRQ 系列软起动器控制板布置及端子说明如图 1-66 所示，端子及功能见表 1-6。

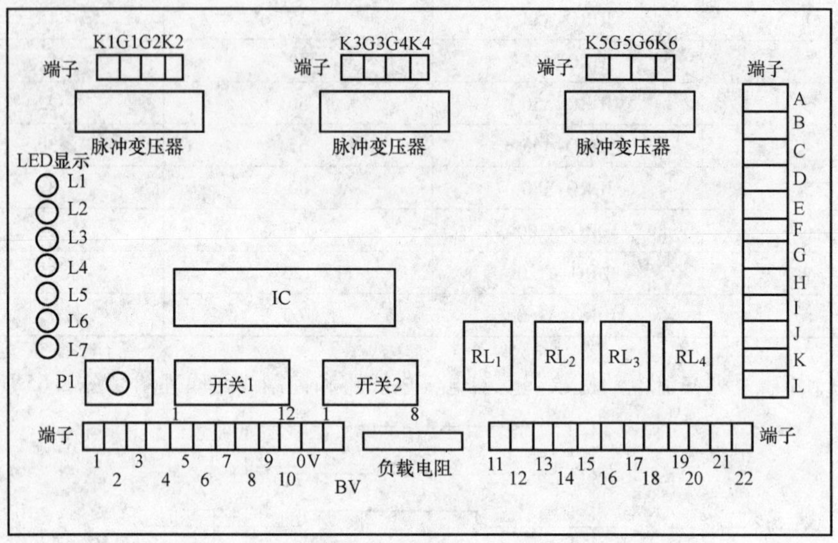

图 1-66　JDRQ 系列软起动器控制板布置及端子说明

表 1-6　JDRQ 系列软起动器端子及功能表

端子说明	功　能	备　注
K1、G1	晶闸管 1 阴极和门极	
K2、G2	晶闸管 2 阴极和门极	
K3、G3	晶闸管 3 阴极和门极	
K4、G4	晶闸管 4 阴极和门极	
K5、G5	晶闸管 5 阴极和门极	
K6、G6	晶闸管 6 阴极和门极	
1、2	起动（必须保持闭合到运行）	
3、4	斜坡下降（瞬时或永久）	
5、6	故障复位	
11、12、13	RL_1：NC、COM、NO 起动完成	NC-常闭，NO-常开
14、15、16	RL_2：NC、COM、NO 运行	
17、18、19	RL_3：NC、COM、NO 过热	
20、21、22	RL_4：NC、COM、NO 故障	
C、D、E	CT1 输入、公共、CT2 输入	CT1、CT2、为电流互感器二次
K、L、I、J	交流控制电源输入	
G、H	交流触发电源输入	

2）CDJR1 系列数字式电动机软起动器。CDJR1 系列数字式软起动器可应用在 5.5～500kW 交流电动机的起动及制动控制上。它可以替代Y-△起动、电抗器起动、自耦降压起动等老式起动设备，可应用于机床、冶金、化工、建筑、水泥、矿山、环保等工业领域中。

① CDJR1 系列数字式软起动器技术数据见表 1-7。

表 1-7　CDJR1 系列数字式软起动器技术数据

功能		设定范围	出厂值	说明
代号	名称			
0	起始电压/V	40～380	120	电压模式有效
1	起始时间/s	0～20	5	电压模式有效
2	起动上升时间/s	0～500	10	电压模式有效
3	软停车时间/s	0～200	2	设为零时自由停车
4	起动限制电流（%）	50～400	250	限流模式有效
5	过载电流（%）	50～200	150	测定值百分比
6	运行过流（%）	50～300	200	额定值百分比
7	起动延时/s	0～999	0	外控延时起动
8	控制模式	0～1	0	0：限流起动　1：斜坡电压起动
9	键盘控制	1～6	1	1：键盘　2：外控 3：键盘＋外控　4：PC 5：PC＋键盘　6：PLC＋外控
A	输出断相保护	0～1	0	0：有　1：无
B	显示方式	0～500	0	0：按额定电流百分比 XXX：选实际功率额定值
C	外部故障控制	0～2	0	0：不用　1：用　2：多用一备
D	远控方式	0～1	0	0：三线控制：1：双线控制
E	本机地址	0～60	0	用于串口通信
F	参数设定保护	0～1	0	0：允许修改　1：不允许修改
EY	修改设定保护	此状态下允许改变数据		
A	起动上升状态	1. 显示电流值 XXXA 或额定值百分比 2. 延时起动时显示时间 DETTT		
－A	运行状态			
－A	软停车状态			

注：X 为 0～9 数值，Y 为 0～F 数字。

② 软起动控制图

a）CDJR1 系列软起动电气设备电路连接图如图 1-67 所示。

b）CDJR1 系列软起动器基本电路框图如图 1-68 所示。它利用晶闸管可控制的输出特性来实现对电动机软起动的控制。当电动机起动之后，晶闸管退出，交流接触器投入。

③ 主电气回路和控制回路接线端子表见表 1-8。

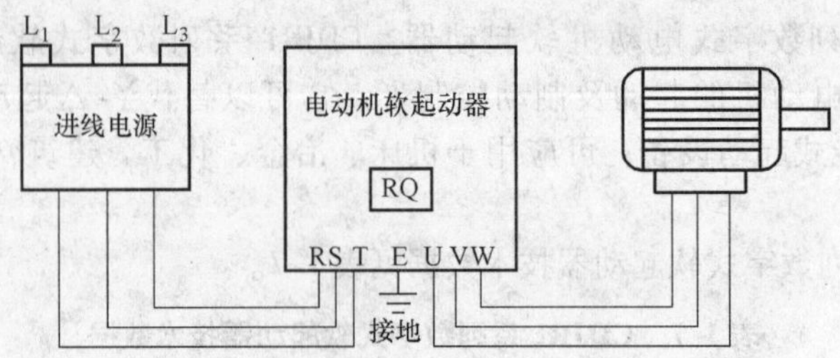

图 1-67　CDJR1 系列软起动电气设备电路连接图

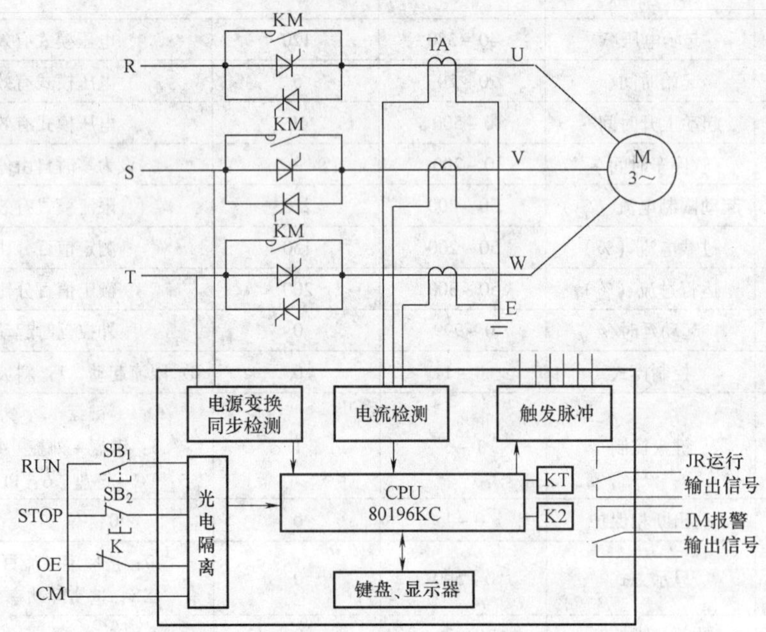

图 1-68　CDJR1 系列软起动器基本电路框图

表 1-8　主电气回路和控制回路接线端子表

	端子标记	端子名称	说　明
主回路	R S T	主回路电源端	连接三相电源
	U V W	起动器输出端	连接三相电动机
	E	接地端	金属框架接地（防电击事故和干扰）
控制回路	CM	接点输入公共端	接点输入信号的公共端
	RUN	起动输入端	RUN-CM 接通时电动机开始运行
	STOP	停止输入端	STOP-CM 断开时电动机进入停止状态
	OE1、2、3	外部故障输入端	OE-CM 断开时电动机立即停止
	JRA、B、C	运行输出信号	JRA-JRB 为常开接点，JRB-JRC 为常闭接点
	JMA、B、C	报警输出信号	JMA-JMB 为常开接点，JMB-JMC 为常闭接点

可见，起动控制器有七个接线端，R、S、T通过空气断路器接入（无相序要求）。E端必须牢固接地，U、V、W为输出端与电动机连接。经试运转可通过换接R、S、T中任两端或换接，U、V、W任意两端改变电动机转向。

1.5.2 机床的正反向可逆运行控制电路环节

因大多数机床的主轴或进给运动都需要正反两个方向运行，常要求电动机能够正反转。只要把电动机定子二相绕组任意两相调换一下接到电源上去，电动机定子相序即可改变，从而电动机就可改变转向了。如果用两个接触器 KM_1 和 KM_2 来完成电动机定子绕组相序的改变，那么控制这两个接触器 KM_1 和 KM_2 来实现正转与反转的起动和转换控制线路就是正反转控制线路，如图1-69所示。当然，机床设备的正反转也可由机械装置来实现，这就要增加机械结构的复杂性，而采用电动机正反转比较简单方便。

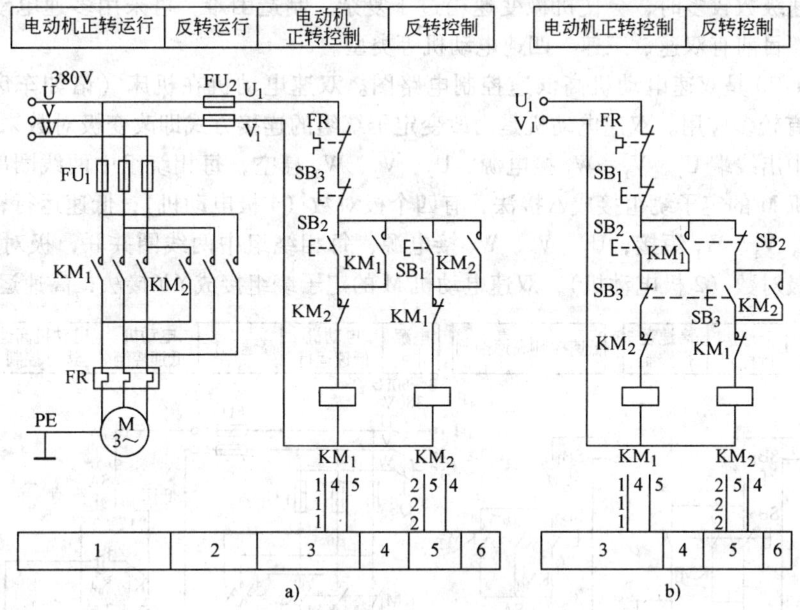

图1-69 机床的正反转控制线路

从图1-69主回路上看，如果 KM_1 和 KM_2 同时接通，就会造成主回路的短路，故需要应用前述的互锁环节，即两线圈动断触点互相串联在对方的控制回路中，这样当一方得电时，由于其动触点打开，使另一方线圈不能通电，此时即使按下按钮，也不能造成短路。

从图1-69a中可以看出，如果电动机正在正转，想要反转，需先停止正转，然后才能起动反转，显然操作不方便。可以使用复合按钮解决这一问题，如图1-69b所示，正反转可以直接切换，使用复合按钮同时还可以起到互锁作用。这是由于按下 SB_2 时，只有 KM_1 可得电动作，同时 KM_2 回路被切断。同理按下 SB_3 时，只有 KM_2 可得电动作，同时 KM_1 回路被切断。

但要注意：如果只用按钮进行互锁，而不用接触器动断触点之间的互锁，是不可靠的。因为在实际中可能会出现这样的情况，由于负载短路或大电流的长期作用，接触器的主触点被强烈的电弧“烧焊”在一起，或者接触器的机构失灵，使衔铁卡住总是处在吸合状态，这都可能使主触点不能断开，这时如果另一接触器动作，就会造成电源短路事故。如果用的是接触器动断触点进行互锁，不论什么原因，只要一个接触器是吸合状态，它的互锁动断触点就必然将另一接触器线圈电路切断，这就能避免事故的发生。图 1-69b 为按钮和接触器双重互锁正反转控制线路，其中接触器动断触点之间的互锁是必不可少的。

1.5.3 机床的高低速控制电路环节

机床在加工过程中要根据材质、进刀量等变换速度，常用机械变速箱来完成。但要求变速级数较多时，会使机械变速箱过于复杂，制造困难，可采用多速电动机来配合变速，目前有双速、三速、四速电动机等类型。

图 1-70 是双速电动机高低速控制电路图。双速电动机在机床（诸如车床、铣床等）中有较多应用。双速电动机是由改变定子绕组的连接方式即改变极对数来调速的。若将图中出线端 U_1、V_1、W_1 接电源，U_2、V_2、W_2 悬空，每相绕组中两线圈串联，双速电动机 M 的定子绕组接成△接法，有四个极对数（4 极电动机），低速运行；如将出线端 U_1、V_1、W_1 短接，U_2、V_2、W_2 接电源，每相绕组中两线圈并联，极对数减半，有两个极对数（2 极电动机），双速电动机 M 的定子绕组接成YY接法，高速运行。

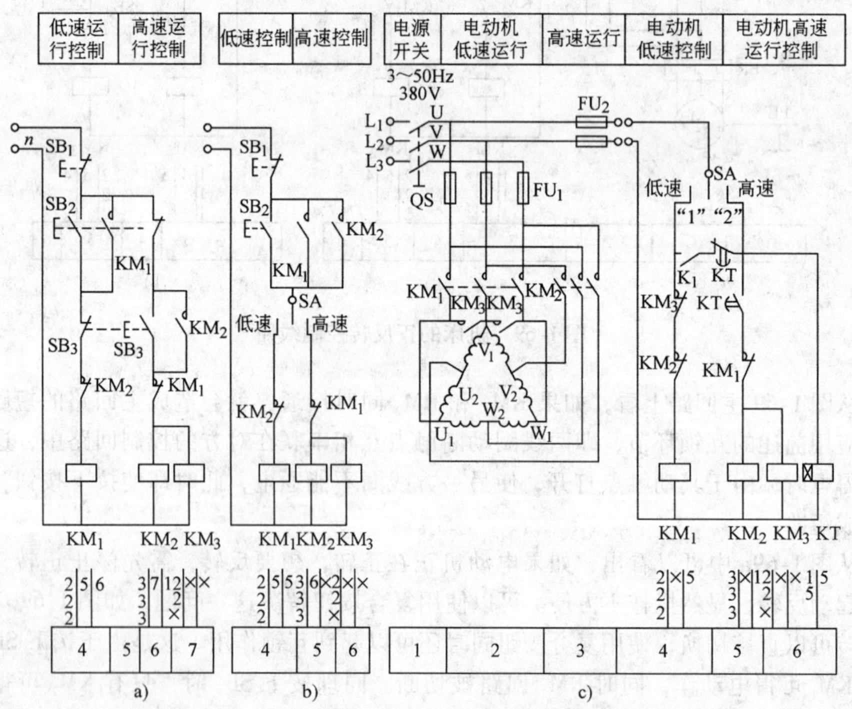

图 1-70　双速电动机高低速控制电路图

图1-70a、b为直接控制高/低速起动运行，控制较为简单。图1-70c中，SA为高/低速电动机M的转换开关，SA有三个位置：当SA在中间位置时，高/低速均不接通，电动机M处于停机状态；当SA在“1”位置时低速起动接通，接触器KM_1闭合，电动机M定子绕组接成△接法低速运转；当SA在“2”位置时电动机M先低速起动，延时一整定时间后，低速停止，切换高速运转状态，即接触器KM_1、KT首先闭合，双速电动机M低速起动，经过KT一定的延时后，控制接触器KM_1释放，接触器KM_2和KM_3闭合，双速电动机M的定子绕组接成YY接法，转入高速运转。

1.5.4 机床的停机制动控制电路环节

高速运行的机床电动机储藏有大量的机械能，要提高机床的使用效率，使它快速停机，必需采用有效的制动措施，常用的有机械制动电磁铁、电动机的能耗制动、反接制动等。

图1-71就是机床电动机最常用的时间继电器控制的机床能耗制动控制线路图。三相异步电动机的能耗制动是在电动机定子绕组交流电源被切断后，在定子两相绕组间加进直流电源，产生一个恒定磁场，利用惯性转动的机床电动机转子切割其磁力线变电动机为发电机，所产生的转子电流快速地消耗在转子电路中。储藏的机械能消耗掉了，电动机也就停机了。

在图1-71b所示控制线路中，SB_2用于起动，SB_1用于制动，KM_2为制动用接触器。若在电动机正在运行时，按下SB_1，KM_1断电，切除交流运行电源。制动接触器KM_2及时间继电器KT得电，KM_2得电自锁使直流电接入主回路进行能耗制动，KT得电开始计时。当速度接近零时，延时时间到，KT的延时动断触点打开，KM_2失电，主回路中KM_2主触点打开，切断直流电源，制动结束。

图1-71c所示是采用单管半波整流电源能耗制动控制线路图，用于简易控制线路。

1.5.5 机床的电液控制电路环节

液压传动系统能够提供较大的驱动力，并且运动传递平稳、均匀、可靠、控制方便。当液压系统和电气控制系统组合构成电液控制系统时，很容易实现自动化，电液控制被广泛地应用在各种机床设备上。电液控制是通过电气控制系统控制液压传动系统按给定的工作运动要求完成动作。液压传动系统的工作原理及工作要求是分析电液控制电路工作的一个重要环节。

1. 液压系统组成

如图1-72a所示，液压传动系统主要由四个部分组成：

1）动力装置（液压泵及传动电动机）。

2）执行机构（液压缸或液压马达）。

3）控制调节装置（压力阀、调速阀、换向阀等）。

4）辅助装置（油箱、油管等）。

由电动机拖动的液压泵为电液系统提供压力油，推动执行件液压缸活塞移动或者液压马达转动，输出动力。控制调节装置中，压力阀和调速阀用于调定系统的压力和执行

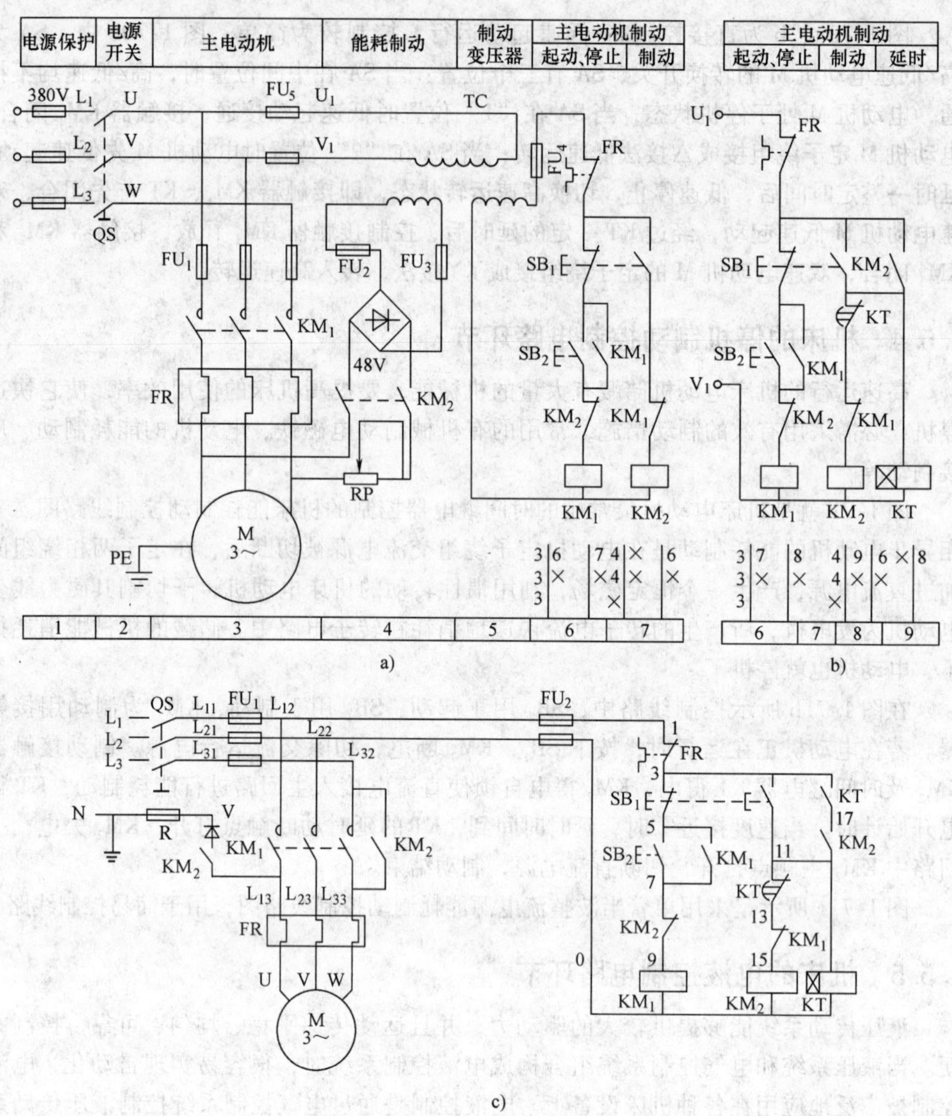

图 1-71　最常用的时间继电器控制的机床能耗制动控制线路图

件的运动速度，方向阀用于控制液流的方向或接通、断开油路，控制执行件的运动方向和构成液压系统工作的不同状态，满足各种运动的要求。辅助装置提供油路系统。

液压系统工作时，压力阀和调速阀的工作状态是预先调整好的固定状态，只有方向阀根据工作循环的运动要求而变化工作状态，形成各工步液压系统的工作状态，完成不同的运动输出。因此对液压系统工作自动循环的控制，就是对方向阀工作状态进行控制。

方向阀因其阀结构的不同而有不同的操作方式，可用机械、液压和电动方式改变阀的工作状态，从而改变液流方向，或接通、断开油路。电液控制中是采用电磁铁吸合推动阀芯移动改变阀工作状态的方式，实现控制。

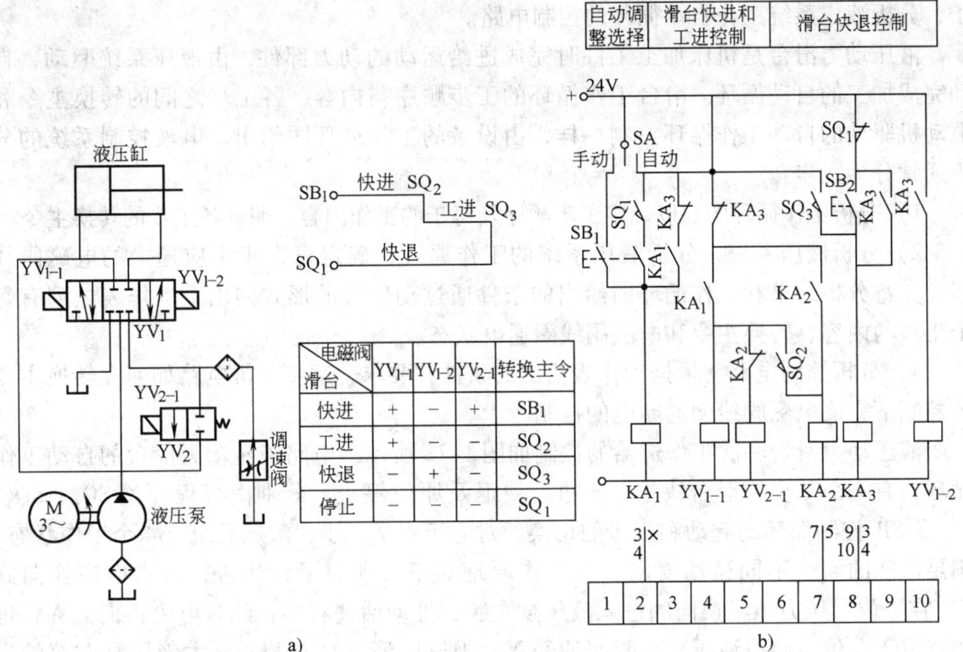

电磁阀 / 滑台	YV_{1-1}	YV_{1-2}	YV_{2-1}	转换主令
快进	+	−	+	SB_1
工进	+	−	−	SQ_2
快退	−	+	−	SQ_3
停止	−	−	−	SQ_1

图 1-72　组合机床液压动力滑台电液控制系统

2. 电磁换向阀

由电磁铁推动改变工作状态的阀称为电磁换向阀，其图形符号如图 1-73 所示。从图 1-73a ~ c 可知二位阀的工作状态，当电磁阀线圈通电时，换向阀位于一种通油状态；线圈失电时，在弹簧力的作用下，换向阀复位处于另一种通油状态；电磁阀线圈的通断电控制了油路的切换。图 1-73d ~ e 为三位阀，阀上装有两个线圈，分别控制阀的两种通油状态；当两电磁阀线圈都不通电时，换向阀处于第三种的中间位通油状态；需注意的是两个电磁阀线圈不能同时得电，以免阀的状态不确定。

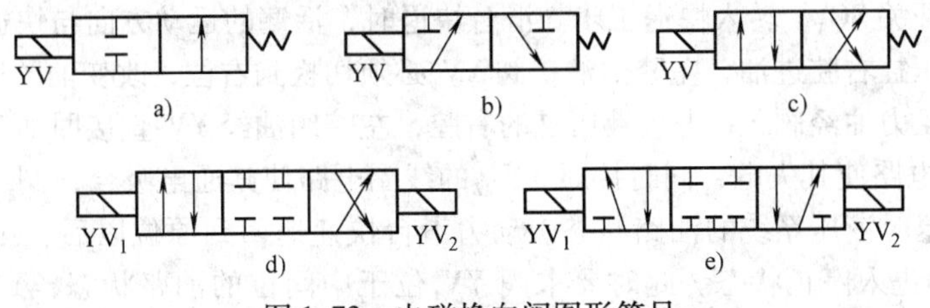

图 1-73　电磁换向阀图形符号

a）二位二通阀　b）二位三通阀　c）二位四通阀　d）三位四通阀　e）三位五通阀

电磁换向阀有两种，即交流电磁换向阀和直流电磁换向阀，由阀上电磁阀线圈所用电源种类确定，实际使用中根据控制系统和设备需要而定。电液控制系统中，控制电路根据液压系统工作要求控制电磁换向阀线圈的通断电来实现所需运动输出。

3. 液压系统工作自动循环控制电路

组合机床液压动力滑台工作自动循环控制是一典型的电液控制，下面将其作为例子，分析液压系统工作自动循环的控制电路。

液压动力滑台是机床加工工件时完成进给运动的动力部件，由液压系统驱动，自动完成加工的自动循环。滑台工作循环的工步顺序与内容、各工步之间的转换主令和电动机驱动的自动工作循环控制一样，由设备的工作循环图给出。电液控制系统的分析通常分为三步：

1）分析工作循环图，以确定工步顺序及每步的工作内容，明确各工步的转换主令。

2）分析液压系统，分析液压系统的工作原理，确定每工步中应通电的电磁阀线圈，并将分析结果和工作循环图给出的条件通过动作表的形式列出，动作表上列有每个工步的内容、转换主令和电磁阀线圈通电状态。

3）分析控制电路，根据动作表给出的条件和要求，逐步分析电路如何在转换主令的控制下完成电磁阀线圈通断电的控制。

液压动力滑台一次工作进给的控制如图 1-72 所示。电路液压动力滑台的自动工作循环共有 4 个工步：滑台快进、工进、快退及原位停止，分别由行程开关 SQ_2、SQ_3、SQ_1 及 SB_1 控制循环的起动和工步的切换。对应于 4 个工步，液压系统有 4 个工作状态，满足活塞的 4 个不同运动要求。其工作原理如下：动力滑台快进，要求电磁换向阀 YV_1 在左位，压力油经换向阀进入液压缸左腔，推动活塞右移，此时电磁换向阀 YV_2 也要求位于左位，使得液压缸右腔回油经 YV_2 阀返回液压缸左腔，增大液压缸左腔的进油量，活塞快速向前移动。为实现上述油路工作状态，电磁阀线圈 YV_{1-1} 必须通电，使阀 YV_1 切换到左位，YV_{2-1} 通电使 YV_2 切换到左位。动力滑台前移到达工进起点时，压下行程开关 SQ_2，动力滑台进入工进的工步。动力滑台工进时，活塞运动方向不变，但移动速度改变，此时控制活塞运动方向的阀 YV_1 仍在左位，但控制液压缸右腔回油通路的阀 YV_2 切换到右位，切断右腔回油进入左腔的通路，而使液压缸右腔的回油经调速阀流回油箱，调速阀节流控制回油的流量，从而限定活塞以给定的工进速度继续向右移动，YV_{1-1} 保持通电，使阀 YV_1 仍在左位，但是 YV_{2-1} 断电，使阀 YV_2 在弹簧力的复位作用下切换到右位，满足工进油路的工作状态。工进结束后，动力滑台在终点位压动终点限位开关 SQ_3，转入快退工步。滑台快退时，活塞的运动方向与快进、工进时相反，此时液压缸右腔进油，左腔回油，阀 YV_1 必须切换到右位，改变油的通路，阀 YV_1 切换以后，压力油经阀 YV_1 进入液压缸的右腔，左腔回油经 YV_1 直接回油箱，通过切断 YV_{1-1} 的线圈电路使其失电，同时接通 YV_{1-2} 的线圈电路使其通电吸合，阀 YV_1 切换到右位，满足快退时液压系统的油路状态。动力滑台快速退回到原位以后，压动原位行程开关 SQ_1，即进入停止状态。此时要求阀 YV_1 位于中间位的油路状态，YV_2 处于右位，当电磁阀线圈 YV_{1-1}、YV_{1-2}、YV_{2-1} 均失电时，即可满足液压系统使滑台停在原位的工作要求。控制电路中 SA 为选择开关，用于选定滑台的工作方式。开关扳在自动循环工作方式时，按下起动按钮 SB_1，循环工作开始，其工作原理图如 1-72b 所示。SA 扳到手动调整工作方式时，电路不能自锁持续供电，按下按钮 SB_1 可接通 YV_{1-1} 与 YV_{2-1} 线圈电路，滑台快速前进，松开 SB_1，YV_{1-1} 与 YV_{2-1} 线圈失电，滑台立即停止移动，从而实现点动向前调整的动作。SB_2 为滑台快速复位按钮，当由于调整前移或工作过程中突然停电的原因，滑台没有停在原位不能满足自动循环工作的起动条件，即原位行程开关

SQ_1必须处于受压状态时，通过压下复位按钮SB_1，接通YV_{1-1}线圈电路，滑台即可快速返回至原位，压下SQ_1后停机。其动作过程顺序分析如图1-74所示。

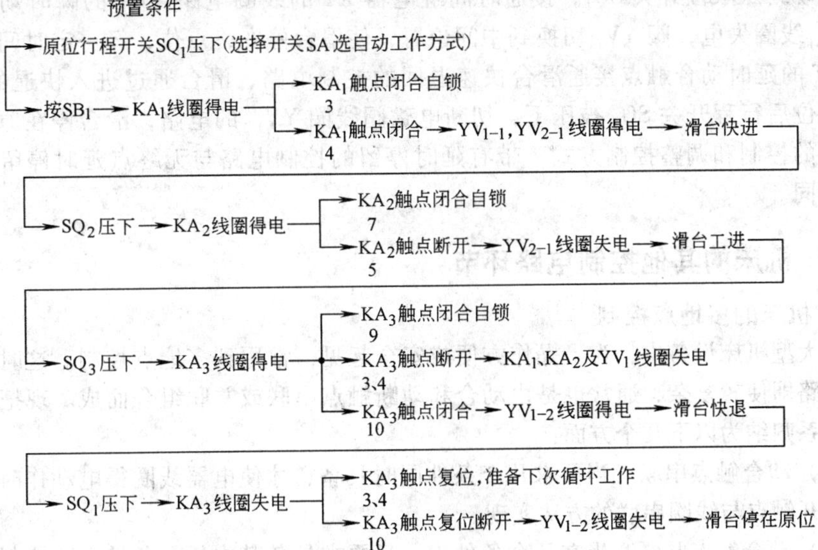

图1-74 液压动力滑台电器动作顺序图

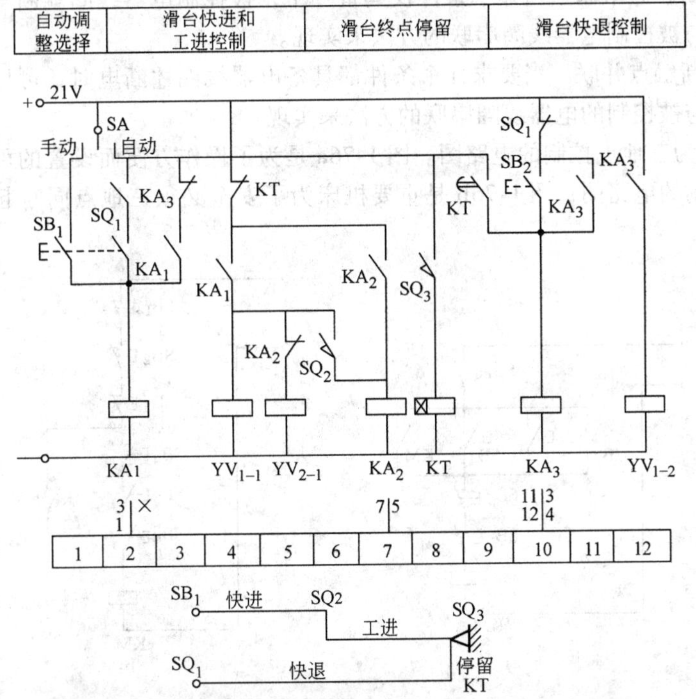

图1-75 具有终点延时停留功能的滑台控制电路的工作循环图及控制电路图

在上述控制电路的基础上，加上一延时元件，可得到具有进给终点延时停留的自动循环控制电路，其工作循环图及控制电路图如图 1-75 所示。当滑台工进到终点时，压动终点限位开关 SQ_1，接通时间继电器 KT 的线圈电路，KT 的瞬时动断触点使 $YV_{1\text{-}1}$线圈失电，阀 YV_1 切换到中间位置，使滑台停在终点位，经一定时间的延时后，KT 的延时动合触点接通滑台快速退回的控制电路，滑台通过进入快退的工步，退回原位后行程开关 SQ_1 被压下，切断电磁阀线圈 $YV_{1\text{-}2}$的电路，滑台停在原位，其他工步的控制和调整控制方式，带有延时停留的控制电路与无终点延时停留的控制电路类同。

1.5.6 机床的其他控制电路环节

1. 机床的多地点控制

在大型机床设备中，为了操作方便或安全起见，常用到多地点控制。这时的电气控制线路即使较复杂，通常也是由动合和动断触点串联或并联组合而成。现把它们的相互关系归纳为以下几个方面：

（1）动合触点串联　当要求几个条件同时具备，才使电器线圈得电动作时，可用几个常开触点与线圈串联的方法实现。

（2）动合触点并联　当在几个条件中，只要求具备其中任一条件，所控制的继电器线圈就能得电时，可以通过几个动合触点并联来实现。

（3）动断触点串联　当几个条件仅具备一个，被控制电器线圈就断电时，可用几个动断触点与被控制电器线圈串联的方法来实现。

（4）动断触点并联　当要求几个条件都具备电器线圈才断电时，可用几个动断触点并联，再与被控制的电器线圈串联的方法来实现。

图 1-76 为三地点控制的电路图。图 1-76a 是为了操作方便而设置的可三地点分别起停操作控制的电路图；图 1-76b 是重要机床为了安全必须三地点同时起动操作控制的电路图。

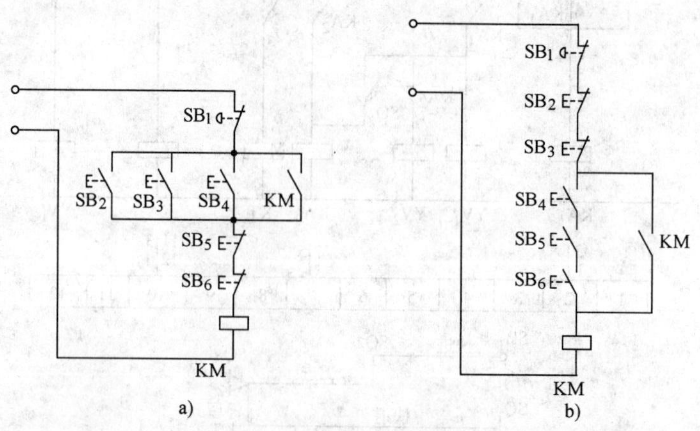

图 1-76　三地点控制的电路图

2. 机床的连锁和互锁控制

（1）连锁　在机床控制线路中，常要求电动机或其他电器有一定的得电顺序。如某些机床主轴须在液压泵工作后才工作；龙门刨床工作台移动时，导轨内必须有足够的润滑油；在主轴旋转后，工作台方可移动等。这种先后顺序配合的关系称为连锁。图 1-77 为 4 台电动机起动顺序控制，前级电动机不起动时，后级电动机也无法起动，如电动机 M_1 不起动，则电动机 M_2 也无法起动；依此类推，前级电动机停止时，后级电动机也停止，如电动机 M_2 停止，则电动机 M_3、M_4 也停止。

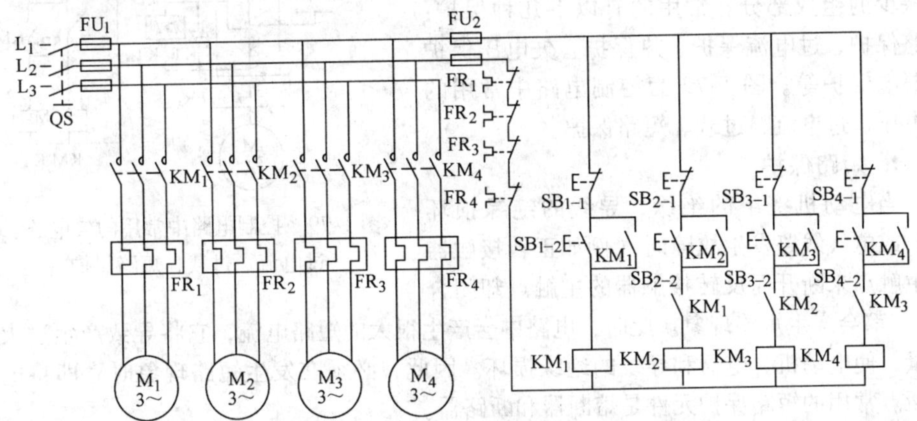

图 1-77　4 台电动机起动顺序控制

图 1-78 为三段传送带电动机起动/停止均延时的顺序控制。当按下起动按钮 SB_1 时，电动机 M_3 起动运行，2s 后电动机 M_2 起动运行，再过 2s 后电动机 M_1 起动运行；按下停止按钮 SB_0 停止时，电动机 M_1 立刻停止，延时 2s 后 M_2 停止，M_3 在 M_2 停 2s 后停止（KT_1、KT_2、KT_3 的整定时间为 2s，KT_4 的整定时间为 4s）。

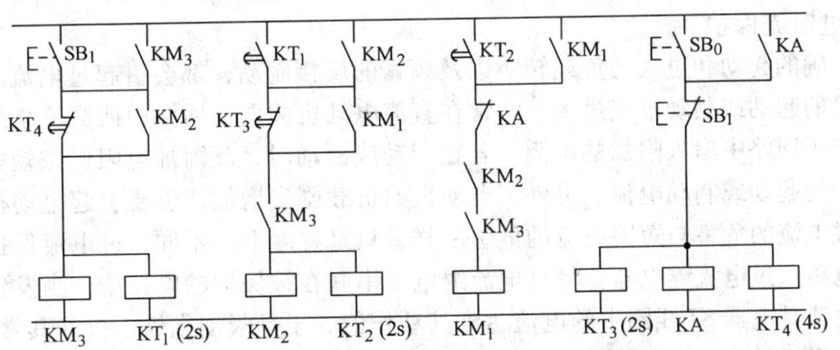

图 1-78　三段传送带电动机起动/停止均延时的顺序控制

（2）互锁　在机床控制线路中，要求两个或多个电器不能同时得电动作，相互之间有排他性，这种相互制约的关系称为互锁。如控制电动机的正反转的两个接触器如同时得电，将导致电源短路。在比较复杂的机床中，不仅运动方向上有互锁关系，各运动之间也有互锁关系。故常用操作手柄和行程开关形成机械和电气双重互锁，如图

1-69b 所示，三相交流电动机的正反转的这种相互禁止的控制关系，就是互锁。

1.5.7 机床的保护电路环节

机床控制保护环节的任务是保证机床电动机长期正常运行，避免由于各种故障造成电气设备、电网和机床设备的损坏，以及保证人身的安全。保护环节是机床等所有生产设备都不可缺少的组成部分。常用的有以下几种保护：短路保护、过电流保护、热保护、欠电压保护及漏电保护等。图 1-79 为控制电路中常用的欠电压、过电流、过载、短路保护。

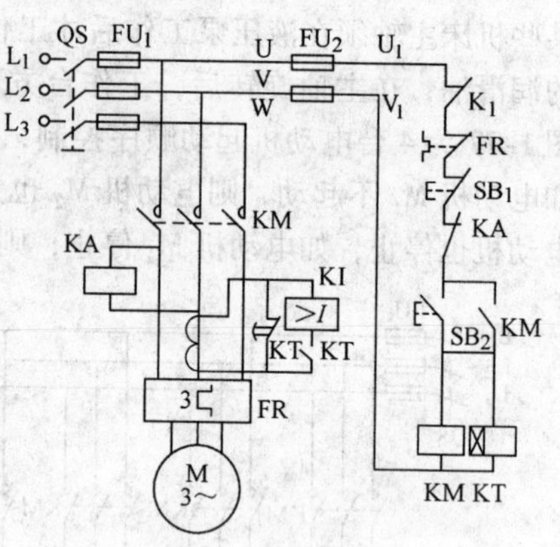

图 1-79　控制电路中常用的欠电压、过电流、过载、短路保护

1. 短路保护

当电动机绕组的绝缘、导线的绝缘损坏时，或电气线路发生故障时（例如正转接触器的主触点未断开而反转接触器的主触点却闭合了），都会产生短路现象。此时，电路中会产生很大的短路电流，它将导致产生过大的热量，使电动机、电器和导线的绝缘损坏。因此，必须在发生短路现象时立即将电源切断。常用的短路保护元件是熔断器和断路器。

熔断器的熔体串联在被保护的电路中，当电路发生短路或严重过载时，它自动熔断，从而切断电路，达到保护的目的。断路器俗称自动开关，它有短路、过载和欠电压保护功能。通常熔断器比较适用于对动作准确度要求不高和自动化程度较差的系统中；当用于三相电动机保护时，在发生短路时有可能会使一相熔断器熔断，造成单相运行。但对于断路器只要发生短路就会自动跳闸，将三相电路同时切断。断路器结构复杂，广泛用于要求较高的场合。

2. 过电流保护

不正确的起动和过大的负载转矩以及频繁的反接制动，都会引起过电流。为了限制电动机的起动或制动电流过大，常常在直流电动机的电枢回路中或交流绕线转子电动机的转子回路中串入附加的电阻。若在起动或制动时，此附加电阻已被短接，就会造成很大的起动或制动电流。另外，电动机的负载剧烈增加，也要引起电动机过大的电流，过电流的危害与短路电流的危害一样，只是程度上的不同，过电流保护常用断路器或电磁式过电流继电器。将过电流继电器串联在被保护的电路中，当发生过电流时，过电流继电器 KI 线圈中的电流达到其动作值，于是吸动衔铁，打开其常闭触点，使接触器 KM 释放，从而切断电源。这里过电流继电器只是一个检测电流大小的元件，切断过电流还是靠接触器。如果用断路器实现过电流保护，则检测电流大小的元件就是断路器的电流检测线圈，而断路器的主触点用以切断过电流。

对于交流异步电动机，因其起动电流较大，允许短时间过电流，故一般不用过电流保护。若要用过电流保护，如图 1-79 所示，可用时间继电器 KT 躲过起动时的过电流。

3. 过载（热）保护

热保护又称长期过载保护。所谓过载，通常是指发生了“小马拉大车”现象，使电动机的工作电流大于了其额定电流。造成过载的原因很多，如负载过大、三相电动机单相运行、欠电压运行等。当长期过载时，电动机发热，使温度超过允许值，电动机的绝缘材料就要变脆，寿命降低，严重时使电动机损坏，因此必须予以保护。常用的过载保护元件是热继电器（FR）。热继电器可以满足这样的要求：当电动机为额定电流时，电动机为额定温升，热继电器不动作；在过载电流较小时，热继电器要经过较长时间才动作；过载电流较大时，热继电器则经过较短时间就会动作；即具有反时限的特点。

由于热惯性的原因，热继电器不会因电动机短时过载冲击电流或短路电流而立即动作。所以在使用热继电器作过载保护的同时，还必须设有短路保护，并且选作短路保护的熔断器熔体的额定电流不应超过4倍热继电器发热元件的额定电流。

4. 零电压与欠电压保护

当电动机正在运行时，如果电源电压因某种原因消失，为了防止电源恢复时电动机自行起动的保护称为零电压保护，零电压保护常选用零压保护继电器KHV。对于按钮起动并具有自锁环节的电路，本身已具有零电压保护功能，不必再考虑零电压保护。

当电动机正常运行时，电源电压过分地降低将引起一些电器释放，造成控制线路不正常工作，可能产生事故。因此，需要在电源电压降到一定允许值以下时，将电源切断，这就是欠电压保护。欠电压保护常用电磁式欠电压继电器KV来实现。欠电压继电器的线圈跨接在电源两相之间，电动机正常运行时，当线路中出现欠电压故障或零压时，欠电压继电器线圈KA得电，其常闭触点打开，接触器KM释放，电动机被切断电源。

5. 弱磁保护

直流并励电动机、复励电动机在励磁磁场减弱或消失时，会引起电动机的“飞车”现象。此时，有必要在控制电路中采用弱磁保护环节。一般用弱磁继电器，其吸上值一般整定为额定励磁电流的1.2倍。

6. 限位保护

对于做直线运动的机床设备常设有限位保护环节。如机床工作台的前进、后退限位保护、升降台的上升、下降限位保护等。通常用行程开关的动合触点完成自动换向，用行程开关的动断触点来实现限位保护。

7. 漏电保护

漏电保护采用漏电保护器，主要用来保护人身生命安全。其应用见本项目图1-56漏电保护装置。

任务6　掌握机床控制常用的控制原则

通过前面任务的介绍，已经知道可将电器元件的动合、动断触点进行某种组合，形成机床的基本控制环节，以满足机床各种操作控制和保护要求。从前面任务的讨论还可以看出，机床控制过程的开始和结束以及中间状态的转换都是借助于扳动开关、按动按钮等人工操作实现的，而实际运行中还经常伴随着行程（位置）、时间、速度、电流（力或转矩）、电源频率等物理量的变化。如何根据这些物理量的变化而实现机床工作的自动控制呢？关键是将这些物理量（模拟量）用相应的检测装置转换成开关量并应用于控制线路中。在本任务中将要着重掌握机床电气控制线路常用的一些控制原则。

1.6.1 机床的行程控制原则

行程控制就是按照机床被控制对象的位置变化进行控制。行程控制需要行程开关来实现，当机床运动部件到达某一位置或在某一段距离内时，行程开关动作并使其动合触点闭合、动断触点断开。机床工作台的工作流程和控制电路如图 1-80 所示。

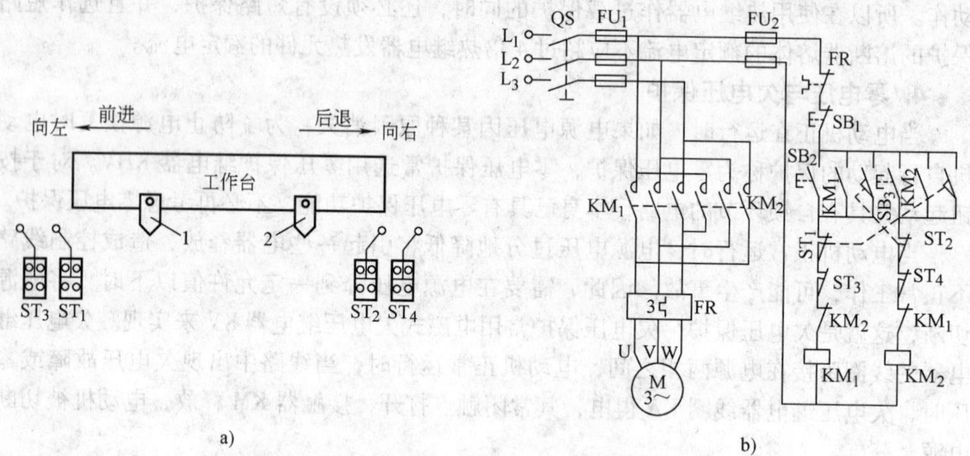

图 1-80　机床工作台的工作流程和控制电路

在图 1-80b 所示的机床工作台控制电路中，行程开关 ST_1 的动断触点串联在 KM_1 控制电路中，而它的动合触点是与 KM_2 的起动控制按钮 SB_2 相并联，这样当工作台由 KM_1 控制前进（向左）到一定位置碰触到 ST_1 时，由于 ST_1 断触点受压断开，KM_1 失电，工作台停止前进；而 ST_1 动合触点受压闭合，起动 KM_2，KM_2 得电自锁，控制工作台自动退回（向右）；当退至原位触碰 ST_2 时，ST_2 动断触点断开，又使 KM_2 关断，使工作台停止后退。继而 ST_2 动合触点闭合又重新起动 KM_1，使工作台再次前进；即实现了工作台的自动往复工作。上述工作过程可用图 1-80a 所示的动作图进行描述。

除行程开关 ST_1 和 ST_2 外，还有开关 ST_3 与 ST_4 安装在行程极限位置。当由于某种原因工作台到达 ST_1 与 ST_2 位置时，未能切断电动机电源，工作台将继续移动到极限位置，压下 ST_3 或 ST_4，此时可使电动机停止，避免由于超出允许位置所导致的事故，因此 ST_3 与 ST_4 起到超行程限位保护作用。

工作台往复工作自动循环控制线路，实现的是两个工步交替执行的顺序控制，两个行程开关交替发出切换信号，控制两个工步的转换。若在某个工艺过程中包含有多个工步时，则可由若干个行程开关顺序来实现工步转换。

1.6.2 机床的时间控制原则

时间控制就是按照机床被控制对象的时间变化顺序进行控制。时间控制需用时间继电器。时间继电器具有延时动作触点，以这种触点发出的开关信号作为受控系统的转换信号，是时间控制电路的关键。时间继电器有通电延时型和断电延时型两类。

图 1-81 所示是机床电气控制中常用的三相异步电动机Y-△降压起动控制线路，KT 为得电延时型时间继电器。在正常运行时，电动机定子绕组是连接成三角形的，起动时把它连接成星形，起动完成后再恢复到三角形连接。从主回路可知 KM_1 和 KM_3 主触点闭合，使电动机接成星形，并且经过一段延时后 KM_3 主触点断开，KM_1 和 KM_2 主触点闭合再接成三角形，从而完成降压起动，而后再自动转换到正常速度运行。

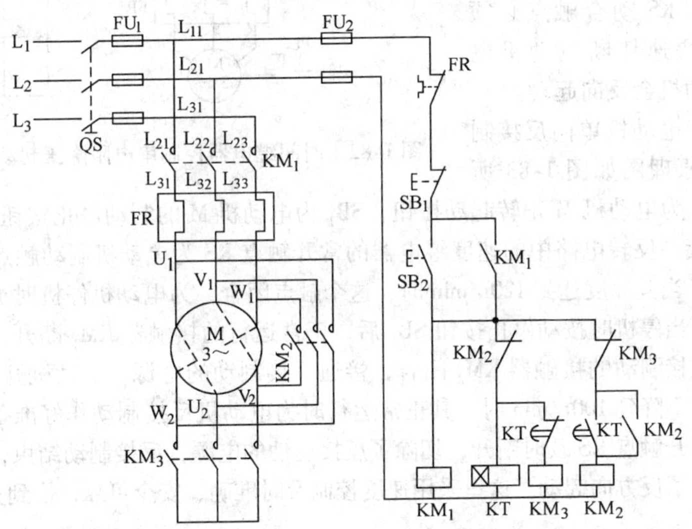

图 1-81 三相异步电动机Y-△降压起动控制线路（黑点）

控制线路的工作过程是：按下 SB_2，KM_1 得电自锁，KM_1 在电动机运转期间始终得电；KM_3 和时间继电器 KT_1 也同时得电，电动机Y接起动。延时一段时间后，KT 延时触点动作，首先是延时动断触点断开，使 KM_3 失电。主回路中 KM_3 主触点断开，电动机起动过程结束；随之 KM_3 互锁触点复位，KT_1 延时动合触点闭合，使 KM_2 得电自锁，且其互锁触点断开，又使 KT_1 线圈失电，KM_3 不容许再得电。电动机进入△接线正常运行状态。

Y-△降压起动的条件是需要电动机接线盒有 6 个出线端子。当一台内部接好线后其接线盒只有 3 个出线端子时，就不能采用Y-△降压起动。这时可采用图 1-82 所示的时间继电器控制串电阻降压起动控制电路。它的控制特点是当按下起动按钮 SB_2 时，接触器 KM_1 首先闭合，电动机 M 串电阻降压起动；经过预定的时间后，接触器 KM_2 闭合，切除串电阻 R，电动机 M 全压运行。

1.6.3 机床的速度控制原则

利用电动机转速的变化也可实现机床运行状态的控制，常用于交流异步电动机反接制动控制线路。电动机正常运行时，速度继电器 KS 的动合触点闭合。当需要制动时，变换其中任意两相电源相序并使电动机定子绕组串入限流电阻，便使其立即进入反接制动状态。当电动机转速下降接近于零时，KS 动合触点必须立即断开，快速切断电动机电源，否则电动机会反向起动。

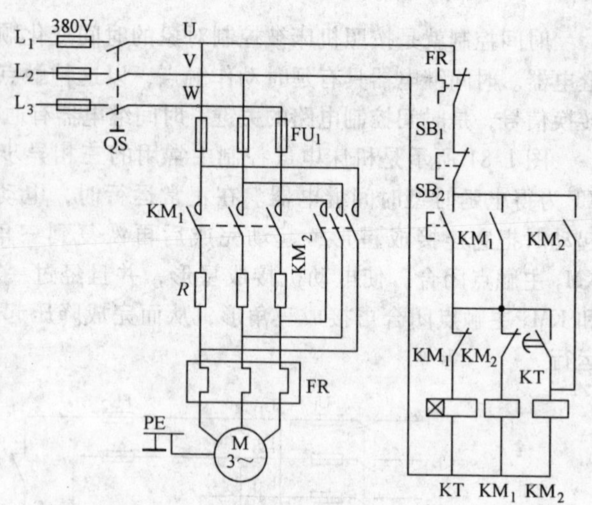

图 1-82 时间继电器控制串电阻降压起动控制电路

三相异步电动机单向反接制动控制电路原理图如图 1-83 所示。按钮 SB_2 为电动机 M 正转起动按钮，SB_1 为电动机 M 的制动停止按钮；KS 为速度继电器。串接在反转电路中的速度继电器的常开触点 KS 为电动机制动触点，电动机在起动过程中，当其速度达到 120r/min 时，这个触点闭合，为电动机停机时加反接制动电源作好准备。当停机时按动停止按钮 SB_1 后，正常运行的接触器 KM_1 断开，切断正常运行的电源；反接制动的接触器 KM_2 闭合，接通反接制动的电源，电动机开始反接制动；当电动机转速下降到 100r/min 时，其正常运行时为电动机反接制动作好准备的速度继电器已闭合的常开触点 KS 及时断开，切除了反接制动的电源，反接制动结束，电动机及时停机，又防止了反方向起动。这里采用速度控制及时准确、安全可靠，恰到火候。

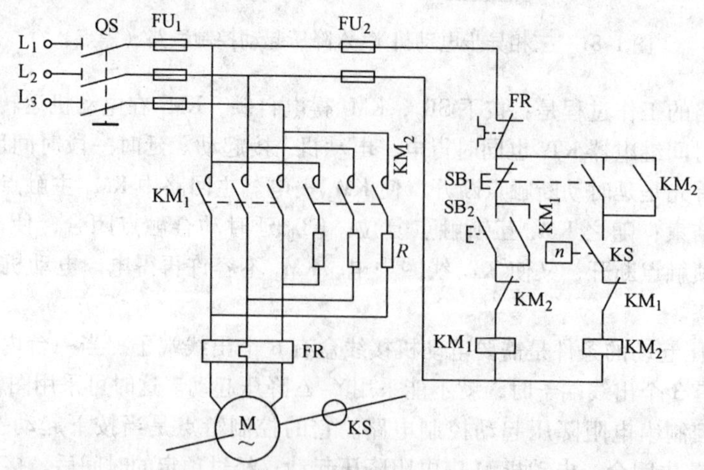

图 1-83 三相异步电动机单向反接制动控制电路原理图

图 1-84 为三相异步电动机双向反接制动控制电路原理图。按钮 SB_2 为电动机 M 正转起动按钮，SB_3 为电动机 M 的反转起动按钮，SB_1 为电动机 M 的制动停止按钮；KS 为速度继电器。串接在反转电路中的速度继电器的常开触点 KSR 为电动机正转制动触点，电动机正转过程中，当其速度达到 120r/min 时，这个触点闭合，为电动机正转反接制动作好准备。串接在正转电路中的速度继电器的常开触点 KSF 为电动机反转制动触点，电动机反转过程中，当其速度达到 120r/min 时，这个触点闭合，为电动机反转反接制动作好准备。当停机时按动停止按钮 SB_1 后，中间继电器 KA 得电自保，正常运行的接触器断开，切断正常运行的电源；反接制动的接触器闭合，接通反接制动的电源，电动机开始反接制动；当电动机转速下降到 100r/min 时，其正常运行时为电动机反接制动作好准备的相应速度继电器已闭合的常开触点（KSR 或 KSF）及时断开，切除了反接制动的电源，反接制动结束。

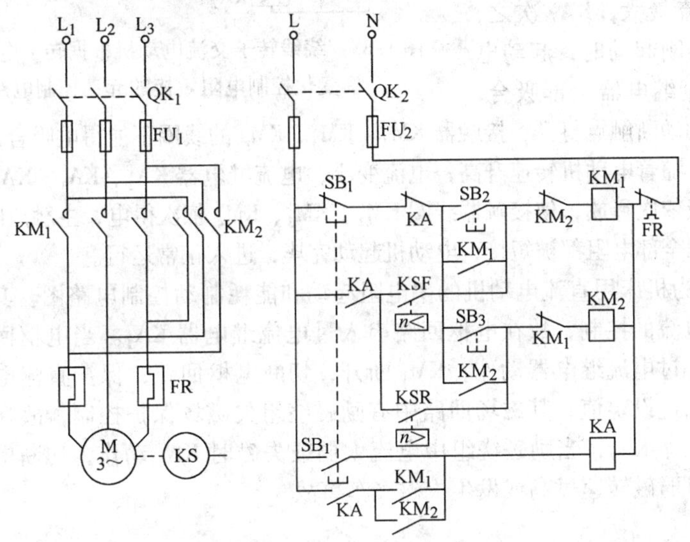

图 1-84　三相异步电动机双向反接制动的机床电气控制线路

中间继电器 KA 是为更安全可靠而增加的。因为在停车期间，如遇调整、对刀等，需用手转动机床主轴，则速度继电器的转子也将随着转动，其动合触点闭合，反向接触器得电动作，电动机处于反接制动状态，不利于调整工作。为解决这个问题，故在该控制线路中增加了一个中间继电器 KA，这样在用手转动电动机时，虽然 KS 的动合触点闭合，但只要不按停止按钮 SB_1，KA 失电，反向接触器就不会得电，电动机也就不会反接于电源。只有操作停止按钮 SB_1 时，制动线路才能接通，保证了操作者的人身安全。

1.6.4　机床的电流控制原则

电流的强、弱既可作为电路或电器元件保护动作的依据，也可反映机床控制中其他物理量（如卡紧力或扭矩等控制信号）的大小。通常电流控制是借助于电流继电器来实现的，当电路中的电流达到某一预定值时，电流继电器的触点动作，切换电路，达到电流控制的目的。图 1-85 是绕线转子交流电动机根据转子电流大小的变化控制电阻短接的起动控制电路，图中主电路转子绕组中除串接起动电阻外，还串接有电流继电器 KA_2、KA_3 和 KA_4 的线圈，三个电流继电器的吸合电流都一样，但是释放电流不同，KA_2 释放电流最大，KA_3 次之，KA_4 最小。当刚起动时，起动电流很大，电流继电器全部吸合，控制电路中的动断触点打开，接触器 KM_2、KM_3、KM_4 的线圈不能得电吸合，因此全部起动电阻接入，随着电动机转速升高，电流变小，电流继电器 KA_2、KA_3、KA_4 根据释放电流的大小等级依次释放，使接触器线圈 KM_2、KM_3、KM_4 依次得电，主触点闭合，逐级短接电阻，直到全部电阻都被短接，电动机起动完毕，进入正常运行。

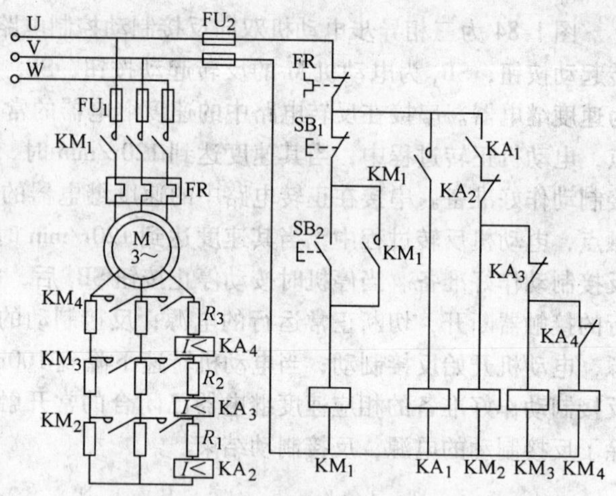

图 1-85　绕线转子交流电动机根据转子电流大小的变化控制电阻短接的起动控制电路

图 1-86 为机床用直流电动机的串电阻起动和能耗制动控制电路图。其电枢回路需要有限制过电流的控制，故在电枢回路串入过电流继电器 KA_1。当电枢回路的电流超过设定值时，过电流继电器动作，KM_1 断开，切断电枢回路，保护直流电动机电枢回路中电流不超过设定值；其磁场回路中有励磁绕组欠磁场保护控制，故在电枢回路串入欠电流继电器 KA_2，当励磁绕组中电流太弱或失磁时 KA_2 动作，切断电枢回路，防止直流电动机弱磁转速过高或发生失磁飞车事故。

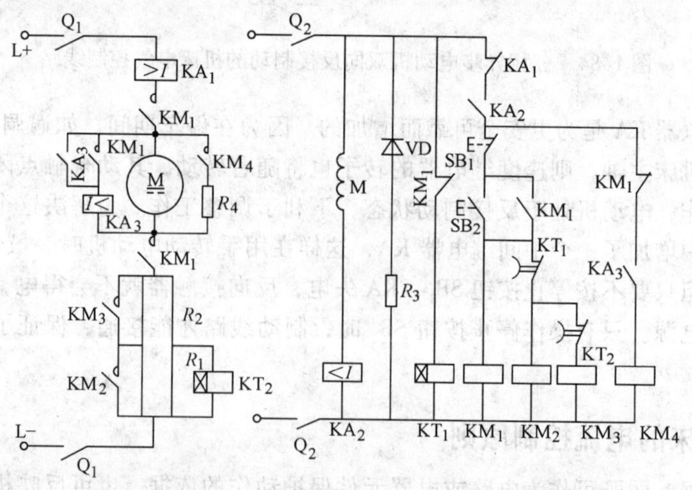

图 1-86　机床用直流电动机的串电阻起动和能耗制动控制电路图

1.6.5 机床的频率控制原则

利用电动机转子频率的变化也可实现机床运行状态的控制，例如绕线转子电动机频敏变阻器起动控制。我国独创的频敏变阻器是利用铁磁材料的频敏特性，制成阻抗随转子频率（即转差率 s）自动变化的起动器。当电动机起动时，转子频率较高，在频敏变阻器内与频率平方成正比的涡流损耗 r_m 较大，起到了限制起动电流及增大起动转矩的作用。随着转速上升，转子频率不断下降，r_m 跟着下降。当转速接近额定值时，转子频率很低，等效电阻很小，满足了电动机平滑起动要求。起动过程结束后，应将集电环短接，把频敏变阻器切除。适于轻载和重轻载起动。它是绕线式转子异步电动机较为理想的一种起动设备。常用于较大容量的绕线式异步的起动控制。

绕线转子电动机频敏变阻器起动控制线路图如图 1-87 所示。

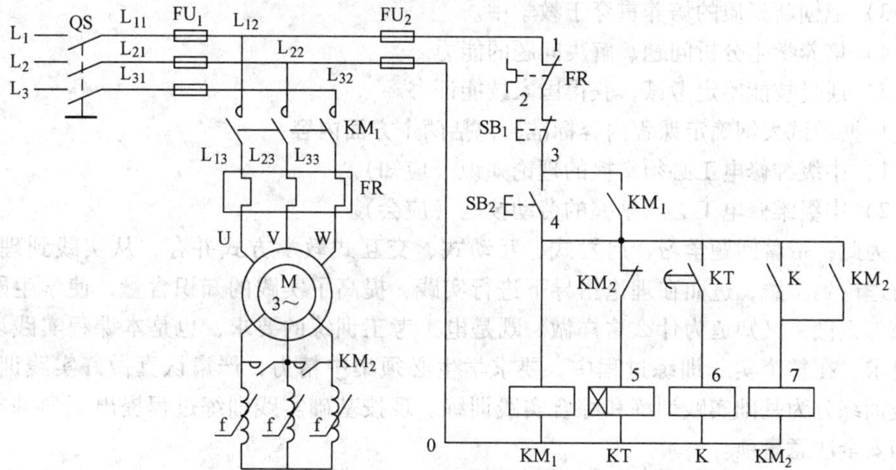

图 1-87 绕线转子电动机频敏变阻器起动控制线路图

任务 7 嵌入中级电工考级的机床电气控制基础实践训练

机床电气控制实践训练是一种实际生产性实践教学环节，其目的在于使学生掌握基本的实践训练方法与操作技能；培养学生学会根据实践训练目的、实践训练内容及实践训练设备拟定实践训练电路，选择所需仪表，确定实践训练步骤，测取所需数据，进行分析研究，得出必要结论，从而完成实践训练报告；达到工学结合、学用一致、理论密切联系生产实际的教学效果，努力提高学生的综合素质和生产实践技能，铸造高素质高技能的未来蓝领人才。

当今社会对专业技能人才的需求量越来越大，国家对专业技能人才实行技能鉴定证书制度，只有持有证书才能上岗。这一方面可以对特殊行业加强管理，另一方面也将为进入行业设立了严格的准入门槛。因此，作为高职教育，培养社会需求的知识型高级劳动者，应该将获得国家行业技能证书的要求嵌入高职教育的培养目标。

1.7.1 机床电气控制基础实践训练的基本要求和注意事项

电工考工是自动化类专业的专业实践性课程，是提高学生专业知识、专业动手能力的重要课程之一。而机电一体化专业是国家新修订专业目录自动化类学科的第一类专业，根据国家中级维修电工考试标准，要求学生掌握相应的理论知识和实践技能，通过考试，取得由国家劳动技能鉴定部门发放的中级维修电工证书，从而锻炼学生的职业劳动技能，并得到社会用人单位的认可，提高学生就业的社会竞争力，实现高职培养目标。为此，必须将电工考工训练纳入本课程的实践训练。电工考工训练的理念为：

1）坚持以高职教育培养目标为依据，遵循“结合理论联系实际，以应知、应会为原则，以培养锻炼劳动技能为重点”。

2）注重培养学生的专业思维能力和专业实践能力。

3）把创新素质的培养贯穿于教学中。

4）培养学生分析问题、解决问题的能力。

5）通过技能鉴定考试，获得国家技能证书。

根据考试大纲确定课程内容标准，包括两个方面内容：

1）中级维修电工必须掌握的理论知识（应知）。

2）中级维修电工必须掌握的劳动技能（应会）。

为此，带着问题学习，启发式、互动式、交互式教学方式并存，从实践到理论，又由理论到实践，进而在理论指导下进行实践，提高了实践的知识含量，使学生既知道该怎么做，又知道为什么这样做。既是电工考工训练的要求，也是本课程实践训练的要求。在整个实践训练过程中，要求学生必须集中精力，严肃认真做好实践训练。实践训练分为基础实践训练和综合实践训练。现按基础实践训练过程提出下列基本要求和安全注意事项。

1. 实践训练前的准备

实践训练前应充分复习教科书有关章节，认真预习、研读实践训练指导书，了解实践训练目的、项目、方法与步骤，明确实践训练过程中应注意的问题（有些内容可到实践训练室对照实践训练预习，如熟悉组件的编号、使用及其规定值等），并按照实践训练项目准备记录抄表等。

实践训练前应写好预习报告，经指导教师检查认为确实作好了实践训练前的准备，方可开始作实践训练。

认真作好实践训练前的各项准备工作，对于培养同学独立分析问题和解决问题的工作能力，提高实践训练质量和保护实验设备都是至关重要的。

2. 实践训练的实施进行

（1）建立小组，合理分工　每次实践训练都以小组为单位进行，每组由2~3人组成，实践训练进行中的接线、调节负载、保持电压或电流、记录数据等工作每人应有明确的分工，以保证实践训练操作协调，记录数据准确可靠。

（2）选择组件和仪表　实践训练前先熟悉该次实践训练所用的组件，记录电动机铭牌和选择仪表量程，然后依次排列组件和仪表便于测取数据。

(3) 按图接线　根据实践训练电路图及所选组件、仪表、按图接线，电路力求简单明了，按接线原则是先接串联主电路，再接并联支路。为查找电路方便，每路可用相同颜色的导线或插头。

(4) 起动电动机，观察仪表　在正式实践训练开始之前，先熟悉仪表刻度，并记下倍率，然后按一定规范起动电动机，观察所有仪表是否正常（如指针正、反向是否超满量程等）。如果出现异常，应立即切断电源，并排除故障；如果一切正常，即可正式开始实践训练。

(5) 测取数据　预习时对电动机的实践训练方法及所测数据的大小做到心中有数。正式实践训练时，根据实践训练步骤逐次测取数据。

(6) 认真负责　实践训练有始有终，实践训练完毕，须将数据交指导教师审阅。

3. 实践训练报告

实践训练报告是根据实测数据和在实践训练中观察和发现的问题，经过自己分析研究或分析讨论后写出的心得体会。

实践训练报告要简明扼要、字迹清楚、图表整洁、结论明确。

实践训练报告包括以下内容：

1) 实践训练名称、专业班级、学号、姓名、实践训练日期、室温（℃）。

2) 列出实践训练中所用组件的名称及编号，电动机铭牌数据（P_N、U_N、I_N、n_N）等。

3) 列出实践训练项目并绘出实践训练时所用的电路图，并注明仪表量程、电阻器阻值、电源端编号等。

4) 数据的整理和计算。

5) 按记录及计算的数据用坐标纸画出曲线，图纸尺寸不小于 8cm × 8cm，曲线要用曲线尺或曲线板连成光滑曲线，不在曲线上的点仍按实际数据标出。

6) 根据数据和曲线进行计算和分析，说明实践训练结果与理论是否符合，可对某些问题提出一些自己的见解并最后写出结论。实践训练报告应写在一定规格的报告纸上，保持整洁。

7) 对每次实践训练，每人要独立完成一份报告，按时送交指导教师批阅。

4. 实践训练中的安全事项

本实践训练要接触到强电电路，安装与接线错误及操作不当会损坏设备，危及人的生命安全，必须严肃认真、格外注意实践训练中的设备和人身安全。

1) 强电电路的实践训练，必须至少有两人进行，一人负责接线和操作，一人负责监护。

2) 强电电路的安装与接线要穿戴好必要的保护设施（绝缘鞋及绝缘手套等）。

3) 强电电路的安装与接线及调试要养成单手作业的习惯。

4) 掌握必要的故障下的自救和抢救方法。

1.7.2 机床电气控制实践训练指导

实践训练 1　机床的点动和长动控制

1. 实践训练目的

1) 通过实践训练熟悉机床控制中常用的各种低压电器。

2）通过实践训练进一步加深对机床点动控制和长动控制特点的理解。

3）通过对机床异步电动机点动控制和长动控制电路的实际安装接线，掌握由电气原理图变成机床实用电控设备的方法。

4）通过实践训练进一步加深理解点动控制和长动控制的特点以及在机床控制中的应用。

2. 选用组件

按图 1-88 选择必备的低压电气元器件：

1）三相交流异步笼型电动机一台。

2）三极刀开关或低压断路器一台。

3）起、停、点动按钮（绿、红、黑）各一个。

4）三相交流接触器一台。

5）熔断器（与三极刀开关配套使用）四个。

6）热继电器一台。

注：低压电气元器件的选择参数应根据所选用电动机的容量计算确定。

3. 三相异步电动机点动和长动控制参考电路图（见图 1-88 和图 1-89）

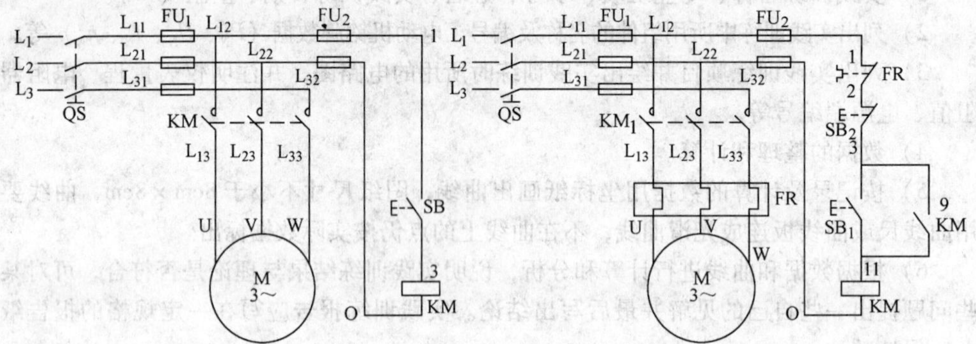

图 1-88　三相异步电动机点动和长动控制参考实验电路图

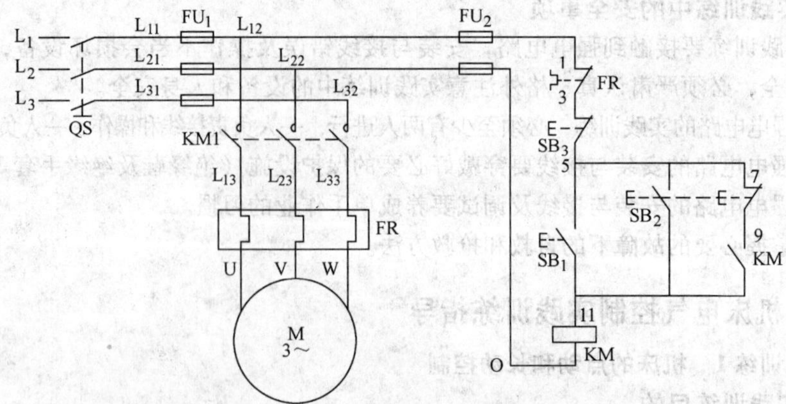

图 1-89　三相异步电动机长动带点动控制参考实验电路图

如按图 1-89 接线，接线时，先接主电路，它是从三相交流电源的输出端 L_1、L_2、L_3 开始，经三相刀开关 QS、熔断器 FU_1（或三相低压断路器）、接触器 KM 主触点到电动机 M 的三个线端 U、V、W 的电路，用导线按顺序串联起来，有三路。主电路经检查无误后，再接控制电路，从熔断器 FU_2 开始，经 KR、按钮 SB_3、SB_1、SB_2、接触器 KM 线圈到电源。

4. 实践训练过程

（1）点动控制［如图 1-89 中去掉（无）自锁］

连线接好经指导老师检查无误后，按下列步骤进行实验：

1）先合上 QS，接通三相交流电动机主电路和控制电路电源。

2）按下起动按钮 SB_2，对电动机 M 进行点动操作，观察电动机 M 运行。

3）松开起动按钮 SB_2，对电动机 M 进行停机操作，观察电动机 M 停机。

4）反复操作几次，比较按下 SB_2 和松开 SB_2 时电动机 M 的运转情况。

5）体验机床点动操作的内涵。

（2）长动控制（如图 1-89 中有自锁）

线接好经指导老师检查无误后，按下列步骤进行实验：

1）合上 QS，接通三相交流电动机主电路和控制电路电源。

2）按下起动按钮 SB_1，对电动机 M 进行连动操作，观察电动机 M 运行。

3）松开起动按钮 SB_1，观察电动机 M 运行情况。

4）按下停止按钮 SB_3，对电动机 M 进行停机操作，观察电动机 M 停机。

5）反复操作几次，比较按下 SB_1 和按下 SB_2 时电动机 M 的运转情况。

6）体验机床点动和长动操作的内涵；体会自锁的控制概念。

5. 其他参考实验电路图（见图 1-90）

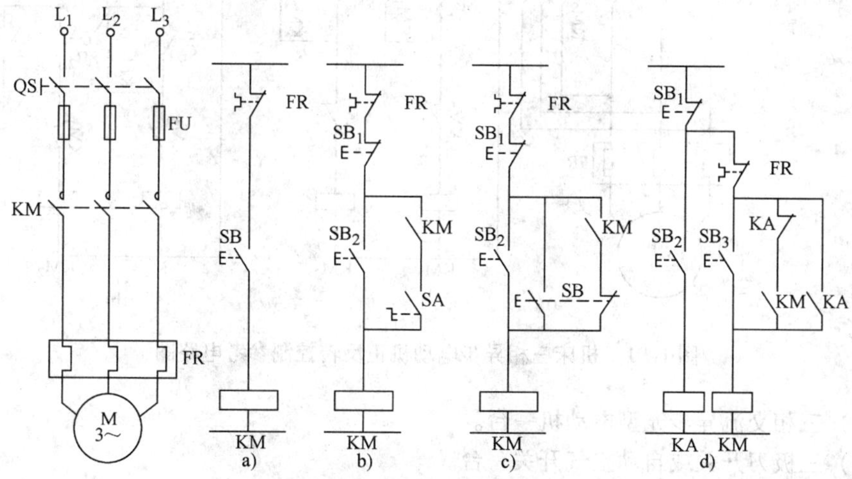

图 1-90 其他参考实验电路图

6. 实践训练报告要求

（1）实践训练目的

(2) 实践训练设备和器材

(3) 实践训练内容和步骤

(4) 画出所用实践训练电路图

(5) 进行实践训练结果分析和实验结论小结

(6) 研究思考并回答问题

1) 什么是自锁？点动和长动控制的根本区别在哪里？

2) 为何机床电动机都普遍采用接触器进行操作控制？

实践训练 2　机床的正反转控制

1. 实践训练目的

1) 通过对机床三相异步电动机正反转控制电路的接线，掌握由电路原理图变成机床实用电控设备的方法。

2) 掌握机床三相异步电动机正反转的原理和方法。

3) 掌握接触器互锁正反转、按钮互锁正反转控制及按钮和接触器双重互锁正反转控制电路的不同接法，并熟悉在操作过程中有哪些不同之处。

2. 选用器件

按图 1-91 选择必备的低压电气元器件：

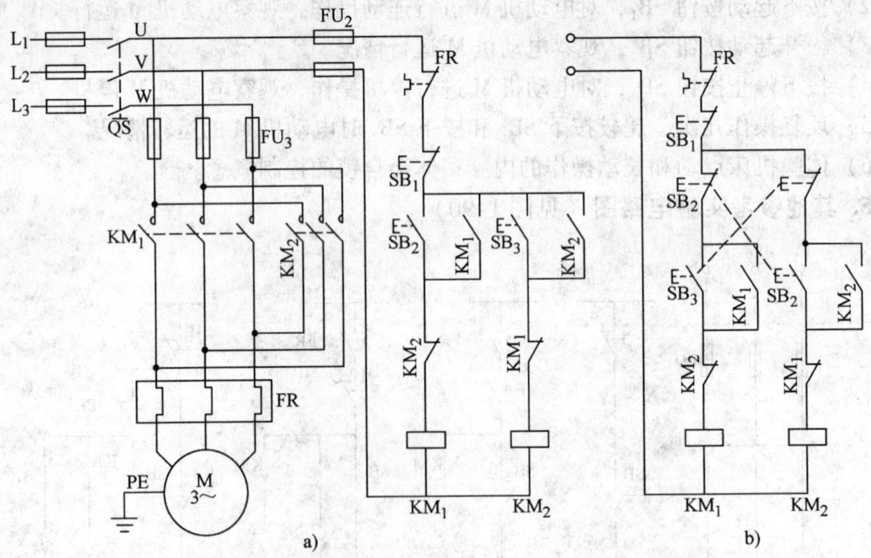

图 1-91　机床三相异步电动机正反转控制参考电路图

1) 三相交流异步笼型电动机一台。

2) 三极刀开关或自动空气开关一台。

3) 正、反起动与停止按钮（绿、黄、红）各一个。

4) 三相交流接触器（正、反转用）两台。

5) 熔断器（与三极刀开关配套使用）五个。

6）热继电器一台。

注：低压电气元器件的选择参数应根据所选用电动机的容量计算确定。

3. 机床三相异步电动机正反转控制参考电路图（见图1-91）

按图1-91a或b接线。接线时，先接主电路，它是从380V三相交流电源的输出端L_1、L_2、L_3开始，经三极刀开关QS、熔断器FU_1（或三相自动空气开关），接触器KM_1、KM_2主触点、FR到电动机M的三个线端U、V、W的电路，用导线按顺序串联起来，各有三路。主电路经检查无误后，再接控制电路，从熔断器FU_2开始，经FR、按钮SB_1～SB_3、接触器KM_1、KM_2常闭接点、线圈等到电源。图1-91a为接触器互锁，安全可靠，但正反转操作不方便；图1-91b在图1-91a接触器互锁的基础上又增加了操作按钮互锁，使正反转操作也方便了。

4. 实践训练过程

（1）接触器互锁正反转控制电路

1）合上电源开关QS，接通三相交流电动机主电源和控制电源。

2）按下SB_2，观察并记录电动机M的转向、接触器自锁和互锁触点的吸断情况。

3）按下SB_3，观察并记录电动机M的转向、接触器自锁和互锁触点的吸断情况。

4）再按下SB_1，观察并记录M的转向、接触器自锁和互锁触点的吸断情况。

5）反复操作几次，比较按下SB_2和按下SB_3时电动机M的运转情况。

6）体验机床正反转操作的内涵；体会互锁的控制概念。

（2）按钮和接触器双重互锁正反转控制电路

1）合上电源开关QS，接通三相交流电动机主电源和控制电源。

2）按下SB_2，观察并记录电动机M的转向、各触点的吸断情况。

3）按下SB_3，观察并记录电动机M的转向、各触点的吸断情况。

4）按下SB_1，观察并记录电动机M的转向、各触点的吸断情况。

5）反复操作几次，比较按下SB_2和按下SB_3时电动机M的运转情况。

6）体验机床按钮和接触器双重互锁操作的内涵；体会操作互锁的控制概念。

5. 机床工作台自动往返循环控制的实践训练电路（见图1-92）

6. 实践训练报告要求

（1）实践训练目的

（2）实践训练设备和器材

（3）实践训练内容和步骤

（4）画出所用实践训练电路图

（5）进行实践训练的结果分析和结论小结

（6）研究思考并回答问题

1）交流异步电动机的正反转是如何实现的？自锁和互锁有何不同？

2）交流异步电动机的正反转不能实现直接切换的可能故障有哪些？

3）什么情况下容易发生两相电源短路故障？

4）交流异步电动机若有一相熔断器熔断，可能会产生什么故障？

5）交流异步电动机的正反转为何一定要带有接触器互锁？

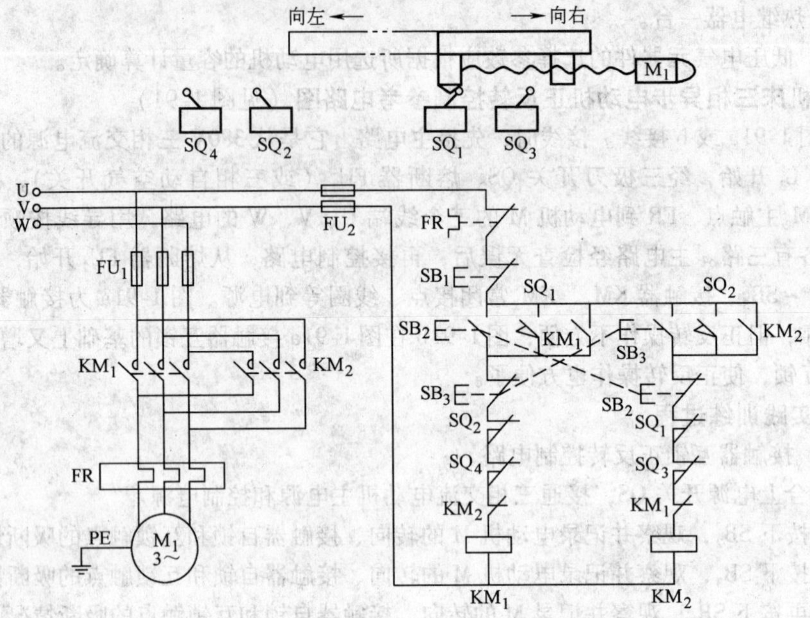

图 1-92　机床工作台自动往返循环控制电路

6）用按钮完成交流异步电动机的正反转操作互锁有何好处？能否单独使用按钮完成交流异步电动机的正反转互锁？为什么？

7）用按钮和接触器双重互锁交流异步电动机的正反转有何特点？

8）画出你在实践训练过程中所遇到故障现象的原理图，并分析故障原因及排除方法。

实践训练 3　机床的Y-△起动控制

1. 实践训练目的

1）通过对机床三相异步电动机Y-△起动控制电路的接线，掌握由电路原理图变成机床实用电控设备的方法。

2）掌握机床三相异步电动机Y-△起动的原理和方法。

3）掌握机床三相异步电动机Y-△起动的控制原则及时间继电器的应用。

4）掌握机床三相异步电动机Y-△起动过程中Y起动接线和△运行接线之间的互锁控制关系。

2. 选用器件

按图 1-93 选择必备的低压电气元器件：

1）三相交流异步笼型电动机一台。

2）三极刀开关或自动空气开关一台。

3）起动与停止按钮（绿、红）各一个。

4）三相交流接触器（电路、Y、△接线用）三台。

5）熔断器（与三极刀开关配套使用）五个。

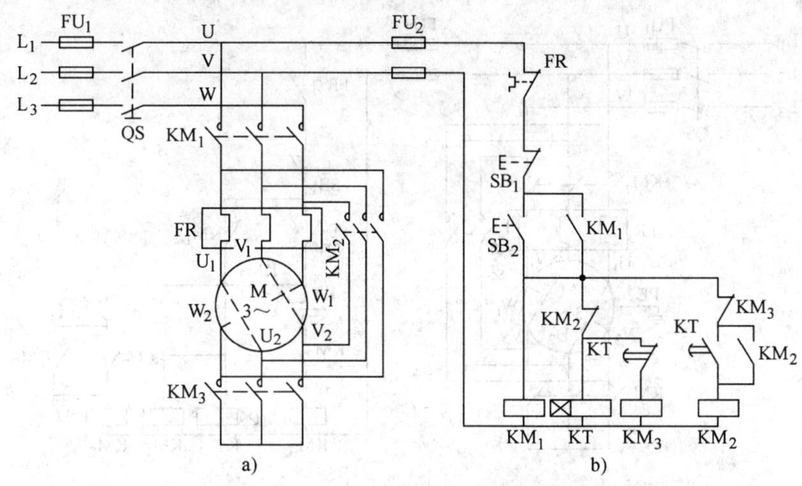

图 1-93　机床三相异步电动机Y-△起动控制参考电路图

a）主电路　b）继电器接触器控制电路

6）热继电器一台。

7）时间继电器一台。

注：低压电气元器件的选择参数应根据所选用电动机的容量计算确定。

3. 机床三相异步电动机Y-△起动控制参考电路图（见图 1-93）

按图 1-93 接线。接线时，先接主电路，它是从三相交流电源的输出端 L_1、L_2、L_3 开始，经三相刀开关 QS、熔断器 FU_1（或三相自动空气开关），接触器 KM_1、KM_2、KM_3主触点、FR 到电动机 M 的六个接线端 U_1、U_2、V_1、V_2、W_1、W_2，用导线按顺序串联起来，有三条主电路。主电路经检查无误后，再接控制电路，从熔断器 FU_2开始，经 FR、按钮 SB_1、SB_2、接触器 KM_1 ~ KM_3及 KT 的接点、KM_1 ~ KM_3及 KT 的线圈到 FU_2。要严格按照原理图接线，不得有误。

4. 实践训练过程

1）起动控制屏，合上电源开关 QS，接通三相交流电动机主电源和控制电源。

2）按下 SB_2，电动机作Y接法起动，注意观察起动时，电流表最大读数 $I_{Y起动}$ = ________ A。

3）延迟一定时间后，使电动机为△接法正常运行，注意观察△运行时，电流表电流为 $I_{\triangle运行}$ = ________ A。

4）比较 $I_{Y起动}/I_{\triangle起动}$ = ________，结果说明什么问题？

5）按下 SB_1，电动机 M 停止运转。

5. 其他参考实践训练电路图（见图 1-94 和图 1-95）

6. 实践训练报告要求

（1）实践训练目的

（2）实践训练设备和器材

（3）实践训练内容和步骤

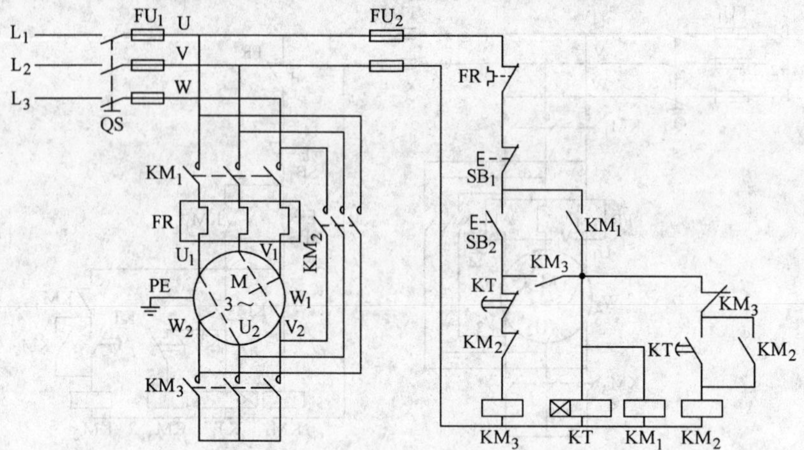

图 1-94　机床三相异步电动机Y-△起动控制另外参考电路图（1）

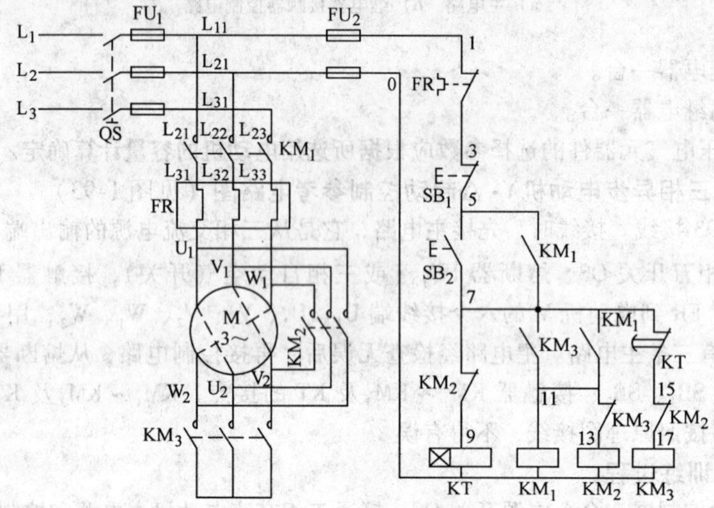

图 1-95　机床三相异步电动机Y-△起动控制另外参考电路图（2）

（4）画出所用实验电路图

（5）进行实践训练的结果分析和结论小结

（6）研究思考并回答问题

1）交流异步电动机的Y-△起动是如何实现的？时间继电器有何作用？

2）采用Y-△减压起动的方法时对电动机有何要求？

3）采用Y-△减压起动的控制原则是什么？

4）采用Y-△减压起动的目的是什么？

5）采用Y-△减压起动最终控制的应是什么物理量？

6）采用Y-△减压起动时，其起动电压能降低多少？其起动电流能降低多少？

实践训练4　三相异步电动机能耗制动控制

1. 实践训练目的

1）通过对机床三相异步电动机能耗制动控制电路的接线，掌握由电路原理图接成机床实用电控设备的方法。

2）掌握机床三相异步电动机能耗制动的原理和方法。

3）掌握机床三相异步电动机能耗制动的控制原则及时间继电器的应用。

4）掌握机床三相异步电动机能耗制动过程中交流运行电源接线和直流制动电源接线之间的互锁控制关系。

2. 选用器件

按图 1-96 选择必备的低压电气元器件：

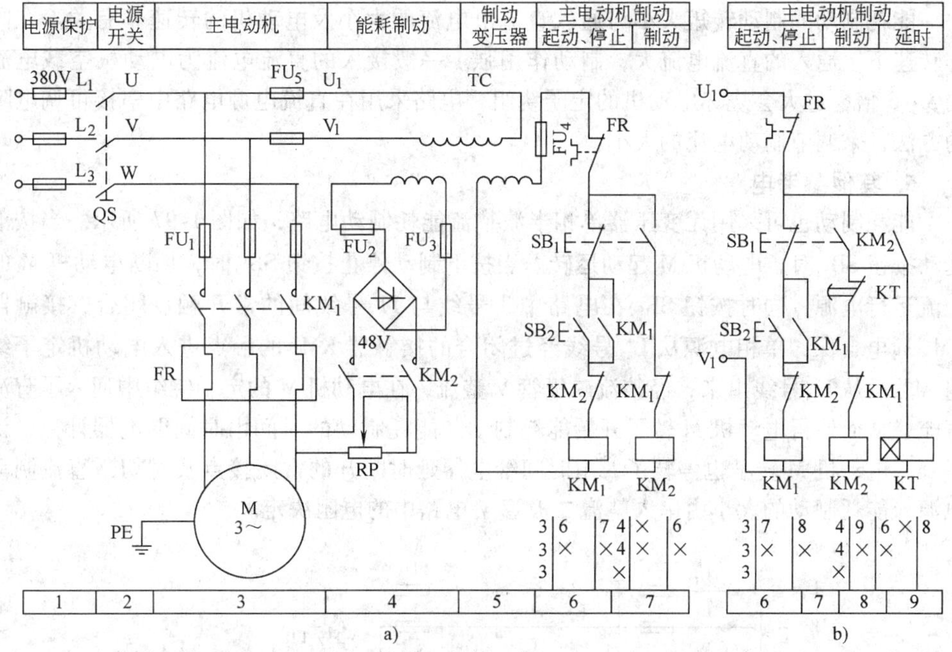

图 1-96　机床三相异步电动机能耗制动控制参考电路图

1）三相交流异步笼型电动机一台。

2）三极刀开关或自动空气开关一台。

3）起动与停止按钮（绿、红）各一个。

4）三相交流接触器（交直流电源路接线用）二台。

5）熔断器（与三极刀开关配套使用）五个。

6）热继电器一台。

7）时间继电器一台。

8）48V 直流电源一台。

9）硅整流二极管一个。

注：低压电气元器件的选择参数应根据所选用电动机的容量计算确定。

3. 机床三相异步电动机能耗制动控制参考电路图（见图 1-96）

4. 实践训练过程

在图 1-96a 所示控制电路中，当按下停止复合按钮 SB_1 时，其动断触点切断接触器 KM_1 的线圈电路，同时其动合触点将 KM_2 的线圈电路接通，接触器 KM_1 和 KM_2 的主触点在主电路中断开三相电源，接入直流电源进行制动，松开 SB_1，KM_2 线圈断电，制动停止。由于用复合按钮控制，制动过程中按钮必须始终处于压下状态，操作不便。图 1-96b 所示电路采用时间继电器实现自动控制，当复合按钮 SB_1 压下以后，KM_1 线圈失电，KM_2 和 KT 的线圈得电并自锁，电动机制动，SB_1 松开复位，制动结束后，时间继电器 KT 的延时动断触点断开 KM_2 线圈电路。

能耗制动的制动转矩大小与通入直流电电流的大小及电动机的转速 n 有关。在同样转速下，通入的直流电流大，制动作用强。一般接入的直流电流为电动机空载电流的 3～5 倍，过大会烧坏电动机的定子绕组，电路采用在直流电源电路中串接可调电阻的方法，来调节制动电流的大小。

5. 其他参考电路

能耗制动也可采用无变压器单相半波整流能耗制动电路，如图 1-97 所示。当按下起动按钮 SB_2 时，电动机 M 起动运转。当按下制动停止按钮 SB_1 时，切断电动机 M 的交流运行电源，同时按钮 SB_1 在电路中 3 号线与 11 号线间的常开触点闭合，接触器 KM_2 通电自保，单相电源从 L_{32} 号线经过闭合的接触器 KM_2 的触点进入电动机定子绕组，然后从 L_{13} 号线出来，经整流二极管 V 整流，在电动机 M 的定子绕组中通入了直流电流，从而使得电动机 M 转子开始能耗制动。能耗制动的时间由时间继电器计控，计时到，电动机 M 转子也停转了，由时间继电器延时断开的常闭接点及时切断直流制动电源。能耗制动的大小由串入整流二极管 V 电路中的电阻决定。

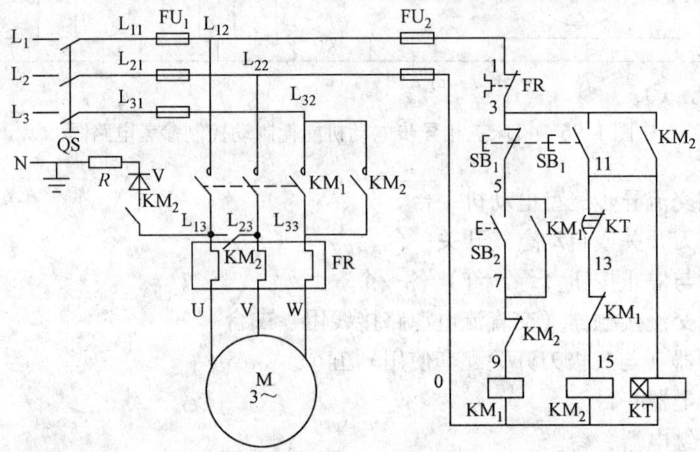

图 1-97　能耗制动采用无变压器单相半波整流能耗制动电路

6. 实践训练报告要求

（1）实践训练目的

（2）实践训练设备和器材

（3）实践训练内容和步骤

（4）画出所用实验电路图

（5）进行实践训练的结果分析和结论小结

（6）研究思考并回答问题

1）交流异步电动机的能耗制动是如何实现的？时间继电器有何作用？

2）采用能耗制动时对电动机有何要求？

3）采用能耗制动的控制原则是什么？

4）采用能耗制动的目的是什么？

5）采用能耗制动最终控制的什是么物理量？

6）采用能耗制动时，其制动效果的强弱由什么决定？如何调整？

7）比较图 1-96 和图 1-97 两种整流能耗制动电路各有什么特点？

实践训练 5　机床设备的顺序控制（正序起动，逆序停止）

1. 实践训练目的

1）通过对机床多台电动机顺序控制（正序起动，逆序停止）电路的接线，掌握由电路原理图接成机床实用电控设备的方法。

2）掌握机床多台电动机顺序控制（正序起动，逆序停止）的原理和方法。

3）掌握机床多台电动机顺序控制（正序起动，逆序停止）原则及时间继电器的应用。

4）掌握机床多台电动机顺序控制（正序起动，逆序停止）过程中各电动机之间的联锁控制关系。

2. 选用器件

按图 1-98 和图 1-99 选择必备的低压电气元器件：

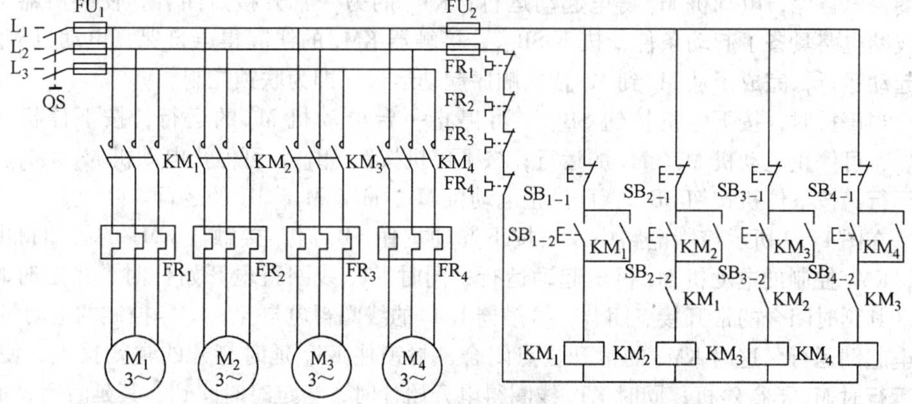

图 1-98　4 台机床电动机顺序起动控制参考电路图

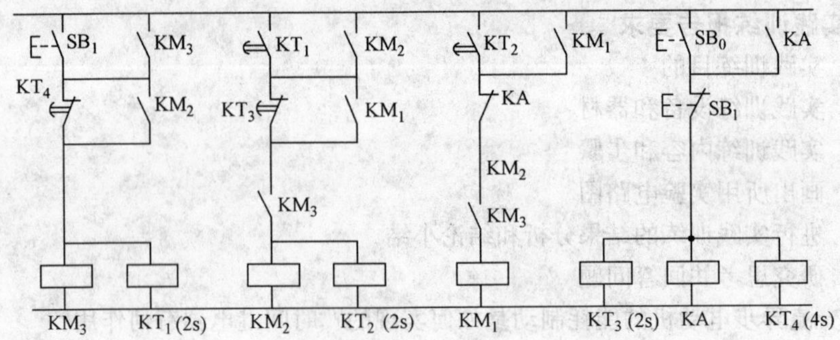

图 1-99　3 台机床电动机延时顺序起动控制参考电路图

1）三相交流异步笼型电动机四台。

2）三极刀开关或自动空气开关一台。

3）起动与停止按钮（绿、红）各四个。

4）三相交流接触器四台。

5）熔断器（与三极刀开关配套使用）两组。

6）热继电器四台。

7）时间继电器四台。

8）中间继电器一台。

注：低压电气元器件的选择参数应根据所选用电动机的容量计算确定。

3. 多台机床电动机顺序起动控制参考电路图（见图 1-98、图 1-99）

4. 实践训练过程

在图 1-98 所示控制电路中，按下 SB_{1-1}，接触器 KM_1 的线圈得电自保，电动机 M_1 得电起动运行；KM_1 的另一常开接点闭合，使接触器 KM_2 的线圈电路具备了起动条件，按下 SB_{2-1}，接触器 KM_2 的线圈得电自保，电动机 M_2 得电起动运行；KM_2 的另一常开接点闭合，使接触器 KM_3 的线圈电路具备了起动条件，按下 SB_{3-1}，接触器 KM_3 的线圈得电自保，电动机 M_3 得电起动运行；KM_3 的另一常开接点闭合，使接触器 KM_4 的线圈电路具备了起动条件，按下 SB_{4-1}，接触器 KM_4 的线圈得电自保，电动机 M_4 得电起动运行；完成了从 M_1 到 M_4 依次顺序起动运行，即为联锁控制。

当停机时，按下停机按钮 SB_{4-2}，可停止一台电动机 M_4 的运行；按下停机按钮 SB_{3-2}，可停止电动机 M_3、M_4 的运行；按下停机按钮 SB_{2-2}，可停止电动机 M_2、M_3、M_4 的运行；按下停机按钮 SB_{1-2}，可停止电动机 M_1、M_2、M_3、M_4 的运行。

在图 1-99 所示控制电路中，当按下起动按钮 SB_1 时，接触器 KM_3 的线圈得电自保，KM_3 控制的电动机 M_3 得电起动运行；同时 KT_1 线圈得电开始计时，当定时时间到，其延时闭合的常开接点闭合，接触器 KM_2 的线圈得电自保，KM_2 控制的电动机 M_2 得电起动运行，这时 KM_2 的常开接点闭合，封锁住 KT_4 延时打开的常闭接点，使 M_2 在运行时 M_3 不得停机；同时 KT_2 线圈得电开始计时，当定时时间到，其延时闭合的常开接点闭合，接触器 KM_1 的线圈得电自保，KM_1 控制的电动机 M_1 得电起动运行，这时 KM_1 的常开接点闭合，封锁住 KT_3 延时打开的常闭接点，使 M_2 在运行时 M_1 不得停机；完成了从 M_3 到 M_1 依次延时顺序起动运行，即为延时联锁控制，并且下一级电动机得电起动运行时，封锁住了上一级电动机不得停机。

当停机时，必须是最后起动的一级电动机先停机，即按停机按钮 SB_0，中间继电器 KA 线圈得电自保，KA 的常闭接点瞬时切断了 KM_1 的线圈电路，电动机 M_1 先停机，KM_1 的常开接点复位，解除了对 KT_3 延时打开的常闭接点的封锁；同时 KT_3、KT_4 的线圈得电开始计时（这里 KT_4 的延时整定时间要比 KT_3 的延时整定时间长一些），当 KT_3 延时时间到时，KT_3 延时断开的常闭接点断开，切断了 KM_2 的线圈电路，电动机 M_1 接着停机，KM_2 的常开接点复位，解除了对 KT_4 延时打开的常闭接点的封锁；当 KT_4 延时时间到时，KT_4 延时断开的常闭接点断开，切断了 KM_3 的线圈电路，电动机 M_3 接着停机；完成了从 M_1 到 M_3 后起动运行电动机先停机、先起动运行电动机后停机的逆序停机控制。

5. 实践训练报告要求

（1）实践训练目的

（2）实践训练设备和器材

（3）实践训练内容和步骤

（4）画出所用实验电路图

（5）进行实践训练的结果分析和结论小结

（6）研究思考并回答问题

1）机床电动机的顺序控制是如何实现的？

2）机床电动机的延时顺序控制是如何实现的？时间继电器有何作用？

3）机床电动机的逆序停机控制是如何实现的？

4）机床电动机的逆序延时停机控制是如何实现的？时间继电器有何作用？

5）机床电动机的顺序控制有何用途？试举例说明。

6）机床电动机的延时顺序控制有何用途？试举例说明。

7）机床电动机的逆序停机控制有何用途？试举例说明。

8）机床电动机的逆序延时停机控制有何用途？试举例说明。

实践训练 6 一台机床设备的多地点操作控制

1. 实践训练目的

1）通过对一台机床设备的多地点操作控制电路的接线，掌握由电路原理图接成机床实用电控设备的方法。

2）掌握一台机床设备的多地点操作控制的原理和方法。

3）掌握一台机床设备的多地点操作控制的安装接线。

2. 选用器件

按图 1-100 选择必备的低压电气元器件：

1）三相交流异步笼型电动机一台。

2）三极刀开关或自动空气开关一台。

3）起动与停止按钮（绿、红）各一个。

4）三相交流接触器（交直流电源路接线用）二台。

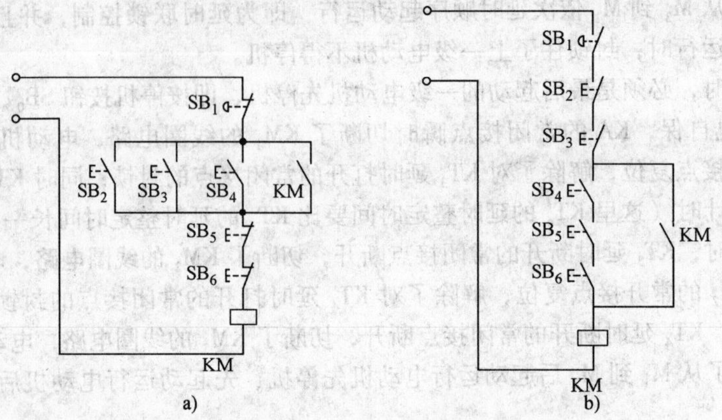

图 1-100　一台机床设备三地点控制参考电路图

5）熔断器（与三极刀开关配套使用）五个。

6）热继电器一台。

7）时间继电器一台。

注：低压电气元器件的选择参数应根据所选用电动机的容量计算确定。

3. 一台机床设备三地点控制参考电路图（主电路省略，控制电路见图 1-100）

图 1-100a 是为了一台机床设备操作方便而采用三地点可分别控制的电路图；图 1-100b是为了保证一台重要机床设备的安全可靠需要三地点同时控制的电路图。

4. 实践训练过程

在图 1-100a 所示控制电路中，需要将按钮 SB_1 和 SB_2、SB_3 和 SB_5、SB_4 和 SB_6 分别安装在一个地点，即必须保证在每个操作地点要有一个起动按钮和一个停止按钮。这样就可以在每个操作地点按起动按钮，使接触器 KM 线圈得电自保，起动机床设备；而停止按钮，则使接触器 KM 线圈失电停机。

在图 1-100b 所示控制电路中，需要将按钮 SB_1 和 SB_4、SB_2 和 SB_5、SB_3 和 SB_6 分别安装在一个地点，即必须保证在每个操作地点要有一个起动按钮和一个停止按钮。这样就必须在每个操作地点都按下起动按钮时，才能使接触器 KM 线圈得电自保，起动机床设备；而按下任何地点的停止按钮，都能使接触器 KM 线圈失电停机。

5. 实践训练报告要求

（1）实践训练目的

（2）实践训练设备和器材

（3）实践训练内容和步骤

（4）画出所用实验电路图

（5）进行实践训练的结果分析和结论小结

（6）研究思考并回答问题

1）一台机床设备为操作方便而采用的多地点是如何实现的？

2）一台重要机床设备为安全可靠而采用的多地点同时操作才能起动是如何实现的？

3）一台机床设备多地点控制的停止按钮是怎样连接的？

4）一台机床设备为操作方便而多地点分别起动的起动按钮是怎样连接的？

5）一台重要机床设备为安全可靠而多地点同时起动的起动按钮是怎样连接的？

6）该多地点控制有何实用价值？

任务8　典型实用机床电气控制电路阅读分析案例（综合实践训练示范）

1.8.1　阅读分析实用机床电气控制电路的一般步骤

在阅读分析一台具体的实用机床电气控制电路时，首先应了解该机床的基本结构、运动形式、加工工艺过程、操作方法和机床对电气控制的基本要求、必要的保护和联锁等，然后再根据控制电路及有关设计说明来分析该机床的各个运动形式是如何实现的。阅读分析步骤如下：

1. 看懂主电路

从主电路中可看出该机床是由几台电动机来拖动的；可搞清楚每台电动机拖动机床的哪一个部件；这些电动机分别用哪些接触器或开关控制；有没有正反转或减压起动；有没有调速和电气制动；各电动机由哪个电器进行短路保护；哪个电器进行过载保护；还有其他哪些保护；如果有速度继电器，还应弄清与哪个电动机有机械联系。

2. 分析控制电路

控制电路一般可以分为几个单元，每个单元一般主要控制一台电动机。可将主电路中接触器的文字符号和控制电路中的相同文字符号一一对照，分清控制电路中哪一部分电路控制哪一台电动机，如何控制；分析时应同时搞清楚它们之间的联锁是怎样的；机械操作手柄和行程开关之间有什么联系；各个电器线圈通电，它的触点会引起或影响哪些部件动作；对于有些电器应结合开关/触点闭合表，有时还要参看电气安装图来分析其闭合情况。

3. 分析机床中其他电路

如照明与信号指示等电路。

1.8.2　CA6140车床的实用电气控制电路阅读分析案例

1. CA6140车床结构和运动情况

如图1-101所示，CA6140车床主要由床身、主轴变速箱、进给变速箱、溜板箱、溜板与刀架、尾架、光杠和丝杠等几部分组成。

切削时，主运动是工件作旋转运动，而刀具作直线进给运动。电动机的动力由三角带通过主轴变速箱传给主轴。变换主轴变速箱外的手柄位置，可以改变主轴转速。主轴通过卡盘带动工件作旋转运动。主轴一般只要求单方向旋转，只有在车螺纹时才需要反转来退刀。它是用操纵手柄通过机械的方法来改变主轴旋转方向的。

由于其进给运动消耗的功率很小，所以也由主轴电动机拖动，不再另加单独的电动机拖动。

进给几个方向的快速移动由快移电动机拖动。

2. CA6140 车床电气原理图的阅读分析

CA6140 车床的实用电气原理图如图 1-101 所示，其安装接线图如图 1-102 所示。

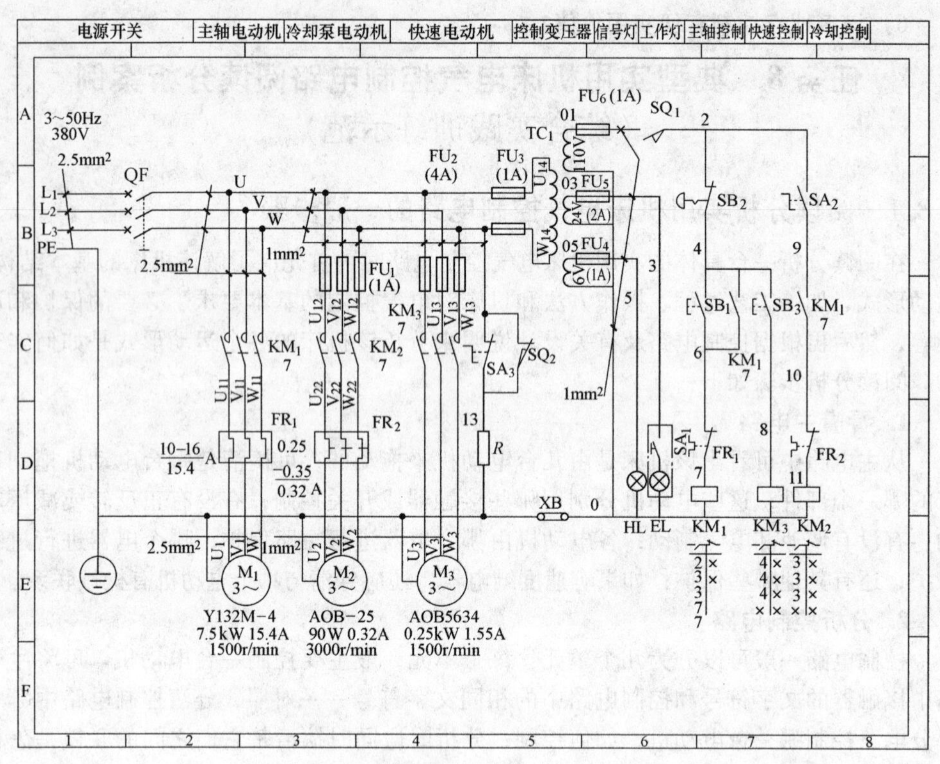

图 1-101　CA6140 车床的实用电气原理图

（1）主电路分析　电源经熔断器由 QF 引入。该开关为漏电断路器。在断路器旁有一小孔，其内有漏电试验按钮，以备检查漏电是否正常；电气箱盖内有漏电开关 SQ_2，当电气箱盖打开时，SQ_2 的触点闭合，使漏电电阻 R 通电，电源开关 QF 自动跳闸；当车床钥匙开关 SA_3 在闭合状态时，操作者把机床关断，使 SA_3 闭合，则机床电源开关合不上，车床无法开动。欲开车床，必须用钥匙把 SA_3 触点打开，方可运行。主轴电动机 M_1 的运转由接触器 KM_1 的三个常开主触点的接通和断开来控制。电动机 M_1 的容量不大，故采用直接起动。冷却泵电动机 M_2 的运转和停止由接触器 KM_2 的三个常开主触点的接通和断开来控制。快移电动机 M_3 的运转与停止由接触器 KM_3 的三个常开主触点的接通与断开来控制。

漏电断路器 QF 兼作短路保护。主轴电动机设有过载保护 FR_1。冷却泵电动机、快移电动机容量很小，用熔断器 FU_1、FU_2 作短路保护。M_2 又加了过载保护 FR_2。M_3 因间歇短时运行，故不加热继电器进行过载保护。为了防止电动机外壳带电发生人身事故，电动机外壳均与地线连接。

（2）控制电路分析　控制电路采用 110V 交流电压供电，由熔断器 FU_6 作短路保护。

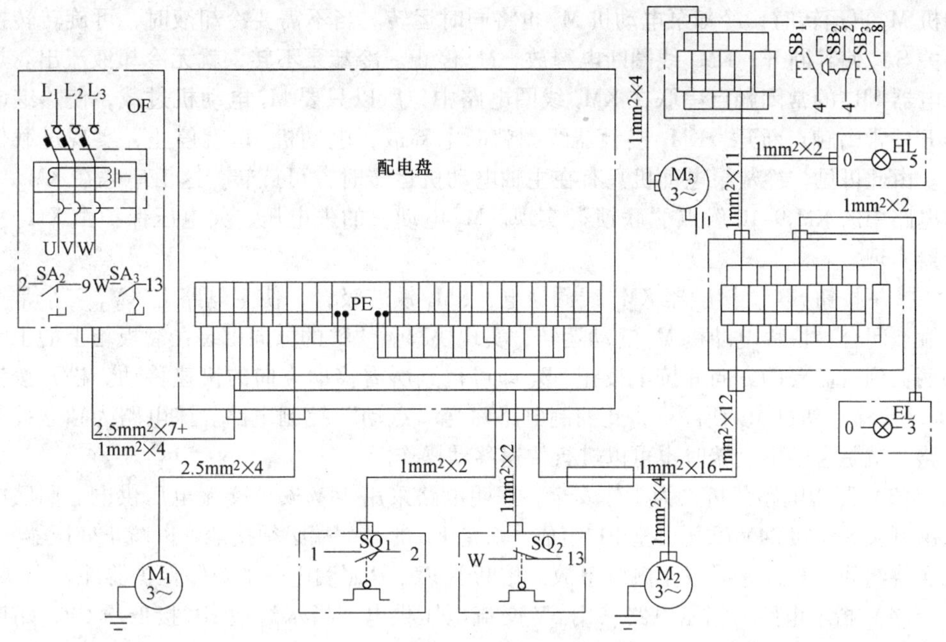

图 1-102　CA6140 车床的电气安装接线图

控制原理如下：先用钥匙将锁子开关置于“1”位置，此时将开关 SA_3 断开，检漏电阻 R 不通电，若电气箱盖子盖好，漏电断路器将接通电源，因电气箱盖子将 SQ_2 开关打开，检测电阻 R 不通电。再按下按钮 SB_1，若无电器动作，则说明开关 SQ_1 未闭合，SQ_1 为挂轮箱罩压的开关，挂轮箱罩未放上或未放好，都使 SQ_1 不能闭合，整机不能起动。此时待放好挂轮箱罩后，再按下 SB_1，接触器 KM_1 线圈通电，KM_1 的铁芯吸合，主电路上 KM_1 的三个常开主触点闭合，主轴电动机 M_1 起动运转。同时 KM_1 的一个常开辅助触点 4-6 也闭合，进行自锁，保证主轴电动机 M_1 在松开按钮 SB_1 后能连续运转。按下停止按钮 SB_2，接触器 KM_1 线圈断电而释放，它的三对常开主触点断开，主轴电动机 M_1 便停止。热继电器 FR_1 的常闭触点串联在 KM_1 线圈电路中，所以只要主轴电动机 M_1 过载，FR_1 的常闭触点就会断开，KM_1 便断电，M_1 电动机就会停止，实现过载保护。

该电路具有零压保护功能，在电源切断后，接触器 KM_1 释放；当电源电压再次恢复正常时，如不按下起动按钮 SB_1，则电动机不会自行起动，不致发生事故。该电路还具有欠电压保护功能，当电源电压太低时，接触器 KM_1 因电磁吸力不足而自动释放，电动机自行停止，以避免欠电压时电动机因电流过大而烧坏。

当主轴电动机运转时，KM_1 的 9-10 常开辅助触点已闭合待命；此时若旋转转换开关 SA_2，使其闭合，将会使 KM_2 接触器线圈通电，KM_2 铁芯吸合，主电路上 KM_2 三个常开主触点闭合，冷却泵电动机 M_2 起动运转，带动冷却泵泵出冷却液供加工使用。当主轴电动机停止时，冷却泵电动机因 KM_2 线圈电路中串联的 KM_1 9-10 常开辅助触点断开而断电释放，冷动泵电动机 M_2 也停止。这种控制关系称为“联锁”。但下次主轴电

动机 M_1 再运转时，冷却泵电动机 M_2 也将同时运转。当不需要冷却液时，可旋转转换开关 SA_2 使其断开，KM_2 线圈断电释放，M_2 停止。冷却泵不转，就无冷却液流出。热继电器 FR_2 的常闭触点串联在 KM_2 线圈电路中，所以只要 M_2 电动机过载，使热继电器 FR_2 常闭触点断开，KM_2 接触器线圈就断电释放，电动机 M_2 就停止，实现过载保护。由此可见，冷却泵电动机只有在主轴电动机运转时方可旋转，这由串联在 KM_2 线圈电路中的 $KM_1$9-10 触点“联锁”实现。M_2 电动机的失电压、欠电压保护由 KM_1 接触器实现。

按下按钮 SB_3，接触器 KM_3 线圈通电，KM_3 铁芯吸合，使主电路上 KM_3 三个常开主触点闭合，快移电动机 M_3 起动运转，实现快移。快移的方向由装在溜板箱上的十字手柄扳到所需要的方向并按下按钮 SB_3 即可得到所需移动方向的快速移动。松开按钮 SB_3，快移电动机 M_3 便停机，此控制电路称为“点动”控制电路。该电路为独立控制电路，就是主轴不运转时也可以进行快速移动操作。

（3）照明电路分析　为工作安全，照明电路采用 24V 安全交流电压供电。照明电路由开关 SA_1 接 24V 低压灯泡 EL 组成。灯泡 EL 的另一端必须接地，以防止变压器一、二次绕组间一旦短路时发生触电事故。熔断器 FU_5 是照明电路的短路保护器件。

（4）指示电路　指示电路采用 6V 交流电压供电。指示灯泡 HL 接低压 6V，熔断器 FU_4 是指示电路的短路保护器件。

3. CA6140 普通车床的主要电气设备元器件清单

表 1-9 列出了 CA6140 普通车床的主要电气设备元器件表。

表 1-9　CA6140 普通车床的主要电气设备元器件表

电器代号	名称用途	技术数据	数量	元件型号	备注
SB_1	起动按钮	500V，5A	1	LA19—11	
SB_2	停止按钮		1	LA□—01JZ	
SB_3	快速按钮	500V，5A	1	LA9	
SA_1	工作灯开关		1	KN3—2—1	在灯具内
SA_2	冷却泵开关		1	LAY3—X/2	旋转式
SA_3	电源开关		1	LAY3—Y/2	钥匙式
SQ_1	挂轮箱安全开关		1	LXW3—N	
SQ_2	电气箱安全开关		1	LXW3—N	
KM_1	主轴电动机接触器	线圈 110V	1	CJ0—20B	
KM_2	冷却泵电动机接触器	线圈 110V	1	JZ7—44	
KM_3	快移电动机接触器	线圈 110V	1	JZ4—44	
FR_1	主轴电动机热继电器	$\frac{10-16}{15.4}$A	1	JR16—20/30	
FR_2	冷却泵电动机热继电器	$\frac{0.25-0.35}{0.32}$A	1	JR16—20/30	

（续）

电器代号	名称用途	技术数据	数量	元件型号	备　注
R	检漏电阻	7.5W，3.9kΩ	1	RXYC	
HL	电源指示灯		1	ZSD—0	
EL	机床照明灯		1	JC11	
QF	漏电自动开关		1	DZ15L—40/3901	
TC_1	控制、照明变压器		1	JBK2—100	
FU_1	冷却泵熔断器	熔体1A	3	BZ001	
FU_2	快移电动机熔断器	熔体4A	3	BZ001	
FU_3	变压器一次熔断器	熔体1A	2	BZ001	
FU_4	指示灯熔断器	熔体1A	1	BZ001	
FU_5	照明灯熔断器	熔体2A	1	BZ001	
FU_6	控制回路熔断器	熔体1A	1	BZ001	
M_1	主轴电动机	7.5kW，15.4A	1	Y132M—4	
M_2	冷却泵电动机	90W，0.32A，3000r/min	1	AOB—25	
M_3	快移电动机	0.25kW，1.55A，1500r/min	1	AOS5634	

4. CA6140车床电控系统的安装接线图及部分电器在CA6140车床上的安装位置

为了使读者能更直观明了地掌握CA6140车床的电气系统，便于维护检修，图1-102给出了CA6140车床的电气安装接线图；图1-103绘制了部分电器在CA6140车床上的安装位置。其他电器，如熔断器、变压器、接触器、继电器等都安装在电气配电箱内的控制板上。

1.8.3　X6132铣床的实用电气控制电路阅读分析案例

在金属切削机床中，铣床在数量上占第二位。铣床的种类很多，有卧铣、立铣、龙门铣、仿形铣等各种专用铣床，其中以卧铣和立铣应用最为广泛。铣床可以用来加工平面、斜面和沟槽等。如果装上分度头，可以铣切直齿齿轮和螺旋面。如果装上圆工作台，还可以加工凸轮和弧形槽等。下面仅以X6132为例阅读分析铣床的电气控制图。

1. X6132铣床的主要结构和运动情况

（1）主要结构　X6132万能铣床构造组成如图1-104所示，主要由床身、悬梁及刀杆支架、工作台、溜板和升降台等几部分组成。

（2）运动情况　铣床的主运动是铣刀的旋转运动。随着铣刀直径、工件材料和加工精度的不同，要求主轴的转速也不同。主轴的旋转由三相笼型异步电动机拖动，没有电气调速，而是通过机械变换齿轮来实现调速。为了适应顺铣和逆铣两种铣削方式的需要，主轴应能正反转，该铣床中是由电动机的正反转来改变主轴的方向。为了缩短停车时间，主轴停车时采用电磁离合器机械制动。

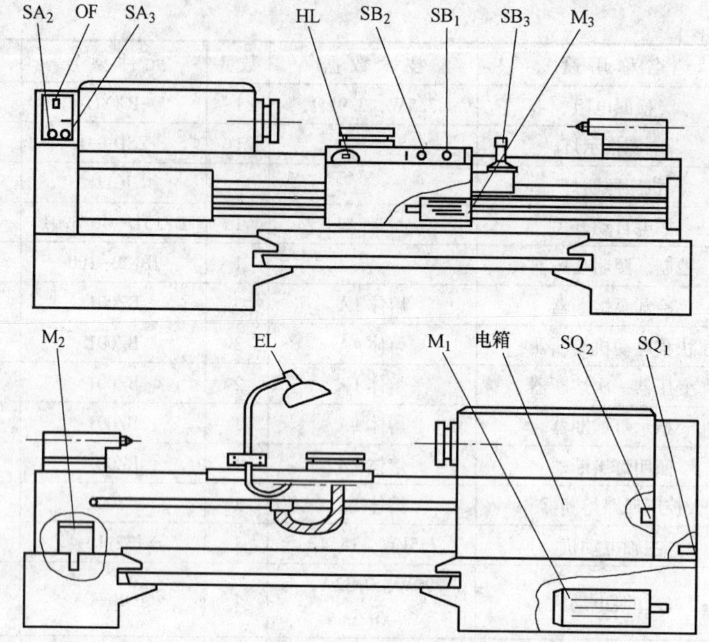

图 1-103 部分电器在 CA6140 车床上的安装位置

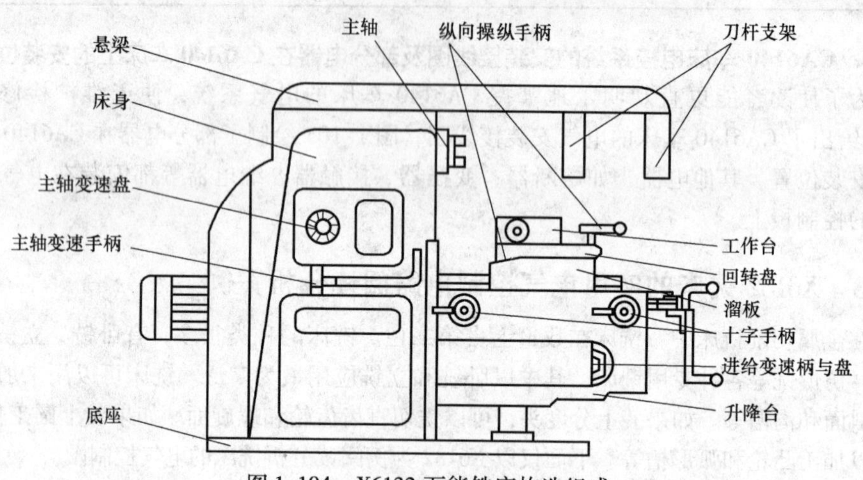

图 1-104 X6132 万能铣床构造组成

进给运动是工件相对于铣刀的移动。进给运动有工作台的左右、上下和前后进给运动。装上附件圆工作台，还可作旋转进给移动。工作台用来安装夹具和工件。在横向溜板的水平导轨上，工作台沿导轨作左、右移动。在升降台的水平导轨上，使工作台沿导轨前、后移动。升降台依靠下面的丝杠，沿床身前面的导轨同工作台一起上、下移动。各进给方向共同由一台三相笼型异步电动机拖动，各进给方向的选择由机械手柄切换来实现，进给速度由机械变换齿轮来实现变速。为了使进给时可以上下、左右、前后移动，进给电动机应能正反转。从安全的角度考虑，某一时刻内只允许有一个方向进给，不允许双向或双向以上方向的进给。

为了使主轴变速和进给变速时变换后的齿轮能顺利地啮合好，主轴变速时主轴电动机应能转动一下，进给变速时进给电动机也应能转动一下。这种变速时电动机稍微转动一下称为变速冲动。

其他运动有：进给几个方向的快移运动；工作台上下、前后、左右的手摇移动；回转盘使工作台向左、右转动±45°；悬梁及刀杆支架的水平移动等。除进给几个方向的快移运动由电动机拖动外，其余均为手动。

进给速度与快移速度的区别，只不过是进给速度低，快移速度高，在机械方面由改变传动链来实现。

2. X6132 铣床电气控制原理图的阅读分析

X6132 铣床电气控制原理图如图 1-105 所示。

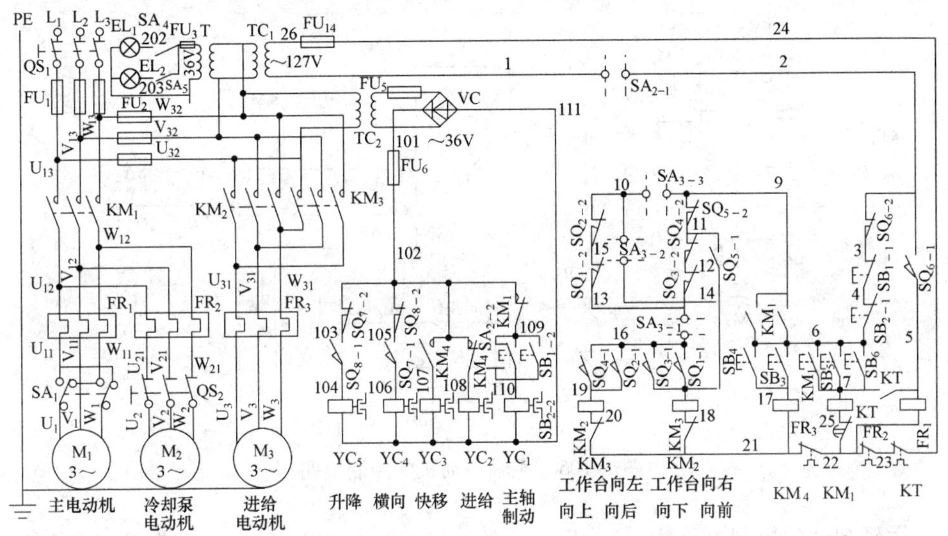

图 1-105　X6132 铣床电气控制原理图

（1）主电路分析　转换开关 QS_1 为本机床的电源总开关。熔断器 FU_1 为总电源的短路保护。本机床共有三台电动机：M_1 为主轴电动机；M_2 为冷却泵电动机；M_3 为进给电动机。主轴电动机 M_1 的起动与停止由接触器 KM_1 的常开主触点控制，其正转与反转在起动前用组合开关 SA_1 预先选定。主轴换向开关 SA_1 在换向时只调换两相相序，使供给电动机的电源相序相反，电动机实现反向旋转。热继电器 FR_1 为主轴电动机的过载保护。

进给电动机 M_3 的正反转由接触器 KM_2 和 KM_3 的常开主触点控制，用 FU_2 作短路保护，热继电器 FR_3 作过载保护。

主电路中，冷却泵电动机 M_3 接在接触器 KM_1 的常开主触点之后，所以，只有主轴电动机 M_1 工作时冷却泵电动机 M_3 才能起动。由于它容量很小，故用转换开关 QS_2 直接控制它的起停，用热继电器 FR_2 作它的过载保护。

（2）控制电路分析

1）主轴电动机的控制

① 主轴的起动。图 1-106 示出主轴电动机的控制电路。为了操作方便，主轴电动机的起停在两地点中的任何一地点进行操作，一地点设在工作台的前面，另一地点设在床身的侧面。起动前，先将主轴换向开关 SA_1 旋转到所需要的旋转方向。然后按下起动按钮 SB_5 或 SB_6，接触器 KM_1 因线圈通电而吸合，其常开辅助触点 6-7 闭合实现自锁；其三对常开主触点闭合，电动机 M_1 便拖动主轴旋转。在主轴起动的控制电路中串联有热继电器 FR_1 和 FR_2 的常闭触点 22-23 和 23-24。这样，当电动机 M_1 和 M_2 中有任一台电动机过载时，其热继电器常闭触点的动作将使两台电动机都停止运行。

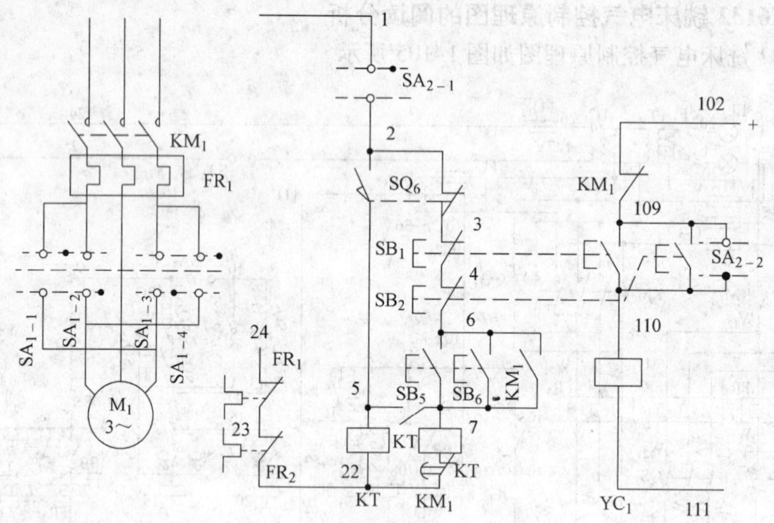

图 1-106　主轴电动机的控制电路

主轴起动的控制电路为：1→$SA_{2\text{-}1}$→$SQ_{6\text{-}2}$→$SB_{1\text{-}1}$→$SB_{2\text{-}1}$→SB_5（或 SB_6）→KM_1 线圈→KT→22→FR_2→23→FR_1→24。

② 主轴的停车制动。按下停止按钮 SB_1 或 SB_2，其常闭触点 3-4 或 4-6 断开，接触器 KM_1 因断电而释放，但主轴电动机因惯性仍然在旋转。按停止按钮时应按到底，这时其常开触点 109-110 闭合，主轴制动离合器 YC_1 因线圈通电而吸合，使主轴抱闸制动，迅速停止旋转。

③ 主轴的变速冲动。主轴变速时，在把变速手柄推回原来位置的过程中，通过机械装置使冲动开关 $SQ_{6\text{-}1}$ 闭合一次，$SQ_{6\text{-}2}$ 断开。$SQ_{6\text{-}2}$ 2-3 断开时，切断了 KM_1 接触器自锁电路，$SQ_{6\text{-}1}$ 瞬时闭合时，时间继电器 KT 通电，其常开触点 5-7 瞬时闭合，使接触器 KM_1 瞬时通电，则主轴电动机作瞬时转动，以利于变速齿轮进入啮合位置；同时，延时继电器 KT 线圈通电，其常闭触点 25-22 延时断开，又断开 KM_1 接触器线圈电路，以防止由于操作者延长推回手柄的时间而导致电动机冲动时间过长，变速齿轮转速高而发生打坏轮齿的现象。

主轴正在旋转时要变速也不必先按停止按钮再变速。这是因为在变速手柄推回原来位置的过程中，通过机械装置使 $SQ_{6\text{-}2}$2-3 触点断开，接触器 KM_1 因线圈断电而释放，电动机 M_1 便自动停止转动了。

④ 主轴换刀时的制动。为了使主轴在换刀时不随意转动，换刀前应将主轴制动。将转换开关 SA_2 扳到换刀位置，它的一个触点 $SA_{2\text{-}1}$1-2 断开了控制电路的电源，以保证人身安全；另一个触点 $SA_{2\text{-}2}$109-110 接通了主轴制动电磁离合器 YC_1，使主轴不能转动。换刀后再将转换开关 SA_2 扳回工作位置，使触点 $SA_{2\text{-}1}$1-2 闭合，触点 $SA_{2\text{-}2}$109-110 断开，断开主轴制动离合器 YC_1，接通控制电路电源。

2）进给电动机的控制。将电源开关 QS_1 合上，起动主轴电动机 M_1，接触器 KM_1 吸合并自锁，进给控制电路有电压，就可以起动进给电动机 M_3。

① 工作台纵向（左、右）进给运动的控制。先将圆工作台的转换开关 SA_3 扳在“断开”位置，这时通断情况如表 1-10 所示。

表 1-10　转换开关 SA_3 的通断表

触　点	圆工作台位置	
	接　通	断　开
$SA_{3\text{-}1}$13-16	–	+
$SA_{3\text{-}2}$10-14	+	–
$SA_{3\text{-}3}$9-10	–	+

由于 $SA_{3\text{-}1}$13-16 闭合，$SA_{3\text{-}2}$10-14 断开，$SA_{3\text{-}3}$9-10 闭合，所以这时工作台的纵向、横向和垂直进给的控制电路如图 1-107 所示。

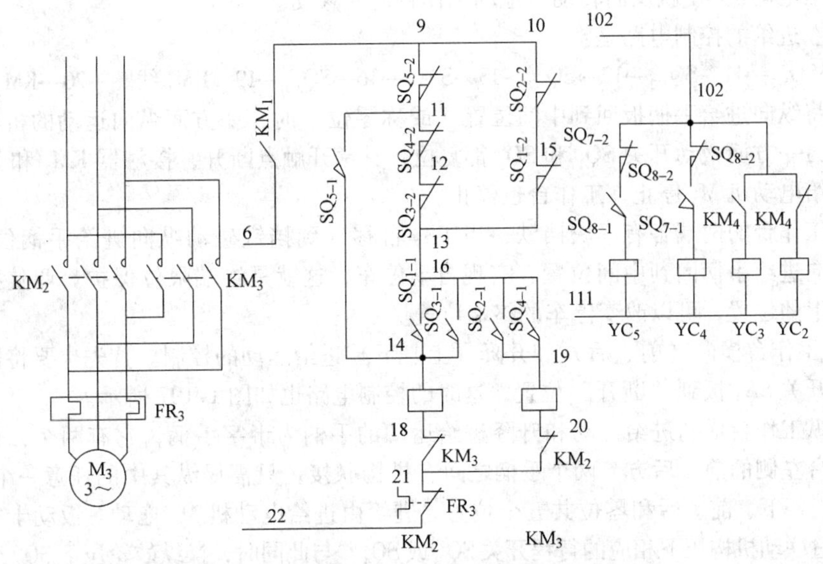

图 1-107　工作台的纵向、横向和垂直进给控制电路

将操纵工作台纵向运动手柄扳到右边位置时（见图 1-108），一方面机械机构将进给电动机的传动链和工作台纵向移动机构相联接，另一方面压下向右进给的微动开关 SQ_1，其常闭触点 SQ_{1-2}13-15 断开，常开触点 SQ_{1-1}14-16 闭合。触点 SQ_{1-1}的闭合使正转接触器 KM_2 因线圈通电而吸合，进给电动机 M_3 就正向旋转，拖动工作台向右移动。

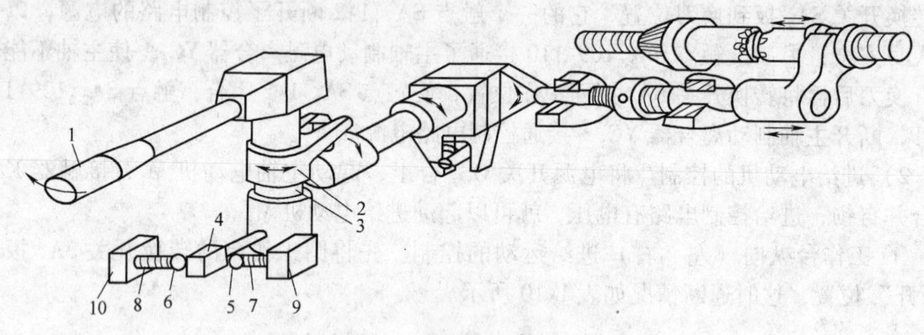

图 1-108　工作台纵向进给操纵机构图

1—手柄　2—叉子　3—垂直轴　4—压块　5、6—可调螺钉　7、8—弹簧

9—微动开关 SQ_1　10—微动开关 SQ_2

向右进给的控制电路是：

9→SQ_{5-2}→11→SQ_{4-2}→12→SQ_{3-2}→13→SA_{3-1}→16→SQ_{2-1}→14→KM_2 线圈→18→KM_3→21。

当将纵向进给手柄向左扳动时，一方面机械机构将进给电动机的传动链和工作台纵向移动机构相联接，另一方面压下向左进给的微动开关 SQ_2，其常闭触点 SQ_{2-2}10-15 断开，常开触点 SQ_{2-1}16-19 闭合。触点 SQ_{2-1}的闭合使反转接触器 KM_3 因线圈通电而吸合，进给电动机 M_3 就反向转动，拖动工作台向左移动。

向左进给的控制电路是：

9→SQ_{5-2}→11→SQ_{4-2}→12→SQ_{3-2}→13→SA_{3-1}→16→SQ_{2-1}→19→KM_3 线圈→20→KM_2→21。

当将纵向进给手柄扳回到中间位置（或称零位）时，一方面纵向运动的机械机构脱开，另一方面微动开关 SQ_1 和 SQ_2 都复位，其常开触点断开，接触器 KM_2 和 KM_3 释放，进给电动机 M_3 停止，工作台也停止。

在工作台的两端各有一块挡铁，当工作台移动到挡铁碰动纵向进给手柄位置时，会使纵向进给手柄回到中间位置，实现自动停车，这就是终端限位保护。调整挡铁在工作台上的位置，可以改变停车的终端位置。

② 工作台横向（前、后）和升降（上、下）进给运动的控制。首先也要将圆工作台转换开关 SA_3 扳到“断开”位置，这时的控制电路也如图 1-107 所示。

操纵工作台横向进给运动和升降进给运动的手柄为十字手柄，它有两个，分别装在工作台左侧的前、后方。两个手柄之间有机构联接，只需操纵其中的任意一个即可。手柄有上、下、前、后和零位共五个位置。进给由进给电动机 M_3 拖动。扳动十字手柄时，通过联动机构压下相应的行程开关 SQ_3 或 SQ_4，与此同时，操纵鼓轮压下 SQ_7 或 SQ_8，使电磁离合器 YC_4 或 YC_5 通电，在电动机 M_3 旋转下，实现横向（前、后）进给或升降（上、下）进给运动。工作台的横向和垂直进给操纵机构示意图如图 1-109 所示。

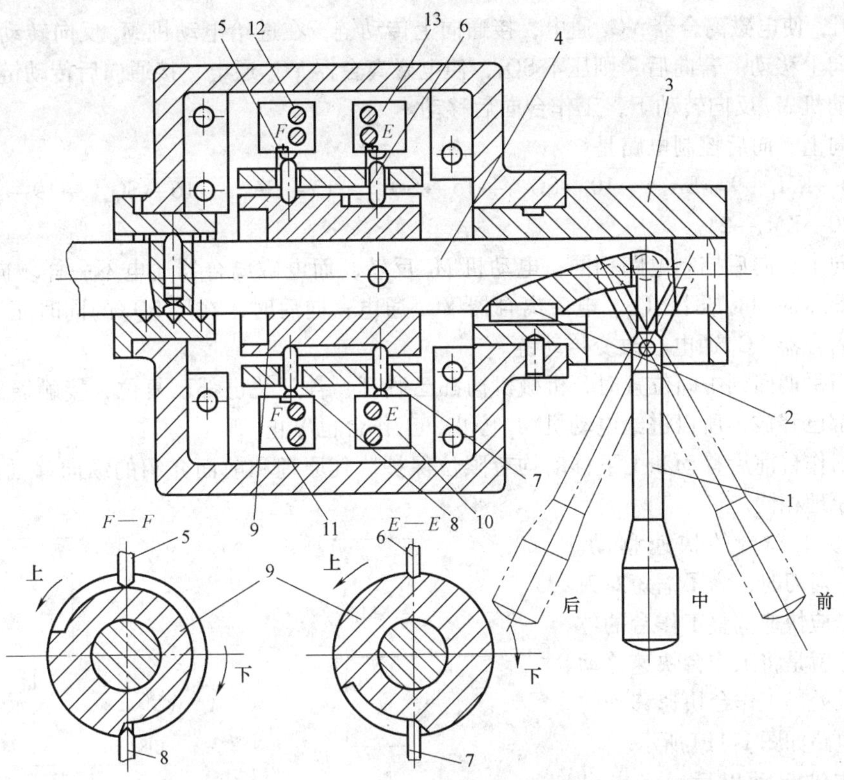

图 1-109　工作台的横向和垂直进给操纵机构示意图

1—手柄　2—平键　3—壳体　4—轴　5、6、7、8—顶销　9—鼓轮　10—SQ_3

11—SQ_4　12—SQ_7　13—SQ_8

当将十字手柄扳到向下或向前位置时，一方面通过电磁离合器 YC_4 或 YC_5 将进给电动机 M_3 的传动链和相应的机构联接。另一方面压下微动开关 SQ_3，其常闭触点 SQ_{3-2} 12-13 断开，其常开触点 SQ_{3-1} 14-16 闭合，正转接触器 KM_2 因线圈通电而吸合，进给电动机 M_3 正向转动。当十字手柄压 SQ_3 时，若向前，则同时压 SQ_7，使电磁离合器 YC_4 通电，工作台向前移动。若向下，则同时压 SQ_8，使电磁离合器 YC_5 通电，接通升降传动链，工作台向下移动。

向下、向前控制电路是：

6→KM_1→9→SA_{3-3}→10→SQ_{2-2}→15→SQ_{1-2}→13→SA_{3-1}→16→SQ_{3-1}→14→KM_2 线圈→18→KM_3→21。

向下、向前控制电路相同，而电磁离合器通电不一样。向下时压 SQ_8，电磁离合器 YC_5 通电；向前时压 SQ_7，电磁离合器 YC_4 通电，改变传动链。

当将十字手柄扳到向上或向后位置时，一方面压下微动开关 SQ_4，其常闭触点 SQ_{4-2} 11-12 断开，其常开触点 SQ_{4-1} 16-19 闭合，反转接触器 KM_3 因线圈通电而吸合，进给电动机 M_3 反向转动。另一方面操纵鼓轮压下微动开关 SQ_7 或 SQ_8，若向上，则压

下 SQ_8，使电磁离合器 YC_5 通电，接通向上传动链，在进给电动机 M_3 反向转动下，工作台向上移动。若向后，则压下 SQ_7，使电磁离合器 YC_4 通电，接通向后传动链，在进给电动机 M_3 反向转动下，工作台向后移动。

向上、向后控制电路是：

6→KM_1→9→$SA_{3\text{-}3}$→10→$SQ_{2\text{-}2}$→15→$SQ_{1\text{-}2}$→13→$SA_{3\text{-}1}$→16→$SQ_{4\text{-}1}$→19→KM_3 线圈→20→KM_2→21。

向上、向后控制电路相同，电动机 M_3 反转，而电磁离合器通电不一样。向上时，在压 SQ_4 的同时压下 SQ_8，电磁离合器 YC_5 通电；向后时，在压 SQ_4 的同时压下 SQ_7，电磁离合器 YC_4 通电，改变传动链。

当手柄回到中间位置时，机械机构都已脱开，各开关也都已复位，接触器 KM_2 和 KM_3 都已释放，所以进给电动机 M_3 停止，工作台也停止。

工作台前后移动和上下移动均有限位保护。其原理和前面介绍的纵向移动限位保护的原理相同。

③ 工作台的快速移动。在进行对刀时，为了缩短对刀时间，应快速调整工作台的位置，也就是将工作台快速移动到刀具处。工作台快速移动的控制电路如图 1-110 所示。

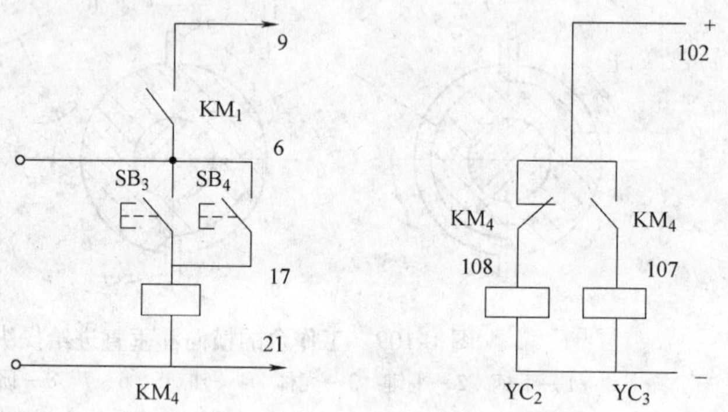

图 1-110　工作台快速移动的控制电路

主轴起动以后，将操纵工作台进给的手柄扳到所需的运动方向，工作台就按操纵手柄指定的方向慢速进给。这时如按下快速移动按钮 SB_3 或 SB_4，接触器 KM_4 因线圈通电而吸合，KM_4 在直流电路中的常闭触点 102-108 断开，进给电磁离合器 YC_2 脱离。KM_4 在直流电路中的常开触点 102-107 闭合，快速移动电磁离合器 YC_3 通电，接通快速移动传动链，工作台按原操作手柄指定的方向快速移动。当松开快速移动按钮 SB_3 或 SB_4 时，接触器 KM_4 因线圈断电而释放。快速移动电磁离合器 YC_3 因 KM_4 的常开触点 102-107 断开而脱离，进给电磁离合器 YC_2 因 KM_4 的常闭触点 102-108 闭合而接通进给传动链，工作台就以原进给的速度和方向继续移动。

④ 进给变速冲动。为了使进给变速时齿轮容易啮合，进给也有变速冲动。进给变速冲动控制电路如图 1-111 所示。变速前也应先起动主轴电动机 M_1，使接触器

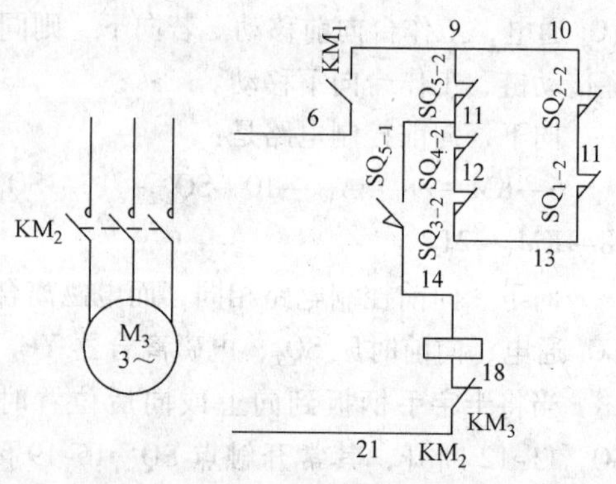

图 1-111　进给的变速冲动控制电路

KM_1 吸合，它在进给变速冲动控制电路中的常开触点6-9闭合，为变速冲动作好准备。

变速时将变速盘往外拉到极限位置，再把它转到所需的速度，最后将变速盘往里推。在推的过程中挡块压一下微动开关 SQ_5，其常闭触点 $SQ_{5\text{-}2}$ 9-11断开一下，同时，其常开触点 $SQ_{5\text{-}1}$ 11-14闭合一下，接触器 KM_2 短时吸合，进给电动机 M_3 就转动一下。当变速盘推到原位时，变速后的齿轮已啮合完毕。

变速冲动的控制电路是：

6→KM_1→9→$SA_{3\text{-}3}$→10→$SQ_{2\text{-}2}$→15→$SQ_{1\text{-}2}$→13→$SQ_{3\text{-}2}$→12→$SQ_{4\text{-}2}$→11→$SQ_{5\text{-}1}$→14→KM_2 线圈→18→KM_3→21。

⑤ 应用圆工作台时的控制。圆工作台是机床的附件。在铣削圆弧和凸轮等曲线时，可在工作台上安装圆工作台进行铣切。圆工作台由进给电动机 M_3 经纵向传动机构拖动。在开动圆工作台前，应先将圆工作台转换开关 SA_3 转到“接通”位置。由表1-10可见，SA_3 的触点 $SA_{3\text{-}1}$ 13-16断开，$SA_{3\text{-}2}$ 10-14闭合，$SA_{3\text{-}3}$ 9-10断开。这时，圆工作台的控制电路如图1-112所示。工作台的进给操作手柄都扳到中间位置。按下主轴起动按钮 SB_5 或 SB_6，接触器 KM_1 吸合并自锁，圆工作台的控制电路中的 KM_1 常开辅助触点6-9也同时闭合。由图1-112可见，接触器 KM_2 也紧接着吸合，进给电动机 M_3 正向转动，拖动圆工作台转动。因为只能接触器 KM_2 吸合，KM_3 不能吸合，所以圆工作台只能沿一个方向转动。

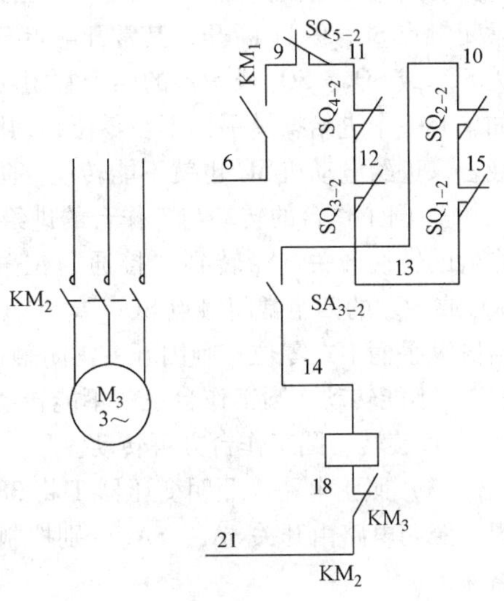

图1-112　圆工作台的控制电路

圆工作台的控制电路是：

6→KM_1→9→$SQ_{5\text{-}2}$→11→$SQ_{4\text{-}2}$→12→$SQ_{3\text{-}2}$→13→$SQ_{1\text{-}2}$→15→$SQ_{3\text{-}2}$→10→$SA_{3\text{-}2}$→14→KM_2 线圈→18→KM_3→21。

⑥ 进给的联锁。

a. 只有主轴电动机 M_1 起动后才可能起动进给电动机 M_3。主轴电动机起动时，接触器 KM_1 吸合并自锁，KM_1 常开辅助触点6-9闭合，进给控制电路有电压，这时才可能使接触器 KM_2 或 KM_3 吸合而起动进给电动机 M_3。如果工作中的主轴电动机 M_1 停止，进给电动机也立即跟着停止。这样，可以防止在主轴不转时，工件与铣刀相撞而损坏机床。

b. 工作台不能几个方向同时移动。工作台两个以上方向同时进给容易造成事故。由于工作台的左右移动是由一个纵向进给手柄控制，同一时间内不会又向左又向右。工作台的上、下、前、后是由同一个十字手柄控制，同一时间内这四个方向也只能有一个方向进给。所以只要保证两个操纵手柄都不在零位时，工作台不会沿两个方向同时进给即可。控制电路中的联锁解决了这一问题。在联锁电路中，将纵向进给手柄可

能压下的微动开关 SQ_1 和 SQ_2 的常闭触点 SQ_{1-2}13-15 和 SQ_{2-2}10-15 串联在一起，再将垂直进给和横向进给的十字手柄可能压下的微动开关 SQ_3 和 SQ_4 的常闭触点 SQ_{3-2}12-13 和 SQ_{4-2}11-12 串联在一起，并将这两个串联电路再并联起来，以控制接触器 KM_2 和 KM_3 的线圈通路。如果两个操作手柄都不在零位，则有不同支路的两个微动开关被压下，其常闭触点的断开使两条并联的支路都断开，进给电动机 M_3 因接触器 KM_2 和 KM_3 的线圈都不能通电而不能转动。

c. 进给变速时两个进给操纵手柄都必须在零位。为了安全起见，进给变速冲动时不要有进给移动。由图 1-111 可知，当进给变速冲动时，短时间压下微动开关 SQ_5，其常闭触点 SQ_{5-2}9-11 断开，其常开触点 SQ_{5-1}11-14 闭合，两个进给手柄可能压下微动开关 SQ_1 或 SQ_2、SQ_3 或 SQ_4 的四个常闭触点 SQ_{1-2}、SQ_{2-2}、SQ_{3-2}和 SQ_{4-2}是串联在一起的。如果有一个进给操纵手柄不在零位，则因微动开关常闭触点的断开而接触器 KM_2 不能吸合，进给电动机 M_3 也就不能转动，防止了进给变速冲动时工作台的移动。

⑦ 圆工作台的转动与工作台的进给运动不能同时进行。由图 1-112 可知，当圆工作台的转换开关 SA_3 转到“接通”位置时，两个进给手柄可能压下开关 SQ_1 或 SQ_2、SQ_3 或 SQ_4 的四个常闭触点 SQ_{1-2}或 SQ_{2-2}、SQ_{3-2}或 SQ_{4-2}是串联在一起的。如果有一个进给操纵手柄不在零位，则因开关常闭触点的断开而使接触器 KM_2 不能吸合，进给电动机 M_3 不能转动，圆工作台也就不能转动。只有两个操纵手柄恢复到零位，进给电动机 M_3 方可旋转，圆工作台方可转动。

(3) 照明电路　照明变压器 T 将 380V 的交流电压降到 36V 的安全电压，供照明用。照明电路由开关 SA_5、SA_4 分别控制灯泡 EL_1、EL_2。熔断器 FU_3 用作照明电路的短路保护。

整流变压器 TC_2 输出低压交流电，经桥式整流电路供给五个电磁离合器 16V 直流电源。控制变压器 TC_1 输出 127V 交流控制电压。

3. X6132 铣床主要电气控制设备元器件清单

表 1-11 列出了 X6132 铣床的主要电气控制设备元器件清单。

表 1-11　X6132 铣床的主要电气控制设备元器件清单

符　号	名称及用途
M_1	主轴电动机
M_2	冷却泵电动机
M_3	进给电动机
KM_1	主轴接触器
KM_2	进给正转接触器
KM_3	进给反转接触器
T	照明变压器
TC_1	控制变压器
TC_2	整流变压器
VC	整流装置

（续）

符　号	名称及用途
FR_1	主轴电动机用热继电器
FR_2	冷却泵电动机用热继电器
FR_3	进给电动机用热继电器
FU_1	总电源保护熔断器
FU_2	进给电动机保护熔断器
FU_3	照明保护熔断器
FU_4	控制保护熔断器
FU_5	整流电路保护熔断器
FU_6	直流电路保护熔断器
QS_1	电源转换开关
QS_2	冷却泵电动机起停用转换开关
SA_1	主轴正反转用转换开关
SA_2	主轴制动和松开用主令开关
SA_3	圆工作台转换开关
SA_4、SA_5	照明开关
YC_1	主轴制动电磁离合器
YC_2	进给电磁离合器
YC_3	快速移动电磁离合器
YC_4	横向进给电磁离合器
YC_5	升降电磁离合器
SQ_1	向右用微动开关
SQ_2	向左用微动开关
SQ_3	向下、向前用微动开关
SQ_4	向上、向后用微动开关
SQ_5	进给变速冲动开关
SQ_6	主轴变速冲动开关
SQ_7	横向开关
SQ_8	升降开关
EL_1、EL_2	照明灯
SB_1、SB_2	主轴停止、制动按钮
SB_3、SB_4	快速移动按钮
SB_5、SB_6	主轴起动按钮
KT	主轴变速冲动用通电延时时间继电器

4. 电气元器件位置图

为了使读者能更直观明了地掌握 X6132 万能铣床的电气系统，便于维护检修，图 1-113 给出了 X6132 万能铣床部分电气元器件安装位置图。

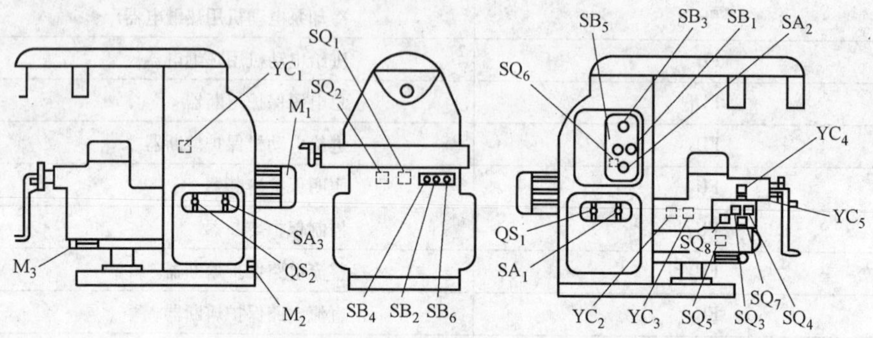

图 1-113　X6132 万能铣床部分电气元器件安装位置图

1.8.4　阅读分析实用机床电气控制电路的示范案例概括总结

本任务示范性地进行了两种最常用典型机床的实用电气控制电路的阅读分析，其目的绝不仅仅在于单纯地掌握某一机床具体的控制电路，更重要的是通过典型机床电路的阅读分析示范，归纳总结出分析一般生产机床电气控制的方法，并在熟悉掌握继电器-接触器控制典型控制环节基础上，培养阅读分析常用机床电气控制电路的职业技术能力，也为下一步设计一般电气控制电路和排除电路故障打下牢固的基础。

要对机床电气控制有一个真正的理解，首先应了解该机床的基本结构、运动形式和工艺要求。在此基础上先阅读分析主电路，看主电路如何反映拖动特点，各电动机的控制和保护情况。然后再阅读控制电路，看控制电路是如何实现这些控制的。在分析控制电路时可将控制电路“化整为零”来看，因为控制电路再复杂也是由一些“基本环节”组成的。将各个环节弄清楚，再进一步注意各环节间的联锁关系，以明确电路必须的工作程序和互锁保护。然后再全面地看整个电路，这就是“积零为整看全部”。因此，在阅读分析控制电路时，可按“化整为零看局部，积零为整看全部”来进行。最后，再阅读其他辅助电路。在生产实际中逐步提高阅读电气控制电路的能力。

在阅读分析机床电气原理图的基础上，就可以分析进一步掌握机床电气电路图设计和诊断故障、排除故障的方法了。

任务 9　回答应知应会问题，进行自我专业技术知识和岗位技能测试

1.9.1　应知专业技术知识

1）三相交流异步电动机的基本结构组成有哪些？按转子结构分类有哪几种？

2）三相交流异步电动机的工作原理、工作特性如何？

3）三相交流异步电动机如何进行调速？
4）在使用中应如何选用三相交流异步电动机？
5）什么是电器？什么是低压电器？从使用的角度，其分类有哪几种？
6）什么是信号及控制电器？常用的有哪几种？
7）什么是执行电器？常用的有哪几种？
8）什么是主令电器？常用的有哪几种？
9）什么是保护电器？常用的有哪几种？
10）什么是叫接触器？其分类、主要结构、工作原理、图形符号、用途、选用方法如何？
11）什么是叫继电器？其分类、主要结构、工作原理、图形符号、用途、选用方法如何？
12）什么是叫开关？其分类、主要结构、工作原理、图形符号、用途、选用方法如何？
13）什么是叫熔断器？其分类、主要结构、工作原理、图形符号、用途、选用方法如何？
14）在电液控制系统中，常用的液压元件有哪几种？其图形符号如何？
15）时间继电器的图形符号和文字符号是如何规定的？试举例说明。
16）什么是叫漏电断路器？它的工作原理和用途是什么？
17）KM、K、SB、FR、FU、KT、KS、SQ 等各代表什么电器？
18）电气控制系统图通常包括哪些图？
19）电气控制原理图基本的绘图原则有哪些？
20）试述“自锁”、“联锁”、“互锁”的含义，并举例说明各自的作用。
21）短路保护、过电流保护及热继电器保护有何区别？各自常用的保护元件是什么？
22）为什么机床电动机应具有零电压和欠电压保护？
23）磁继电器与接触器的区别主要是什么？
24）为什么热继电器不能作短路保护而只能作长期过载保护？熔断器则相反，为什么？
25）机床电气控制常设有哪些保护电路？其保护的原理是什么？

1.9.2 应会专业岗位技能

1）能画出机床电动机点动和长动电路图，并会实际安装接线。
2）能画出机床电动机正反转电路图，并会实际安装接线。
3）能画出机床电动机 Y-△起动电路图，并会实际安装接线。
4）能画出机床电动机能耗制动电路图，并会实际安装接线。
5）能画出机床电动机多地点控制电路图，并会实际安装接线。
6）能画出多台机床电动机“顺起逆停”控制电路图，并会实际安装接线。
7）能画出机床各种常用保护环节的电路图，并会实际安装接线。
8）会阅读分析机床工作台电动机正反转自动循环控制电路图。

9）会阅读分析机床电动机双向反接制动控制电路图。

10）会阅读分析机床双速电动机高低速制动控制电路图。

11）会阅读分析机床动力头电液控制电路图。

12）会阅读分析 CA6140 实用车床电气控制原理图，并指出它采用了哪几种基本电路环节。

13）会阅读分析 X6132 万能铣床电气控制原理图，并指出它采用了哪几种基本电路环节。

14）试说明图 1-114 三速交流电动机电气控制是由哪些基本电路环节组成的。

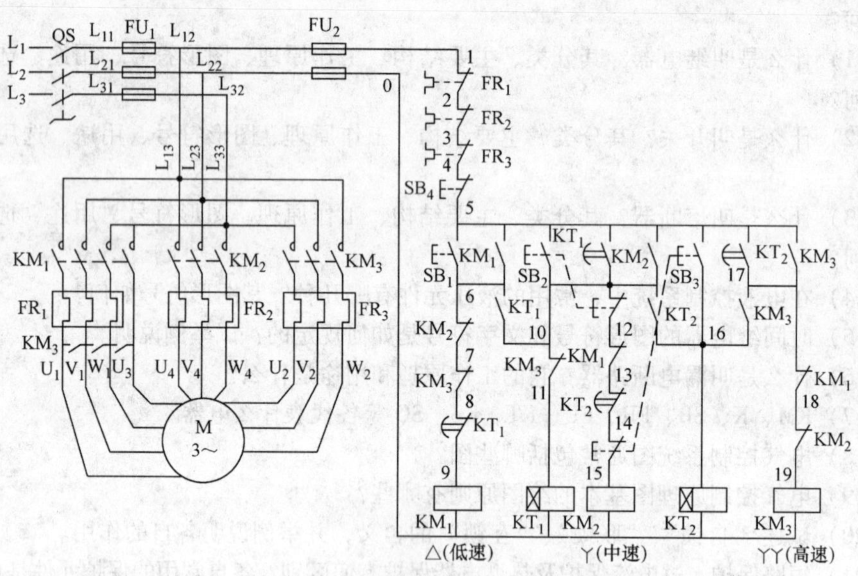

图 1-114　三速交流电动机电气控制原理图

本项目小结

本项目从使用的角度出发，以工作过程为导向，将项目目标分解为 9 项任务。以工作任务来驱动，使学生熟知普通机床设备的机械结构、主要运动形式和对控制的要求；机床电气控制中常用三相交流异步电动机的基本结构、工作原理、机械特性和调速方法；机床控制常用低压电器的基本结构、工作原理和图形符号说明；机床电气制图与识图知识；机床电气控制常用电路的基本环节；进行了嵌入中级电工考证的工程实践训练；以实地阅读分析 CA6140 型实用车床和 X6132 万能铣床电气控制电路图为示范案例掌握阅读典型机床电气控制电路图的方法和技能；回答应知应会问题，进行自我专业技术知识和岗位技能测试。工学结合、学用一致、理论密切联系实践、“教 + 学 + 做”一体化，使学生既掌握高技能应用型人才必备的理论知识，又训练了高职院校学生重实践的岗位技能、创新意识和综合素质，最终实现能熟练阅读分析典型机床电气控制电路图的项目目标。

项目 2 如何阅读机床设备的 PLC 控制电路图

一、项目目标

按照机电一体化专业高素质、高技能应用型人才培养目标和高职高专学生就业职业岗位技能的要求，本项目同样要求学生学会阅读常用机床的 PLC 控制电路图，即能看懂常用机床的 PLC 控制电路图，把前人所进行机床 PLC 控制改造或创新设计的智慧精华和经验总结继承下来。要实现能够调试、维护、检修和设计常用机床 PLC 控制设备的职业岗位技能最终目标，必须首先得看懂一些常用机床的 PLC 控制电路图。

二、任务驱动

根据项目目标，将其工作过程分解为 8 个工作任务。通过项目引导、任务驱动，使学生工学结合、理论和实践密切结合、学用一致，既要掌握高素质、高技能应用型人才必备的专业技术理论知识，更着重训练学生工程实践的动手能力，培养学生创新意识和综合素质，最终完成能看懂常用机床的 PLC 控制电路图的项目目标。

任务 1　认识机床控制中的 PLC 技术

任务 2　熟知所使用 PLC 的硬软件资源

任务 3　会使用所选用 PLC 最常用的编程器或编程工具软件

任务 4　掌握 PLC 基本指令编程规则和编程技巧

任务 5　掌握机床 PLC 控制常用的基本编程环节

任务 6　进行嵌入 PLC 程序设计师（四级）考证的机床 PLC 控制基础实践训练

任务 7　实地阅读、分析典型机床 PLC 控制电路图综合训练

任务 8　回答应知应会问题，进行自我专业技术知识和岗位技能测试

三、任务驱动流程图（见图 2-0）

四、项目情景条件

1）实用机床或者机床教学模型。

2）实用机床的 PLC 控制电路图。

3）机床所使用的 PLC 主机。

4）机床所使用 PLC 的编程工具或带有 PLC 编程软件的计算机。

5）机床所使用 PLC 的硬件组成结构分解挂图及工作原理演示图。

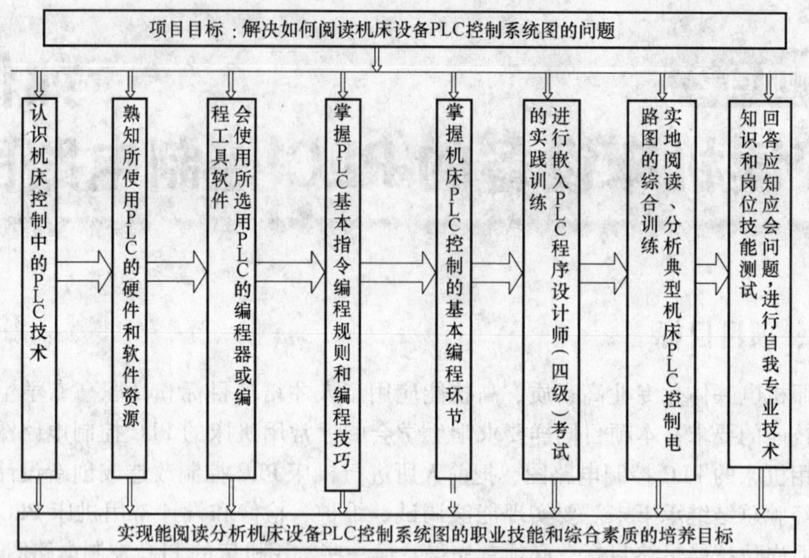

图 2-0　任务驱动流程图

6）机床所使用 PLC 的编程器件图解及编程应用举例演示图。

7）机床所使用 PLC 的软件编程方法图解及编程举例演示图。

8）机床 PLC 控制常用的各种基本电路环节挂图或者动画演示图。

9）机床 PLC 调试、安装、接线、维修常用的电工工具及万用表等。

10）机床 PLC 控制实验、实训、工程实践训练基地或者校企合作实习工厂等。

五、教学环境设置和教学方法选择

任务 1　采用多媒体图示和黑板讲解相结合的方法教学

任务 2 和任务 4　采用实物、多媒体图示和黑板讲解相结合的方法教学

任务 3　采用多媒体图示讲解和上机实践操作相结合的方法教学

任务 5　课堂讲解、图示、动画教学相结合，提升阅图、分析理解能力

任务 6　嵌入 PLC 程序设计师（四级）考证要求，进行实践动手能力强化训练

任务 7　组织学生选择典型车床 PLC 控制电路图进行实地阅读、分析演练，培养综合能力

任务 8　回答应知应会问题，进行自我专业技术知识和岗位技能测试，考核本项目目标真实的完成情况

引　言

传统机床电气控制通常采用的是“继电器-接触器”控制，其特点是控制简便、价格便宜，在 PLC 未出现前的几十年间一直被广泛应用；即使在现在，其市场占有量也还相当大。但是它是 20 世纪二三十年代就开始使用的传统控制方式，在技术上是落后的；它是以硬件接线方式实现逻辑控制、顺序控制、定时、计数和算术运算等各种操作功能，属于有触点的控制，安全可靠性差，占地面积大，运行时噪声大，安装维护工作量大；特别是其产生的电磁信号对微机控制的干扰严重，甚至会使微机控制无法正常工作。因此，伴随着科技的进步，一方面其器件本身不断地在被新材料、新工艺、新技术改造着；另一方面它也在不断地被新出现的现代控制器件所替换。

可编程序控制器（PLC）是近几十年才形成和发展起来的一种新型工业用控制装置。它可以完全取代传统的“继电器-接触器”控制系统实现逻辑控制、顺序控制、定时、计数和算术运算等各种操作功能，大型高档 PLC 还能像微型计算机（PC）那样进行数字运算、数据处理、模拟量调节以及联网通信等。它具有通用性强、可靠性高、指令系统简单、编程简便易学、易于掌握、体积小、维修工作量少、现场连接方便、便捷联网通信等一系列显著优点，已广泛应用于机床、机械制造、冶金、采矿、建材、石油、化工、汽车、电力、造纸、纺织、装卸、环境保护等各行各业。在自动化领域，PLC 与数控机床、工业机器人、CAD/CAM 并称为现代工业技术的四大支柱，尤其在机械加工、机床控制中的应用更是越来越广泛，已成为改造传统旧机床和研发现代新机床等机电一体化产品最理想的首选控制器；其应用的深度和广度也代表了一个国家工业现代化的先进程度。本项目将围绕如何阅读机床设备的 PLC 控制系统图，着重认识有关这种新型工业控制器的结构组成、功能特点、工作原理，掌握其硬件资源、软件编程语言、编程方法与技巧以及在机床控制中的典型应用等内容，以便在传统机床 PLC 技术改造和现代机床 PLC 控制创新设计中得到工程实践应用。

任务 1　认识机床控制中的 PLC 技术

2.1.1　PLC 的基本概念

1. PLC 的定义

可编程控制器（Programmable Controller）简称 PC；个人计算机（Personal Computer）也简称 PC；为了避免混淆，目前都习惯将最初多用于逻辑控制而发展起来的可编程控制器叫做 PLC（Programmable Logic Controller）。

国际电工委员会（IEC）在 1987 年颁布的 PLC 标准草案中对 PLC 作了如下定义：“PLC 是一种专门为在工业环境下应用而设计的数字运算操作的电子装置。它采用可以编制程序的存储器，用来在其内部存储执行逻辑运算、顺序运算、定时、计数和算术运算等操作的指令，并能通过数字式或模拟式的输入和输出，控制各种类型的机械或生产过程。PLC 及其有关的外围设备都应按照易于与工业控制系统形成一个整体，易于扩展其功能的原则而设计。”定义中有以下几点应值得注意：

1）PLC是“数字运算操作的电子装置”，其中带有“可以编制程序的存储器”，可以进行“逻辑运算、顺序运算、定时、计数和算术运算”工作，可以认为PLC具有计算机的基本特征。事实上，PLC无论从内部构造、功能及工作原理上看，都不折不扣的是一种计算机。

2）PLC是“为工业环境下应用”而设计。工业环境和一般办公环境有较大的区别，PLC具有特殊的构造，使它能在高粉尘、高噪声、强电磁干扰和温度变化剧烈的环境下正常工作；为了能控制“机械或生产过程”，它又要能“易于与工业控制系统形成一个整体”；这些都是个人计算机不可能做到的。因此PLC又不是普通的计算机，它是一种能满足工业现场恶劣环境下使用的工业控制计算机。

3）PLC能控制“各种类型”的工业设备及生产过程。它“易于扩展其功能”，它的程序能根据控制对象的不同要求，让使用者“可以编制程序”。也就是说，PLC较之以前的工业控制计算机，如单片机等工业控制系统，具有更大的灵活性，它可以方便地应用在各种场合，它又是一种通用的工业控制计算机。

通过以上定义还可以了解到，相对于一般意义上的计算机，PLC并不仅仅具有计算机的内核，它还配置了许多使其适用于工业控制的器件。它实质上是经过了一次开发的工业控制用计算机。但是，从另一个方面来说，它是一种通用机，但不经过二次开发，它就不能在任何具体的工业设备上使用。不过，自其诞生以来，机电工程技术人员感受最深刻的也正是PLC二次开发编程十分容易。它在很大程度上使得工业自动化设计从专业设计院走进了厂矿企业，变成了普通机电工程技术人员甚至普通电气工人都力所能及的工作。再加上其体积小、可靠性高、抗干扰能力强、控制功能完善、适应性强、安装接线简单、便捷联网通信等众多显著优点，PLC在问世后的短短几十年中便获得了突飞猛进的发展，在工业控制中得到了极其广泛的应用，已跃居现代工业四大支柱之首位。

2. PLC的特点及应用

（1）PLC的特点

1）可靠性高，抗干扰能力强。高可靠性是机床等控制设备最重要的关键性能。PLC由于采用了现代超大规模集成电路（VLSI）技术，严格的生产工艺制造，内部电路采用了先进的抗干扰技术，具有很高的可靠性。例如日本三菱公司生产的F系列PLC平均无故障时间已高达30万小时。一些使用冗余CPU的PLC的平均无故障工作时间则更长。从PLC的机外电路来看，使用PLC构成控制系统，和同等规模的“继电器-接触器”控制系统相比，其电气接线及开关触点已减少到原来的数百甚至数千分之一，故障也将随之大大降低。此外，PLC具有硬件故障的自检测功能，出现故障时可迅速及时地发出报警信息。在应用软件中，用户还可以编入外围器件的故障自诊断程序，使系统中PLC以外的电路及设备也都获得故障自诊断保护。这样，就使得整个PLC控制系统都具有了极高的可靠性。

2）产品配套齐全，功能完善，适用性强。PLC发展到今天，已经形成了大、中、小、微各种规模的系列化产品，可以用于各种规模的工业控制场合。除了逻辑控制功能外，现代 PLC 大都具有完善的数据运算能力，可用于各种数字控制领域。近年来 PLC 的功能模块大量涌现，使 PLC 已广泛渗透到了模拟量控制、位置控制、运动控制、过程控制、温湿度控制、计算机数控（CNC）等各种工业控制中。加上 PLC 通信能力的增强及人机界面技术的发展，使用 PLC 组成各种控制系统变得非常容易。

3）易学好懂易用，深受工程技术人员欢迎。PLC 作为现代通用工业控制计算机，是面向工矿企业的工控设备，其编程语言易于为工程技术人员接受。像梯形图语言的图形符号和表达方式与继电器-接触器控制电路图非常接近，只用 PLC 的少量开关逻辑控制指令就可以方便地实现“继电器-接触器控制电路”的功能；像步进式顺序控制的状态转移图（SFC），简单，直观，容易设计复杂的多流程顺序控制，并且能够减少程序条数，使程序易于理解。

4）系统设计周期短，维护方便，改造容易。PLC 用存储逻辑代替接线逻辑，大大地减少了控制设备外部的接线，使控制系统设计周期大大缩短，同时维护也变得容易起来。更重要的是使同一设备经过改变程序便可改变生产过程成为可能。因此很适合多品种、小批量的生产场合。

5）体积小，重量轻，能耗低。以超小型 PLC 为例，其新近产品的品种底部尺寸小于 $100mm^2$，质量小于 150g，能耗仅数瓦。由于体积小，很容易嵌入机械内部，是实现机电一体化首选的最理想控制器件。

（2）PLC 的应用领域　目前，PLC 在国内外已广泛应用于机床、机械制造、钢铁、石油、化工、电力、建材、轻纺、交通运输、环保及文化娱乐等各个行业，使用情况可归纳为以下几大类：

1）开关量的逻辑控制。这是 PLC 最基本、最广泛的应用领域，可用它取代传统的“继电器-接触器”控制系统，实现逻辑控制、顺序控制、定时、计数等，既可用于单机设备的控制，又可用于多机群控制及自动化流水线。如电梯控制、高炉上料、注塑机、印刷机、数控与组合机床、磨床、包装生产线、电镀流水线等。

2）模拟量控制。在工业生产过程中，有许多连续变化的模拟量，如温度、压力、流量、液位和速度等。为使 PLC 能处理模拟量信号，PLC 厂家都生产有配套的 A/D 和 D/A 转换模块，使 PLC 可直接用于模拟量控制。

3）运动控制。PLC 可以用于圆周运动或直线运动的控制。从控制机构配置来说，早期直接用开关量 I/O 模块连接位置传感器和执行机构；现在可使用专用的运动控制模块，如可驱动步进电动机或伺服电动机的单轴或多轴位置控制模块。世界上各主要 PLC 厂家的产品几乎都有运动控制功能，广泛地用于各种机械、机床、机器人、电梯等场合。

4）过程控制。过程控制是指对温度、压力、流量等模拟量的闭环控制。作为工业控制计算机，PLC 能编制各种各样的控制算法程序，完成闭环控制。PID 控制是一般闭环控制系统中常用的控制方法。目前不仅大中型 PLC 都有 PID 模块，许多小型 PLC 也具有 PID 功能。PID 处理一般是运行专用的 PID 子程序。过程控制在冶金、化工、热处理、锅炉控制等场合有非常广泛的应用。

5）数据处理。现代 PLC 具有数学运算（含矩阵运算、逻辑运算）、数据传送、数据转换、排序、查表、位操作等功能，可以完成数据的采集、分析及处理。这些数据可以与储存在存储器中的参考值比较，完成一定的控制操作，也可以利用通信功能传送给别的智能装置，或将它们打印制表等。数据处理一般用于大型控制系统，如无人控制的柔性制造系统；也可用于过程控制系统，如数控机床、造纸、冶金、食品工业中的一些大型控制系统。

6）通信及联网。PLC 通信包含 PLC 之间的通信以及 PLC 与其他智能设备之间的通信。随着计算机控制技术的不断发展，工厂自动化网络的发展也将会更加迅猛，各 PLC 厂商都十分重视 PLC 的通信功能，纷纷推出各自的网络系统。最新生产的 PLC 都具有通信接口，实现通信非常方便快捷。

3. PLC 与“继电器-接触器”控制系统的比较

在 PLC 出现以前的一个世纪中，“继电器-接触器”硬件电路是逻辑控制、顺序控制的唯一执行者，它结构简单，价格低廉，特别在传统机床中，一直被广泛应用。但它与 PLC 控制系统相比却有许多缺点，见表 2-1。

表 2-1　PLC 与继电器-接触器控制系统的比较

比较项目	继电器-接触器控制	可编程序控制器
控制逻辑	体积大，接线复杂，修改困难	存储逻辑体积小，连线少，控制灵活，易于扩展
控制速度	通过触点开闭实现控制作用，动作速度为几十毫秒，易出现触点抖动	由半导体电路实现控制作用，每条指令执行时间在微秒级，不会出现触点抖动
限时控制	由时间继电器实现，精度差，易受环境温度影响	用半导体集成电路实现，精度高，时间设置方便，不受环境、温度影响
设计与施工	设计、施工、调试必须顺序进行，周期长，修改困难	在系统设计后，现场施工与程序设计可同时进行，周期短，调试修改方便
可靠性与可维护性	寿命短，可靠性与可维护性差	寿命长，可靠性高，有自诊断功能，易于维护
价格	使用机械开关、继电器及接触器等，价格便宜	使用大规模集成电路，初期投资较高

4. PLC 与微机（PC）的区别

采用微电子技术制作的 PLC，是由运算器、控制器（CPU）、存储器（RAM、ROM）、I/O 接口等五大件构成的，与微机有相似的构造，但又不同于一般的微机，特别是它采用了特殊的抗干扰技术，使它更能适用于恶劣环境下的工业现场控制。PLC 与微机各自的特点见表 2-2。

表 2-2　PLC 与微机（PC）的比较

比较项目	可编程序控制设备	微　机
应用范围	工业控制	科学计算、数据处理、通信等
使用环境	工业现场	具有一定温度、湿度的机房

（续）

比较项目	可编程序控制设备	微机
输入/输出	控制强电设备需光电隔离	与主机采用微电联系不需光电隔离
程序设计	一般为梯形图语言，易于学习和掌握	程序语言丰富，汇编、FORTRAN、BASIC及COBOL等语句复杂，需专门计算机的硬件和软件知识
系统功能	自诊断、监控等	配有较强的操作系统
工作方式	循环扫描方式及中断方式	中断方式

5. PLC的新发展

据不完全统计，当今世界PLC生产厂家约200多家，生产300多个品种，占工控机市场份额的50%以上，PLC将在工控机市场中占有主要地位，并保持继续上升的势头。PLC在20世纪60年代末引入我国时，只用作离散量的控制，其功能只是将操作接到离散量输出的接触器等，最早只能完成以继电器梯形逻辑的操作。新一代的PLC已具有PID调节、运动及位置控制、各种特殊控制、联网等选用功能模块，它的应用已从开关量控制扩大到模拟量控制领域，广泛地应用于机床、航天、冶金、轻工、建材等各行业。目前正向着以下几个方面迅猛发展：

（1）微型、小型PLC功能明显增强　很多著名的PLC厂家相继推出高速、高性能、小型、特别是微型的PLC。三菱的FXOS14（8个DC 24V输入，6个继电器输出），其尺寸为58mm×89mm，仅大于信用卡几个毫米，而功能却有所增强，使PLC的应用领域扩大到远离工业控制的其他行业，如快餐厅、医院手术室、旋转门和车辆等，甚至引入家庭住宅、娱乐场所和商业部门。

（2）集成化发展趋势增强　由于现代高新技术控制内容的复杂化和高难度化，使PLC向集成化方向发展，PLC与PC集成、PLC与DCS集成、PLC与PID集成等，并强化了通信能力和网络化功能，尤其是以PC为基础的控制产品增长率最快。PLC与PC集成，即将计算机、PLC及操作人员的人-机接口结合在一起，使PLC能利用计算机丰富的软件资源，而计算机能和PLC的模块交互存取数据。以PC为基础的控制容易编程和维护用户的利益，开放的体系结构提供较大的灵活性，最终将提高生产率和降低生产成本。

（3）向开放性转变　PLC目前存在的最严重缺点，主要是PLC的软、硬件体系结构是封闭的而不是开放的，绝大多数的PLC是专用总线、专用通信网络及协议，编程虽多为梯形图，但各公司的组态、寻址、语言结构不一致，导致各种PLC互不兼容，致使广大PLC用户开发应用互不统一，使用很不方便，学、用、开发费力费神、劳命伤财。国际电工协会（IEC）在1992年颁布了IEC1131-3《可编程序控制器的编程软件标准》，为各PLC厂家编程的标准化铺平了道路。现在开发以PC为基础、在WINDOWS平台下，符合IEC1131-3国际标准的新一代开放体系结构的PLC正在进行中。

（4）将来的新一代PLC将要实现：

1）PLC向着两极化（大型化和小型化）方向发展，大幅度提高微型PLC的功能。

2）PLC 控制系统向着分散化发展，大力发展面向民用的 PLC。

3）PLC 向着软件化与 PC 化、控制与管理功能一体化方向发展。

4）CPU 处理速度进一步加快，向着高性能、高速度、大容量发展。

5）大力发展故障诊断技术和容错技术，使可靠性进一步提高。

6）编程工具向标准化和多样化发展，基于个人计算机的编程软件将取代手持式编程器。

7）编程语言向标准化发展。IEC1131 指定的 5 种编程语言为结构块控制程序流程图-顺序功能图（SFE）；两种图形语言——梯形图和功能块图；两种文字语言-指令表和结构文本。

8）大力推广使用分散型 I/O 子系统、智能 I/O 模块。

9）PLC 通信向着通用化、“傻瓜化”和网络化方向发展。

10）PLC 的组态软件将引发上位计算机编程革命。

总之，PLC 的新发展可概括为以下几个方面：

1）在系统构成规模上，向超大型、超小型方向发展。

2）在增强控制能力和扩大应用范围上，进一步开发各种智能 I/O 模块。

3）在系统集成方面进一步提高安全性、可靠性。

4）在控制与管理功能一体化方面，进一步增强通信联网能力。

5）在编程语言与编程工具方面，达到多样化、高级化、标准化。

在全球 PLC 制造商中，根据美国 Automation Research Corp（ARC）调查，世界 PLC 主导厂家的“五霸”分别为日本 Mitsubishi（三菱）公司和 Omrom（欧姆龙）公司、法国 Schneider（施耐德）公司、德国 Siemens（西门子）公司、美国 Allen-Bradley（A-B）公司，他们的销售额约占全球总销售额的三分之二。我国的 PLC 产品市场目前还被外国人垄断着、霸占着。

我国的 PLC 生产目前也有一定的发展，小型 PLC 已批量生产；中型 PLC 已有产品；大型 PLC 也正在研制。国内 PLC 形成产品化的生产企业约 30 多家，国内产品市场占有率不超过 10%，主要生产单位有：苏州电子计算机厂、苏州机床电器厂、上海兰星电气有限公司、天津市自动化仪表厂、杭州通灵控制电脑公司、北京机械工业自动化研究所和江苏嘉华实业有限公司等。目前国内产品在价格上占有明显的优势，而在质量上还稍有欠缺和不足。

2.1.2 PLC 的基本结构

目前 PLC 生产厂家很多，产品结构也各不相同，但其基本组成部分如图 2-1 ~ 图 2-3 所示。可以看出，PLC 采用了典型的计算机结构，主要包括 CPU、RAM、ROM 和 I/O 接口电路等。其内部采用总线结构进行数据和指令的传输。如果把 PLC 看做一个系统，该系统由“输入变量→PLC→输出变量”组成。外部的各种开关信号、模拟信号以及传感器检测的各种信号均可作为 PLC 的输入变量；它们经 PLC 外部输入端子输入到内部寄存器中，经 PLC 内部逻辑运算或其他各种运算处理后送到输出端子，它们是 PLC 的输出变量；由这些输出变量对外围设备进行各种控制。因此也可以把 PLC 看做一个中间处理器或变换器，它将工业现场的各种输入变量转换为能控制工业现场设备的各种输出变量。

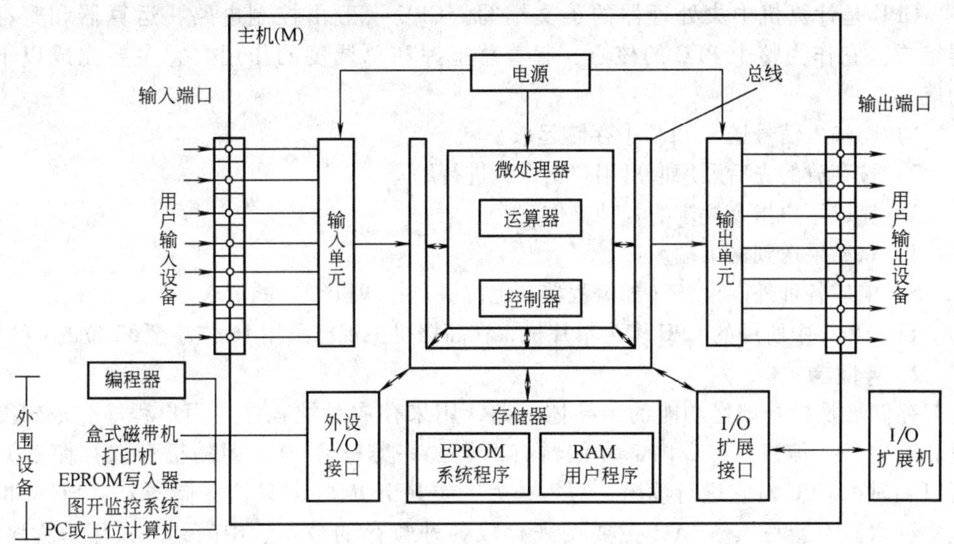

图 2-1 PLC 的典型组成示意图

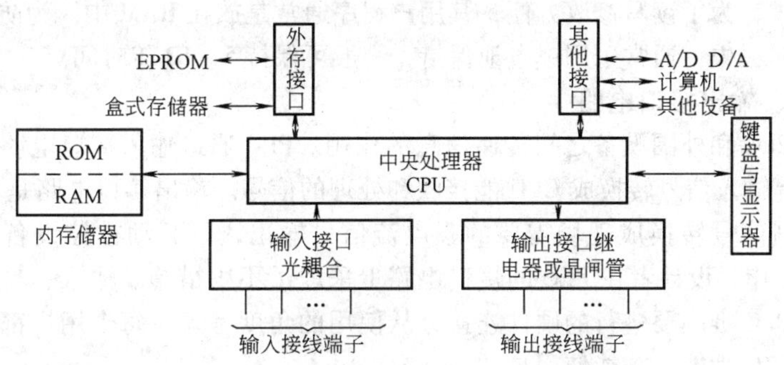

图 2-2 PLC 的逻辑结构示意图

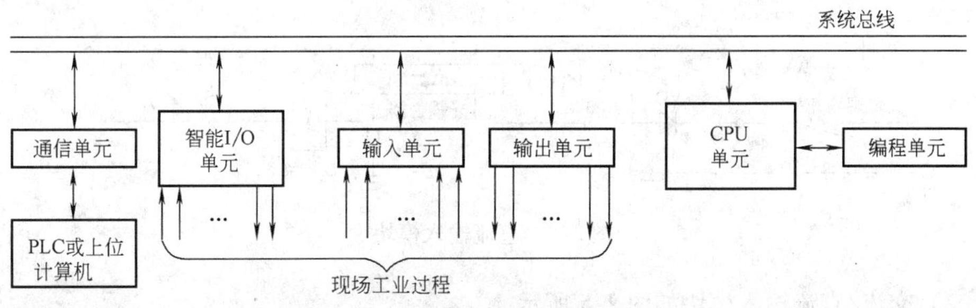

图 2-3 组合式 PLC 的逻辑功能示意图

下面结合图2-1、图2-2、图2-3，具体介绍各部分的作用。

1. CPU

CPU是计算机中央处理器的英文缩写。CPU一般由控制电路、运算器和寄存器组成。它作为整个PLC的核心，起着总指挥和总调度的作用。它主要完成以下功能：

1）将输入信号送入PLC中存储起来。

2）按存放的先后顺序取出用户指令，进行编译。

3）完成用户指令规定的各种操作。

4）将结果送到输出端。

5）响应各种外围设备（如编程器、上位机、打印机等）的请求。

目前PLC中所用的CPU多为单片机，在高档机中现已采用16位甚至32位的CPU。

2. 存储器

存储器是具有记忆功能的半导体电路，用来存放系统程序、用户程序、逻辑变量和其他一些信息。PLC内部存储器有两类：一类是RAM（即随机存取存储器），可以随时由CPU对它进行读出、写入；另一类是ROM（即只读存储器），CPU只能从中读取而不能写入。RAM主要用来存放各种暂存的数据、中间结果及用户程序。ROM主要用来存放监控程序及系统内部数据，这些程序及数据在出厂时已固化在ROM芯片中。

在PLC中，为了读写修改方便，其用户程序通常是放在RAM中。为防止用户程序在PLC断电时丢失，通常采用锂电池保持，一般可保持5~10年时间。

3. 输入、输出接口电路

它起着PLC和外围设备之间传递信息的作用。PLC通过输入接口电路将开关、按钮、传感器等输入信号转换成CPU能接收和处理的信号。输出接口电路是将CPU送出的弱电流控制信号转换成现场需要的强电流信号输出，以驱动被控设备。为了保证PLC可靠地工作，设计者在PLC的接口电路上采取了不少措施。输入、输出接口电路是用户使用PLC唯一要进行的硬件连接，从使用的角度考虑，每个用户都必须清楚地了解PLC的I/O性能，才能使用自如。

（1）开关量I/O模块

1）直流输入模块如图2-4所示。

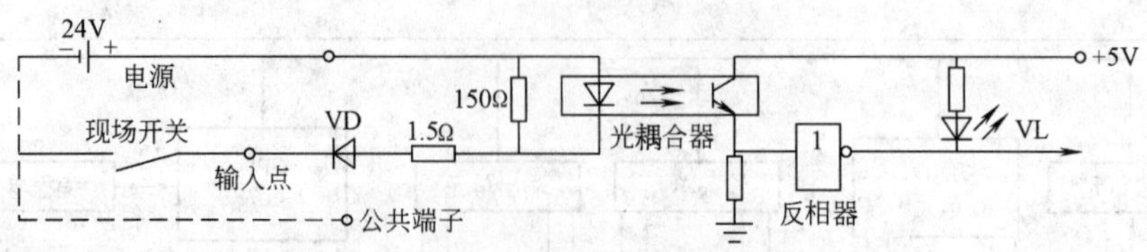

图2-4 直流输入模块

2）交流/直流输入模块如图2-5所示。

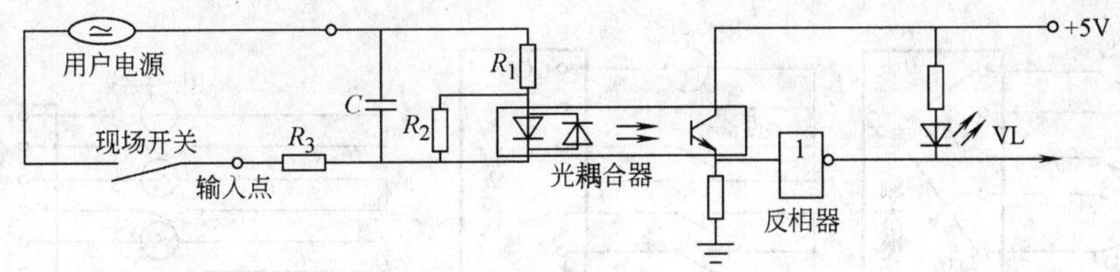

图 2-5　交流/直流输入模块

3）直流输出模块如图 2-6 所示。

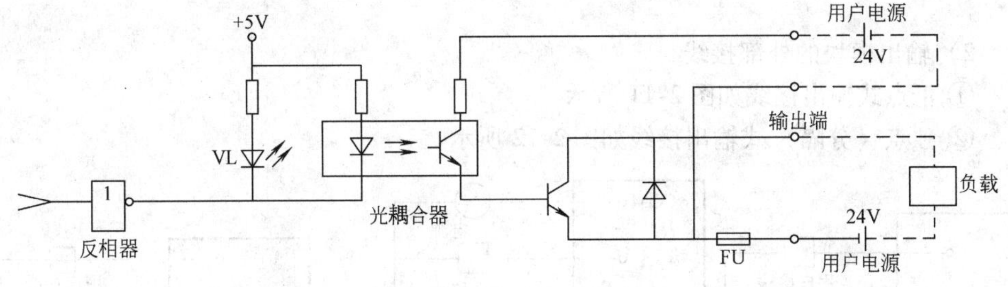

图 2-6　直流输出模块

4）交流输出模块如图 2-7 所示。

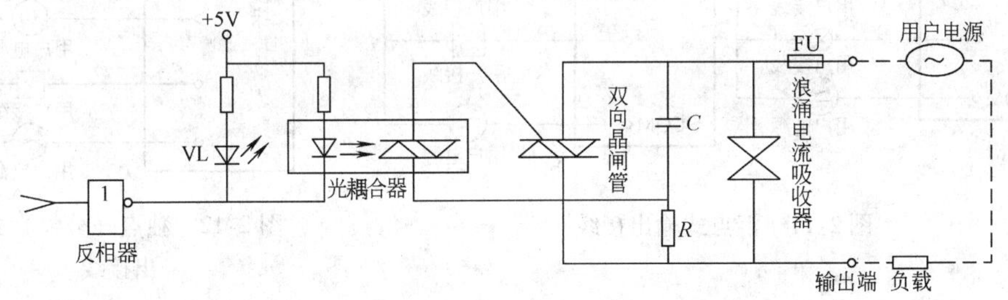

图 2-7　交流输出模块

5）交流/直流输出模块如图 2-8 所示。

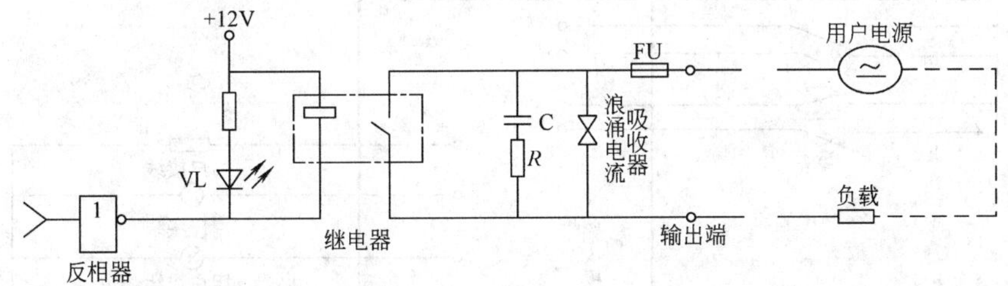

图 2-8　交流/直流输出模块

（2）开关量 I/O 模块的外部接线

1）输入模块的外部接线

① 汇点式输入接线如图 2-9 所示。

② 独点（分隔）式输入接线如图 2-10 所示。

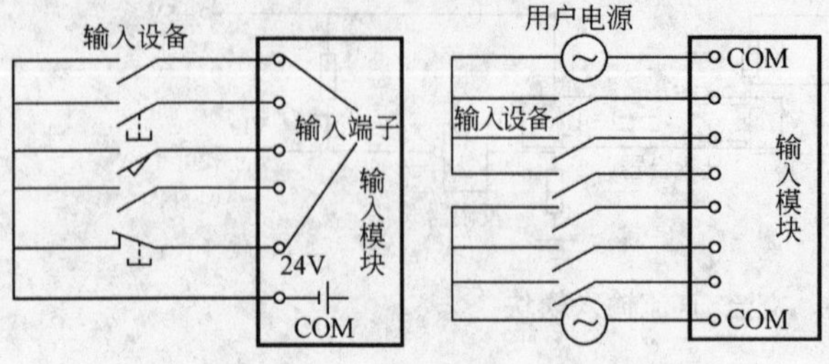

图 2-9　汇点式输入接线

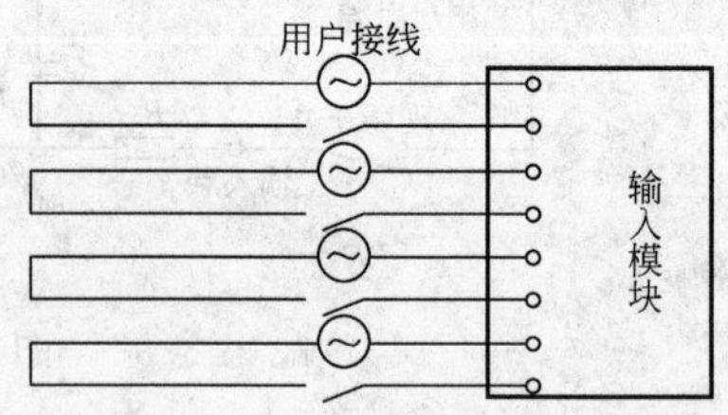

图 2-10　独点（分隔）式输入接线

2）输出模块的外部接线

① 汇点式输出接线如图 2-11 所示。

② 独点（分隔）式输出接线如图 2-12 所示。

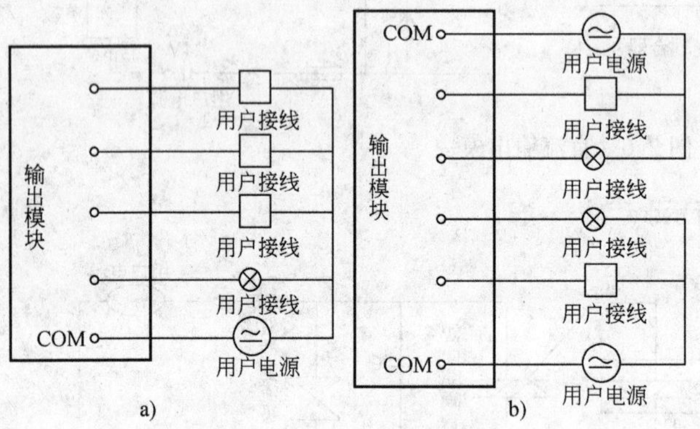

图 2-11　汇点式输出接线

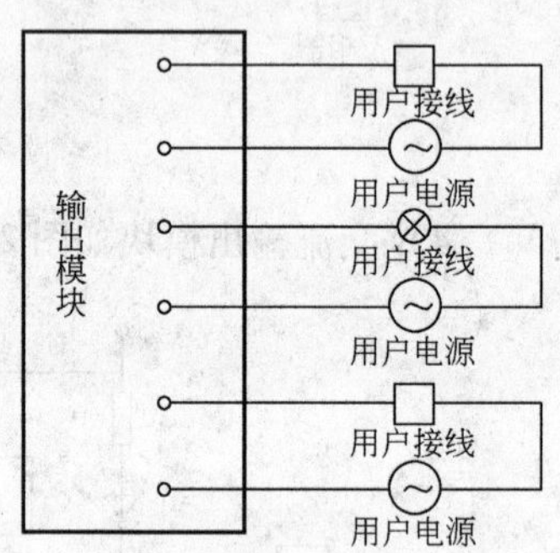

图 2-12　独点（分隔）式输出接线

3）输入/输出模块的外接线如图 2-13 所示。

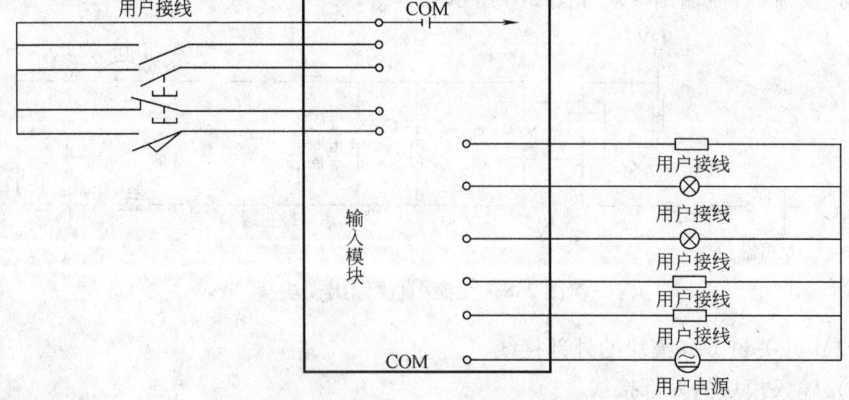

图 2-13　输入/输出模块的外接线

(3) 模拟量 I/O 模块（见图 2-14、图 2-15）

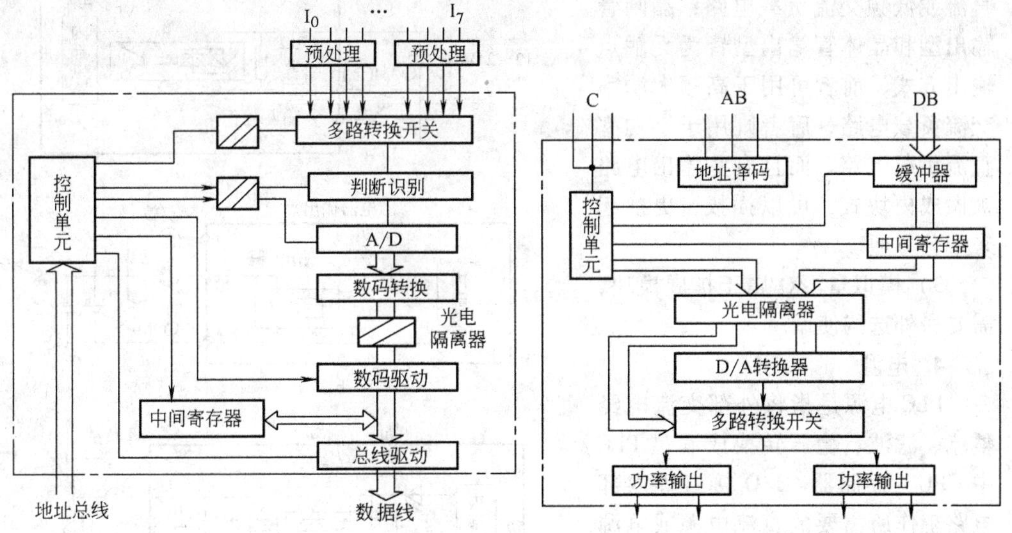

图 2-14　模拟量输入模块结构原理图　　图 2-15　模拟量输出模块结构原理图

(4) 模拟量 I/O 模块的外部接线

1) 模拟量输入模块结构原理图如图 2-16 所示。

2) 模拟量输出模块结构原理图如图 2-17 所示。

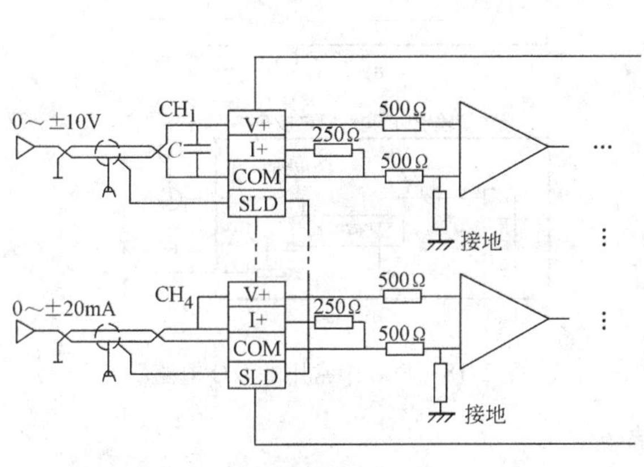

图 2-16　模拟量输入模块结构原理图

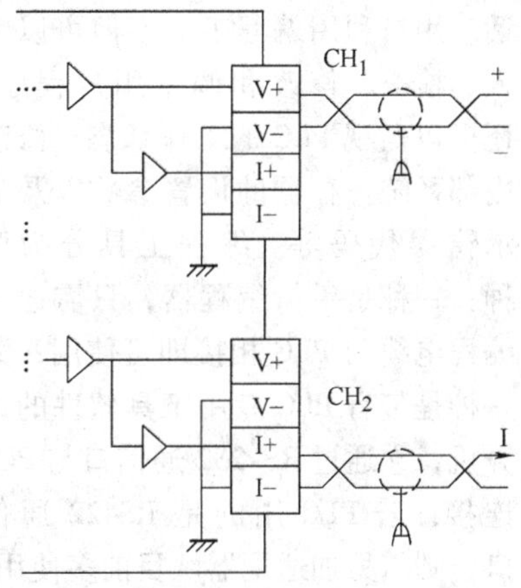

图2-17　模拟量输出模块结构原理图

(5) PLC 中常用的 I/O 电路（见图 2-18）

总之，这些接口电路有以下特点：

1) 输入端采用光电耦合电路，它可以大大减少电磁干扰。

2) 输出端采用光电隔离电路，并分为三种类型（见图 2-18）：继电器输出型、晶闸管输出型和晶体管输出型，这使得 PLC 可以适合各种用户的不同要求。其中继电器输出型为有触点输出方式，可用于直流或低频交流负载电路；晶闸管输出型和晶体管输出型皆为无触点输出方式，前者可用于高频大功率交流负载电路，后者则用于小功率直流负载电路。而且有些输出电路被做成模块式，可以插拔，更换起来十分方便。

3）模拟量I/O属于扩展模块，需要另外选购使用。

4. 电源

PLC电源是指将外部交流电经整流、滤波、稳压转换成满足PLC中CPU、存储器、I/O接口等内部电路工作所需要的直流电源或电源模块。为避免电源干扰，接口电路的电源电路彼此相互独立。

5. 编程工具

编程工具是PLC最重要的外围设备，它实现了人与PLC的联系对话。用户利用编程工具不但可以输入、检查、修改和调试用户程序，还可以监视PLC的工作状态、修改内部系统寄存器的设置参数以及显示错误代码等。编程工具分为两种：一种是手持编程器，只需通过编程电缆与PLC相接即可使用；另一种是带有PLC专用工具软件的计算机，它通过RS-232通信口与PLC连接；若PLC用的是RS422通信口，则需另加适配器。目前多使用后者。

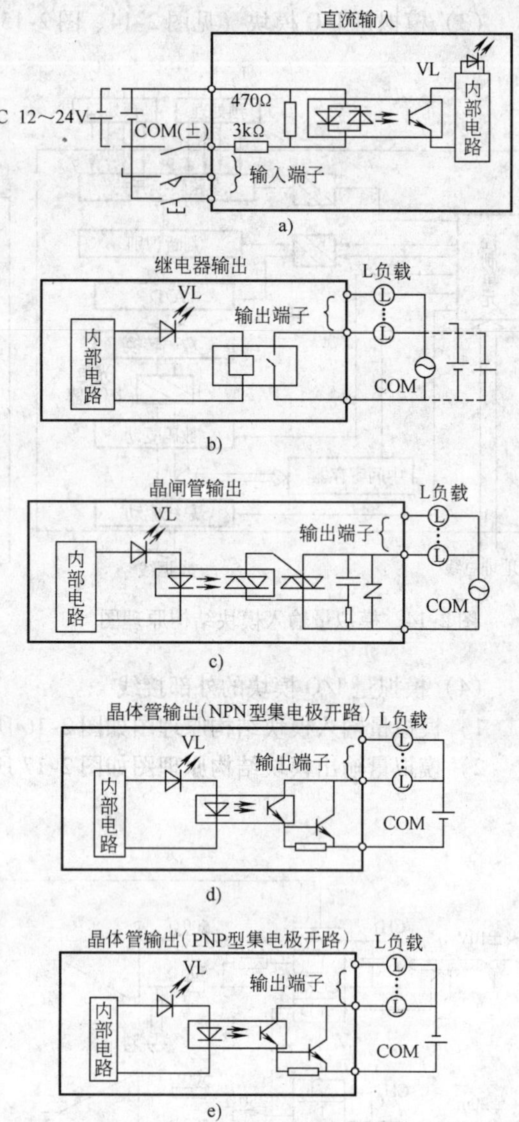

图2-18 PLC中常用的I/O电路

6. I/O扩展接口

若主机单元（带有CPU）的I/O点数不够用，可进行I/O扩展，即通过I/O扩展接口电缆与I/O扩展单元（不带有CPU）相接，以扩充I/O点数。A/D、D/A单元一般也通过接口与主机单元相接。

除了上面介绍的几个最常用的主要部分外，PLC上还常常配有连接各种外围设备的接口，并均留有插座，可通过电缆方便地配接诸如串行通信模块、EPROM写入器、打印机、录音机等外围设备。

2.1.3 PLC 的工作原理

1. PLC 控制系统的等效电路

图 2-19 是一个典型的机床继电器控制电路，KT 是时间继电器；KM_1、KM_2 是两个接触器，分别控制电动机 M_1、M_2 的运转；SB_1 为停止按钮，SB_2 为起动按钮。控制过程如下；按下起动按钮 SB_2，电动机 M_1 开始运转，10s 后，电动机 M_2 开始运转；按下停止按钮 SB_1，电动机 M_1、M_2 同时停止运转。

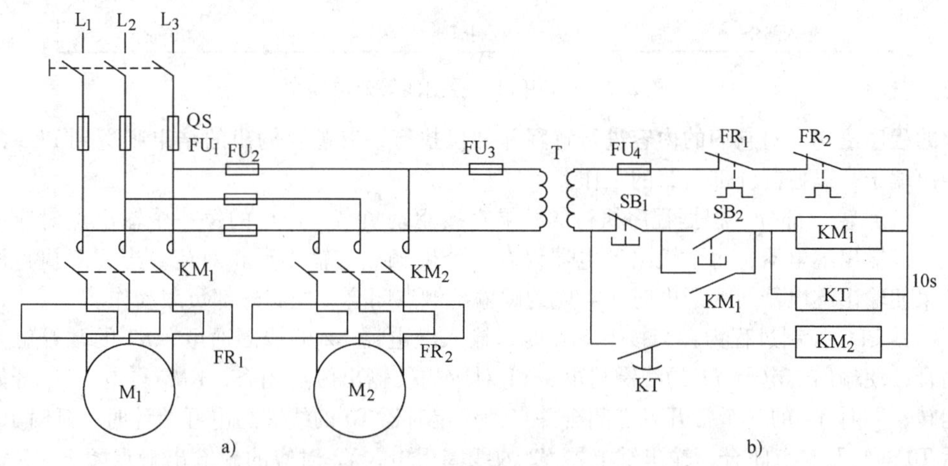

图 2-19 一个典型的机床继电器控制电路

在控制电路中，当按下 SB_2 时，KM_1、KT 的线圈同时通电，KM_1 的一个常开触点闭合并自锁，M_1 开始运转；KT 线圈通电后开始计时，10s 后 KT 的延时常开触点闭合，KM_2 线圈通电，M_2 开始运转。当按下 SB_1 时，KM_1、KT 线圈同时断电，KM_2 线圈也断电，M_1、M_2 随之停转。

现改用日本三菱公司生产的 FX 系列微型 PLC 来实现上述的控制功能，图 2-20 为改用 PLC 控制的等效电路图。在 PLC 的面板上有一排输入端子和一排输出端子，输入端子和输出端子各有自己的公共接线端子 COM，输入端子的编号为 X0、X1、…，输出端子的编号为 Y0、Y1、…。停止按钮 SB_1、起动按钮 SB_2、热继电器 FR_1 与 FR_2 的一端接到输入端子上，另一端接到输入公共端子 COM 上；接触器 KM_1、KM_2 的线圈接到输出端子上，输出公共端子 COM 上接 AC220V 负载驱动电源。PLC 控制的等效电路由三部分组成：

（1）输入部分 接收操作指令（由起动按钮、停止按钮、开关等提供），或接收被控对象的各种状态信息（由行程开关、接近开关、各种传感器信号等提供）。PLC 的每一个输入点对应一个内部输入继电器，当输入点与输入 COM 端接通时，输入继电器线圈通电，它的常开触点闭合、常闭触点断开；当输入点与输入 COM 端断开时，输入继电器线圈断电，它的常开触点断开、常闭触点接通。

（2）控制部分 这部分是用户编制的控制程序，通常用梯形图的形式表示。用户控制程序放在 PLC 的用户程序存储器中。系统运行时，PLC 依次读取用户程序存储器

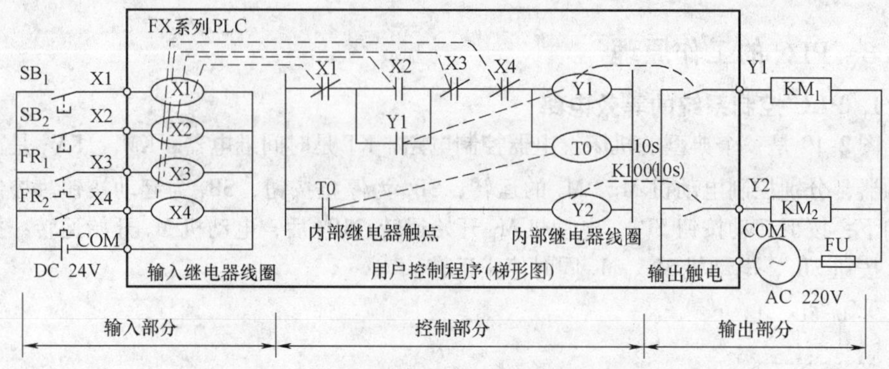

图 2-20 改用 PLC 控制的等效电路图

中的程序语句，对它们的内容进行解释并加以执行，有需要输出的结果则送到 PLC 的输出端子，以控制外部负载的工作。

（3）输出部分 根据程序执行的结果直接驱动负载。PLC 的每一个输出点对应一个内部输出继电器，每个输出继电器仅有一个硬触点与输出点相对应。当程序执行的结果使输出继电器线圈通电时，对应的硬输出触点闭合，控制外部负载动作。

其 PLC 控制过程为：当按下 SB_2 时，输入继电器 X2 的线圈通电，X2 的常开触点闭合，使输出继电器 Y1 的线圈得电，Y1 对应的硬输出触点闭合，KM_1 得电，M_1 开始运转；同时 Y1 的一个常开触点闭合并自锁；定时器 T0 的线圈通电开始计时，延时 10s 后 T0 的常开触点闭合，输出继电器 Y2 的线圈得电，Y2 对应的硬输出触点闭合，KM_2 得电，M_2 开始运转。当按下 SB_1 时，输入继电器 X1 的线圈通电，X1 的常闭触点断开。Y1、T0 的线圈均断电，Y2 的线圈也断电，Y1、Y2 对应的两个硬输出触点随之断开，KM_1、KM_2 断电，M_1、M_2 停转。

2. PLC 的工作原理

PLC 采用循环扫描工作方式，其工作过程如图 2-21 所示。PLC 通电后，有两种基本的工作状态，即运行（RUN）状态与停止（STOP）状态。在运行状态，PLC 的工作过程分为内部处理、通信服务、输入处理、程序执行和输出处理 5 个阶段。在停止状态，PLC 只进行内部处理和通信服务。

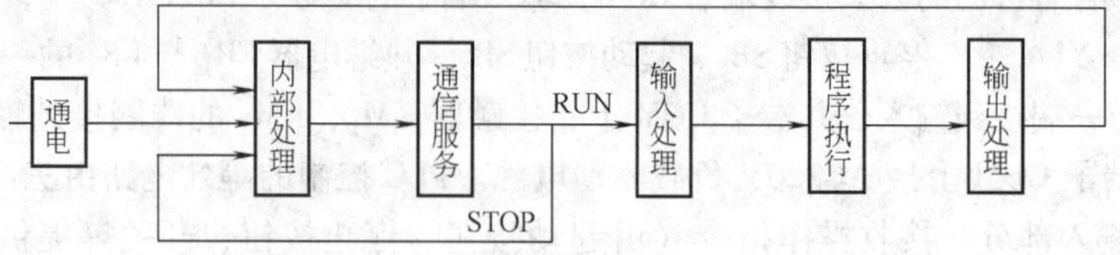

图 2-21 PLC 采用循环扫描工作过程

（1）内部处理阶段 在内部处理阶段，PLC 复位监控定时器，运行自诊断程序（进行硬件检查、用户内存检查等）。检查正常后，方可进行下面的操作。如果有异常情况，则根据错误的严重程度报警或停止 PLC 运行。

（2）通信服务阶段 通信服务阶段又叫通信处理阶段、通信操作阶段或外设通信阶段。在此阶段，PLC 与带微处理器的外部智能装置进行通信，响应编程工具键入的命令，更新编程工具的显示内容。

当 PLC 处于停止状态时，只执行以上两个阶段的操作；当 PLC 处于运行状态时，还要完成以下三个阶段的操作。

（3）输入处理阶段　输入处理阶段又叫输入采样阶段、输入刷新阶段或输入更新阶段。在此阶段，PLC 中的 CPU 把所有外部输入电路的接通/断开（ON/OFF）状态通过输入接口电路读入输入映像寄存器（此时输入映像寄存器的状态被刷新），接着进入程序执行阶段。在输入处理阶段，如果外接的输入触点电路接通，对应的输入映像寄存器为“1”状态，梯形图中对应的输入继电器的常开触点接通，常闭触点断开；如果外接的输入触点电路断开，对应的输入映像寄存器为“0”状态，梯形图中对应的输入继电器的常开触点断开，常闭触点接通。在输入处理阶段完成后，输入映像寄存器与外界隔离，即使外部输入信号的状态发生了变化，输入映像寄存器的状态也不会随之改变。输入信号变化了的状态只有等到下一个扫描周期的输入处理阶段到来时才能通过 CPU 送入输入映像寄存器中，这种输入工作方式称为集中输入工作方式。

（4）程序执行阶段　PLC 的用户程序由若干条指令组成，指令在存储器中按步序号顺序排列。在没有跳转指令时，则从第一条指令开始，逐条顺序地执行用户程序，直到用户程序结束之处；然后，进入输出处理阶段。在程序执行阶段，CPU 对程序按从左到右、先上后下的顺序对每条指令进行解释、执行，则从输入映像寄存器、输出映像寄存器和元件映像寄存器中将有关编程元件的“0”／“1”（“OFF”／“ON”）状态读出来，并根据用户程序给出的逻辑关系进行相应的逻辑运算，运算的结果再写入到对应的输出映像寄存器和元件映像寄存器中。因此，各编程元件的映像寄存器（输入映像寄存器除外）的内容随着程序的执行而变化。

（5）输出处理阶段　输出处理阶段又叫输出刷新阶段或输出更新阶段。在此阶段，将输出映像寄存器的“0”／“1”状态传送到输出锁存器，然后经输出接口电路和输出端子再传送到外部负载。在梯形图中，如果某一输出继电器的线圈“通电”，对应的输出映像寄存器为“1”状态，相应的输出锁存器也为“1”状态。信号经输出接口电路的隔离和功率放大后（继电器型输出接口电路中对应的硬件继电器的线圈通电，其常开触点闭合），驱动外部负载通电工作；反之，外部负载断电，停止工作。在输出处理阶段完成后，输出锁存器的状态不变，即使输出映像寄存器的状态发生了变化，输出锁存器的状态也不会随之改变。输出映像寄存器变化了的状态只有等到下一个扫描周期的输出处理阶段到来时才能通过 CPU 送入输出锁存器中，这种输出工作方式称为集中输出工作方式。

根据 PLC 的上述循环扫描工作过程，可以得出从输入端子到输出端子的信号传递过程，如图 2-22 所示。

在输入处理阶段，CPU 将 SB_1、SB_2、FR_1、FR_2 触点的状态读入相应的输入映像寄存器，外部触点接通时存入输入映像寄存器的是二进制数“1”，反之存入“0”。

在程序执行阶段，当执行第一条指令时，从输入映像寄存器 X1、X2、X3、X4 和输出映像寄存器 Y1 中读出二进制数进行逻辑运算（触点串联对应“与”运算，触点并联对应“或”运算），其运算结果写入输出映像寄存器 Y1 和元件映像寄存器 T0 中。当执行第二条指令时，从元件映像寄存器 T0 中读出二进制数，然后写入输出映像寄存器 Y2 中。

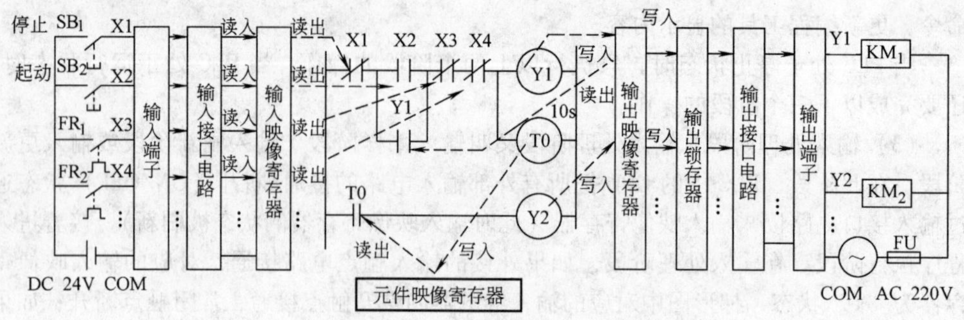

图 2-22　PLC 从输入端子到输出端子的信号传递过程示意图

在输出处理阶段，CPU 将各输出映像寄存器中的二进制数写入输出锁存器并锁存起来，再经输出电路传递到输出端子，从而控制外部负载动作。如果输出映像寄存器 Y1 和 Y2 中存放的是二进制数"1"，外接的 KM_1 和 KM_2 线圈将通电，反之将断电。

PLC 的循环扫描工作方式为 PLC 提供了一条死循环自诊断功能。PLC 内部设置了一个监控定时器 WDT，其定时时间可由用户设置为大于用户程序的扫描周期，PLC 在每个扫描周期的内部处理阶段将监控定时器复位。正常情况下，监控定时器不会动作，如果由于 CPU 内部故障使程序执行进入死循环，那么，扫描周期将超过监控定时器的定时时间，这时监视定时器动作，运行停止，以示用户。

综上所述，PLC 虽具有微机的许多特点，但它的工作方式却与微机有很大不同。微机一般采用等待命令的工作方式，而 PLC 则采用循环扫描的工作方式。在 PLC 中用户程序按先后顺序存放，如图 2-23 所示。

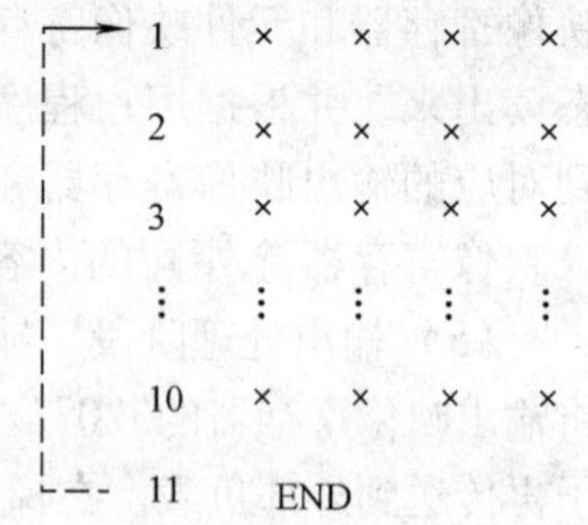

图 2-23　PLC 循环扫描方式图

对每个程序，CPU 从第一条指令开始执行，直至遇到结束符 END 后又返回第一条，如此周而复始不断循环，每一个循环称为一个扫描周期。扫描周期的长短主要取决于以下几个因素：一是 CPU 执行指令的速度；二是执行每条指令占用的时间；三是程序中指令条数的多少。一个扫描周期大致可分为 I/O 刷新和执行指令两个阶段，即：

I/O 刷新	执行指令	I/O 刷新	执行指令	…	…
←第一个扫描周期→		←第二个扫描周期→			

所谓 I/O 刷新是指 PLC 先将上一次扫描的执行结果送到输出端，再读取当前输入的状态，也就是将存放输入、输出状态的寄存器内容进行一次更新，故称为"I（输入)/O（输出）刷新"。由于每一个扫描周期只进行一次 I/O 刷新，即每一个扫描周期 PLC 只对输入、输出状态寄存器更新一次，故使系统存在输入、输出滞后现象，这在一定程度上降低了系统的响应速度。由此可见，若输入变量在 I/O 刷新期间状态发生变化，则本次扫描期间输出会相应地发生变化。反之，若在本次刷新之后输入变量才发生变化，则本次扫描输出不变，而要到下一次扫描的 I/O 刷新期间输出才会发生变化。由于 PLC 采用循环扫描的工作方式，所以它的输出对输入的响应速度要受扫描周

期的影响。PLC 的这一特点，一方面使它的响应速度变慢，但另一方面也使它的抗干扰能力增强，对一些短时的瞬间干扰，可能会因响应滞后而躲避开。这对一些慢速控制系统是有利的，但对一些快速响应系统则不利，在使用中应特别注意这一点。

总之，采用循环扫描的工作方式，是 PLC 区别于微机和其他控制设备的最大特点，使用者对此应给予足够的重视。其具体工作过程如图 2-24 和图 2-25 所示。

停止
运行
内部处理
通信操作
输入处理
程序执行
输出处理
输入处理
X0
X1
X2
输入端子
①读
输入映像寄存器
程序处理
②读
Y0
X0
M0
Y0
③写
④读
⑤写
元件映像寄存器
辅助继电器
反复一个周期称为程序扫描周期
⑥输出
输出处理
输出锁存寄存器
输出端子
Y0
Y1
Y2

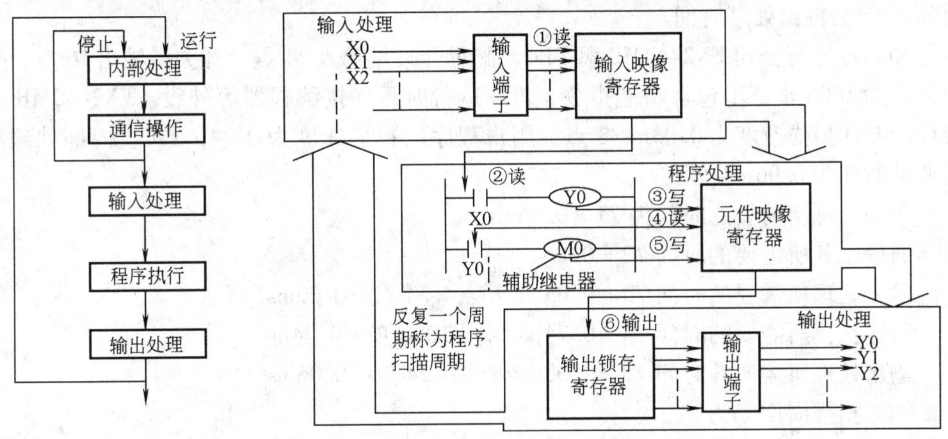

图 2-24　PLC 工作过程图

电源接上
I/O、内部辅助、特殊辅助、辅助记忆继电器区域清零；定时器预置；识别扩展单元
初始化
硬件、用户程序内存的检查
异常
检查结果正常?
正常
设置各异常继电器
异常：[ERR/ALM]LED灯亮
警告：[ERR/ALM]LED闪烁
异常或警告?
警告
异常
扫描周期监视时间预置
执行用户程序
程序结束?(END命令?)
No
Yes
扫描周期固定值设定检查
有固定值设置?
无
有
等待直到设定的扫描周期为止
算出扫描周期
输入触点 → 输入继电器
输出继电器 → 输出触点
外设端口服务
a)
初始化
(1)公共处理
(2)执行程序
(3)扫描周期计算处理
(4)I/O刷新
(5)外设端口服务
b)

图 2-25　PLC 的工作流程图

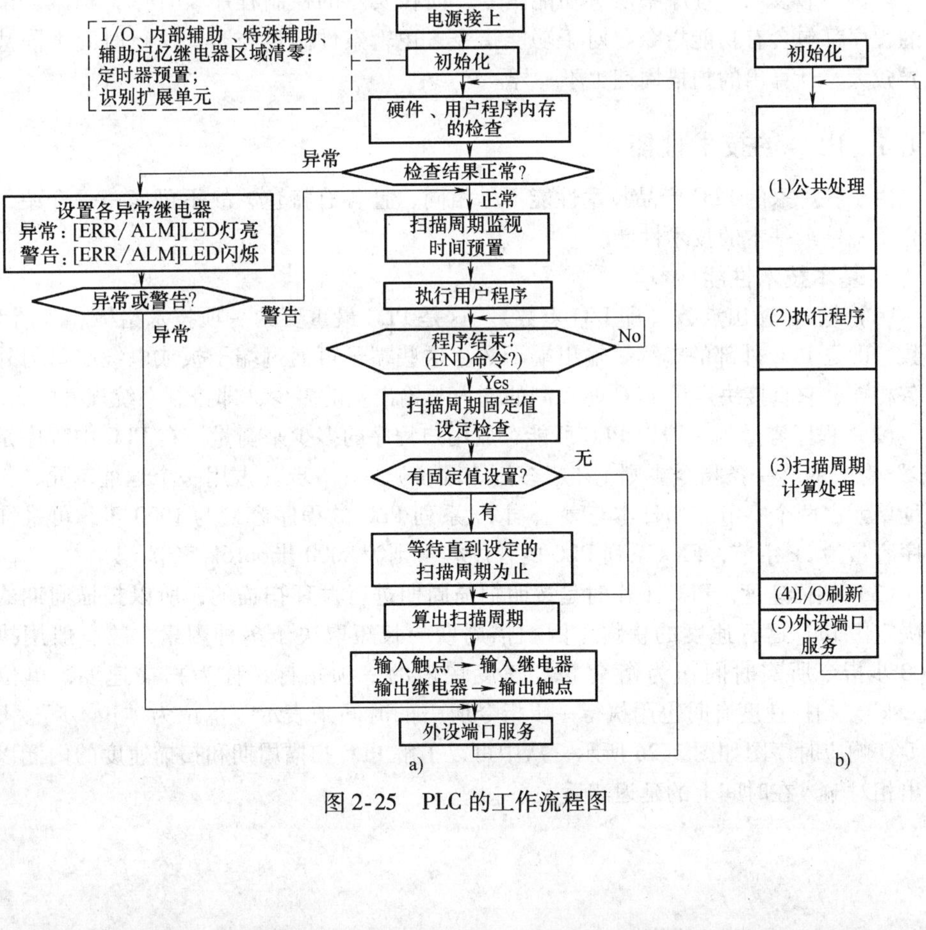

3. 可编程序控制器的扫描周期

PLC 在运行状态时，执行一次图 2-21 所示的扫描操作所用的时间称为扫描周期（工作周期），其典型值为几十毫秒。扫描周期 T 的计算公式为：

$$T = T1 + T2 + T3 + T4 + T5$$

式中，$T1$ 为内部处理时间；$T2$ 为通信服务时间；$T3$ 为输入处理时间；$T4$ 为程序执行时间；$T5$ 为输出处理时间。

如日本三菱公司 FX2-40MR 型 PLC，配置开关量输入 24 点，开关量输出 16 点，用户程序为 1000 步，不包含功能指令，PLC 运行时不连接编程器等外设。FX2-40MR 型 PLC 的 I/O 扫描速度为 0.03ms/8 点，用户程序的扫描速度为 0.74μs/步，内部处理所需要的时间为 0.96ms。则：

内部处理所需要的时间为 $T1 = 0.96\text{ms}$；

通信服务所需要的时间 $T2 = 0\text{ms}$；

输入处理所需要的时间 $T3 = 0.03\text{ms/8 点} \times 24\text{ 点} = 0.09\text{ms}$

程序执行所需要的时间 $T4 = 0.74\mu\text{s/步} \times 1000\text{ 步} = 0.74\text{ms}$

输出处理所需要的时间 $T5 = 0.03\text{ms/8 点} \times 24\text{ 点} = 0.06\text{ms}$

一个扫描周期 T 为：

$$T = T1 + T2 + T3 + T4 + T5 = 0.96\text{ms} + 0\text{ms} + 0.09\text{ms} + 0.74\text{ms} + 0.06\text{ms} = 1.85\text{ms}$$

该例中假设用户程序中没有功能指令，而在实际的控制程序设计中，稍微复杂一点的程序都包含有功能指令。对于功能指令，逻辑条件满足与否，执行时间不同甚至差异较大，计算出的扫描周期也不一样。

2.1.4 PLC 的技术性能

由于各厂家的 PLC 产品技术性能不尽相同，且各有特色，故不可能一一介绍，只能介绍一些最基本的技术性能。

1. 基本技术性能

（1）输入/输出点数（即 I/O 点数） 这是 PLC 最重要的一项技术指标。所谓 I/O 点数，即是 PLC 外部的输入、输出端子数。这些端子可通过端子板或电缆端口与外部设备相连，它直接决定了 PLC 能控制的输入与输出量的多少，即控制系统规模的大小。

（2）程序容量 一般以 PLC 所能存放用户程序的多少来衡量。在 PLC 中程序是按“步”存放的（一条指令少则 1 步、多则十几步），一“步”占用一个地址单元，一个地址单元占两个字节。如日本三菱公司 F_1 系列 PLC 的程序容量为 1000 步，可推知其程序容量为 2k 字节；FX_{2N} 系列 PLC 的程序容量则为 8000 步，16k 字节。

（3）扫描速度 PLC 工作时是按照扫描周期进行循环扫描的，所以扫描周期的长短决定了 PLC 运行速度的快慢。因扫描周期的长短取决于多种因素，故一般用执行 1000 步指令所需时间作为衡量 PLC 速度快慢的一项指标，称为扫描速度，单位为“ms/k”。扫描速度有时也用执行一步指令所需的时间来表示，单位为“μs/步”。PLC 的 I/O 响应时序图如图 2-26 所示，从中可以了解 PLC 扫描周期和扫描速度的内涵以及输出相对输入在时间上的延迟滞后关系。

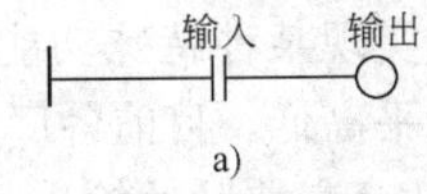

a)

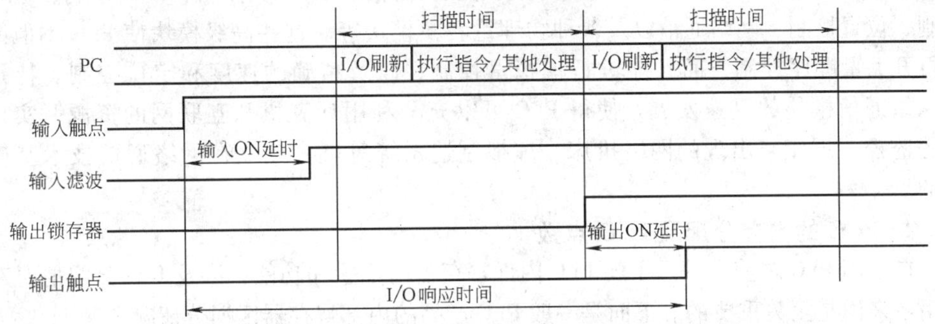

b)

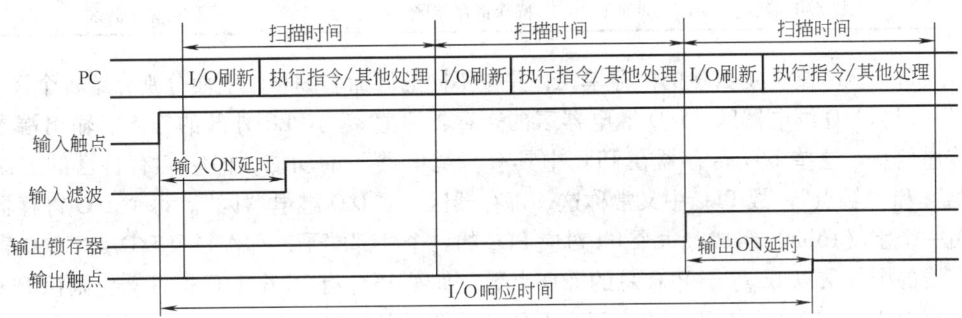

c)

图 2-26　PLC 的 I/O 响应时序图

a）梯形图　b）最小 I/O 响应时间　c）最大 I/O 响应时间

（4）指令条数　这是衡量 PLC 软件功能强弱的主要指标。PLC 具有的指令种类越多，说明其软件功能越强。PLC 指令一般分为基本指令和高级指令（或称功能指令）两部分。

（5）内部继电器和寄存器　PLC 内部有许多继电器和寄存器，用以存放变量状态、中间结果、数据等，还有许多具有特殊功能的辅助继电器和寄存器，如定时器、计数器、系统寄存器、索引寄存器等。用户通过使用它们，可简化整个系统的设计。因此内部继电器、寄存器的配置情况是衡量 PLC 硬件功能的一个指标。

（6）编程语言及编程手段　编程语言一般分为梯形图、助记符语句表、状态转移图、控制流程图等几类，不同厂家的 PLC 编程语言类型有所不同，语句也各异。编程手段主要是指用何种编程装置，编程装置一般分为手持编程器和带有相应编程软件的计算机两种。

（7）高级（功能）模块　PLC 除了主控模块外，还可以配接各种高级模块。主控模块实现基本控制功能，高级模块则可实现某种特殊功能。高级模块的种类及其功能的强弱常用来衡量该PLC产品的技术水平高低。目前各厂家开发的高级模块种类繁多，主要有以下一些：A/D、D/A、高速计数、高速脉冲输出、PID控制、模糊控制、运动控制、位置控制、网络通信以及各种物理量转换模块等。这些高级模块使PLC不但能进行开关量顺序控制，而且能进行模拟量控制，以及精确的速度和定位控制。特别是网络通信模块的迅速发展，使得PLC可以充分利用计算机和互联网的资源，实现远程监控。近年来出现的网络机床、虚拟制造系统等就是建立在网络通信技术基础上的。

2. PLC的内存分配及I/O点数

在使用PLC之前，深入了解PLC内部寄存器的配置和功能，以及I/O分配情况对使用者来说是至关重要的。下面是一般PLC产品的内部寄存器区划分情况：

I/O继电器区	内部通用继电器区	数据寄存器区
特殊继电器区	特殊寄存器区	系统寄存器区

每个区分配一定数量的内存单元，并按不同的区命名编号。下面分别介绍各个区。

（1）I/O继电器区　I/O继电器区的寄存器可直接与PLC外部的输入、输出端子传递信息。这些I/O寄存器在PLC中具有“继电器”的功能，即它们有自己的“线圈”和“触点”。故PLC中又常称这一寄存器区为“I/O继电器区”。每个I/O寄存器由一个字（16bit）组成，每个bit对应PLC的一个外部端子，称作一个I/O点。I/O寄存器的个数乘以16等于PLC总的I/O点数。如某PLC有10个I/O寄存器，则该PLC共有160个I/O点。在程序中，每个I/O点又都可以看成是一个“软继电器”，有常开触点，也有常闭触点。同一个命名的触点可以反复使用，其使用次数不限。这里的“软继电器”实际上就是PLC内部的逻辑电路或只是一些存储的逻辑量。在PLC中常常用这样的逻辑量代替实际的物理器件，用这种“软继电器”代替“硬继电器”可以大大减少外部接线，增加系统设计的灵活性，便于实现柔性制造系统（FMS）。这可以说是“继电器-接触器”控制设计上的一个革命，也是PLC之所以能逐渐取代传统“继电器-接触器”控制的一个重要原因。

不同厂家的PLC对I/O寄存器有不同的编号，有的以X、Y分别表示输入、输出端，以下标数字进行编号；还有的用序号为输入、输出分区编号。不同型号的PLC配置有不同数量的I/O点，一般小型的PLC主机有十几至几十个I/O点。

若一台PLC主机的I/O点数不够，可进行I/O扩展。一般I/O扩展模块中只有I/O接口电路、驱动电路，而没有CPU。它只能通过接口与主机相连使用，不能单独使用。PLC的最大扩展能力主要受CPU寻址能力和主机驱动能力的限制。

（2）内部通用继电器区　这个区的寄存器与I/O继电器区结构相同，即能以字为单位（16bit）使用，也能以位为单位（1bit）使用。不同之处在于它们只能在PLC内部使用，而不能直接进行输入/输出控制。其作用与中间继电器相似，在程序控制中可存放中间变量。

（3）数据寄存器区　这个区的寄存器只能按字使用，不能按位使用。一般只用来存放各种数据。

（4）特殊继电器、寄存器区　这两个区中的继电器和寄存器的结构并无特殊之处，也是以字或位为一个单元，但它们都被系统内部占用，专门用于某些特殊目的，如存放各种标志、标准时钟脉冲、计数器和定时器的设定值和经过值、自诊断的错误信息等。这些区的继电器和寄存器一般不能由用户任意占用。

（5）系统寄存器区　系统寄存器一般用来存放各种重要信息和参数，如各种故障检测信息、各种特殊功能的控制参数以及 PLC 产品出厂设定值。这些信息和参数保证 PLC 的正常工作。在某些 PLC 产品中，这些寄存器是以十进制数进行编号的，它们各自存放着不同的信息。这些信息有的可以进行修改，有的是不能修改的。当需要修改系统寄存器时，必须使用特殊的命令，这些命令的使用方法见有关的使用手册。而通过用户程序，不能读取和修改系统寄存器的内容。

上面介绍了 PLC 的内部寄存器及 I/O 点的概念，这对使用者是十分重要的。但对于具体的寄存器及 I/O 编号和分配使用情况，则必须结合具体机型进行针对性的学习和掌握才有实际意义。

2.1.5　PLC 的分类

目前各个厂家生产的 PLC，其品种、规格及功能都各不相同。其分类也没有统一标准，这里仅介绍常见的三种分类方法供参考，见表 2-3 ~ 表 2-5。

表 2-3　按结构分类表

分　类	结构形式	主要特点
一体式	将 PLC 的各部分电路包括 I/O 接口电路、CPU、存储器、稳压电源均封装在一个机壳内，称为主机，主机可用电缆与 I/O 扩展单元、智能单元、通信单元相连接	结构紧凑、体积小、价格低。一般小型 PLC 机采用这种结构。常用于单机控制的场合
模块式	将 PLC 的各基本组成部分做成独立的模块，如 CPU 模块（包括存储器）、电源模块、输入模块、输出模块。其他各种智能单元和特殊功能单元也制成各自独立的模块。然后通过插槽板以搭积木的方式将它们组装在一起，构成完整的系统	对被控对象应变能力强，便于灵活组合。可随意插拔，易于维修。一般中、大型机都采用这种结构

表 2-4　按 I/O 点数和程序容量分类表

分　类	I/O 点数	程序容量
超小型机	64 点以内	256 ~ 1000B
小型机	64 ~ 256	1 ~ 3.6KB
中型机	256 ~ 2048	3.6 ~ 13KB
大型机	2048 以上	13KB 以上

表 2-5　按功能分类表

分　类	主要功能	应用场合
低档机	具有逻辑运算、定时、计数、移位及自诊断、临控等基本功能。有的还有少量的模拟量 I/O、数据传送、运算及通信等功能	主要适用于开关量控制、顺序控制、定/计数控制及少量模拟量控制的场合
中档机	除了进一步增加以上功能外，还具有数制转换、子程序调用、通信联网功能，有的还具有中断控制、PID 回路控制等功能	适用于既有开关量又有模拟量的较为复杂的控制系统，如过程控制、位置控制等
高档机	除了进一步增加以上功能处，还具有较强的数据处理功能、模拟量调节，特殊功能的函数运算、监控、智能控制及通信联网的功能	适用于更大规模的过程控制系统，并可构成分布式控制系统，形成整个工厂的自动化网络

注：以上分类并不十分严格，特别是目前市场上许多小型机已具有中、大型机功能，故表中所列仅供参考。

2.1.6　PLC 的编程语言

PLC 的编程语言目前常用的主要有以下几种：

1. 梯形图

PLC 的梯形图是在“继电器-接触器”控制系统电路图的基础上演变而来的。它与“继电器-接触器”控制电路原理图相对应，具有直观、简单、易懂和易于检查等特点，很容易被广大工程技术人员掌握。梯形图编程语言特别适用于开关量逻辑控制，是 PLC 最主要的编程语言。图 2-27 是“继电器-接触器”控制电路原理图，图 2-28 是与其等效的 PLC 梯形图。

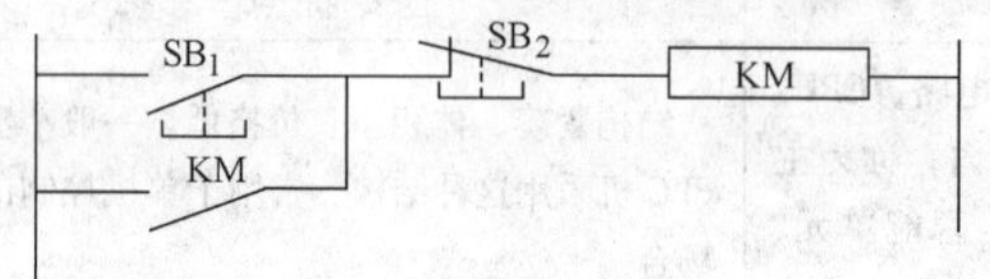

图 2-27　“继电器-接触器”控制电路原理图

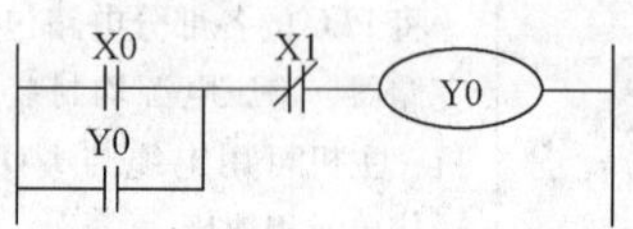

图 2-28　与图 2-27 等效的 PLC 梯形图

2. 指令表

用梯形图等图形编程虽然直观、简便，但要求 PLC 配置 LRT 显示器方可能输入图形符号。在许多小型、微型 PLC 的编程器中没有 LRT 屏幕显示，或没有较大的液晶屏幕显示，就只能用一系列 PLC 操作命令组成的指令程序将梯形图控制逻辑描述出来，并通过编程器输入到 PLC 中去。

PLC 的指令表（语句表、指令字程序、助记符语言）是由若干条 PLC 指令组成的程序。PLC 的指令类似于计算机汇编语言的形式，它是用指令的助记符来编程的。但是 PLC 的指令系统远比计算机汇编语言的指令系统简单得多。PLC 一般有 20 多条基本逻辑指令，可以编制出能替代继电器控制系统的梯形图。因此，指令表也是一种应用很广的编程语言。

PLC 中最基本的运算是逻辑运算，最常用的指令是逻辑运算指令，如“与”、“或”、“非”等。这些指令再加上“输入”、“输出”和“结束”等指令，就构成了 PLC 的基本指令。不同厂家的 PLC，指令的助记符不相同。如 FX 系列 PLC 常见指令的助记符为：

LD/LDI 表示逻辑操作开始，分别为常开触点/常闭触点与左母线连接；

AND/ANI 表示逻辑“与”/“与反”，分别为常开触点/常闭触点与左边的触点相串联；

OR/ORI 表示逻辑“或”/“或反”，分别为常开触点/常闭触点与上边的触点相并联；

ANB/ORB 表示逻辑块“与”/“或”；

…

END 表示程序结束。

指令表是梯形图的派生语言，它保持了梯形图简单、易懂的特点，并且键入方便、编程灵活。但是指令表不如梯形图形象、直观，较难阅读，其中的逻辑关系也很难一眼看出。所以在设计时一般多使用梯形图语言；而在使用指令表编程时，也是先根据控制要求编出梯形图，然后根据梯形图转换成指令表后再写入 PLC 中，这种转换的规则是很简单的。在用户程序存储器中，指令按步序号顺序排列。

3. 顺序功能图（或称状态转移图 SFC）

顺序功能图用来编制顺序控制程序。步、转换和动作是顺序功能图中的三大部件，如图 2-29 所示。步是一种逻辑块，即对应于特定的控制任务的编程逻辑；动作是控制任务的独立部分；转换是从一个任务变换到另一个任务的原因或条件。

4. 功能块图

功能块图是一种类似于数字逻辑电路的编程语言，有数字电路基础的人很容易掌握。该编程语言用类似“与门”、“或门”、“非门”的方框来表示逻辑运算关系，方框的左侧为逻辑运算的输入变量，右侧为输出变量，输入、输出端的小圆圈表示“非”运算，信号是自左向右流动的。对应于图 2-27 的功能块图如图 2-30 所示。

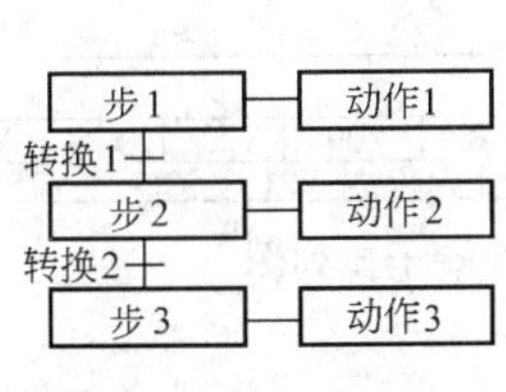

图 2-29　顺序功能图

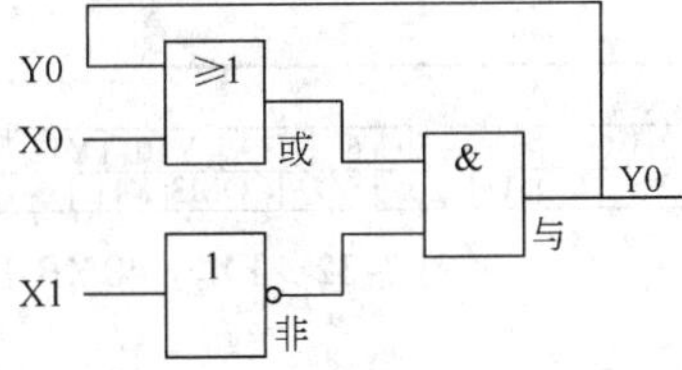

图 2-30　对应于图 2-27 的功能块图

5. 高级编程语言

目前也有一些 PLC 可用 BASIC 和 C 等高级语言进行编程，但使用尚不普遍。

任务 2　熟知所使用 PLC 的硬软件资源

PLC 的种类繁多，发展迅猛，但尚未实现标准化。要使用某种机型的 PLC，就必须具体掌握所要使用的那种机型 PLC 的硬、软件资源。鉴于目前 PLC 的种类太多，不可能都一一学习掌握。通常的做法是首先熟练精通掌握一两种最常用典型机型 PLC 的硬、软件资源及其开发应用方法。当改用其他机型 PLC 时，再利用它们之间的大同小异，对应移植过去即可。本任务将选择在中国引进最早、应用也最广泛的日本三菱公司 FX_{2N} 系列PLC，熟练掌握其硬、软件资源及其开发应用方法，以及在机床控制中的应用分析。

2.2.1 日本三菱公司 FX_{2N}PLC 简介

日本三菱公司近年来又推出 FX 系列 PLC，其中高性能小型 PLC 就有 FX_1、FX_2、FX_{2C} 系列，微型 PLC 主要有 FX_0、FX_{0S}、FX_{0N} 和 FX_{2N} 系列。FX_{2N} 系列 PLC 是 FX 中运算速度最快、功能最强、配置最灵活、功能模块最多的微型 PLC。其中 FX_{2N}-48MR PLC 的外形图如图 2-31 所示；其 I/O 接线端子排列如图 2-32 所示。

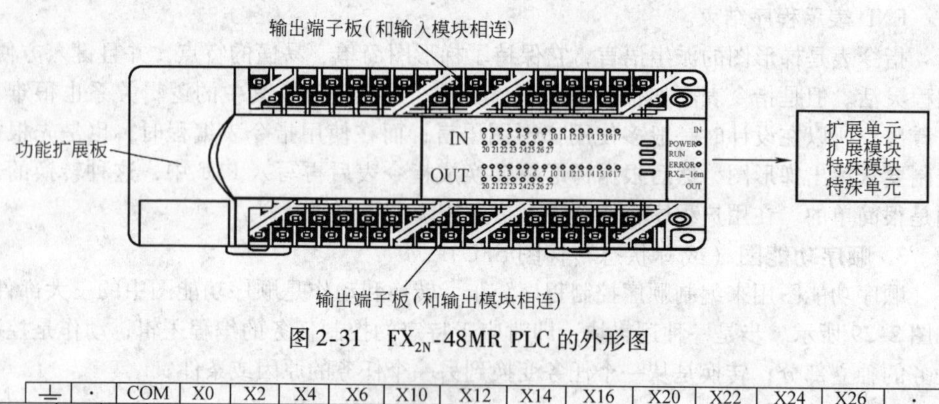

图 2-31 FX_{2N}-48MR PLC 的外形图

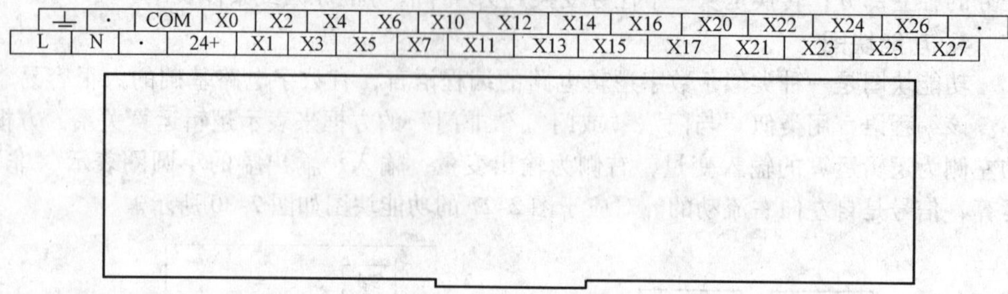

图 2-32 FX_{2N}-48MR PLC 的 I/O 接线端子排列图

1. FX 系列 PLC 型号名称的含义

FX 系列 PLC 基本单元和扩展单元的型号由字母和数字组成，其格式为：

① 系列名称：0、2、ON、2N 等。如 FX_2、FX_{0N}、FX_{2N}。

② I/O 总点数（14～368）。

③ 单元类型：M 表示该模块为基本单元，E 表示输入、输出混合扩展单元或扩展模块，EX 表示输入扩展模块，EY 表示输出扩展模块。

④ 输出形式：R 表示继电器输出，S 表示双向晶闸管输出，T 表示晶体管输出。

⑤ 特殊品种区别：D 表示直流电源，A 表示交流电源，S 表示独立端子（无公共端）扩展模块，H 表示大电流输出扩展模块，V 表示立式端子排的扩展模块，F 表示输入滤波器 1ms 的扩展模块，L 表示 TTL 输入型扩展模块，A 表示接插口输入输出方式。

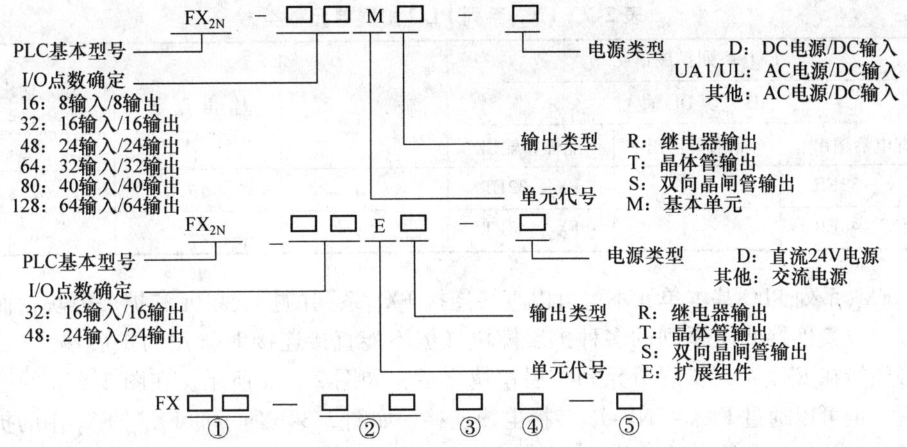

FX_{2N}系列 PLC 的基本单元种类共有 16 种，见表 2-6。

表 2-6　FX_{2N}系列 PLC 的基本单元种类

FX_{2N}系列基本单元			输入点数	输出点数	输入输出总点数
AC 电源 DC 输入					
继电器输出	晶闸管输出	晶体管输出			
FX_{2N}-16MR-001		FX_{2N}-16MT-001	8	8	16
FX_{2N}-32MR-001	FX_{2N}-32MS-001	FX_{2N}-32MT-001	16	16	32
FX_{2N}-48MR-001	FX_{2N}-48MS-001	FX_{2N}-48MT-001	24	24	48
FX_{2N}-64MR-001	FX_{2N}-64MS-001	FX_{2N}-64MT-001	32	32	64
FX_{2N}-80MR-001	FX_{2N}-80MS-001	FX_{2N}-80MT-001	40	40	80
FX_{2N}-128MR-001		FX_{2N}-128MT-001	64	64	128

每个基本单元最多可以连接 1 个功能扩展板、8 个特殊单元和特殊模块，连接方式如图 2-33 所示。由图 2-33 可知，基本单元或扩展单元可对连接的特殊模块提供 DC5V 电源，特殊单元因有内置电源，则不用供电。

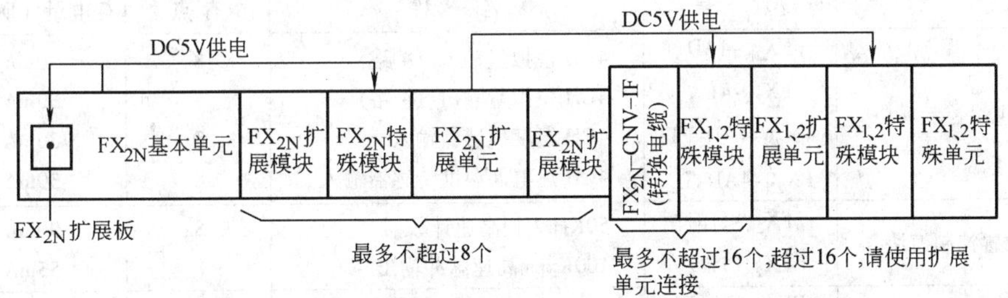

图 2-33　PX_{2N}基本单元连接扩展模块、特殊模块、特殊功能单元个数及供电范围

FX_{2N}系列的基本单元可扩展连接的最大输入/输出点为：输入点数 184 点以内；输出点数 184 点以内；合计点数 368 点以内。FX_{2N}系列 PLC 扩展单元种类共有 4 种，见表 2-7。

表 2-7　FX_{2N}系列 PLC 扩展单元种类

FX_{2N}系列扩展单元 AD 电源 DC 输入			输入点数	输出点数	输入输出总点数
继电器输出	晶闸管输出	晶体管输出			
FX_{2N}-32ER	—	FX_{2N}-32ET	16	16	32
FX_{2N}-48ER	—	FX_{2N}-48ET	24	24	48

FX_{2N}系列 PLC 基本单元不仅可以直接连接 FX_{2N}系列的扩展单元和扩展模块，而且还可以直接连接 FX_{0N}系列的多种扩展模块（但不能直接连接 FX_{0N}用的扩展单元），它们必须接在 FX_{2N}系列扩展单元和扩展模块之后，如图 2-34a 所示。在图 2-34a 的连接之后，也可以通过 FX_{0N}-CNV-IF 转换电缆连接，如图 2-34b 所示的 FX_1、FX_2 用的扩展单元和其他扩展模块、特殊单元、特殊模块连接，可多达 16 个外设。基本单元也可以像图 2-34b 所示那样连接，但这种连接之后，就不能再像图 2-34a 所示那样直接连接 FX_{2N}和 FX_{0N}设备了。

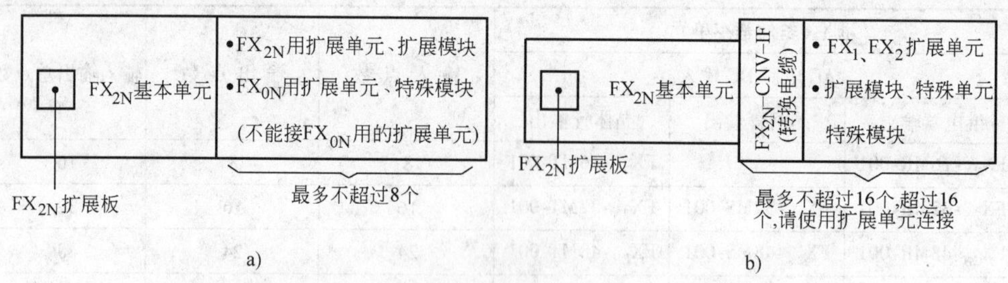

图 2-34　FX_{2N}基本单元连接外部设备的两种方法

a）FX_{2N}基本单元可直接连接的 8 个设备　b）FX_{2N}基本单元通过转换电缆可连接的 16 个设备

FX_{2N}系列 PLC 的特殊模块目前已有四大类，计 13 种，见表 2-8；并随时注意收集新增特殊模块的发布信息，供使用中方便选购。

表 2-8　FX_{2N}系列 PLC 的特殊模块

分类	型号	名称	占有点数	耗电量（DC5V）
模拟量控制模块	FX_{2N}-4AD	4CH 模拟量输入（4 路）	8	30mA
	FX_{2N}-4DA	4CH 模拟量输出（4 路）	8	30mA
	FX_{2N}-4AD-PT	4CH 温度传感器输入	8	30mA
	FX_{2N}-4AD-TC	4CH 热电偶温度传感器输入	8	30mA
位置控制模块	FX_{2N}-1HC	50KHz2 相高速计数器	8	90mA
	FX_{2N}-1PG	100Kpps 高速脉冲输出	8	55mA
计算机通信模块	FX_{2N}-232-IF	RS232 通信接口	8	40mA
	FX_{2N}-232-BD	RS232 通信接板	—	20mA
	FX_{2N}-422-BD	RS422 通信接板	—	60mA
	FX_{2N}-485-BD	RS485 通信接板	—	60mA

（续）

分　类	型　号	名　称	占有点数	耗电量（DC5V）
特殊功能板	FX_{2N}-CNV-BD	与 FX_{0N} 用适配器接板	—	—
	FX_{2N}-8AV-BD	容量适配器接板	—	20mA
	FX_{2N}-CNV-IF	与 FX_{0N} 用接口板	8	15mA

2. FX_{2N}系列 PLC 的主要硬、软件性能指标

（1）硬件性能指标　FX 系列 PLC 的硬件性能指标包括一般技术指标、输入技术指标、输出技术指标、电源技术指标，分别见表 2-9 ~ 表 2-12。使用中必须符合这些性能指标。

（2）软件性能指标　FX 系列 PLC 的软件性能指标包括运行方式、运算速度、程序容量、编程语言、指令的类型和数量以及编程器件的种类和数量等。表 2-13 给出了 FX_{2N}系列 PLC 的主要编程软件性能指标，供使用时参照。

表 2-9　一般技术指标

环境温度	使用温度 0 ~ 55℃，贮存温度 -20 ~ +70℃	
环境湿度	使用时 35% ~85% RH（无凝露）	
抗振性能	JIS C0911 标准，10 ~ 55Hz，0.55mm（最大 2G），3 轴方向各 2h（用 DIN 导轨安装时 0.5G）	
抗冲击性	JIS C0912 标准，10G，3 轴方向各 3 次	
抗干扰性	用噪声模拟器生产电压为 1000V P-P，脉冲宽度为 1μs，频率为 30 ~ 100Hz 的噪声	
绝缘耐压	AC1500V，1min	所有端子与接地端之间
绝缘电阻	5MΩ 以上，（DC500V 绝缘电阻表）	
接地	第三种接地，不能接地时也可以浮空	
使用环境	无腐蚀性气体，无可燃性气体，无导电性尘埃	

表 2-10　输入技术指标

型　号	FX_{2N}的 X0 ~ X7	FX_{2N}的 X10 ~
输入信号电压	DC24V	
输入信号电流	7mA/DC24V	5mA/DC24V
输入阻抗	3.3kΩ	4.3kΩ
输入接通电流	4.5mA 以上	3.5mA 以上
输入断开电流	1.5mA 以下	1.5mA 以下
输入响应时间	约 10ms，但 FX_{2N}的 X0 ~ X7 为 0 ~ 60ms 可变	
输入信号形式	无电压触点或 NPN 型集电极开路输出晶体管	
电路隔离	光电耦合器隔离	
输入状态显示	输入接通时 LED 亮	

表 2-11　输出技术指标

项　目		继电器输出	晶闸管输出	晶体管输出
外部电源		AC250V 或 DC30V 以下 （需外部整流二极管）	AC85～240V	DC5～30V
最大负载	电阻负载	2A/1 点、8A/4 点、8A/8 点	0.3A/1 点、0.8A/4 点	0.5A/1 点、0.8A/4 点
	感性负载	80VA	15VA/AC100V	12W/DC24V
	灯负载	100W	30W	1.5W/DC24V
开路漏电流		—	1mA/AC100V、2mA/AC200V	0.1ms
响应时间		约 10ms	ON 时：1ms OFF 时：10ms	ON 时：<0.2ms OFF 时：<0.2ms 大电流时：<0.4ms
电路隔离		继电器隔离	光控晶闸管隔离	光电耦合器隔离
输出状态显示		继电器通电时 LED 亮	光控晶闸管驱动时 LED 亮	光电耦合器驱动时 LED 亮

表 2-12　电源技术指标

型号＼项目	电 源 电 压	允许瞬时断电时间	电源熔断器	消 耗 功 率	传感器电源
FX_{2N}－16M	AC100～240V +10% －15% 50/60Hz	瞬间断电时间在 10ms 继续工作	250V　3.15A（3A）	35VA	DC24V 250mA 以下
FX_{2N}－16E				30VA	
FX_{2N}－32M				40VA	
FX_{2N}－32E				35VA	
FX_{2N}－48M			250V　5A	50VA	C24V 460mA 以下
FX_{2N}－48E				45VA	
FX_{2N}－64M				60VA	
FX_{2N}－80M				70VA	
FX_{2N}－128M				100AV	

表 2-13　FX_{2N}系列 PLC 的主要编程软件性能指标

项　　目		规　　格
运算控制方式		通过储存的程序反复周期运算（专用 LSI）
I/O 控制方式		批处理方式（在执行 END 指令时），但有 I/O 刷新指令，中断输入处理
用户编程语言		梯形图、指令表、顺序功能图
用户程序容量		内置 8K 步 RAM，使用存储器卡盒可扩展到 16K 步 RAM、EEPROM 或 EPROM
运算速度	基本指令	0.08μs/条
	功能指令	1.52～数百 μs/条

（续）

<table>
<tr><th colspan="3">项　目</th><th colspan="3">规　格</th></tr>
<tr><td rowspan="3">指令数目</td><td colspan="2">基本指令</td><td colspan="3">27 条</td></tr>
<tr><td colspan="2">步进指令</td><td colspan="3">2 条</td></tr>
<tr><td colspan="2">功能指令</td><td colspan="3">13 类 246 条</td></tr>
<tr><td colspan="3">输入继电器（X 线圈）</td><td>X0 ~ X267</td><td>184 点</td><td rowspan="2">最多可扩展至 256 点</td></tr>
<tr><td colspan="3">输出继电器（Y 线圈）</td><td>Y0 ~ Y267</td><td>184 点</td></tr>
<tr><td rowspan="3">辅助继电器（M 线圈）</td><td colspan="2">一般</td><td>M0 ~ M499</td><td>500 点</td><td></td></tr>
<tr><td colspan="2">保持</td><td>M500 ~ M3071</td><td>2572 点</td><td></td></tr>
<tr><td colspan="2">特殊</td><td>M8000 ~ M8255</td><td>256 点</td><td></td></tr>
<tr><td rowspan="4">状态继电器（S 线圈）</td><td colspan="2">初始</td><td>S0 ~ S9</td><td>10 点</td><td></td></tr>
<tr><td colspan="2">一般</td><td>S10 ~ S499</td><td>490 点</td><td></td></tr>
<tr><td colspan="2">保持</td><td>S500 ~ S899</td><td>400 点</td><td></td></tr>
<tr><td colspan="2">报警</td><td>S900 ~ S999</td><td>100 点</td><td></td></tr>
<tr><td rowspan="6">定时器（T）</td><td rowspan="3">通用</td><td>100ms</td><td>T0 ~ T199</td><td>200 点</td><td>范围：0 ~ 3276.7s</td></tr>
<tr><td>10ms</td><td>T200 ~ T245</td><td>46 点</td><td>范围：0 ~ 327.67s</td></tr>
<tr><td>1ms</td><td></td><td></td><td></td></tr>
<tr><td rowspan="2">积算</td><td>1ms</td><td>T246 ~ T249</td><td>4 点</td><td>范围：0 ~ 32.767s</td></tr>
<tr><td>100ms</td><td>T250 ~ T255</td><td>6 点</td><td>范围：0 ~ 3276.7s</td></tr>
<tr><td colspan="2">模拟定时器</td><td colspan="3"></td></tr>
<tr><td rowspan="8">计数器（C）</td><td rowspan="2">加计数</td><td>一般</td><td>C0 ~ C99</td><td>100 点</td><td>范围：1 ~ 32767 数　16 位</td></tr>
<tr><td>保持</td><td>C100 ~ C199</td><td>100 点</td><td>范围：1 ~ 32767 数　16 位</td></tr>
<tr><td rowspan="2">加减计数</td><td>一般</td><td>C200 ~ C219</td><td>20 点</td><td rowspan="2">范围：−2147483648 ~ +2147483647 数 32 位</td></tr>
<tr><td>保持</td><td>C220 ~ C234</td><td>15 点</td></tr>
<tr><td rowspan="4">高速</td><td>单相无起动/复位</td><td>C235 ~ C240</td><td>6 点</td><td rowspan="4">32 位加/减计数器
双相 60kHz 2 点、10kHz 4 点
双相 30kHz 1 点、5kHz 1 点</td></tr>
<tr><td>单相带起动/复位</td><td>C241 ~ C245</td><td>5 点</td></tr>
<tr><td>双相</td><td>C246 ~ C250</td><td>5 点</td></tr>
<tr><td>A-B 相</td><td>C251 ~ C255</td><td>5 点</td></tr>
<tr><td rowspan="5">数据寄存器（D）</td><td colspan="2">一般</td><td>D0 ~ D199</td><td>200 点</td><td rowspan="5">每个数据寄存器均为 16 位
两个数据寄存器合并为 32 位</td></tr>
<tr><td colspan="2">保持</td><td>D200 ~ D7999</td><td>7800 点</td></tr>
<tr><td colspan="2">特殊</td><td>D8000 ~ D8255</td><td>256 点</td></tr>
<tr><td colspan="2">文件</td><td>D1000 ~ D7999</td><td>7000 点</td></tr>
<tr><td colspan="2">变址</td><td>V0 ~ V7、Z0 ~ Z7</td><td>16 点</td></tr>
<tr><td rowspan="2">指针（P/I）</td><td colspan="2">转移用</td><td>P0 ~ P127</td><td>128 点</td><td></td></tr>
<tr><td colspan="2">中断用</td><td>I0□□ ~ I8□□</td><td>15 点</td><td>6 点输入、3 点定时器、6 点计数器</td></tr>
</table>

（续）

项　目		规　格	
嵌套层次		N0 ~ N7	8 点
常数	十进制 K	16 位：-32768 ~ +32767	32 位：-2147483648 ~ +2147483647
	十六进制 H	16 位：0000 ~ FFFF	32 位：00000000 ~ FFFFFFFF
	浮点	32 位：$\pm 1.175 \times 10^{-38}$；$\pm 3.403 \times 10^{38}$（不能直接输入）	

2.2.2　日本三菱公司 FX_{2N} PLC 的八大编程器件

FX_{2N} 系列 PLC 的编程软组件有输入继电器［X］、输出继电器［Y］、辅助继电器［M］、状态继电器［S］、定时器［T］、计数器［C］、数据寄存器［D］和指针［P、I、N］八大类，它们在电路中的功能各不相同。编程元（器）件的类型和元件号由字母和数字表示，其中只有输入/输出继电器的元件号为八进制数；其余软组件的元件号均为十进制数。

1. 输入继电器（X0 ~ X267，共 184 点）

PLC 的输入端子是接收外部输入信号的窗口。输入继电器（X 线圈）是 PLC 用来接收外部输入信号的编程元件，它的线圈与 PLC 的输入端连接，只能由外部信号驱动，即由外部开关控制，而不能由程序指令或其他编程元件驱动。它的常开（动合）和常闭（动断）“软”触点只能在用户程序中使用，但可以多次使用，如图 2-35所示。

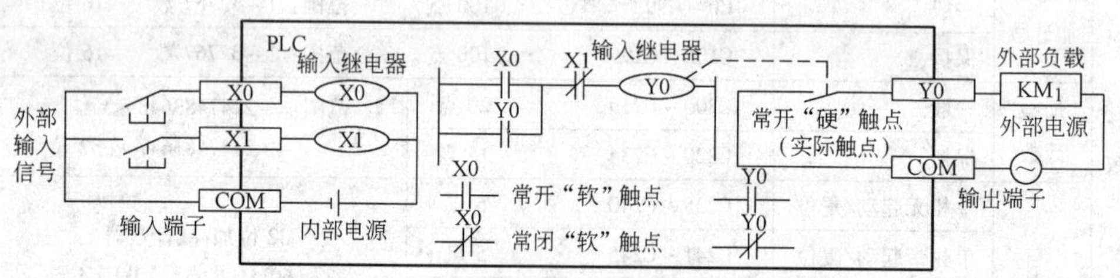

图 2-35　输入继电器与输出继电器示意图

2. 输出继电器（Y0 ~ X267，共 184 点）

PLC 的输出端子是向外部负载输出信号的窗口。输出继电器（Y 线圈）是 PLC 向外部负载输出信号的编程元件，它仅有一个向外部负载输出的常开“硬”触点（实际触点、物理触点）连接到 PLC 的输出端，除此之外，它还有常开和常闭“软”触点可以在用户程序中多次使用，其触点的接通和断开只能由用户程序执行的结果决定，不能由外部信号直接控制，如图 2-35 所示。

FX 系列 PLC 输入继电器 X 和输出继电器 Y 的点数与地址编号见表 2-14。

表 2-14 FX 系列 PLC 输入继电器 X 和输出继电器 Y 的点数与地址编号

型号	I/O 总点数	输入点数	输出点数	编号
FX_{2N}-16M	16	8	8	输入：X0 ~ X7 输出：Y0 ~ Y7
FX_{2N}-32M	32	16	16	输入：X0 ~ X7、X10 ~ X17 输出：Y0 ~ Y7、Y10 ~ Y17
FX_{2N}-48M	48	24	24	输入：X0 ~ X7、X10 ~ X17、X20 ~ X27 输出：Y0 ~ Y7、Y10 ~ Y17、Y20 ~ Y27
FX_{2N}-64M	64	32	32	输入：X0 ~ X7、X10 ~ X17、X20 ~ X27、X30 ~ X37 输出：Y0 ~ Y7、Y10 ~ Y17、Y20 ~ Y27、Y30 ~ Y37
FX_{2N}-80M	80	40	40	输入：X0 ~ X7、X10 ~ X17、X20 ~ X27、X30 ~ X37、X40 ~ X47 输出：Y0 ~ Y7、Y10 ~ Y17、Y20 ~ Y27、Y30 ~ Y37、Y40 ~ Y47
FX_{2N}-128M	128	64	64	输入：X0 ~ X7、X10 ~ X17、X20 ~ X27、X30 ~ X37、X40 ~ X47、X50 ~ X57、X60 ~ X67、X70 ~ X77 输出：Y0 ~ Y7、Y10 ~ Y17、Y20 ~ Y27、Y30 ~ Y37、Y40 ~ Y47、Y50 ~ Y57、Y60 ~ Y67、Y70 ~ Y77

3. 辅助继电器（M0 ~ M3071；M8000 ~ M8255，共 3328 点）

辅助继电器（M 线圈）是 PLC 的内部编程元件。它的常开和常闭“软”触点只能在用户程序中使用，但可以多次使用，如图 2-36a 所示。辅助继电器是用软件编程实现的，它们既不能接收外部的输入信号，也不能直接驱动外部负载，相当于“继电器-接触器”控制系统中的中间继电器，仅供编程使用。

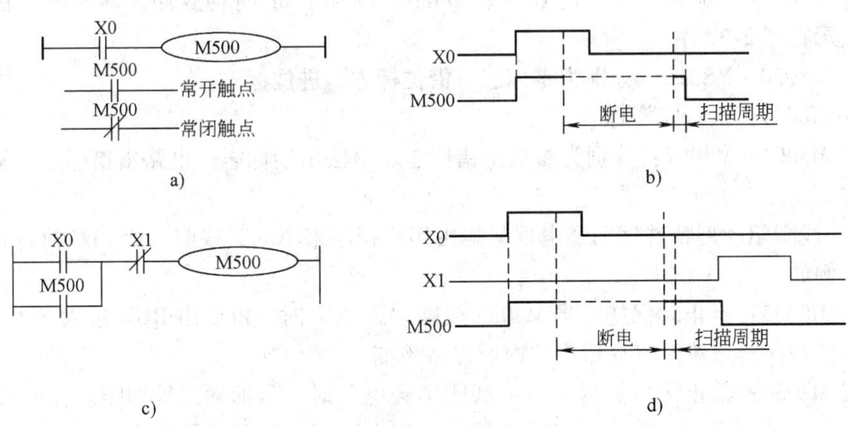

图 2-36 辅助继电器

辅助继电器分为一般（通用）辅助继电器、断电保持辅助继电器和特殊辅助继电器三类。

（1）通用型辅助继电器（M0～M499，共500点） 通用型辅助继电器的主要特点是没有断电保持功能，常用于逻辑运算的中间状态存储信号类型的变换，主要起数据传递作用。其线圈只能由程序驱动，只具有内部触点。

（2）断电保持辅助继电器（M500～M3071，共2572点） 所谓断电保持是指PLC外部电源停电后，由机内电池为某些特殊工作单元供电，可记忆它们在断电前的状态。断电保持的辅助继电器具有记忆力，可用于控制系统要求记忆电源中断瞬时的状态，重新通电后再现其状态的情况，控制关系如图2-36所示。当需要时，其M500～M1023也可以用软件设定为一般辅助继电器。

（3）特殊辅助继电器（M8000～M8255，共256点） 特殊功能辅助继电器是具有特定功能的辅助继电器，根据使用方式可分为两类：

1）触点利用型特殊辅助继电器的线圈是由PLC自动驱动的，而不能由用户程序来驱动，但在用户程序中可直接使用其触点，例如，

① M8000：运行监控。PLC在运行状态时M8000为ON，在停止状态时M8000为OFF，其控制关系表示在图2-37中。

② M8002：初始脉冲。M8002仅在M8000由OFF变为ON状态时产生一个单脉冲（脉宽为一个扫描周期），其控制关系表示在图2-37中。可以用M8002的常开触点使有断电保持功能的编程元件初始化复位和清零。

③ M8005：锂电池欠电压指示。电池电压下降至规定值时，M8005由OFF变为ON，驱动指示灯亮，提醒维修人员及时更换电池。

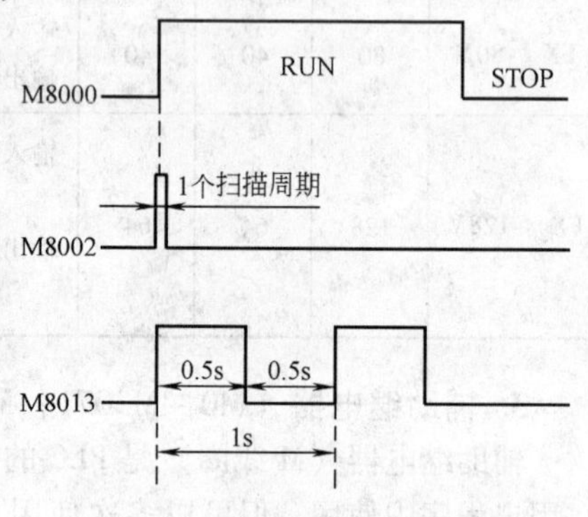

图2-37 特殊辅助继电器控制关系

④ M8011～M8014：分别是10ms、100ms、1s和1min时钟脉冲，其M8013的控制关系表示在图2-37中。

⑤ M8020～M8022：分别为零标志、借位标志、进位标志。

⑥ M8029：执行完毕标志。

⑦ M8064～M8067：分别为参数出错标志、语法出错标志、电路出错标志、运算出错标志。

2）线圈驱动型特殊辅助继电器只能由用户程序来驱动其线圈，使PLC执行特定的操作，例如：

① M8033：停止时保持。当M8033线圈“通电”时，PLC由RUN进入STOP状态后，映像寄存器与数据寄存器中的内容保持不变。

② M8034：禁止输出。当M8034线圈“通电”时，全部输出被切断。

③ M8036：强制运行。当M8036线圈“通电”时，强制运行用户程序。

④ M8037：强制停止。当M8037线圈“通电”时，强制停止运行用户程序。

⑤ M8039：定时扫描。当M8039线圈“通电”时，PLC以数据寄存器D8039中指定的扫描时间工作。

4. 定时器（T0～T255，共 256 点）

定时器（计时器）的作用相当于继电器控制系统中的时间继电器。每个定时器有 1 个设定值寄存器（1 个字节长）、1 个当前值寄存器（1 个字节长）和 1 个用来储存其输出触点状态的映像寄存器（占二进制的一位）。这 3 个存储单元共用同一个编号。在 PLC 运行中可以观察和修改定时器的设定值和当前值。

定时器可以由用户程序存储器内的常数 K 作为设定值，也可以用数据寄存器 D 中的内容来设定，这时设定值等于指定数据寄存器中的数。例如指定数据寄存器为 D0，而 D0 的内容为 123，则与设定 K123 等效。

定时常数可以采用十进制、二进制或十六进制数表示。例如 K18 表示十进制数的 18，H12 为十进制数 18 的十六进制表示结果。

用数据寄存器中的内容作为定时器的设定值，一般要使用有断电保持功能的数据寄存器。数据寄存器中的数可通过外部数字开关输入。

定时器是通过对时钟脉冲进行累加计时的，时钟脉冲有 1ms、10ms、100ms 三种，当所计时间达到设定值时，其输出触点动作。

定时器分为通用定时器和积算定时器两类。

1）通用定时器（T0～T245）。通用定时器（常规定时器）共 246 点。其中 T0～T199（共 200 点）是时钟脉冲为 100ms 的定时器，设定值范围为 1～32767，定时范围为 0.1～3276.7s；T200～T245（共 46 点）是时钟脉冲为 10ms 的定时器，设定值范围为 1～32767，定时范围为 0.01～327.67s；T192～T199（共 8 点）为子程序和中断服务程序专用的定时器。

通用定时器只有一个输入端（驱动输入端），在它的输入电路断开或电源停电时，其当前值复值为零，并且没有断电保持功能。

图 2-38 为通用定时器的工作原理图。图中的 T8 为 100ms 通用定时器，它的计数脉冲为 100ms，它的驱动输入端与输入继电器 X0 的常开触点相连。当输入继电器 X0 的常开触点接通时，定时器 T8 的线圈得电，它的当前值计数器从零开始对 100ms 时钟脉冲进行累加计数。在该值与设定值 K20 相等（即计时时间为 $100ms \times 20 = 2s$）时，定时器 T8 的常开触点接通，常闭触点断开，即定时器 T8 的输出触点在其线圈被驱动 2s 后动作。当输入继电器 X0 的常开触点断开时，定时器 T8 的线圈断电，它的当前值恢复为零，常开触点断开，常闭触点接通。

2）积算定时器（T246～T255）。积算定时器共 10 点。其中 T246～T249（共 4 点）是时钟脉冲为 1ms 的定时器，设定值范围为 1～32767，定时范围为 0.001～32.7671ms；T250～T255（共 6 点）是时钟脉冲为 100ms 的定时器，设定值范围为 1～32767，定时范围为 0.1～3276.7s。

积算定时器与通用定时器不同，它不仅有 1 个输入端（驱动输入端），还有 1 个复位输入端，并且具有断电保持功能。只有当积算定时器的复位输入端接通时，它才能复位。图 2-39 为积算定时器的工作原理图。图中的 T250 为 100ms 积算定时器，它的计数脉冲为 100ms，它的驱动输入端与输入继电器 X0 的常开触点相连，复位输入端与输入继电器 X1 的常开触点相连。当驱动输入信号 X0 接通时，定时器 T250 开始对

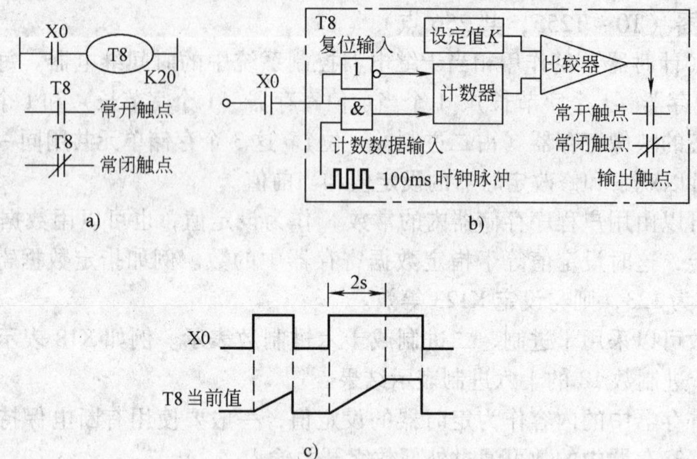

图 2-38　通用定时器的工作原理图

100M 时钟脉冲进行累加计数。在该值与设定值 K20 相等（时间为 100ms × 20 = 2s）时，定时器 T250 的输出触点动作。积算定时器在计数定时过程中，当驱动输入信号 X0 断开或失电时，积算定时器 T250 当前值寄存器中的值保持不变；当驱动输入信号 X0 接通或复电时，计数定时继续进行，直到累加的时间 $t_1 + t_2$ 为 2s 时，定时器才动作。当复位输入信号 X1 接通时，定时器复位。

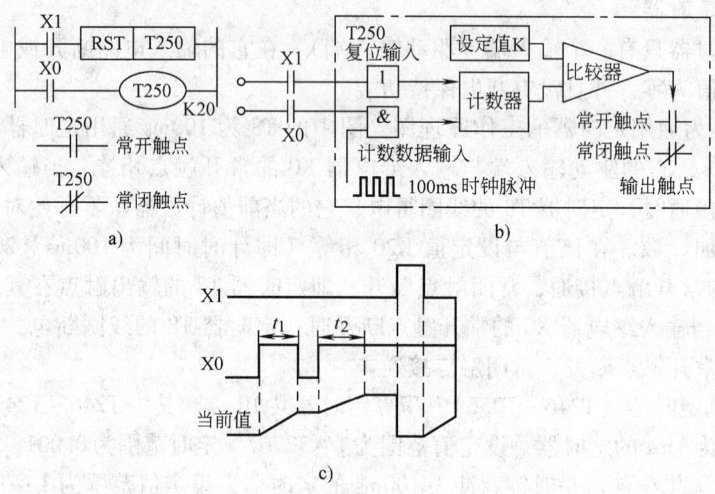

图 2-39　积算定时器的工作原理图

图 2-40 为积算定时器的实际应用图。当 X0 的常开触点接通时，定时器开始计时，在所计时间达到设定值时，定时器动作，Y0 线圈得电；当 X1 的常开触点接通时，定时器复位，Y0 线圈断电。

3）定时器触点的动作时序及定时精度。

如图 2-40 所示，定时器在其线圈被驱动后开始计时，到达设定值后，在执行第 n 个线圈指令时输出触点动作。因此，从驱动定时器线圈到其触点动作，计时触点的动作精度大致可用下式表示：$T_{-T_1}^{+T_0}$。

式中，T 为定时器设定时间（s）；T_0 为扫描周期（s）；T_1 为 1ms、10ms、100ms 定时器分别对应的 0.001s、0.01s、0.1s 时间值。

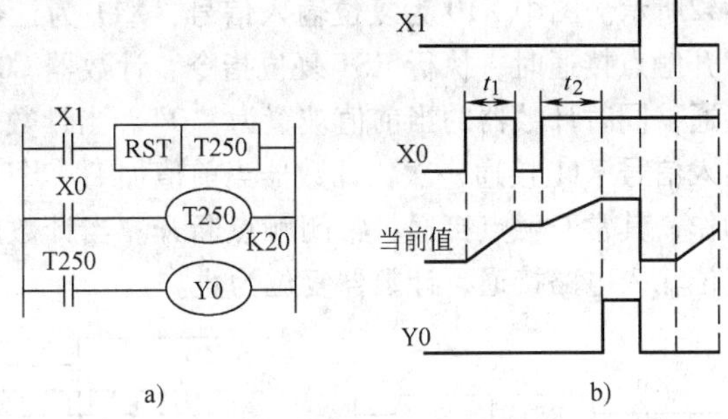

图 2-40　积算定时器的实际应用图

如果编程时定时器触点应用指令是在线圈指令之前在最坏的情况，定时器线圈触点动作误差为 $+2T_0$。当定时器的设定值为 0 时，在下一扫描周期执行线圈指令时输出触点动作。另外，1ms 定时器在执行线圈驱动指令后，以中断方式对 1ms 时钟脉冲计数。定时器动作时序图如图 2-41 所示。

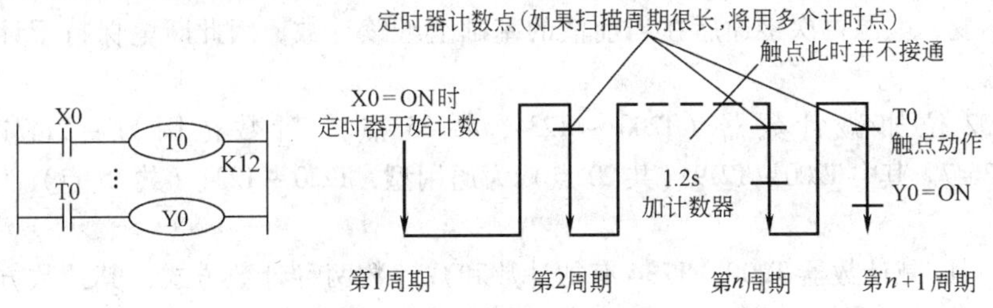

图 2-41　定时器动作时序图

5. 计数器（C0～C255，共 256 点）

计数器的作用是用来计数。每个计数器有 1 个设定值寄存器、1 个当前值寄存器和 1 个用来储存其输出触点状态的映像寄存器，这 3 个存储单元共用同一个编号。在 PLC 运行中可以观察和修改计数器的设定值和当前值。

计数器的设定值除了可由常数 K 设定外，还可通过指定数据寄存器 D 来设定。32 位设定值存放在元件号相连的两个数据寄存器中。假如指定的数据寄存器为 D0，则设定值存放在 D1 和 D0 中。

PLC 中的计数器分为内部计数器和高速计数器两类。

（1）内部计数器（C0～C234，共 235 点）　内部计数器是在执行扫描操作时对编程元件（如 X、Y、M、S、C）的信号进行计数的计数器。其接通或断开的持续时间应大于 PLC 的扫描周期，其响应速度通常为数十赫兹以下。内部计数器又可分为 16 位加计数器和 32 位加/减计数器两类。

1）16 位加计数器（C0～C199，共 200 点）。16 位加计数器的计数范围为 1～32767。其 C0～C99，共 100 点，为通用型；C100～C199 为断电保持型。

16 位加计数器有两个输入端；一个用于计数，一个用于复位。其工作过程如图

2-42所示。图中 X10 为复位输入信号，X11 为计数输入信号。当复位输入信号 X10 的常开触点接通时，执行 RST 复位指令，计数器 C0 复位，它的常开触点断开，常闭触点接通，同时计数器的当前值被置为“0”。当计数器的复位输入电路断开后，每当计数输入信号 X11 接通一次，计数器当前值加 1。当计数器的当前值加到 10 时，计数器 C0 动作，其常开触点接通，常闭触点断开。当计数脉冲继续出现时，当前值不变，直到复位输入电路接通，计数器复位为止。

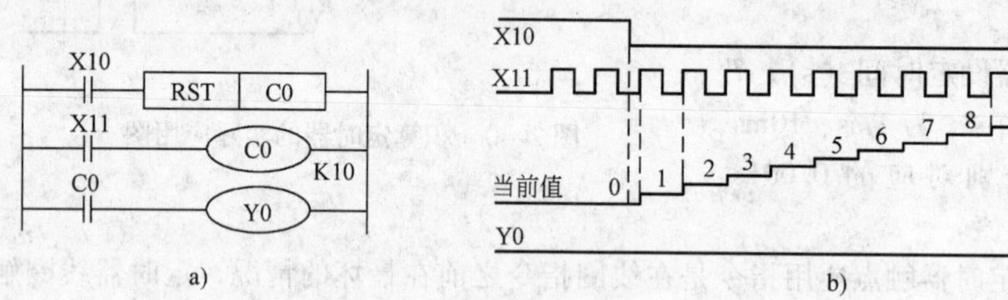

图 2-42　16 位递增计数器

如果使用断电保持型计数器，在电源中断时，计数器停止计数，并保持计数器的当前值不变；电源再次接通后在当前值的基础上继续计数，因此断电保持型计数器可累计计数。

2）32 位加/减计数器（T200 ~ T234，共 35 点）。计数范围为 -2147483648 ~ +2147483647。其中 T200 ~ T219（共 20 点）为通用型，T220 ~ T234（共 15 点）为断电保持型。

32 位加/减计数器 T200 ~ T234 有加计数和减计数两种计数方式，其计数方式分别由对应的特殊辅助继电器 M8200 ~ M8234 设定。设定方法为：对于 T200 来说，当 M8200 接通时为减计数，反之为加计数。

32 位加/减计数器作为加计数器时，当计数值达到设定值时，触点动作并保持；作为减计数时，达到计数值则复位。

32 位加/减计数器有 3 个输入端：1 个用于计数方式的设定，1 个用于计数，1 个用复位。

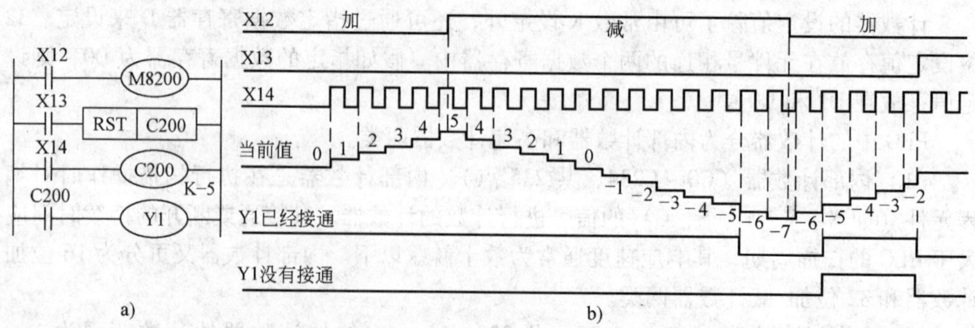

图 2-43　通用型 32 位加/减计数器的工作过程

通用型32位加/减计数器的工作过程如图2-43所示。图中X12为计数方式输入信号；X13为复位输入信号；X14为计数输入信号。在减计数时，当计数器的当前值由-5减1为-6（减小）时，其输出触点断开；在加计数时，当计数器的当前值由-6加1为-5（增大）时，其输出触点接通；当复位输入信号X13的常开触点接通时，计数器复位，其常开触点断开，常闭触点接通。

使用断电保持型计数器，其当前值和输出触点均能保持断电时的状态。

如果32位加/减计数器的当前值从+2147483647起再进行加计数，就成为-2147483648；同样从-2147483648起再进行减计数，就成为+2147483647。这种动作称为循环计数。

32位加/减计数器可当作32位数据寄存器使用，但不能用作16位指令的操作元件。

（2）高速计数器（C235～C255，共21点，又称外部计数器） 虽然C235～C255（共21点）都是高速计数器，但它们共享同一个PLC上的6个高速计数器输入端（X0～X5）。即如果输入已被某个计数器占用，它就不能再用于另一个高速计数器（或其他用途）。也就是说，由于只有6个高速计数的输入，因此，最多同时用6个高速计数器。另外，还可用作比较和直接输出等高速应用功能。

高速计数器的选择并不是任意的，它取决于所需计数器的类型及高速输入的端子。计数器类型如下：

①1相无起动/复位端子　　C235～C240　　6点

②1相带起动/复位端子　　C241～C245　　5点

③2相双向　　C246～C250　　5点

④2相A-B相型　　C251～C255　　5点

上列所有的计数器均为32bit增/减计数器。各种计数器对应输入端子的名称见表2-15。

表2-15　高速计数器（X0、X2、X3：最高频率10kHz；X1、X4、X5：最高频率7kHz）

输入	1相						1相带起动/复位					2相双向					2相A-B相型				
	C235	C236	C237	C238	C239	C240	C241	C242	C243	C244	C245	C246	C247	C248	C249	C250	C251	C252	C253	C254	C255
X0	U/D						U/D			U/D		U	U		U		A	A		A	
X1		U/D					R			R		D	D		D		B	B		B	
X2			U/D					U/D			U/D		R		R			R		R	
X3				U/D				R			R			U		U			A		A
X4					U/D				U/D					D		D			B		B
X5						U/D			R					R		R			R		R
X6										S					S					S	
X7											S					S					S

注：U—增计数输入；D—减计数输入；A—A相输入；B—B相输入；R—复位输入；S—起动输入。

表 2-15 中，X6 和 X7 也是高速输入，但只能用作起动信号而不能用于高速计数。不同类型的计数器可同时使用，但它们的输入不能共用。

注：输入端 X0 ~ X7 不能同时用于多个计数器，例如，如果使用了 C251，下列计数器和指令就不能使用：C235、C236、C241、C244、C246、C247、C249、C252、C254、I0 * *、I1 * * 及 SPD（FNC 56）指令的有关输入。

高速计数是按中断原则运行的，因而它独立于扫描周期，选定计数器的线圈应以连续方式驱动以表示这个计数器及其有关输入连续有效，其他高速处理不能再用其输入端子。

[**例 2-1**] 如图 2-44 所示，当 X20 接通时，选中高速计数器 C235，根据表 2-15，C235 对应计数输入 X0，因此，计数输入脉冲应从 X0 而不是 X20 输入。当 X20 断开时，线圈 C235 断开；同时，C236 接通，此时，选中计数器 C236，其计数输入为 X1 端。

警告：不要用计数输入端作计数器线圈的驱动触点，如 2-45 所示。

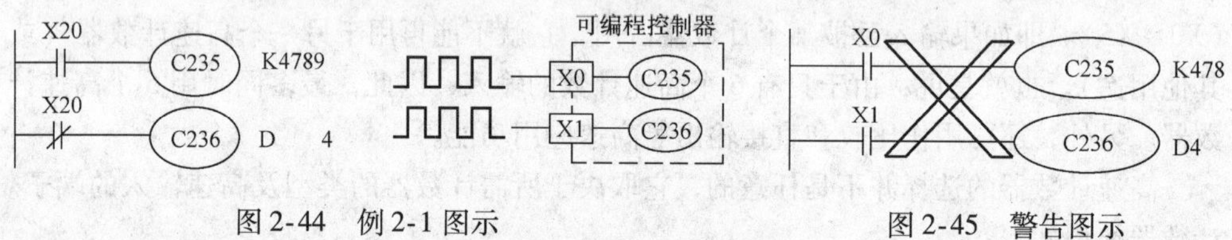

图 2-44 例 2-1 图示

图 2-45 警告图示

（1）1 相型（C235 ~ C245） 1 相高速计数器有如下两组：

C235 ~ C240	无起动/复位端	设定值范围
C241 ~ 245	有起动/复位端	−2147483648 ~ +2147483641

上列两组计数器的计数方式及触点动作与普通 32bit 计数器相同。作增计数器时，当计数值达到设定值时，触点动作并保持；作减计数器时，到达计数值则复位。

1 相计数器的计数方向取决于其对应标志 M8ΔΔΔ，ΔΔΔ 为对应计数器号（235 ~ 245）。

图 2-46a 所示为 1 相无起动/复位（C235 ~ C240）高速计数器。每个计数器只用一个计数输入端。其动作如下：

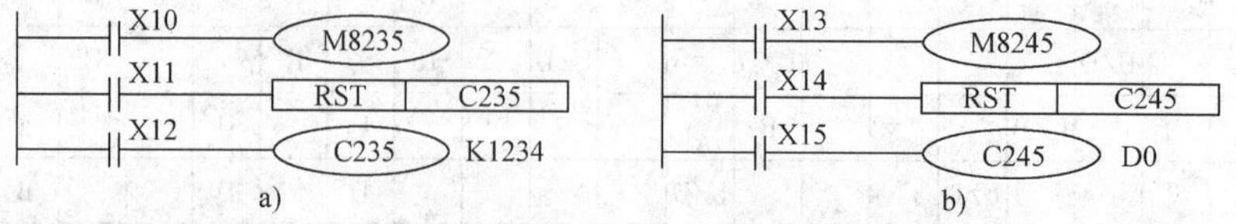

图 2-46 1 相无起动/复位（C235 ~ C240）高速计数器

a）无起动/复位（C235 ~ C240） b）带起动/复位（C241 ~ C245）

① 当方向标志 M8235 为 ON 时，计数器 C235 减计数；为 OFF 时，增计数。

② 当 X11 接通时，C235 复位至 0，触点 C235 断开。

③ 当 X12 接通时，C235 选中，从表 2-15 中得知，对应计数器 235 的输入为 X0，C235 对 X0 输入端的信号由“OFF→ON”时计数。

图 2-46b 所示为 1 相带起动/复位（C241 ~ C245)）高速计数器。这些计数器各有一个计数输入及一个复位输入。计数器 C244 和 C245 还另有一个起动输入。其动作如下：

a. 当方向标志 M8425 为 ON 时，C245 减计数；当 M8425 为 OFF 时，C245 增计数。

b. 当 X14 接通时，C245 像普通 32bit 计数器一样复位。从表 2-15 可知，C245 还能由外部输入 X3 复位。

c. 计数器 C245 还有外部起动输入端 X7。当 X7 接通时，C245 开始计数；当 X7 断开时，C245 停止计数。

d. X15 选通 C245，对 X2 输入端的信号由“OFF→ON”时计数。

注意：对 C245 设置 D0 实际上是设置 D0、D1，因为计数器为 32bit，外部控制起动（X7）和复位（X3）是立即响应的，它不受程序扫描周期的影响。

（2）2 相双向计数器（C246 ~ C250） 这种计数器具有一个输入端用于增计数，另一个输入端用于减计数。某些计数器还具有复位和起动输入。

① 以图 2-47a 所示计数器 C246 为例，其动作如下：

a. 当 X10 接通时，C246 以普通 32bit 增减计数器一样的方式复位。

b. 从表 2-15 可知，C246 计数器用 X0 作为增计数端，X1 作为减计数端，X11 必须接通以选通 C246，以使 X0、X1 输入有效：

X0 由“OFF→ON”时，C246 增 1；

X1 由“OFF→ON”时，C246 减 1。

② 以图 2-47b 所示的计数器 C250 为例，其动作如下：

a. 由表 2-15 得知，双向计数器 C250 将 X5 作为复位输入，X7 作为起动输入，因此，可由外部复位，而不必使用“RST　C250”指令。

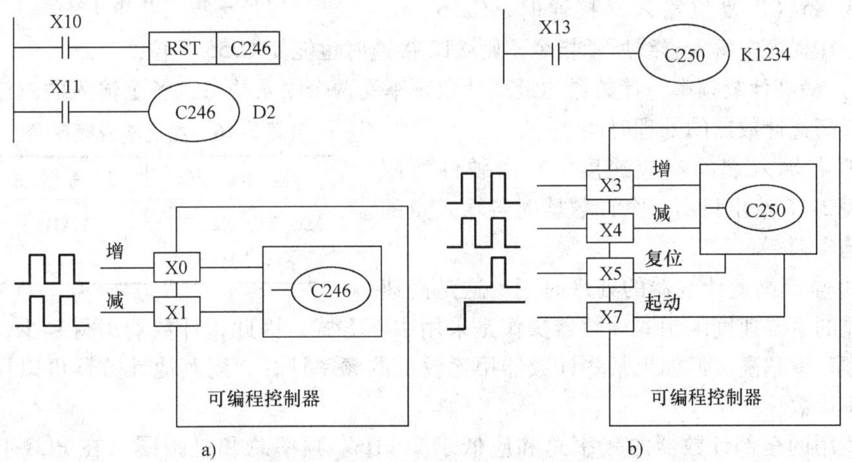

图 2-47　2 相双向计数器

b. 要选通 C250 必须接通 X13，起动输入 X7 必须接通以开始脉冲计数，X7 为 OFF 时停止计数。

c. 增计数输入：X3；减计数输入：X4。

d. 计数方向可由监视相应的状态寄存器 M8ΔΔΔ 得到，ΔΔΔ 为计数器号。

ON：减计数；

OFF：增计数。

（3）2 相 A-B 相计数器（设定值：－2147483648～＋2147483647）

1）2 相 2 输入（C251～C255，1 个或 2 个，电池后备）最多可有两个 2 相 32bit 二进制增/减计数器，其对于计数数据的动作过程与普通 32bit 计数器相同。对这些计数器，只有表 2-15 中所示的输入端可用于计数。它是采用中断方式计数，与扫描周期无关。这些计数器还有一些独立于逻辑操作的执行比较和输出操作的应用指令。选定计数器元件号后，对应的起动、复位及输入信号就能使用。A 相和 B 相信号决定了计数器是增计数还是减计数。当 A 相波形为 ON 状态时：

B 相输入由“OFF→ON”时，增计数；

B 相输入由“ON→OFF”时，减计数。

如图 2-48 所示，检查对应的特殊继电器 M8ΔΔΔ 就可知道计数器是增计数还是减计数：

① 在 X11 接通时，C251 对输入 X0（A 相）、X1（B 相）的“ON/OFF”事件计数。

② 选通信号 X13 接通时，一旦 X7（S 起动输入）接通，C255 立即开始计数，计数输入为 X3（A 相）和 X4（B 相）。

③ X5（R 复位输入）接通时，C255 复位。在程序中编入虚线所示指令，则 X12 接通时也能使 C255 复位。

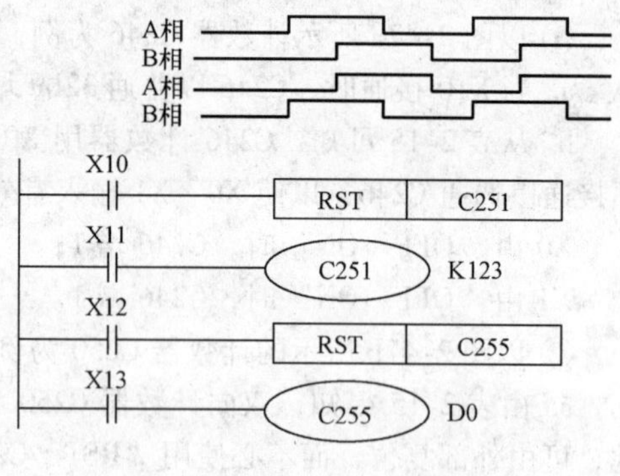

图 2-48　2 相 A-B 相计数器

2）最高计数频率。计数器的最高计数频率受两个因素约束：各个输入的响应速度和全部高速计数器的处理时间。

① 各输入端的响应速度。它由硬件所限制，表 2-16 给出只用一个计数器时各输入点的最高响应频率。

表 2-16　最高响应频率表

输入点	最高频率
X0，X1，X2，X3，	10kHz
X1，X4，X5	7kHz

② 全部高速计数器的处理时间。这是高速计数器的主要速度限制。计数器操作是采用中断方式，因此，计数器用得越少，则可计数频率就越高。但如果某些计数器用比较低的频率计数，则其他计数器可以用较高的频率计数。

使用的全部计数器的频率总和应低于 20kHz。频率总和是指同时在 PLC 上出现所有信号的最大频率的总和。为使高速计数器准确计数，这个频率总和必须小于 20kHz。

注意：FX_{2N}的 X0、X1 是特殊的硬件计数器，当 C235、C236、C246 作单相高速计数器时，最高频率可达 60kHz；C251 作两相计数器时，最高频率可达 30kHz。使用高速比较指令采用 X0、X1 作输入点时也有频率限制：FNC53、FNC54 最高可达 11kHz；FNC55 最高可达 5. 5kHz。

③ 2 相计数器

a. 双向型：设计成增计数信号和减计数信号不会同时发生。实际上，在特定时刻只使用 1 相信号。因此，它们可按单相计数器计算方法来计算频率总和。

当增、减计数信号脉冲同时到达计数器时，则作为 2 相信号计数器来计算频率总和。

当使用具有顺时针和反时针输出形式的编码器时，这些双向计数器可用比 A-B 相型计数器高得多的频率计数，而不会影响结果。

b. A-B 相型：是另一种类型的计数器，它可同时将 A 相与 B 相信号解码，自动确定增计数或减计数。

在使用 1 个或 2 个这种计数器后，建议不要用高于 2kHz 的频率对其计数。当计算频率总和时，每一个计数器的最大信号频率应乘以 4 后再与其他计数器的频率相加。

[**例 2-2**] 频率总和计算示例见表 2-17；表 2-18 为计数器频率限制简表。

表 2-17 频率总和计算表

计数器	对应输入	最高信号频率
1 相 C237	X2	3kHz
双向 C246	X0，X1	8kHz
A-B 相 C255	X3，X4	2kHz ×4
		频率总和：3 + 8 + (2 ×4) = 19 (kHz)

表 2-18 计数器频率限制简表

计数器	最高频率（使用 1 个时）
1 相	10kHz
双向	7kHz
A-B 相	2kHz

虽然求得频率总和（19kHz）低于 20kHz，但双计数器（C246）的输入 X1 的硬件响应频率限制为 7kHz。因此，C246 的信号频率须从 8kHz 降为 7kHz。

当使用多个计数器或多种类型的计数器时，其频率总和必须低于 20kHz（记住将 A-B 相计数器频率乘以 4）。

[**例 2-3**] 频率总和示例如下：

1 相计数器：10kHz（1 个），2kHz（1 个）；

A-B 相计数器：2kHz（1 个）；

频率总和 = 10kHz + 2kHz + 2kHz × 4 = 20kHz。

6. 状态寄存器（S0 ~ S999，共 1000 点）

状态继电器是用于编制顺序控制程序（见图 2-49）的一种编程元件，它与 SFC 图（顺序功能图）和 STL 指令（步进梯形指令）一起使用，如图 2-50 所示。

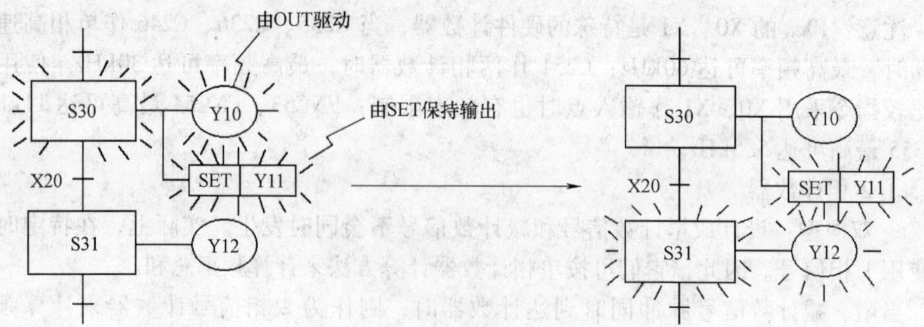

图 2-49　顺序控制工作方式

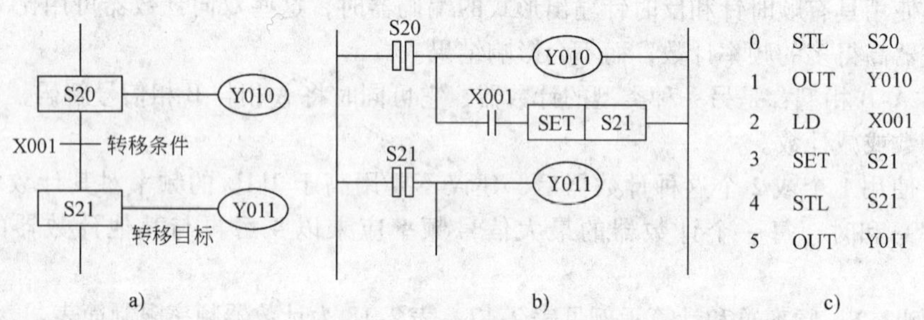

图 2-50　状态继电器的应用

状态继电器分为初始状态继电器 S0 ~ S9（共 10 点）、一般状态继电器 S10 ~ S499（共 490 点）、断电保持状态继电器 S500 ~ S899（共 400 点）和信号报警状态继电器 S900 ~ S999（共 100 点）四类。

状态继电器 S0 ~ S499 没有断电保持功能，但是用程序可以将它们设定为有断电保持功能。

供报警用的状态继电器可用于外部故障诊断的输出。

不对状态继电器使用步进梯形指令时，可以把它当作一般辅助继电器使用。

7. 数据寄存器（D000 ~ D8255，共 8256 点）

数据寄存器 D 是数据处理用的数值存储元件，在 PLC 用于模拟量控制、位置控制、数据输入输出时需要用数据寄存器 D 存储数据和工作参数。每一个数据寄存器都是 16 位，且最高位为符号位，当最高位为 0 时表示正数，为 1 时表示负数。可以把两个数据寄存器合并起来存放 32 位数据，且最高位仍为符号位。16 位/32 位数据表示形式如图 2-51 所示。

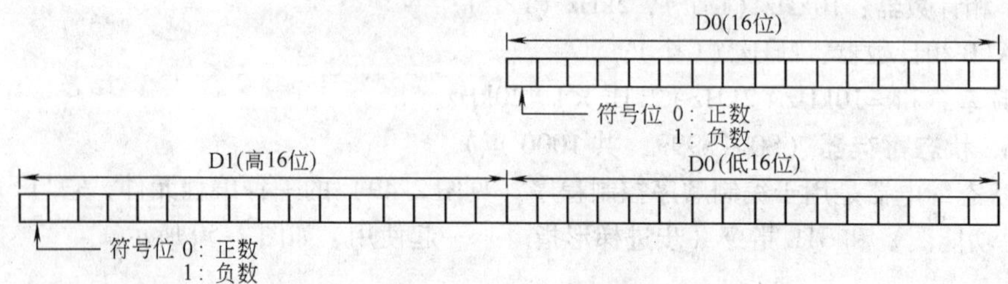

图 2-51　16 位/32 位数据表示形式

数据寄存器分为一般数据寄存器、断电保持数据寄存器、特殊数据寄存器和文件寄存器四类。

（1）一般数据寄存器（D0 ~ D199，共 200 点） 存放在一般数据寄存器中的数据，只要不写入其他数据，其内容保持不变。但是，当 PLC 由运行状态转为停止状态时，如果特殊辅助继电器 M8033 = OFF，即一般数据寄存器不具有断电保持功能，这时一般数据寄存器中的数据均清零；如果特殊辅助继电器 M8033 = ON，即一般寄存器具有断电保持功能，这时数据可以保持。

（2）断电保持数据寄存器（D20O ~ D7999，共 7800 点） 它与一般数据寄存器一样，除非改写，否则原有数据不会变化。但它具有断电保持功能，无论电源接通与否，PLC 运行与否，其内容不会变化。

（3）特殊数据寄存器（D8000 ~ D8255，共 256 点） 这些特殊数据寄存器供监控 PLC 中各种元件的运行方式之用。其内容在电源接通时，写入初始化值（先全部清零，然后由系统 ROM 安排写入初始化值）。例如，D8000 所存放的监控定时器的定时时间是由系统 ROM 设定的，当要改变时，需用传送指令将目的时间送入 D8000。该值在 PLC 由运行状态转为停止状态时保持不变。注意：不要使用没有定义的特殊数据寄存器。

（4）文件寄存器（D1000 ~ D7999，共 7000 点） 文件寄存器实际上是一种专用数据寄存器，用于存储大量的数据，例如采集数据、统计计算数据、多组控制参数等。其数值由 CPU 的监视软件决定，但可通过扩充存储器的方法加以扩充。

文件寄存器占用用户程序存储器内的一个存储区，以 500 点为 1 个单位，最多可在参数设置时设置 7000 点，用编程器可进行写入操作。

在 PLC 运行中，用 BMOV 指令可以将文件寄存器中的数据读出到一般数据寄存器中，但不能用指令将数据写入文件寄存器。

8. 指针寄存器（P0 ~ P127，共 128 点和 I0□□ ~ I8□□，共 15 点）

指针 P/I 包括分支指令用指针（P）和中断指令用指针（I）两类。

（1）分支指令用指针（P） 分支指令用的指针用来指示跳转指令 CJ 的跳步目标或子程序调用指令 CALL 调用的子程序入口地址。在图 2-52a 中，当 X20 的常开触点接通时，执行条件跳步指令 CJP0 跳转到指定的标号 P0 处，执行标号后的程序。在图 2-52b中，当 X10 的常开触点接通时，执行子程序调用指令 CALL P1 跳转到标号 P1 处，执行从 P1 开始的子程序，执行到 SRET 指令时，返回主程序中 CALL P1 下面一条指令。

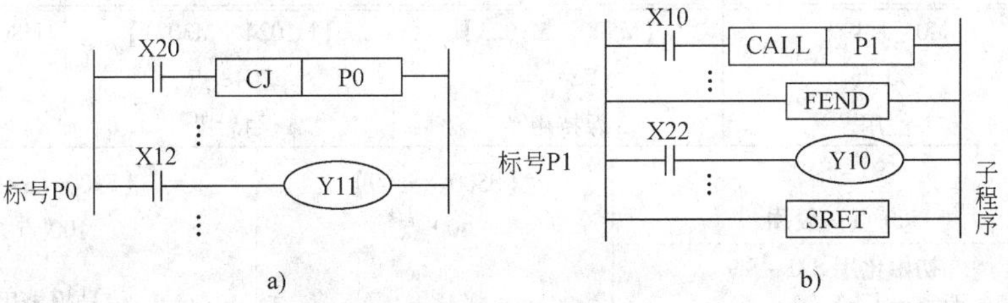

图 2-52 分支指令用指针（P）

（2）中断指令用指针（I） 中断指令用的指针用来指明某一中断源的中断服务程序入口地址，执行到中断返回指令 IRET 时返回主程序。图 2-53 给出了输入中断、定时器中断和计数器中断指针编号的含义。

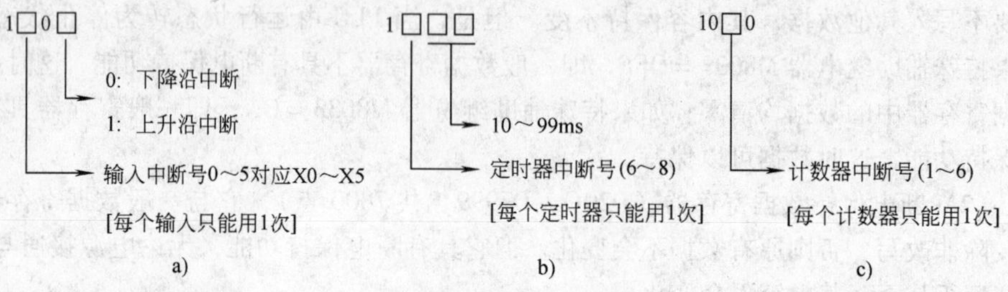

图 2-53 中断指令用指针

输入中断用来接收特定的输入地址号的输入信号，立即执行相应的中断服务程序，这一过程不受 PLC 扫描工作方式的影响，因此 PLC 能迅速响应特定的外部输入信号。例如 I001 为输入 X0 从 OFF 变为 ON 时，执行标号 I001 后面的中断服务程序，并根据 IRET 指令返回。

定时器中断使 PLC 以指定的周期定时执行中断服务程序，定时循环处理某些任务，处理的时间不受 PLC 扫描周期的限制。例如 I610 为每隔 10ms 就执行 I610 后面的中断服务程序，并根据 IRET 指令返回。

计数器中断用于 PLC 内置的高速计数器，根据高速计数器的计数当前值与计数设定值的关系来确定是否执行相应的中断服务程序。

PLC 的八大类编程元（器）件既是 PLC 的硬件资源，又是学懂和用好 PLC，进行软件编程的根基，必须下大气力学懂、掌握、熟记，并能灵活自如地应用。日本三菱 FX_{2N}系列 PLC 的八大类编程元（器）件应用经总结归纳列表于表 2-19。

表 2-19 日本三菱 FX_{2N}系列 PLC 的八大类编程元（器）件应用总结归纳列表

<table>
<tr><td></td><td>FX_{2N} ~16M</td><td>FX_{2N} ~32M</td><td>FX_{2N} ~48M</td><td>FX_{2N} ~64M</td><td>FX_{2N} ~80M</td><td>FX_{2N} ~128M</td><td>FX_{2N} ~368M
（可扩展）</td><td></td></tr>
<tr><td>输入继
电器
X</td><td>X000 ~
X007
8 点</td><td>X000 ~
X017
16 点</td><td>X000 ~
X027
24 点</td><td>X000 ~
X037
32 点</td><td>X000 ~
X047
40 点</td><td>X000 ~
X077
64 点</td><td>X000 ~
X267
184 点</td><td rowspan="2">输入输出最多可扩展至256点</td></tr>
<tr><td>输出继
电器
Y</td><td>X000 ~
X007
8 点</td><td>X000 ~
X017
16 点</td><td>X000 ~
X027
24 点</td><td>X000 ~
X037
32 点</td><td>X000 ~
X047
40 点</td><td>X000 ~
X077
64 点</td><td>X000 ~
X267
184 点</td></tr>
<tr><td>辅助
继电器
M</td><td colspan="2">M0 ~ M499
500 点
一般用①</td><td colspan="2">【M500 ~ M1023】
524 点
保持用②</td><td colspan="2">【M1024 ~ M3071】
2048 点
保持用③</td><td colspan="2">M8000 ~ M8255
256 点④
特殊用</td></tr>
<tr><td>状态</td><td colspan="3">S0 ~ S499
500 点一般用①</td><td colspan="2" rowspan="2">【S500 ~ S899】
400 点
保持用②</td><td colspan="3" rowspan="2">【S900 ~ S999】
100 点
信号报警用②</td></tr>
<tr><td>S</td><td colspan="3">初始化用 S 0 ~ S 9
原点回归用 S 10 ~ S 19</td></tr>
</table>

（续）

<table>
<tr><td colspan="2">定时器
T</td><td colspan="2">T0～T199
200 点 100ms
子程序用…
T192～T199</td><td colspan="3">T200～T245
46 点 10ms</td><td colspan="3">【T246～T249】
4 点
1ms 累积③</td><td>【T250～T255】
6 点
100ms 累积③</td></tr>
<tr><td colspan="2" rowspan="2">计数器
C</td><td colspan="2">16 位增量计数</td><td colspan="3">32 位可逆</td><td colspan="4">32 位高速可逆计数器最大 6 点</td></tr>
<tr><td>C0～C99
100 点
一般用①</td><td>【C100～C199】
100 点
保持用②</td><td colspan="2">【C200～C219】
20 点
一般用②</td><td>【C220～C234】
15 点
保持用②</td><td>【C235～C245】
1 相 1 输入②</td><td colspan="2">【C246～C250】
1 相 2 输入②</td><td>【C251～C255】
2 相输入②</td></tr>
<tr><td colspan="2">数据寄存器
D. V. Z</td><td>D0～D199
200 点
一般用①</td><td colspan="2">【D200～D511】
312 点保持用②</td><td colspan="2">【D512～D7999】
7488 点
保持用③
文件用…
D1000 以后可设定作为文件寄存器使用</td><td colspan="2">D8000～D8195
256 点③
特殊用</td><td colspan="2">V7～V0
Z7～Z0
16 点
变址用①</td></tr>
<tr><td colspan="2">嵌套指针</td><td>N0～N7
8 点
主控用</td><td colspan="2">P0～P127
128 点
跳跃，子程序用，分支式指针</td><td colspan="2">100*～150*
6 点
输入中断用指针</td><td colspan="2">16**～18**
3 点
定时器中断用指针</td><td colspan="2">1010～1060
6 点
计数器中断用指针</td></tr>
<tr><td rowspan="2">常数</td><td>K</td><td colspan="4">16 位 -32768～32767</td><td colspan="5">32 位 -2147483648～2147483647</td></tr>
<tr><td>H</td><td colspan="4">16 位 0～FFFFH</td><td colspan="5">32 位 0～FFFFFFFFH</td></tr>
</table>

注：【　】内的软元件为停电保持领域。

① 非停电保持领域。根据设定的参数，可变更停电保持领域。

② 停电保持领域。根据设定的参数，可变更非停电保持领域。

③ 固定的停电保持领域。不可变更领域的特性。

④ 不同系列的对应功能请参照特殊软元件一览表。

2.2.3 日本三菱公司 FX_{2N} PLC 的 27 条基本指令和 2 条步进梯形指令

FX_{2N} 有基本（顺控）指令 27 种；步进指令 2 种；应用指令 13 类共 246 个。FX_{2N} 系列 PLC 最常用的基本编程语言主要是梯形图和指令表。指令表由指令集合而成，且和梯形图有严格的对应关系。梯形图是用图形符号及图形符号间的相互关系来表达控制思想的一种图形程序，而指令表则是图形符号及它们之间关联的语句表述。FX_{2N} 的基本指令见表 2-20。

1. FX_{2N} 系列 PLC27 条基本指令的编程方法

（1）逻辑取及线圈驱动（LD、LDI、OUT）指令

1）指令助记符及功能。LD、LDI、OUT 指令的功能、梯形图表示、操作组件、所占的程序步如表 2-21 所示。

表 2-20 FX_{2N}的基本（顺控）指令（27 条）

助记符、名称	功　能	回路表示和可用软元件	助记符、名称	功　能	回路表示和可用软元件
[LD] 取	运算开始 a 触点	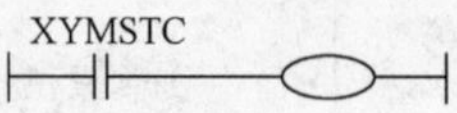 XYMSTC	[ANB] 回路块与	并联回路块的串联连接	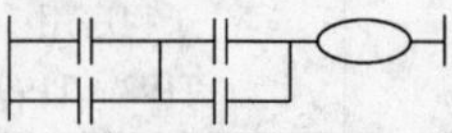
[LDI] 取反转	运算开始 b 触点	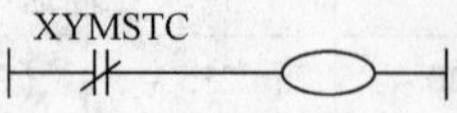 XYMSTC	[ORB] 回路块或	串联回路块的并联连接	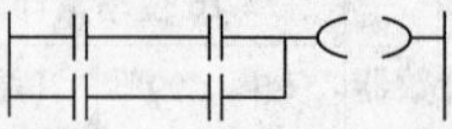
[LDP] 取脉冲 上升沿	上升沿检出 运算开始	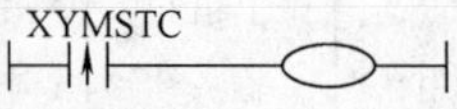 XYMSTC	[OUT] 输出	线圈驱动指令	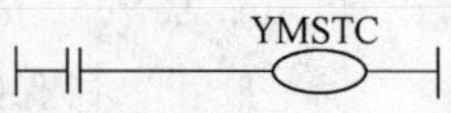 YMSTC
[LDF] 取脉冲 下降沿	下降沿检出 运算开始	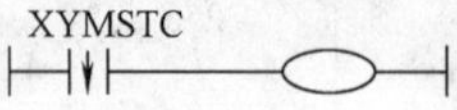 XYMSTC	[SET] 置位	线圈接通 保持指令	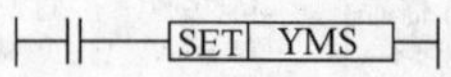 SET YMS
[AND] 与	串联 a 触点	 XYMSTC	[RST] 复位	线圈接 通清除指令	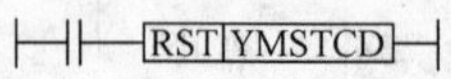 RST YMSTCD
[ANI] 与反转	串联 b 触点	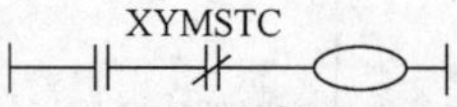 XYMSTC	[PLS] 脉冲	上升沿检出 指令	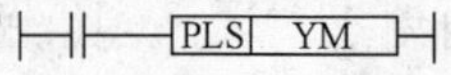 PLS YM
[ANDP] 与脉冲 上升沿	上升沿检出 串联连接	 XYMSTC	[PLF] 下降沿 脉冲	下降沿检出 指令	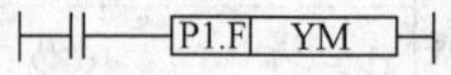 P1.F YM
[ANDF] 与脉冲 下降沿	下降沿检出 串联连接	 XYMSTC	[MC] 主控	公共串联点 的连接线圈 指令	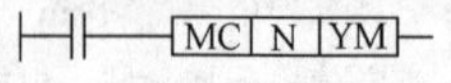 MC N YM
[OR] 或	并联 a 触点	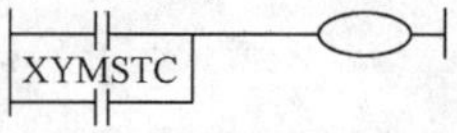 XYMSTC	[MCR] 主控复 位	公共串联点 的清除指令	 MCR N
[ORI] 或反转	并联 b 触点	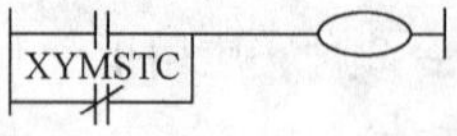 XYMSTC	[MPS] 进栈	运算存储	MPS MRD MPP
[ORP] 或脉冲 上升沿	脉冲上升沿 检出并联 连接	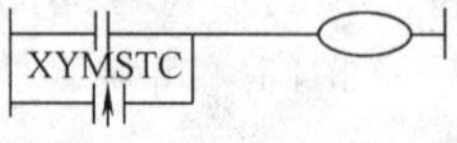 XYMSTC	[MRD] 读栈	存储读出	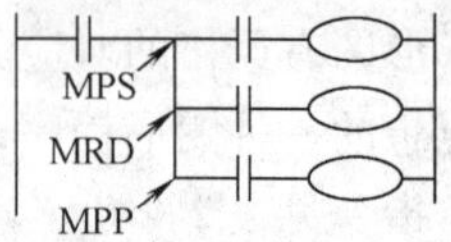
[ORF] 或脉冲 下降沿	脉冲下降沿 检出并联 连接	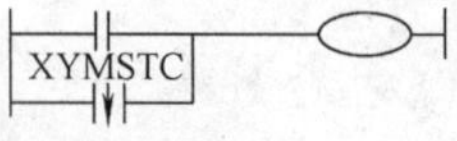 XYMSTC	[MPP] 出栈	存储读出 与复位	

（续）

助记符、名称	功　能	回路表示和可用软元件	助记符、名称	功　能	回路表示和可用软元件
[INV] 反转	运算结果的反转	INV	[END] 结束	顺控程序结束	顺控顺序结束回到“0”
[NOP] 空操作	无动作	或清除流程程序			

注：1. a 触点指常开（动合）触点。

2. b 触点指常闭（动断）触点，以下类同。

2）指令说明

① LD、LDI 指令可用于将触点与左母线连接。也可以与后面将介绍的 ANB、ORB 指令配合使用于分支起点处。

② OUT 指令是对输出继电器 Y、辅助继电器 M、状态继电器 S、定时器 T、计数器 C 的线圈进行驱动的指令，但不能用于输入继电器。OUT 指令可多次并联使用。

表 2-21　LD、LDI、OUT 指令助记符及功能

符号、名称	功　能	梯形图表示和可操作组件	程　序　步
LD 取	逻辑运算开始的常开触点	X、Y、M、S、T、C	1
LDI 取反	逻辑运算开始的常闭触点	X、Y、M、S、T、C	1
OUT 输出	线圈驱动指令	Y、M、S、T、C	Y、M：1；S，特 M：2； T：3；C：3～5

注：当使用停电保持辅助继电器 M1536～M3071 时，程序步加 1。

3）编程应用。图 2-54 给出了本组指令的梯形图实例，并配有指令表。需指出的是：图中的 OUT M100 和 OUT T0 是线圈的并联使用。另外，定时器或计数器的线圈在梯形图中或在使用 OUT 指令后，必须紧接着设定十进制常数 K 或指定数据寄存器的地址号。

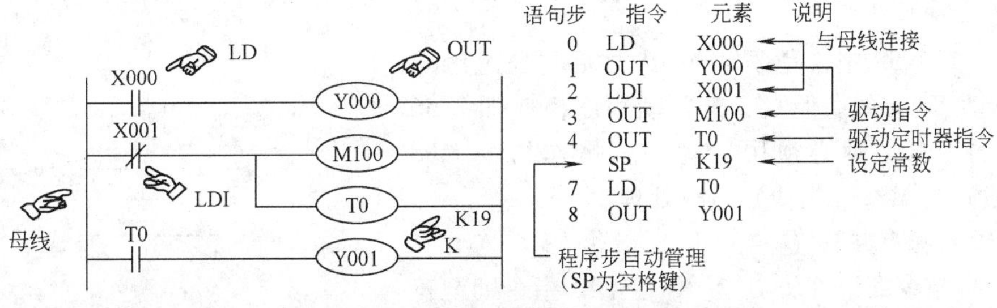

图 2-54　LD、LDI、OUT 指令的编程应用

(2) 触点串联（AND、ANI）指令

1）指令助记符及功能。AND、ANI指令的功能、梯形图表示、操作组件、所占的程序步见表2-22。

表2-22　AND、ANI指令助记符及功能

符号、名称	功　能	梯形图表示和可操作组件	程　序　步
AND与	常开触点串联连接	X、Y、M、S、T、C	1
ANI与非（And Inverse）	常闭触点串联连接	X、Y、M、S、T、C	1

注：当使用停电保持辅助继电器M1536～M3071时，程序步加1。

2）指令说明：

① AND、ANI指令为单个触点的串联连接指令。AND用于常开触点；ANI用于常闭触点；串联触点的数量不受限制。

② OUT指令后，可以通过触点对其他线圈使用OUT指令，称之为纵接输出或连续输出，例如，图2-55中就是在OUT M101之后，通过触点T1，对Y004线圈使用OUT指令，这种纵接输出，只要顺序正确可多次重复。但限于图形编程器的限制，应尽量做到一行不超过10个接点及一个线圈，总共不要超过24行。

③ 当两个以上触点的并联块与其他并联块串联时，应采用后面介绍的电路块串联（ANB）指令。

3）编程应用。图2-55给出了本组指令应用的梯形图和指令表程序实例。

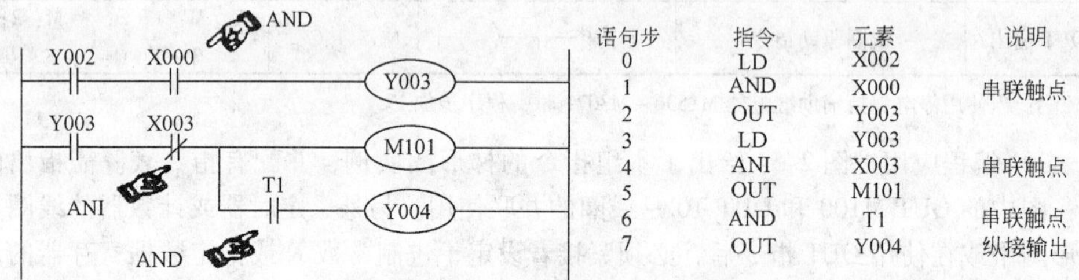

图2-55　AND、ANI指令的应用（M101）

在图2-55中，是驱动M101之后再通过触点T1驱动Y004的。但是，若驱动顺序换成图2-56所示的形式，则必须用后述的栈操作指令MPS（进栈）与MPP（出栈）进行处理。

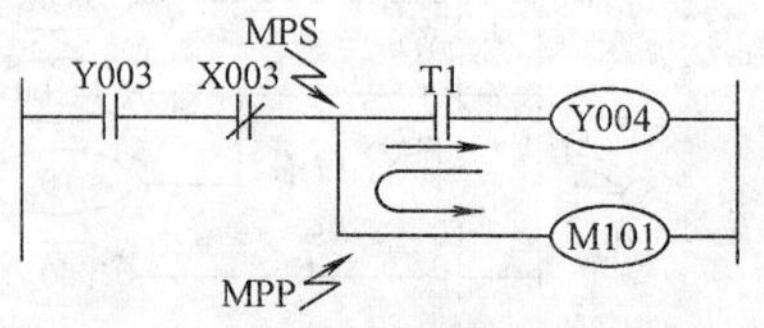

图2-56　MPS、MPP指令的关系

(3) 触点并联（OR、ORI）指令

1）指令助记符及功能。OR、ORI指令助记符及功能见表2-23。

表 2-23　OR、ORI 指令助记符及功能

符号、名称	功　能	梯形图表示和可操作组件	程 序 步
OR 或	常开触点并联连接	X、Y、M、S、T、C	1
ORI 或非（Or Inverse）	常闭触点并联连接	X、Y、M、S、T、C	1

注：当使用停电保持辅助继电器 M1536～M3071 时，程序步加 1。

2）指令说明：

① OR、ORI 指令是单个触点的并联连接指令；OR 为常开触点的并联，ORI 为常闭触点的并联。

② 与 LD、LDI 指令触点并联的触点要使用 OR 或 ORI 指令，并联触点的个数没有限制，但限于编程器和打印机的幅面限制，尽量做到 24 行以下。

③ 当两个以上触点的串联支路与其他电路并联时，应采用后面介绍的电路支路（块）或（ORB）指令。

3）编程应用。触点并联指令的应用程序如图 2-57 所示。

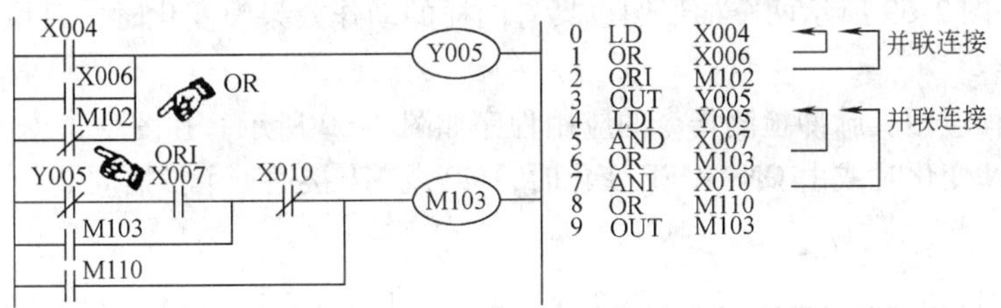

图 2-57　触点并联指令的应用程序

（4）脉冲指令

1）指令助记符及功能。脉冲指令的助记符及功能、梯形图表示和 PLC 操作组件等见表 2-24。

表 2-24　脉冲指令助记符及功能

指令助记符、名称	功　能	梯形图表示和可操作软组件	程 序 步
LDP 取脉冲	上升沿检测运算开始	X、Y、M、S、T、C	1
LDF 取脉冲	下降沿检测运算开始	X、Y、M、S、T、C	1
ANDP 与脉冲	上升沿检测串联连接	X、Y、M、S、T、C	1
ANDF 与脉冲	下降沿检测串联连接	X、Y、M、S、T、C	1

（续）

指令助记符、名称	功 能	梯形图表示和可操作软组件	程 序 步
ORP 或脉冲	上升沿检测并联连接	X、Y、M、S、T、C	1
ORF 或脉冲	下降沿检测并联连接	X、Y、M、S、T、C	1

注：当使用停电保持辅助继电器 M1536 ~ M3071 时，程序步加 1。

2）指令说明：

① LDP、ANDP、ORP 指令是进行上升沿检测的触点指令，仅在指定位软组件由 OFF→ON 上升沿变化时，使驱动的线圈接通 1 个扫描周期。

② LDF、ANDF、ORF 指令是进行下降沿检测的触点指令，仅在指定位软组件由 ON→OFF 下降沿变化时，使驱动的线圈接通 1 个扫描周期。

③ 利用取脉冲指令驱动线圈和用脉冲指令驱动线圈（后面介绍），具有同样的动作效果。如图 2-58 所示，两种梯形图都在 X010 由 OFF→ON 变化时，使 M6 接通一个扫描周期。

同样，图 2-59 所示两个梯形图也具有同样的动作效果。变化时，只执行一次传送指令 MOV。

3）编程应用。脉冲检测指令的应用程序如图 2-60 所示。在图中，当 X000 ~ X002 由 OFF→ON 变化时或由 ON→OFF 变化时，M0 或 M1 接通 1 个扫描周期。

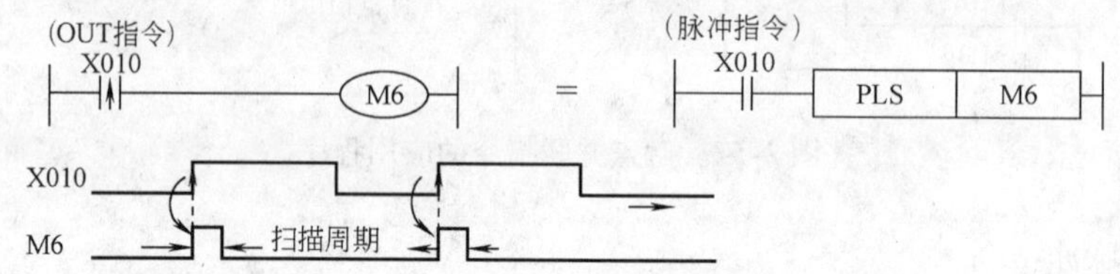

图 2-58 两种梯形图具有同样的动作效果

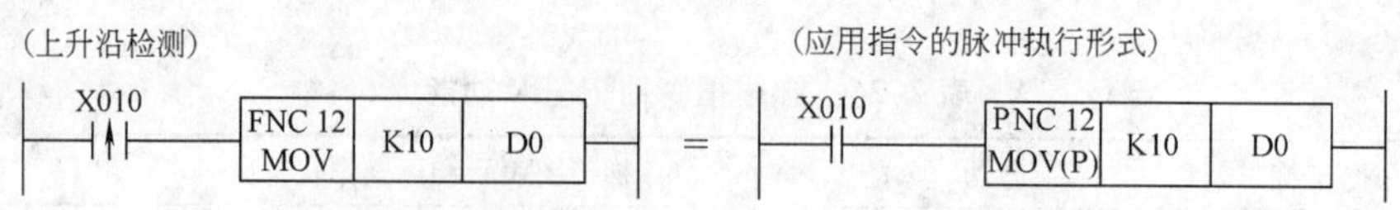

图 2-59 两种取指令均在 OFF→ON 变化时，执行一次 MOV 指令

4）脉冲检测指令对辅助继电器地址号不同范围造成的动作差异。在将 LDP、LDF、ANDP、ANDF、ORP、ORF 指令的软组件指定为辅助继电器（M）时，该软组件的地址号范围不同造成图 2-61 所示的动作差异。

在图 2-61a 中，由 X000 驱动 M0 后，与 M0 对应的① ~ ④的所有触点都动作。其中① ~ ③执行 M0 的上升沿检出；④为 LD 指令，因此，在 M0 接通过程中导通。

（5）并联电路块串联指令

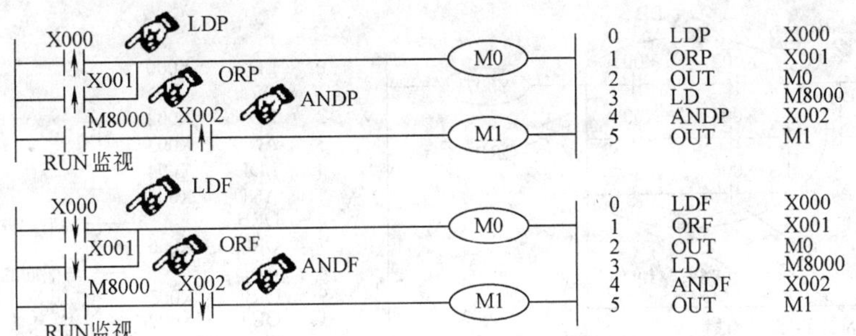

图 2-60　脉冲检测指令的应用程序

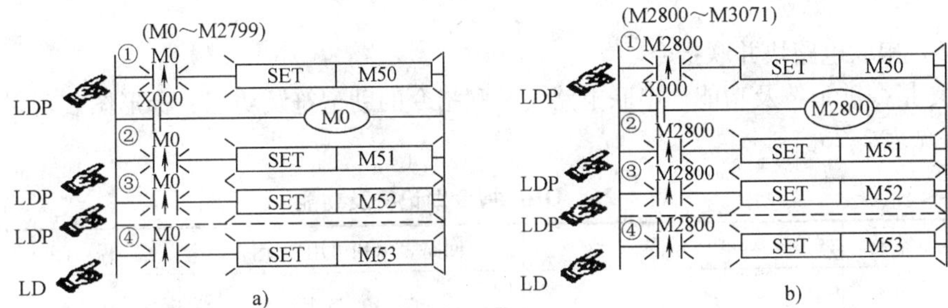

图 2-61　脉冲沿检测指令驱动辅助继电器不同地址号范围所造成的动作差异

1）指令助记符及功能。并联电路块串联指令的助记符及功能、梯形图表示及操作组件等见表 2-25。

表 2-25　ANB 指令助记符及功能

符号、名称	功　能	梯形图表示及操作组件	程　序　步
ANB 电路块与	并联电路块的串联连接	操作组件：无	1

2）指令说明：

① 对单个接点并联用 LD、LDI 指令，并联电路块结束后使用 ANB 指令，表示与前面的电路串联。

② 当多个并联电路块按顺序逐个和前面的电路串联连接时，ANB 指令的使用次数没有限制。

③ 对多个并联电路块串联时，ANB 指令也可以集中成批地统一使用，但在这种场合，LD、LDI 指令的使用次数只能限制在 8 次以内，即 ANB 指令成批集中使用次数应限制在 8 次以内，即最多能将 9 个并联电路块串联。

3）编程应用。并联电路块串联指令应用程序如图 2-62 所示。

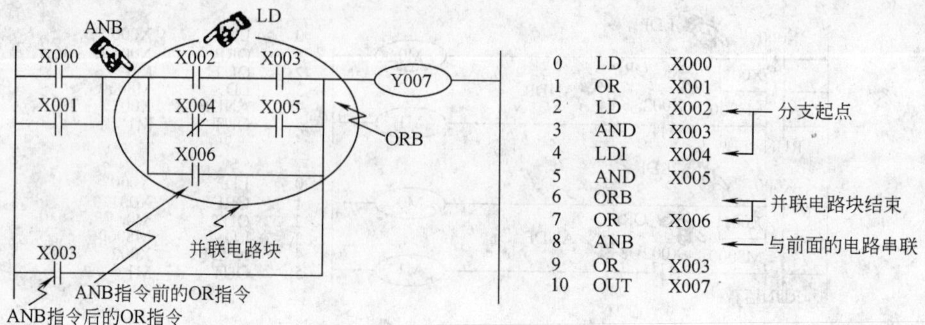

图 2-62 并联电路块串联指令应用程序

（6）串联电路块并联指令

1）指令助记符及功能。串联电路块并联指令的助记符及功能、梯形图表示及操作组件等见表 2-26。

表 2-26 ORB 指令助记符及功能

助记符、名称	功　能	回路表示和可用软元件	程 序 步
ORB 电路块或	串联回路块的并联连接	操作组件：无	1

2）指令说明：

① 对每支路单个接点串联，开头用 LD、LDI 指令；串联支路（电路块）结束后使用 ORB 指令，表示与上面的串联支路（电路块）并联。

② 当多个串联电路块按顺序逐个和上面的串联电路块并联连接时，ORB 指令的使用次数没有限制。

③ 对多个串联电路块并联时，ORB 指令也可以集中成批地统一使用，但在这种场合，LD、LDI 指令的使用次数只能限制在 8 次以内，即 ORB 指令成批集中使用次数应限制在 8 次以内，即最多能将 9 个串联支路（电路块）并联。

3）编程应用。并联电路块串联指令应用程序可参考图 2-62 中 ORB 应用。

（7）栈操作（MPS/MRD/MPP）指令

1）指令助记符及功能。MPS、MRD、MPP 指令的功能、梯形图表示、操作组件和程序步见表 2-27。

2）指令说明：

① 这组指令分别为进栈、读栈、出栈指令，用于分支多重输出电路中将连接点数据先存储起来防止该数据破坏丢失，便于连接后面电路时通过读出或取出而使该数据再恢复出来。

② 在 FX_{2N} 系列可编程控制器中有 11 个用来存储运算中间结果的存储区域，称为栈存储器。栈指令操作如图 2-63 所示，由图可知，使用一次 MPS 指令，便将此刻的中间运算结果送入堆栈的第一层，而将原存在堆栈第一层的数据移往堆栈的下一层。

表 2-27　MPS、MRD、MPP 指令助记符及功能

指令助记符、名称	功　能	电路表示及操作组件	程　序　步
MPS（Push）进栈	将连接点数据入栈	MPS	1
MRD（Rcad）读栈	读栈存储器栈顶数据	MRD	1
MPP（Pop）出栈	取出栈存储器栈顶数据	MPP 操作组件:无	1

a. MRD 指令可读出栈存储器最上层的最新数据，此时堆栈内的数据不移动。可对分支多重输出电路多次使用，但分支多重输出电路不能超过 24 行。

b. 使用 MPP 指令，栈存储器最上层的数据被读出，各数据顺次向上一层移动。读出的数据从堆栈内消失。

c. MPS、MRD、MPP 指令都是不带软组件的指令。

d. MPS 和 MPP 必须成对使用，而且连续使用应少于 11 次。

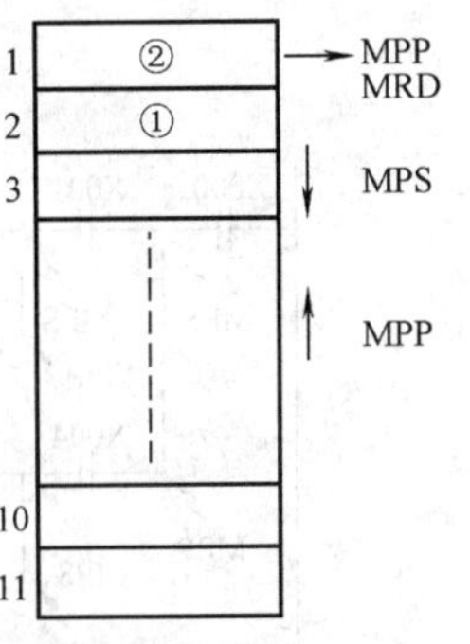

图 2-63　栈存储器

3）编程应用见例 2-4 ~ 例 2-7。

[**例 2-4**] 一层堆栈，如图 2-64 所示。

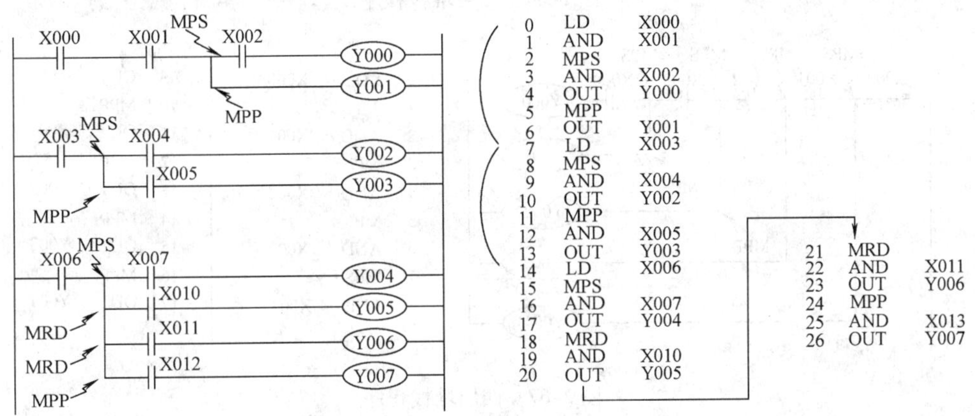

图 2-64　一层堆栈的应用程序

[**例 2-5**] 一层堆栈，并兼用 AND、ORB 指令，如图 2-65 所示。

[**例 2-6**] 二层堆栈程序，如图 2-66 所示。

[**例 2-7**] 四层堆栈的改进程序，如图 2-67 所示，也可以将图 2-67 梯形图改变成图 2-68 所示，就可不必使用堆栈指令了。

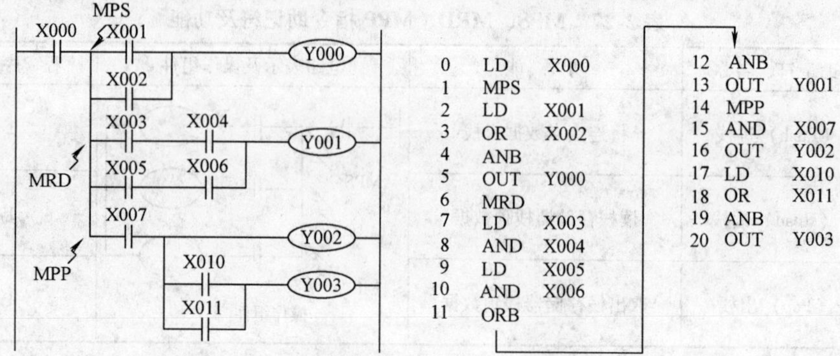

图 2-65 一层堆栈并用 AND、ORB 指令程序

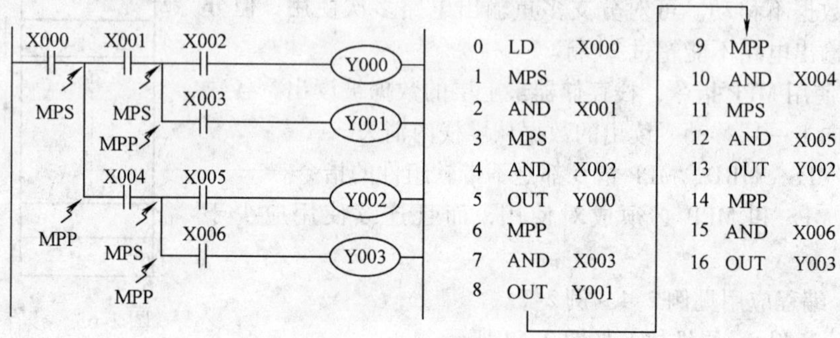

图 2-66 二层堆栈程序

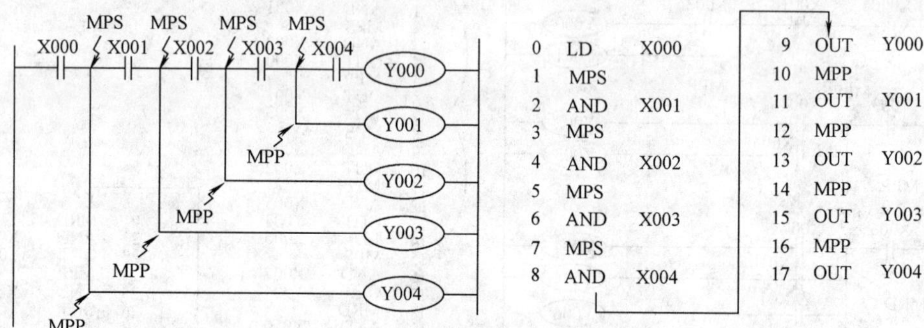

图 2-67 四层堆栈程序

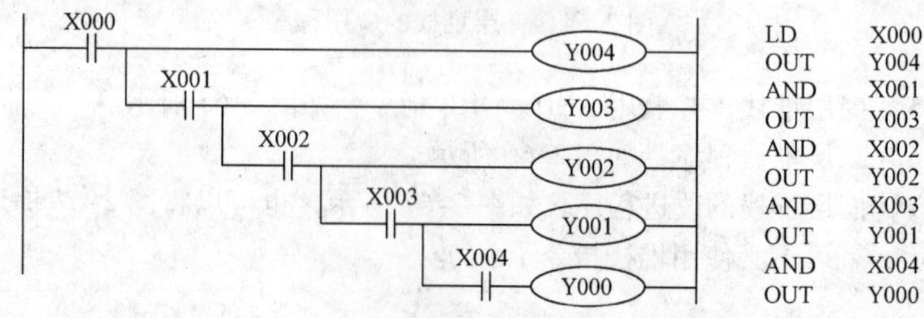

图 2-68 四层堆栈的改进程序（不用堆栈）

(8) 主控触点（MC/MCR）指令

1）指令助记符及功能。MC、MCR 指令的功能、梯形图表示、操作组件、程序步见表 2-28。

表 2-28　MC、MCR 指令助记符及功能

符号、名称	功　能	梯形图表示及操作组件	程 序 步
MC（主控）(Master Control)	主控电路块起点	MC　Ni　Y,M 除了特殊辅助继电器M	3
MCR（主控复位）	主控电路块终点	MCR　Ni	2

注：当使用停电保持辅助继电器 M1536 ~ M3071 时，程序步加 1。Ni 为嵌套级，i = 0 ~ 7。

2）指令说明：

① MC 为主控指令，用于公共串联触点的连接，MCR 为主控复位指令，即 MC 的复位指令。编程时，经常遇到多个线圈同时受一个或一组控制。若在每个线圈的控制电路中都串入同样的触点，将多占存储单元，应用主控触点可以解决这一问题。主控指令控制的操作组件的常开触点要与主控指令后的母线垂直串联连接，是控制一组梯形图电路的总开关。当主控指令控制的操作组件的常开触点闭合时，激活所控制的一组梯形图电路，如图 2-69 所示。

② 在图 2-69 中，若输入 X000 接通，则执行 MC 至 MCR 之间的梯形图电路的指令。

若输入 X000 断开，则跳过主控指令控制的梯形图电路，这时 MC/MCR 之间的梯形图电路根据软组件性质不同有以下两种状态：

a. 积算定时器、计数器、置位/复位指令驱动的软组件保持断开前状态不变。

b. 非积算定时器、OUT 指令驱动的软组件均变为 OFF 状态。

③ 主控（MC）指令母线后接的所有起始触点均以 LD/LDI 指令开始，指令返回到主控（MC）指令后的母线，向下继续执行新的程序。

④ 在没有嵌套结构的多个主控指令程序中，可以都用嵌套级号 N0 来编程，N0 的使用次数不受限制。

⑤ 通过更改 MC 的地址号，可以多次使用 MC 指令，形成多个嵌套级，嵌套级 Ni 的编号由小到大。返回时通过 MCR 指令，从大的嵌套级开始逐级返回（见编程应用中的例 2-9）。

[例 2-8] 无嵌套结构的主控指令 MC/MCR 编程应用如图 2-69 所示。图中上、下两个主控指令程序中，均采用相同的嵌套级 N0。

[例 2-9] 有嵌套结构的主控指令 MC/MCR 编程应用如图 2-70 所示。程序中 MC 指令内嵌了 MC 指令，嵌套级 N 的地址号按顺序增大。返回时采用 MCR 指令，则从大的嵌套级 N 开始消除。

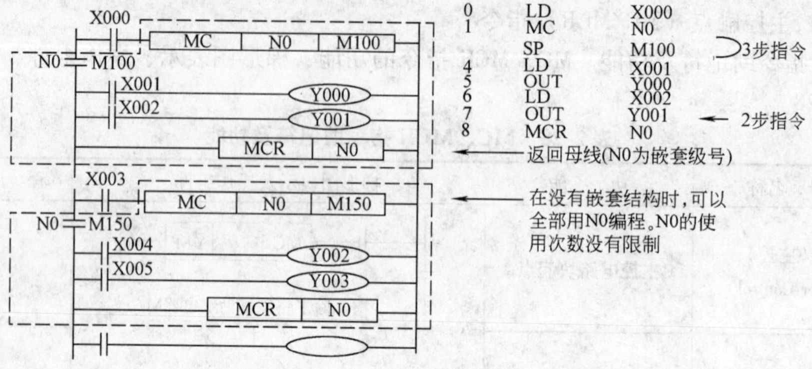

图 2-69　无嵌套结构的主控指令 MC/MCR 编程应用举例

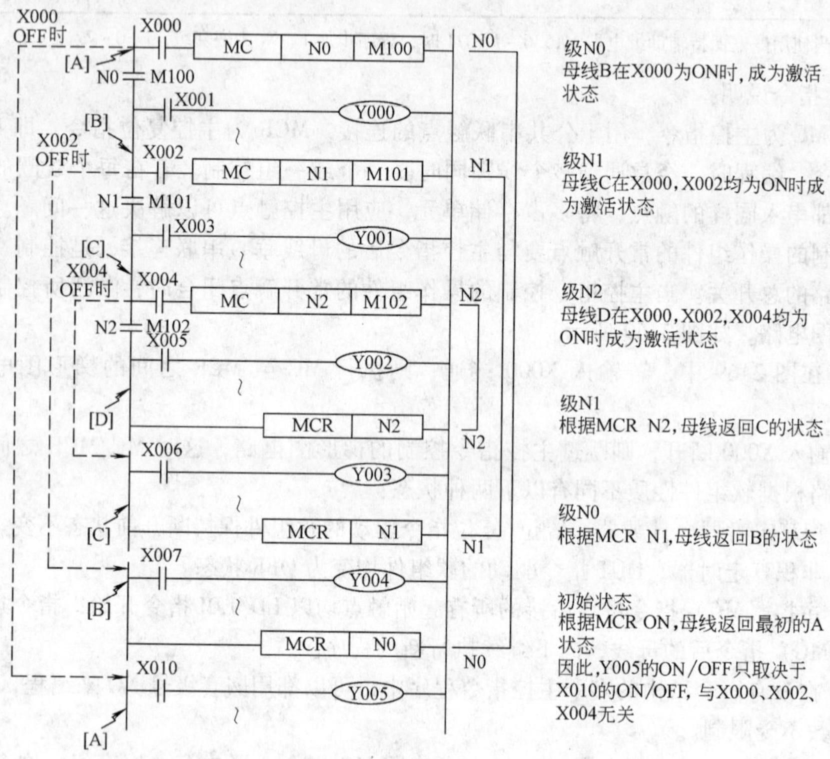

图 2-70　有嵌套结构的主控指令 MC/MCR 编程应用

（9）置位/复位（SET/RST）指令

1）指令助记符及功能。SET 和 RST 指令的功能、梯形图表示、操作组件和程序步如表 2-29 所示。

2）指令说明：

① SET 为置位指令，使线圈保持接通（置“1”），直到遇到 RST 才能断开；RST 为复位指令，使线圈断开（复位置“0”），直到遇到 SET 才能保持接通。

表 2-29　指令助记符及功能

符号、名称	功　能	梯形图表示及可操作的组件	程　序　步
SET（置位）	线圈接通保持指令	SET　Y,M,S	Y、M：1 S、特 M：2
RST（复位）	线圈接通清除指令	RST　Y,M,S,T,C,D,V,Z	T、C：2 D、V、Z，特 D：3

② 对同一软组件，SET、RST 可多次使用，不限制使用次数，但最后执行者有效。

③ 对数据寄存器 D、变址寄存器 V 和 Z 的内容清零，既可以用 RST 指令，也可以用常数 K0 经传送指令清零，效果相同。RST 指令也可以用于积算定时器 T246 ~ T255 和计数器 C 的当前值的复位以及触点复位。

3）编程应用。在图 2-71 所示程序中，置位指令执行条件 X000 一旦接通后再次变为 OFF，Y000 驱动为 ON 后继续保持。复位指令执行条件 X001 一旦接通后再次变为 OFF 后，Y000 被复位为 OFF 后继续保持。M、S 也是如此。

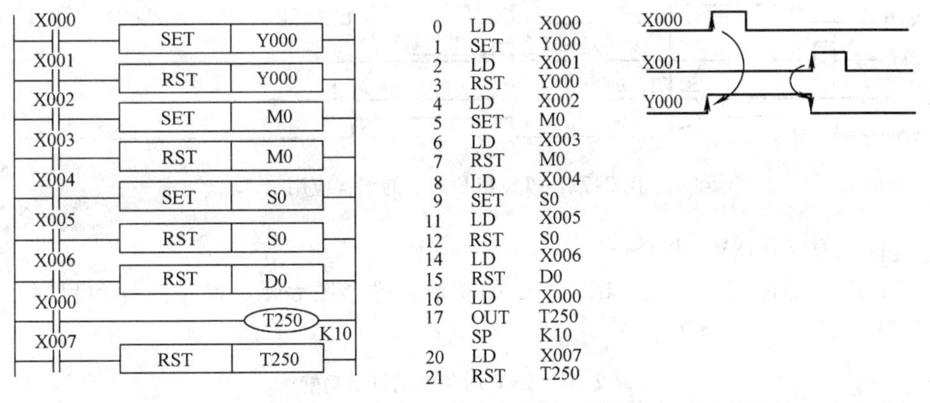

图 2-71　SET/RST 指令的编程应用

（10）微分脉冲输出（PLS/PLF）指令

1）指令助记符及功能。PLS、PLF 指令的功能、梯形图表示、操作组件程序步见表 2-30。

表 2-30　PLS、PLF 指令助记符及功能

符号、名称	功　能	电路表示及可操作组件	程　序　步
PLS（上沿脉冲）	上升沿微分输出	PLS　Y,M	2
PLF（下沿脉冲）	下降沿微分输出	PLF　Y,M 特 M 除外	2

注：当使用停电保持辅助继电器 M1536 ~ M3071 时，程序步加 1；特殊继电器不能做为 PLS、PLF 的操作组件。

2）指令说明：

① PLS、PLF 为微分脉冲输出指令。PLS 指令使操作组件在输入信号上升沿时产生一个扫描周期的脉冲输出。PLF 指令则使操作组件在输入信号下降沿产生一个扫描周期的脉冲输出。

② 在图 2-72 所示的编程应用中可以看出，PLS、PLF 指令可以将输入组件的脉宽较宽的输入信号变成脉宽等于 PLC 的扫描周期的触发脉冲信号，相当于对输入信号进行了微分。

3）编程应用如图 2-72 所示。

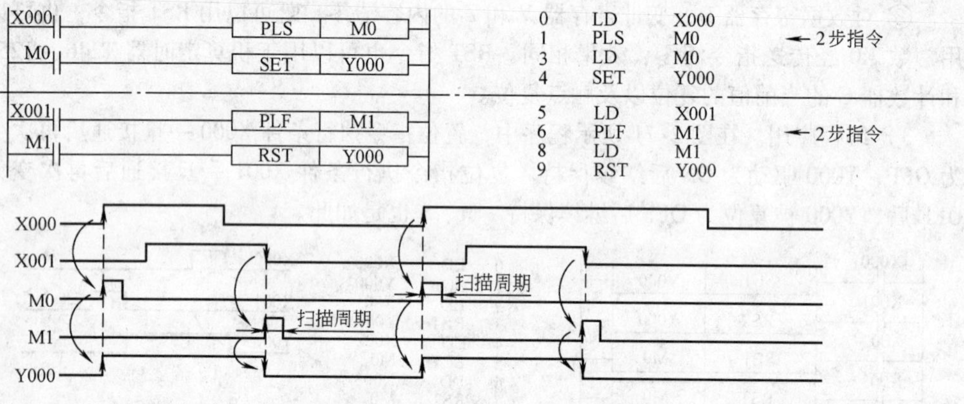

图 2-72 PLS/PLF 指令的编程应用

（11）取反（INV）指令

1）指令助记符及功能。INV 指令的功能、梯形图表示、操作组件和程序步见表 2-31。

表 2-31 INV 指令助记符及功能

符号、名称	功　能	梯形图表示及可操作组件	程序步
INV（取反）	运算结果取反操作	无操作软元件	1

2）指令说明：

① INV 指令是将执行 INV 指令的运算结果取反，其后不需要指定软组件的地址号，如图 2-73 所示。

② 使用 INV 指令编程时，可以在 AND 或 ANI、ANDP 或 ANDF 指令的位置后编程，也可以在 ORB、ANB 指令回路中编程，但不能像 OR、ON、ORP、ORF 指令那样单独并联使用，也不能像 LD、LDI、LDI、LDF 那样与母线单独连接。

3）编程应用。取反操作指令编程应用如图 2-73 所示。由图可知，如果 X000 断开，则 Y000 接通；如果 X000 接通，则 Y000 断开。

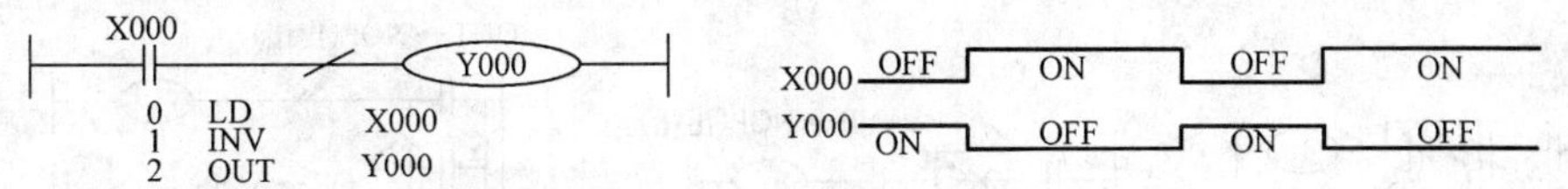

图 2-73 取反操作指令的编程应用

[**例 2-10**] 图 2-74 是 INV 指令在包含 ORB 指令、ANB 指令的复杂回路编程的例子。由图可见，各个 INV 指令是将它前面的逻辑运算结果取反。图 2-74 程序输出的逻辑表达式为：$Y000=X000\cdot(\overline{\overline{X001\cdot X002}+\overline{X003\cdot X004}}+\overline{X005})$

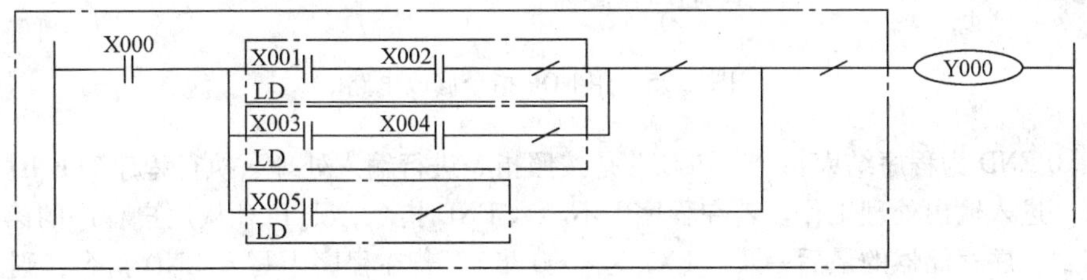

图 2-74 INV 指令在 ORB 指令、ANB 指令的复杂回路中的编程

(12) 空操作（NOP）指令和程序结束（END）指令

1）指令助记符及功能。NOP 和 END 指令的功能、梯形图表示、操作组件和程序步如表 2-32 所示。

表 2-32 NOP 和 END 指令助记符及功能

符号、名称	功 能	电路表示和操作组件	程 序 步
NOP（空操作）	无动作	NOP 无操作元件	1
END（结束）	输入输出处理返回到 0 步	END 无操作元件	1

2）指令说明：

① 空操作指令就是使该步无操作。在程序中加入空操作指令，在变更程序或增加指令时可以使步序号不变化。用 NOP 指令也可以替换一些已写入的指令，修改梯形图或程序。但要注意，若将 LD、LDI、ANB、ORB 等指令换成 NOP 指令后，会引起梯形图电路的构成发生很大的变化，导致出错。例如：

a. AND、ANI 指令改为 NOP 指令时会使相关触点短路，如图 2-75a 所示。

b. ANB 指令改为 NOP 指令时，使前面的电路全部短路，如图 2-75b 所示。

c. OR 指令改为 NOP 时使相关电路切断，如图 2-75c 所示。

d. ORB 指令改为 NOP 时前面的电路全部切断，如图 2-75d 所示。

e. 图 2-73e 中 LD 指令改为 NOP 时，则与上面的 OUT 电路纵接，电路如图 2-75f 所示；若图 2-75f 中 AND 指令改为 LD，电路就变成了图 2-75g。

② 当执行程序全部清零操作时，所有指令均变成 NOP。

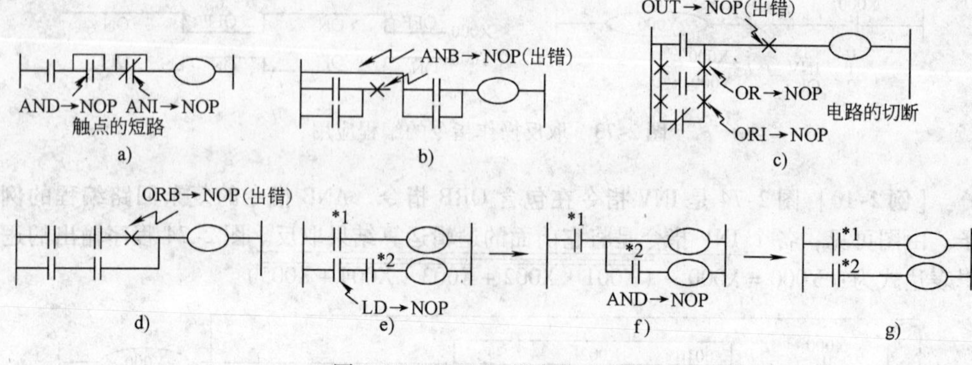

图 2-75　用 NOP 指令修改电路

③ END 为程序结束指令。PLC 总是按照指令进行输入处理、执行程序到 END 指令结束，进入输出处理工作。若在程序中不写入 END 指令，则 PLC 从用户程序的第 0 步扫描到程序存储器的最后一步（FX_{2N}为 8000 步）。若在程序中写入 END 指令，则 END 以后的程序步不再扫描执行，而是直接进行输出处理。也就是说，使用 END 指令可以大大地缩短扫描周期。

④ END 指令还有一个用途是可以对较长的程序分段调试。调试时，可将程序分段后插入 END 指令，从而依次对各程序段的运算进行检查修改。然后在确认前面电路块动作正确无误之后再依次删除 END 指令。

以上就是 FX_{2N}系列微型 PLC 的 27 条基本逻辑指令的功能。为了便于初学者查找记忆，经归纳总结，特把这些指令再详尽列于表 2-33 中。

表 2-33　FX_{2N}系列微型 PLC 的 27 条基本逻辑指令的功能

序号	指令	符　号	编程元件	功　能
1	LD		X、Y、M、T、C、S	在左母线或在分支电路开始处使用的 1 个常开触点
2	LDI		X、Y、M、T、C、S	在左母线或在分支电路开始处使用的 1 个常闭触点
3	OUT		Y、M、T、C、S	驱动 Y、M、T、C、S 的线圈
4	AND		X、Y、M、T、C、S	1 个常开触点与前面电路串联连接
5	ANI		X、Y、M、T、C、S	1 个常闭触点与前面电路串联连接
6	OR		X、Y、M、T、C、S	1 个常开触点与上面电路并联连接
7	ORI		X、Y、M、T、C、S	1 个常闭触点与上面电路并联连接
8	ORB		无	串联电路块与上面电路并联连接
9	ANB		无	并联电路块与前面电路串联连接
10	MPS	MPS		将 MPS 指令前的逻辑运算结果压入栈内（进栈）
11	MRD	MRD	无	读 MPS 指令压入栈内的逻辑运算结果（读栈）
12	MPP	MPP		将 MPS 指令压入栈内的逻辑运算结果从栈内弹出（出栈）

（续）

序号	指令	符　　号	编程元件	功　　能
13	MC	—[MC][ ]—	(N)、Y、M0～M3071	把多个并联支路与母线连接
14	MCR	├[MCR][ ]—	(N0～N7)	使MC指令复位（主控结束时返回）
15	INV	├┤├──╱── INV	无	将INV指令前的逻辑运算结果取反
16	SET	—[SET][ ]—	Y、M、S	置位操作
17	RST	—[RST][ ]—	Y、M、S、T、C、D、V、Z	复位操作
18	PLS	—[PLS][ ]—	Y、M0～M3071	上升沿使Y或M产生宽度为1个扫描周期的脉冲
19	PLF	—[PLF][ ]—	Y、M0～M3071	下降沿使Y或M产生宽度为1个扫描周期的脉冲
20	LDP	├┤↑├—	X、Y、M、T、C、S	在位元件的上升沿时产生宽度为1个扫描周期的脉冲
21	LDF	├┤↓├—	X、Y、M、T、C、S	在位元件的下降沿时产生宽度为1个扫描周期的脉冲
22	ANDP	—┤↑├—	X、Y、M、T、C、S	在位元件的上升沿时产生宽度为1个扫描周期的脉冲
23	ANDF	—┤↓├—	X、Y、M、T、C、S	在位元件的下降沿时产生宽度为1个扫描周期的脉冲
24	ORP	└┤↑├┘	X、Y、M、T、C、S	在位元件的上升沿时产生宽度为1个扫描周期的脉冲
25	ORF	└┤↓├┘	X、Y、M、T、C、S	在位元件的下降沿时产生宽度为1个扫描周期的脉冲
26	NOP		无	空操作
27	END	├[END]┤	无	程序结束时使用，程序分段调试时使用

2. FX_{2N}系列PLC 2条步进梯形指令的编程方法

（1）步进接点指令（STL）和步进接点结束（RET）指令

1）指令助记符及功能。STL和RET指令的功能、梯形图表示、操作组件和程序步见表2-34。

表2-34　SLT和SLT指令助记符及功能

指令助记符、名称	功　能	步进梯形图的表示	程　序　步
STL步进接点指令	步进接点驱动	├┤STL├──┤├──( )	1
RET步进返回指令	步进程序结束返回	——[RET]	1

2）指令说明：

① STL：步进触点开始指令。

② RET：步进结束指令。

步进接点指令（STL）只有常开接点，连接步进接点的其他继电器接点用指令 LD 或 LDI 开始。步进返回指令（RET）用于状态（S）流程结束时，返回主程序（母线）。步进指令在状态转移图、状态梯形图、指令表中的表示及能使用的状态元件如图 2-76 所示。每个状态的内母线上都将提供三种功能：驱动负载（OUT Yi）、指定转移条件（LD/LDI Xi）和指定转移目标（SET Si），称为状态的三要素。后两个功能是必不可少的。

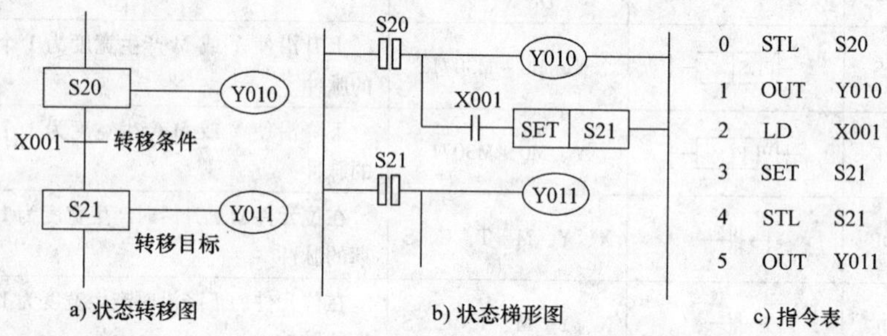

a) 状态转移图　b) 状态梯形图　c) 指令表

类　别		组件编号	数　量	用途及特点
普通用途①	供初始状态用	S0 ~ S9	10	用于状态转移图（SFC）的初始状态
	供退回原点用	S10 ~ S19	10	在多运行模式控制中，用作返回原点的状态
	普通用途	S20 ~ S499	480	用作状态转移图（SFC）中的中间状态
停电保持用②		S500 ~ S899	400	用于来电后继续执行停电前状态的场合
信号报警用③		S900 ~ S999	100	可作为报警组件使用

① 非电池后备区域。利用参数设定，可变为后备（停电保持）区域。

② 电池后备区域（停电保持）。利用参数设定，可变为非后备区域。

③ 电池后备区域（停电保持）固定。（以 RST、ZRST 指令可清除内容）

图 2-76　步进指令在状态转移图、状态梯形图、指令表中的表示及能使用的状态元件

STL 指令只能和状态元件 S 配合使用，表示状态元件 S 的常开触点（只有常开触点，无常闭触点）与左母线相连。STL 触点可直接连接线圈或通过触点驱动线圈。与 STL 相连的起始触点要使用 LD 或 LDI 指令。使用 STL 指令使 LD 点移到 STL 触点的右侧，一直到出现下一条 STL 指令或者出现 SET 指令为止。RET 指令用于步进操作结束时，使 LD 点返回左母线。使用 STL 指令使新的状态置位，前一状态复位。

STL 触点接通后，与此相连的电路开始执行；当 STL 触点断开时，与此相连的电路停止执行。但要注意，在 STL 触点由接通变为断开时，还要执行一个扫描周期。

STL 指令和 RET 指令是一对步进指令。在一系列 STL 指令的最后，必须写入 RET 指令，表明步进指令的结束。

（2）编程应用　例如机床电气控制中常采用电动机的 Y-△起动控制电路，若采用步进梯形图控制，其状态转移图和步进梯形图如图 2-77 所示。

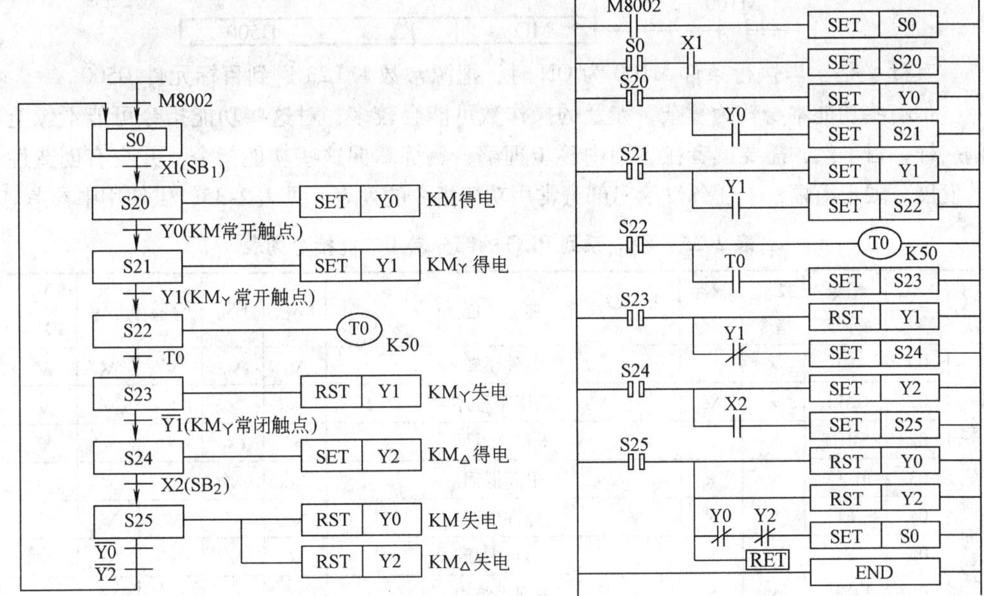

图 2-77　电动机的丫-△起动 PLC 控制状态转移图和步进梯形图

2.2.4　日本三菱公司 FX_{2N}PLC 的 13 类 246 条应用功能指令

由于 PLC 是由取代继电器开始产生、发展的，且早期的 PLC 多用于顺序控制，于是人们习惯于把 PLC 看作是继电器、定时器、计数器的集合，把 PLC 的作用局限地等同于“继电器-接触器”控制系统、顺序控制器等。其实，PLC 就是工业控制计算机。PLC 系统具有一切计算机控制系统的功能，大型的 PLC 系统就是当代最先进的计算机控制系统。

小型的 PLC 由于运算速度和存储容量的限制，功能自然稍弱。但为了使 PLC 在其基本逻辑功能、顺序步进功能之外具有更进一步的特殊功能，以尽可能多地满足 PLC 用户的特殊要求，从 20 世纪 80 年代开始，PLC 制造商就逐步地在小型 PLC 中加入了一些功能指令或称为应用指令。这些功能指令实际上就是一个个功能不同的子程序。随着芯片技术的不断发展，小型 PLC 的运算速度、存储量不断增加，其功能指令的功能也越来越强。许多工程技术人员梦寐以求甚至以前不敢想象的功能，通过功能指令就成为极容易实现的现实，从而大大提高了 PLC 的实用价值。

一般来说，功能指令可以分为以下几类：①程序流控制；②传送与比较；③算术与逻辑运算；④移位与循环移位；⑤数据处理；⑥高速处理；⑦方便命令；⑧外部输入输出处理；⑨外部设备通信；⑩实数处理；⑪点位控制；⑫实时时钟等。熟练掌握基本逻辑指令、顺序步进指令后，再掌握功能指令编起程序来就会变化无穷，随心所欲，得心应手。FX_{2N}系列 PLC 的应用指令计有 13 类，共 246 条。

功能指令通常采用计算机通用的助记符 + 操作数（元件）方式，稍有计算机及 PLC 知识的人极易明白其功能。例如：

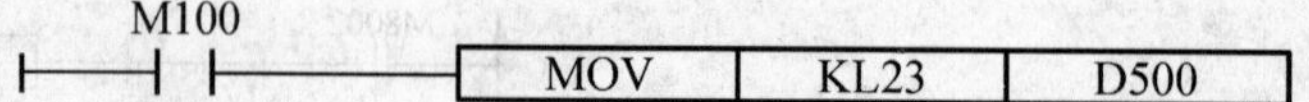

其涵义是：当执行条件 M100 为 ON 时，把源常数 K L23 送到目标元件 D500。

但有些功能本身较为复杂，涉及的操作数可能会较多，对这些功能指令可能不像上例一样一目了然，需要读者在运用中逐步理解、熟练掌握这些功能指令，并会有创造性的发展。限于篇幅，本任务仅给出部分常用功能指令的列表，见表 2-35，供使用中参考。

表 2-35　FX_{2N} 系列 PLC 的部分常用功能指令列表

分类	FNC 编号	指令符号	32 位指令	脉冲指令	功　能	FX_{0S}	FX_0	FX_{0N}	FX_2	FX_{2N} FX_{2C}
程序流向控制指令	00	CJ	×	√	条件跳转	√	√	√	√	√
	01	CALL	×	√	调用子程序	×	×	×	√	√
	02	SRET	×	×	子程序返回	×	×	×	√	√
	03	IRET	×	×	中断返回	√	√	√	√	√
	04	EI	×	×	允许中断	√	√	√	√	√
	05	DI	×	×	禁止中断	√	√	√	√	√
	06	FEND	×	×	主程序结束	√	√	√	√	√
	07	WDT	×	√	监控定时器刷新	√	√	√	√	√
	08	FOR	×	×	循环开始	√	√	√	√	√
	09	NEXT	×	×	循环结束	√	√	√	√	√
数据比较和传送指令	10	CMP	√	√	比较	√	√	√	√	√
	11	ZCP	√	√	区间比较	√	√	√	√	√
	12	MOV	√	√	传送	√	√	√	√	√
	13	SMOV	×	√	BCD 码移位传送	×	×	×	√	√
	14	CML	√	√	取反传送	×	×	×	√	√
	15	BMOV	×	√	成批传送	×	×	×	√	√
	16	FMOV	√	√	多点传送	×	×	×	√	√
	17	XCH	√	√	数据交换	×	×	×	√	√
	18	BCD	√	√	BCD 交换	√	√	√	√	√
	19	BIN	√	√	BIN 交换	√	√	√	√	√
算术运算与字逻辑运算指令	20	ADD	√	√	BIN 加法	√	√	√	√	√
	21	SUB	√	√	BIN 减法	√	√	√	√	√
	22	MUL	√	√	BIN 乘法	√	√	√	√	√
	23	DIV	√	√	BIN 除法	√	√	√	√	√
	24	INC	√	√	BIN 加 1	√	√	√	√	√
	25	DEC	√	√	BIN 减 1	√	√	√	√	√
	26	WAND	√	√	字逻辑与	√	√	√	√	√
	27	WOR	√	√	字逻辑或	√	√	√	√	√
	28	WXOR	√	√	字逻辑异或	√	√	√	√	√
	29	NEG	√	√	求二进制补码	×	×	×	√	√

（续）

分类	FNC编号	指令符号	32位指令	脉冲指令	功能	FX_{0S}	FX_0	FX_{0N}	FX_2	FX_{2N} FX_{2C}
循环移位与移位指令	30	ROR	√	√	右循环	×	×	×	√	√
	31	ROL	√	√	左循环	×	×	×	√	√
	32	RCR	√	√	带进位右循环	×	×	×	√	√
	33	RCL	√	√	带进位左循环	×	×	×	√	√
	34	SFTR	×	√	位右移	√	√	√	√	√
	35	SFTL	×	√	位左移	√	√	√	√	√
	36	WSFR	×	√	字右移	×	×	×	√	√
	37	WSFL	×	√	字左移	×	×	×	√	√
	38	SFWR	×	√	先入先出写入	×	×	×	√	√
	39	SFRD	×	√	先入先出读出	×	×	×	√	√
数据处理指令	40	ZRST	×	√	成批复位	×	√	√	√	√
	41	DECO	×	√	解码	×	√	√	√	√
	42	ENCO	×	√	编码	×	√	√	√	√
	43	SUM	√	√	置 ON 位总数	×	×	×	√	√
	44	BON	√	√	ON 位判别	×	×	×	√	√
	45	MEAN	√	√	平均值计算	×	×	×	√	√
	46	ANS	×	×	信号报警器置位	×	×	×	√	√
	47	ANR	×	√	信号报警器复位	×	×	×	√	√
	48	SQR	√	√	平方根计算	×	×	×	√	√
	49	FLT	√	√	BIN 整数→BIN 浮点数转换	×	×	×	√	√
高速处理指令	50	REF	×	√	输入输出刷新	√	√	√	√	√
	51	REFF	×	√	输入滤波器时间常数调整	×	×	×	√	√
	52	MTR	×	×	矩阵输入	×	×	×	√	√
	53	HSCS	√	×	高速计数器比较置位	√	√	√	√	√
	54	HSCR	√	×	高速计数器比较复位	√	√	√	√	√
	55	HSZ	√	×	高速计数器区间比较	×	×	×	√	√
	56	SPD	×	×	速度测量	×	×	×	√	√
	57	PLSY	√	×	脉冲输出*	√	√	√	√	√
	58	PWM	×	×	脉冲宽度调制*	√	√	√	√	√
	59	PLSR	√	×	可调速脉冲输出	×		×	√	√

（续）

分类	FNC编号	指令符号	32位指令	脉冲指令	功　能	FX_{0S}	FX_0	FX_{0N}	FX_2	FX_{2N} FX_{2C}
方便指令	60	IST	×	×	状态初始化*	√	√	√	√	√
	61	SER	√	√	数据搜索	×	×	×	√	√
	62	ABSD	√	×	绝对式凸轮顺控*	×	×	×	√	√
	63	INCD	×	×	增量式凸轮顺控*	×	×	×	√	√
	64	TTMR	×	×	示教定时器	×	×	×	√	√
	65	STMR	×	×	特殊定时器	×	×	×	√	√
	66	ALT	×	√	交替输出	√	√	√	√	√
	67	RAMP	×	×	斜坡信号输出	√	√	√	√	√
	68	ROTC	×	×	旋转台控制	×	×	×	√	√
	69	SORT	×	×	数据排序	×	×	×	√	√
外部I/O设备指令	70	TKY	√	×	10键输入*	×	×	×	√	√
	71	HKY	√	×	16键输入*	×	×	×	√	√
	72	DSW	×	×	数字开关输入★	×	×	×	√	√
	73	SEGD	×	√	7段译码	×	×	×	√	√
	74	SEGL	×	×	带锁存的7段显示★	×	×	×	√	√
	75	ARWS	×	×	方向开关*	×	×	×	√	√
	76	ASC	×	×	ASCII码转换	×	×	×	√	√
	77	PR	×	×	ASCII码打印输出*	×	×	×	√	√
	78	FROM	√	√	从特殊功能模块读出	×	×	×	√	√
	79	TO	√	√	向特殊功能模块写入	×	×	×	√	√
外部设备SER指令	80	RS	×	×	RS-232C串行数据通信	×	×	×	√	√
	81	PRUN	√	√	并行通信	×	×	×	√	√
	82	ASCI	×	√	HEX→ASCII码变换	×	×	×	√	√
	83	HEX	×	√	ASCII码→HEX变换	×	×	×	√	√
	84	CCD	×	√	校验码	×	×	×	√	√
	85	VRRD	×	√	模拟量功能扩展板读出	×	×	×	√	√
	86	VRSC	×	√	模拟量功能扩展板开关设定	×	×	×	√	√
	87									
	88	PID	×	√	PID回路运算	×	×	×		√
	89									

（续）

分类	FNC编号	指令符号	32位指令	脉冲指令	功能	FX_{0S}	FX_0	FX_{0N}	FX_2	FX_{2N} FX_{2C}
浮点数运算指令	110	ECMP	√	√	二进制浮点数比较	×	×	×		√
	111	EZCP	√	√	二进制浮点数区间比较	×	×	×		√
	118	EBCD	√	√	二进制浮点数→十进制浮点数	×	×	×		√
	119	EBIN	√	√	十进制浮点数→二进制浮点数	×	×	×		√
	120	EADD	√	√	二进制浮点数加法	×	×	×		√
	121	ESUB	√	√	二进制浮点数减法	×	×	×		√
	122	EMUL	√	√	二进制浮点数乘法	×	×	×		√
	123	EDIV	√	√	二进制浮点数除法	×	×	×		√
	127	ESQR	√	√	二进制浮点数开平方	×	×	×		√
	129	INT	√	√	二进制浮点数→二进制整数	×	×	×		√
	130	SIN	√	√	二进制浮点数正弦函数	×	×	×		√
	131	COS	√	√	二进制浮点数余弦函数	×	×	×		√
	132	TAN	√	√	二进制浮点数正切函数	×	×	×		√
	147	SWP	√	√	高低字节交换	×	×	×		√
时钟运算指令	160	TCMP	×	√	时钟数据比较	×	×	×		√
	161	TZCP	×	√	时钟数据区间比较	×	×	×		√
	162	TADD	×	√	时钟数据加法	×	×	×		√
	163	TSUB	×	√	时钟数据减法	×	×	×		√
	166	TRD	×	√	时钟数据读出	×	×	×		√
	167	TWR	×	√	时钟数据写入	×	×	×		√
变换指令	170	GRY	√	√	二进制→格雷码	×	×	×		√
	171	GBIN	√	√	格雷码→二进制	×	×	×		√
触点型比较指令	224	LD =	√	×	（S1）=（S2）时运算开始的触点接通	×	×	×		√
	225	LD >	√	×	（S1）>（S2）时运算开始的触点接通	×	×	×		√
	226	LD <	√	×	（S1）<（S2）时运算开始的触点接通	×	×	×		√
	228	LD < >	√	×	（S1）≠（S2）时运算开始的触点接通	×	×	×		√
	229	LD≤	√	×	（S1）≤（S2）时运算开始的触点接通	×	×	×		√
	230	LD≥	√	×	（S1）≥（S2）时运算开始的触点接通	×	×	×		√
	232	AND =	√	×	（S1）=（S2）时串联触点接通	×	×	×		√
	233	AND >	√	×	（S1）>（S2）时串联触点接通	×	×	×		√
	234	AND <	√	×	（S1）<（S2）时串联触点接通	×	×	×		√
	236	AND < >	√	×	（S1）≠（S2）时串联触点接通	×	×	×		√

（续）

分类	FNC编号	指令符号	32位指令	脉冲指令	功　能	FX_{0S}	FX_0	FX_{0N}	FX_2	FX_{2N} FX_{2C}
触点型比较指令	237	AND≤	√	×	(S1)≤(S2) 时串联触点接通	×	×	×		√
	238	AND≥	√	×	(S1)≥(S2) 时串联触点接通	×	×	×		√
	240	OR =	√	×	(S1)=(S2) 时并联触点接通	×	×	×		√
	241	OR >	√	×	(S1)>(S2) 时并联触点接通	×	×	×		√
	242	OR <	√	×	(S1)<(S2) 时并联触点接通	×	×	×		√
	244	OR < >	√	×	(S1)≠(S2) 时并联触点接通	×	×	×		√
	245	OR≤	√	×	(S1)≤(S2) 时并联触点接通	×	×	×		√
	246	OR≥	√	×	(S1)≥(S2) 时并联触点接通	×	×	×		√

注：×表示不可以使用该功能指令，√表示可以使用该功能指令，＊表示程序中可使用1次，★表示程序中可使用两次。FX_0、FX_{0N}系列中无脉冲执行指令。

任务3　会使用所选用PLC最常用的编程器或编程工具软件

编程器是PLC最重要的外部设备，它能将用户程序写到PLC的用户程序存储器中。编程器不仅能对程序进行写入、读出、修改，还能对PLC的工作状态元件进行监控（监视和测试）。随着PLC技术的发展，编程器的功能还将不断增强，是开发应用PLC必须掌握的技术。

日本三菱公司常用的PLC编程设备有F1-20P-E、FX-20P-E型便携式编程器以及GP-80F2A-E、GP-80FX-E型等手提式多功能图形编程器，随着科学技术的飞速发展，目前已普遍采用编程软件在微机上进行编程了。

在可编程控制器发展的初期，多使用专用编程器来编程，如小型可编程控制器常使用价格较便宜、携带方便的手持式编程器；大型可编程控制器则使用小型CRT做显示器的便携式编程器。专用编程器只能对某一可编程控制器生产厂家的产品编程，使用范围有限。由于可编程序寄存器的更新换代快，专用编程器的使用寿命短、价格高、适用范围窄。因此，随着计算机的日益普及，越来越多的用户更普遍使用基于个人计算机的编程软件。对于不同厂家和不同型号的PLC，只需要更换编程软件就可以了。

编程软件可以对PLC控制系统的硬件组态，如设置各机架各个插槽上模块的型号、模块的参数、各串行通信接口的参数等，在屏幕上直接生成和编辑梯形图、指令表、功能块图和顺序功能图程序，并可以实现不同编程语言的相互转换。程序被编译后下载到PLC，也可以将PLC内的程序上传到计算机。程序可以存盘或打印，通过网络，还可以实现远程编程和传送。编程软件的调试和监控功能远远超过手持编程器，如在调试时可以设置执行用户程序扫描次数，有的编程软件可以在调试程序时设置断点，有采样跟踪功能，用户可以周期性地、有选择地保存若干编程元件的历史数据，并可以将数据上传后存为文件。

用基于个人计算机的编程软件取代手持式编程器，已成为当今 PLC 发展的必然趋势。同时限于篇幅，本任务将只介绍基于个人计算机的编程工具软件。

2.3.1 从程序输入到程序运行的基本流程

前面已介绍了 PLC 的编程元件、梯形图和指令字、指令系统等，凭借经验，参照“继电器-接触器”控制系统的分析和设计方法，便可以设计出具有一定功能的 PLC 控制系统。有了编写好的 PLC 控制程序（梯形图、指令表、SFC 等），还必须通过编程器将其输入到 PLC 中，才能被 PLC 执行完成预定的控制功能。因此，程序的编辑、修改、检查和监控是 PLC 开发应用中不可缺少的重要内容，是程序正确运行的重要环节。图 2-78 表示了从程序输入到程序运行的基本流程。

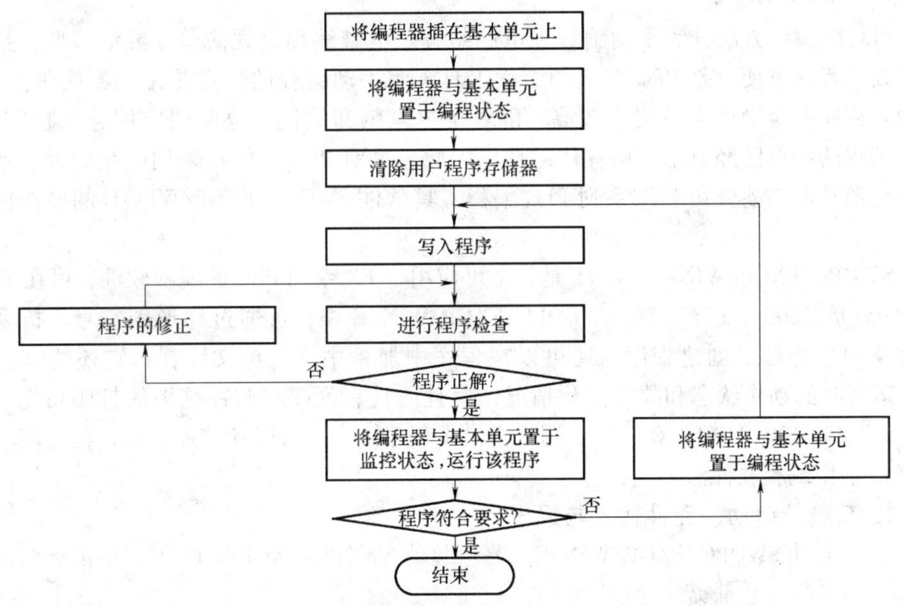

图 2-78 从程序输入到程序运行的基本流程

用户程序的输入由编程器完成，所以学会了编程器的使用也就学会了程序的输入方法。编程器按结构、大小分为便携式编程器和图形编程器两大类。

便携式编程器又称简易编程器，具有体积小、重量轻、价格低廉、使用灵活方便等优点，但只能由指令字形式编程，通过显示器上的指令输入，由液晶显示器加以显示。这种编程器的监控功能少，仅适用小型、微型 PLC 的编程要求。

图形编程器体积比较大，但功能比较强，其显示屏分为两种：一种是液晶显示（LED）作屏幕；另一种是阴极射线管（CRT）作屏幕。图形编程器用来显示编程内容，还可提供各种其他必须的信息，如输入继电器、输出继电器、辅助继电器的占用情况、程序容量等；在调试程序、检查程序执行时，它也能显示各种信号状态、出错提示等。图形编程器的操作键盘上有各种编程方式所需的功能键、数字键、字符键及屏幕控制键，可在显示屏上提供各种操作提示，编程操作十分方便。图形编程器可用多种编程语言编程，直接编写的梯形图显示在屏幕上，十分直观。它还可与打印机、合式磁带录音机、绘图仪等设备相连，监控功能强，但价格昂贵，适用于大、中档 PLC 的编程要求。

微机加上适当的硬件接口和软件包，也可用来作为编程器。该方式也可直接编制梯形图，监控和测试功能也很强。对普遍拥有微机的用户，可省去 1 台编程器，并可充分利用原有微机的资源。目前各公司的 PLC 已普遍采用微机加上适当的硬件接口和软件包的编程器。

2.3.2 日本三菱公司 FX_{2N}系列 PLC 编程工具软件 SWOPC-FXGP/WIN-C 的使用说明

PLC 的编程方法分为手动编程和电脑编程。电脑编程直观简单，灵活多变，且设计和改动程序方便，是 PLC 首选的编程工具；而手动编程的特点是编程器携带方便，但输入程序时对操作人员要求较高。随着手提电脑和笔记本电脑的应用越来越广泛，手动编程的特点已经显示不出其优越性。因此，目前 PLC 一般都采用电脑编程。本节主要介绍日本三菱公司 FX_{2N}系列 PLC 编程工具软件 SWOPC-FXGP/WIN-C 的操作使用说明。

SWOPC-FXGP/WIN-C V2.11 是一个可应用于 FX 系列 PLC 的编程软件，可在 Windows 95/98/2000 下运行。在 SWOOPC-FXGP/WIN-C 中，可通过梯形图符号、指令字语言及 SFC 符号来创建程序，还可以在程序中加入中文、英文注释，它还能够监控 PLC 运行时的动作状态和数据变化情况，而且还具有程序和监控结果的打印功能。总之，SWOPC-FXGP/WIN-C 软件为用户提供了程序录入、编辑和监控手段，是功能较强的 PLC 上位编程软件。

1. 系统的起动、元件输入与退出

（1）起动 SWOPC-FXGP/WIN-C　要想起动 SWOPC-FXGP/WIN-C，用鼠标双击桌面上的快捷方式 快捷方式 到 FXGPWIN 图标，将出现图 2-79 所示的起动临时界面；点击工具栏中的“新文件”图标，将出现图 2-80 所示的 PLC 类型设置界面，选择 PLC 类型后（默认状态是 FX_{2N}），按确认键，即出现图 2-81（梯形图编程器）或图 2-82（指令字编程器）所示的初始界面。从界面可看到最上面是菜单栏；接着是工具栏；编缉区下面分别是状态栏和功能栏；界面右边有功能图栏。

（2）绘制梯形图和梯形图编辑　功能图栏中的“触点”、“线圈”、“功能”、“连线等功能符号是用于绘制梯形图和梯形图编辑的。如选中某梯形图符号选项，则弹出如图 2-83 所示的输入元件对话框，输入元件编号，如输入 X000、Y000、T0 等后按确认键，即可自动生成梯形图程序；以此类推，即可编制出 PLC 的用户程序，如图 2-84 所示。

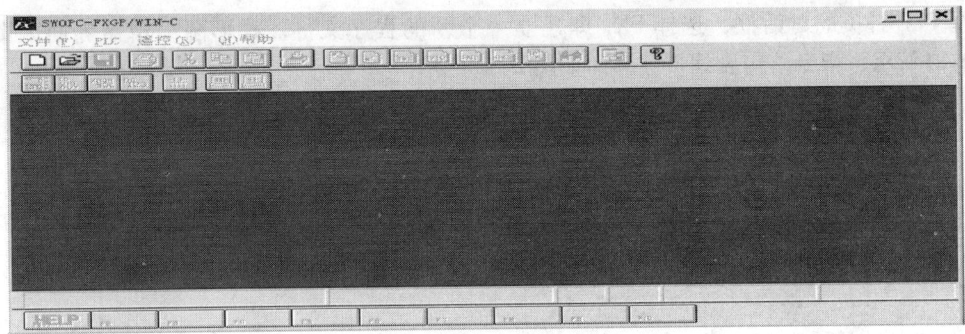

图 2-79　SWOPC-FXGP/WIN-C 的起动临时界面

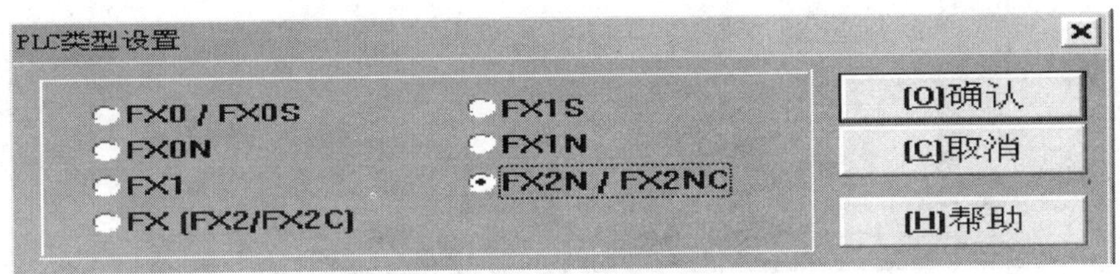

图 2-80　PLC 类型设置界面

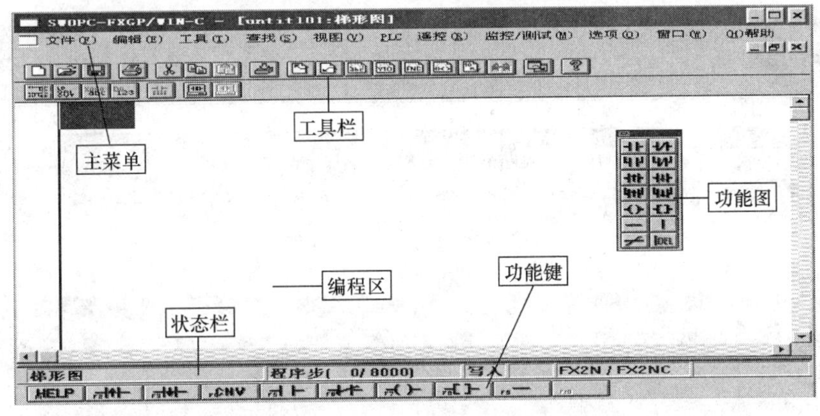

图 2-81　SWOPC-FXGP/WIN-C 的操作界面（梯形图编程器）

（3）退出 SWOPC-FXGP/WIN-C　要想退出 SWOPC-FXGP/WIN-C，用鼠标选取［文件］菜单下的［退出］命令，即可退出 SWOPC-FXGP/WIN-C，如图 2-85 所示。

2. 编程软件的基本操作

在各项菜单中包含了工具栏、功能栏、功能图中的所有功能。基本操作如下所述。

（1）进入主菜单　运行 SWOPC-FXGP/WIN-C，即进入主菜单。

（2）运行已经编好的程序　如果要运行已经编好的程序，则选择“文件→打开”菜单，屏幕显示已编辑好的文件列表供编程者选择。编程者只要选择所需要的程序文件即可。如果要编写一个新的 PLC 程序，则选择“文件→新文件”菜单，屏幕显示选择 PLC 种类的对话框，选择 FX_{2N} 即建立一个新的程序文件。梯形图编辑器界面如图 2-81所示，指令语句表编辑器界面如图 2-82 所示。

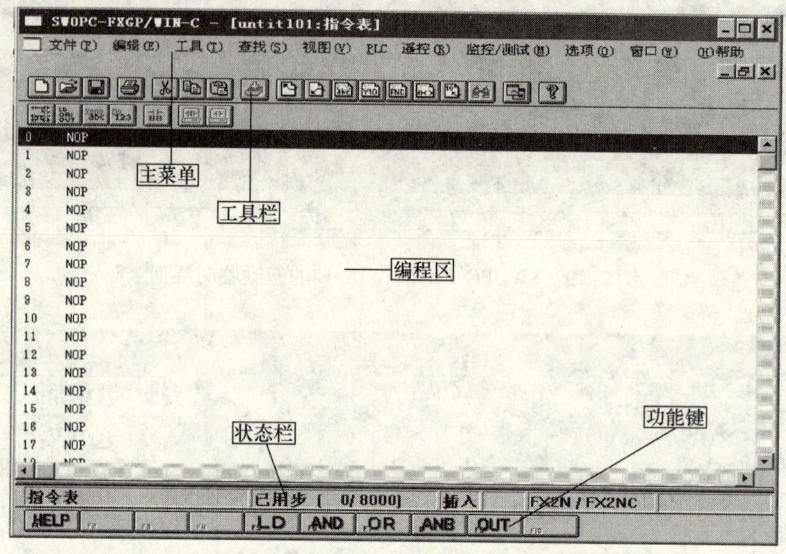

图 2-82　SWOPC-FXGPIWIN-C 的操作界面（指令字编程器）

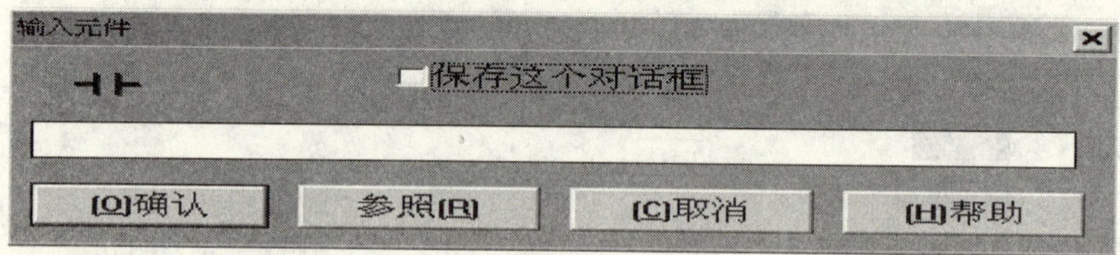

图 2-83　输入元件对话框

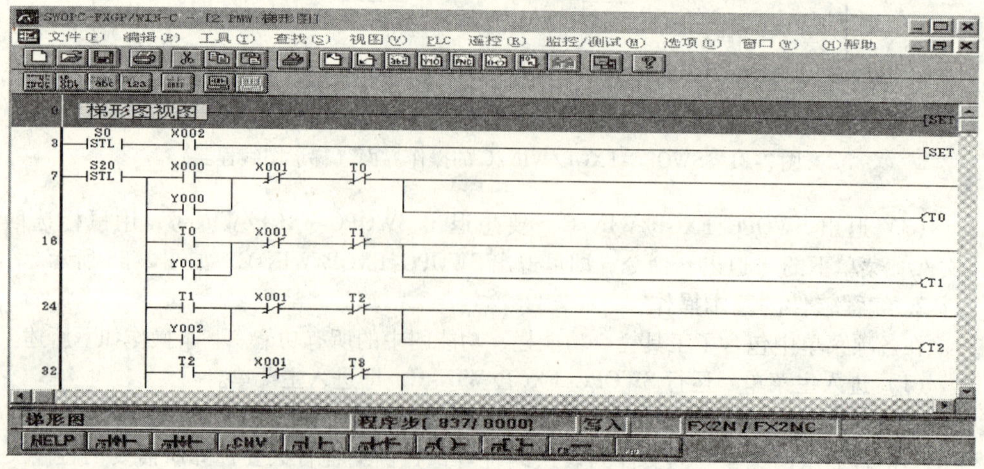

图 2-84　自动生成梯形图程序

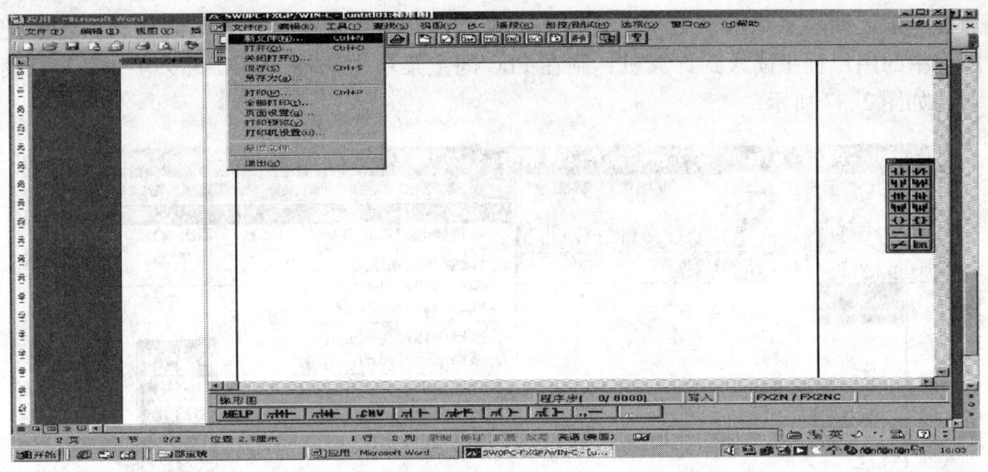

图 2-85　退出 SWOPC-FXGP/WIN-C 的操作

(3) 选择梯形图编辑器或指令语句表编辑器进行编程　进入编程状态后，编程者可选择梯形图编辑器或指令语句表编辑器进行编程操作，如图 2-86 所示。

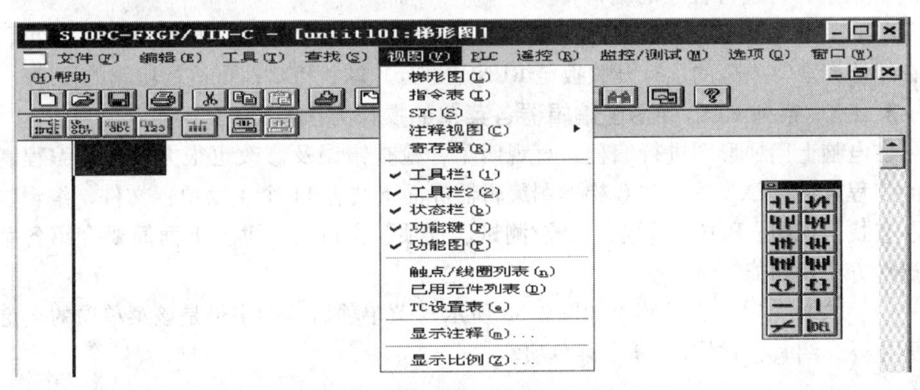

图 2-86　选择编辑器

选择“视图→梯形图”菜单，即选择了梯形图编辑器，系统进入梯形图编程方式。此时编程者可用键盘直接输入指令，也可以选择屏幕右边的功能图或屏幕下方的功能键所提供的软元件图标，系统会自动将图标置于屏幕的编程区，按顺序完成程序的编写。

选择“视图→指令表”菜单，即选择了指令语句表编辑器，系统进入指令语句表编程方式。编程者可用键盘直接输入指令，也可用鼠标直接选择屏幕下方列出的 LD、AND、OR、ANB、OUT 等助记符。

(4) 把所编写的程序写出到 PLC 主机或把 PLC 中的用户程序读入到计算机　如果要把所编写的程序输入到 PLC 主机中去，首先应用与 PLC 配套的电缆进行硬件连接，并把运行开关扳至 STOP（停止）端，然后在 PLC 的主菜单中选择“PLC→传送→写出”菜单，此时系统要求输入起始步及终止步，操作人员输入起始步和终止步即可。

注意一般起始步从0步开始。终止步不要太长，否则编辑和检查的时间过长。若要把PLC中的用户程序读入到计算机，则在PLC的主菜单中选择“PLC→传送→读入”菜单，如图2-87所示。

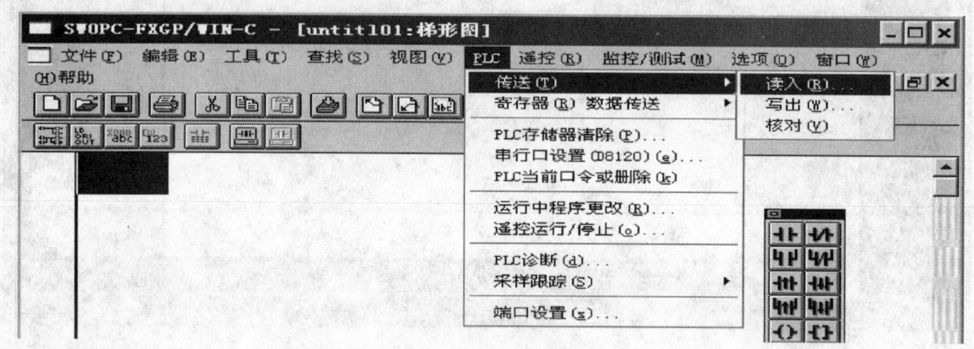

图2-87　把PLC中的用户程序读入到计算机

（5）查看梯形图编辑器窗口　查看梯形图编辑器窗口，选择主菜单中的“工具→转换”菜单，可进行程序的编辑转换。

（6）在线监控运行的程序　选择主菜单中的“监控/测试→开始监控”菜单，可以在线监控。将主机的运行开关扳至RUN（运行）端，PLC即可运行所编的程序。

3. FX_{2N}系列PLC梯形图编辑器各菜单的操作方法及功能

在电脑上用梯形图进行编程，直观明了，检查错误及修改也很方便，是编程者首选的编程方法。FX_{2N}系列PLC梯形图编辑器界面下共有11个主菜单：文件、编辑、工具、查找、视图、PLC、遥控、监控/测试、选项、窗口及帮助。下面简要介绍各菜单的操作方法及功能。

（1）文件菜单　文件菜单如图2-88所示（菜单项后面的字母是该菜单项的热键）。下面主要介绍其中常用的10个菜单项。

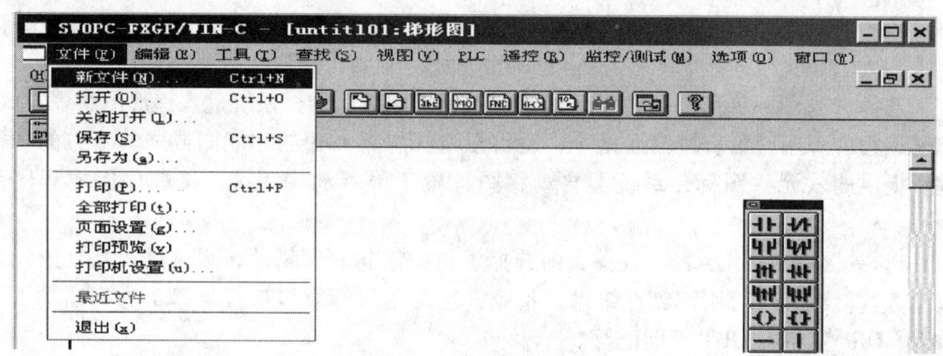

图2-88　文件菜单

1）新文件：创建一个新的PLC程序。

2）打开：从文件列表中打开用户所需要的程序文件。

3）关闭打开：将已处于打开状态的程序文件关闭，再打开另一个程序文件。当执行“文件→关闭打开”菜单命令时，如果现有的程序文件被改变过或未被保存，则会出现保存确认对话框。

4）保存：保存编制的程序文件、注释数据及其他在同一文件名下的数据。如果是第一次保存，则会出现“赋名及保存”对话框。

5）另存为：指定保存文件的文件名及路径后保存程序文件以及诸如注释文件之类的数据。

注意：在输入文件名时可不必输入文件扩展名，所有文件被自动加上扩展名。

6）打印：依据已有格式打印程序文件及其注释。在“打印条件”对话框中可设定诸如连带注释打印等打印条件，单击“确认”按钮或按“Enter”键开始打印。如果要终止打印，可单击“正在打印”对话框中的“取消”键或按“ESC”键。当需要连续打印梯形图、指令语句表或寄存器数据等特殊数据时，可在“批量打印”对话框中进行设置。

7）全部打印：以一种已存在的格式，根据指定的打印项目及按照顺序批量打印梯形图、指令语句表、SFC、寄存器数据及其他特殊数据。

8）页面设置：设置打印纸张、页眉、页脚及页数。

9）打印预览：显示待打印文档的打印效果。

10）打印机设置：设置打印机及打印方向、纸张大小等。

（2）编辑菜单　编辑菜单如图2-89所示。各菜单项功能如下所述：

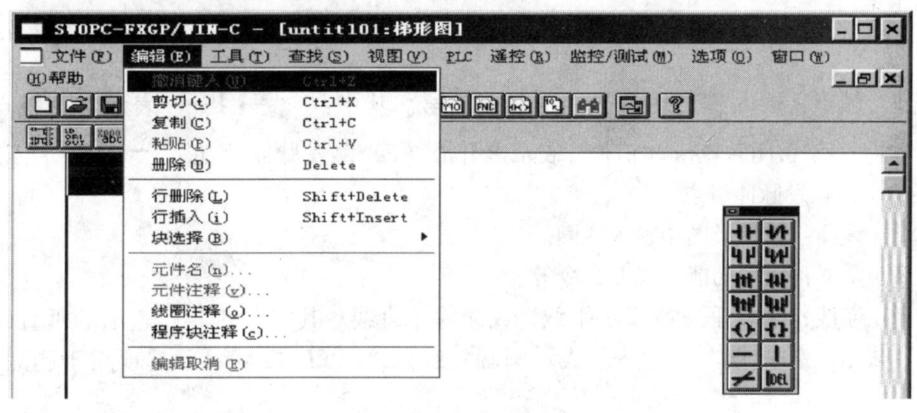

图2-89　编辑菜单

1）撤消键入：取消刚刚执行的命令或输入的数据。

2）剪切：将梯形块单元剪切掉，被剪切的数据保存在剪贴板中。

注意：如果被剪切的数据超过了剪贴板的容量，则剪切操作被取消。

3）复制：复制梯形块单元，被复制的梯形块数据也保存在剪贴板中。

4）粘贴：将剪贴板中的梯形块单元粘贴在当前文件中。

注意：如果剪贴板中的数据未被确认为梯形块，则剪切操作被禁止。

5）删除：在行单元中删除电路块，被删除的数据并未存储在剪贴板中。

6）行删除：删除梯形符号或梯形块单元。也可用“Delete”键删除光标所在处的梯形符号。

7）行插入：插入一行程序。

8）块选择：在块单元中选择梯形块。

9）元件名：在进行电路编辑时输入一个元件名。

注意：元件名可为字母、数字及符号，长度不得超过8位。

10）元件注释：在进行梯形图编辑时输入元件注释。

注意：元件注释不得超过50个字符。

11）线圈注释：在进行梯形图编辑时输入线圈注释。

注意：线圈注释不受字数限制。

12）程序块注释：在进行梯形图编辑时输入程序块注释。

注意：程序块注释不受字数限制。

（3）工具菜单　工具菜单如图2-90所示。各菜单项功能如下所述：

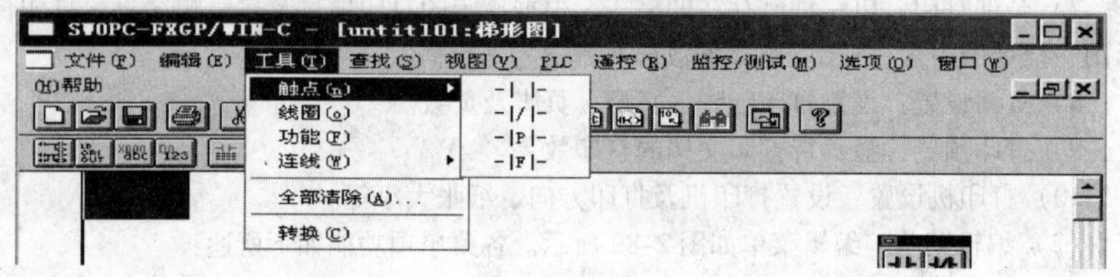

图2-90　工具菜单

1）触点：输入梯形图符号中的触点符号。其中：“─┤├─”表示常开触点，“─┤/├─”表示常闭触点，“─┤P├─”表示上升沿（P）触发脉冲触点，“─┤F├─”表示下降沿（F）触发脉冲触点。

2）线圈：在梯形图中输入线圈。

3）功能：输入功能、线圈命令等。

4）连线：输入垂直线及水平线，或删除垂直线。其中：“｜”表示画垂直线，“—”表示画水平线，“—/—”表示画翻转线，“｜DEL（删除）”选项用于删除垂直线。

5）全部清除：清除编程区命令。

注意：所清除的仅仅是编程区中的命令，而参数的设置值并未改变。

6）转换：将创建的梯形图转换格式存入计算机中。

注意：如果在不完成转换的情况下关闭梯形图窗口，则被创建的梯形图会被抹去。

（4）查找菜单　查找菜单如图2-91所示。各菜单项功能如下所述：

1）到顶：在开始步的位置显示程序。

2）到底：到程序的最后一步显示程序。

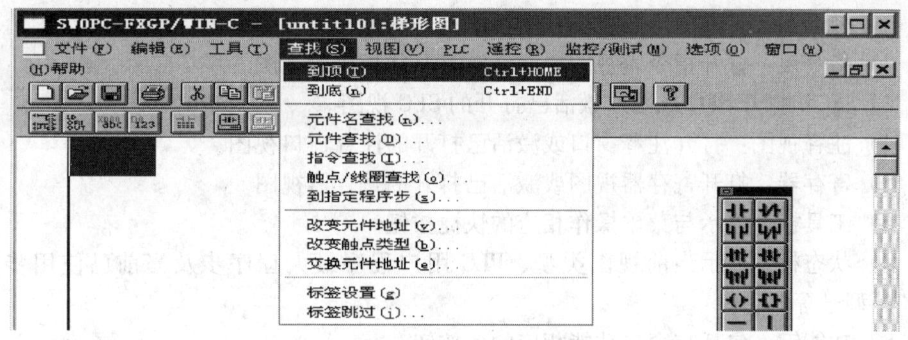

图 2-91　查找菜单

3）元件名查找：在字符串单元中查找元件名。

4）元件查找：查找元件。

5）指令查找：查找指令。

6）触点/线圈查找：查找任意一个触点或线圈。

7）到指定程序步：查找任意一个程序步。

8）改变元件地址：改变特定元件地址。

例如，用 X20 ~ X25 替换 X10 ~ X5，可在“被代换元件”输入栏中输入“X10 ~ X15”并在“代换起始点”处输入“X20”。用户可设定顺序替换或成批替换，还可设定是否同时移动注释以及应用指令元件。

注意：被指定的元件仅限于同类元件。

9）改变触点类型：将 A 触点与 B 触点互换。

注意：被指定的元件仅限于同类元件。

10）交换元件地址：互换两个指定元件。

注意：只能指定同类元件进行互换。

11）标签设置：设置运行程序到指定步数。

注意：至多可设定 5 步。

12）标签跳过：跳至标签设置处。

（5）视图菜单　视图菜单如图 2-92 所示。各菜单项功能如下所述：

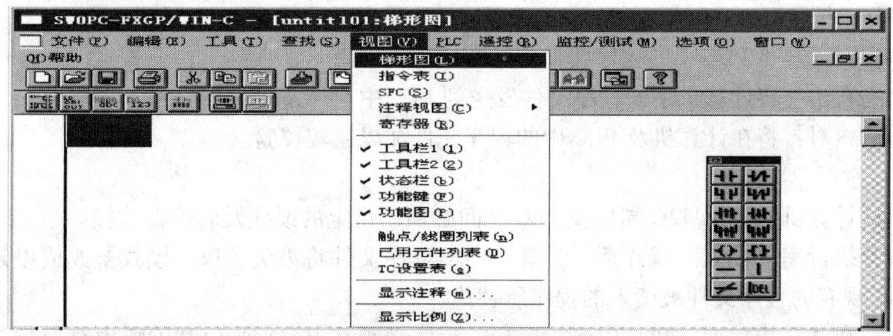

图 2-92　视图菜单

1）梯形图：打开梯形图视图或激活已打开的梯形图视图。

2）指令表：打开指令表视图或激活已打开的指令表视图。

3）SFC：打开 SFC 视图或激活已打开的 SFC 视图。

4）注释视图：打开注释窗口或激活已打开的注释窗口视图。

5）寄存器：打开寄存器视图或激活已打开的寄存器视图。

6）工具栏：显示与菜单操作相应的快捷按钮。

7）状态栏：显示当前视图类型、PLC 用户程序最大程序步及当前已使用步数、PLC 的型号等信息。

8）功能键：包括与窗口功能相应的各按钮。

9）触点/线圈列表：显示触点及线圈的使用状态。

10）已用元件列表：显示程序中元件的使用状态。

显示内容为—| |—（常开触点）及--( ) --(线圈)，表明正在被使用的触点和线圈。触点右边的数字表示被使用的次数。显示 E 表示元件只能被用作触点或线圈。

11）TC 设置表：显示程序中计数器及定时器的设置表。

12）显示注释：可设置显示或不显示各种注释及元件。

13）显示比例：以缩小或放大的比例显示内容。可选的缩放比例有 50%、75%、100%、125% 和 150%。

(6) PLC 菜单　PLC 菜单如图 2-93 所示。各菜单项功能如下所述：

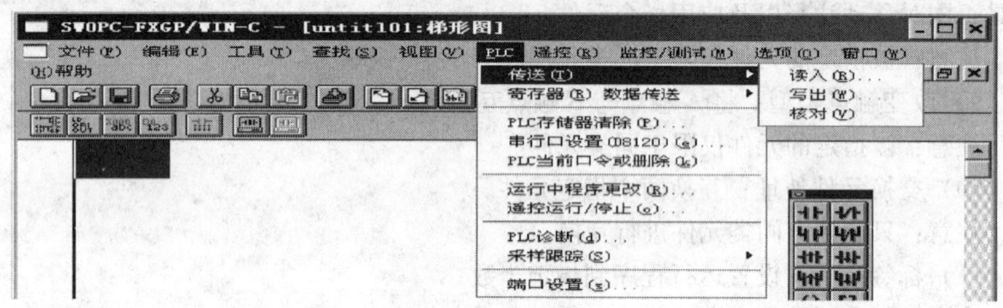

图 2-93　PLC 菜单

1）传送：将已创建的程序文件成批传送到 PLC 中。传送功能包括“读入”、“写出”及“校验”。

① 读入：将 PLC 中的程序文件传送到计算机中。

② 写出：将计算机中的程序文件发送到 PLC 中。

③ 核对：将在计算机及 PLC 中的程序文件加以比较校验。

注意：

① 计算机的 RS-232C 端口及 PLC 之间必须用指定的缆线及转换器连接。

② 执行完“读入”操作后，计算机中的程序文件将丢失，PLC 模式被改成设定的模式，现有的程序文件被读入的程序所替代。

③ 在“写出”时，PLC 应停止运行，程序必须在 RAM 或 EEPROM 内存保护关断

的情况下写出。

2）寄存器（R）数据传送：将已创建的寄存器数据成批传送到 PLC 中。其功能也包括“读入”、“写出”及“核对”三部分。

注意：计算机的 RS-232C 端口及 PLC 之间必须用指定的缆线及转换器连接。PLC 的模式必须与计算机中设置的 PLC 模式一致。

3）PLC 存储器清除：初始化 PLC 中的程序及数据。以下三个存储器中的内容将被清除：

① PLC 储存器：程序文件为 NOP，参数设置为缺省值。

② 数据元件存储器：数据文件缓冲器中数据置零。

③ 位元件存储器：X、Y、M、S、T、C 的值被置零。

注意：计算机的 RS-232C 端口及 PLC 之间必须用指定的缆线及转换器连接。特殊数据寄存器数据不被清除。

4）串行口设置（D8120）：使用 RS-232C 适配器及 RS 命令来设置及显示通信格式，所显示的数据基于 PLC 特殊数据寄存器 D8120 的内容而定。

注意：计算机的 RS-232C 端口及 PLC 之间必须用指定的缆线及转换器连接。

5）PLC 当前口令或删除：将与计算机相连的 PLC 口令加以设置、改变或删除。

注意：计算机的 RS-232C 端口及 PLC 之间必须用指定的缆线及转换器连接。该功能对计算机中的程序文件没有影响。

6）运行中程序更改：对运行中与计算机相连的 PLC 的程序文件部分进行更改。

注意：

① 该功能改变了 PLC 操作，应对其改变内容充分加以确认。

② 计算机的 RS-232C 端口及 PLC 之间必须用指定的缆线及转换器连接。

③ PLC 程序内存必为 RAM。

④ 可被改变的程序文件仅为一个梯形图块，限于 127 步。依据要求，被改变的梯形图块中应无高速计数器的应用指令或标签被改变。

7）遥控运行/停止：在可编程控制器中以遥控的方式进行运行/停止操作。

注意：该功能改变程序文件的操作状态，在操作中需要有相应的警告信号。

8）PLC 诊断：显示与计算机相连的 PLC 的状况、与出错信息相关的特殊数据寄存器以及内存的内容。

注意：计算机的 RS-232C 端口及 PLC 之间必须用指定的缆线及转换器连接。

9）采样跟踪：采样跟踪的目的在于存储与时间相关的元件数值变化并将其在时间表中加以显示，或在 PLC 中设置采样条件，显示基于 PLC 中采样数据的时间表。

10）端口设置：设置采样的次数、时间、元件及触发条件。采样次数可设为 1～512，采样时间为 0～200（×10ms）之间。

① 运行：设置条件被写入 PLC 中，以此来规范采样的开始。

② 显示：PLC 完成采样，采样数据被读出并被显示。

③ 记录文件：采样的数据可从记录文件中读取。

④ 写入记录文件：采样结果被写入记录文件。

注意：采样由 PLC 执行，其结果也被存入 PLC 中，这些数据可被计算机读入并显示。

当在 PLC 中进行条件设置时，计算机的 RS-232 端口及 PLC 间应正确连接。

（7）遥控菜单　遥控菜单如图 2-94 所示。各菜单项功能如下所述：

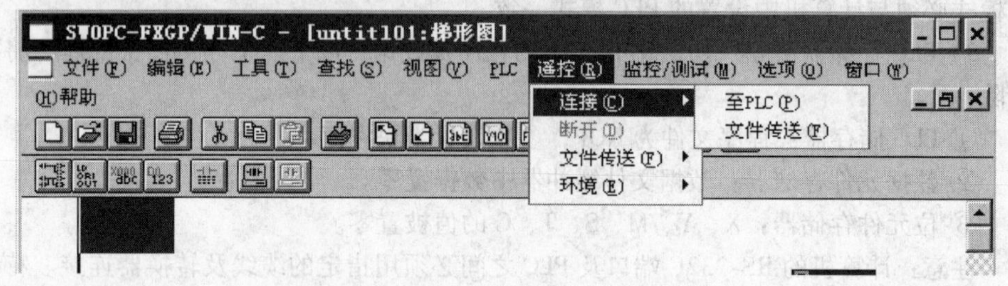

图 2-94　遥控菜单

1）连接：连接电话线使得程序数据可在 PLC 及计算机间互相传送。

注意：在连线之前应先设置好调制解调器。

2）中断：将已连接好的电话线断开。

3）文件传送：发送或接收文件。

4）环境：设置待用的调制解调器及通信记录文件。

（8）监控/检测菜单　监控/检测菜单如图 2-95 所示，各菜单项功能如下所述：

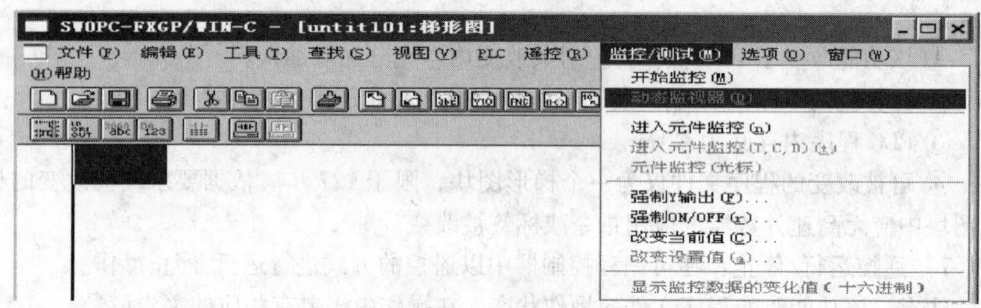

图 2-95　监控/检测菜单

1）开始监控：在梯形图视图下监视可编程控制器的操作状态。从梯形图编辑状态转换到监视状态，同时在显示的梯形图中显示可编程控制器各元器件的状态（ON/OFF）。

注意：在梯形图监控中，梯形图中只有 ON/OFF 状态被监控。当监控当前值以及设置寄存器、计时器、计数器数据时，应使用元件登录监控功能。

2）动态监视器：动态监控元件单元。

3）进入元件监控：设置在元件登录监控中被显示的元件。

4）强制 Y 输出：强制 PLC 输出端口（Y）输出 ON/OFF。

5）强制 ON/OFF：强行设置或重新设置 PLC 的位元件。

6）改变当前值：改变 PLC 字元件的当前值。

① 元件范围：对字元件有效。

② 被改变的当前值：K 为十进制数，H 为十六进制数，B 为二进制数，A 为 ASCII 码。如果为 ASCII 码，最多可设置 8 个数符。

③ 数据大小：当选定数据及文件寄存器时，16 位及 32 位均可。

7）改变设置值：改变 PLC 中计数器或定时器的设置值。

本功能在以下条件满足时即可执行：在计算机中的程序与在 PLC 中的程序一致；PLC 的内存为 RAM 或 EEPROM（可被保护开关关断）。

注意：该功能仅在监控电路图时有效。

(9) 选项菜单　选项菜单如图 2-96 所示，各菜单项功能如下所述：

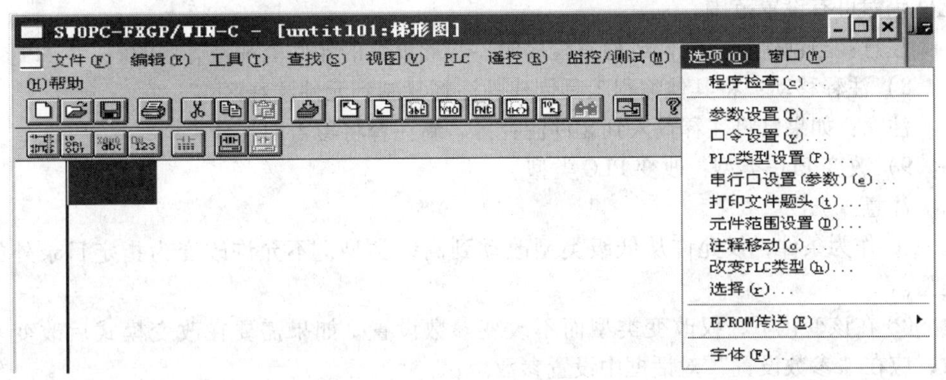

图 2-96　选项菜单

1）程序检查：检查语法、双线圈及创建的程序文件梯形图并显示结果。

① 语法检查：检验命令码及其格式。

② 双线圈检查：检查同一元件或显示顺序输出命令的重复使用状况。

③ 电路（梯形）图检查：检查梯形图中的缺陷。

注意：如果在双线圈检查或电路检查中检出错误，它并不一定导致 PLC 或操作方面的错误。特别在 PLC 方面，双线圈并不被认为是错误的，在步进梯形图中它是被允许的或有特殊用途。

2）参数设置：设置诸如创建程序文件、程序大小或决定元件锁存范围的大小。

注意：

① 刚刚创建的程序文件的参数为缺省值。

② 参数设置数据被当作程序文件的一部分来处理并被存储在 PLC、文件及 ROM 中。

③ 注释区域不在此系统中。注释是被存在文件中的。

3）口令设置：重新设置口令，改变或取消在计算机一方的口令。

注意：该口令对 PLC 无用。

4）PLC 类型设置：在参数区域里设置 PLC 模式。设置内容包括无电池模式的 ON/OFF、调制解调器的初始化、是否运行终端输入以及运行终端输入号。

注意：内容的设置应在参数设置区域内进行。

5）串行口设置（参数）：在参数区域设置通用通信选项。设置内容为数据长度、奇偶校验、停止位、波特率、协议、数目校验、传送控制过程、站点号、剩余时间等。

注意：此设置内容被设置在参数表中。设置好通用通信数据后，运行 PLC 时，数据被复制到特殊数据寄存器 D8120、D1821、D8129 中。

6）打印文件题头：将打印数据加以标志。各项标志被设置为缺省，但可被改变。

注意："打印文件题头"内的数据被存入程序文件的参数项中。

7）元件范围设置：一般来说，由 PLC 允许范围决定元件的最大设置范围，但每个元件仍然可有设置范围。

注意：当创建程序文件或检查程序时，在此设置的元件范围是有效的。

8）注释移动：将其他编程工具创建的注释复制到元件注释区。

注意：如果已将注释输入到元件注释区，新注释将覆盖旧注释。

9）改变 PLC 类型：改变 PLC 类型。

注意：

① 作为条件，仅允许从低级类型改动到高级类型，不允许改变为指定目录外的类型。

② 在该变化下，仅改变类型而不改变参数设置。如果需要在改变模式后改变参数，应在"参数设置"对话框中设置参数。

10）选择：设置各种环境。

11）EPROM 传送：传送程序文件至与计算机 RS-232C 端口相连的 ROM 写入器。传送功能包括配置、读入、写出及核对。

注意：ROM 写入器必须能提供 RS-232C 传送功能，并支持相应格式。ROM 写入器的传送格式为十六进制。若使用 EPROM-8 型 ROM 磁带盒，需要 ROM 适配器。

12）字体：设置在各个窗口中显示文字的字体及其大小。

（10）窗口菜单 窗口菜单如图 2-97 所示，各菜单项功能如下所述：

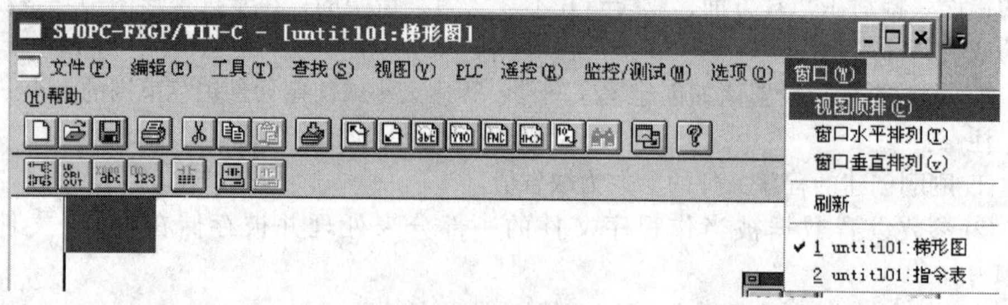

图 2-97 窗口菜单

1）视图顺排：窗口重叠排列，所有的标题栏都可以被看见。

2）窗口水平排列：被打开的窗口由左到右依次排列。

3）窗口竖直排列：被打开的窗口由上到下依次排列。

（11）帮助菜单　帮助菜单如图 2-98 所示，各菜单项功能如下所述：

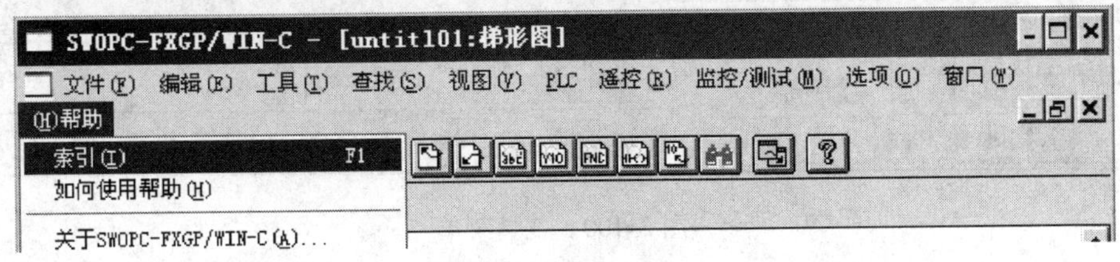

图 2-98　帮助菜单

1）索引：在窗口中显示帮助文件。

2）如何使用帮助：显示使用帮助的方法。

3）关于 SWOPC-FXGP/WIN-C：显示关于 SWOPC-FXGP/WIN-C 的版本信息。

4. 指令语句表编程

指令语句表编辑器界面如图 2-99 所示。指令语句表编辑器的很多指令与梯形图编程操作相同，本节仅叙述与梯形图编程操作不同的指令。

（1）编辑菜单　编辑菜单如图 2-99 所示。各菜单项功能如下所述：

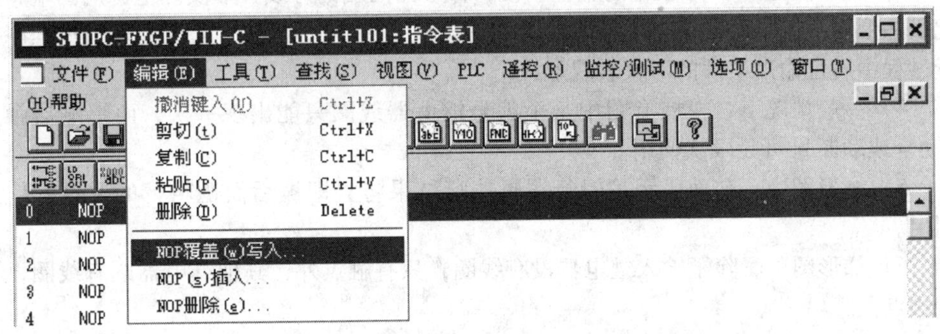

图 2-99　编辑菜单

1）NOP 覆盖写入：在所有设定范围内写入 NOP。

注意：执行了 NOP 成批覆盖，梯形图将受影响，不能正常显示，因此在执行该功能之前应设定好写入范围的起始步。

2）NOP 插入：在所设定范围内插入 NOP 指令。

注意：所插入的 NOP 数不允许超过程序的最大步数。

3）NOP 删除：在设定的范围内删除 NOP 指令，调整后面的指令向前移动。

（2）工具菜单　工具菜单如图 2-100 所示，各菜单项功能如下所述：

1）指令：输入基本的指令或功能至对话框中。

2）全部清除：清除编程区的 NOP 命令。

注意：所清除的仅仅是编程区中的命令，参数的设置值未被改变。

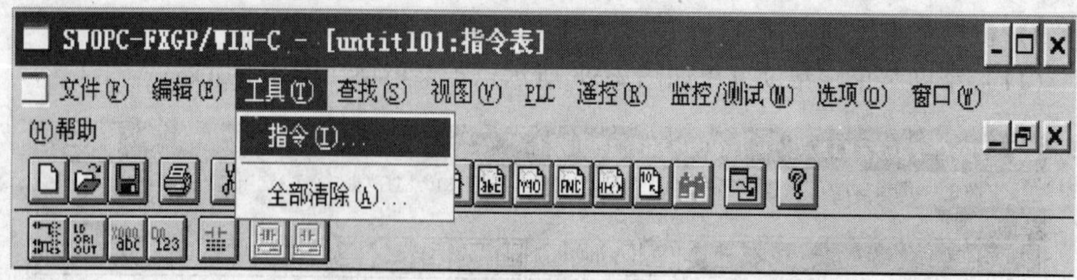

图 2-100 工具菜单

任务 4 掌握 PLC 基本指令编程规则和编程技巧

2.4.1 梯形图的特点

1）梯形图按自上而下、从左到右的顺序排列。

2）梯形图中的继电器不是物理继电器，每个继电器均为存储器中的一位，因此称为“软继电器”。当存储器相应位的状态为“1”时，表示该继电器线圈得电，其动合触点闭合或动断触点断开。

3）梯形图是 PLC 形象化的编程手段，梯形图两端的母线并非实际电源的两端，因此，梯形图中流过的电流也不是实际的物理电流，而是“概念”电流，是用户程序执行过程中满足输出条件的形象表现形式。

4）一般情况下，在梯形图中某个编号继电器线圈只能出现一次，而继电器触点（动合或动断）可无限次使用。

5）梯形图中，前面所示逻辑行逻辑执行结果将立即被后面逻辑行的逻辑操作所利用。

6）梯形图中，除了输入继电器没有线圈，只有触点外，其他继电器既有线圈，又有触点。

7）PLC 总是按照梯形图排列的先后顺序（从上到下，从左到右）逐一处理。也就是说，PLC 是按循环扫描工作方式执行梯形图程序。因此，梯形图中不存在不同逻辑行同时开始执行的情况，使得设计时可减少许多联锁环节，从而使梯形图大大简化。

2.4.2 PLC 梯形图的编程规则与技巧

PLC 在执行用户程序时，是按照指令在用户程序存储器中的先后次序依次执行的，因此，用梯形图编程语言编写程序时必须遵循一定的规则，这样可以避免出现程序错误。同时也要掌握一定的编程技巧，使编程最优化。下面介绍一些编写梯形图程序的基本规则与技巧。

1）梯形图的各种符号，要以左母线为起点，右母线为终点（可允许省略右母线），从左向右分行绘出。每一行的开始是触点群组成的“工作条件”，最右边是线圈表达的“工作结果”。换句话说，与每一个线圈连接的全部支路形成一个逻辑关系（实现一组逻辑关系，控制一个动作），线圈只能接在右边的母线，不能直接接在左母线上，并且所有的触点不能放在线圈的右边，如图 2-101 所示。一行写完，自上而下依次再写下一行。

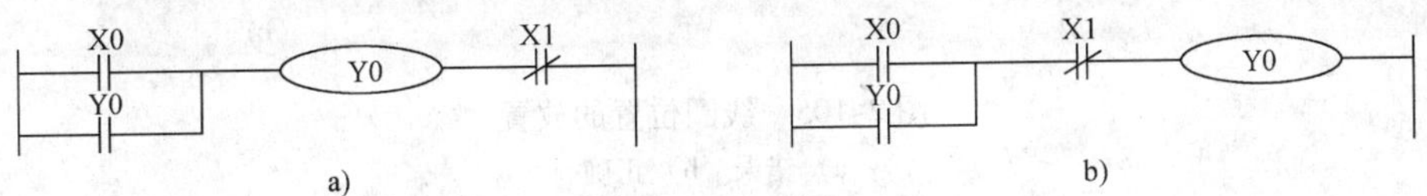

图 2-101 线圈的连接

a）错误 b）正确

2）编写 PLC 程序时，输入继电器 X、输出继电器 Y、辅助继电器 M、定时器 T、计数器 C 等编程元件的触点可以多次重复使用而不受限制。因此，在编程时应以回路清晰为主要目的，而无需用复杂的程序结构来减少触点的使用次数。

3）在梯形图中，每行串联的触点数或每组并联的触点数理论上不受限制。但使用图形编程器编程时，它们要受到屏幕尺寸的限制。建议串联触点一行不超过 10 个，每组并联触点不超过 24 行，如图 2-102 所示。

4）在梯形图中，每组并联输出的线圈数或每组连续输出的线圈数理论上不受限制。但使用图形编程器编程时，它们要受到屏幕尺寸的限制。建议每组不得超过 24 行，如图 2-103 所示。

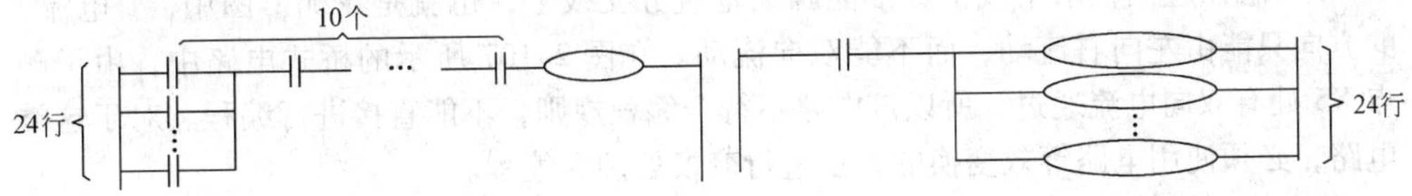

图 2-102 梯形图中的串/并联触点数

图 2-103 梯形图中的并联联线圈数

5）输入继电器的线圈只能由连接在 PLC 输入端子上的外部输入信号控制，所以梯形图中只有输入继电器的触点是用来表示对应输入端子上的输入信号，而没有线圈表示。

6）在梯形图中，所有编程元件的线圈不能与左母线直接连接，即它们之间必须连接有触点。如果需要 PLC 在开机时就有输出，可以通过一个没有使用的辅助继电器的常闭触点来连接，如图 2-104 所示。

图 2-104 没有触点的线圈连接方法

a）错误 b）正确

7）在梯形图中，所有编程元件的线圈不能串联连接，如图 2-105 所示。

8）某一线圈在同一程序中一般只能出现一次，否则容易引起误操作。如果在同一程序中同一元件的线圈使用两次或多次，称为双线圈输出。PLC 顺序扫描执行的规定，

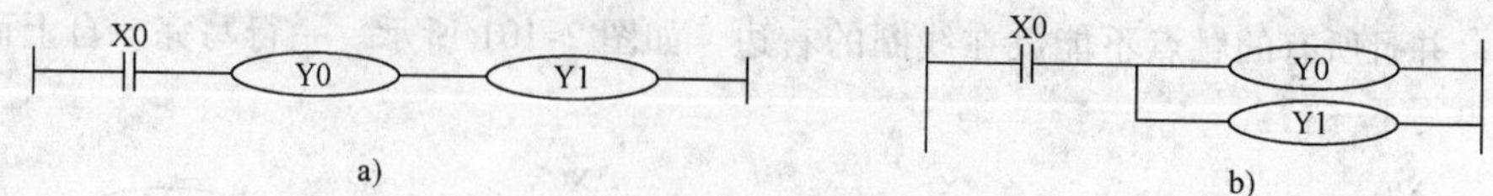

图 2-105 线圈位置的放置

a）错误 b）正确

这种情况如果出现时，前面的输出无效，最后一次输出有效，所以无论线圈的输出条件多么复杂，也禁止双线圈输出，如图 2-106 所示。只有在同一程序中绝不会同时执行的不同程序段中可以有相同的输出线圈。对于设置有跳转指令的程序，在两个跳转条件相反的跳转区内，可以使用同一编号的线圈。

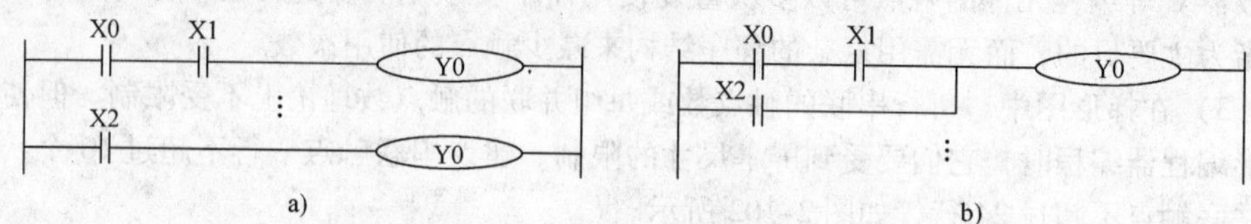

图 2-106 双线圈输出处理

a）错误 b）正确

9）触点应画在水平线上，不能画在垂直分支线上，也就是在梯形图中，“电流”的方向只能由左向右流动，而不能双向流动。在图 2-107 所示的桥式电路中，由于触点 X5 处有双向电流通过，所以该电路不符合编程规则，不能直接进行编程。对于这类电路，必须使用电路等效变换的方法进行变换处理后编程。

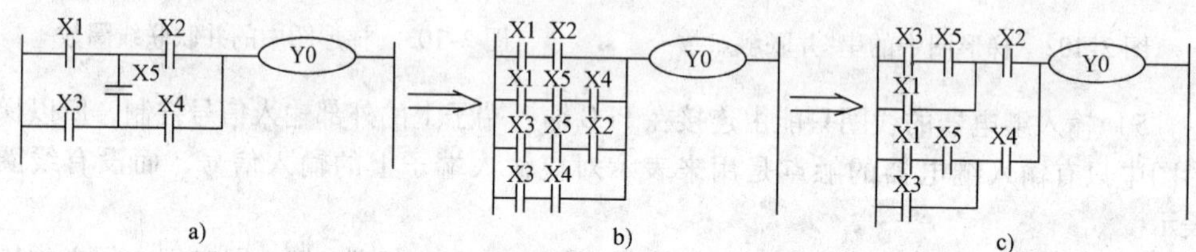

图 2-107 双电流电路的处理

a）错误 b）、c）正确

10）不包含触点的分支应放在垂直方向，不可放在水平位置，以便于识别触点的组合和对输出线圈的控制路径，如图 2-108 所示。

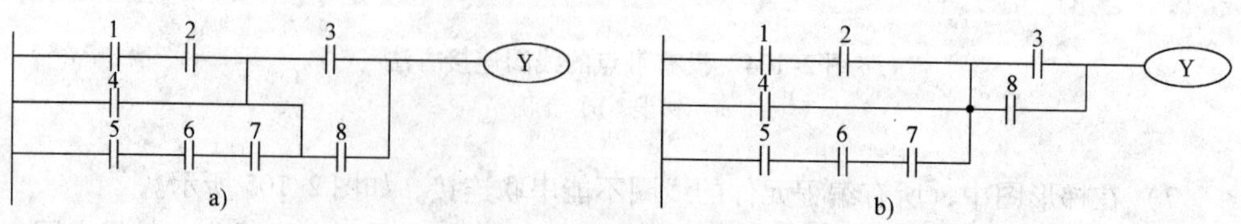

图 2-108 梯形图的编程规则说明示例

11）遇到不可编程电路必须作重新安排，以便于正确应用 PLC 基本指令来进行编程。当使用最早期的 PLC 时，因其中没有堆栈指令和主控指令，就要将图 2-109a 所示不可编程电路重新安排成图 2-109b 所示可编程的电路。

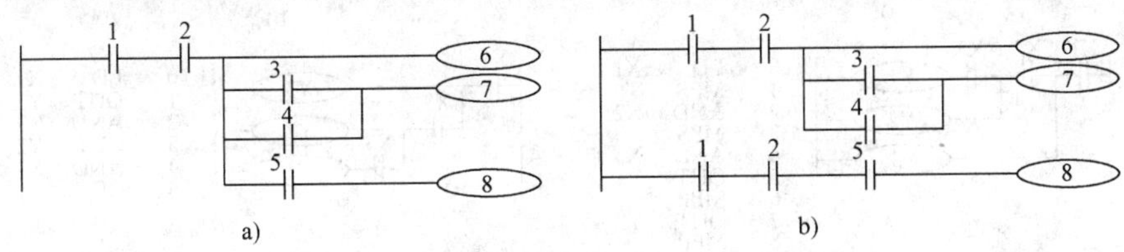

图 2-109　梯形图的编程规则说明示例

12）电路简化。电路简化可使编程优化，从而使程序结构简单、步数最少、节省内存、提高对用户程序的响应速度；使得较难处理的电路编程变得容易。

① 多个串联电路并联时，应把串联触点最多的电路编排在最上方，这样可以减少程序步数，以节省存储器空间和缩短扫描周期，如图 2-110 所示。

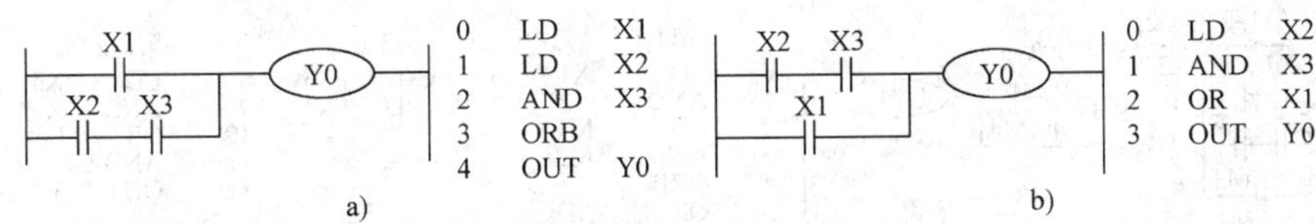

图 2-110　串联电路块并联的编排

a）不好　b）好

② 多个并联电路串联时，应把并联触点最多的电路编排在最左边，这样可以减少程序步数，以节省存储器空间和缩短扫描周期，如图 2-111 所示。

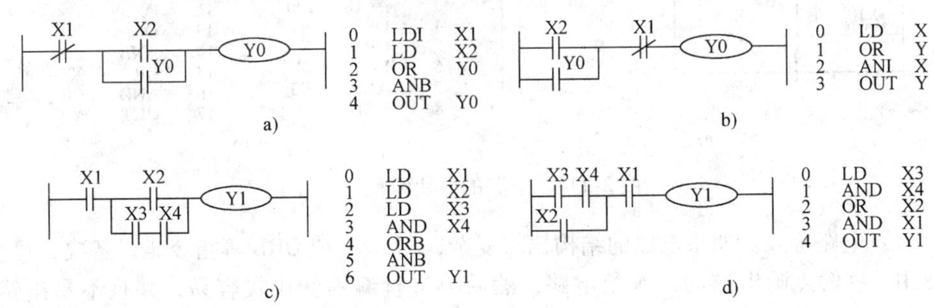

图 2-111　并联电路块串联的编排

a）、c）不好　b）、d）好

③ 并联线圈电路从分支点到线圈之间，无触点的线圈应放在最上方，这样可以减少程序步数，以节省存储器空间和缩短扫描周期，如图 2-112 所示。

13）电路分块。这种方法主要有 3 个步骤：第一步，首先将梯形图按串联支路从左到右的顺序分为若干段，然后再将各段按并联支路从上到下的顺序分为若干行；第

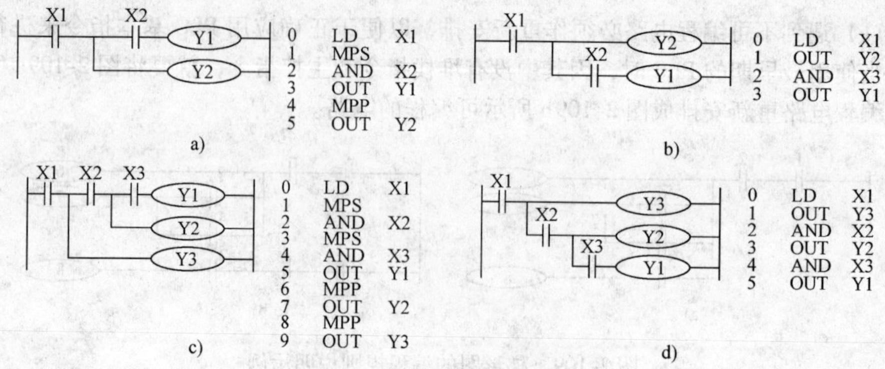

图 2-112　并联线圈电路的编排

a)、c) 不好　b)、d) 好

二步，分别对各段按从左到右、从上到下的顺序编程；第三步，将各段编好的程序按从左到右的顺序用连接指令逐次连接，即得整个程序，如图 2-113 和图 2-114 所示。

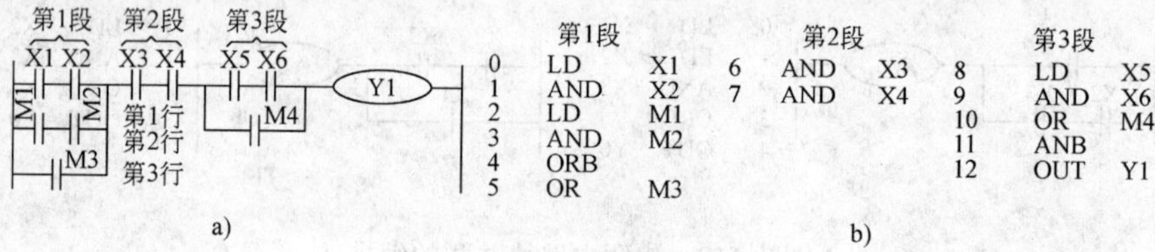

图 2-113　电路的分块编程（1）

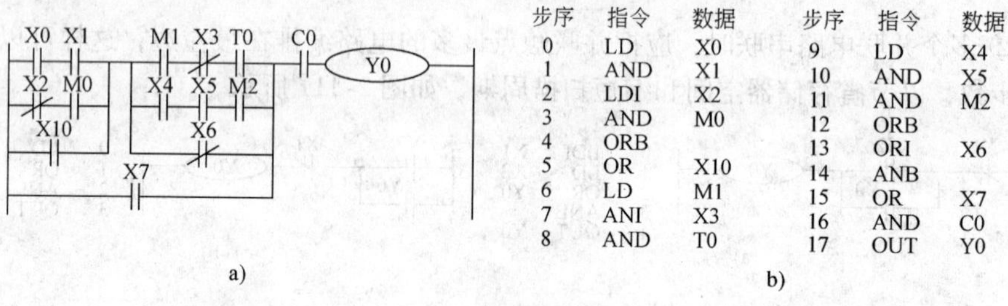

图 2-114　电路的分块编程（2）

14）电路等效。如果电路的结构比较复杂，用 ANB 或 ORB 等指令难以解决，可重复使用一些触点画出它们的等效电路，然后再进行编程就比较容易，并且不易出错，如图 2-115 所示。

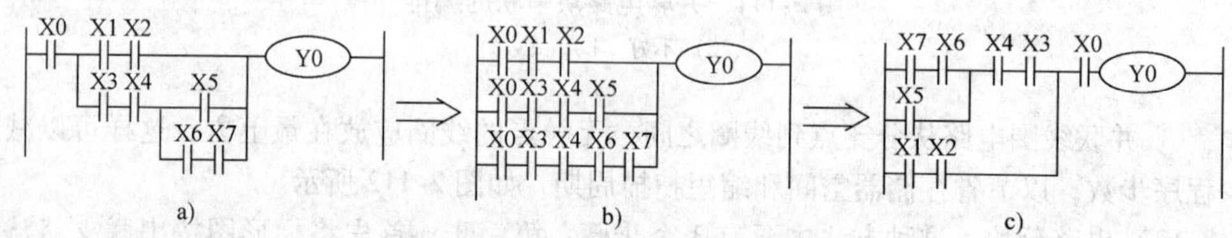

图 2-115　复杂电路的等效变换

15）对常闭触点输入的编程处理。对输入外部控制信号的常闭触点，在编制梯形图时要特别小心，否则可能导致编程错误。现以一个常用的电动机起动、停止控制电路为例，进行详细分析说明。

电动机起动和停止控制电路如图 2-116a 所示，使用 PLC 控制的输入输出接线图如图 2-116b 或图 2-116d 所示，对应的梯形图如图 2-116c 或图 2-116e 所示。从图 2-116b 中可见，由于停止按钮 SB_2（常闭触点）和 PLC 的公共端 COM 已接通，在 PLC 内部电源作用下，输入继电器 X1 线圈接通，图 2-116e 中的常闭触点 X1 断开，所以按下起动按钮 SB_1（常开触点）时，输出继电器 Y0 不动作，电动机不能起动。解决这类问题的方法有两种：一是把图 2-116e 中常闭触点 X1 改为常开触点 X1，如图 2-116c 所示；二是把停止按钮 SB_2 改为常开触点，如图 2-116d 所示。

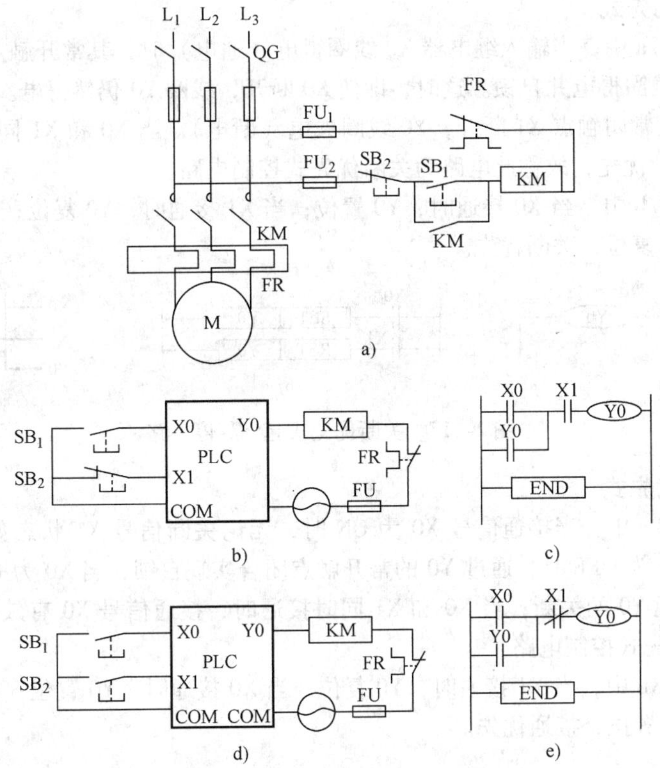

图2-116　对电动机起动和停止控制电路中常闭触点输入的编程处理

从上面分析可知，如果外部输入为常开触点，则编制的梯形图与继电器控制原理图一致；但是，如果外部输入为常闭触点，那么编制的梯形图与继电器控制原理图刚好相反。

一般为了与继电器控制原理图相一致，减少对外部输入为常闭触点处理上的麻烦，在 PLC 的实际接线图中，尽可能不用常闭触点，而用常开触点作为输入，如图 2-116d 所示。

任务5　掌握机床 PLC 控制常用的基本编程环节

和机床电气控制的基本电路环节一样，机床的 PLC 控制也是由一些最基本的编程环节组成的。为了进一步提高认识和设计 PLC 程序的水平，也需要熟知一些常见的最基本电路环节的应用程序，并通过编程工作的不断积累，掌握各种复杂机床 PLC 控制电路的编程方法。

2.5.1　起-保-停电路

在 PLC 的程序设计中，接通（起动）、保持（自保、自锁）、关断（停止）电路是构成梯形图最基本的常用电路，其基本形式有以下两种。

1. 关断优先式

在图2-117a 中，当输入继电器 X0 线圈得电（通电）时，其常开触点 X0 闭合，输出继电器 Y0 线圈得电并自锁。这时，即使 X0 断开，线圈 Y0 仍然得电。当输入继电器 X1 接通时，其常闭触点 X1 断开，Y0 线圈失电（断电）。当 X0 和 X1 同时接通时，关断信号 X1 有效优先，故称此电路为关断优先式控制电路。

在图2-117b 中，当 X0 接通时，Y0 置位；当 X1 接通时，Y0 复位；当 X0 和 X1 同时接通时，Y0 复位，关断优先。

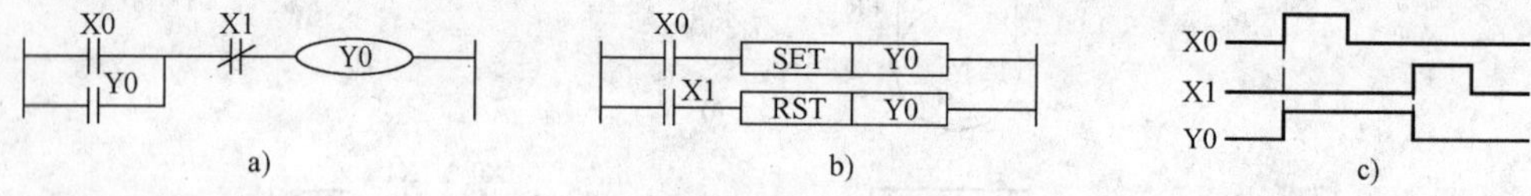

图2-117　关断优先式起-保-停电路

2. 接通优先式

在图2-118a 中，当接通信号 X0 为 ON 时，无论关断信号 X1 状态如何，Y0 被接通，并且当 X1 为 OFF 时，通过 Y0 的常开触点闭合实现自锁；当 X0 为 OFF 时，使 X1 为 ON，可实现 Y0 的关断；当 X0 和 X1 同时接通时，接通信号 X0 有效优先，故称此电路为接通优先式控制电路。

在图2-118b 中，当 X1 接通时，Y0 复位；当 X0 接通时，Y0 置位；当 X0 和 X1 同时接通时，Y0 置位，接通优先。

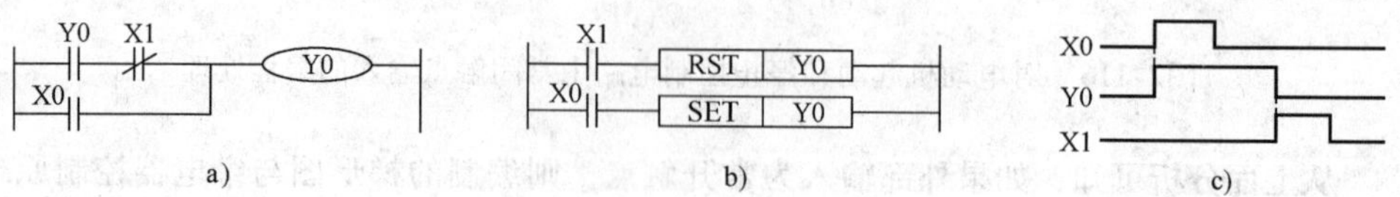

图2-118　接通优先式起-保-停电路

2.5.2　多地点控制电路

在有些机床设备上，为了操作方便，常要求能在多个地点对电动机进行控制。这时可将安装在不同位置的起动按钮并联连接，停止按钮串联连接，如图 2-119a 所示。

在有些大型设备上，需要几个操作者在不同位置同时工作。为了操作者的安全，要求所有操作者都发出起动信号后才能使电动机运转，这时可将安装在不同位置的起动按钮串联连接；若要求在多处可控制电动机的停转，则停止按钮也应做串联连接，如图 2-119b 所示。

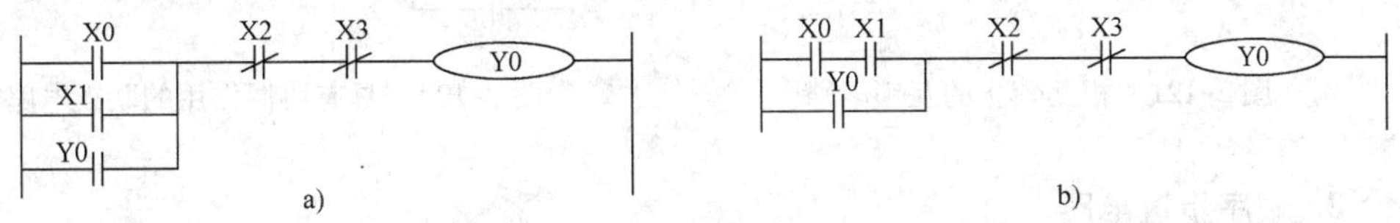

图 2-119　多地点控制电路

2.5.3　长动和点动控制电路

某些机床机械既需要连续运转，即所谓长动，又要求在试车调整及快速移动时能进行点动控制。点动是指手按下按钮时，电动机运转工作；手松开按钮时，电动机停止工作。如机床刀架、横梁、立柱的快速移动，机床的调整对刀等。长动可用自锁电路实现，取消自锁触点或是自锁触点不起作用就是点动。长动与点动电路如图 2-120 所示。

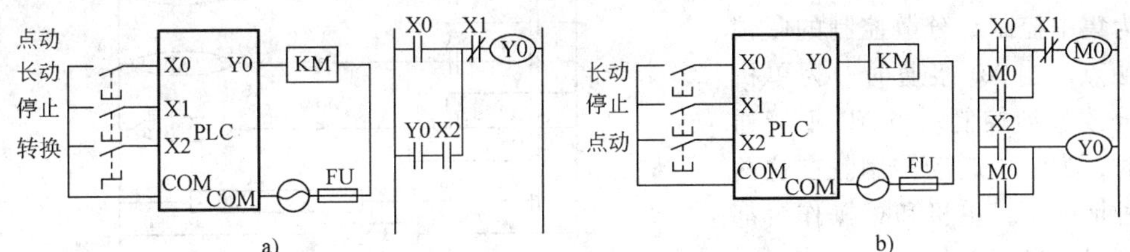

图 2-120　两种长动与点动控制电路

2.5.4　联锁和互锁电路

在机床机械的各种运动之间往往存在着某种相互协调（配合）和制约的关系，一般采用联锁和互锁控制来实现。下面是几种常见的联锁和互锁电路。

1. 相互禁止的互锁电路

如图 2-121 所示，为了使 Y0 和 Y1 相互禁止，选择相互制约的信号为 Y0 的常闭触点和 Y1 的常闭触点，分别串入对方 Y1 和 Y0 的线圈电路中。

2. 具有协调作用的联锁电路

如图 2-122 所示，Y0 的常开触点串在 Y1 的控制电路中，Y1 的接通是以 Y0 的接通为协调条件的。这样，只有 Y0 的接通才允许 Y1 的接通。Y0 关断后，Y1 也被关断停止。在 Y0 接通的条件下，Y1 可以自行起动和停止。

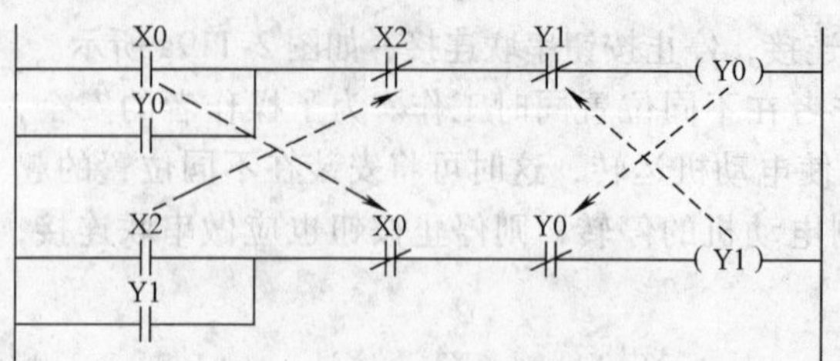

图 2-121　相互禁止的互锁电路

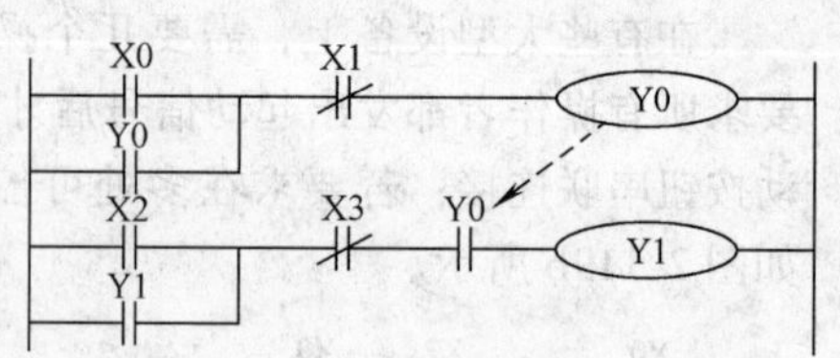

图 2-122　具有协调作用的联锁电路

3. 顺序步进电路

如图 2-123 所示，只有前一个运动发生了，才允许后一个运动发生；而一旦后一个运动发生了，就立即使前一个运动停止。

4. 集中控制与分散控制电路

在多台单机连成的自动线上，有在总操作台的集中控制和单机操作台上分散控制的联锁。集中控制与分散控制的电路如图 2-124 所示。在图中，输入 X0 为选择开关，其触点为集中控制与分散控制的联锁触点。当 X0 接通时，为单机分散起动控制；当 X0 不接通时，为集中起动控制。在这两种情况下，单机和总操作台都可以发出停止命令。

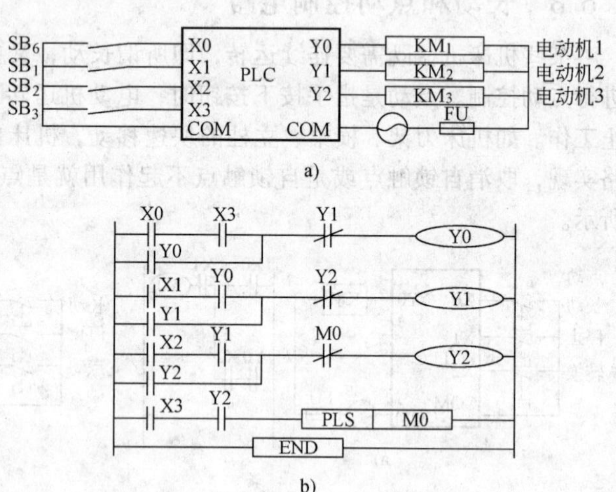

图 2-123　三台电动机顺序步进电路

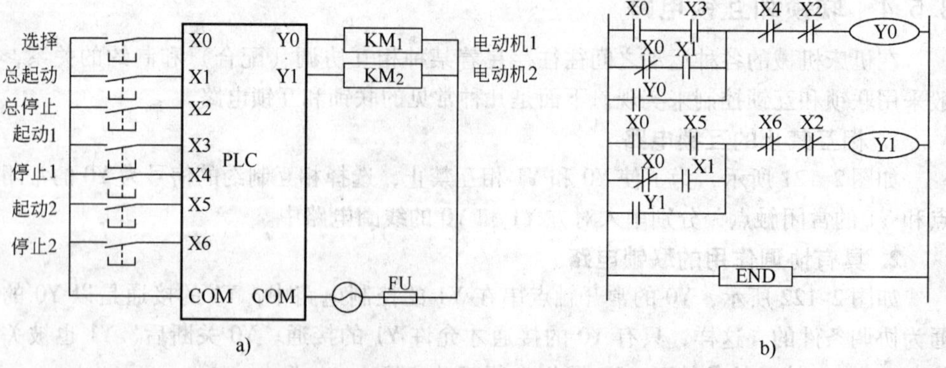

图 2-124　集中控制与分散控制电路

2.5.5 按通按断电路

该电路是用一个按钮控制电路的通断，可用作分频电路和奇偶校验电路等，如图 2-125 所示。

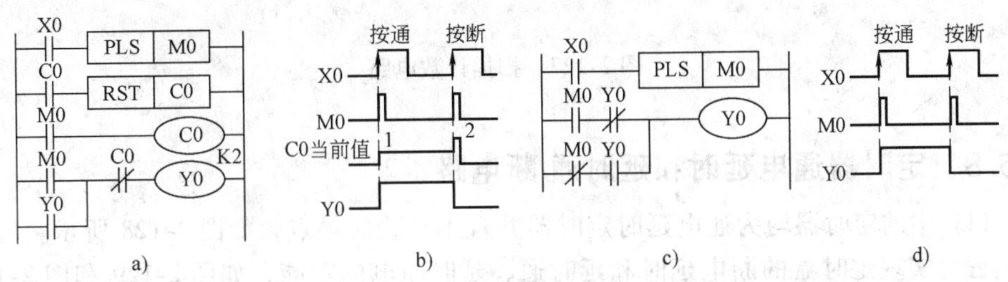

图 2-125 按通按断电路

2.5.6 消除输入信号抖动电路

许多机床控制系统的输入信号是由安装在现场的行程开关、压力继电器、微动开关等提供。当输入信号发生抖动时，对继电器控制系统，由于系统的电磁惯性一般不会导致误动作；在 PLC 控制中，CPU 的扫描周期仅有几十毫秒，输入抖动的信号将进入 PLC，极易造成出错，通常要加消除输入信号抖动的电路。图 2-126 为一个消除输入信号抖动的电路，只有当输入信号脉冲 X0 的宽度≥0.5s 时才有效。

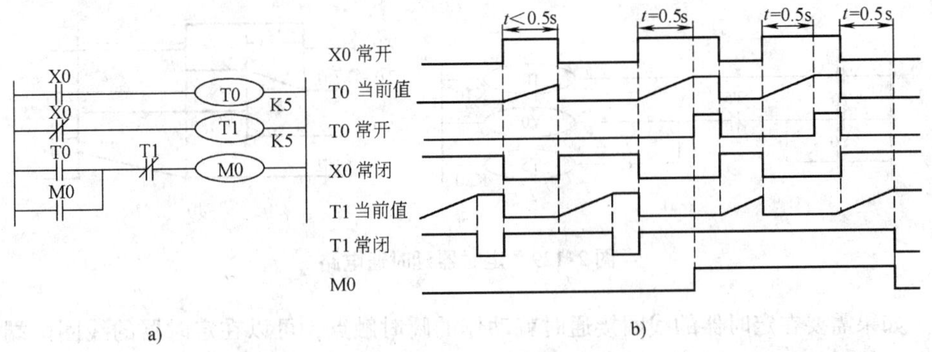

图 2-126 消除输入信号抖动电路

2.5.7 扫描计数电路

如果在某些场合需要计算扫描次数，可用图 2-127 所示的电路来实现。在图中，当输入继电器 X0 接通时，辅助继电器 M0 每隔一个扫描周期接通一次，每次接通一个扫描周期。计数器 C0 对扫描次数进行计数，到达设定值时，C0 的常开触点闭合，输出继电器 Y0 接通。

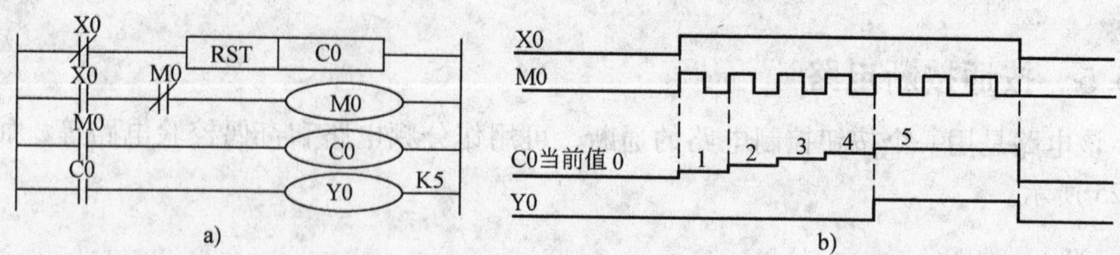

图 2-127　扫描计数电路

2.5.8　定时器通电延时和延时通/断电路

PLC 中的定时器均为通电延时定时器并且不带瞬时触点，如图 2-128 所示。但通过编程可实现定时器的断电延时和延时通、延时断电的功能，如图 2-129 和图 2-130 所示。

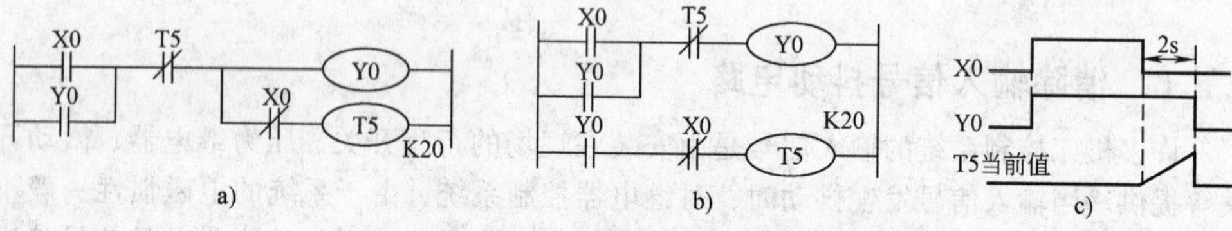

图 2-128　定时器断电延时电路

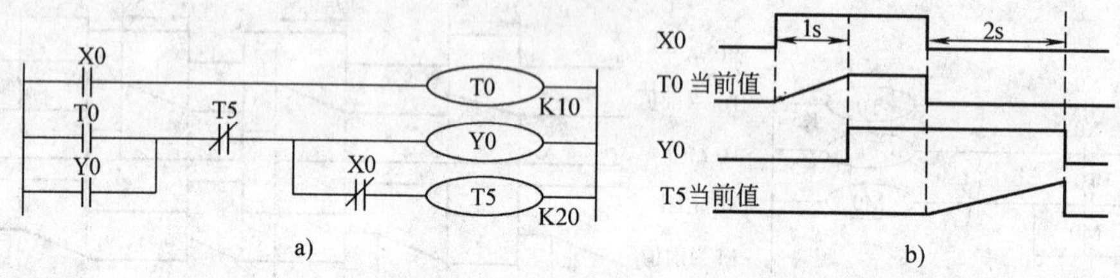

图 2-129　定时器延时通电路

如果需要在定时器的线圈接通时就动作的瞬时触点，可以在定时器的线圈两端并联一个辅助继电器的线圈，可利用它的触点作瞬时触点，如图 2-130 所示。

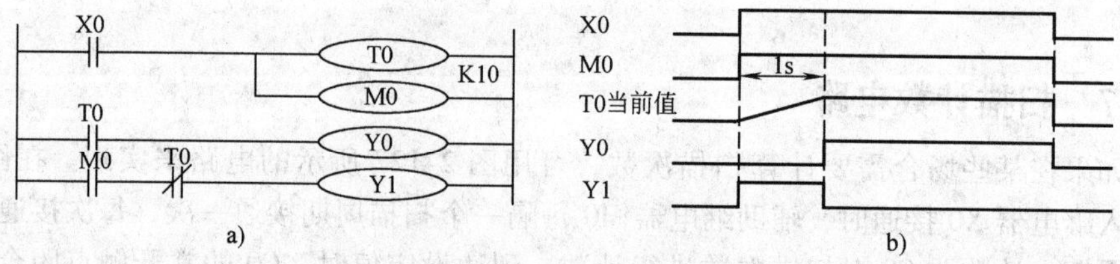

图 2-130　带瞬时触点的定时器电路

2.5.9 最大限时控制程序

机床控制系统起动后，若工作时间未达到设定的最大时间，系统可继续工作；当系统的工作时间达到设定的最大工作时间时则自动停止工作。最大限时控制程序如图2-131所示。

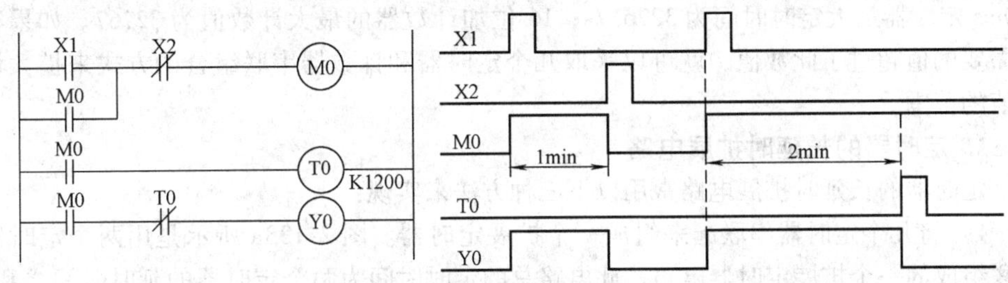

图2-131 最大限时控制程序

在图2-131中，当输入继电器X1闭合时，辅助继电器M0线圈通电，其常开触点闭合，输出继电器Y0、时间继电器T0线圈通电，时间继电器T0开始计时，输出继电器Y0工作。若Y0的工作时间未达到时间继电器T0的设定时间（图中为2min）而按下停止按钮，输入继电器X2闭合，其常闭触点断开，则输出继电器Y0断开并停止工作。若Y0的工作时间达到时间继电器T0的设定时间，则输出继电器Y0自动停止工作。

2.5.10 最小限时控制程序

机床控制系统起动后，若工作时间未达到设定的最小时间，系统不可停止工作；当系统的工作时间达到或大于设定的最小工作时间时，系统才可停止工作。最小时限控制程序如图2-132所示。

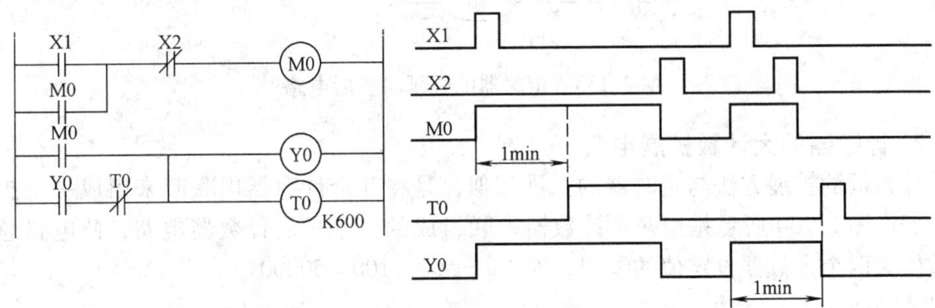

图2-132 最小限时控制程序

在图2-132中，当输入继电器X1闭合时，辅助继电器M0线圈通电，其常开触点闭合，继而输出继电器Y0、时间继电器T0线圈通电，T0开始计时，Y0开始工作。当Y0的工作时间未达到时间继电器T0所设定的时间（图中设定时间为1min）时，若按下停止按钮，输入继电器X2常闭触点断开，虽然辅助继电器M0失电，其常开触点复位断开，但Y0常开触点闭合自锁，因此Y0并不停止工作。但当Y0工作时间达到或大于时间继电器 T0 所设定的时间时，此时由于时间继电器 T0 已动作，其常闭触点断开，因而当按下停止按钮时，输入继电器 X2 闭合，其常闭触点断开，输出继电器 Y0 停止工作。

2.5.11　定时器和计数器的扩展电路

PLC 的定时器和计数器都有一定的定时范围和计数范围。例如 FX_{2N} 系列 PLC 的 100ms 定时器最大定时时间为 3276.7s；16 位加计数器的最大计数值为 32767。如果实际需要的值超过了此数值，就可以采取几个定时器和计数器串联组合的方式来扩大设定值的范围。

1. 定时器的长延时扩展电路

定时器的长延时扩展电路常用以下三种方法来实现：

1）将几个定时器串联起来组成一个扩展定时器。图 2-133a 所示是用两个定时器串联组成的一个扩展定时器电路，此电路总的定时时间为两个定时器的延时时间之和，即 $T_{总} = 100\text{ms} \times 30000 + 100\text{ms} \times 10000 = 4000\text{s}$。

2）将几个定时器和计数器组合使用组成一个扩展定时器。图 2-133b 所示是用 1 个定时器和 1 个计数器组成的一个扩展定时器电路，此电路总的定时时间为定时器的延时时间与计数器设定值的乘积，即 $T_{总} = 100\text{ms} \times 100 \times 400 = 4000\text{s}$。

3）利用 PLC 的内部时钟脉冲（M8011 ~ M8014）和计数器组成一个扩展定时器。图 2-133c 所示是用 PLC 的内部 1s 时钟脉冲（M8013）和 1 个计数器组成的一个扩展定时器电路。此电路总的定时时间为时钟脉冲时间与计数器设定值的乘积，即 $T_{总} = 1\text{s} \times 4000 = 4000\text{s}$。

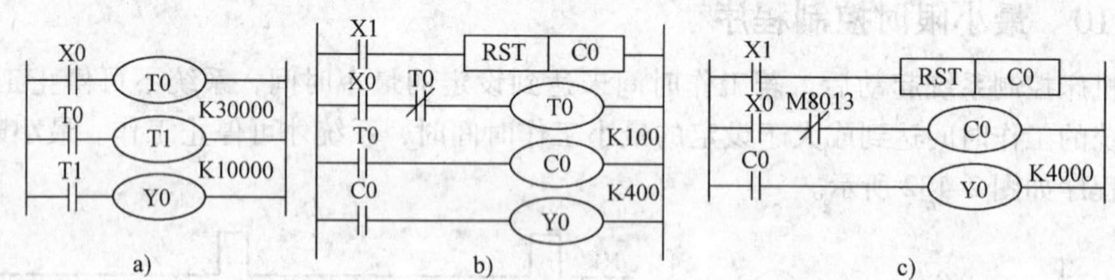

图 2-133　定时器的长延时扩展电路

2. 计数器的大计数扩展电路

计数器的扩展方法与定时器的扩展相似，是将几个计数器串联起来组成一个扩展计数器。图 2-134 所示是用两个计数器串联组成的一个扩展计数器电路，此电路总的计数值为两个计数器设定值的乘积，即 $C_{总} = 500 \times 100 = 50000$。

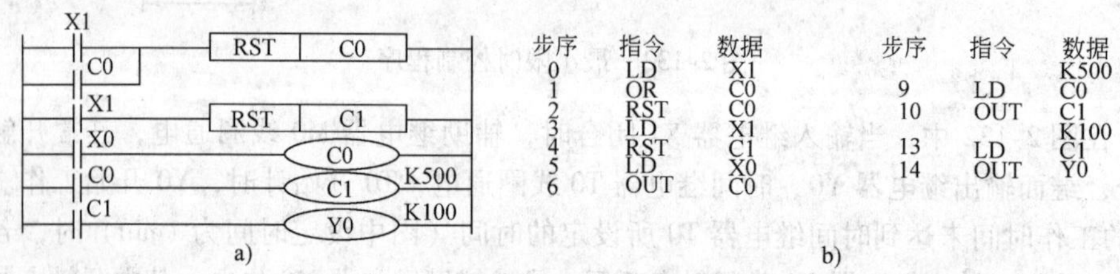

步序	指令	数据	步序	指令	数据
0	LD	X1			K500
1	OR	C0	9	LD	C0
2	RST	C0	10	OUT	C1
3	LD	X1			K100
4	RST	C1	13	LD	C1
5	LD	X0	14	OUT	Y0
6	OUT	C0			

b)

图 2-134　计数器的大计数扩展电路

2.5.12 顺序延时电路

顺序延时电路有三种常见形式：顺序延时接通、断开、接通/断开。

1. 顺序延时接通电路

顺序延时接通电路如图 2-135 所示。

2. 顺序延时断开电路

顺序延时断开电路如图 2-136 所示。

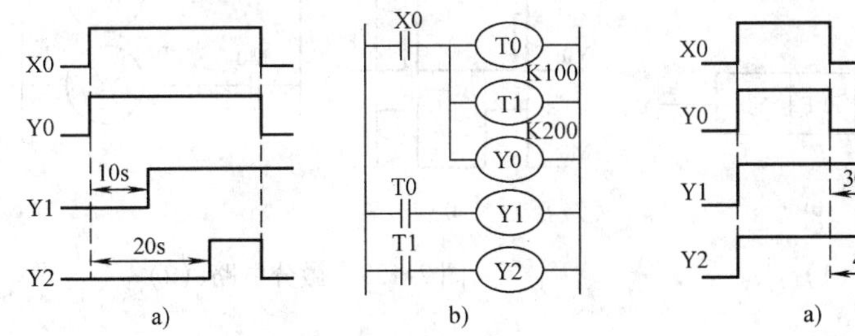

图 2-135 顺序延时接通电路

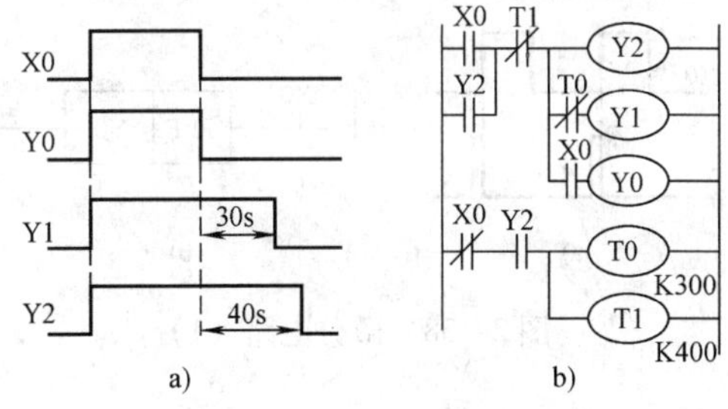

图 2-136 顺序延时断开电路

3. 顺序延时接通/断开电路

顺序延时接通/断开电路如图 2-137 所示。

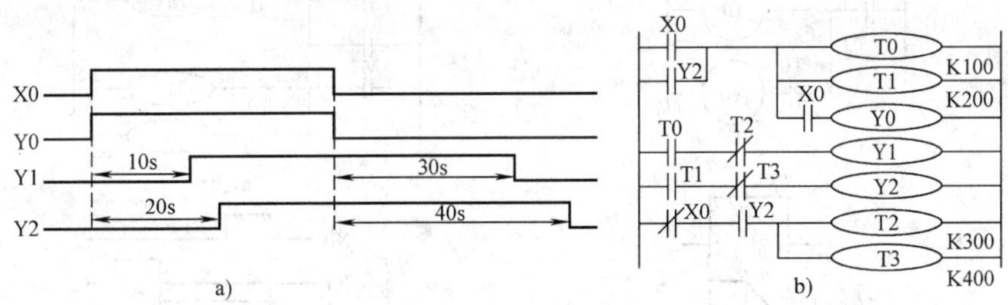

图 2-137 顺序延时接通/断开电路

2.5.13 微分电路

在图 2-138 和图 2-139 中，输出继电器 Y0 在 X0 导通后接通一个扫描周期，可用作微分电路。

在“继电器-接触器”逻辑控制电路中，只要继电器线圈得电，它所有的常开/常闭触点不论处在电路中的什么位置都同时动作。但由 PLC 编程构成的逻辑电路的控制逻辑是以循环顺序执行的方式实现的。在 PLC 一个扫描周期内的程序执行阶段，程序的执行是按从左到右、自上而下的顺序进行的，即程序只能按顺序执行，而不能回头去执行以前的程序；要想执行，只有等到下一个扫描周期内的程序执行阶段到来。

在图 2-139 中的 X0 导通条件下，当程序第一次执行到 X0 时，由于 M0 线圈还没有接通，其常闭触点为闭合状态，所以 M0 线圈得电动作。这时 M0 的常开触点闭合，Y0

线圈得电动作，M0 常闭触点打开。但此时不影响 M0 线圈的接通状态，因为程序是以循环顺序执行的方式进行的，它不能回头去执行 M0 线圈打开的动作，而是顺序执行下面的程序，直到下一个扫描周期执行到 M0 时，Y0 才由 ON 变为 OFF。这是 PLC 逻辑电路和“继电器-接触器”逻辑控制电路不同的地方，在编程时要特别格外注意。

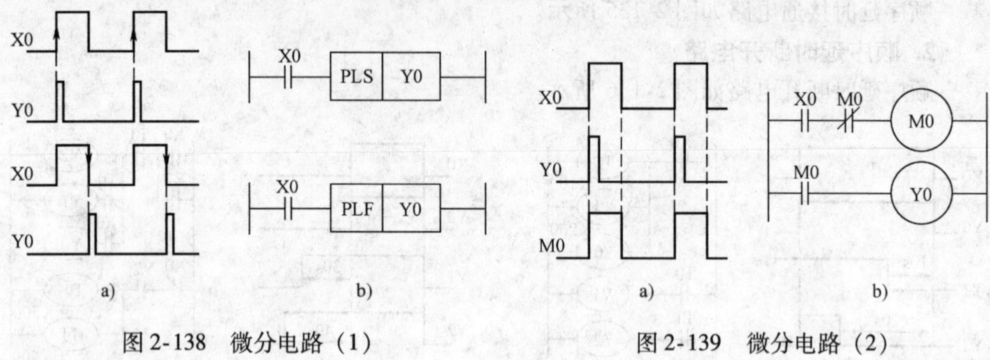

图 2-138　微分电路（1）　　图 2-139　微分电路（2）

2.5.14　单脉冲电路

图 2-140～图 2-142 所示电路可提供不同宽度的脉冲输出。

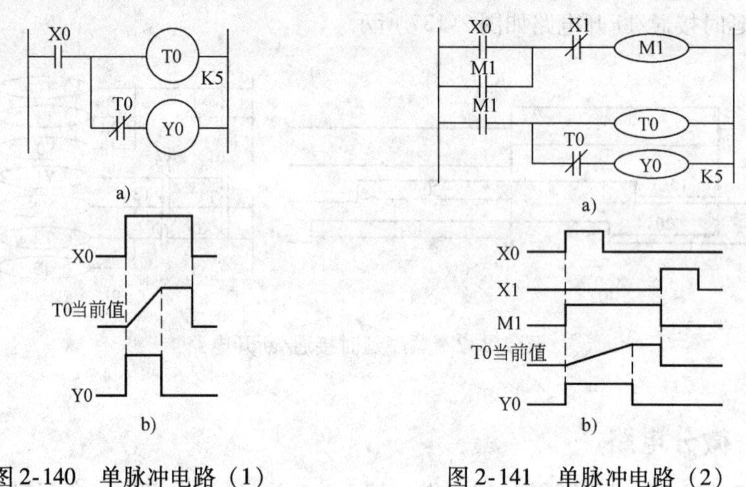

图 2-140　单脉冲电路（1）　　图 2-141　单脉冲电路（2）

2.5.15　振荡电路

振荡电路如图 2-143 所示。该电路可提供不同占空比的振荡脉冲输出，可用作机床设备工作状态警示、彩灯闪烁电路等。在该电路中，当输入继电器 X0 线圈得电时，其常开触点 X0 闭合，定时器 T0 线圈得电；T0 延时 2s 后，其常开触点 T0 闭合，定时器 T1 线圈和输出继电器 Y0 线圈得电；T1 延时 1s 后，其常闭触点 T1 断开，T0 线圈失电，其闭合的常开触点 T0 断开，T1 线圈和 Y0 线圈失电。只要 X0 还接通，则重新开始产生脉冲，如此反复下去，直至 X0 断开为止。定时器 T0 和 T1 的延时时间由用户通过定时常数 K 值设定。

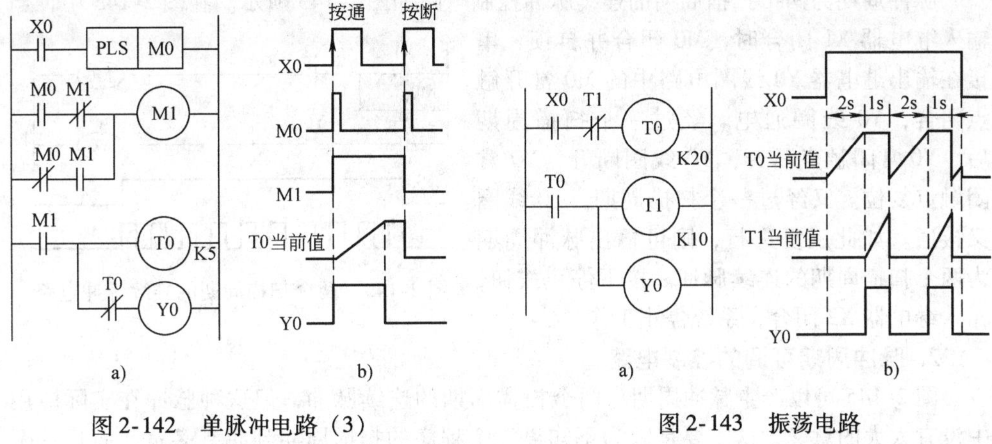

图 2-142　单脉冲电路（3）　　图 2-143　振荡电路

2.5.16　顺序脉冲电路

顺序脉冲电路如图 2-144a 所示。当输入继电器 X0 接通时，输出继电器 Y0、Y1 和 Y2 按设定顺序产生脉冲信号；当 X0 断开时，所有输出都断开。用定时器 T0、T1 和 T2 产生这种顺序脉冲。工作过程如下：在图 2-144b 中，当 X0 接通时，T0 线圈接通并开始计时，同时 Y0 线圈接通产生脉冲；当 T0 定时时间到，其常闭触点 T0 断开 Y0 线圈，常开触点 T0 闭合接通 T1 线圈并开始计时，同时 Y1 线圈接通输出脉冲；当 T1 定时时间到，其常闭触点 T1 断开 Y1 线圈，常开触点 T1 接通 T2 线圈和 Y2 线圈，T2 开始计时，Y2 输出脉冲；T2 定时时间到，Y2 断开。只要 X0 还接通，则重新开始产生顺序脉冲，如此反复下去，直至 X0 断开为止。定时器 T0、T1 和 T2 的延时时间由用户通过定时常数 K 值设定。图 2-144c 所示的电路也可以实现图 2-144a 所示电路的要求。

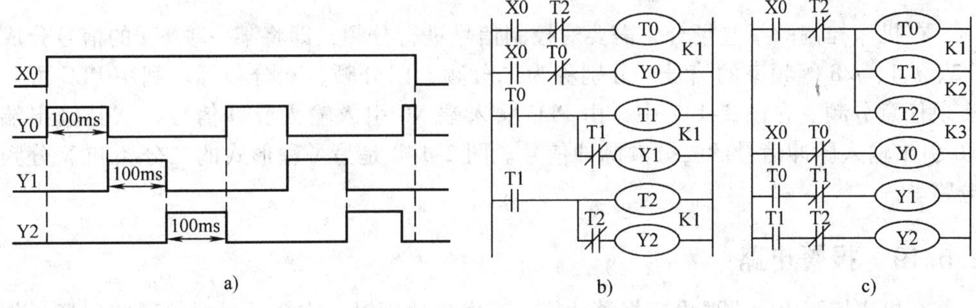

图 2-144　顺序脉冲电路

2.5.17　连续脉冲产生电路

有规律、不间断产生的脉冲叫做连续脉冲。

1. 脉冲周期为两个扫猫周期的连续脉冲电路

脉冲周期为两个扫描周期的连续脉冲控制电路如图2-145所示。在图2-145中，当输入继电器X1闭合时，M0闭合并自锁，串接在输出继电器Y0线圈电路中的M0常开触点闭合，Y0线圈通电。经过一个扫描周期后，Y0常闭触点断开，Y0线圈断开，Y0常闭触点复位。又经过一个扫描周期，Y0线圈又接通。如此反复进行，则可输出脉冲周期为两个扫描周期的连续脉冲。按下停止按钮，输入继电器X2闭合，系统停止工作。

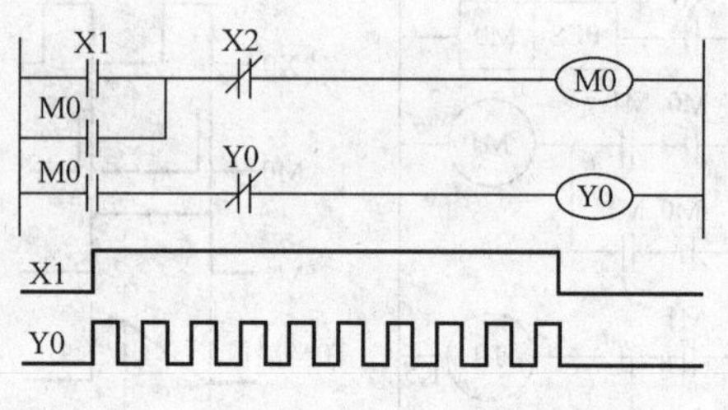

图2-145 两个扫描周期的连续脉冲电路

2. 脉冲周期可调的控制电路

图2-145可以产生脉冲周期为两个扫描周期的连续脉冲，但这种脉冲在实际应用中没有太大的意义，这主要是因为不知道一个程序的扫描周期到底有多宽，而且一个程序的扫描周期是随着程序的大小变化的。图2-146所示为连续脉冲周期可调的控制电路。在图中，当输入继电器X1闭合时，M0闭合并自锁，串接在时间继电器T0线圈电路中的M0常开触点闭合，T0线圈通电，经过t（$1s<t<32767s$），时间继电器T0动作，T0常闭触点断开，T0线圈断开，T0常闭触点复位。经过一个扫描周期，T0线圈又接通。如此反复进行，T0则可输出脉冲周期为一个扫描周期的连续脉冲。由于扫描周期远远小于t，故可忽略不计地认为输出的脉冲周期为t。按下停止按钮，输入继电器X2闭合，系统停止工作。

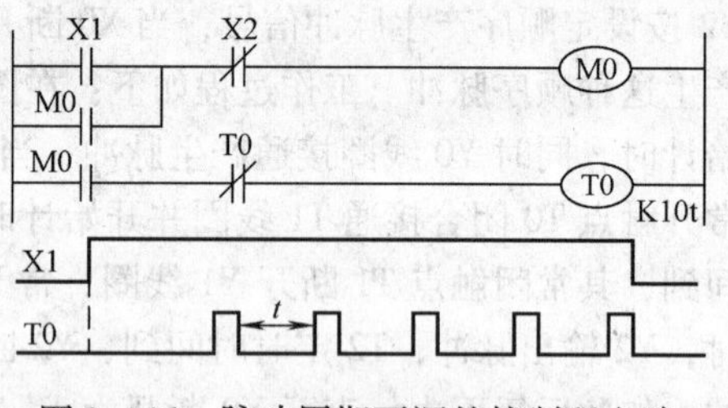

图2-146 脉冲周期可调的控制程电路

2.5.18 分频电路

在机床控制的某些场合，需要对控制信号进行分频，即将某一频率f的信号分成$f/2$、$f/4$、$f/8$等频率的信号，分别称为二分频、四分频、八分频等。利用PLC可以实现任意分频。在图2-147中，由PLC输入端X0引入输入脉冲信号，从其输出端Y0引出输入脉冲信号的二分频脉冲信号。图2-148是另一种形式的二分频和N分频电路。

2.5.19 报警电路

在机床控制中常常要设置报警功能，当发生故障时，应能及时报警通知现场工作人员，采取紧急措施。对报警电路的要求：报警时蜂鸣器响、灯闪烁（闪烁频率为接通0.5s，断开0.5s）；报警响应后蜂鸣器声响可解除，灯光常亮；报警条件结束后灯灭；可测试蜂鸣器和灯是否正常工作。

在图2-149a中，当有报警信号输入时，即输入继电器X0的常开触点闭合时，由定时器T0和T1组成的振荡电路使输出继电器Y0产生间隔为0.5s的断续信号输出；在

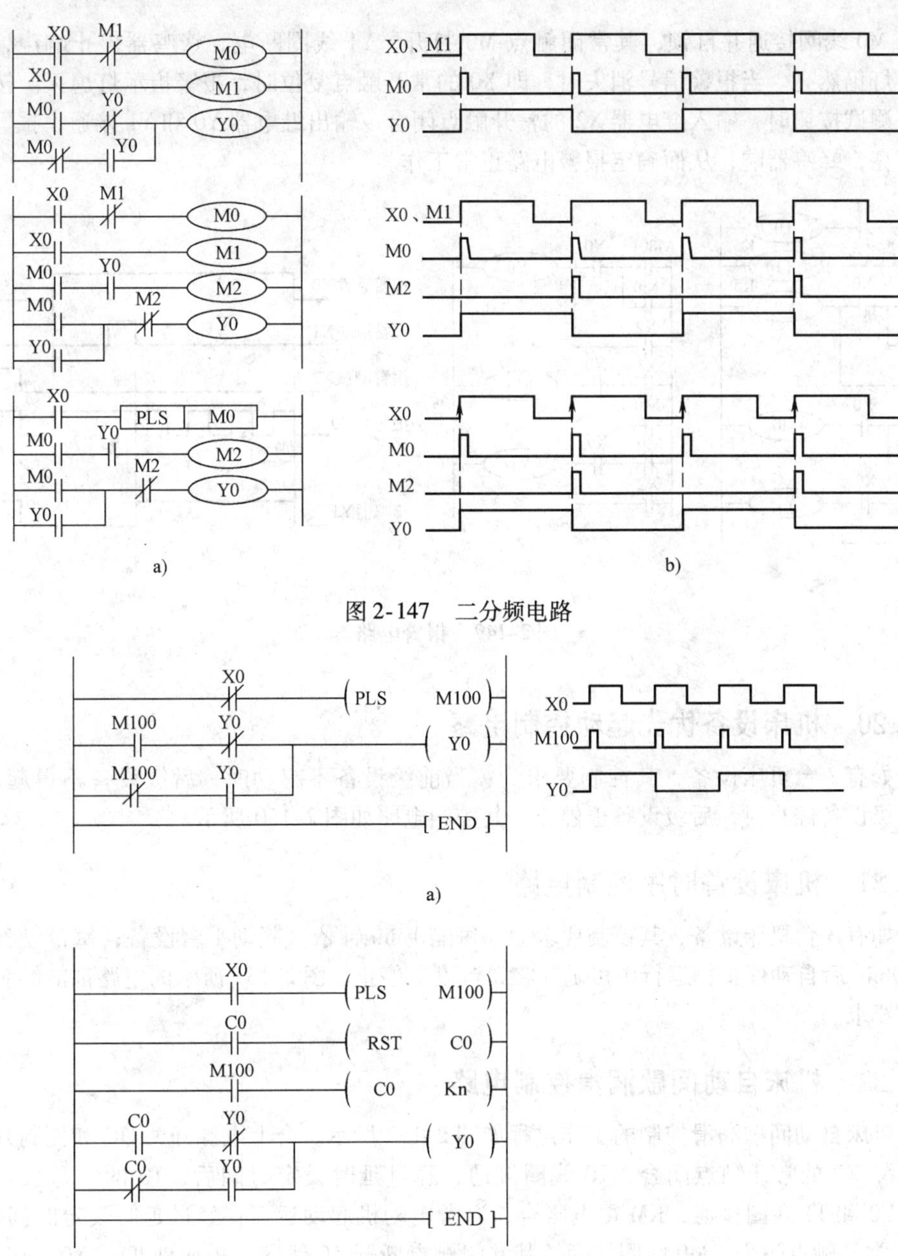

图 2-147　二分频电路

图 2-148　另一种形式的二分频和 N 分频电路

a）二分频电路　b）N 分频电路

图 2-149b 中，特殊功能辅助继电器为 1s（通 0.5s，断开 0.5s）时钟；接在 Y0 输出端的报警灯闪烁；同时输出继电器 Y1 线圈接通，接在 Y1 输出端的蜂鸣器发出声响。此后，按下报警响应按钮（蜂鸣器复位按钮），输入继电器 X1 的常开触点闭合，辅助继

电器 M0 线圈接通并自锁，其常闭触点 M0 打开，Y1 线圈断电，锋鸣器停止响声，但报警灯仍然亮。当报警信号消失时，即 X0 的常开触点复位时，报警指示灯熄灭。按下报警测试按钮时，输入继电器 X2 的常开触点闭合，输出继电器 Y0 和 Y1 接通，报警指示灯亮，蜂鸣器响，从而确定报警电路正常工作。

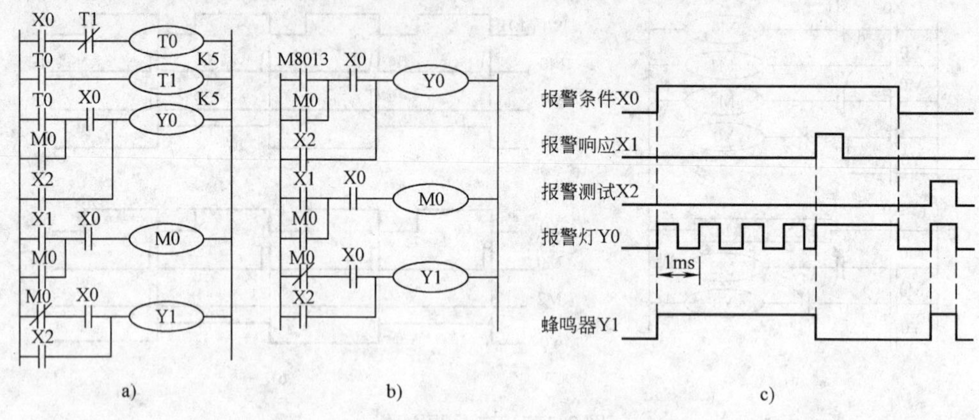

图 2-149　报警电路

2.5.20　机床设备优先起动控制电路

如有 3 台机床设备，其控制要求为：当前级设备不起动时，后级设备不得起动；当前级设备停止时，后级设备也停止，其控制电路如图 2-150 所示。

2.5.21　机床设备时序控制电路

如有 3 台机床设备，其控制要求为：每隔 1min 钟依次起动 1 台设备；每台设备运行 10min 后自动停止；运行中可随时将 3 台设备停止。图 2-151 所示的电路都能够满足上述要求。

2.5.22　机床自动间歇润滑控制电路

机床自动间歇润滑控制的工作过程如图 2-152 所示。合上电源开关 QG 和控制开关 SA 后，X0 的常开触点闭合，T0 线圈接通，经过延时设定时间后，T0 的常开触点闭合，Y0 和 T1 线圈接通，KM 得电吸合，润滑电动机起动运行；经过延时设定时间后，T1 的常开触点闭合，M0 线圈接通，其常闭触点断开 T0 线圈，进而使 T1、Y0、M0 线圈断开，润滑电动机停止运行。此时 M0 的常闭触点又接通 T0 线圈，润滑电动机停转一段 T0 设定的延时时间后，T0 的常开触点又接通 Y0 和 T1 线圈，KM 又得电吸合，润滑电动机又起动运行；延时一定时间后又停止运行，润滑电动机就这样周而复始地间歇运行下去。只有断开控制开关 SA，X0 触点断开 KM 线圈，润滑电动机才停止运行。润滑电动机运行时间的长短由定时器 T1 控制，停止时间的长短由定时器 T0 控制。延时时间根据实际要求确定。

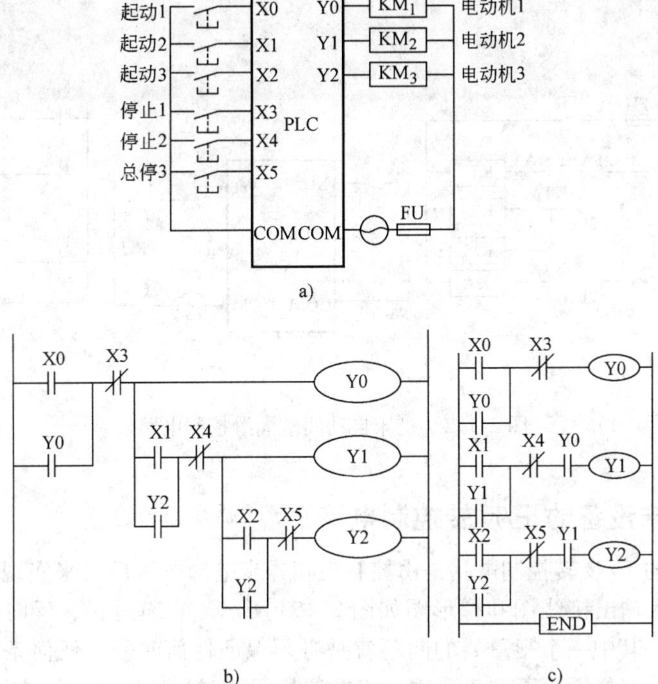

图 2-150　3 台机床设备的优先起动控制电路

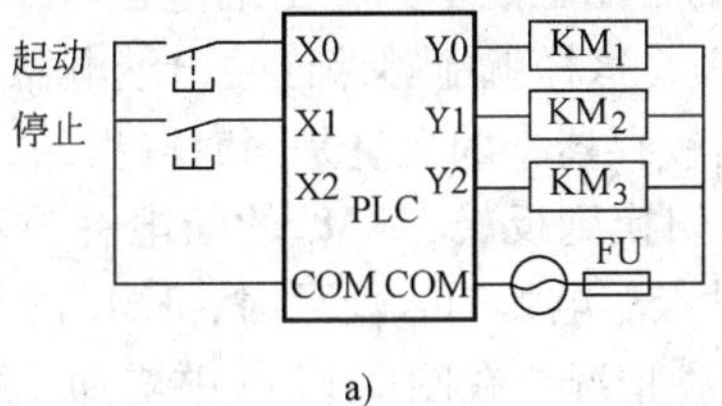

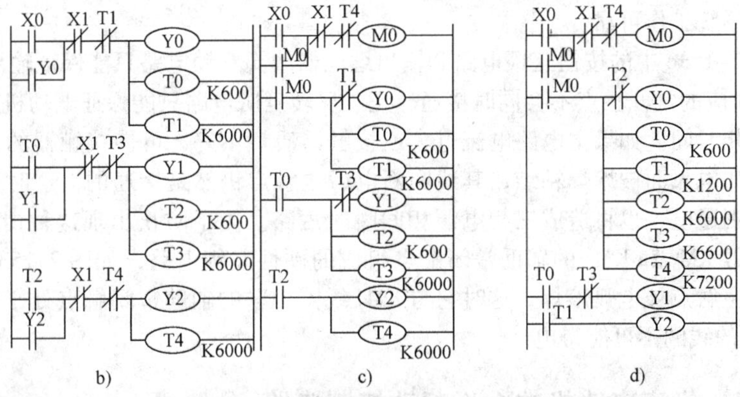

图 2-151　3 台机床设备的时序控制电路

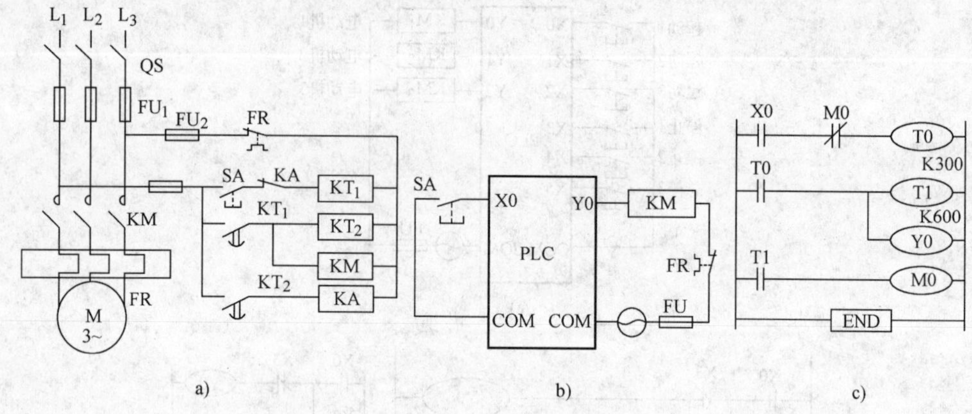

图 2-152 机床自动间歇润滑控制电路

2.5.23 机床设备的正/反转控制电路

机床设备的正/反转控制电路是由控制三相异步电动机正反转来实现的。其电气原理图、PLC 输入输出接线图和梯形图如图 2-153 所示。它通过正、反向接触器改变定子绕组的相序，其中一个很重要的问题就是必须保证任何时候、任何条件下正、反向接触器都不能同时接通，否则将造成三相电源相间瞬时短路。为此，在图 2-153c 中采用了正、反转按钮互锁，即将输入继电器 X0 的常闭触点串入输出继电器 Y1 的驱动电路；将输入继电器 X1 的常闭触点串入输出继电器 Y0 的驱动电路；与两个输出继电器 Y0、Y1 的常闭触点互锁，这样就能够保证输出继电器 Y0 和 Y1 不同时接通。但在实际运行中，由于 PLC 输出锁存器中的变量是同时输出的，即 Y0 和 Y1 的状态变换是同时完成的，例如，由正转切换到反转，KM_1 的断电释放和 KM_2 的得电吸合即同时动作，有可能在 KM_1 断开其触点、电弧尚未熄灭时，KM_2 的触点已闭合，造成三相电源相间瞬时短路。为了避免这种情况，在图 2-153e 中增加了两个定时器 T0 和 T1，使正、反向切换过程中被切断的接触器瞬时动作，而被接通的接触器则要延时一段时间才动作，以保证系统工作可靠。

图 2-153e 中的按钮互锁电路和输出继电器线圈互锁电路只能保证输出模块中与 Y0 和 Y1 对应的常开触点不会同时接通，正、反转延时电路只能保证电动机在换相时有足够的换相时间。如果主电路电流过大或接触器质量不好，可使接触器的主触点因断电时产生的电弧而被熔焊粘结，其线圈断电后主触点仍然是接通的，这时如果另一接触器的线圈通电，也将造成三相电源相间瞬时短路。为了防止出现这种情况，应在 PLC 外部设置 KM_1 和 KM_2 的辅助常闭触点组成的硬件互锁电路，如图 2-153d 所示。假设 KM_1 的主触点被电弧熔焊，这时它与 KM_2 线圈串联的辅助常闭触点处于断开状态，因此 KM_2 的线圈不可能得电。

2.5.24 机床电动机的Y-△起动控制电路

机床电动机的Y-△起动控制电路如图 2-154 所示。

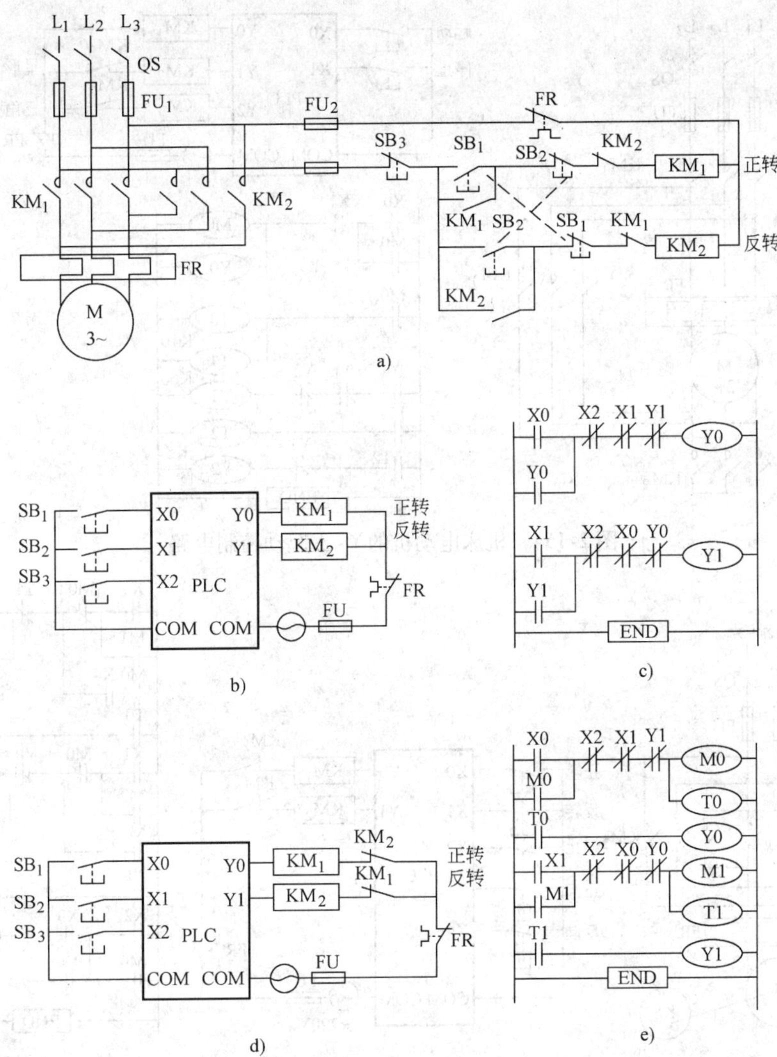

图 2-153　机床设备的正/反转控制电路

2.5.25　机床电动机的反接制动控制电路

如图 2-155 所示，机床电动机在正转或反转运行时，速度继电器 KS 的正向或反向常开触点闭合，使 X3 或 X4 接通，为反接制动做好准备。当按下停止按钮时，X2 接通，M0 得电并自锁。这时 M_1 或 M_2 断电，使 Y0 或 Y1 断电；M_2 或 M_1 得电，延时 0.5s 后，Y1 或 Y0 得电，反接制动开始。当电动机转速迅速下降到接近零速（约 100r/min）时，速度继电器的正向或反向常开触点断开，使 X3 或 X4 断开，这时 Y1 或 Y0 断电，正转或反转的反接制动结束。

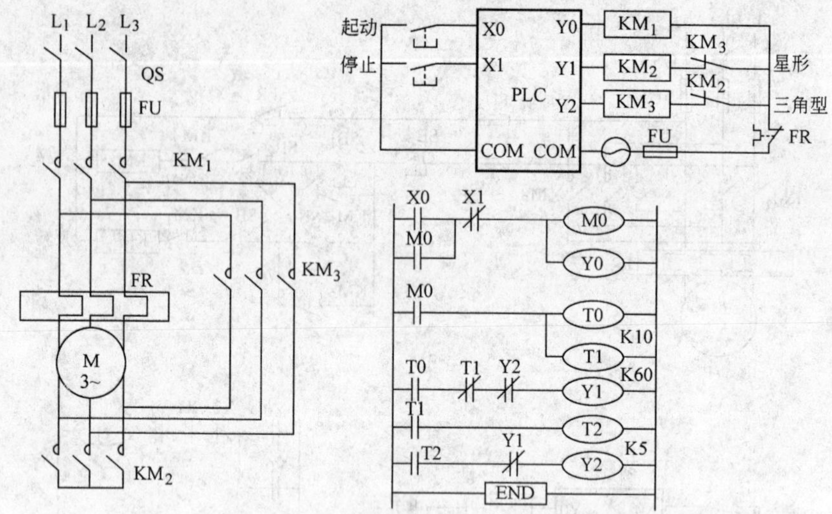

图 2-154　机床电动机的Y-△起动控制电路

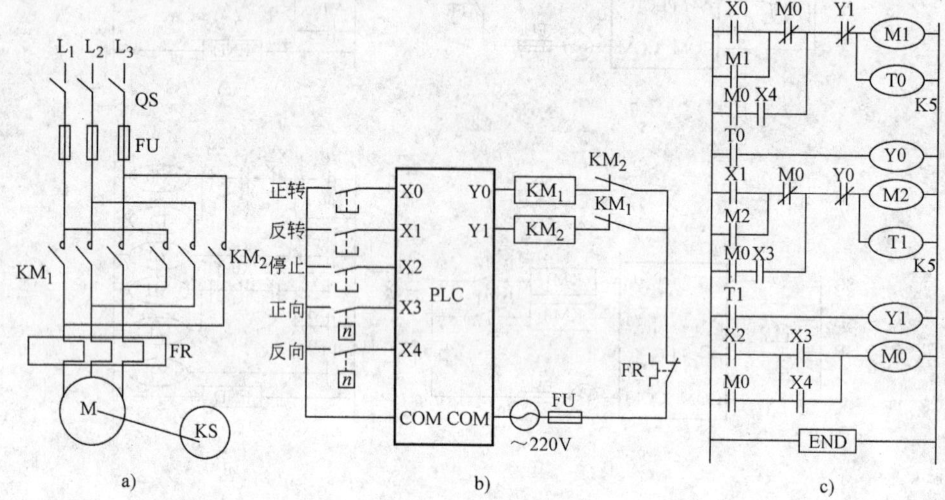

图 2-155　机床电动机的反接制动控制电路

2.5.26　机床控制中的多流程顺序控制程序

多流程顺序控制分为选择性分支与汇合顺序控制、并行分支与汇合顺序控制、跳步顺序控制及循环顺序控制。

1. 选择性分支与汇合顺序控制程序

所谓选择性分支与汇合顺序控制，是指在多个流程顺序控制中，如果 A 条件符合，则控制程序按 A 流程进行；如果 B 条件符合，则控制程序按 B 流程进行；…任何时刻只能有一个条件符合，但不管按哪个流程进行，最后的流程应汇合在一起。选择性分支与汇合顺序控制状态流程示意图如图 2-156 所示。

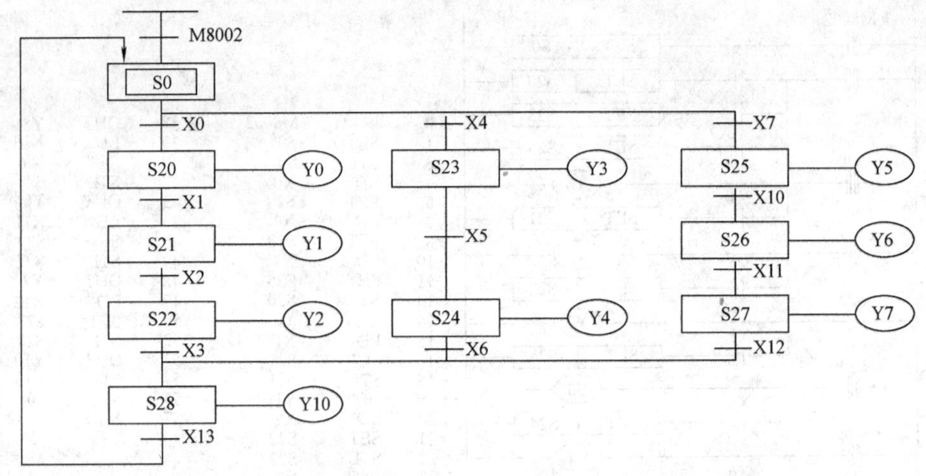

图 2-156　选择性分支与汇合顺序控制状态流程示意图

图中，任何时刻 X0、X4、X7 只能有一个符合转移条件，即初始状态后只能从三个分支中选择一个流程分支。当 X0 闭合时，程序从 S0 至 S20 这条分支执行；当 X4 闭合时，程序从 S0 至 S23 这条分支执行；当 X7 闭合时，程序从 S0 至 S25 这条分支执行。但不管按哪条分支执行，最后都会汇总到 S28 状态，而当 X13 闭合时，程序又回到 S0 状态。

根据状态流程图很容易画出其梯形图并写出指令语句表，如图 2-157 所示。

需要说明的是，选择性分支与汇合顺序控制程序中的分支可以是两条，也可以是三条或更多条，没有数量的限制，编程者可根据实际情况灵活应用。

2. 并行分支与汇合顺序控制程序

所谓并行分支与汇合顺序控制，是指在多个流程顺序控制中，多个流程同时进行，每个流程运行后最后汇合在一起。并行分支与汇合顺序控制状态流程示意图如图 2-158 所示。

图 2-158 中，当 X0 闭合时，状态同时转移到 S20、S23 和 S25，这三条支路执行完毕，最后汇合到 S27。同样，根据图 2-158 所示的状态流程图很容易画出梯形图并写出指令语句表，如图 2-159 所示。

3. 跳步顺序控制程序

跳步顺序控制也称为跳转顺序控制，其功能为当条件满足时跳过某些步骤执行程序。跳步顺序控制状态流程示意图如图 2-160 所示，其梯形图及指令语句表如图 2-161 所示。

在图 2-161 中，当 X4 未闭合而 X0 闭合时，程序按照 S0→S20→S21→S22→S23→S0 的顺序执行；当 X4 闭合而 X0 未闭合时，程序按照 S0→S23→S0 的顺序执行。显然，在跳步顺序控制中，条件 X0、X1、X2、X3 与 X4 不能同时闭合，否则程序会出错。

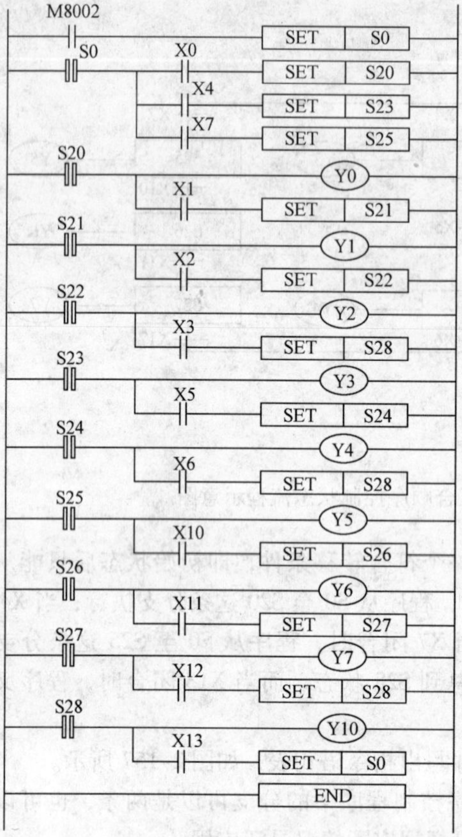

步	指令	元件
0	LD	M8002
1	SET	S0
3	STL	S0
4	LD	X0
5	SET	S20
7	LD	X4
8	SET	S23
10	LD	X7
11	SET	S25
13	STL	S20
14	OUT	Y0
15	LD	X1
16	SET	S21
18	STL	S21
19	OUT	Y1
20	LD	X2
21	SET	S22
22	STL	S22
23	OUT	Y2
24	LD	X3
25	SET	S28
27	STL	S23
28	OUT	Y3
29	LD	X5
30	SET	S24
32	STL	S24
33	OUT	Y4
34	LD	X6
35	SET	S28
37	STL	S25
38	OUT	Y5
39	LD	X10
40	SET	S26
42	STL	S26
43	OUT	Y6
44	LD	X11
45	SET	S27
47	STL	S27
48	OUT	Y7
49	LD	X12
50	SET	S28
52	STL	S28
53	OUT	Y10
54	LD	X13
55	SET	S0
57	SND	

图 2-157　选择性分支与汇合顺序控制梯形图及指令语句表

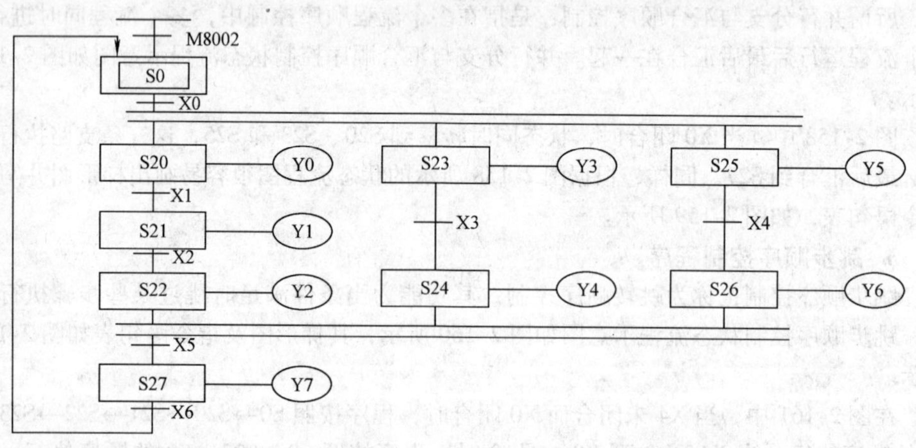

图 2-158　并行分支与汇合顺序控制状态流程示意图

4. 循环顺序控制程序

循环顺序控制是指当条件满足时循环执行某段程序，其状态流程示意图如图 2-162

所示，梯形图如图 2-163 所示。

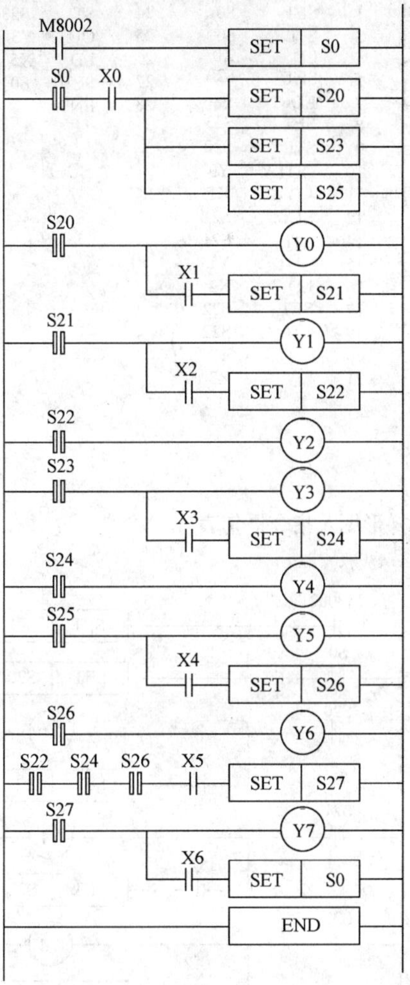

0	LD	M8002	38	STL	S24
1	SET	S0	39	STL	S26
3	STL	S0	40	LD	X5
4	LD	X0	41	SET	S27
5	SET	S20	43	STL	S27
7	SET	S23	44	OUT	Y7
9	SET	S25	45	LD	X6
11	STL	S20	46	SET	S0
12	OUT	Y0	48	END	
13	LD	X1			
14	SET	S21			
16	STL	S21			
17	OUT	Y1			
18	LD	X2			
19	SET	S22			
21	STL	S22			
22	OUT	Y2			
23	STL	S23			
24	OUT	Y3			
25	LD	X3			
26	SET	S24			
28	STL	S24			
29	OUT	Y4			
30	STL	S25			
31	OUT	Y5			
32	LD	X4			
33	SET	S26			
35	STL	S26			
36	OUT	Y6			
37	STL	S25			

图 2-159　并行分支与汇合顺序控制梯形图及指令语句表

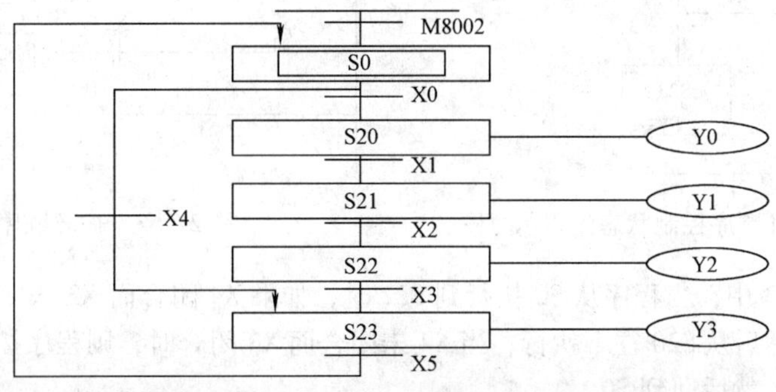

图 2-160　跳步顺序控制状态流程示意图

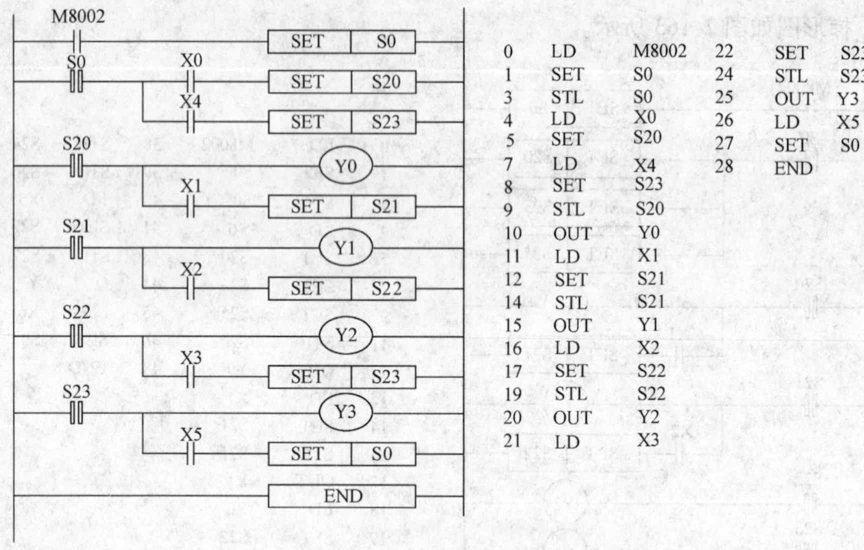

图 2-161　跳步顺序控制梯形图及指令语句表

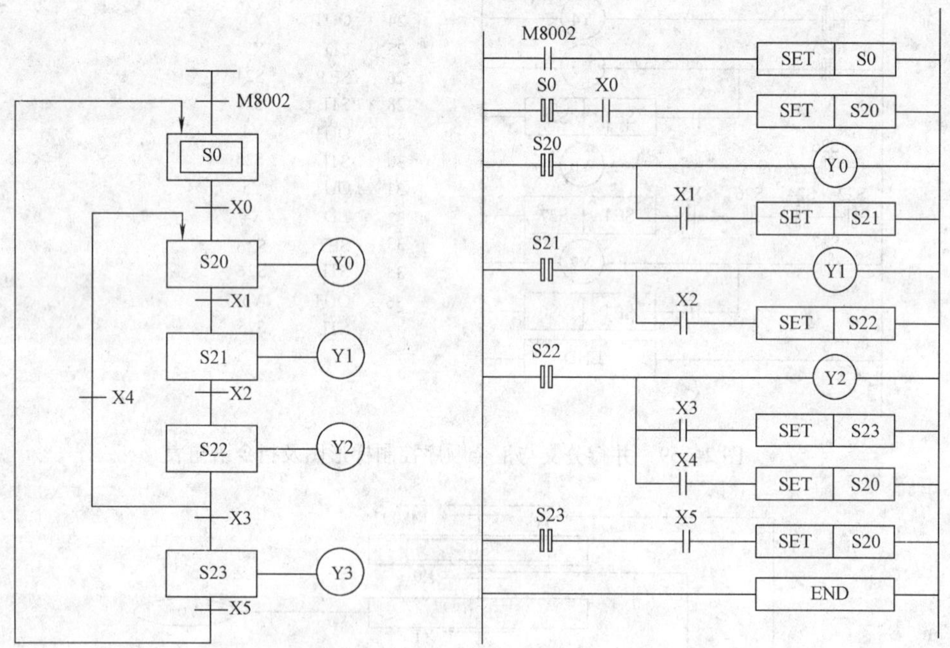

图 2-162　循环顺序控制状态流程示意图

图 2-163　循环顺序控制

在图 2-163 中，当程序从 S0 执行到 S22 时，如果 X4 闭合而 X3 未闭合，则程序又返回到 S20，然后从 S20 往下执行；当 X4 未闭合而 X3 闭合时，则程序按正常的顺序一直执行到 S23，然后回到 S0。

任务6　进行嵌入PLC程序设计师考证的机床PLC控制基础实践训练

依据现有的教学资源，根据项目安排的工作任务，嵌入PLC程序设计师考证的内容和标准，特安排以下基础实践训练。

2.6.1　实践训练1　熟悉日本三菱公司FX_{2N}系列PLC基本编程指令

1. 训练目的

1）熟悉了解TVT-90C学习机的功能和特点。

2）熟练掌握日本三菱公司FX_{2N}系列PLC的硬、软件功能和性能。

3）用FX_{2N}系列PLC的编程工具，练习PLC常用的基本编程指令。

2. 训练设备

1）FX_{2N}-48MR主机模块。

2）电源模板。

3）TVT-90C学习机。

4）带有编程软件的计算机。

3. 训练内容

（1）熟悉基本逻辑指令的使用

1）"起、保、停"电路：在如图2-164所示的"起、保、停"电路中，当X0接通一下时，Y0有输出且自保；当X0断开后，Y0依靠其自保接点的接通，仍然有输出。只有当X1触点断开，才能使Y0失电，Y0无输出。

2）多重输入电路：在图2-165所示的多重输入电路中，X0、X1接通，或X0、X3接通，X2、X1接通，或X2、X3接通，均可使Y0有输出。

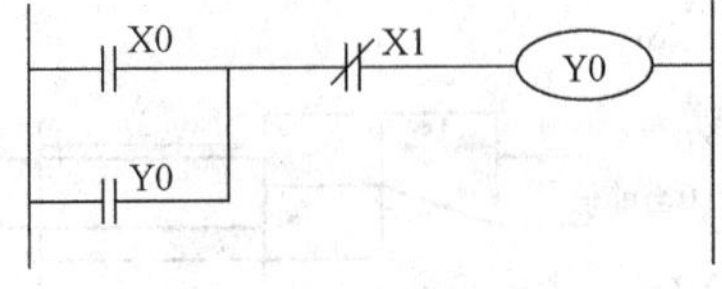

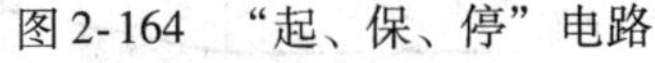
图2-164　"起、保、停"电路

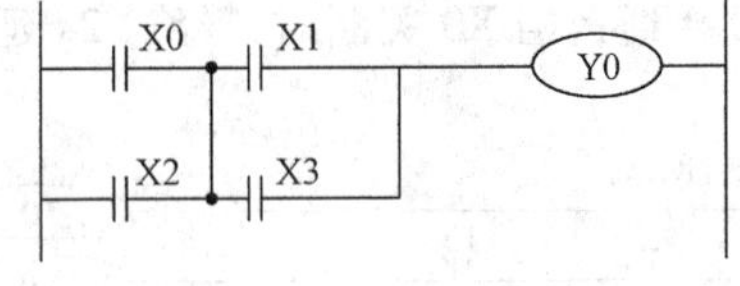

图2-165　多重输入电路

3）比较电路：如图2-166所示，该电路按预先设定的输出要求，根据对两个输入信号的比较，决定某一输出。若X0、X1同时接通，Y0有输出；若X0、X1均不接通，Y1有输出；若X0不接通，X1接通，则Y2有输出；X0若接通，X1不接通，则Y3有输出。

（2）定时器的编程练习

1）延时接通电路：如图2-167所示，给X0一个输入信号，经过2s延时接通Y0，对应的指示灯亮。注意Y0对应的灯的亮灭情况。

2）延时断开电路：如图2-168所示，给X0一个输入信号，经过2s延时关断Y0。注意Y0对应的灯的亮灭情况。

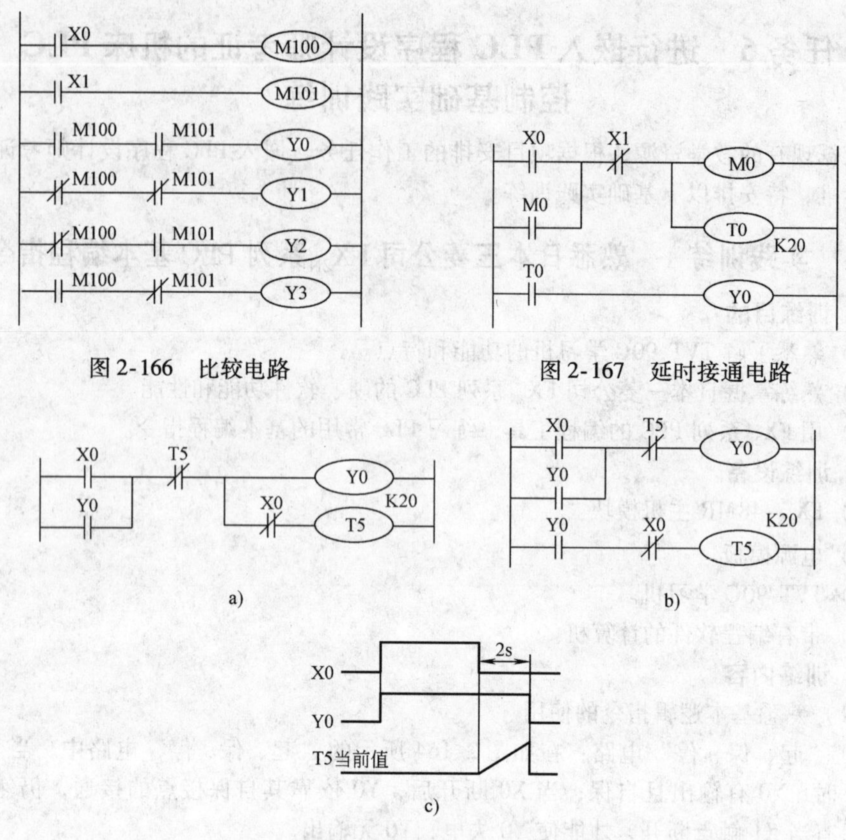

图 2-166　比较电路

图 2-167　延时接通电路

图 2-168　延时断开电路

3）延时接通/断开电路：如图 2-169 所示，当 X0 接通时，经过 1s 延时后 T0 接通、Y0 接通；当 X0 关断时，经过 2s 延时后 Y0 关断。

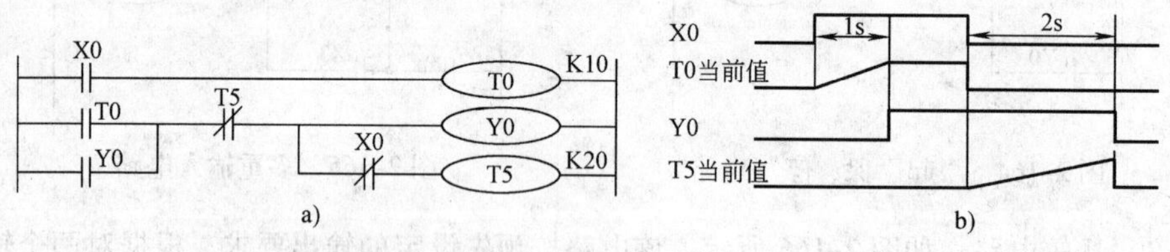

图 2-169　延时接通/断开电路

4）长延时电路：如图 2-170、图 2-171 所示，用监控方式观察各编程器件的开断情况，并记录。

5）带瞬时触点的定时器电路：如图 2-172 所示，用 M0 作为瞬时触点，组成带瞬时触点的定时器电路。

（3）定时点灭电路　如图 2-173 所示，电路的功能是：Y005 接通 0.5s，断开 0.5s，反复交替进行，形成了周期 T 为 1s 的振荡器。

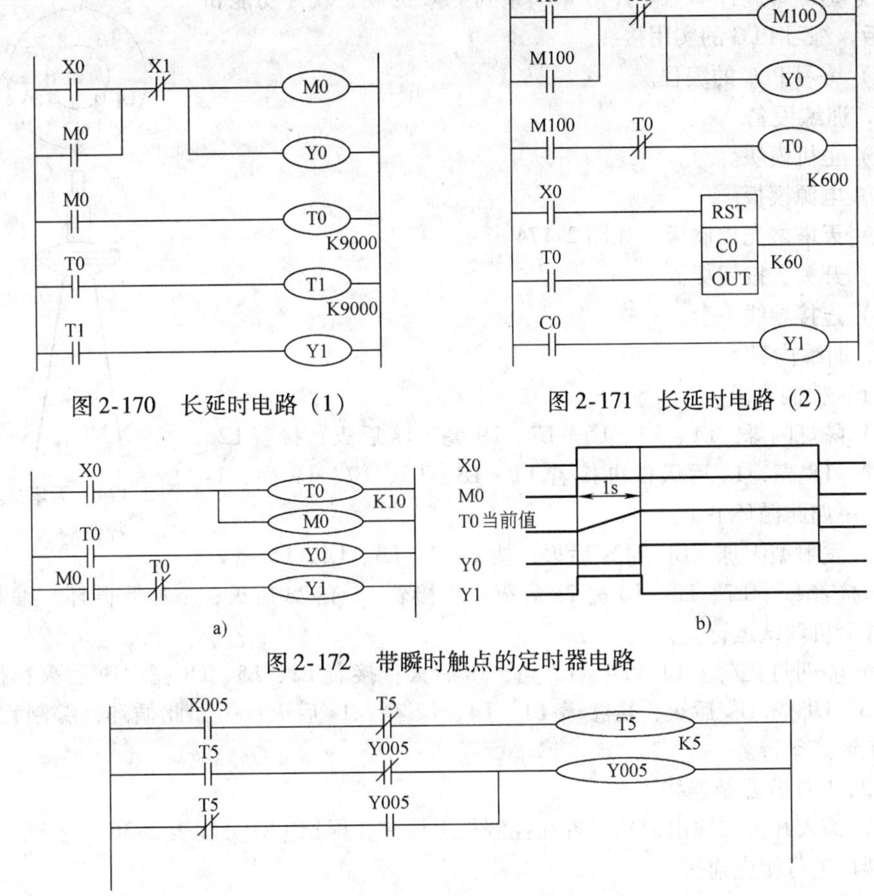

图 2-170　长延时电路（1）

图 2-171　长延时电路（2）

图 2-172　带瞬时触点的定时器电路

图 2-173　定时点灭电路

（4）分频电路　如图 2-147 所示，可构成任意分频的分频电路。

4. 训练报告要求

侧面装订：

1）训练目的。

2）训练设备及接线。

3）训练内容，写出控制要求。

4）训练步骤，分配 PLC 的 I/O 端口，画出实际接线图。

5）训练结论及程序分析，列出梯形图程序、指令字程序和说明。

6）训练注意事项。

7）训练小结。

2.6.2　实践训练 2　天塔之光的 PLC 控制

1. 训练目的

1）用 PLC 构成灯光闪烁控制系统。

2）熟练掌握日本三菱公司 FX_{2N} 系列 PLC 的硬、软件功能和性能后，练习 PLC 的实用接线。

3）练习 PLC 的编程。

2. 训练设备

1）主机模块。

2）电源模板。

3）天塔之光控制板，如图 2-174 所示。

4）开关、按钮板。

5）连接导线一套。

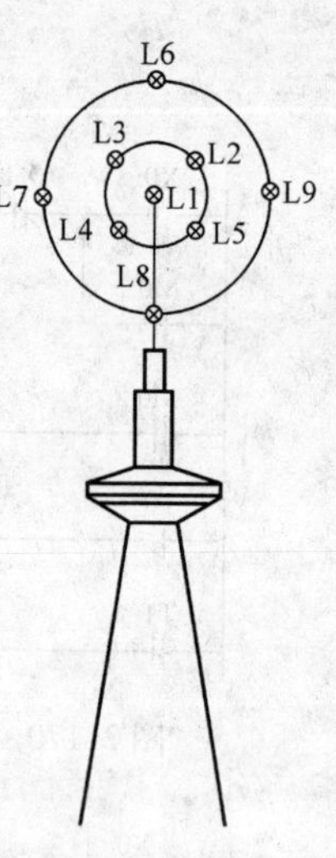

图 2-174 天塔之光控制验板

3. 训练内容

（1）控制要求

1）隔灯闪烁：L1、L3、L5、L7、L9 亮，1s 后灭；接着 L2、L4、L6、L8 亮，1s 后灭；再接着 L1、L3、L5、L7、L9 亮，1s 后灭；…如此循环下去。

2）发射型闪烁：L1 亮 2s 后灭；接着 L2、L3、L4、L5 亮 2s 后灭；接着 L6、L7、L8、L9 亮 2s 后灭；再接着 L1 亮 2s 后灭；…如此循环，编制程序，并上机调试运行。

3）隔两灯闪烁：L1、L4、L7 亮，1s 后灭；接着 L2、L5、L8 亮，1s 后灭；接着 L3、L6、L9 亮，1s 后灭；再接着 L1、L4、L7 亮，1s 后灭；…如此循环，编制程序，并上机调试运行。

（2）I/O 分配及连接

1）输入开关和输出模拟元件在控制板上均有，根据 I/O 分配表 2-36 与主机输入、输出端口进行相应连接。

表 2-36 灯光闪烁控制 I/O 分配表

输入		输出					
起动按钮	X0	L1	Y0	L2	Y1	L3	Y2
停止按钮	X1	L4	Y3	L5	Y4	L6	Y5
		L7	Y6	L8	Y07	L9	Y10

2）将电源模板上的 24V 直流电源引到控制板上的 24V 直流电源端。

3）把主机上用到的输入/输出接点对应的 COM 端与控制板的 +24V 端相连，输入/输出接点对应的 C0、C1、C2 端与控制板的 0V 端相连。

（3）按要求编写程序并输入程序

（4）调试并运行程序

4. 编程练习

按控制要求分别编程练习，然后调试并运行程序。

5. 训练报告

1）训练目的。

2）训练设备及接线。

3）训练内容，写出控制要求。

4）训练步骤，分配 PLC 的 I/O 端口，画出实际接线图。

5）训练结论及程序分析，列出梯形图程序、指令字程序和说明。

6）训练注意事项。

7）训练小结。

6. 训练的参考梯形图

该训练的要求如下：

1）按训练内容中的控制要求进行编程。

2）输入如图 2-175 ~ 图 2-178 所示的 PLC 参考程序。

3）运行程序，并按控制要求对照检验信号输出的状态。

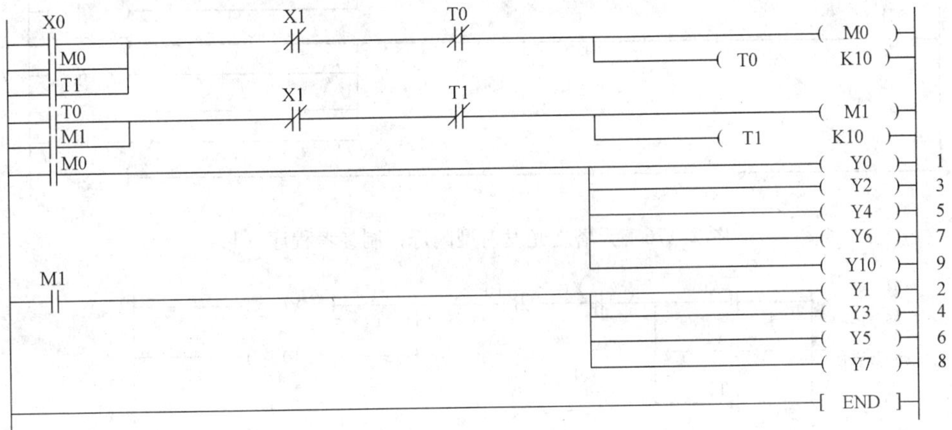

图 2-175　天塔之光隔灯闪烁控制参考程序

7. 注意事项

1）X0 起动拉钮应选用自复式按钮。

2）各程序中的各输入、输出点应与外部实际 I/O 端口正确连接。

2.6.3　实践训练 3　电动机的 PLC 控制

1. 训练目的

1）通过电动机 PLC 控制系统的建立，掌握应用 PLC 技术设计控制系统的思想和方法。

2）掌握 PLC 编程的技巧和程序调试的方法。

3）训练分析和解决工程实际控制问题的能力。

2. 训练设备

1）主机模块。

2）电动机控制训练板。

3）电源模块。

4）连接导线若干。

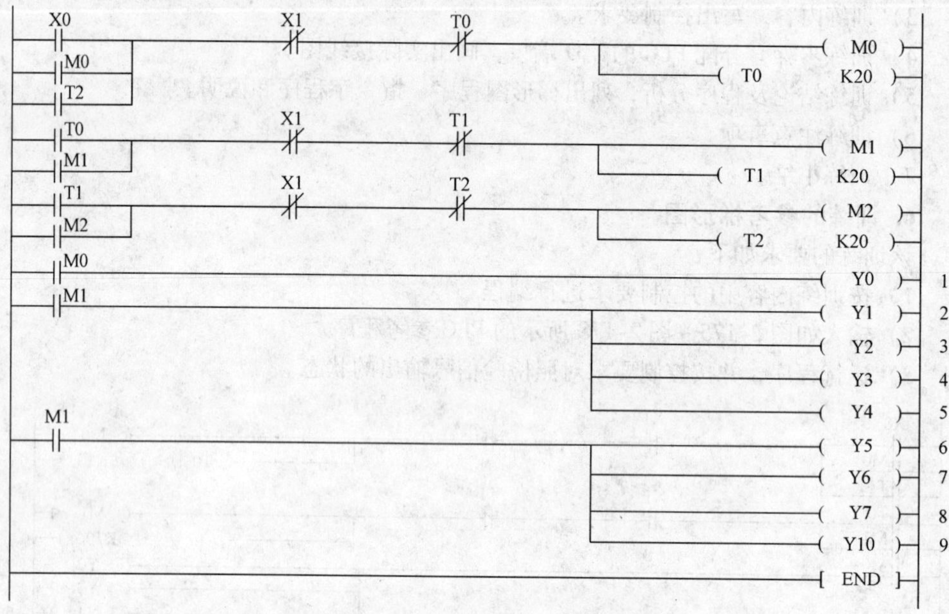

图 2-176　天塔之光发射型闪烁控制参考程序（1）

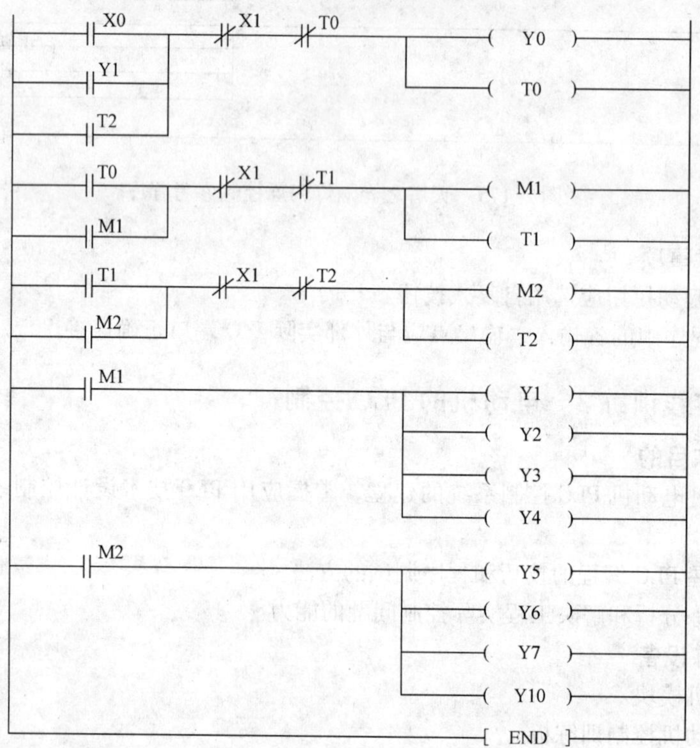

图 2-177　天塔之光发射型闪烁控制参考程序（2）

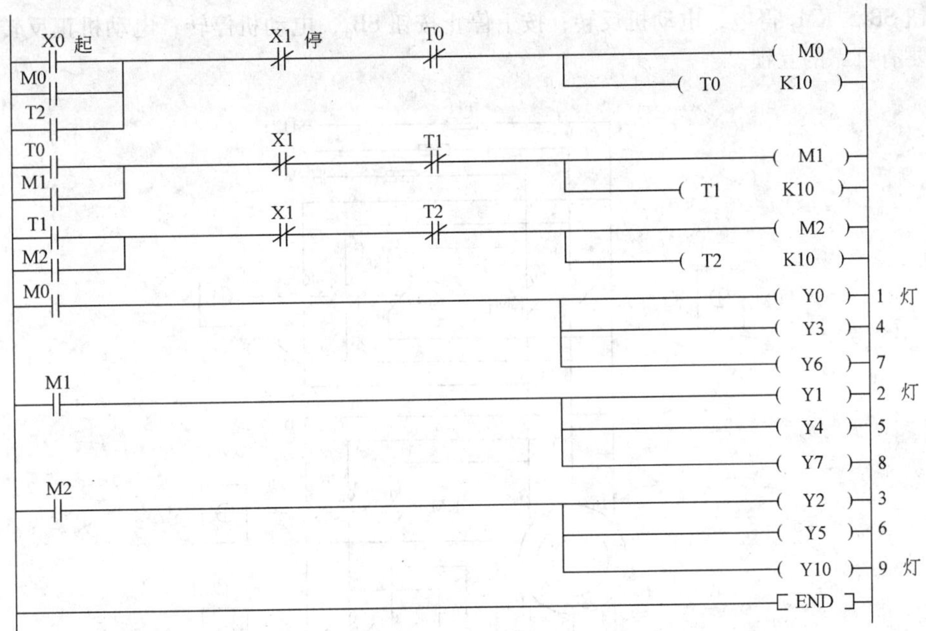

图 2-178　天塔之光隔两灯闪烁控制参考程序

3. 电动机控制训练板简介

图 2-179 为电动机控制训练板的实际板面图。训练板要完成的功能是用 PLC 控制三相交流异步电动机的正反转、Y-△起动或反接制动控制等。其控制对象是一台三相交流异步电动机。要完成这些功能除需要一台电动机外，起码还要有四组三相交流接触器 KM_1、KM_2、KM_Y、$KM_\triangle$ 和 3 个按钮开关 SB_1、SB_2、SB_3 及模拟速度继电器的接点等。3 个按钮开关采用体积很小的按钮，可以将实物安装在实训板上。而电动机和接触器体积大，不宜安装在训练板上，若用实物将使整个学习机变得庞大。在训练板上采用示意图加指示灯显示的方法模拟这两种元件。图 2-179 中的 M 代表三相交流异步电动机，两个方向的箭头下面有发光二极管 LED，实验时发光的一个 LED 表示电动机在按箭头所示方向旋转；两者均不发光，表示电动机停转。KM_1、KM_2，KM_Y、$KM_\triangle$ 的方框中分别有一个发光二极管，它发光时表示该接触器线圈得电，对应的常开触点也闭合；不发光时表示接触器线圈失电，对应的常开触点断开。

主机输入或输出点与模拟训练板的连接是通过安装在训练板上的七个插孔，用带有插头的连线来实现。该实训用到的 3 个输入按钮开关和模拟接触器的几个发光二极管在训练板上均有。无需再用其他模块。只需将主机模块上用到的输入、输出端口与训练板上的输入、输出插孔相连。

其他各块模拟实训板也是基于类似的方法设计。

4. 训练要求

1）控制电动机正、反转。按下起动按钮 SB_1，KM_1 得电，电动机正转；按下起动

按钮 SB_2，KM_2 得电，电动机反转；按下停止按钮 SB_3，电动机停转；电动机正反转之间要有可靠的互锁。

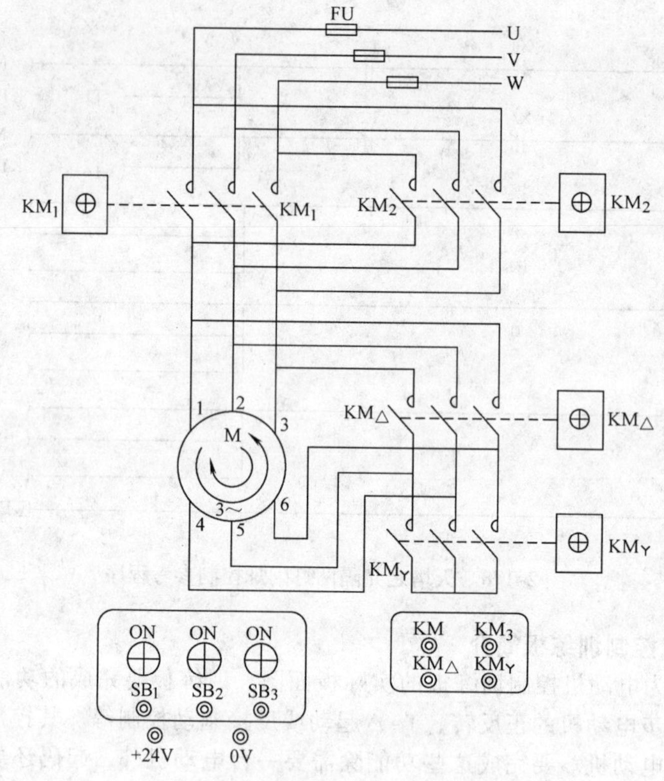

图 2-179　电动机控制训练板

2）控制电动机Y-△起动。按下起动按钮 SB_1，KM_1、KM_Y 得电接通，电动机Y起动；2s 后 KM_Y 失电断开，$KM_\triangle$ 得电接通，切换到△运行；按下停止按钮 SB_3，电动机停止运行；电动机Y-△之间要有可靠的互锁。

3）电动机正、反转的反接制动控制。用两个开关模拟速度继电器，实现正反转停机时的反接制动控制。

4）控制电动机往复运行。按下起动按钮 SB_1，KM_1 得电，电动机正转 10s；然后再反转运行 10s；如此不断循环；当按下停止按钮 SB_3 后，电动机停转；电动机正反转之间要有可靠的互锁。

5）控制电动机正、反转，Y-△起动，往复运行和正反转停机时的反接制动综合控制。在分别做了前四种基本环节的 PLC 控制之后，将其组合在一起，实现机床的综合控制。

5. 输入输出 I/O 地址分配及连接

1）输入开关和输出模拟元件训练板上均有，根据 I/O 地址分配表 2-37，与 PLC 主机输入/输出端口进行相应连接。

表 2-37 I/O 地址分配表

输入		输出		输入（Kn 为速度传感器）		输出	
SB_1（正）	X001	KM_1（正）	Y000	Kn（正）	X003	$KM_{\triangle}$	Y003
SB_2（反）	X002	KM_2（反）	Y001	Kn（反）	X004		
SB_3（停）	X000	KM_Y	Y002				

2）将电源模板上的24V 直流电源引到训练板上的24V 直流电源端。

3）把主机上用到的输入/输出接点对应的 COM 端与训练板的 +24V 端相连，输入/输出接点对应的 C0、C1、C2 端与训练板的 0V 端相连。

6. 训练步骤

1）根据训练要求，以梯形图的方式编写 PLC 程序。

2）根据输入、输出口分配的要求连接电路。

3）将用户程序输入到 PLC 中，调试并运行程序。

7. 训练报告

1）训练目的。

2）训练设备及接线。

3）训练内容，写出控制要求。

4）训练步骤，分配 PLC 的 I/O 端口，画出实际接线图。

5）训练结论及程序分析，列出梯形图程序、指令字程序和说明。

6）训练注意事项。

7）训练总结。

8. 训练的参考梯形图程序

上述四种控制的单环节控制梯形图程序由读者自己完成，电动机正反转、正反转时间控制循环、Y-△起动和正反转停机时的反接制动等四种功能综合控制参考梯形图程序如图 2-180 所示。

2.6.4 实践训练 4 城市交通指挥灯的 PLC 控制

1. 训练目的

1）通过城市交通灯控制系统的建立，掌握应用 PLC 技术设计控制系统的思想和方法。

2）掌握 PLC 编程的技巧和程序调试的方法。

3）训练分析和解决工程实际控制问题的能力。

2. 训练设备

1）主机模块。

2）交通灯控制训练板，如图 2-181 所示。

3）电源模板。

4）连接导线一套。

3. 训练内容

（1）控制要求 断路器合上后，东西方向绿灯亮 25s，闪 3s 后灭；黄灯亮 2s 后

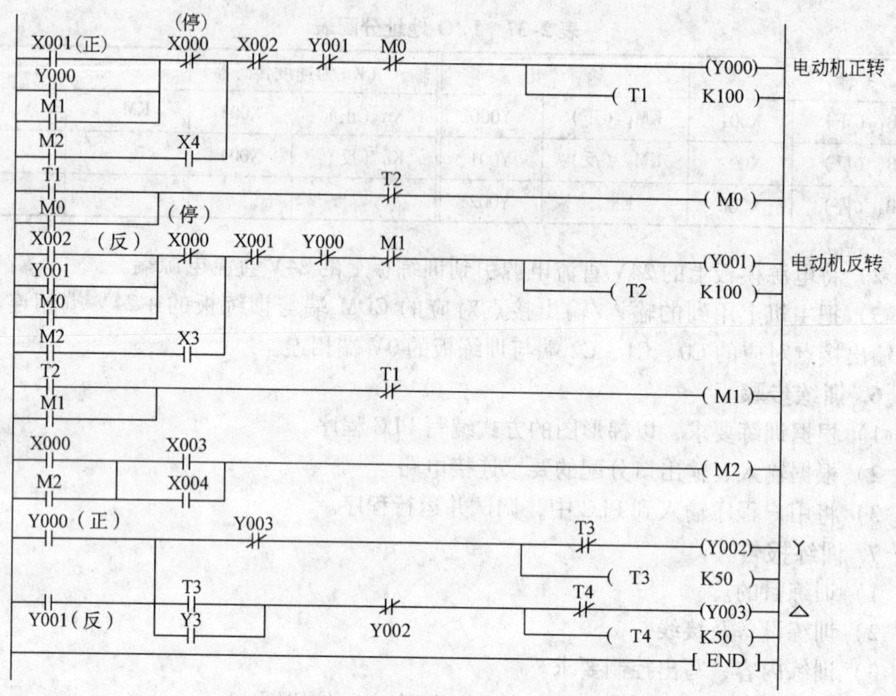

图 2-180　电动机正反转、正反转时间控制循环、Y-△起动和正反转停机时的反接制动等四种功能综合控制

灭，此时对应南北方向红灯亮 30s 后灭；然后南北方向绿灯亮 25s、闪 3s 后灭；黄灯亮 2s 后灭，此时对应东西方向红灯亮 30s 后灭；…，如此循环。其控制时序图如图 2-182 所示。

(2) I/O 分配及连接（见表 2-38）

表 2-38　I/O 地址分配表

输　入		输　出			
启动按钮	X0	南北红灯	Y6	东西红灯	Y2
停止按钮	X1	南北黄灯	Y5	东西黄灯	Y1
		南北绿灯	Y4	东西绿灯	Y0

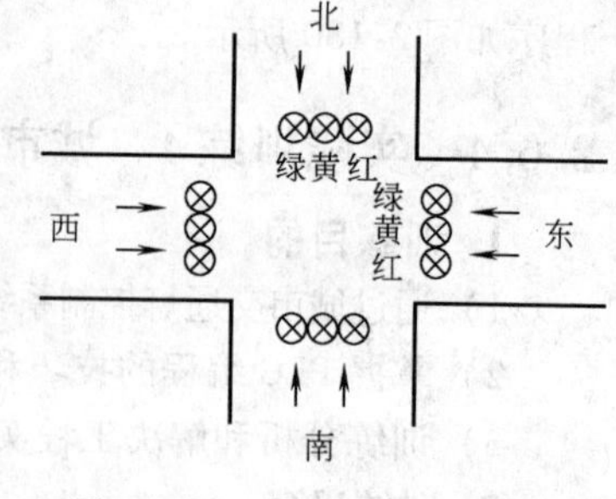

图 2-181　交通灯控制训练板

1）输入开关和输出模拟元件在实验板上均有，分配输入、输出接点，并与主机输入/输出端口进行相应连接。

2）将电源模板上的 24V 直流电源引到实训板上的 24V 直流电源端。

3）把主机上用到的输入/输出接点对应的 COM 端与实训板的 +24V 端相连，输入/输出接点对应的 C0、C1、C2 端与实训板的 0V 端相连。

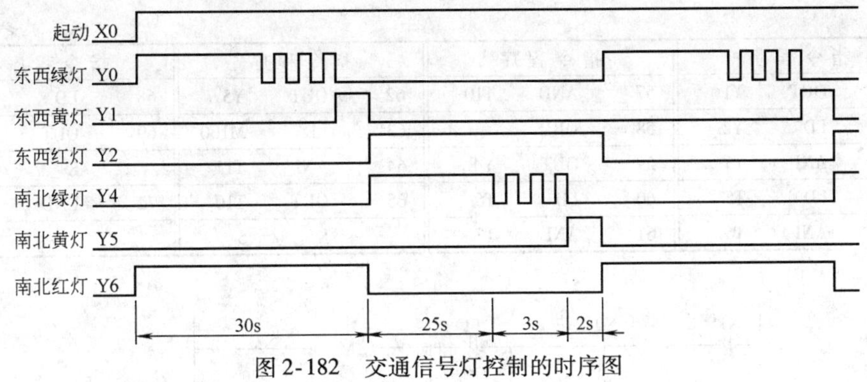

图 2-182　交通信号灯控制的时序图

（3）按要求编写程序并输入程序

（4）调试并运行程序

4. 编程练习

按控制要求编写城市交通灯 PLC 控制梯形图。

5. 训练报告

1）训练目的。

2）训练设备及接线。

3）训练内容，写出控制要求。

4）训练步骤，分配 PLC 的 I/O 端口，画出实际接线图。

5）训练结论及程序分析，列出梯形图程序、指令字程序和说明。

6）训练注意事项。

7）训练总结。

6. 训练的参考梯形图

训练的参考梯形图如图 2-183 ~ 图 2-187 所示。

图 2-184 交通信号灯 PLC 控制参考梯形图（2）所对应的指令字程序见表 2-39。

表 2-39　图 2-187 交通信号灯 PLC 控制参考梯形图（2）所对应的指令字程序

指令程序			指令程序			指令程序			指令程序		
0	LD	X0	13	LD	M100	27	OUT	T5	41	LD	T0
1	OR	M100	14	ANI	T0		K	250	42	OUT	Y2
2	ANI	X1	15	OUT	T2	30	LD	T5	43	LD	Y6
3	OUT	M100		K	250	31	OUT	T6	44	ANI	T2
4	LD	M100	18	LD	T2		K	30	45	LD	T2
5	ANI	T1	19	OUT	T3	34	LD	T6	46	ANI	T3
6	OUT	T0		K	30	35	OUT	T7	47	AND	T10
	K	300	22	LD	T3		K	20	48	ORB	
9	LD	T0	23	OUT	T4	38	LD	M100	49	OUT	Y0
10	OUT	T1		K	20	39	ANI	T0	50	LD	T3
	K	300	26	LD	T0	40	OUT	Y6	51	ANI	T4

（续）

指令程序			指令程序			指令程序			指令程序		
52	OUT	Y1	57	AND	T10	62	OUT	Y5	68	LD	T10
53	LD	Y2	58	ORB		63	LD	M100	69	OUT	T11
54	ANI	T5	59	OUT	Y4	64	ANI	T11		K	5
55	LD	T5	60	LD	T6	65	OUT	T10	72	END	
56	ANI	T6	61	ANI	T7		K	5			

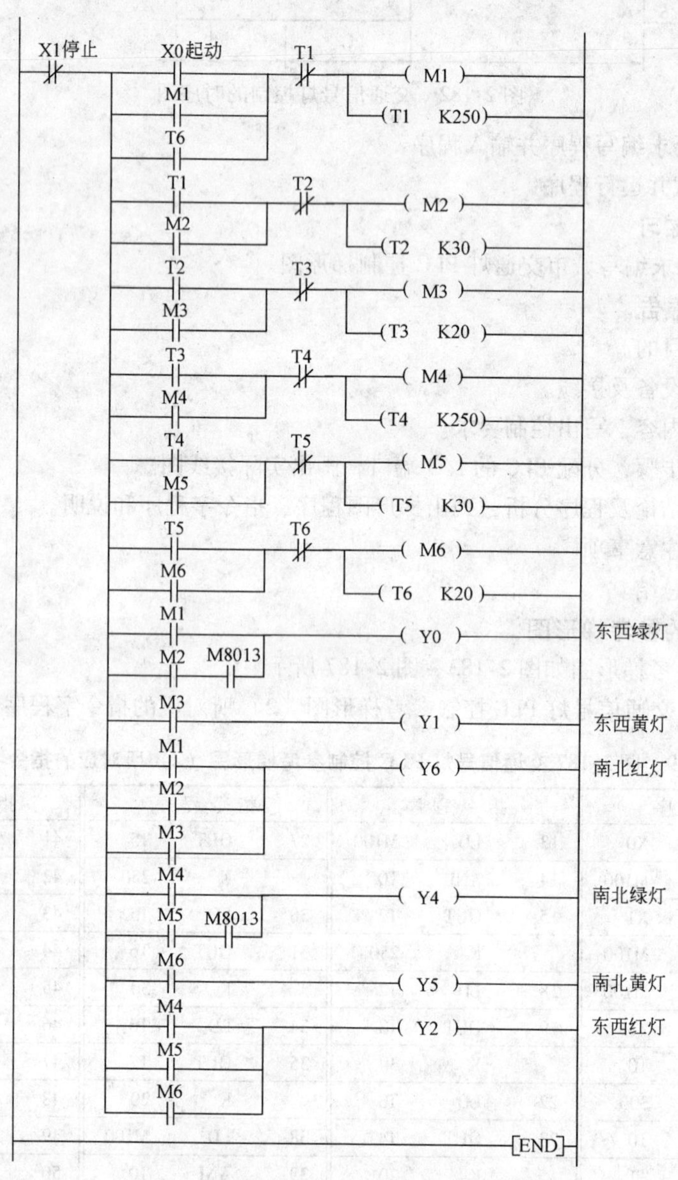

图 2-183　交通信号灯 PLC 控制参考梯形图（1）

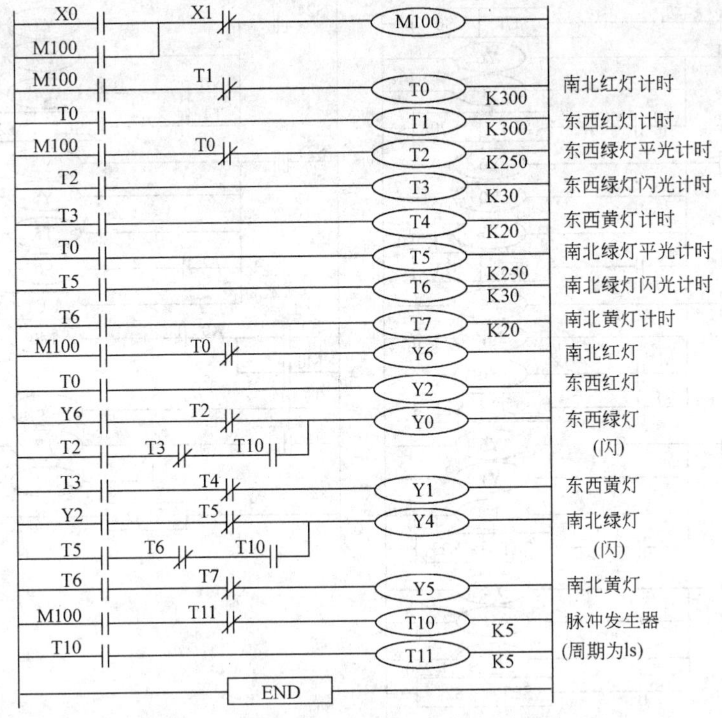

图 2-184　交通信号灯 PLC 控制参考梯形图（2）

对交通信号灯时序步进类 PLC 控制，采用步进接点指令编程，设计思路更清晰，梯形图更简明易懂，一目了然。

（1）按单流程编程　如果把东西和南北方向信号灯的动作视为一个顺序动作过程，其中每一个时序同时有两个输出，一个输出控制东西方向的信号灯，另一个输出控制南北方向的信号灯，这样就可以按单流程进行编程，其状态转移图如图 2-185 所示，对应的步进梯形图如图 2-186 所示。

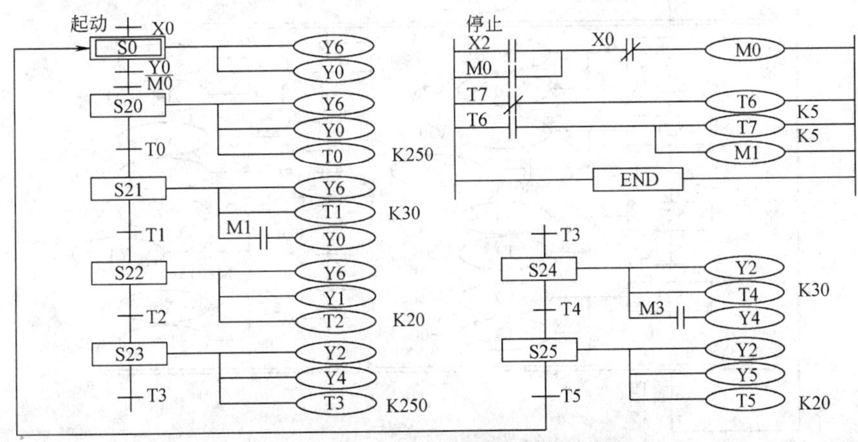

图 2-185　按单流程编程的状态转移图

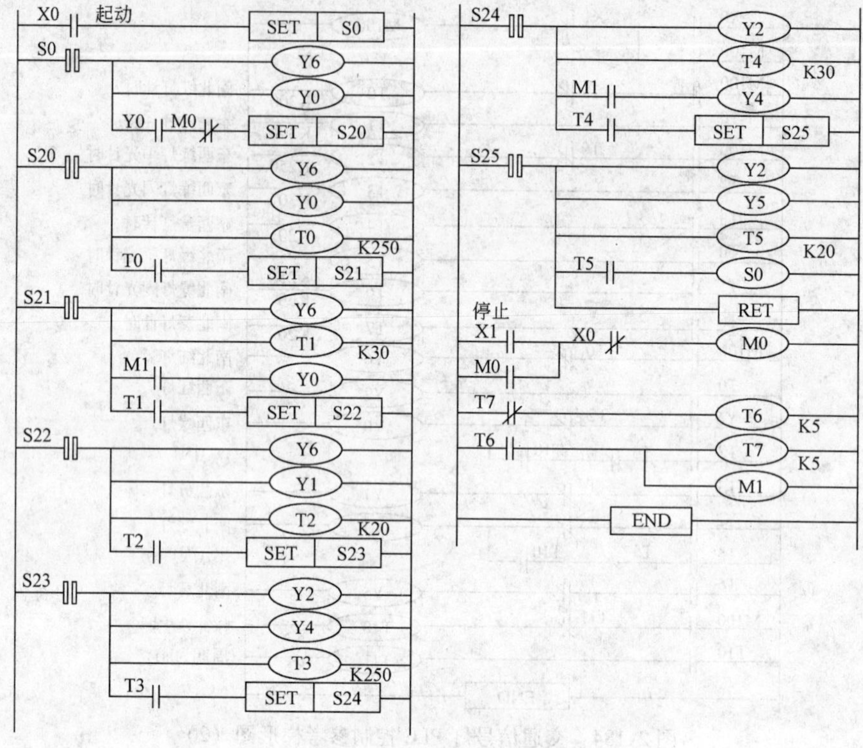

图 2-186　按单流程编程的步进梯形图

（2）按双流程编程　东西方向和南北方向信号灯的动作过程也可以分别看成是两个独立的顺序动作过程。其状态转移图如图 2-187 所示。它具有两条状态转移支路，其结构为并联分支与汇合。其对应的步进梯形图由读者自己完成。

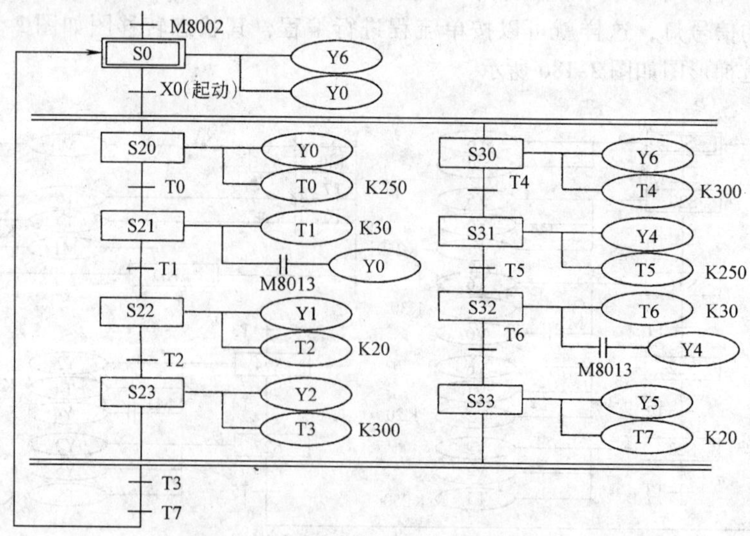

图 2-187　按单流程编程的状态转移图

2.6.5 实践训练5 PLC构成的八组抢答器控制

1. 训练目的

1）用PLC构成抢答器系统。

2）掌握PLC编程的技巧和程序调试的方法。

3）训练应用PLC技术实现一般编程应用的能力。

2. 训练设备

1）主机模块。

2）八段码显示板，如图2-188所示。

3）开关、按钮板。

4）电源模板。

5）连接导线一套。

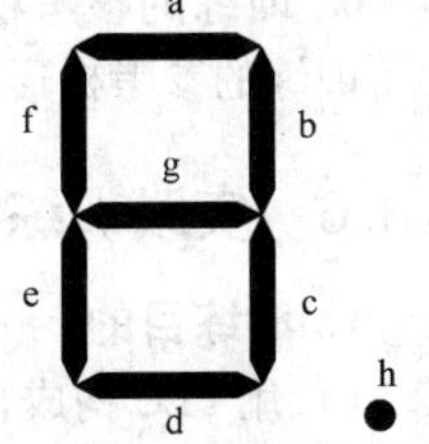

图2-188 八段码显示板

3. 训练内容

（1）控制要求

1）控制一个八组抢答器，任一组抢先按下后，显示器能及时显示该组的编号，同时锁住其他抢答器，使其他组按下无效；复位后可重新抢答。

2）当主持人按下“开始”按钮后方可抢答；否则视为犯规，相应显示器显示。

（2）I/O分配及接线

1）输入开关和输出模拟元件在实验板上均有，用开关、按钮板上的按钮作为起动按钮，根据I/O分配表2-40，将输入/输出接点与主机的输入/输出端进行相应连接。

表2-40 I/O分配表

输入		输出		输入		输出	
SB_0（复位）	X000	a	Y001	SB_6（6组）	X006	g	Y007
SB_1（1组）	X001	b	Y002	SB_7（7组）	X007	h	Y011
SB_2（2组）	X002	c	Y003	SB_8（8组）	X010		
SB_3（3组）	X003	d	Y004				
SB_4（4组）	X004	e	Y005	SB_9（开始）	X020		
SB_5（5组）	X005	f	Y006				

2）将电源模板上的24V直流电源引到实验板上的24V直流电源端。

3）把主机上用到的输入/输出接点对应的COM端与实验板的+24V端相连，输入/输出接点对应的C0、C1、C2端与实验板的0V端相连。

4）按要求编写程序并输入程序。

5）调试并运行程序。

4. 编程练习

按八组抢答器的控制要求，编写八组抢答器的控制程序。

5. 训练报告

1）训练目的。

2）训练设备及接线。

3）训练内容，写出控制要求。

4）训练步骤，分配 PLC 的 I/O 端口，画出实际接线图。

5）训练结论及程序分析，列出梯形图程序、指令字程序和说明。

6）训练注意事项。

7）训练小结。

6. 训练的参考梯形图

训练的参考梯形图如图 2-189、图 2-190 所示。

2.6.6 实践训练 6 自控轧钢机的 PLC 控制

1. 训练目的

1）用 PLC 构成自控轧钢机控制系统。

2）掌握 PLC 编程的技巧和程序调试的方法。

3）训练应用 PLC 技术实现一般生产过程控制的能力。

2. 训练设备

1）主机模块。

2）电源模块。

3）自控轧钢机控制板，如图 2-191 所示。

4）连接导线一套。

自控轧钢机控制板的输出端 Y_1 为一特殊设计的端子。它的功能是：

开机后 Y_1 旁箭头内的三个发光管均为 OFF；Y_1 第一次接通后，最上面的发光管为 ON，表示轧钢机有一个压下量；Y_1 第二次接通后，最上面和中间的发光二极管为 ON，表示轧钢机有两个压下量；Y_1 第三次接通后，箭头内三个发光二极管都为 ON，表示轧钢机有三个压下量；当 Y_1 第四次接通时，Y_1 旁箭头内的三个发光管均为 OFF，表示轧机复位；第五次接通回到第一次，如此循环。

3. 训练内容

（1）控制要求 当起动按钮按下时，电动机 M_1、M_2 运行，传送钢板；监测传送带上有无钢板的传感器 S_1 有信号（为 ON）时，表示有钢板，则电动机 M_3 正转，S_1 的信号消失（为 OFF）；监测传送带上钢板到位后的传感器 S_2 有信号（为 ON）时，表示钢板到位，电磁阀 Y_2 动作，电动机 M_3 反转。Y_1 给出一向下压下量，S_2 信号消失，S_1 有信号，电动机 M_3 正转，S_1 的信号消失；重复直至 Y_1 给出三个向下压下量后，若 S_2 有信号，则停机，需重新起动。

（2）I/O 分配及连接 I/O 分配见表 2-41。

表 2-41 I/O 分配表

输　入		输　出		输　入		输　出	
SB_0（起动）	X000	M_1	Y001	S_2（到位）	X002	M_4（反转）	Y004
SB_1（停止）	X001	M_2	Y002			Y_1（信号灯）	Y005
S_1（有钢）	X003	M_3（正转）	Y003			Y_2（电磁阀）	Y006

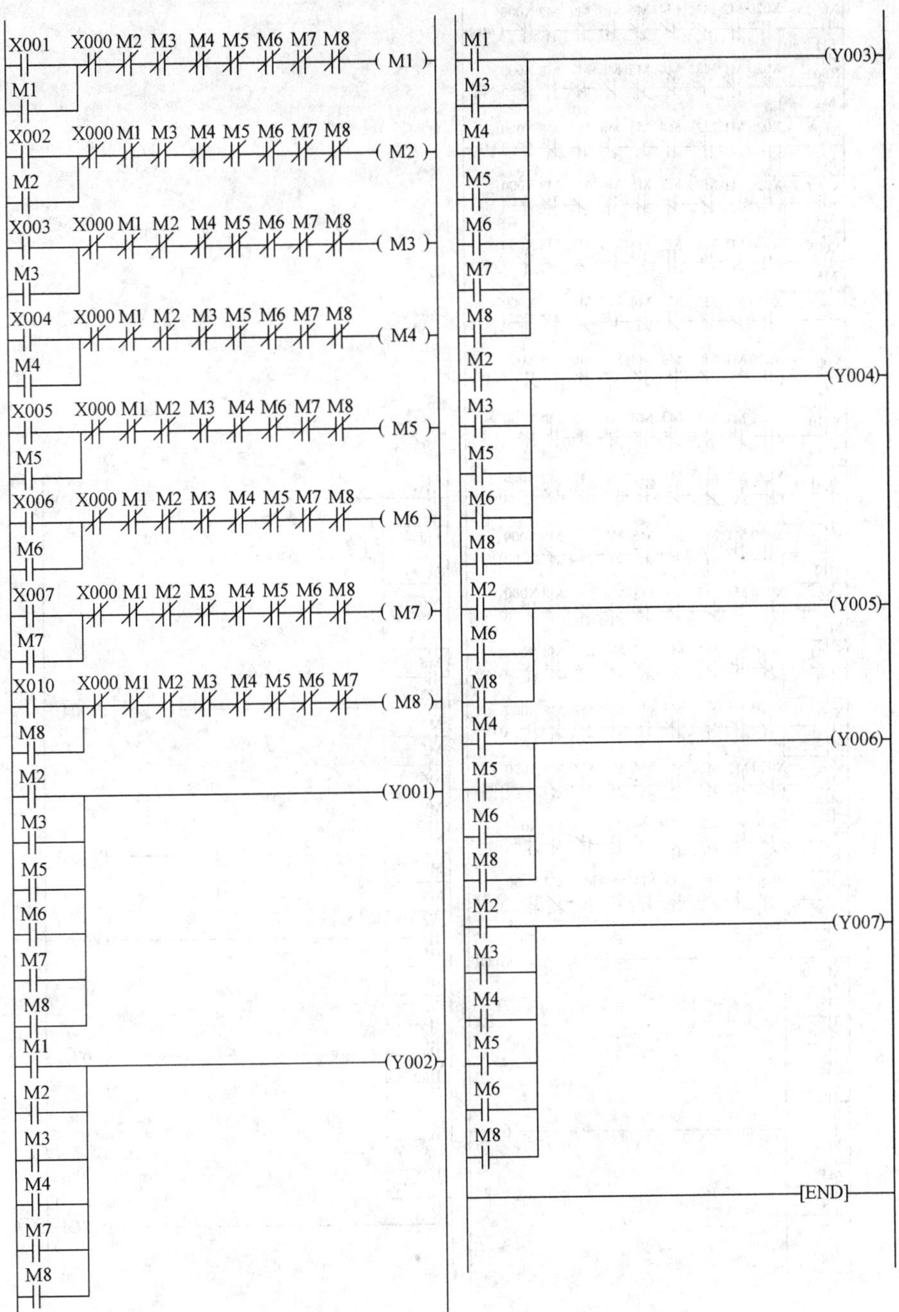

图 2-189　控制要求 1）的参考程序

1）自行分配 I/O，并与主机输入、输出端口进行相应连接。

2）将电源模板上的 24V 直流电源引到控制板上的 24V 直流电源端。

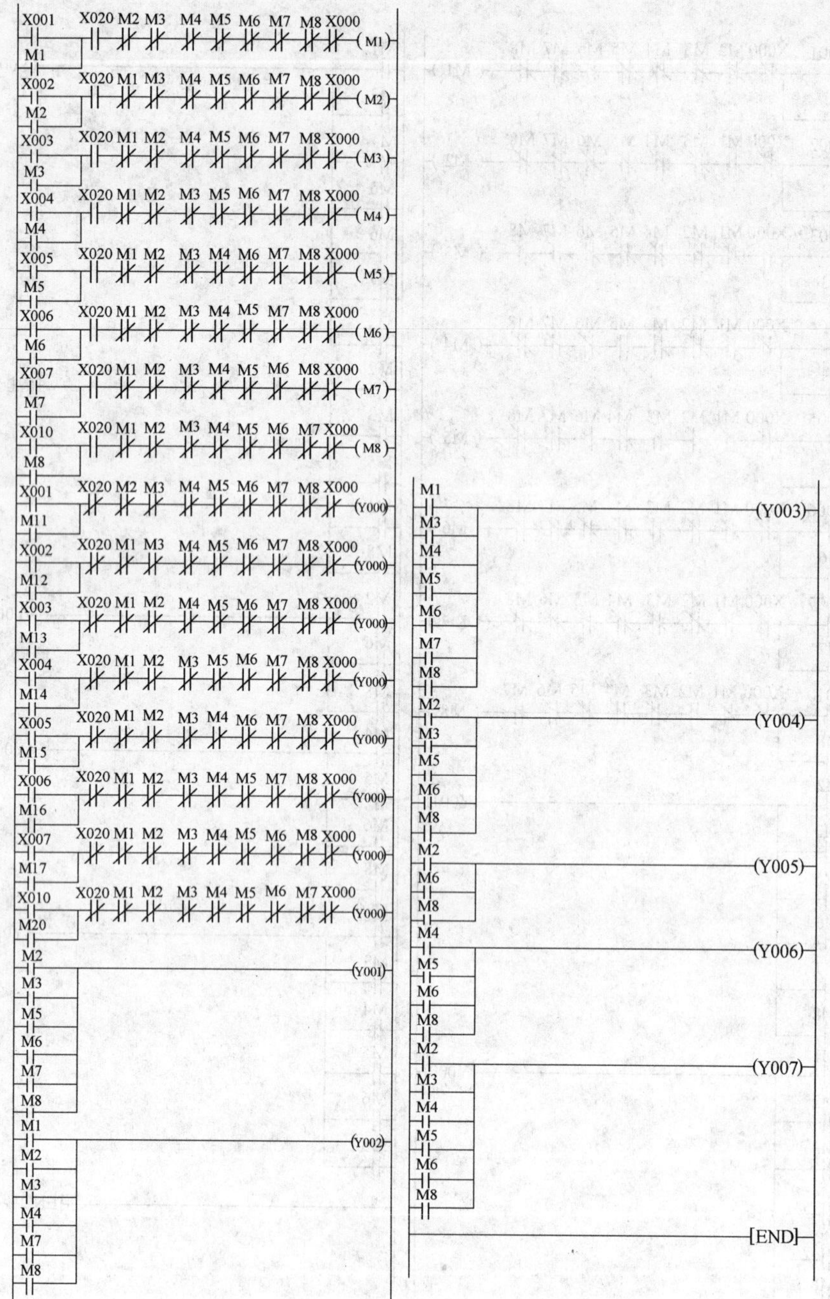

图 2-190　控制要求 2）的参考程序

3）把主机上用到的输入/输出接点对应的 COM 端与控制板的 +24V 端相连，输入/输出接点对应的 C0、C1、C2 端与控制板的 0V 端相连。

4）按要求编写程序并输入程序。

5）调试并运行程序。

4. 编程练习

分别完成满足以下控制要求的程序设计，并上机调试运行：

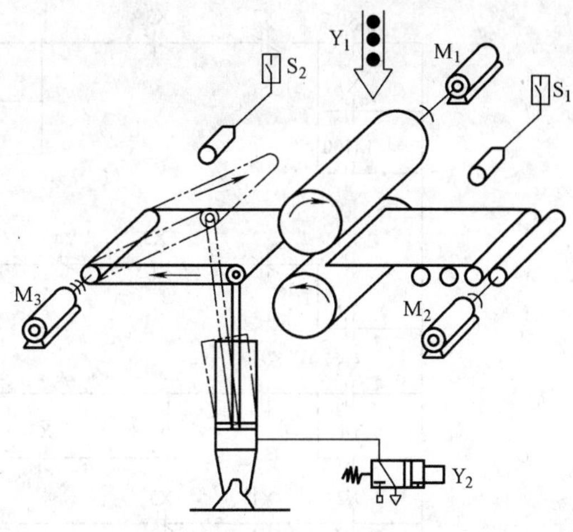

图 2-191　自控轧钢机控制板

1）当起动按钮按下时，电动机 M_1、M_2 运行；S_1 有信号后，电动机 M_3 正转，S_1 的信号消失；S_2 有信号后，电磁阀 Y_2 动作，电动机 M_3 反转，Y_1 给向下压下量，S_2 信号消失；S_1 有信号，电动机 M_3 正转，S_1 的信号消失；重复直至 Y_1 给三个向下压下量，S_2 有信号后，则停机一段时间（10s），取出成品后，继续运行。

2）基本要求同 1）的内容。只是重复直至 Y_1 给四个向下压下量，观察其实验结果。

5. 训练报告

1）训练目的。

2）训练设备及接线。

3）训练内容，写出控制要求。

4）训练步骤，分配 PLC 的 I/O 端口，画出实际接线图。

5）训练结论及程序分析，列出梯形图程序、指令字程序和说明。

6）训练注意事项。

7）训练小结。

6. 训练的参考梯形图

训练的参考梯形图如图 2-192、图 2-193 所示。

2.6.7　实践训练 7　水塔水位的 PLC 自动控制

1. 训练目的

1）用 PLC 构成水塔自动控制系统。

2）熟悉掌握日本三菱公司 FX_{2N} 系列 PLC 的硬、软件功能和性能后，练习 PLC 的实用接线。

3）练习 PLC 的编程。

2. 训练设备

1）主机模块。

2）电源模块。

3）水塔水位自动控制板，如图 2-194 所示。

4）连接导线一套。

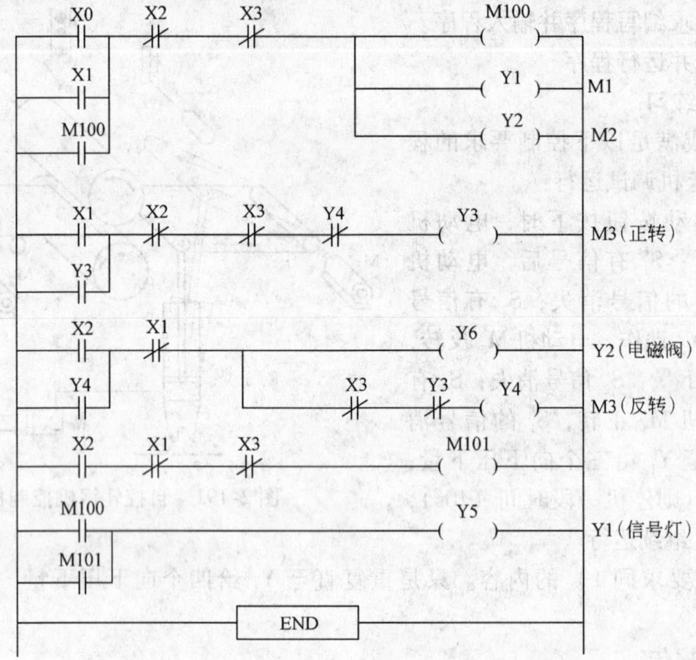

图 2-192 自控轧钢机 PLC 控制参考程序（1）

3. 训练内容

（1）控制要求 当水池水位低于水池低水位界时（S_4 为 ON），电磁阀 Y 打开进水（S_4 为 OFF 表示高于水池低水位界）。当水池水位高于水池高水位界（S_3 为 ON 表示）时，阀 Y 关闭。当 S_4 为 OFF 时，且水塔水位低于水塔低水位界时，S_2 为 ON，电动机 M 运转，开始抽水。当水塔水位高于水塔高水位界时，S_1 为 ON，电动机 M 停止。

（2）I/O 分配及连线 I/O 分配见表 2-42。

表 2-42 水塔水位自动控制 I/O 分配表

输入				输出	
起动开关（S_0）	X0	S_2	X2	电磁阀 Y	Y1
关断开关	X5	S_3	X3	电动机 M	Y2
S_1	X1	S_4	X4		

1）输入开关和输出模拟元件在控制板上均有，分配输入/输出接点，并与主机的输入/输出端进行相应连接。

2）将电源模板上的 24V 直流电源引到控制板上的 24V 直流电源端。

3）把主机上用到的输入/输出接点对应的 COM 端与控制板的 +24V 端相连，输入/输出接点对应的 C0、C1、C2 端与控制板的 0V 端相连。

4. 编程练习

按控制要求进行编程练习。

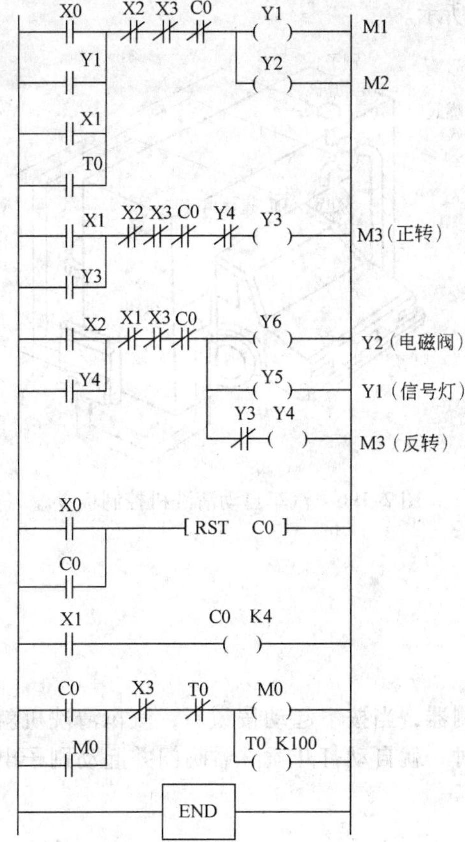

图 2-193　自控轧钢机 PLC 控制参考程序（2）

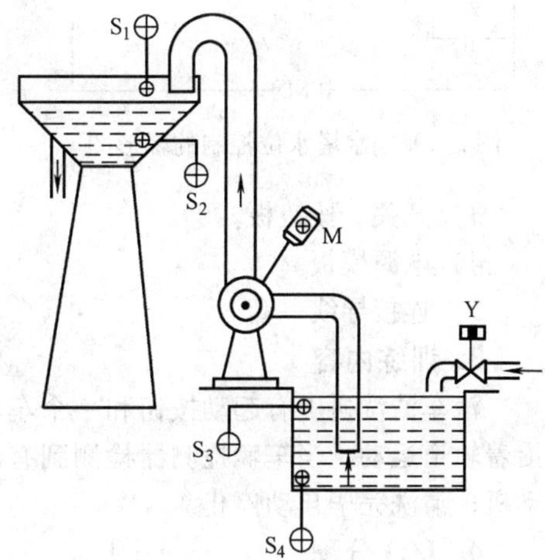

图 2-194　水塔水位自动控制板

5. 训练报告

1）写出控制要求。

2）画出 PLC 的 I/O 端口接线图。

3）列出梯形图程序和说明。

6. 训练的参考梯形图

按照 I/O 分配表，画出水塔水位控制的梯形图，如图 2-195 所示。

2.6.8　实践训练 8　汽车自动清洗机的 PLC 控制

1. 训练目的

1）用 PLC 构成汽车自动清洗机控制系统。

2）掌握 PLC 编程的技巧和程序调试的方法。

3）训练应用 PLC 技术实现一般生产过程控制的能力。

2. 训练设备

1）主机模块。

2）汽车自动清洗机控制板，如图 2-196 所示。

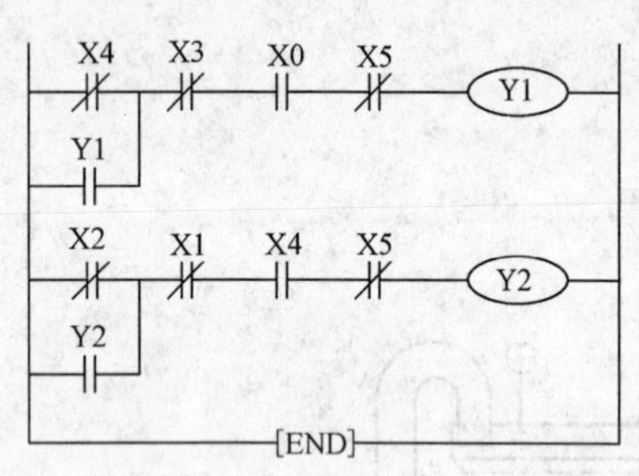

图 2-195　水塔水位控制的梯形图

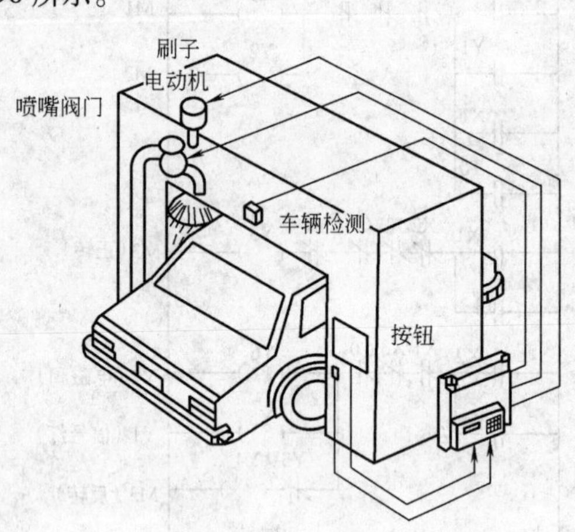

图 2-196　汽车自动清洗机控制板

3）开关、按钮板。

4）电源模板。

5）连接导线一套。

3. 训练内容

汽车清洗机上有起动按钮和一个车辆检测器，当按下起动按钮后，汽车清洗机就沿着轨道运动；当车辆检测器检测到有汽车时，就自动打开喷淋器阀门并起动刷子电动机；清洗完毕自动停止。

4. I/O 分配

汽车自动清洗机控制 PLC 输入/输出点分配见表 2-43。

表 2-43　I/O 分配表

输　入		输　出		输　入		输　出	
SB_1（起动）	X000	YV（喷淋阀）	Y000	SQ_2（终点到位）	X002	KM_3（清洗机）	Y002
SQ_1（车辆检测）	X001	KM_1（刷子机）	Y001	SB_0（急停）	X003	HA（蜂鸣器）	Y003

5. 编程练习

编程完成上述控制要求。

6. 训练报告

1）训练目的。

2）训练设备及接线。

3）训练内容，写出控制要求。

4）训练步骤，分配 PLC 的 I/O 端口，画出实际接线图。

5）训练结论及程序分析，列出梯形图程序、指令字程序和说明。

6）训练注意事项。

7）训练小结。

7. 训练的参考梯形图

汽车自动清洗机 PLC 控制参考梯形图如图 2-197 所示。

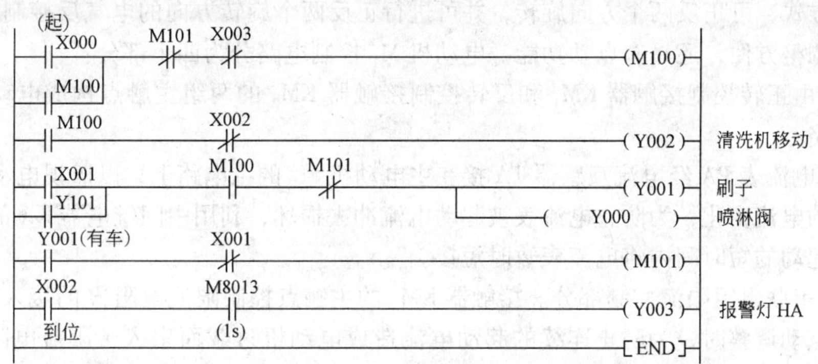

图 2-197 汽车自动清洗机 PLC 控制参考梯形图

任务 7 C650 普通车床 PLC 经典控制电路案例分析

2.7.1 C650 普通车床主电路分析

C650 普通车床的主电路如图 2-198 所示。

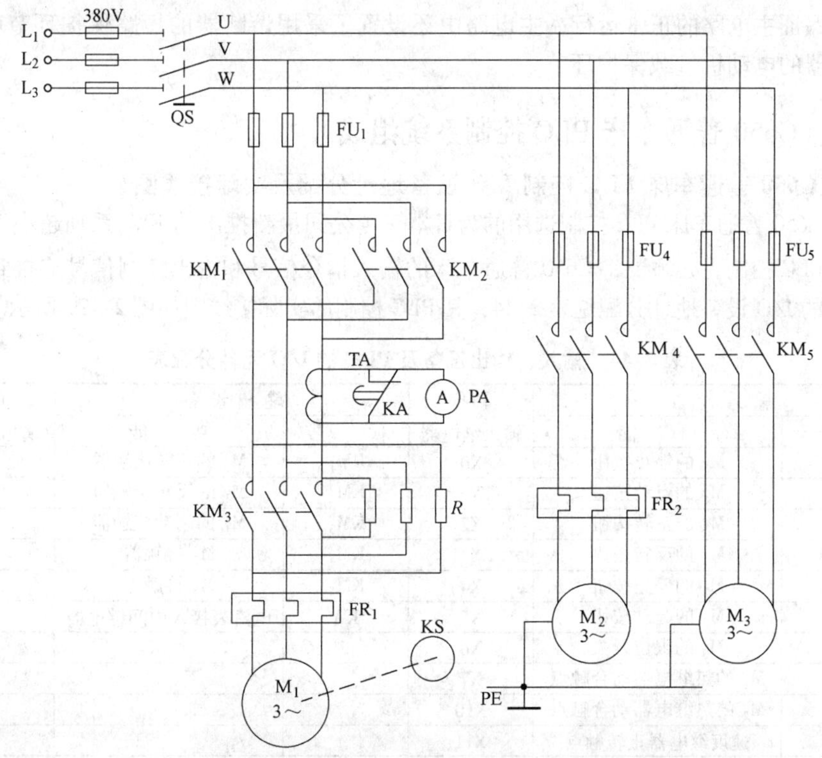

图 2-198 C650 普通车床的主电路

该机床共配置三台电动机 M_1、M_2 和 M_3。

主电动机 M_1（功率为 30kW）完成主轴旋转运动和刀具进给运动的驱动，采用直接起动方式，可正反两个方向旋转，并可进行正反两个旋转方向的电气反接制动停车。为加工调整方便，还具有点动功能。电动机 M_1 控制电路分为四个部分：

1）由正转控制接触器 KM_1 和反转控制接触器 KM_2 的两组主触点构成电动机的正反转电路。

2）电流表 PA 经电流互感器 TA 接在主电动机 M_1 的主电路上，以监视电动机绕组工作时的电流变化；为防止电流表被起动电流冲去损坏，利用中间继电器 KA 的动断触点，在起动的短时间内将电流表暂时短接。

3）串联电阻限流控制部分。接触器 KM_3 的主触点控制限流电阻 R 的接入和切除，在进行点动调整时，为防止连续的起动电流造成电动机过载而串入了限流电阻 R，以保证电路设备正常工作。

4）速度继电器 KS 的速度检测部分与电动机的主轴同轴相联，在停车反接制动过程中，当主电动机转速接近零时，其动合触点复位可将控制电路中反接制动的相应电路切断，完成停车制动。

电动机 M_2 提供切削液，采用直接起动停止方式，为连续工作状态。由接触器 KM_4 的主触点控制其主电路的接通与断开。

快速移动电动机 M_3 由交流接触器 KM_5 控制，根据使用需要，可随时手动控制起停。

为保证主电路的正常运行，主电路中还设置了采用熔断器的短路保护环节和采用热继电器的电动机过载保护环节。

2.7.2 C650 普通车床 PLC 控制系统组成

1. C650 普通车床 PLC 控制 I/O 设备地址分配及实际接线图

该 C650 普通车床 PLC 控制选用的为日本三菱公司最新推出的 FX_{2N}系列超小型 PLC。要实现 PLC 控制，必须要将 C650 普通车床的输入指令信号和输出控制信号连接到 PLC，其 PLC 的 I/O 设备地址分配见表 2-44，其 PLC 控制的实际接线图如图 2-199 所示。

表 2-44　输入、输出设备及 PLC 的 I/O 元件分配表

输入设备		PLC	输出设备		PLC
代　号	功　能	输入继电器	代　号	功　能	输出继电器
SB	M_1 的停止按钮	X0	KM_1	M_1 的正转接触器	Y0
SB_1	M_1 的点动按钮	X1	KM_2	M_1 的反转接触器	Y1
SB_2	M_1 的正转按钮	X2	KM_3	M_1 的制动接触器	Y2
SB_3	M_1 的反转按钮	X3	KM_4	M_2 接触器	Y3
SB_4	M_2 的停止按钮	X4	KM_5	M_3 接触器	Y4
SB_5	M_2 的起动按钮	X5	KA	电流表接入中间继电器	Y5
SQ	M_3 的限位开关	X6			
FR_1	M_1 的热继电器动合触点	X7			
FR_2	M_2 的热继电器动合触点	X10			
KS_1	速度继电器正转触点	X11			
KS_2	速度继电器反转触点	X12			

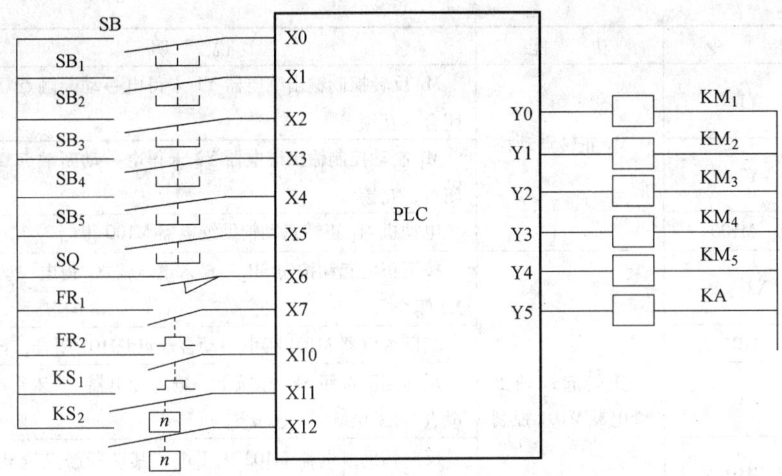

图 2-199 C650 普通车床 PLC 控制实际接线图

2. C650 普通车床 PLC 控制的梯形图和语句表程序

PLC 控制 C650 普通车床是由 PLC 的用户程序实现的。PLC 控制的梯形图程序如图 2-200 所示，其语句表程序见表 2-45。

表 2-45 C650 普通车床 PLC 控制指令表程序

段	指 令	功 能	说 明
1	LD X0	M_1 点动、正反转反接制动停车控制的辅助继电器 M103	按下停止按钮 SB（X0）→输入继电器 X0 得电→动合触点#X0 闭合
	OR X1		M_1 的动合触点闭合→输入继电器 X1 得电→动合触点#X1 闭合
	LD M103		辅助继电器 M103 得电→动合触点#M103 闭合，自锁
	ANI M101		正转辅助继电器 M101 未得电→动断触点◎M101 保持闭合
	ANI M102		反转辅助继电器 M102 未得电→动断点◎M102 保持闭合
	ORB		电路块并联
	OUT M103		输出，使 M_1 停机控制辅助继电器 M103 得电
2	LDI X0	执行 MC 指令，M_1 起动或停车	M_1 的停止按钮 SB（X0）未按下→X0 未得电→动断触点◎X0 保持闭合
	ANI X7		FR_1 未过载→输入继电器 X7 未得电→动断触点◎X7 保持闭合
	MC M110		执行 MC 指令，M110 得电，其动合触点#100 闭合，母线移至触点 M110 之后
3	LD X1	M_1 正转点动控制	按下点动按钮 X1（SB_1）→输入继电器 X1 得电→动合触点#X1 闭合

（续）

段	指　　令	功　能	说　　明
3	ANI　Y1	M_1 正转点动控制	M_1 反转控制输出继电器 Y1 未得电→动断触点◎Y1 保持闭合，互锁
	ANI　Y2		M_1 制动控制输出继电器 Y2 未得电→动断触点◎Y2 保持闭合，互锁
	OUT　M100		电动机 M_1 正转点动辅助继电器 M100 得电
4	LD　X2	正转起动辅助继电器 M101 控制	按下正向起动按钮 SB_2→输入继电器 X2 得电→动合触点#X2 闭合
	OR　M101		辅助继电器 M101 得电→动合触点#M101 闭合，自锁
	ANI　X3		反向起动按钮 SB_3 未按下→输入继电器 X3 未得电→动断触点◎X3 保持闭合，互锁
	ANI　M102		反向辅助继电器 M102 未得电，其动断触点◎M102 保持闭合，互锁
	OUT　M101		输出，使正转辅助继电器 M101 得电
5	LD　M101	正转延时控制	正转辅助继电器 M101 得电，其动合触点#M101 闭合
	OUT　T1		输出，起动定时器 T1
	K0.5		T1 定时 0.5s
6	LD　T1	M_1 正转、点动以及反接制动控制	T1 定时 0.5s 后，其动合触点#T1 闭合
	OR　M100		并联 M100 的动合触点#M100，点动控制
	OR　T4		并联 T4 的动合触点#T4，反接制动延时控制
	ANI　Y1		串联反转输出继电器 Y1 的动断触点◎Y1
	OUT　Y0		输出，使输出继电器 Y0 得电，通过 KM_1，使电动机正转起动
7	LD　X3	反转起动辅助继电器 M102 控制	按下反向起动按钮 SB_3，输入继电器 X3 得电，其动合触点#X3 闭合
	OR　M102		并联反转辅助继电器 M102 的动合触点#M102 闭合，自锁
	ANI　X2		串联◎X2，正向起动按钮 SB_2 未按下，X2 未得电，动断触点◎X2 闭合，互锁
	ANI　M101		串联◎M101，正向辅助继电器 M101 未得电，其动断触点◎M101 闭合，互锁
	OUT　M102		输出，使反转辅助继电器 M102 得电
8	LD　M102	反转延时控制	反转辅助继电器 M102 得电，其动合触点#M102 闭合
	OUT　T2		输出，起动定时器 T2
	K　0.5		T2 定时 0.5s
9	LD　T2	反转	T2 定时 0.5s 后，其动合触点#T2 闭合
	OR　T3		并联#T3。T3 定时 0.5s 后，其动合触点#T3 闭合
	ANI　Y0		串联◎Y0，Y0 失电，其动断触点◎Y0 闭合
	OUT　Y1		输出，使反转输出继电器 Y1 得电，通过 KM_2，使电动机反转起动

（续）

段	指　令	功　能	说　明
10	LD　M101	短接电阻 R	正转辅助继电器 M101 得电，其动合触点闭合
	OR　M102		并联#M102 正转辅助继电器 M102 得电，#M102 闭合，反接制动延时控制
	OUT　Y2		输出，使输出继电器 Y2 得电，使制动接触器 KM_3 得电，短接电阻 R
11	OUT　T5	接入延时	输出，起动定时器 T5
	K10		T5 延时 10s
12	LD　T5	电流表控制	T5 定时时间到，T5 动作，其动合触点闭合
	OUT　Y5		输出，使输出继电器 Y5 得电，通过 KA，将电流表接入
13	LD　M103	正转反接制动延时控制	停机控制辅助继电器 M103 得电，其动合触点#M103 闭合
	ANI　M101		串联◎M101，正转辅助继电器 M101 失电，其动断触点◎M101 闭合
	AND　X11		串联#X11，电动机正转运行，正转速度继电器 X11 得电，其动合触点#X11 闭合
	ANI　Y0		串联◎Y0，输出继电器 Y0 失电，其动断触点◎Y0 闭合
	OUT　T3		输出，起动定时器 T3
	K0. 5		T3 定时 0. 5s
14	LD　M103	反转反接制动延时控制	停机控制辅助继电器 M103 得电，其动合触点#M103 闭合
	ANI　M102		串联◎M102。反转辅助继电器 M102 失电，其动断触点◎M102闭合
	AND　X12		串联#X12，电动机反转运行，反转速度继电器 X12 得电，其动合触点#X12 闭合
	OUT　T4 K0. 5		输出，起动定时器 T4 T4 定时 0. 5s
15	MCR　M110	主控结束	主控结束，母线反回原处
16	LD　X5	M_2 控制	按下 M_2 起动按钮 SB_5，输入继电器 X5 得电，其动合触点#X5 闭合
	OR　Y3		并联#Y3，控制 KM_4 的输出继电器 Y3 得电，其动合触点#Y3 闭合，自锁
	ANI　X4		串联◎X4，M_2 的停止按钮 SB_4 未按下，X4 未得电，其动断触点◎X4 闭合
	ANI　X10		串联◎X10，M_2 的热继电器 FR_2 未动作，X10 未得电，其动断触点◎X10 闭合
	OUT　Y3		输出，输出继电器 Y3 得电，使 KM_4 得电，电动机 M_2 起动
17	LD　X6	M_3 控制	压下行程开关 SQ，输入继电器 X6 得电，其动合触点#X6 闭合
	OUT　Y4		输出，输出继电器 Y4 得电，使 KM_5 得电，电动机 M_3 起动
18	END	程序结束	

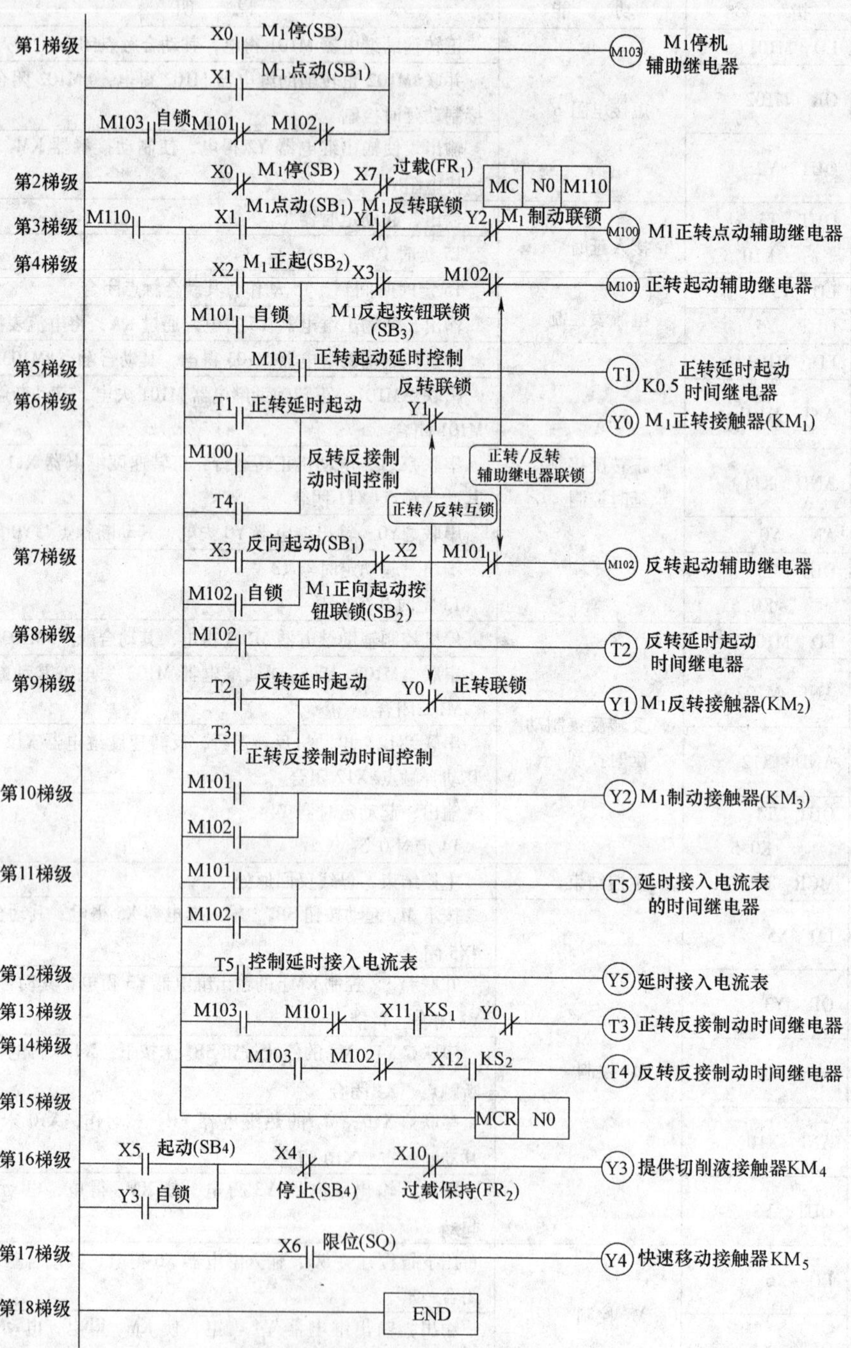

图 2-200　C650 普通车床 PLC 控制梯形图

2.7.3 C650 普通车床 PLC 控制程序分析

采用逆读溯源法，由主电路可以看出，C650 车床主电动机 M_1 主要是由接触器 KM_1 ~ KM_3 控制其正、反转；而 PLC 中控制 KM_1 ~ KM_3 的输出继电器分别为 Y0 ~ Y2。Y0 ~ Y2 分别位于梯形图的第 6、9、10 梯级。

在第 Y0［6］、Y1［9］线圈电路中，分别串有 Y1、Y0 的动断触点◎ Y0、◎ Y1 实现互锁，还分别串联有定时继电器 T1、T2 的动合触点#T1、#T2，以控制 Y0、Y1 延时起动。在第 5、第 8 梯级分别有 T1、T2 的线圈电路，它们分别由辅助继电器 M101、M102 的动合触点#M101、#M102 控制。

在第 4、第 7 梯级分别找到辅助继电器 M101、M102 线圈电路，除用动断触点◎ M101、◎ M102 进行互锁外，还分别受输入继电器 X2、X3 的动合触点、动断触点控制。由 I/O 分配表可知，输入继电器 X2、X3 分别由正转起动按钮 SB_2、反转起动按钮 SB_3 控制。由此可知，辅助继电器 M101、M102 分别为正转、反转起动辅助继电器。

在第 Y2［10］线圈电路中，串接有 M101、M102 的动合触点#M101、#M102 的并联支路，因此只有辅助继电器 M101 或 M102 得电，输出继电器 Y2 得电，才能使 KM_3 得电吸合，短路电阻 R。

这样就得到电动机 M_1 正、反转控制梯形图，如图 2-201 所示。

M_1 正反转控制的转换是由接触器 KM_1 和 KM_2 的主触点切换电源的相序实现的。在切换时，必须防止电源相间短路。例如，由正转变为反转时，当 KM_1 主触点断开时，产生瞬时电弧，KM_1 主触点仍为导通状态，如果此时 KM_2 主触点闭合，就会使电源发生短路。要避免电源短路，必须在完全没有电弧的情况下使 KM_2 主触点闭合。在继电器-接触器控制中，通常采用 KM_1 和 KM_2 互锁的方法来避免电源短路。

PLC 控制与继电器-接触器控制不同，PLC 在循环扫描时，执行程序的速度是非常快的，Y0 和 Y1 触点切换是在毫秒级瞬间完成的，几乎没有时间延时。因而，必须采取防止电源短路的措施。在梯形图中，定时器 T1 和 T2 用来控制正、反转切换的延时时间（延时时间设定为 0.5s）。待电弧熄灭之后，再接通反方向接触器。假定 M_1 在正转，即 Y0 为接通，现在要反转，按反转按钮 SB_3，输入继电器 X3 得电，X3 的动合触点闭合，使反向辅助继电器 M102 得电并自锁。与此同时，X3 的动断触点断开，使 M101 失电，M101 的动合触点［5］复位断开，使 T1 失电。T1 的动合触点［6］断开，使 Y0 失电，接触器 KM_1 失电释放，电动机正转停止运行。M102 的动合触点［8］闭合，使 T2 得电，经 0.5s 延时，其动合触点［9］闭合，接触器 KM_2 得电吸合，使 Y1 接通，电动机反转。这样，Y0 线圈失电后延时 0.5s 后再接通 Y1 线圈，这就防止了电源短路。

图 2-202 为 M_1 的点动及反接制动控制梯形图。这里使用了 MC〔（主控指令）和 MCR（主控复位指令）。

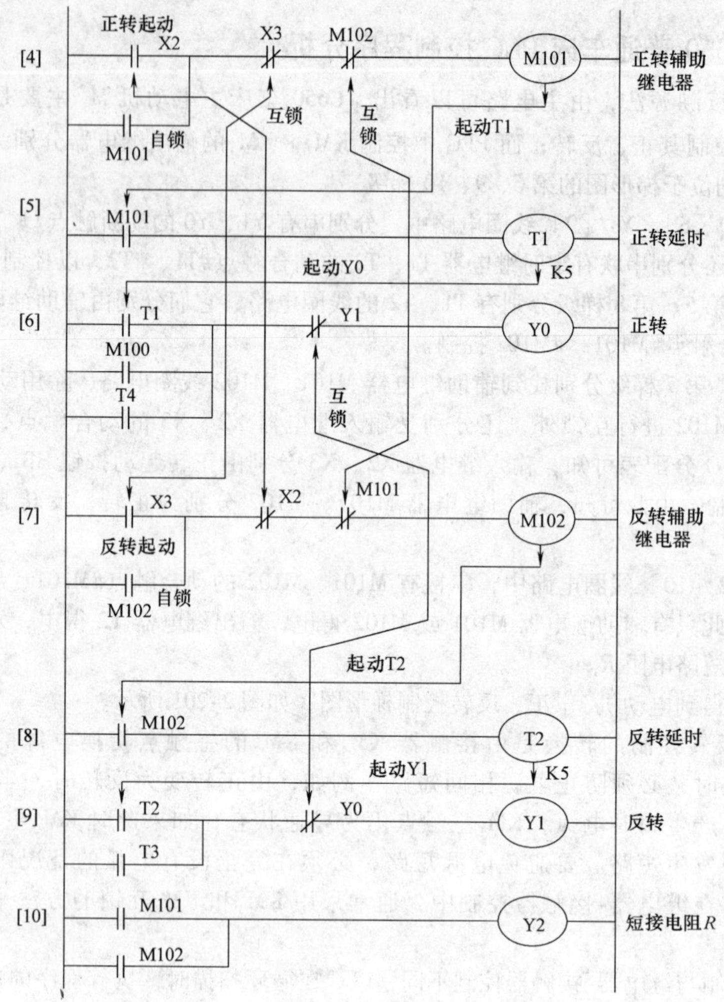

图 2-201　电动机 M_1 正、反转控制梯形图

点动控制是在接触器 KM_2 和 KM_3 不动作（即输出继电器 Y1 和 Y2 的动断触点◎ Y1［3］、◎ Y2［3］闭合）的情况下，按动点动按钮 SB_1，输入继电器 X1 得电，其动合触点#X1［1］、X1［3］闭合，使辅助继电器 M103［1］和 M100［3］得电，而且 M103 自锁来实现的。由于未按下停止按钮 SB，X0 未得电，热继电器 FR 未动作，X7 未得电，因此它们的动断触点◎ X0［2］、◎ X7［2］闭合，使辅助继电器 M110［2］得电，其动合触点#M110［3］闭合，则执行 MC ~ MCR 之间的主控程序。由于 M100 得电，其动合触点#M100［6］闭合，输出继电器 Y0［6］得电，使 KM_1 动作，电动机 M_1 串电阻 R 正向运转。松开 SB_1，即 X1 的动合触点#X1［3］断开，M100［3］和 Y0［6］失电（由于 M100、Y0 均无自锁），KM_1的主触点切断正相序电源。由于电动机 M_1 的惯性作用，速度继电器正转动合触点 KS_1 仍闭合，X11 仍得电，#X11［3］仍闭合；另外由于 Y0［6］失电，其动断触点◎ Y0［9］、◎ Y0［13］复位闭合。由

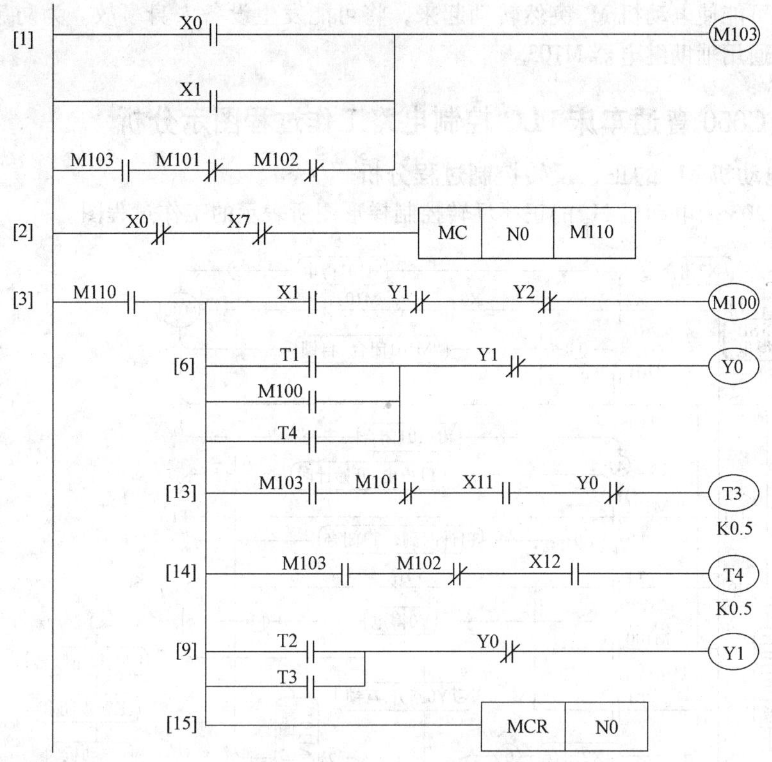

图 2-202　电动机 M_1 的点动及反接制动控制梯形图

于辅助继电器 M103［1］得电并自锁，其动合触点#M103［13］闭合，起动定时器 T3［13］，通过定时器 T3 延时 0.5s，其动合触点#T3［9］闭合，使 Y1［9］得电，KM_2得电，电动机 M_1 定子绕组串入电阻 R 进行反接制动；当 M_1 转速接近零时，动合触点 KS_1断开，X11 失电，#X11［13］断开，T3［13］失电，#T3［9］断开，使 Y1［9］失电，制动结束。可见，点动结束时，自动进入反接制动状态。

按动一下停止按钮 SB，X0 失电，◎ X0［2］断开，M110［2］失电，M110［3］断开，不执行 MC N0 ~ MCR N0 之间的程序；同时#X0［1］闭合，使 M103 线圈导通并自锁。假设停车之前电动机 M_1 为正转，速度继电器正转动合触点 KS_1闭合，X11 仍得电，#X0［1］仍闭合。当松开停止按钮 SB 时，X0 失电，◎ X0［2］又闭合，M110［2］得电，执行 MC N0 ~ MCR N0 之间的程序，这时定时器 T3［13］延时 0.5s，#T3［9］闭合，Y1［9］得电，使电动机 M_1 定子绕组串入电阻 R 进行反接制动；当电动机 M_1 的转速接近零时，速度继电器正转动合触点 KS_1（X11）断开，Y1 失电，制动结束。

反转时的反接制动类同于正转，所不同的只是要采用 KS_2（X12）、T4 和 Y0 来控制。

需要说明的是，在反接制动中要接入通用辅助电器 M103。在梯形图中若是没有 M103，当车床合电源开关后，如果有人用手转动卡盘，则速度继电器的动合触点闭合。

那么就有可能使电动机 M_1 突然转动起来，将可能发生设备人身事故。为防患于未然，故引入了通用辅助继电器 M103。

2.7.4 C650 普通车床 PLC 控制电路工作过程图示分析

1. 电动机 M_1 的正、反转控制过程分析

图 2-203 为电动机 M_1 的正、反转控制梯形图所表示的工作过程图。

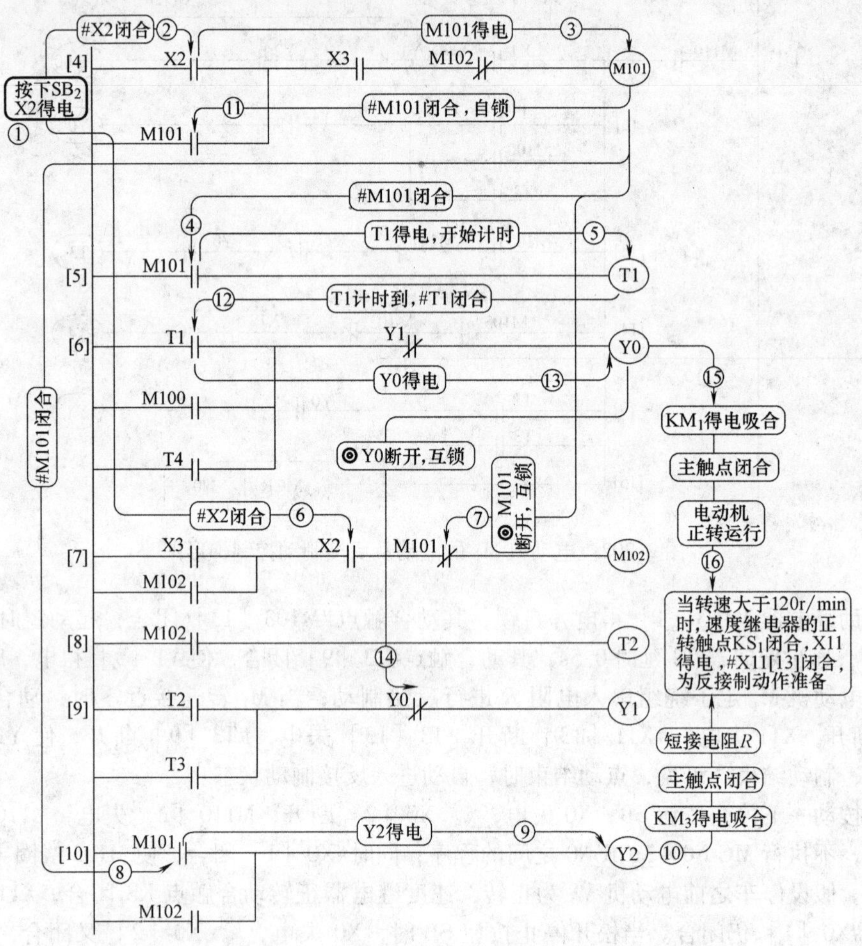

图 2-203 电动机 M_1 的正、反转控制梯形图所表示的工作过程图

图 2-204 为电动机 M_1 的正、反转控制语句表所表示的工作过程图。

图 2-205 为电动机 M_1 正转时电气元器件和编程元件动作顺序图示；M_1 反转的工作过程与正转的工作过程类同，不再赘述。

用图示的方法描述工作过程具有直观、形象，使人一目了然的特点，是常用的分析方法。

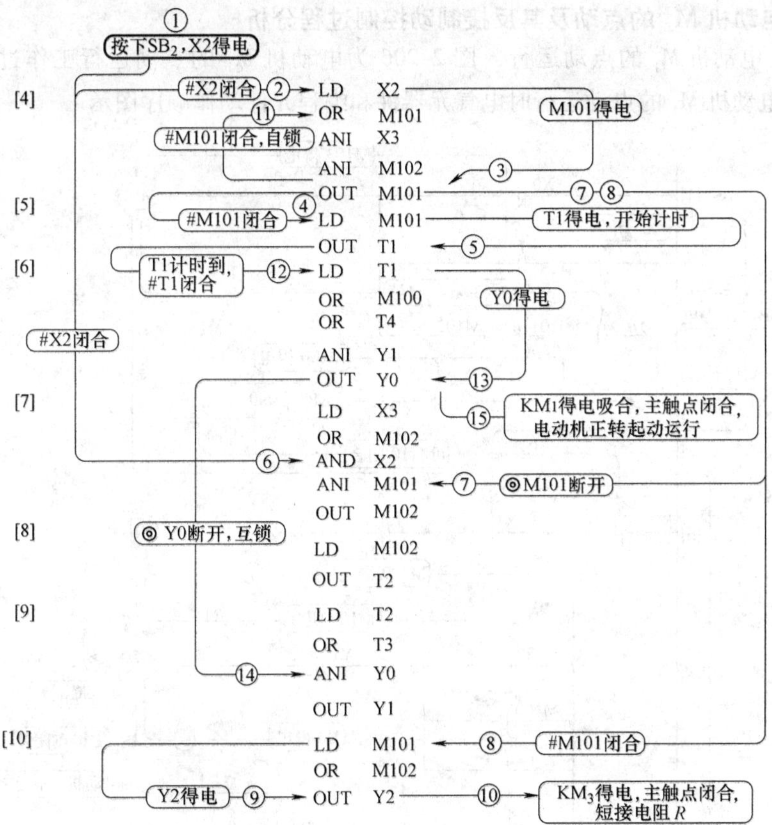

图2-204 电动机M_1的正、反转控制语句表所表示的工作过程图

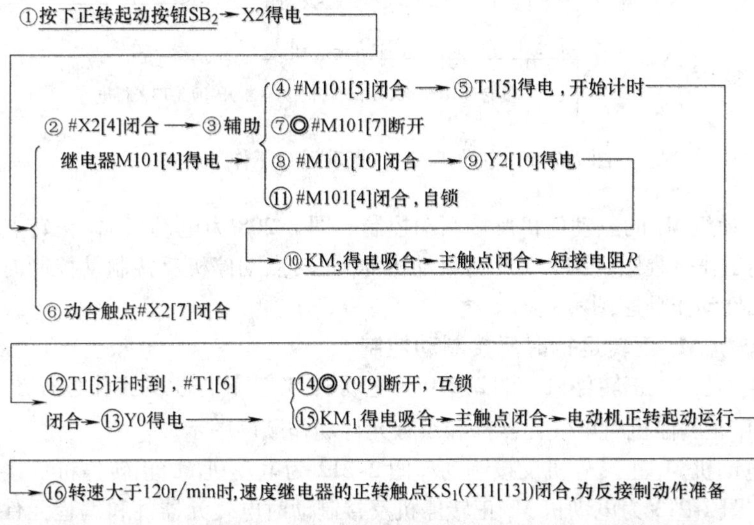

图2-205 电动机M_1正转时电气元器件和编程元件动作顺序图示

2. 电动机 M_1 的点动及其反接制动控制过程分析

（1）电动机 M_1 的点动运行　图 2-206 为电动机 M_1 的点动运行工作过程图。图 2-207为电动机 M_1 的点动运行时电气元器件和编程元件动作顺序图示。

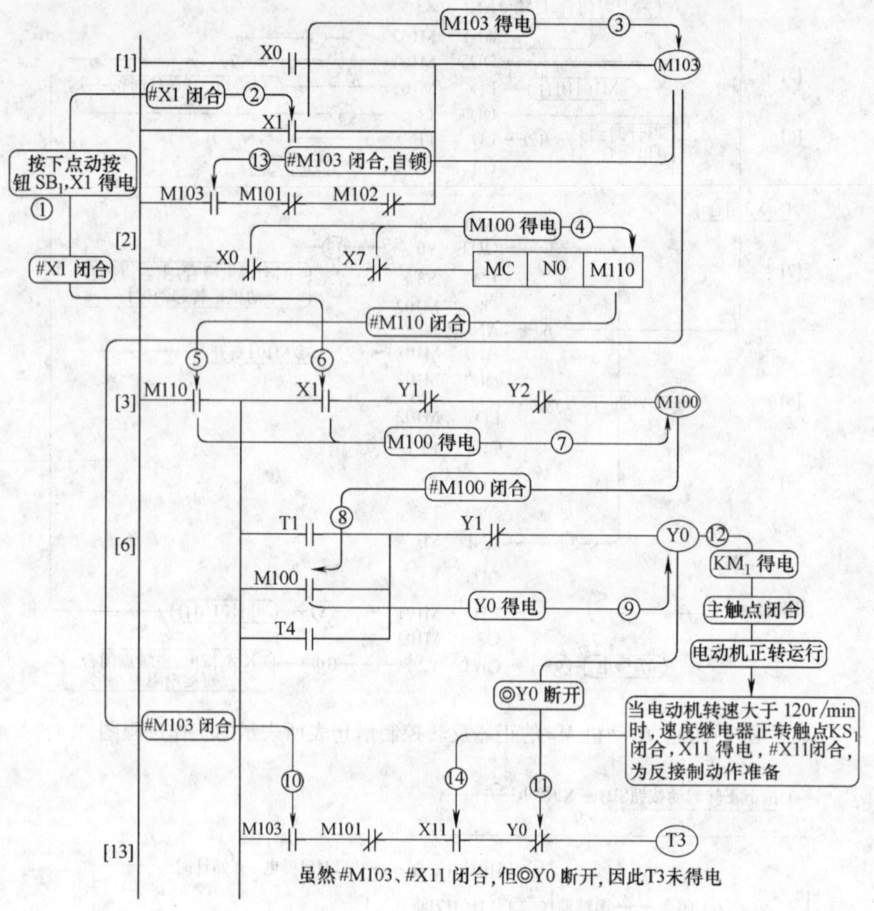

图 2-206　电动机 M_1 的点动运行工作过程图

（2）电动机 M_1 的点动停机反接制动控制　图 2-208 为电动机 M_1 正转点动停机反接制动控制工作过程图。图 2-209 为电动机 M_1 正转点动停机反接制动控制时电气元器件和编程元件动作顺序图示。

3. 电动机 M_1 正转运行时反接制动控制

（1）电动机 M_1 正转停机　图 2-210 为电动机 M_1 正转停机的工作过程图。图2-211 为电动机 M_1 正转停机时电气元器件和编程元件动作顺序图示。

（2）电动机 M_1 正转停机反接制动　图 2-212 为电动机 M_1 正转停机反接制动的工作过程图。图 2-213 为电动机 M_1 正转停机反接制动时电气元器件和编程元件动作顺序图示。

①按下正转点动按钮 SB_1→X1 得电

②动合触点 #X1[1] 闭合→③辅助继电器 M103 得电→{⑩动合触点 #M103[3] 闭合，为 T3 得电作准备；⑬动合触点 #M103[1] 闭合，自锁}

⑥动合触点 #X1[3] 闭合→

④M110[2] 得电⑤动合触点 #M110[3] 闭合→

⑦M100[3] 得电→⑧#M100[6] 闭合→⑨Y0 得电

⑪动断触点◎Y0 断开 [13]

⑫接触器 KM_1 得电吸合→主触点闭合→电动机正转起动运行

→⑭转速大于 120r/min 时，速度继电器的正转触点 KS_1(X11[13]) 闭合，为反接制动作准备

图 2-207　电动机 M_1 的点动运行时电气元器件和编程元件动作顺序图示

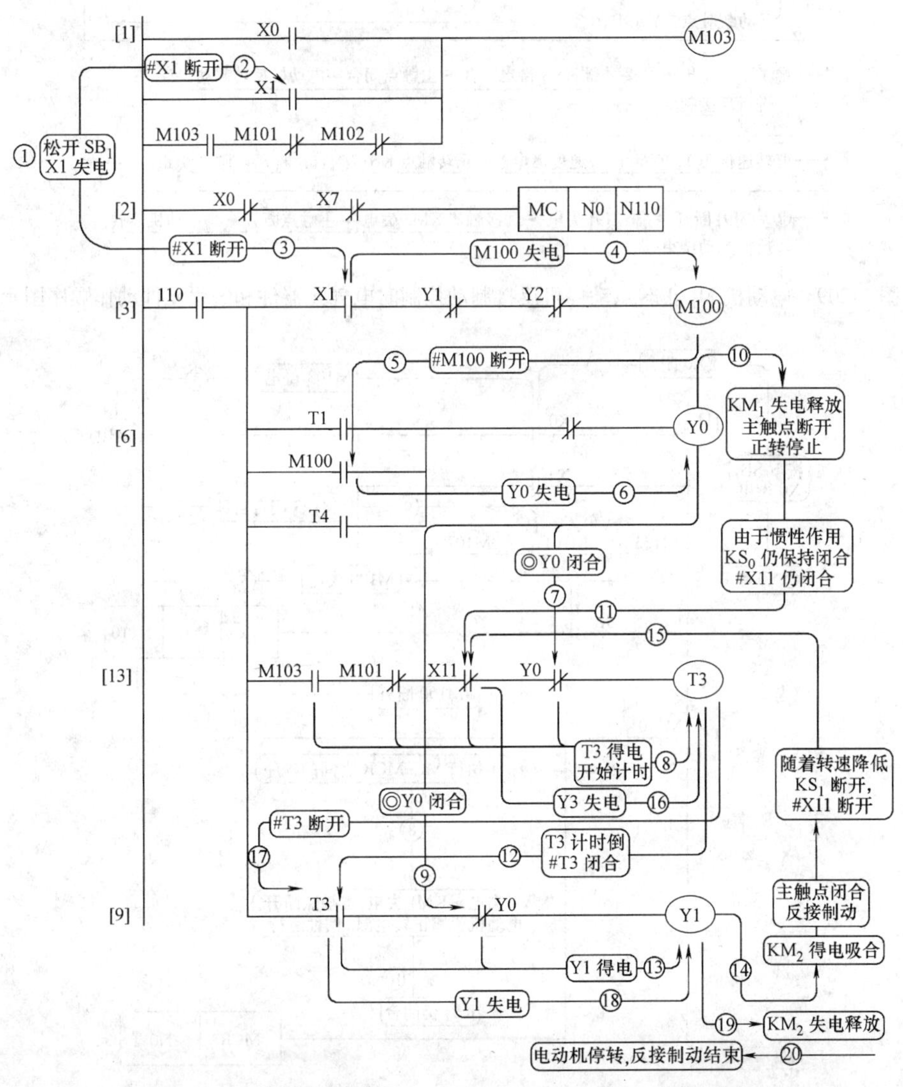

图 2-208　电动机 M_1 正转电动停机反接制动控制工作过程图

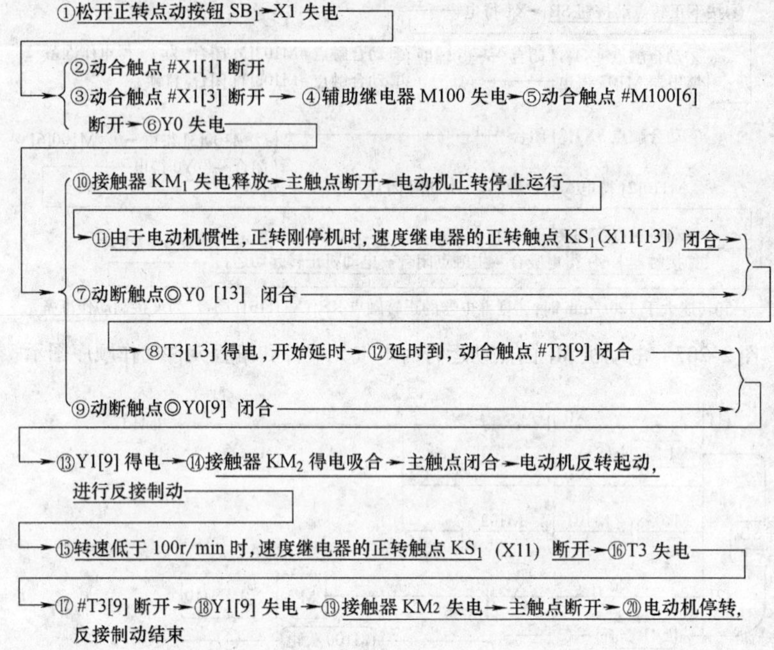

图 2-209 电动机 M_1 正转点动停机反接制动控制时电气元器件和编程元件动作顺序图示

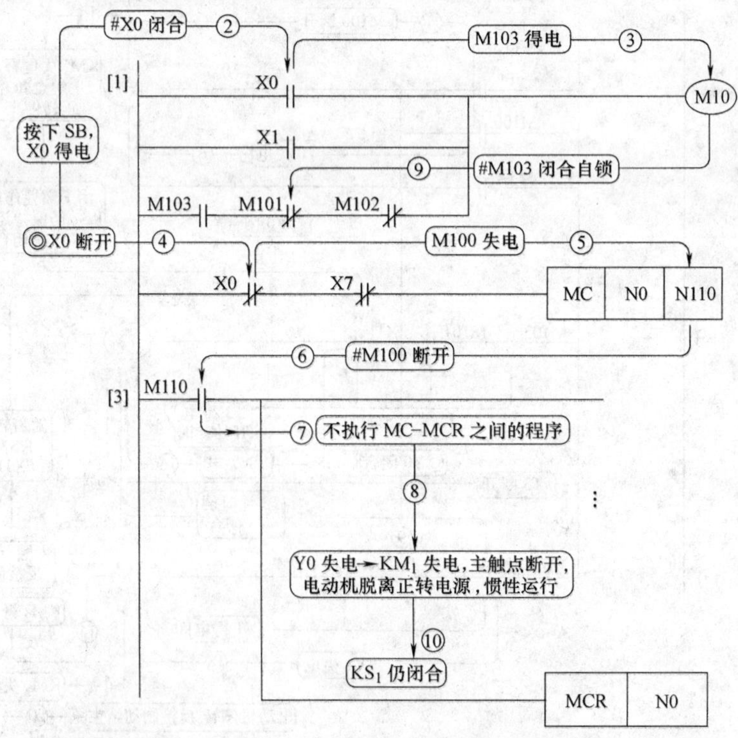

图 2-210 电动机 M_1 正转停机的工作过程图

①按下停止按钮 SB→X0 得电→

{② #X0[1] 闭合→③辅助继电器 M103[1] 得电→⑨动合触点 #M103[1] 闭合,自锁
④◎X0[2] 断开→⑤M110[2] 失电→⑥#M110[3] 断开→

→⑦不执行 MC 与 MCR 之间的程序→⑧Y0 失电→KM_1 失电→主触点断开→

→电动机脱离正转电源→电动机惯性运行→

→⑩转速大于 100r/min 时，速度继电器的正转触点 KS_1（X11[13] 闭合），为反接制动作准备

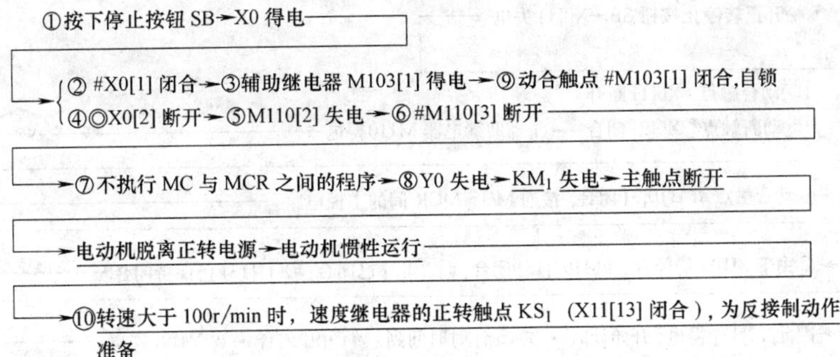

图 2-211　电动机 M_1 正转停机时电气元器件和编程元件动作顺序图示

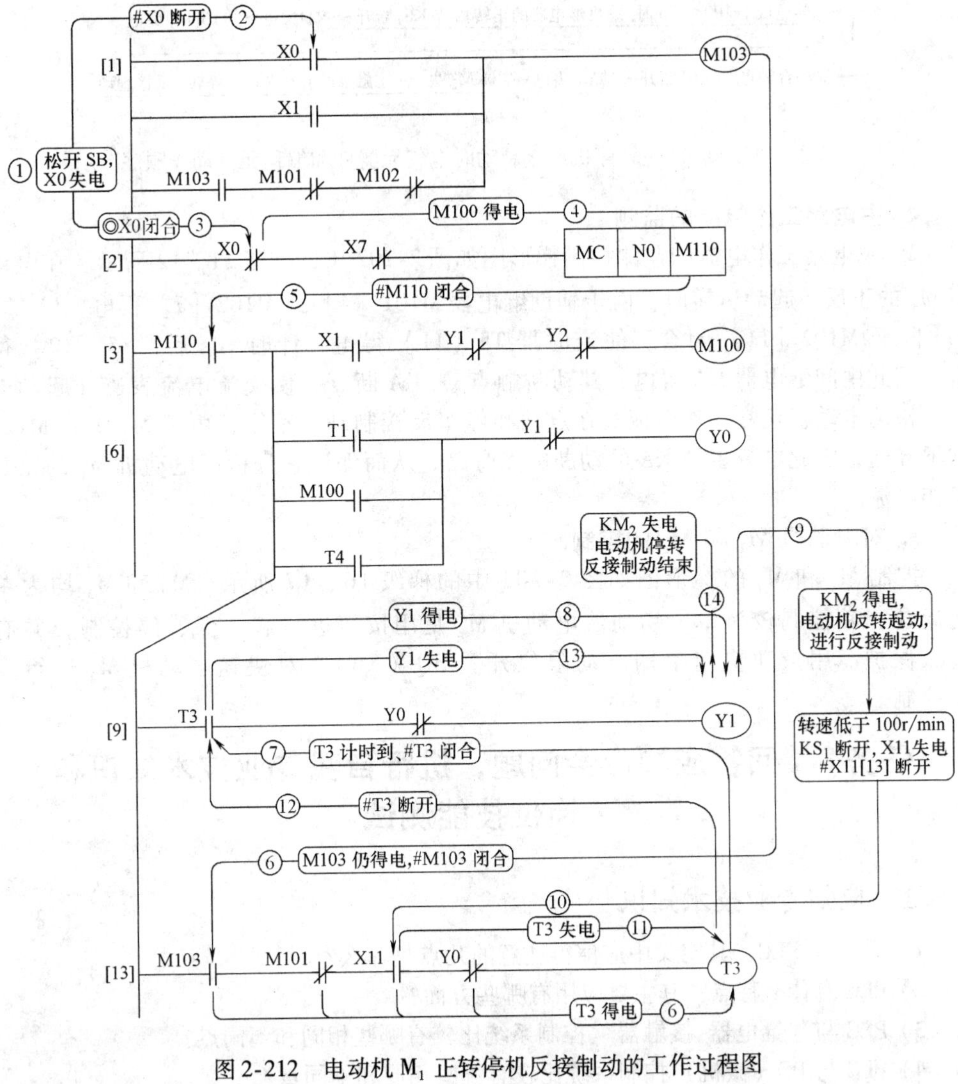

图 2-212　电动机 M_1 正转停机反接制动的工作过程图

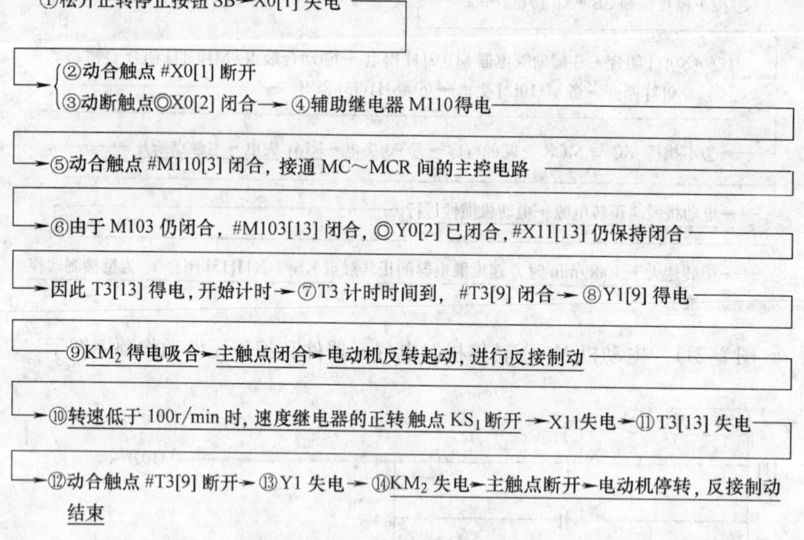

图 2-213　电动机 M_1 正转停机反接制动时电气元器件和编程元件动作顺序图示

4. 主电路工作电流的监测

M_1 主电路工作电流的监测控制梯形图如图 2-202 中的梯级 11、12 所示。在电动机 M_1 的正反转起动运转时，由于辅助继电器 M101［4］或 M102［7］得电，#M101［11］或#M102［11］闭合，使定时器 T5［11］得电，计时 10s 后，Y5［12］得电，因此中间继电器 KA 得电，其动断触点◎KA 断开，使交流电流表避开起动电流，检测电动机正常工作电流。在点动和停车反接制动过程中，由于 M101 和 M102 均不导通，因此电流表被 KA 的动断触点旁路，从而保证它只检测电动机 M_1 的正常工作电流。

5. 对电动机 M_2 和 M_3 的控制

控制 M_2 和 M_3 的梯形图如图 2-202 中的梯级 16、17 所示。M_2 和 M_3 均为单向运转，其控制较简单。切削液电动机 M_2 是用按钮进行起、保、停控制，并有过载保护。用扳动快速手柄压动限位开关 SQ（X6），对快速电动机 M_3 进行点动控制。

任务 8　回答应知应会问题，进行自我专业技术知识和岗位技能测试

2.8.1　应知专业技术知识

1）什么是 PLC？其定义中应值得注意的几点是什么？

2）PLC 有什么特点？其主要应用有哪些方面？

3）PLC 与“继电器-接触器”控制系统比较有哪些相同和不同点？

4）PLC 与 PC（微机）控制系统比较有哪些相同和不同点？

5）PLC 的新发展主要体现在哪些方面？

6）PLC 的基本结构包括有哪些部分？

7）PLC 是采用什么工作方式工作的？其扫描周期是如何计算的？

8）PLC 的技术性能包含有哪些内容？

9）一般 PLC 的内部寄存器区是如何划分的？有什么作用？

10）一般 PLC 是如何分类的？

11）PLC 的编程语言主要有哪几种？最常用的是哪种？

12）日本三菱公司 FX_{2N}PLC 有什么特点？其基本单元和扩展单元有哪几种？

13）目前 FX_{2N}系列 PLC 的特殊模块已有哪些种类？

14）FX_{2N}系列 PLC 的主要硬、软件性能指标包含有哪些内容？

15）日本三菱公司 FX_{2N}PLC 的八大编程器件是什么？各有什么特点和作用？

16）日本三菱公司 FX_{2N}PLC 有多少条基本指令和步进梯形指令？各是如何编程应用的？

2.8.2 应会专业岗位技能

1）会根据机床控制要求，选用 PLC。

2）会使用所选用 PLC 的编程工具或编程软件。

3）能用 PLC 实现机床电动机点动和长动控制，会实际安装接线和编程。

4）能用 PLC 实现机床电动机正反转控制，会实际安装接线和编程。

5）能用 PLC 实现机床电动机Y-△起动控制，会实际安装接线和编程。

6）能用 PLC 实现机床电动机能耗制动控制，会实际安装接线和编程。

7）能用 PLC 实现机床电动机反接制动控制，会实际安装接线和编程。

8）能用 PLC 实现机床电动机多地点控制，会实际安装接线和编程。

9）能用 PLC 实现多台机床电动机“顺起逆停”控制，会实际安装接线和编程。

10）能用 PLC 实现机床各种常用保护环节的控制，会实际安装接线和编程。

11）会阅读分析机床工作台电动机正反转自动循环 PLC 控制电路图。

12）会阅读分析机床双速电动机高低速制动 PLC 控制电路图。

13）会阅读分析 C650 实用车床 PLC 控制原理图，并指出它采用了哪几种基本电路环节。

14）会阅读分析其他常用机床 PLC 控制原理图，并指出它采用了哪几种基本电路环节。

本项目小结

本项目从使用的角度出发，以工作过程为导向，将项目目标分解为 8 项任务。以工作任务来驱动，使学生认识机床控制中的 PLC 技术；熟知所使用 PLC 的硬软件资源；会使用所选用 PLC 最常用的编程器或编程工具软件；掌握 PLC 基本指令编程规则和编程技巧；掌握机床 PLC 控制的基本编程环节；进行嵌入 PLC 程序设计师（四级）考证的教学实践训练；以实地阅读分析 C650 普通车床 PLC 控制电路图为示范案例掌握阅读典型机床电气控制电路图的方法和技能；回答应知应会问题，进行自我专业技术知识和技能测试。工学结合、学用一致、理论密切联系实践、“教 + 学 + 做”一体化，使学生既掌握高技能应用型人才必备的理论知识，又训练培训了高职院学生重实践的岗位技能、创新意识和综合素质，最终实现熟练阅读分析典型机床 PLC 控制电路图的项目目标。

项目3 如何设计机床设备的电气控制系统

一、项目目标

按照机电一体化专业高素质、高技能应用型人才培养目标和高职高专学生就业职业岗位技能的要求，本项目要求学生在学会阅读常用机床的电气控制电路图，即能看懂常用机床的电气控制电路图，把前人的智慧精华和经验总结继承下来的基础上，继续提高，能够设计常用机床电气控制电路图。

二、任务驱动

根据项目目标，将其工作过程分解为7个工作任务。通过项目引导、任务驱动，使学生工学结合、理论和实践密切结合、学用一致，既要掌握高素质、高技能应用型人才必备的专业技术理论知识，更着重训练学生工程实践的动手能力，培养学生的创新意识和综合素质，最终完成能设计常用机床的电气控制电路图的项目目标。

任务1　熟知机床电气控制系统设计的基本内容和一般原则

任务2　拟定任务书，掌握机床电力拖动方案确定原则和电动机的选择

任务3　掌握机床电气控制电路图的设计方法

任务4　会选择床电气控制电路图中的低压电气元器件

任务5　进行机床电气控制系统工艺设计

任务6　进行典型机床电气控制系统的设计案例示范

任务7　回答应知应会问题，进行自我专业技术知识和岗位技能测试

三、任务驱动流程图（见图3-0）

四、项目情景条件

1）实用机床或者机床教学模型。

2）实用机床控制参考电路图。

3）实用机床电气设计手册。

4）各种机床用电动机的产品使用手册。

5）各种机床用低压电器的产品使用手册。

6）电气制图国家最新标准 GB/T4728. 1～13-1996～2000《电气简图用图形符号》。

7）机床常用的各种控制电路标准图册。

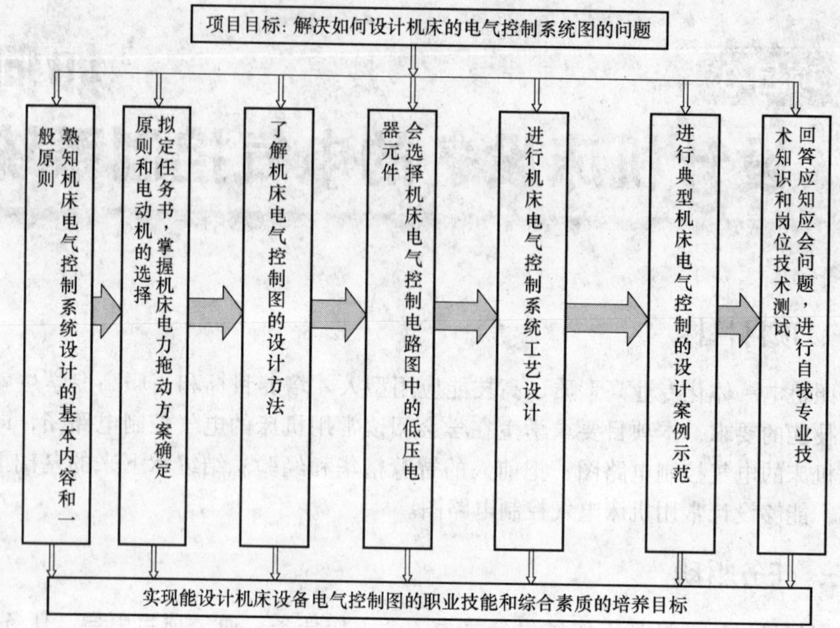

图 3-0　任务驱动流程图

8）电气控制电路图设计 CAD 工具软件。

9）机床电气控制设计技术要求或设计任务书。

五、教学环境设置和教学方法选择

任务 1　采用图示教学/讲解和观看实际生产演示或实习等现场教学相结合

任务 2　图示和课堂讲解相结合

任务 3　图示、课堂讲解和查阅技术资料相结合

任务 4　图示、课堂讲解和查阅技术资料相结合

任务 5　课堂讲解和工程设计相结合，提升工艺设计能力

任务 6　组织学生选择典型车床电气控制电路图进行实地设计演练，培养综合设计能力

任务 7　回答应知应会问题，进行自我专业技术知识和岗位技能测试，考核本项目目标真实完成情况

引　言

设计一台新机床设备，首先需要提出技术要求，拟定总体技术方案，然后才能进行设计工作。设计工作包括机械设计和电气设计两个主要部分。电气设计通常和机械设计同时开始和同时进行。一台先进的机床设备的结构和使用效能与其电气自动化的程度有着十分密切的关系。因此，对于机床设计人员来说，必须掌握电气设计和安装方面的知识。

机床的种类繁多，其控制装置也各不相同，但任何机床电控装置的设计总体原则却是相同的：第一，设计应满足机床对电气控制提出的要求，这些要求包括控制方式、控制精度、自动化程度、响应速度等，在电气控制原理设计时要根据这些要求制订出总体技术方案。第二，设计应满足机床本身的制造、使用和维护等需要，全套机床的造价要经济，结构要合理，这些问题应在机床电气控制装置的工艺设计阶段予以充分的考虑；第三，设计应与时俱进，尽可能地采用当今世界出现的高新技术，与国际先进技术同步和接轨，使国产机床不落后。本项目所论述的机床电控装置设计主要只是设计过程中的一般共性问题，还有许多设计中应该考虑的具体问题必须查阅有关的电气工程技术手册和资料，通过课程设计、毕业设计以及今后在技术工作岗位上亲身参加实践，在分析解决实际问题的过程中获得经验，提高自己的设计能力。

机床电气控制系统的设计就是根据机床机械设备和加工的工艺过程，设计出合乎要求的、经济合理的电气控制电路；并编制出设备制造、安装和维修使用过程中必须的图样和资料，包括电气原理图、安装图和接线图以及设备清单和说明书等。由于设计是灵活多变的，即使是同一功能，不同人员设计出来的电路结构也可能完全不同。因此，作为设计人员，应该随时发现和总结经验，不断丰富自己的知识，开阔思路，才能做出最为合格和技术先进的设计。

任务1　熟知机床电气控制系统设计的基本内容和一般原则

3.1.1　熟知机床电气控制系统设计的基本内容

要设计机床电气控制系统，必须熟知机床电气控制系统设计的基本内容。一般机床电气控制系统设计应包括以下内容：

1）拟定机床电气设计的技术条件（任务书）。

2）选择机床电气传动形式与控制方案。

3）确定机床传动电动机的容量和选型。

4）设计机床电气控制原理图。

5）选择机床电气元器件，制订机床电动机和电气元器件明细表。

6）画出机床电动机、执行电磁铁、电气控制部件以及检测元件的总布置图。

7）设计机床电气柜、操作台、电气安装板以及非标准电器和专用安装零件。

8）绘制机床电控设备装配图和接线图。

9）编写机床电控系统设计计算说明书和安装使用说明书。

根据机床设备的总体技术要求和电气系统的复杂程度不同，以上步骤可以有增有减，某些图样和技术文件的内容也可适当合并或增删。

3.1.2 掌握机床电气控制系统设计的一般原则

当机床设备的电力拖动方案和控制方案已经确定后，就可以进行机床电气控制电路的设计。机床电气控制电路的设计是机床电力拖动方案和控制方案的具体化实施，一般在设计时应该遵循以下原则。

1. 最大限度地实现机床设备和生产工艺对电气控制电路的要求

控制电路是为整个机床设备和生产工艺过程服务的。因此，在设计之前，要调查清楚机床的生产工艺要求，对机床设备的工作性能、结构特点和实际加工情况要有充分的了解。电气设计人员要深入现场对同类或相近的机床设备进行考查和调研，收集资料，加以综合分析，并在此基础上考虑控制方式、起动、反向、制动及调速的要求，设置各种联锁及保护装置，最大限度地实现机床设备和工艺对电气控制的要求。

2. 在满足机床生产要求的前提下，力求使控制电路简单、经济

1）尽量选用标准的、常用的或经过实际应用考验过的控制环节和电路。

2）尽量缩短连接导线的数量和长度。设计控制电路时，应合理安排各电器的位置，考虑到各个元件之间的实际接线，要注意机床电气柜、操作台和限位开关之间的连接线。如图 3-1 所示，起动按钮 SB_1 和停止按钮 SB_2 装在操作台上，接触器 K 装在电气柜内。图 3-1a 所示的接线不合理，按照图 3-1a 接线就需要由电气柜引出 4 根导线到操作台的按钮上。图 3-1b所示电路是合理的，它将起动按钮 SB_1 和停止按钮 SB_2 直接连接，两个按钮之间距离最小，所需连接导线最短。这样，只需要从电气柜内引出 3 根导线到操作台上，节省了一根导线。

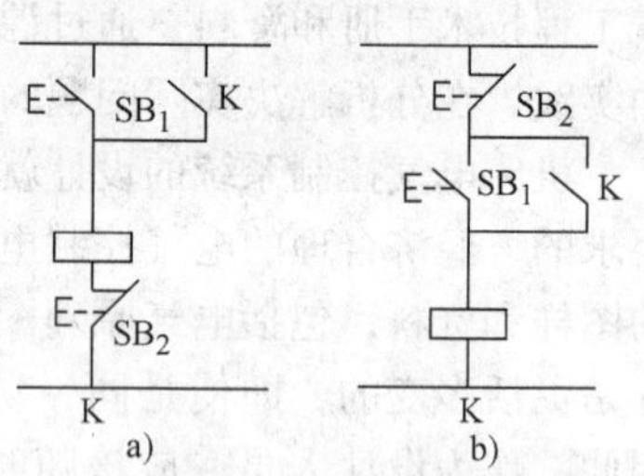

图 3-1 电气柜接线图
a）不合理电路 b）合理电路

3）尽量减少电气元器件的品种、规格和数量，并尽可能采用性能优良器件和标准件，同一用途尽量选用相同型号的电气元器件。

4）尽量减少不必要的触点以简化电路。在满足动作要求的条件下，电气元器件触点越少，控制电路的故障机率就越低，工作的可靠性越高。常用的方法如下：

① 在获得同样功能的情况下，合并同类触点，如图 3-2 所示。图 3-2b 将两个电路中间一触点合并，比图 3-2a 在电路上少了一对触点。但是在合并触点时应注意触点对额定电流值的容限。

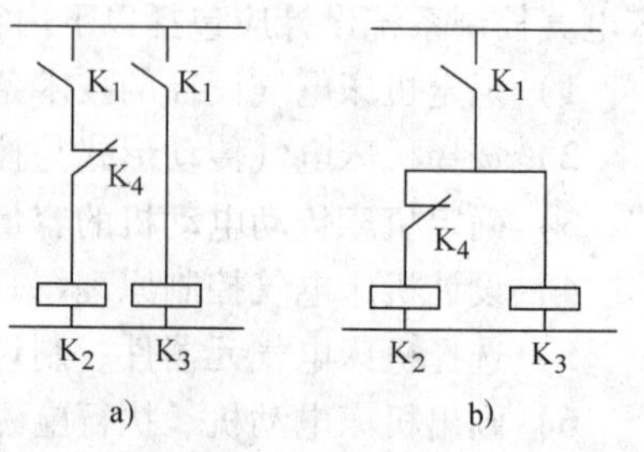

图 3-2 合并同类触点
a）未合并接点 b）合并接点

② 利用半导体二极管的单向导电性来有效地

减少触点数，如图 3-3 所示。对于弱电电气控制电路，这样做既经济又可靠。

③ 在设计完成后，可利用逻辑代数进行化简，以得到最简化的电路。

5）尽量减少电器不必要的通电时间，使电气元器件在必要时通电，不必要时尽量不通电，可以充分节约电能并延长电器的使用寿命。如图 3-4 为以时间原则控制的电动机减压起动电路图。图 3-4a 中接触器 KM_2 得电后，接触器 KM_1 和时间继电器 KT 就失去了作用，不必继续通电，但它们仍处于带电状态。图 3-4b 中电路比较合理，在 KM_2 得电后，切断了 KM_1 和 KT 的电源。

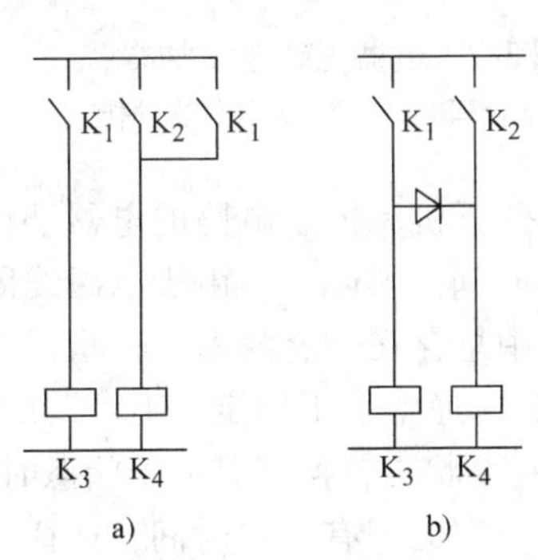

图 3-3　半导体二极管的单向导电性
a）不加二极管　b）加二极管

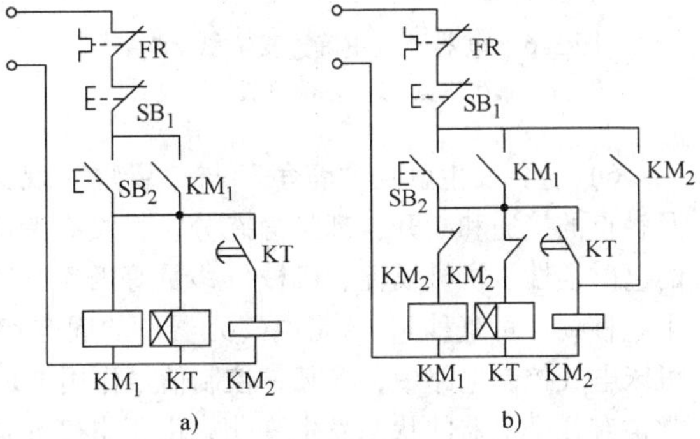

图 3-4　以时间原则控制的电动机减压起动电路
a）不合理电路　b）合理电路

3. 保证机床控制电路工作的可靠性和安全性

1）选用的机床电气元器件要可靠、牢固、动作时间短，抗干扰性能好。

2）正确连接机床电器的线圈。在交流控制电路中不能串联接入两个电器的线圈，即使外加电压是两个线圈额定电压之和，也是不允许的，如图 3-5 所示。因为每个线圈上所分配到的电压与线圈阻抗成正比，两个电器动作总是有先有后，不可能同时吸合。若接触器 KM_2 先吸合，线圈电感显著增加，其阻抗比未吸合的接触器 KM_1 的阻抗大得多，因而在该电路上的电压降增大，使 KM_1 的线圈电压达不到动作电压。因此，若需两个电器同时动作时，其线圈应该并联连接。

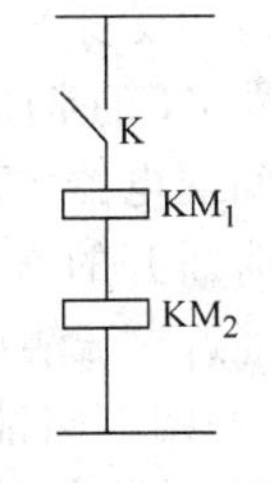

图 3-5　两个接触器线圈串联

3）正确连接机床电器的触点。同一电气元器件的常开和常闭触点靠得很近，若分别接在电源不同的相上，由于各相的电位不等，当触点断开时，会产生电弧形成短路。如图 3-6a 所示的开关 S_1 的常开和常闭触点间会因电位不同产生飞弧而短路，图 3-6b 所示开关 S_1 的电位相等，就不会产生飞弧。

4）在机床控制电路中，采用小容量继电器的触点来断开或接通大容量接触器的线圈时，应计算继电器触点断开或接通容量是否足够，不够时必须加小容量的接触器或中间继电器，否则工作不可靠。在频繁操作的可逆电路中，正反向接触器应选较大容量的接触器。

5）在电路中应尽量避免多个电器依次动作才能接通另一个电器控制电路的情况，如图 3-7a 所示。图 3-7b 为正确电路。

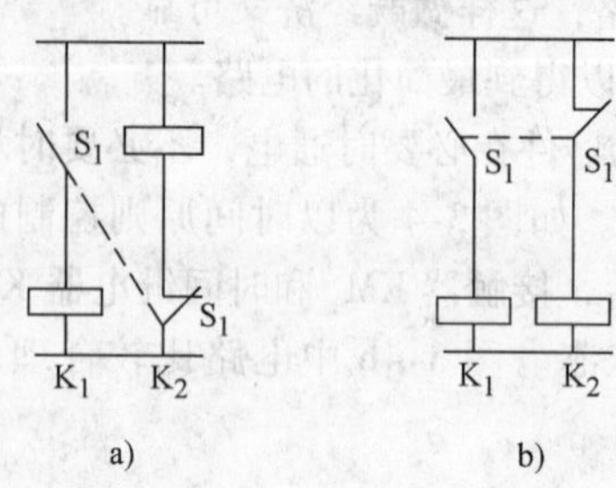

图 3-6　电器触点正确连接方式

a）产生飞弧　b）消除飞弧

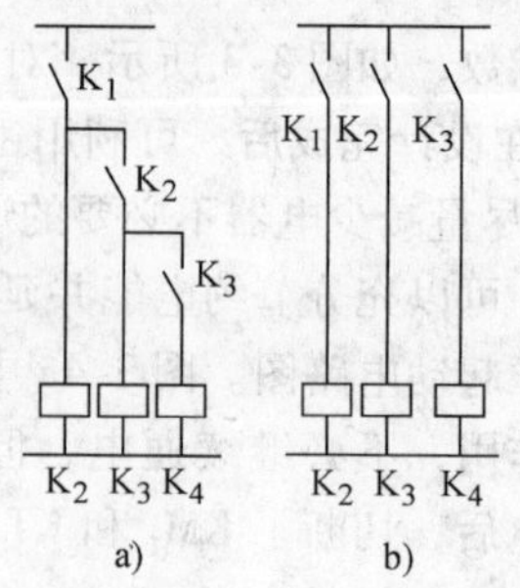

图 3-7　电器正确连接方式

a）不合理　b）减少元件依次动作

6）避免发生触点“竞争”与“冒险”现象。通常分析机床控制电路的电器动作及触点的接通和断开，都是静态分析，没有考虑其动作时间。实际上，由于电磁线圈的电磁惯性、机械惯性、机械位移量等因素，通断过程中总存在一定的固有时间（几十毫秒到几百毫秒），这是电气元器件的固有特性，其延时通常是不确定、不可调的。机床电气控制电路中，在某一控制信号作用下，电路从一个状态转换到另一个状态时，常常有几个电器的状态发生变化，由于电气元器件总有一定的固有动作时间，往往会发生不按预定时序动作的情况，触点争先吸合，发生振荡，这种现象称为电路的“竞争”。另外，由于电气元器件的固有释放延时作用，也会出现开关电器不按要求的逻辑功能转换状态的可能性，称这种现象为“冒险”。“竞争”与“冒险”现象都将造成机床控制电路不能按要求动作，引起机床控制失灵。

图 3-8a 所示为用时间继电器组成的反身关闭电路。当时间继电器 KT 的常闭触点延时断开后，时间继电器 KT 线圈失电，经 t_s 延时断开的常闭触点恢复闭合，而经 t_1 常开触点瞬时动作。如果 $t_s > t_1$ 则电路能反身关闭；如果 $t_s < t_1$ 则继电器 KT 就再次闭合。这种现象就是触点竞争。在此电路中增加中间继电器 KA 就可以解决，如图 3-8b 所示。

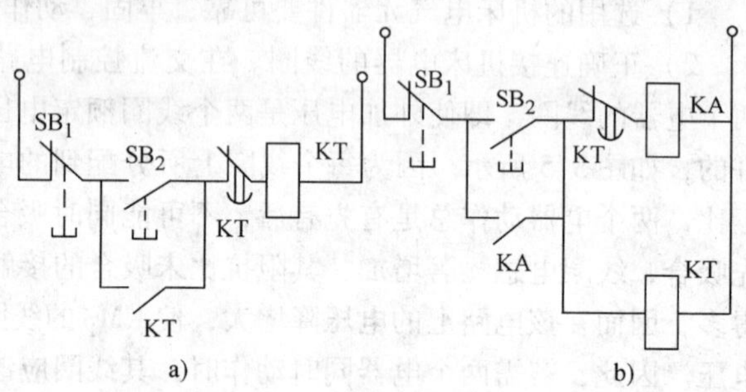

图 3-8　时间继电器组成的反身关闭电路

a）“竞争”与“冒险”　b）合理电路

要避免发生触点“竞争”与“冒险”现象的方法有：

① 应尽量避免许多电器依次动作才能接通另一个电器的控制电路。

② 防止电路中因电气元器件固有特性引起配合不良后果，当电气元器件的动作时间可能影响到控制电路的动作程序时，就需要用时间继电器配合控制，这样可清晰地反映元件动作时间及它们之间的互相配合。

③ 若不可避免，则应将产生“竞争”与“冒险”现象的触点加以区分、联锁隔离

或采用多触点开关分离。

7）在控制电路中应避免出现寄生电路。在电气控制电路的动作过程中，意外接通的电路叫寄生电路（或假电路）。图 3-9 所示是一个具有指示灯和热继电器保护的正反向控制电路。在正常工作时，能完成正反向起动、停止和信号指示；但当热继电器 FR 动作时，电路就出现了寄生电路（如图 3-9 中箭头所示），使正向接触器 KM_1 不能释放，起不了互锁保护作用。

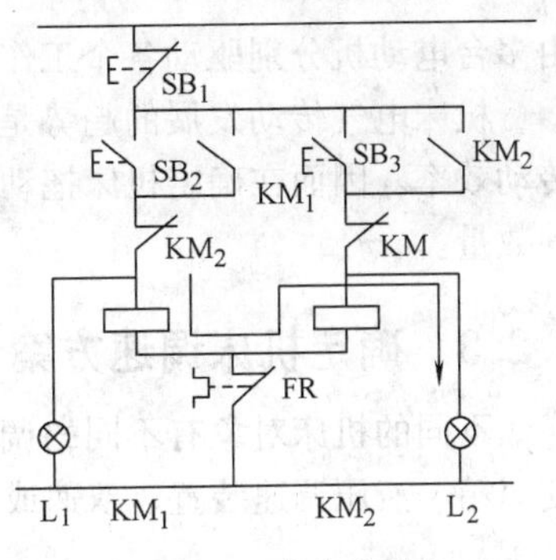

图 3-9　寄生电路

避免产生寄生电路的方法有：在设计机床电气控制电路时，严格按照“线圈、能耗元件下边接电源（或零线），上边接触点”的原则，降低产生寄生电路的可能性；还应注意消除两个电路之间产生联系的可能性，若不可避免应加以区分、联锁隔离或采用多触点开关分离。如将图中的指示灯分别用 KM_1、KM_2 的另外常开触点直接连接到上边的控制母线上，就可消除寄生电路。

8）设计的电路应能适应所在电网情况，根据现场的电网容量、电压、频率，以及允许的冲击电流值等，决定电动机是否直接或间接（减压）起动。

4. 操作和维修方便

机床电气设备应力求维修方便，使用安全。电气元器件应留有备用触点，必要时应留有备用电气元器件，以便检修、改接线用，为避免带电检修应设置隔离电器。控制机构应操作简单、便利，能迅速而方便地由一种控制形式转换到另一种控制形式，例如由手动控制转换到自动控制等。

任务 2　拟定任务书，掌握机床电力拖动方案确定原则和电动机的选择

3.2.1　拟定任务书

设计任务书是一切设计的依据。由于机床生产设备是为机床加工生产工艺服务的，机床电气控制是为机床生产设备服务的，为此，通常机床电气设计任务书是由机床设备总体工艺人员提出工艺要求，由机床设备和电气设计人员根据机床使用环境、现场条件、技术水平和资金能力等因素共同商定设计方案，确定设计任务。

3.2.2　确定电力拖动方式

机床电力拖动方案是指确定机床传动电动机的类型、数量、传动方式及电动机的起动、运行、调速、转向、制动等控制要求，是机床电气设计的主要内容之一，为机床电气控制原理图设计及电气元器件选择提供依据。确定机床电力拖动方案必须依据机床的精度、工作效率、结构以及运动部件的数量、运动要求、负载性质、调速要求以及投资额等条件。

机床电动机的拖动方式有：单独拖动，一台设备只有一台电动机拖动；分立拖动，

由多台电动机分别驱动各个工作机构，通过机械传动链连接各个工作机构。

机床电气传动发展的趋势是缩短机械传动链，电动机逐步接近工作机构，以提高传动效率。因而在确定机床拖动方式时应根据机床工艺及结构的具体情况决定电动机的数量。

3.2.3 确定机床调速方案

不同的机床对象有不同的调速要求，为了达到一定的调速范围，可分别采用齿轮变速箱、液压调速装置、双速或多速电动机以及电气的无级调速等传动方案。

3.2.4 进行机床电动机的选择

机床电动机的选择包括电动机的种类、结构形式、额定转速和额定功率。机床电动机的种类和转速根据机床的调速要求选择，一般都应采用感应电动机，仅在起动、制动和调速不满足机床要求时才选用直流电动机；电动机的结构形式应适应机床结构和现场环境，可选用开启式、防护式、封闭式、防腐式甚至是防爆式电动机；电动机的额定功率根据机床的功率负载和转矩负载选择，使电动机容量得到充分利用。

1. 机床用电动机容量的选择

根据机床的负载功率（例如切削功率）就可选择电动机的容量。然而机床的载荷是经常变化的，而每个负载的工作时间也不尽相同，这就产生了使电动机功率如何最经济地满足机床负载功率的问题。机床电力拖动系统一般分为主拖动及进给拖动。

(1) 机床主拖动电动机容量选择　多数机床负载情况比较复杂，切削用量变化很大，尤其是通用机床负载种类更多，不易准确地确定其负载情况。一般情况下为了避免复杂的计算过程，机床电动机容量的选择往往采用统计类比或根据经验采用工程估算方法，但这通常具有较大的宽裕度。因此通常采用调查统计类比或采用分析与计算相结合的方法来确定电动机的功率。

1）调查统计类比法。确定电动机功率前，首先进行广泛调查研究，分析确定所需要的切削用量，然后用已确定的较常用的切削用量的最大值，在同类同规格的机床上进行切削试验并测出电动机的输出功率，以此测出的功率为依据，再考虑到机床最大负载情况以及采用先进切削方法及新工艺等，类比国内外同类机床电动机的功率，最后确定所设计机床电动机功率，以此来选择电动机。这种方法有实用价值，以切削试验为基础进行分析类比，符合实际情况。

目前我国机床设计制造部门，往往都采用这种方法来选择电动机容量，即对机床主拖动电动机进行实测、分析，找出电动机容量与机床主要数据的关系，将此关系作为选择电动机容量的依据。

① 卧式车床主电动机的功率：

$$P = 36.5D^{1.54} \tag{3-1}$$

式中　P——主拖动电动机功率（kW）；

　　D——工件最大直径（m）。

② 立式车床主电动机的功率：

$$P = 20.0D^{0.88} \tag{3-2}$$

式中　P——主拖动电动机功率（kW）；

D——工件最大直径（m）。

③ 摇臂钻床主电动机的功率：

$$P = 0.0646D^{1.19} \tag{3-3}$$

式中　P——主拖动电动机功率（kW）；

D——工件最大钻孔直径（mm）。

④ 卧式镗床主电动机的功率：

$$P = 0.04D^{1.7} \tag{3-4}$$

式中　P——主拖动电动机功率（kW）；

D——镗杆直径（mm）。

⑤ 龙门铣床主电动机的功率：

$$P = \frac{1}{166}B^{1.75} \tag{3-5}$$

式中　P——主拖动电动机功率（kW）；

B——工作台宽度（mm）。

2）分析计算法。可根据机床总体设计中对机械传动功率的要求，确定机床拖动用电动机功率。知道机械传动的功率，即可计算出所需电动机功率：

$$P = P_1/\eta_1\eta_2 \tag{3-6}$$

式中　P——电动机功率；

P_1——机械传动轴上的功率；

η_1——生产机械效率；

η_2——电动机与生产机械之间的传动效率。

式（3-6）也可以表示为

$$P = P_1\eta_{总}，\eta_{总} = \eta_1\eta_2$$

式中　$\eta_{总}$——机床总效率，一般主运动为回转运动的机床，$\eta_{总}=0.7\sim0.855$；主运动为往复运动的机床，$\eta_{总}=0.6\sim0.7$（结构简单的取大值，复杂的取小值）。

计算出电动机的功率，仅仅是初步确定的数据，还要根据实际情况，进行分析，对电动机进行校验，最后确定其容量。

（2）机床进给运动电动机容量选择　机床进给运动的功率由有效功率和功率损失两部分组成。一般进给运动的有效功率都是比较小的，如通用车床进给有效功率仅为主运动功率的0.0015～0.0025；铣床为0.015～0.025；但由于进给机构传动效率很低，实际需要的进给功率，车床、钻床的有效功率约为主运动功率的0.03～0.05；而铣床则为0.2～0.25。一般地，机床进给运动传动效率为0.15～0.2，甚至还低。

车床和钻床，当主运动和进给运动采用同一电动机时，只计算主运动电动机功率即可。对主运动和进给运动没有严格内在联系的机床，如铣床，为了使用方便和减少电能的消耗，进给运动一般采用单独电动机传动，该电动机除传动进给外还传动工作台的快速移动。由于快速移动所需的功率比进给大得多，因此电动机功率常常是由快速移动所需要的功率而决定的。快速移动所需要的功率，一般由经验数据来选择，现列于表 3-1 中。

表 3-1　机床快速移动所需要的功率值

机床类型		运动部件	移动速度/(m/min)	所需电动机功率/kW
卧式车床	$D_{工件}=400$mm	溜板	6~9	0.6~1.0
	$D_{工件}=600$mm	溜板	4~6	0.8~1.2
	$D_{工件}=1000$mm	溜板	3~4	3.2
摇臂钻床 $d_{工件}=35\sim75$mm		摇臂	0.5~1.5	1~2.8
升降台铣床		工作台	4~6	0.8~1.2
		升降台	1.5~2.0	1.2~1.5
龙门铣床		横梁	0.25~0.50	2~4
		横梁上的铣头	1.0~1.5	1.5~2
		立柱上的铣头	0.5~1.0	1.5~2

2. 电动机转速和结构形式的选择

电动机功率的确定是选择电动机的关键，但也要对转速、使用电压等级及结构形式等项目进行选择。

（1）确定机床调速方案　不同的机床对象有不同的调速要求，为了达到一定的调速范围，可分别采用齿轮变速箱、液压调速装置、双速或多速电动机以及电气的无级调速等传动方案。在选择机床调速方案时，可参考以下几点内容。

1）重型或大型机床设备主运动及进给运动，应尽可能采用无级调速。这有利于简化机械结构，缩小体积，降低制造成本。

2）精密机床，如坐标镗床、精密磨床、数控机床以及某些精密机械手，为了保证加工精度和动作的准确性，便于自动控制，也应采用电气无级调速方案。

3）一般中小型机床设备（如普通机床）没有特殊要求时，可选用经济、简单、可靠的三相笼型异步电动机，配以适当级数的齿轮变速箱。为了简化结构，扩大调速范围，也可采用双速或多速的笼型异步电动机。在选用三相笼型异步电动机的额定转速时，应满足工艺条件要求。

在选择电动机调速方案时，要保证电动机的调速特性与负载特性相适应，否则将会引起拖动工作的不正常，电动机不能充分合理地使用。例如，双速笼型异步电动机，当定子绕组由△联结改接成YY联结时，转速增加一倍，功率却增加很少，因此适用于恒功率传动。对于低速为Y联结的双速电动机改接成YY后，转速和功率都增加1倍，而电动机所输出的转矩却保持不变，适用于恒转矩传动。分析调速性质和负载特性，找出电动机在整个调速范围内的转矩、功率与转速的关系，以确定负载是需要恒功率调速还是恒转矩调速，为合理确定拖动方案和控制方案以及电动机和电动机容量的选择提供必要的依据。

（2）结构形式的选择　异步电动机由于结构简单坚固、维修方便、造价低廉，因此在机床中使用最为广泛。

电动机的转速越低则体积越大，价格也越高，功率因数和效率也就低，因此电动机的转速要根据机床机械的要求和传动装置的具体情况加以选定。异步电动机的同步转速有3000r/min、1500r/min、1000r/min、750r/min、600r/min等几种，这是由电动机的磁极对数的不同而定的。电动机转子转速由于存在着转差率，一般比同步转速约低2%～5%。一般情况下，可选用同步转速为1500r/min的电动机，因为这个转速下的电动机适应性较强，而且功率因数和效率也高。若电动机的转速与该机床机械的转速不一致，可选取转速稍高的电动机通过机械变速装置使其一致。

异步电动机的电压等级为380V。但要求宽范围而平滑的无级调速时，可采用交流变频调速或直流调速。

一般来说，金属切削机床都采用通用系列的普通电动机。电动机的结构形式按其安装位置的不同可分为卧式（轴为水平）、立式（轴为垂直）等。为了使拖动系统更加紧凑，使电动机尽可能地靠近机床的相应工作部位。如立铣、龙门铣、立式钻床等机床的主轴都是垂直于机床工作台的。这时选用垂直安装的立式电动机，可不需要锥齿轮等机构来改变转动轴线的方向了。又如装入式电动机，电动机的机座就是床身的一部分，它安装在床身的内部。

在选择电动机时，也应考虑机床的转动条件，对易产生悬浮飞扬的铁屑或废料，或切削液、工业用水等有损于绝缘的介质能侵入电动机的场合，选用封闭式结构为适宜。煤油冷却切削刀具的机床或加工易燃合金材料的机床应选用防爆式电动机。按机床电气设备通用技术条件中规定，机床应采用全封闭扇冷式电动机。机床上推荐使用防护等级最低为IP_{44}的交流电动机。在某些场合下，还必须采用强迫通风。

机床上常选用Y系列封闭自扇冷式笼型三相异步电动机，是全国统一设计的新的基本系列，它是我国取代JO_2系列的更新换代产品。其安装尺寸和功率等级完全符合IEC标准和DIN 42673标准。本系列采用B级绝缘，外壳防护等级为IP_{44}，冷却方式为ICO. 141。

YD系列三相异步电动机的功率等级和安装尺寸与国外同类型先进产品相当，因而具有互换性，便于机床配套出口。

3. 机床拖动中常用的典型交流异步电动机技术数据

交流异步电动机由于转子绕组不需与其他电源相接，而定子电流则直接取自交流电网，因此具有结构简单、制造使用维护方便、运行可靠以及力矩/惯量比大、起制动速度快、能耗小、重量轻、成本低等优点，被广泛应用于工农业和国民经济各部分。交流异步电动机品种及规格繁多，按转子结构分为笼型和绕线型电动机，其中笼型异步电动机又可分为单笼、双笼和深槽式；按定额工作方式分为连续定额工作、短时定额工作和断续定额工作的电动机；按防护类型分为开启式、防护式（防滴、网罩）、封闭式和防爆式电动机；按机座号及功率的大小，可分为大、中、小型和分马力电动机；按定额电压分，又可分为高压和低压两类。为机床电气设计方便，表3-2给出了机床拖动中常用的中、小型交流异步电动机的基本系列。限于篇幅，这里只给出一般常用Y系列三相异步电动机的技术数据。

表 3-2　机床拖动中常用的中、小型交流异步电动机的基本系列产品名称和型号

产品名称	型号	旧产品型号
一般三相异步电动机	Y	J、JS、JX、JO、JSQ
绕线转子异步电动机	YR	JR、JRO、YR、JRQ
高起动转矩异步电动机	YQ	JQ、JQO、JH、JHO
高转差率异步电动机	YH	JH、JHO
多速异步电动机	YD	JD、JDO、JWD
高效率异步电动机	YX	
交流变频异步电动机	YP	
旁磁制动异步电动机	YEP	JPZ、JZD
电磁制动异步电动机	YEJ	
锥形转子制动电动机	YEZ	JZZ、ZD、ZDY
低振动低噪声电动机	YZC	JJO
低振动精密机床用电动机	YZS	AOM、AM
力矩异步电动机	YLJ	JLJ、AJ

Y 系列电动机是封闭自扇冷式鼠笼型转子三相异步电动机，其效率高、节能大、堵转转矩高、噪声低、振动小、运行安全可靠，适用于驱动无特殊性能要求的各种机床设备。其额定电压为380V，频率为50Hz。3kW 及以下为星形接法，4kW 及以上为三角接法。Y 系列小型三相异步电动机的技术数据见表 3-3 及表 3-4。

表 3-3　Y 系列（IP_{23}）小型三相异步电动机技术数据（380V，50Hz）

电动机型号	额定功率/kW	满载时				堵转电流/额定电流	堵转转矩/额定转矩	最大转矩/额定转矩
		定子电流/A	转速/(r/min)	效率（%）	功率因素			
Y160M-2	15	29	2910	88	0.88	7.0	1.7	2.2
160L1-2	18.5	36	2910	89	0.89	7.0	1.8	2.2
160L2-2	22	42	2910	89.5	0.89	7.0	2.0	2.2
Y160M-4	11	23	1460	87.5	0.85	7.0	1.9	2.2
160L1-4	15	30	1460	88	0.86	7.0	2.0	2.2
160L2-4	18.5	37	1460	89	0.86	7.0	2.0	2.2
Y160M-6	7.5	17	960	85	0.79	6.5	2.0	2.0
Y160L-6	11	25	960	86.5	0.78	6.5	2.0	2.0
Y160M-8	5.5	14	720	83.5	0.73	6.0	2.0	2.0
Y160L-8	7.5	18	720	85	0.73	6.0	2.0	2.0
Y180M-2	30	57	2940	89.5	0.89	7.0	1.7	2.2
Y180L-2	37	70	2940	90.5	0.89	7.0	1.9	2.2

（续）

电动机型号	额定功率/kW	满载时				堵转电流/额定电流	堵转转矩/额定转矩	最大转矩/额定转矩
		定子电流/A	转速/(r/min)	效率（%）	功率因素			
Y180M-4	22	43	1460	89.5	0.86	7.0	1.9	2.2
Y180L-4	30	58	1460	90.5	0.87	7.0	1.9	2.2
Y180M-6	15	32	970	88	0.81	6.5	1.8	2.0
Y180L-6	18.5	38	970	88.5	0.83	6.45	1.8	2.0
Y180M-8	11	26	720	86.5	0.74	6.0	1.8	2.0
Y180L-8	15	34	720	87.5	0.76	6.0	1.8	2.0
Y200M-2	45	84	2940	91	0.89	7.0	1.9	2.2
Y200L-2	55	103	2950	91.5	0.89	7.0	1.9	2.2
Y200M-4	37	71	1470	90.5	0.87	7.0	2.0	2.2
Y200L-4	45	86	1470	91.5	0.87	7.0	2.0	2.2
Y200M-6	22	44	970	89	0.85	6.5	1.7	2.0
Y200L-6	30	59	980	89.5	0.87	6.5	1.7	2.0
Y200M-8	18.5	41	730	88.5	0.78	6.0	1.7	2.0
Y200L-8	22	48	740	89	0.78	6.0	1.8	2.0
Y225M-6	37	71	980	90.5	0.87	6.5	1.8	2.0
Y225M-8	30	63	740	89.5	0.81	6.0	1.7	2.0
Y250S-6	45	87	980	91	0.86	6.5	1.8	2.0
Y250S-8	37	78	740	90	0.80	6.0	1.6	2.0

表 3-4　Y 系列（IP_{44}）小型三相异步电动机技术数据（380V，50Hz）

电动机型号	额定功率/kW	满载时				堵转电流/额定电流	堵转转矩/额定转矩	最大转矩/额定转矩	转动惯量/$kg\cdot m^2$	质量/kg
		定子电流/A	转速/(r/min)	效率(%)	功率因素					
Y801-2	0.75	1.8	2830	75	0.84	7.0	2.2	2.2	0.00075	16
Y802-2	1.1	2.5	2830	77	0.86	7.0	2.2	2.2	0.00090	17
Y801-4	0.55	1.5	1390	73	0.76	6.5	2.2	2.2	0.0018	17
Y802-4	0.75	2.0	1390	74.5	0.76	6.5	2.2	2.2	0.0021	18
Y90S-2	1.5	3.4	2840	78	0.85	7.0	2.2	2.2	0.0012	22
Y90L-2	2.2	4.7	2840	82	0.86	7.0	2.2	2.2	0.0014	25
Y90S-4	1.1	2.8	1400	78	0.78	6.5	2.2	2.2	0.0021	22
Y90L-4	1.5	3.7	1400	79	0.79	6.5	2.2	2.2	0.0027	27

（续）

电动机型号	额定功率/kW	满载时				堵转电流/额定电流	堵转转矩/额定转矩	最大转矩/额定转矩	转动惯量/kg·m²	质量/kg
		定子电流/A	转速/(r/min)	效率(%)	功率因素					
Y90S-6	0.75	2.3	910	72.5	0.70	6.0	2.0	2.0	0.0029	23
Y90L-6	1.1	3.2	910	73.5	0.72	6.0	2.0	2.0	0.0035	25
Y100L-2	3.0	6.4	2870	82	0.87	7.0	2.2	2.2	0.0029	33
Y100L1-4	2.2	5.0	1430	81	0.82	7.0	2.2	2.2	0.0054	34
Y10012-4	3.0	6.8	1430	82.5	0.81	7.0	2.2	2.2	0.0067	38
Y100L6	1.5	4.0	940	77.5	0.74	6.0	2.0	2.0	0.0069	33
Y112M-2	4.0	8.2	2890	85.5	0.87	7.0	2.2	2.2	0.050	45
Y112M-4	4.0	8.8	1440	84.5	0.82	7.0	2.2	2.2	0.0095	43
Y112M-6	2.2	5.6	940	80.5	0.74	6.0	2.0	2.0	0.0138	45
Y132S1-2	5.5	11	2900	85.5	0.88	7.0	2.0	2.2	0.0109	64
Y132S2-2	7.5	15	2900	86.2	0.88	7.0	2.0	2.2	0.0186	70
Y132S-4	5.5	12	1440	85.5	0.84	7.0	2.2	2.2	0.0214	68
Y132M-4	7.5	15	1440	87	0.85	7.0	2.2	2.2	0.0296	81
Y132S-6	3.0	7.2	960	83	0.76	6.5	2.0	2.0	0.0286	63
Y132M1-6J	4.0	9.4	960	84	0.77	6.5	2.0	2.0	0.0357	73
Y132M2-6	5.5	13	960	85.3	0.78	6.5	2.0	2.0	0.0449	84
Y132S-8	2.2	5.8	710	81	0.71	5.5	2.0	2.0	0.0314	63
Y132M-8	3.0	7.7	710	82	0.72	5.5	2.0	2.0	0.0395	79
Y160M1-2	11	22	2930	87.5	0.88	7.0	2.0	2.2	0.0377	117
Y160M2-2	15	29	2930	88.2	0.88	7.0	2.0	2.2	0.0449	125
Y160L2	18.5	36	2930	89	0.89	7.0	2.0	2.2	0.0550	147
Y160M-4	11	23	1460	88	0.84	7.0	2.2	2.2	0.0747	123
Y160L4	15	30	1460	88.5	0.85	7.0	2.2	2.2	0.0918	144
Y160M-6	7.5	17	970	86	0.78	6.5	2.0	2.0	0.0881	119
Y160L-6	11	25	970	87	0.78	6.5	2.0	2.0	0.116	147
Y160M1-8	4.0	9.9	720	84	0.73	6.0	2.0	2.0	0.0753	118
Y160M2-8	5.5	13	720	85	0.74	6.0	2.0	2.0	0.0931	119
Y160L-8	7.5	18	720	86	0.75	5.5	2.0	2.0	0.126	145
Y180M-2	22	42	2940	89	0.89	7.0	2.0	2.2	0.075	180
Y180M-4	18.5	36	1470	91	0.86	7.0	2.0	2.2	0.139	182
Y180L-4	22	43	1470	91.5	0.86	7.0	2.0	2.2	0.158	190

（续）

电动机型号	额定功率/kW	满载时				堵转电流/额定电流	堵转转矩/额定转矩	最大转矩/额定转矩	转动惯量/kg·m^2	质量/kg
		定子电流/A	转速/(r/min)	效率(%)	功率因素					
Y180L-6	15	31	970	89.5	0.81	6.5	1.8	2.0	0.207	195
Y180L-8	11	25	730	86.5	0.77	6.0	1.7	2.0	0.203	184
Y200L1-2	30	57	2950	90	0.89	7.0	2.0	2.2	0.124	240
Y200L2-2	37	70	2950	90.5	0.89	7.0	2.0	2.2	0.139	255
Y200L-4	30	57	1470	92.2	0.87	7.0	2.0	2.2	0.262	270

3.2.5 掌握机床起动、制动和反向要求

一般情况下，由电动机完成机床的起动、制动和反向要比机械方法简单容易。机床主轴的起动、停止、正反转运动和调整操作，只要条件允许最好由电动机完成。

机床设备主运动传动系统的起动转矩一般都比较小，因此，原则上可采用任何一种起动方式。对于它的辅助运动，在起动时往往要克服较大的静转矩，必要时也可选用高起动转矩的电动机，或采用提高起动转矩的措施。另外，还要考虑电网容量，对电网容量不大而起动电流较大的电动机，一定要采取限制起动电流的措施，如Y-△起动、自耦调压器起动、定子电路串电阻减压起动等，以免电网电压波动较大而造成事故。

传动电动机是否需要制动，应视机床设备工作循环的长短而定。对于某些高速高效金属切削机床，宜采用电动机制动。如果对于制动的性能无特殊要求而电动机又需要反转时，则采用反接制动可使电路简化。在要求制动平稳、准确，即在制动过程中不允许有反转可能性时，则宜采用能耗制动方式。在某些机床设备中也常采用具有联锁保护功能的电磁机械制动（电磁抱闸），在有些场合下也可采用回馈制动等。

任务3 了解机床电气控制电路图的设计方法

机床电气控制电路有两种设计方法：一种是经验设计法，另一种是逻辑代数设计法。

3.3.1 经验设计法

所谓经验设计法就是根据机床生产工艺要求直接设计出控制电路。在具体的设计过程中常有两种做法：一种是根据机床的工艺要求，适当选用现有的典型电控环节和常用的控制原则，将它们有机地组合起来，综合成所需要的控制电路；另一种是根据机床工艺要求自行设计，随时增加所需的电气元器件和触点，以满足给定的工作条件。

1. 经验设计法的基本步骤

一般的机床电气控制电路设计包括主电路和辅助电路等的设计。

（1）主电路设计　主要考虑机床电动机的起动、点动、正反转、制动及多速电动机的调速、短路、过载、欠电压等各种保护环节以及联锁、照明和信号等环节。

（2）控制电路设计　主要考虑如何满足电动机的各种运转功能及生产工艺要求。设计步骤是根据机床对电气控制电路的要求和常用的控制原则，首先设计出各个独立环节的控制电路，然后再根据各个控制环节之间的相互制约关系，进一步拟定联锁控制电路等辅助电路的设计，最后再考虑根据电路的简单、经济和安全、可靠等原则，修改电路。

（3）反复审核电路是否满足设计原则　在条件允许的情况下，进行模拟试验，逐步完善整个机床电气控制电路的设计，直至电路动作准确无误。

2. 经验设计法的特点

1）易于掌握，使用很广，但一般不易获得最佳设计方案。

2）要求设计者具有一定的实际经验，在设计过程中往往会因考虑不周发生差错，影响电路的可靠性。

3）当电路达不到要求时，多用增加触点或电器数量的方法来加以解决，所以设计出的电路常常不是最简单经济的。

4）需要反复修改草图，一般需要进行模拟试验，设计速度慢。

3. 经验设计法设计举例

下面以设计龙门刨床横梁升降控制电路为例来说明经验设计法。

龙门刨床（或立车）上装有横梁机构，刀架装在横梁上，随着加工工件大小不同横梁机构需要沿立柱上下移动，在加工过程中，横梁又需要保证夹紧在立柱上不松动。横梁的上升与下降由横梁升降电动机来驱动，横梁的夹紧与放松由横梁夹紧放松电动机来驱动。横梁升降电动机装在龙门顶上，通过蜗轮传动，使立柱上的丝杠转动，通过螺母使横梁上下移动。横梁夹紧电动机通过减速机构传动夹紧螺杆，通过杠杆作用使压块夹紧或放松。龙门刨床横梁夹紧放松示意图如图 3-10 所示。

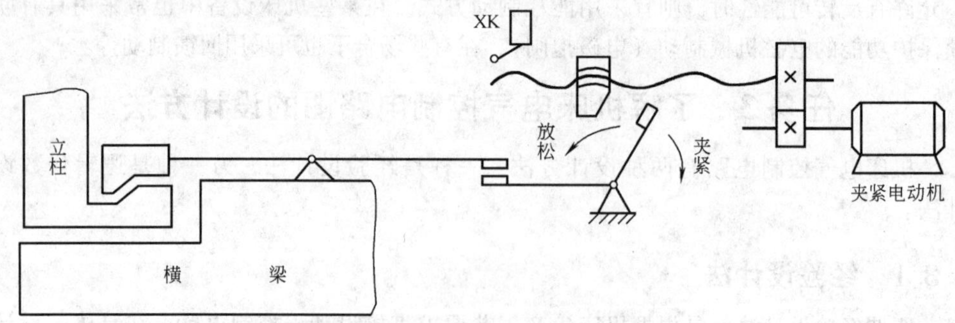

图 3-10　龙门刨床横梁夹紧放松示意图

龙门刨床横梁机构对电气控制系统的工艺要求如下：

1）刀架装在横梁上，要求横梁能沿立柱做上升、下降的调整移动。

2）在加工过程中，横梁必须紧紧地夹在立柱上，不许松动。夹紧机构能实现横梁的夹紧和放松。

3）在动作配合上，横梁夹紧与横梁移动之间必须有一定的操作程序，具体如下：

① 按动向上或向下移动按钮后，首先使夹紧机构自动放松。

② 横梁放松后，自动转换成向上或向下移动。

③ 移动到所需要的位置后，松开按钮，横梁自动夹紧。

④ 夹紧后夹紧电动机自动停止运动。

4）横梁在上升与下降时，应有上下行程的限位保护。

5）正反向运动之间，以及横梁夹紧与移动之间要有必要的联锁。

在了解清楚龙门刨床横梁机构上述生产工艺要求之后，就可以进行控制电路的设计了。

（1）设计主电路　根据横梁能上下移动和能夹紧放松的工艺要求，需要用两台电动机来驱动，且电动机能实现正反向运转。因此采用4个接触器 KM_1、KM_2 和 KM_3、KM_4，分别控制升降电动机 M_1 和夹紧放松电动机 M_2 的正反转，如图3-11a所示。因而，主电路就是控制两台电动机正反转的电路。

（2）设计基本控制电路　由于横梁的升降和夹紧放松均为调整运动，故都采用点动控制。采用两个点动按钮分别控制升降和夹紧放松运动，仅靠两个点动按钮控制4个接触器线圈，则需要增加两个中间继电器 KA_1 和 KA_2。根据工艺要求可设计出如图3-11b所示的草图。

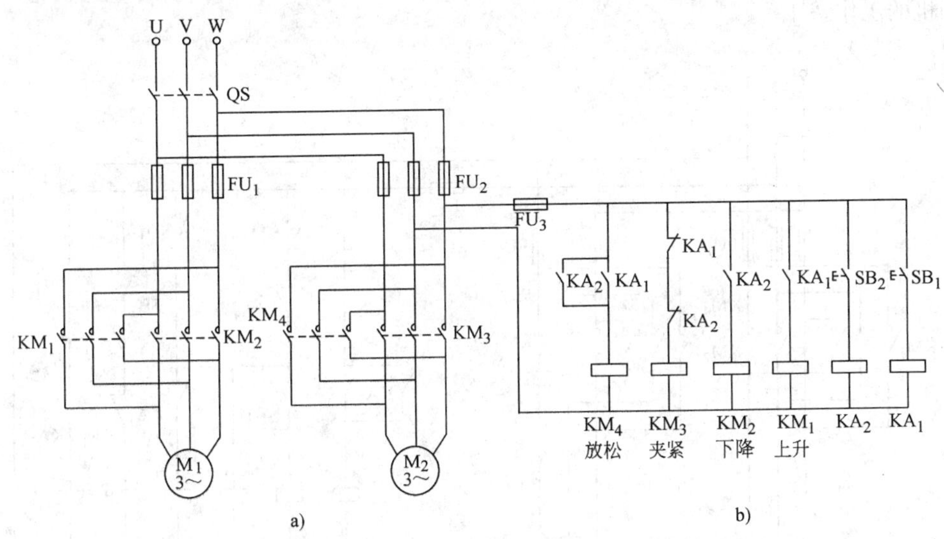

图3-11　龙门刨床横梁控制电路

a）横梁控制的主电路　b）横梁控制的辅助电路

经仔细分析可知，该电路存在问题如下：

1）按动上升点动按钮 SB_1 后，接触器 KM_1 和 KM_4 同时得电吸合，横梁的上升与放松同时进行，按动下降点动按钮 SB_2，也出现类似情况。不满足“夹紧机构先放松，横梁后移动”的工艺要求。

2）放松线圈 KM_1 一直通电，使夹紧机构持续放松，没有设置检测元件检查横梁放松的程度。

3）松开按钮 SB_1，横梁不再上升，横梁夹紧线圈得电吸合，横梁持续夹紧，不能自动停止。

根据以上问题，需要恰当地选择控制过程中的变化参量，实现上述自动控制要求。

（3）选择控制参量，确定控制原则

1）反映横梁放松程度的参量。可以采用行程开关 SQ_1 检测放松程度，如图 3-12 所示。当横梁放松到一定程度时，其压块压动 SQ_1，使常闭触点 SQ_1 断开，表示已经放松，接触器 KM_4 线圈失电；同时，常开触点 SQ_1 闭合，使上升或下降接触器 KM_1 或 KM_2 通电，横梁向上或向下移动。

2）反映横梁夹紧程度的参量。包括时间参量、行程参量和反映夹紧力的电流量。若用时间参量，不易调整准确度；若用行程参量，当夹紧机构磨损后，测量也不准确。这里选用反映夹紧力的电流参量是适宜的，夹紧力大，电流也大，故可以借助过电流继电器来检测夹紧程度。图 3-12 中，在夹紧电动机 M_2 夹紧方向的主电路中串联过电流继电器 KA_3，将其动作电流整定在额定电流的两倍左右。过电流继电器 KA_3 的常闭触点串接在接触器 KM_3 电路中。当夹紧横梁时，夹紧电动机 M_2 的电流逐渐增大，当超过过电流继电器整定值时，KA_3 的常闭触点断开，KM_3 线圈失电，自动停止夹紧电动机的工作。

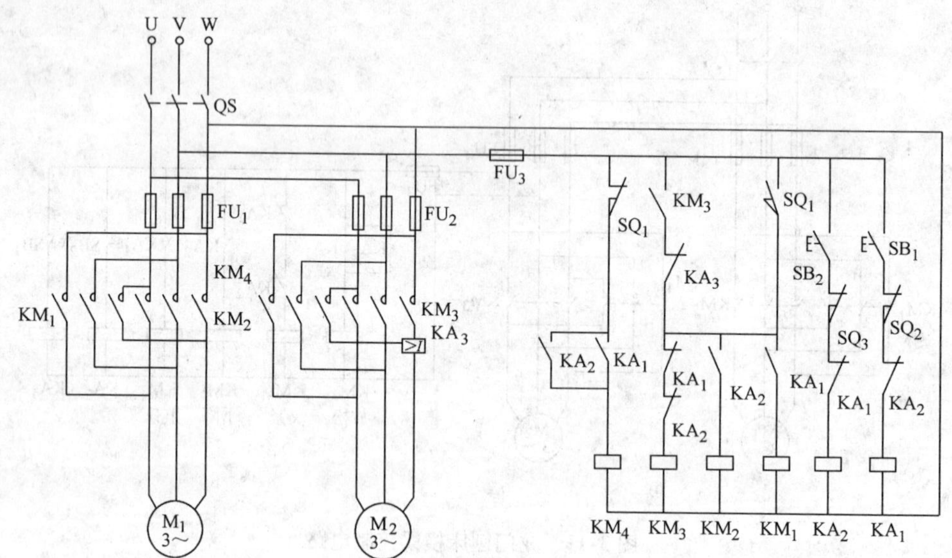

图 3-12　完整的控制电路图

3）设计联锁保护环节。采用行程开关 SQ_2 和 SQ_3 分别实现横梁上、下行程的限位保护。

图 3-12 为修改过的完整控制电路图。其中：

1）采用熔断器 FU_1 和 FU_2 作短路保护。

2）行程开关 SQ_1 不仅反映了放松信号，而且还起到了横梁移动和横梁夹紧之间的联锁作用。

3）中间继电器 KA_1、KA_2 的常闭触点，用于实现横梁移动电动机和夹紧电动机正反向运动的联锁保护。

4）电路的完善和校核。控制电路设计完毕后，往往还有不合理的地方，或者还有需要进一步简化或优化之处，应认真仔细地校核。对图 3-12 所示电路审核是对照生产机械工艺要求，反复分析所设计电路是否能逐条实现，是否会出现误动作，是否保证了设备和人身安全，是否还要进一步简化以减少触点或节省连线等。

下面分四个阶段对横梁移动和夹紧放松进行分析。

1）按下横梁上升点动按钮 SB_1，由于行程开关 SQ_1 的常开触点没有压合，M_1 不工作；中间继电器 KA_1 线圈得电，KM_4 线圈得电，夹紧放松电动机 M_2 放松。

2）当横梁放松到一定程度时，夹紧装置将 SQ_1 压下，夹紧放松电动机停止工作；SQ_1 常开触点闭合，驱动横梁在放松状态下向上移动。下降电动机工作将横梁压下，其常闭触点断开，KM_4 线圈失电，KM_1 线圈得电，升降电动机 M_1 起动。

3）当横梁移动到所需位置时，松开上升点动按钮 SB_1，KA_1 线圈失电，KM_1 线圈失电，使升降电动机 M_1 停止工作；由于横梁处于放松状态，SQ_1 的常开触点一直闭合，KA_1 常闭触点闭合，KM_3 线圈得电，使 M_2 反向工作，从而进入夹紧阶段。

4）当夹紧电动机 M_2 刚起动时，起动电流较大，过电流继电器 KA_3 动作，但是由于 SQ_1 的常开触点闭合，KM_3 线圈仍然得电；横梁继续夹紧，电流减小，过电流继电器 KA_3 复位；在夹紧过程中，行程开关 SQ_1 复位，为下次放松作准备。当夹紧到一定程度时，过电流继电器 KA_3 的常闭触点断开，KM_2 线圈失电，切断夹紧放松电动机 M_2 电源，整个上升过程到此结束。

横梁下降的工作过程与横梁上升操作过程类同。

从以上分析初看无问题，但仔细分析第二阶段即横梁上升或下降阶段，其条件是横梁必须放松到位。如果按下 SB_1 后的时间很短，横梁放松还未到位就已松开按下的按钮，致使横梁既不能放松又不能进行夹紧，容易出现事故。改进的方法是将 KM_4 的辅助触点并联在 KM_1、KM_2 两端，使横梁一旦放松，就必然继续工作至放松到位，然后可靠地进入夹紧阶段。

3.3.2 逻辑分析设计法

逻辑分析设计法是根据机床生产工艺的要求，利用逻辑代数来分析、化简、设计电路的方法。这种设计方法是将机床控制电路中的继电器、接触器线圈的通、断以及触点的断开、闭合等看成逻辑变量，并根据机床控制要求将它们之间的关系用逻辑函数关系式来表达，然后再运用逻辑函数基本公式和运算规律进行简化，根据最简式画出相应的机床电路结构图，最后再作进一步的检查和完善，即能获得需要的控制电路。

逻辑分析设计法较为科学，能够确定实现一个机床控制电路所必需的最少的中间记忆元件（中间继电器）的数目，以达到使逻辑电路最简单的目的，设计的电路比较简化、合理。但是当设计的机床控制系统比较复杂时，这种方法就显得十分繁琐，工作量也大。因此，如果将一个较大的、功能较为复杂的机床控制系统分成若干个互相联系的控制单元，用逻辑设计方法先完成每个单元控制电路的设计，然后再用经验设计方法把这些单元电路组合起来，各取所长，也是一种简捷的设计方法。

逻辑分析设计法可以使电路简化，充分利用电气元器件来得到较合理的电路。对复杂电路的设计，特别是数控生产自动线、组合机床等控制电路的设计，采用逻辑设计法比经验设计法更为方便、合理。

1. 逻辑代数基础

逻辑代数又称布尔代数或开关代数，包括逻辑变量和逻辑函数。

（1）逻辑变量　在逻辑代数中，将具有两种互为对立的工作状态的物理量称为逻辑变量。如作为电气控制的继电器、接触器等电气元器件线圈的通电与失电，触点的断开与闭合等，这里线圈和触点都相当于一个逻辑变量，其对立的两种工作状态可采用逻辑“1”和逻辑“0”表示。而且逻辑代数规定，应明确逻辑“1”和逻辑“0”所代表的物理意义。因此，在继电接触式电气控制电路中明确规定：

① 电气元器件的线圈通电为“1”状态，线圈失电为“0”状态。

② 触点闭合为“1”状态，触点断开为“0”状态。

③ 主令元件如按钮、主令控制器、行程开关等，触点闭合为“1”状态，触点断开为“0”状态。

④ 电气元器件 K1、K2、…的动合触点分别用 K1、K2、…表示；动断触点则分别 $\overline{K1}$、$\overline{K2}$、…表示。

（2）逻辑函数　在“继电器-接触器”控制电路中，把表示触点状态的逻辑变量称为输入逻辑变量；把表示继电器、接触器线圈等受控元件的逻辑变量称为输出逻辑变量；输出逻辑变量与输入逻辑变量之间所满足的相互关系称为逻辑函数关系，简称为逻辑关系。

2. 逻辑代数的运算法则

（1）逻辑与——触点串联　能够实现逻辑与运算的电路如图 3-13a 所示。逻辑表达式为：$K = A \cdot B$（“·”为逻辑与运算符号）。其表达的含义为：只有当触点 A 与 B 都闭合时，线圈 K 才得电。

（2）逻辑或——触点并联　能够实现逻辑或运算的电路如图 3-13b 所示。逻辑表达式为：$K = A + B$（“+”为逻辑或运算符号）。其表达的含义为：触点 A 或 B 中只要有一个闭合时，线圈 K 就可以得电。

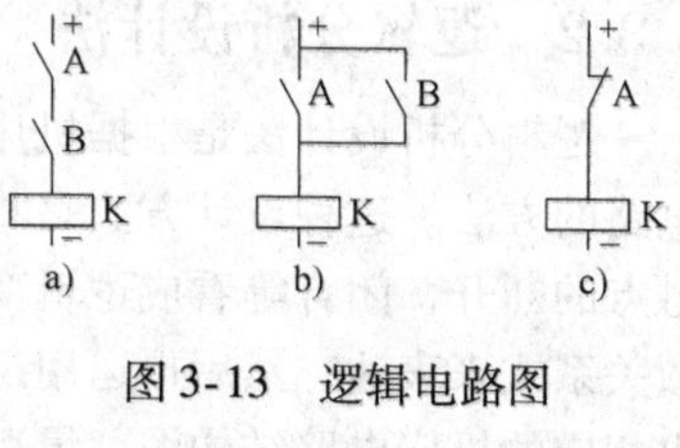

（3）逻辑非——动断触点　能够实现逻辑非运算的电路如图 2-13c 所示。逻辑表达式为：$K = \overline{A}$。其表达的含义为：触点 A 断开，则线圈 K 通电。

图 3-13　逻辑电路图

3. 逻辑代数的基本定理

1）交换律：$A B = B A$；$A + B = B + A$。

2）结合律：$A(BC)=(AB)C$；$A+(B+C)=(A+B)+C$。

3）分配律：$A(B+C)=AB+AC$；$A+(BC)=(A+B)(A+C)$。

4）重叠律：$AA=A$;：$A+A=A$。

5）吸收律：$A+AB=A$；$A(A+B)=A$；$A+\overline{A}B=A+B$。

6）非非律：$\overline{\overline{A}}=A$。

7）反演律：$\overline{A+B}=\overline{A}\,\overline{B}$；$\overline{AB}=\overline{A}+\overline{B}$。

4. 逻辑代数的化简

一般说来，从满足机床设备的工艺要求出发而列写的原始逻辑表达式往往都较为繁琐，涉及的变量较多，据此做出的电气控制电路图也较为繁琐。因此，在保证逻辑功能（生产工艺要求）不变的前提下，可以用逻辑代数的定理和法则将原始的逻辑表达式进行化简，以得到较为简化的电气控制电路图。化简时经常用到的常量和变量的关系为

$$A+0=A；\ A0=0；\ A+1=1；\ A\cdot 1=A；\ A+\overline{A}=1；\ A\overline{A}=0$$

化简时经常用到的方法有

（1）合并项法　利用 $AB+A\overline{B}=A$，将两项合为一项。例如 $ABC+AB\overline{C}=AB$。

（2）吸收法　利用 $A+AB=A$，消去多余的因子。例如 $B+ABCDEF=B$。

（3）消去法　利用 $A+\overline{A}B=A+B$，消去多余的因子。例如 $\overline{A}+AB+EFD=\overline{A}+B+EFD$。

（4）配项法　利用逻辑表达式乘以一个“1”和加上一个“0”其逻辑功能不变来进行化简，即利用 $A+\overline{A}=1$ 和 $A\overline{A}=0$ 来配项。

5. 继电接触器开关的逻辑函数

继电接触器开关的逻辑电路，是以检测信号、主令信号、中间单元及输出逻辑变量的反馈触点作为输入变量，以执行元件作为输出变量而构成的电路。下面将通过两个简单的电路说明组成继电接触器开关的逻辑函数的规律，图 3-14 为起、停自锁电路。

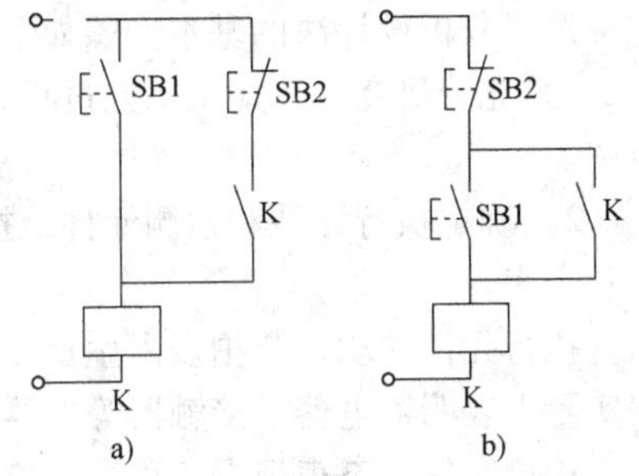

图 3-14　起、停自锁电路

对于图 3-14a，其逻辑函数为：$F_K=SB_1+\overline{SB_2}K$

其一般形式为：$F_K=X_{开}+X_{关}K$　(3-7)

对于图 3-14b，其逻辑函数为：$F_K=\overline{SB_2}(SB_1+K)$

其一般形式为：$F_K=X_{关}(X_{开}+K)$　(3-8)

式（3-7）和式（3-8）中的 $X_{开}$代表开启信号，$X_{关}$代表关闭信号。

实际起动、停止、自锁的电路，一般都有许多联锁条件，即控制一个线圈通、断电的条件往往都不止一个。对开启信号，当开启信号不只有一个主令信号，还必须具有其他条件才能开启时，则开启主令信号用 $X_{开主}$表示，其他条件称为开启约束信号，用 $X_{开约}$表示。可见，只有当条件都具备时，开启信号才能开启，则 $X_{开主}$与 $X_{开约}$是逻辑与的关系，用 $X_{开主}$、$X_{开约}$去代替式（3-7）、式（3-8）中的 $X_{开}$。

当关断信号不只有一个主令信号，还必须具有其他条件才能关断时，则关断主令信号用 $X_{关主}$ 表示，其他条件称关断约束信号，用 $X_{关约}$ 表示。可见，只有当信号全为“0”时，信号才能关断，则 $X_{关主}$ 与 $X_{关约}$ 是逻辑或的关系，用 $X_{关主}$、$X_{关约}$ 去代替式（3-7）、式（3-8）中的 $X_{关}$。

因此，起动、停止、自锁电路的扩展公式为

$$F_K = X_{开主}X_{开约} + (X_{关主} + X_{关约})\ K \tag{3-9}$$

$$F_K = (X_{关主} + X_{关约})(X_{开主}X_{开约} + K) \tag{3-10}$$

6. 逻辑分析设计法的基本步骤

电气控制电路的组成一般有输入电路、输出电路和执行元件等。输入电路主要由主令元件、检测元件组成。主令元件包含手动按钮、开关、主令控制器等。其功能是实现开机、停机及发生紧急情况下的停机等控制。这里，主令元件发出的信号称为主令信号。检测元件包含行程开关、压力继电器、速度继电器等各种继电器元件，其功能是检测物理量，作为程序自动切换时的控制信号，即检测信号。主令信号、检测信号、中间元件发出的信号、输出变量反馈的信号组成控制电路的输入信号。输出电路由中间记忆元件和执行元件组成。中间记忆元件即继电器，其基本功能是记忆输入信号的变化，使得按顺序变化的状态（以下称为程序）两两相区分。

执行元件分为有记忆功能的和无记忆功能的两种。有记忆功能的执行元件有继电器、接触器。无记忆功能的执行元件有电磁阀、电磁铁等。执行元件的基本功能是驱动机床设备的运动部件满足生产工艺要求。

逻辑分析设计法的基本步骤如下：

1）充分研究机床加工工艺过程，由机床生产工艺要求，绘出工作循环图或工作示意图。

2）确定执行元件和检测元件，按工作循环图做出执行元件的动作节拍表和检测元件状态表。

执行元件的动作节拍表由生产工艺要求决定，是预先提供的。执行元件动作节拍表实际上表明继电器、接触器等电器线圈在各程序中的通电、断电情况。

检测元件状态表根据各程序中检测元件状态变化编写。

3）根据主令元件和检测元件状态表写出各程序的特征数，确定待相区分组，增设必要的中间记忆元件，使待相区分组的所有程序区分开。

程序特征数，即由对应程序中所有主令元件和检测元件的状态构成的二进制数码的组合数。例如，当一个程序有两个检测元件时，根据状态取值的不同，则该程序可能有四个不同的特征数。

当两个程序中不存在相同的特征数时，这两个程序是相区分的；否则，是不相区分的。将具有相同特征数的程序归为一组，称为待相区分组。

根据待相区分组可设置必要的中间记忆元件，通过中间记忆元件的不同状态将各待相区分组区分开。

4）列写中间记忆元件和执行元件的逻辑函数式。

5）根据逻辑函数式建立电气控制电路图。

6）进一步检查、化简、完善电路，增加必要的联锁、保护等辅助环节，检查电路是否符合原控制要求、有无寄生电路以及是否存在触点竞争等现象。

进一步完善电路，完成以上6步，就可得到一张完整的机床控制原理图。

使用逻辑分析设计法能够加深对电路的分析与理解，有助于弄清机床电气控制系统中输入与输出的作用与相互关系，认识到继电接触器控制电路设计的实质，为学用PLC打下良好的基础。对于具体的设计方法，限于篇幅，本书不做深入介绍，感兴趣的读者可参阅有关参考书。

3.3.3 原理设计中应注意的几个问题

1）控制电压按控制要求选择，符合标准等级。在控制电路简单、不需经常操作、安全性要求不高时，可以直接采用电网电压，即交流380V或220V。当考虑安全要求时，应采用控制变压器将控制电路与主电路电气上隔离开。照明电路采用36V以下安全电压。带指示灯的按钮采用6.3V电压。晶体管无触点开关一般需要直流24V电压。对于微机控制系统，应注意弱电电源与强电电源之间的隔离，不能共用零线，以免引起电源干扰。

2）尽可能减少电气元器件品种、规格与数量。便于维修和更换，降低成本。

3）正常情况下，尽可能减少通电电气元器件数量，以利于节约能源，延长电气元器件寿命，减少故障。

4）合理使用电器触点。接触器、时间继电器往往触点不够用，可以增加中间继电器来解决。

5）合理安排电器触点。避免因电器动作时间有差别，造成“触点竞争”。避免因操作不当，造成“误动作”。避免因某个元器件损坏，造成“短路”。避免出现“寄生电路”。

6）设置必要的短路、过载保护，防止故障进一步扩大。

7）设置必须的急停或总停按钮，以防万一出现故障时，切断整个控制电路，进而切断主电源。

8）设置必要的手动控制电路，方便设备调试和维修。

9）设置必要的指示灯、电压表、电流表，随时反映系统运行状态，及时发现故障。

任务4　选择电气元器件

控制电路设计完成后，则要根据电器产品目录选择所需的各种控制电器。正确合理地选择常用电气元器件是控制电路安全运行、可靠工作的保证。为使设计者能真正选择出合适的电气元器件，本任务特给出了一些常用电气元器件的技术参数。

3.4.1 继电器的选择

1. 电磁式电流、电压、中间继电器

常用的电磁式继电器产品有：JL14 交直流电流继电器；L18 交直流过电流继电器；JT18 直流通用继电器；DY-50Q/50T 系列、DJ100 系列电压继电器；JZ7、JZ8、JZ15、DZ-650、DZ-690（T90）、JS23 等中间继电器；JZC1、JZC2、JZC4、3TH80、3TH82 等系列接触器式中间继电器；BZS-10、BZS-10J 型延时中间继电器以及用作直流电压、时间、欠电流、中间继电器的 JT3 系列等。

常用的 JT18、JZ15 系列继电器技术参数见表 3-5、表 3-6。

表 3-5 JT18 系列继电器技术参数

额定绝缘电压/V		440
额定工作电压 U/V		24、48、110、220、440（电压继电器、时间继电器）
额定电流 I/A		1.6、2.5、4、6、10、16、25、40、63、100、160、250、400、630（欠电流继电器）
延时等级/s		1、3、5（延时继电器）
额定操作频率/次		1200（时间继电器除外）
动作等级	电压继电器	冷态线圈：吸引电压：30%~50%U（可调），释放电压：7%~20%U（可调）
	时间继电器	断电延时：(0.3~0.9) s、(0.8~3) s、(2.5~5) s
	欠流继电器	吸引电流：30%~65%I（可调）
延时误差		重复误差 < ±9%，温度误差 < ±20%，电源波动误差 < ±15%，精度稳定误差 < ±20%
电压和欠电流继电器误差		重复误差 < ±10%，整定值误差 < ±15%
触点额定发热电流/A		10
触点额定工作电压/V		交流 380；直流 220
机械寿命/万次		可换部分：300；不可换部分：1000
电寿命/万次		50

表 3-6 JZ15 系列继电器技术参数

型号	触点额定电压/V		额定发热电流/A	触点组合形式		触点额定容量		额定操作频率/(次/h)	吸引线圈额定电压 U/V		动作时间/s
	交流	直流		动合	动断	交流/VA	直流/W		交流	直流	
JZ15-62	127	48	10	6	2	1000	90	1200	127	48	≤0.05
JZ15-26	220	110		2	6				220	110	
JZ15-44	380	220		4	4				380	220	

常用的中间继电器 JZ7 和 JZ8 技术数据见表 3-7、表 3-8。

表 3-7　JZ7/JZ8 系列中间继电器技术数据

<table>
<tr><th rowspan="3">型　号</th><th colspan="3">吸引线圈</th><th colspan="9">触点参数</th><th rowspan="3">动作值或整定值</th><th rowspan="3">操作频率/(次/h)</th><th rowspan="3">机械寿命/万次</th><th rowspan="3">电寿命/万次</th></tr>
<tr><th colspan="2">额定电压/V</th><th rowspan="2">消耗功率</th><th rowspan="2">额定电流/A</th><th colspan="2">触点数</th><th colspan="6" rowspan="2">通断能力</th></tr>
<tr><th>交流</th><th>直流</th><th>动合</th><th>动断</th></tr>
<tr><td>JZ7—22</td><td>12
24</td><td rowspan="7">—</td><td rowspan="7">12V·A 起动时为 75V·A</td><td rowspan="7">5</td><td>2</td><td>2</td><td colspan="6" rowspan="7">直流：220V，接通 0.2A，分断 0.2A
交流：1.06 × 380V，接通 50A，$\lambda = 0.4$ 时，1.05 × 440V，接通 2A，分断 0.25A，$T = 0.05$s</td><td rowspan="7">吸引线圈工作电压范围：85% ~105% U_N</td><td rowspan="7">1200</td><td rowspan="7">300</td><td rowspan="7">100</td></tr>
<tr><td>JZ7—41</td><td>36
48</td><td>4</td><td>1</td></tr>
<tr><td>JZ7—42</td><td>110
127</td><td>4</td><td>2</td></tr>
<tr><td>JZ7—44</td><td>220
380</td><td>4</td><td>4</td></tr>
<tr><td>JZ7—53</td><td>420</td><td>5</td><td>3</td></tr>
<tr><td>JZ7—62</td><td>440</td><td>6</td><td>2</td></tr>
<tr><td>JZ7—80</td><td>500</td><td>8</td><td>0</td></tr>
<tr><td>JZ8—62$^{J}_{Z}$</td><td></td><td>12</td><td rowspan="4">交流 10V·A
直流 7.5V·A</td><td rowspan="4">5</td><td>6</td><td>2</td><td colspan="2">电压/V</td><td>AC
380</td><td>DC
110</td><td>DC
220</td><td>DC
440</td><td rowspan="4">吸引线圈动作电压范围：85% ~105% U_N，动作释放时间 <0.5s</td><td rowspan="4">2000</td><td rowspan="4">1000</td><td rowspan="4">—</td></tr>
<tr><td>JZ8—44$^{J}_{Z}$</td><td>110
127</td><td>24
48</td><td>4</td><td>4</td><td colspan="2">接通电流/A</td><td>2.2</td><td>6</td><td>3</td><td>2</td></tr>
<tr><td>JZ8—26$^{J}_{Z}$</td><td>220
380</td><td>110
220</td><td>2</td><td>6</td><td rowspan="2">分断电流/A</td><td>电感负载</td><td>2.2</td><td>1</td><td>0.5</td><td>0.25</td></tr>
<tr><td>JZ8—80$^{J}_{Z}$</td><td></td><td></td><td>8</td><td>0</td><td>电阻负载</td><td>2.2</td><td>2</td><td>1</td><td>0.5</td></tr>
</table>

表 3-8　常用中间继电器技术数据

型　号	线圈电压/V	延时时间范围/s	触头容量		延时触头数量				瞬时触头数量		操作频率/(次/h)
			电压/V	额定电流/A	线圈通电延时		线圈断电延时				
					常开	常闭	常开	常闭	常开	常闭	
JS7—1A	交流 50Hz 时：24、36、	0.4～60 及 0.4～180	380	5					1	1	600
JS7—2A	110、220、380、420；				1	1	1	1			
JS7—3A	交流 60Hz 时：24、36、				1	1	1	1			
JS7—4A	110、220、380、440								1	1	
JS23—1	交流：110、220、380	0.2～30 及 10～180	交流：	交流：	1	1			0	2	600
JS23—2			220	380V 时	1	1			1	3	
JS23—3			380	0.79	1	1			2	2	
JS23—4			直流：	直流：			1	1	0	4	
JS23—5			110	220V 时			1	1	1	3	
JS23—6			220	0.14～0.27			1	1	2	2	

选用电磁式继电器时应考虑继电器线圈电压或电流满足控制电路的要求，同时还应按照控制需要区别选择过电流继电器、欠电流继电器、过电压继电器、欠电压继电器、中间继电器等，另外要注意交流与直流之分。选择中间继电器一般根据负载电流的类型、电压等级和触点数量来选择。

2. 时间继电器

机床常用空气阻尼式时间继电器的技术数据见表 3-9。

表 3-9　机床常用空气阻尼式时间继电器的技术数据

型　号	线圈电压/V	延时时间范围/s	触头容量		延时触头数量				瞬时触头数量		操作频率/(次/h)
			电压/V	额定电流/A	线圈通电延时		线圈断电延时				
					常开	常闭	常开	常闭	常开	常闭	
JS7—1A	交流 50Hz 时：24、36、	0.4～60 及 0.4～180	380	5					1	1	600
JS7—2A	110、220、380、420；				1	1	1	1			
JS7—3A	交流 60Hz 时：24、36、				1	1	1	1			
JS7—4A	110、220、380、440								1	1	
JS23—1	交流：110、220、380	0.2～30 及 10～180	交流：	交流：	1	1			0	2	600
JS23—2			220	380V 时	1	1			1	3	
JS23—3			380	0.79	1	1			2	2	
JS23—4			直流：	直流：			1	1	0	4	
JS23—5			110	220V 时			1	1	1	3	
JS23—6			220	0.14～0.27			1	1	2	2	

选择时间继电器主要从继电器类型、延时方式（通电延时和断电延时）、线圈电压等方面考虑。凡是对延时要求不高的场合，一般采用价格较低的 JS7-A 系列时间继电

器，要求较高时可采用JS20系列晶体管式时间继电器。

3. 热继电器

热继电器有两相和三相结构之分。三相热继电器又可分为带断相保护型和不带断相保护型。目前常用的热继电器有国内设计生产的产品，也有从国外引进生产的产品。其中JR0、JR5、JR9、JR10、JR15、JR16系列产品为国内设计生产的产品，其技术数据见表3-10；其中最常用的JR0-4系列热继电器的更详细技术数据见表3-11。

表3-10　国产系列热继电器技术数据

型　号	额定电压/V	额定电流/A	热元件电流调节范围/A	主要用途
JR0—20/3 JR0—40 JR0—150/3	交流50Hz，380V	20 40 150	0.25～22 0.4～40 40～160	用于长期工作或间断工作的一般电动机的过载保护
JR5—7～44/1 JR5—52～196/1 JR5—8.5～51/2 JR5—61～176	500V以下	7～44 52～200 8.5～52 61～200	7～48 52～215 8.5～56 61～200	用于交直流电压至500V的电气装置内作电动机过载保护元件
JR9—60 JR9—60A JR9—300 JR9—300A	600V及以下	7.2～17 26～62 38～125 176～310	4.5～17 16.6～62 24～125 124～310	JR9作交流电动机或线路的过载和短路保护；JR9—A作交流电动机和线路的过载保护，亦可用于磁力起动器和控制屏上
JR10—10	交流50Hz，380V	0.27～10	0.25～10	用于电流至10A以下的电力线路中
JR15—10/2 JR15—40/2 JR15—100/2 JR15—150/2		10 40 100 150	0.25～11 6.8～45 32～100 68～150	在电力线路中作交流电动机的过载保护
JR16—20/3 JR16—20/3D	交流50Hz或60Hz 380V以下	20	0.25～22	在电力线路中，作为长期工作制、间断工作制的一般交流电动机的过载保护，并能在三相电流严重不平衡时起到保护作用。D表示断相保护
JR16—60/3 JR16—60/3D		60	14～63	
JR16—150/3 JR16—150/3D		150	40～160	
JR16B—20/3 JR16B—20/3D		20	0.25～22	在电力线路中，作长期工作或间断长期工作的一般电动机的过载保护及断相保护
JR16B—60/3 JR16B—60/3D		60	14～63	
JR16B—150/3 JR16B—150/3D		150	40～160	

表 3-11 JR0-4 系列热继电器的技术数据

型号	额定电流/A	热元件等级		型号	额定电流/A	热元件等级	
		热元件额定电流/A	热元件额定电流调节范围/A			热元件额定电流/A	热元件额定电流调节范围/A
JR0-4	40	0.64	0.40~0.64	JR0-60/3 JR0-60/3D	60	22.0	14.0~22.0
		1.0	0.64~1.0			32.0	20.0~32.0
		1.6	1.0~1.6			45.0	28.0~45.0
		2.5	1.6~2.5			63.0	40.0~63.0
		4.0	2.5~4.0	JR0-150/3 JR0-150/3D	150	63.0	40.0~63.0
		6.4	4.0~6.4			85.0	53.0~85.0
		10.0	6.4~10.0			120.0	75.0~120.0
		16.0	10.0~16.0			160.0	100.0~160.0
		25.0	16.0~25.0				
		40.0	25.0~40.0				

从国外引进生产的产品主要有：与 LC1-D 系列交流接触器配套使用的 LR1-D 系列热继电器；与 TB40~58 系列交流接触器配套使用的 3UA5 系列热继电器；其技术数据见表 3-12。

表 3-12 国外引进生产的 LR1-D、3UA5 系列热继电器技术数据

型号	电流调整范围/A	AC3 下可控制电动机功率/kW					可接插的接触器
		220V	380V	415V	440V	660V	
LR1—D09301	0.1~0.16	—	—	—	—	—	LC1—D09~D32
LR1—D09302	0.16~0.25	—	—	—	—	—	
LR1—D09303	0.25~0.4	—	—	—	—	—	
LR1—D09304	0.4~0.63	—	—	—	—	0.37	
LR1—D09305	0.63~1	—	—	—	—	0.55	
LR1—D09306	1~1.6	—	0.37	—	0.55	0.75~1.1	
LR1—D09307	1.6~2.5	0.37	0.55~0.75	1.1	0.75~1.1	1.5	
LR1—D09308	2.5~4	0.55~0.75	1.1~1.5	1.5	1.5	2.2~3	
LR1—D093010	4~6	1.1	2.2	2.2	2.2	4	
LR1—D093012	5.5~8	1.5	3	3~3.7	3~3.7	5.5	
LR1—D093014	7~10	2.2	4	4	4	7.5	
LR1—D12316	10~13	3	5.5	5.5	5.5	10	
LR1—D16321	13~18	4	7.5	9	9	15	

（续）

型　　号	电流调整范围/A	AC3 下可控制电动机功率/kW					可接插的接触器
		220V	380V	415V	440V	660V	
LR1—D25322	18~25	5.5	11	11	11	18.5	LC1—D09~D32
LR1—D32353	23~32	7.5	15	15	15	—	
LR1—D32355	28~40	—	15	15	15	—	
LR1—D40353	23~32	7.5	15	15	15	22	LC1—D40、D50 D63
LR1—D40355	30~40	10	18.5	22	22	30	
LR1—D63357	38~50	11	22	25	25	37	
LR1—D63359	48~57	15	25	30	30	45	
LR1—D63361	57~66	18.5	30	37	37	55	
LR1—D80363	63~80	22	33~37	40~45	40~45	59~63	LCD—D80
3UA5000—0A~K	0.1~1.25	—	—	—	—	—	
3UA5000—1A~K	1~12.5	—	—	—	—	—	
3UA5200—0A~K	0.1~1.25	—	—	—	—	—	3TB42、43
3UA5200—1A~K	1~12.5	—	—	—	—	—	
3UA5200—2A~C	10~25	—	—	—	—	—	
3UA5900—2A~P	10~63	—	—	—	—	—	3TB42~48

热继电器选择时要从电动机的工作环境、起动情况、负载性质等因素来考虑。一般轻载起动、长期工作的电动机或间断长期工作的电动机选择两相结构的热继电器；当电源电压的均衡性和工作环境较差时可选三相结构的热继电器；三角形联结的电动机应选用带断相保护装置的热继电器。根据热继电器的额定电流应大于电动机额定电流的原则选择热继电器的型号。根据热继电器热元件额定电流应略大于电动机额定电流的原则选定热元件额定电流值。根据型号和热元件额定电流确定热元件整定电流的调节范围。一般将热继电器的整定电流调整到电动机的额定电流。对过载能力差的电动机，可将热元件整定值调整到电动机额定电流的0.6~0.8倍；对起动时间长、拖动冲击性负载或不允许停车的电动机，热元件的整定电流应调节到电动机额定电流的1.1~1.15倍。

4. 速度继电器

常用的速度继电器有JY1型和JFZ0型。JY1型能在3000r/min以下可靠工作；JFZ0-1型适用于300~1000r/min；JFZ0-2型适用于1000~3600r/min；JFZ0型有两对动合、动断触点。一般速度继电器转轴在120r/min左右即能动作，在100r/min以下触点复位。

JY1 型和 JFZ0 型速度继电器的主要技术参数列于表 3-13。

表 3-13　JY1 型和 JFZ0 型速度继电器的主要技术参数

<table>
<tr><th rowspan="2">型　号</th><th colspan="2">触点容量</th><th colspan="2">触点数量</th><th rowspan="2">额定工作转速/(r/min)</th><th rowspan="2">允许操作频率/(次/h)</th></tr>
<tr><th>额定电压/V</th><th>额定电流/A</th><th>正转时动作</th><th>反转时动作</th></tr>
<tr><td>JY1
JFZ0</td><td>380</td><td>2</td><td>1 组转换触点</td><td>1 组转换触点</td><td>100 ~ 3 600
300 ~ 3 600</td><td><30</td></tr>
</table>

速度继电器可按安装位置和转速范围选用。JY1 型转速范围较大，JFZ0 型有两种规格和转速范围。另外从触点分断能力看，JY1 要比 JFZ0 大一些。

5. 温度继电器

温度继电器在电路中用于监测重要电器元器件温度的变化，当电路中某元器件温度高于某限定值时，温度继电器动作，切断电路电源，从而起到保护该元器件不因过高的温度而损坏。常用的温度继电器有 JW2 系列，其技术数据见表 3-14。

表 3-14　JW2 系列温度继电器技术数据

<table>
<tr><th>型　号</th><th>额定电压/V</th><th>额定电流/A</th><th>额定动作温度/℃</th><th>动作温度范围/℃</th><th>回复温度/℃</th><th>用　途</th></tr>
<tr><td>JW2—50
JW2—60
JW2—70</td><td rowspan="4">交流：50Hz 或 60Hz，500
直流：200</td><td rowspan="4">1</td><td>50
60
70</td><td>50 ~ 75 ± 3</td><td>5 ~ 15</td><td rowspan="4">用于控制电路中随安装处介质温度的变化使触头快速分断或接通电路</td></tr>
<tr><td>JW2—80
JW2—95
JW2—105
JW2—115</td><td>80
95
105
115</td><td>80 ~ 120 ± 5</td><td>5 ~ 20
5 ~ 25</td></tr>
<tr><td rowspan="2">JW2—125
JW2—135
JW2—145
JW2—160</td><td rowspan="2">125
135
145
160</td><td>125 ~ 150 ± 8</td><td>5 ~ 30</td></tr>
<tr><td>160 ± 10</td><td>5 ~ 40</td></tr>
</table>

温度继电器可按使用条件和温控范围选用。

3.4.2　接触器的选择

接触器根据其主触点通过电流种类不同分交流、直流两种。

1. 交流接触器

交流接触器的种类较多，就目前来看，主要分为国产型和国外引进型。

(1) 国产型主要产品　国产型主要产品有 CJ0、CJ10、CJX1、CJ15、CJ20、CKJ 等系列产品；其中 CJ10、CJ10Z 为常规系列交流接触器，其技术数据见表 3-15。

表 3-15 CJ10、CJ10Z 系列交流接触器技术数据

型号	额定电流/A	控制电动机最大功率/kW			1.05 倍 U_N 时通断能力/A		操作频率/次·h^{-1}		电寿命/万次		机械寿命/万次	10s 热稳定电流	动稳定电流（峰值）	质量/kg
		220V	380V	500V	380V	500V	AC-3	AC-4	AC-3	AC-4				
CJ10-5	5	1.2	2.2	2.2	50	40								0.26
CJ10-10	10	2.2	4	4	100	80								0.5
CJ10-20	20	5.5	10	10	200	160								0.95
CJ10-40	40	11	20	20	400	320		—		—				1.85
CJ10-60	60	17	30	30	600	480	600		60		300	$>7I_N$	$>50I_N$	4.44
CJ10-100	100	29	50	50	1 000	800								6.5
CJ10-150	150	47	75	75	1 500	1 200								8.5
CJ10Z-10	10	2.2	4	4	100	80		600		20				
CJ10Z-20	20	5.5	10	10	200	160		300		15				
CJ10Z-40	40	11	20	20	400	320		300		10				

1）CJX1 为普通小型系列交流接触器，技术条件符合 IEC 国际电工标准，为 CJ0、CJ10 交流接触器的更新换代产品。CJX1 系列交流接触器技术数据见表 3-16。

表 3-16　CJX1 系列交流接触器技术数据

<table>
<tr><th rowspan="2">型号</th><th rowspan="2">额定绝缘电压/V</th><th rowspan="2">额定发热电流/A</th><th rowspan="2">额定工作电流/A</th><th colspan="3">AC3 使用类别时，可控制三相笼型异步电动机的最大功率/kW</th><th rowspan="2">线圈电压等级/V</th><th colspan="2">吸引线圈消耗功率/V · A</th><th rowspan="2">通电持续率（%）</th><th colspan="2">操作频率/(次/时)</th></tr>
<tr><th>220V</th><th>380V</th><th>660V</th><th>起动</th><th>吸持</th><th>AC3</th><th>AC4</th></tr>
<tr><td>CJX1—9</td><td rowspan="7">600</td><td rowspan="2">20</td><td>9</td><td>2.2</td><td>4</td><td>5.5</td><td rowspan="7">(50Hz)
24、36、42、48、110、127、220、380
(60Hz)
24、42、110、220、440、460</td><td rowspan="2">64
(cosΦ = 0.84)</td><td rowspan="2">8.3
(cosΦ = 0.29)</td><td rowspan="7">40</td><td rowspan="2">120</td><td rowspan="2">300</td></tr>
<tr><td>CJX1—12</td><td>12</td><td>3</td><td>5.5</td><td>7.5</td></tr>
<tr><td>CJX1—16</td><td rowspan="2">31.5</td><td>16</td><td>4</td><td>7.5</td><td>11</td><td rowspan="5"></td><td rowspan="5"></td><td rowspan="5">600</td><td rowspan="5">300</td></tr>
<tr><td>CJX1—22</td><td>22</td><td>5.5</td><td>11</td><td>11</td></tr>
<tr><td>CJX1—30</td><td>50</td><td>30</td><td>8.2</td><td>15</td><td>15</td></tr>
<tr><td>CJX1—37</td><td rowspan="2">80</td><td>37</td><td>12</td><td>18</td><td>30</td></tr>
<tr><td>CJX1—45</td><td>45</td><td>15</td><td>22</td><td>37</td></tr>
</table>

2）CJ15 系列交流接触器主要用于工频无感应电炉控制设备和其他类似的电力电路中作远距离接通和断开电路之用。其主触点采用具有抗熔焊和耐磨损的银基合金材料，并采用了单断点结构，而灭弧装置采用纵缝式陶土灭弧罩，且有去离子栅装置，故灭弧性能好，工作可靠。CJ15 系列交流接触器技术数据见表 3-17。

3）CJ20 系列交流接触器为全国统一设计的交流接触器，其最高电压可达 1140V，最大电流可达 630A。CJ20 系列交流接触器的用途与 CJX1 系列交流接触器基本相同，只不过 CJX1 为小容量交流接触器，CJ20 系列交流接触器的额定电压可达 380 ~ 1140V，额定电流为 6.3 ~ 630A，在某些方面补充了 CJX1 系列交流接触器的不足。CJ20 系列交流接触器技术数据见表 3-18。

4）CKJ 系列真空交流接触器为比较先进的接触器，由于采用了真空技术，故触点系统磨损小，灭弧容易。特别适用于易燃易爆的场合。CKJ 系列真空交流接触器技术数据见表 3-19。

表 3-17 CJ15 系列交流接触器技术数据

型号	极数	额定电压 U_E/V	额定电流 I_E/A	最大允许操作频率/(次/h)	主触头接通与分断能力							吸引线圈电压/V	辅助触头		
					接通			分断			试验次数		额定电压/V	额定电流/A	组合情况
					电压/V	电流/A	cosΦ	电压/V	电流/A	cosΦ					
CJ15—1000	2 极或 3 极	500	1000	60	$1.1U_e$	$4I_E$	0.65	$1.1U_E$	$4I_E$	0.65	20	50Hz 交流 380 或 220	交流 380 或直流 220	10	三常开、三常闭
		1000				$3I_E$			$1.3I_E$						
CJ15—2000		500	2000			$4I_E$			$4I_E$						
		1000				$3I_E$			$1.3I_E$						
CJ15—4000	1 极	1000	4000	50		$2I_E$			$1.3I_E$						

表 3-18　CJ20 系列交流接触器技术数据

型　号	额定绝缘电压/V	额定工作电压/V	额定发热电流/A	继续周期工作制下的额定工作电流/A	AC3 类工作制下的控制功率/kW	在额定负载下额定操作频率/(次/h)			吸引线圈动作性	
						AC2	AC3	AC4	吸合电压	释放电压
CJ20—6.3	660	220	6.3	6.3	1.7	—	—	—	85% ~ 110% 额定电压下，可靠吸合（煤矿用产品下限留有 10% 的裕量）	<70% 额定电压可靠释放（煤矿用产品为 65%），又不低于 10% 的裕量
		380		6.3	3	300	1200	300		
		660		3.6	3	120	600	120		
CJ20—10		220	10	10	2.2	—	—	—		
		380			4	300	1200	300		
		660			7.5	120	600	120		
CJ20—16		220	16	16	4.5	—	—	—		
		380		16	7.5	300	1200	300		
		660		13.5	11	120	600	120		
CJ20—25		220	32	25	5.5	—	—	—		
		380		25	11	300	1200	300		
		660		16	13	120	600	120		
CJ20—40		220	55	55	11	—	—	—		
		380		40	22	300	1200	300		
		660		25	22	120	600	120		
CJ20—63		220	80	63	18	—	—	—		
		380		63	30	300	1200	300		
		660		40	35	120	600	120		
CJ20—100		220	125	100	28	—	—	—		
		380		100	50	300	1200	300		
		660		63	50	120	600	120		
CJ20—160		220	220	160	48	—	—	—		
		380		160	85	300	1200	300		
		660		100	85	120	600	120		
CJ20—250		220	315	250	80	—	—	—		
		380		250	132	300	600	300		
		660		200	190	120	300	30		
CJ20—400		220	400	400	115	—	—	—		
		380		400	200	300	600	120		
		660		250	200	120	300	30		
CJ20—630		220	630	630	175	—	—	—		
		380		630	300	300	600	120		
		660		400	350	120	300	30		
CJ20—160/11		1140	220	80	85	30	300	30		
CJ20—630/11			400	400	400	30	120	30		

表 3-19　CKJ 系列真空交流接触器技术数据

型　　号	极数	额定电压/V	额定电流/A	固有闭合时间/s	固有分断时间/s	每小时允许操作次数		接通与分断能力	
						AC3 时	短时（20s 内操作）	接通	分断
CKJ—100	3	660 或 1140	100	<0.2	<0.1	300	3600	—	—
CKJ—125			125						
CKJ1—160			160			—	—	—	—
CKJ1—250			250						
CKJ1—300			300						
CKJ5—250			250			300	2000	2500A	2500A
CKJ5—400			400					4000A	3200A
CKJ5—600			600			300	1200	6000A	4800A
CKJ5—600/1	1		600	—	—	—	—	—	—

（2）国外引进型主要产品　自改革开放以来，我国开始引进国外先进技术，特别是我国加入 WTO 以后，更加快了先进技术、先进生产工艺及先进设备引入的步伐。交流接触器的引进就是典型事例，我国从国外引进的先进交流接触器有：LC1-D 系列交流接触器、LC2-D 系列机械联锁交流接触器、3TB40～58 系列空气电磁式交流接触器。

1）LC1-D 系列交流接触器是引进法国 TE 公司制造技术的产品，符合 IEC 国际电工标准。它可与 LA1-D 辅助触点组成积木式辅助触点组；与 LA2-D（通电延时）、LA3-D（断电延时）空气延时触点组成延时接触器；与 LR1-D 系列热继电器直接插接安装，组成磁力起动器。主要用于 50Hz 或 6Hz，电压至 660V 及以下，电流至 80A 的负载电路中供远距离、频繁地通断主电路和起、停交流电动机之用。LC1-D 系列交流接触器技术数据见表 3-20。

表 3-20　LC1-D 系列交流接触器技术数

型　号			LC1—D09	LC1—D12	LC1—D16	LC1—D18	LC1—D25	LC1—D32	LC1—D40	LC1—50	LC1—D63	LC1—80	LC1—95
额定工作电流/A		AC3	9	12	16	18	25	32	40	50	63	80	95
		AC4	4	5	7	7	10	13	16	20	25	32	45
主触点性能	可控制单相电动机容量/kW	100～110V	0.4	0.5	0.75	0.75	1.1	1.5	1.5	2.2	3.7	—	—
		200～220V	0.75	1.1	1.5	1.5	2.2	3	3.7	5.5	—	—	—
	AC3 时可控制三相笼型异步电动机容量/kW	220V	2.2	3	4	4	5.5	7.5	11	15	18.5	22	25
		380V	4	5.5	7.5	7.5	11	15	18.5	22	30	37	45
		415V	4	5.5	9	9	11	15	22	25	37	45	45
		440V	4	5.5	9	9	11	15	22	30	37	45	45
		660V	5.5	7.5	7.5	7.5	15	18.5	30	33	37	45	45

（续）

	型　号		LC1—D09	LC1—D12	LC1—D16	LC1—D18	LC1—D25	LC1—D32	LC1—D40	LC1—50	LC1—D63	LC1—80	LC1—95
主触点性能	AC1 电阻负载电流/A <40℃		25	25	32	32	40	50	60	80	80	125	125
	约定发热电流/A <40℃		25	25	32	32	40	50	60	80	80	125	125
	可接通的最大电流/A		250	250	300	300	450	550	800	900	1000	1100	1200
	可断开的最大电流/A	440V	250	250	300	300	450	550	800	900	1000	1100	1200
		500V	175	175	250	250	400	480	800	900	100	1100	1200
		660V	85	85	120	120	180	200	400	500	630	640	700

LA1-D 辅助触点组技术数据见表 3-21。

表 3-21　LA1-D 辅助触点组技术数据

型　号	触头组合/对	额定绝缘电压/V	约定发热电流/A	电寿命/万次	机械寿命/万次	最高操作频率/(次/s)	可接通最小负载	接线端可连接导线
LA1—D11	常开 + 常闭	660	10	50 ~ 500	1000	3	0.6mV · A	1 ~ 2 根软线或硬线，截面积为：1.5 ~ 2.5mm²
LA1—D20	2 常开							
LA1—D22	2 常开 +2 常闭							
LA1—D40	4 常开							
LA1—D04	4 常闭							

LA2-D、LA3-D 空气延时触点技术数据见表 3-22。

表 3-22　LA2-D、LA3-D 空气延时触点技术数据

型　号	LA2—D22	LA2—D24	LA3—D22	LA3—D24
延时特点	通电延时		断电延时	
延时范围/s	0.1 ~ 30	10 ~ 180	0.1 ~ 30	10 ~ 180
延时触头组合/对	常开 + 常闭			
额定绝缘电压/V	660			
约定发热电流/A	10			
电寿命/万次	50 ~ 500			
机械寿命/万次	250			
最高操作频率/(次/s)	3			
可接通最小负荷/(mV · A)	0.6			
延时重复误差	±5%			
延时稳定性误差	±30%			
温度误差	0.25%			
接线端可连接导线	1 ~ 2 根软导线或硬线截面积为 1.5 ~ 2.5mm²			

2）LC2-D 系列机械联锁交流接触器是在 LC1-D 系列交流接触器的基础上加装机械联锁装置组成的，它可以对两台可逆接触器进行联锁，防止短路事故的发生，并与 LR1-D 系列热继电器组合，可对电动机进行过载保护。主要用于 50Hz 或 6Hz，电压至 660V 及以下，电流至 80A 及以下电路中，供远距离控制三相笼型异步交流电动机起动、停止及可逆运转之用。LC2-D 系列交流接触器技术数据见表 3-23。

表 3-23 LC2-D 系列交流接触器技术数据

型号			LC2—D099	LC2—D129	LC2—169	LC2—189	LC2—259	LC2—329	LC2—403	LC2—503	LC2—633	LC2—803	LC2—953
额定工作电流/A <440V		AC3	9	12	16	18	25	32	40	50	63	80	—
		AC4	4	5	7	—	10	—	16	20	25	32	—
可控制单相电动机容量/kW		110V	0.4	0.55	0.75	—	1.1	—	1.5	2.2	3.7	—	—
		220V	0.75	1.1	1.5	—	2.2	—	3.7	—	—	—	—
可控制三相电动机容量/kW	AC3	220V	2.2	3	4	4	5.5	7.5	11	15	18.5	22	25
		380V	4	5.5	7.5	7.5	11	15	18.5	22	30	37	45
		415V	4	5.5	9	9	11	15	22	25	37	45	45
		440V	4	5.5	9	9	11	15	22	30	37	45	45
		660V	5.5	7.5	7.5	7.5	15	18.5	30	33	37	45	45
	AC4	220V	0.4	0.4	0.75	0.5	0.75	1.5	2.7	2.7	3.7	3.7	3.7
		440V	0.75	1.5	2.2	1.6	2.7	3	5.5	5.5	7.5	11	12
约定发热电流/A			25	25	32	32	40	50	60	80	80	125	125
电寿命/万次		AC3	200	200	200	200	200	200	200	200	160	160	160
		AC4	20	15~20	7~20	7~20	7~15	7~15	7~10	7	6~7	5~7	5~7

3）3TB40~58 系列空气电磁式交流接触器是从德国西门子公司引进技术生产的产品，其技术符合 EIC 国际电工标准。3TB40~58 系列空气电磁式交流接触器可与 3UA5 系列热继电器组成磁力起动器。主要用于 50Hz 或 6Hz，电压至 660V（3TB40~42 型）、750V（3TB44 型）、1000V（3TB46~44 型），额定工作电流 9~32A 及 60~630A 的电路中，供中远距离接通、断开电源和频繁地起动、停止交流笼型异步交流电动机之用，3TB40~58 系列交流接触器技术数据见表 3-24。

2. 直流接触器

直流接触器的结构较交流接触器简单，它主要由铁芯与衔铁、电磁线圈、触点系统和灭弧装置等组成。直流接触器主要用于 600V 及以下、额定电流至 1500 A 及以下的各种直流电力电路的接通与分断，供直流电动机的频繁起动、停止、换向、反接制动、调速之用。

表 3-24 3TB40～58 系列交流接触器技术数据

型号	额定绝缘电压/V	额定发热电流/A	AC1 类负载（55℃时）不间断工作制额定电流/A	AC2 及 AC3 类负载（笼型异步电动机或绕线转子异步电动机）						AC4 类负载（100%点动）在 380～415V 下触头寿命为 20 万次时额定电流/A	辅助触头			在 AC3 类工作制下		机械寿命/万次	吸引线圈功率损耗	
				380V 时额定工作电流/A	660V 时额定工作电流/A	可控制电动机功率/kW					额定绝缘电压/V	额定发热电流/V	触头对数	操作频率/(次/h)	电寿命/万次		起动/W	保持/W
						220V	380～415V	550V	600V									
3TB40	660	22		9	7.2		4		5.5		660	10	一常开、一常闭或二常开、二常闭	1000	120	150	68	10
3TB41				12	9.5		5.5		7.5								68	
3TB42		35		16	13.5		7.5		11					750	120		69	
3TB42				22	13.5		11		11								69	
3TB44	750	55		32	18		15		15								71	
3TB46	1000		80	45		15	22	30	37	24				500	100	10	152	16
3TB47			90	63		18.5	30	37	37	28								
3TB48			100	75		22	37	45	55	34							300	26
3TB50			160	110		37	55	75	90	52							470	32
3TB52			200	170		55	90	110	132	72							640	40
3TB54			300	250		75	132	160	200	103							980	48
3TB56			400	400		115	200	255	355	120							1340	84
3TB8			630	630		190	325	430	560	150							5850	470

常用的直流接触器有：CZ0 系列、CZ16 系列、CZ16 系列。其技术数据见表 3-25。

表 3-25　CZ0、CZ16、CZ16 系列直流接触器技术数据

型　号	额定电压/V	额定电流/A	额定操作频率/(次/h)	主触头及数目		分断电流/A	飞弧距离/mm		辅助触头及数目	
				常开	常闭		440V 时	660V 时	常开	常闭
CZ0—40/20	440	40	1200	2	—	160	15		2	2
CZ0—40/02			600	—	2	100	15		2	2
CZ0—100/10		100	1200	1	—	400	40		2	2
CZ0—100/01			600	—	2	250	35		2	1
CZ0—100/20			1200	2	—	400	40	40	2	2
CZ0—150/10		150	1200	1	1	600	40		2	2
CZ0—150/01			600	—	—	375	35		2	1
CZ0—150/20			1200	2	—	600	40	50	2	2
CZ0—250/10		250	600	1	1	1000	100	160	5（其中 1 对常开，另 4 对可组合成常开或常闭）	
CZ0—250/20			600	2	—	1000	100	140		
CZ0—400/10		400	600	1	—	1600	140	180		
CZ0—400/20			600	2	—	1600	120	160		
CZ0—600/10		600	600	1	—	2400	170	220		
CZ16—1000/10	660	1000	600	—	—	4000				
CZ16—1500/10		1500	600	—	—	6000				
CZ17—150/10	24	150	600	1	1	600			2	2
CZ17—150/11	48		600	1	1	600			2	2

选择接触器主要考虑主触点的额定电流、线圈额定电压及操作频率等。

确定主触点额定电流时按下式进行计算：

$$I_N \geqslant \frac{P_N}{(1 \sim 1.4)\ U_N}$$

式中，I_N为接触器额定电流；P_N、U_N为电动机额定功率和额定电压。

主触点的额定电压应大于或等于负载的额定电压，线圈的额定电压值应等于控制电路电压。选择操作频率时要注意，当通断电流较大及通断频率过高时会引起触点过热，甚至熔焊，所以操作频率若超过规定值时应选用额定电流大一级的接触器。

3.4.3　熔断器的选择

常用的熔断器有瓷插式熔断器、螺旋式熔断器、封闭式熔断器及快速熔断器。

1）常用瓷插式熔断器为 RC1A 系列，它为 RC1 瓷插式熔断器的换代产品。RC1A 系列瓷插式熔断器技术数据见表 3-26。

表 3-26 RC1A 系列瓷插式熔断器技术数据

型　　号	额定电压/V	熔断器额定电流值/A	可配熔体额定电流值/A	用铜线做熔体时最大限度直径/mm	极限分断电流/A
RC1A—5	380V	5	2、2.5	0.25	250
RC1A—10		10	2、4、6、10	0.46	500
RC1A—15		15	15	0.56	500
RC1A—30		30	20、25、30	0.91	1500
RC1A—60		60	40、50 60	1.42	3000
RC1A—100		100	80、100	1.83	3000
RC1A—200		200	120、150、200	—	3000

2）螺旋式熔断器的代表产品为 RL1 系列，其技术数据见表 3-27。

表 3-27 RL1 系列螺旋式熔断器技术数据

型　　号	额定电压/V	额定电流/A	可配熔体额定电流值/A	额定分断电流值/A	
				交流 380V	直流 440V
RL1—15	380	15	2、4、5、6、10、15	25000	5000
RL1—60		60	20、25、30、35、40、50、60	25000	5000
RL1—100		100	60、80、100	50000	10000
RL1—200		200	100、125、150、200	50000	10000

3）封闭式熔断器可分为两种：一种是无填料封闭式熔断器；另一种是有填料封闭式熔断器。

无填料封闭式熔断器主要代表品为 RM10 系列，其技术数据见表 3-28。

表 3-28 RM10 系列无填料封闭式熔断器技术数据

型　　号	熔断器额定电压值/V	熔断器额定电流值/A	可选熔体额定电流值/A
RM10—15	交流：220；380 或 500 直流：220；440	15	6、10、15
RM10—60		60	15、20、25、35、45、60
RM10—100		100	60、80、100
RM10—200		200	100、125、160、200
RM10—350		350	200、225、260、300、350
RM10—600		600	350、430、500、600

有填料封闭式熔断器主要代表品为 RT0 系列，其技术数据见表 3-29。

4）快速熔断器的外形结构与螺旋式熔断器相同，它是为了防止硅半导体器件由于电路的短路造成损坏而设计的一种能在极短的时间内切断电路的短路保护器材，具有熔断迅速、结构简单、工作可靠等特点。主要用于硅半导体整流器件的短路保护和过电流保护。例如晶闸管整流、晶闸管调压、晶闸管电力变换等。

常用的快速熔断器有 RLS1、RLS2、RS0、RS3 等系列，其技术数据见表 3-30。

表 3-29　RT0 系列有填料封闭式熔断器技术数据

型　号	额定电压值/V	额定电流值/A	可选熔体额定电流值/A	极限分断能力/A	
				交流 380V	直流 440V
RT0—50 RT0—100 RT0—200 RT0—400 RT0—600 RT0—1000	交流：380 直流：440	50 100 200 400 600 1000	5、10、15、20、30、40、50 30、40、50、60、80、100 80、100、120、150、200 150、200、250、300、350、400 350、400、450、500、550、600 700、800、900、1000	50000	25000

表 3-30　RLS1、RLS2、RS0、RS3 等系列快速熔断器技术数据

型　号	额定电压值/V	额定电流值/A	可选熔体额定电流值/A	额定分断电流值/kA		功率因数 $\cos\Phi$
				110%额定电压下	380V 或 500V	
RLS1—10 RLS1—50 RLS1—100	380 及以下	10 50 100	3、5、10 15、20、25、30、40、50 60、80、100	—	50	小于或等于 0.25
RLS2—30 RLS2—63 RLS2—100	500	30 63 100	15、20、25、30 35、45、50、63 75、80、90、100	—		0.1～0.2
RS0—50/2.5 RS0—100/2.5 RS0—200/2.5 RS0—350/2.5 RS0—500/2.5	250	50 100 200 350 500	30、50 50、80 150、200 250、350 400、500	50	—	小于或等于 0.25
RS0—50/5 RS0—100/5 RS0—200/5 RS0—350/5 RS0—500/5	500	50 100 200 350 500	30、50 50、80 150、200 250、320 400、480	40	—	
RS0—350/7.5	750	350	320、350	30	—	
快速熔断器熔断特性	熔体额定电流倍数			熔断时间		
	1.1 倍 6 倍			4h 不熔断 小于或等于 0.02s		

熔断器选择包括熔断器种类、额定电压、熔断器额定电流和熔体额定电流等内容。而关键是选择确定熔体额定电流。熔体额定电流与负载性质有关，下面将分别予以介绍。

1）对电灯照明、电阻炉等平稳负载，熔体额定电流等于或略大于实际负载电流。

对输配电电路，熔体的额定电流应等于或略小于电路的安全电流。

2）对于异步电动机，单台时：

$$I_{Nr}=(1.5\sim2.5)\ I_{Nd}$$

式中，I_{Nr}为熔体额定电流；I_{Nd}为电动机额定电流。多台时：

$$I_{Nr}=(1.5\sim2.5)\ I_{Ndmax}+\sum I_{Nd}$$

式中，I_{Ndmax}为容量最大的一台电动机的额定电流，ΣI_{Nd}为其余各台电动机额定电流之和。

3.4.4 常用控制电器的选择

控制电器又称为“主令电器”，是专门控制其他电器执行电路通断的元件。常用的控制电器有按钮、行程开关等。

1. 按钮

常用按钮的技术数据见表3-31。

表3-31 常用按钮的技术数据

型号	形式	触头数		信号灯		额定电压、电流及控制容量	按钮	
		常开	常闭	电压/V	功率/W		钮数	颜色
LA10—1	元件	1	1			电压： 交流380V 直流220V 电流5A 容量： 交流300VA 直流60W	1	黑绿红
LA10—1K	开启式	1	1				1	黑绿红
LA10—2K	开启式	2	2				2	黑红或绿红
LA10—3K	开启式	3	3				3	黑绿红
LA10—1H	保护式	1	1				1	黑绿或红
LA10—2H	保护式	2	2				2	黑红或绿红
LA10—3H	保护式	3	3				3	黑绿红
LA10—1S	防水式	1	1				1	黑绿或红
LA10—2S	防水式	2	2				2	黑红或绿红
LA10—3S	防水式	3	3				3	黑绿红
LA10—2F	防腐式	2	2				2	黑红或绿红
LA12—11	元件	1	1				1	黑绿或红
LA12—22J	元件（紧急式）	1	1				1	红
LA12—22	元件	2	2				1	黑绿或红
LA12—22J	元件（紧急式）	2	2				1	红
LA14—1	元件（带指示灯）	2	2	6	<1		1	乳白
LA15—1	元件（带指示灯）	1	1				1	红绿黄白
LA18—22	一般式	2	2				1	红绿黄白黑
LA18—44	一般式	4	4				1	红绿黄白黑
LA18—66	一般式	6	6				1	红绿黄白黑
LA18—22J	紧急式	2	2				1	红
LA18—44J	紧急式	4	4				1	红
LA18—66J	紧急式	6	6				1	红

（续）

型号	形式	触头数		信号灯		额定电压、电流及控制容量	按钮	
		常开	常闭	电压/V	功率/W		钮数	颜色
LA18—22X2	旋钮式	2	2				1	黑
LA18—22X3	旋钮式	2	2				1	黑
LA18—44X	旋钮式	4	4				1	黑
LA18—66X	旋钮式	6	6				1	黑
LA18—22Y	钥匙式	2	2				1	锁芯本色
LA18—44Y	钥匙式	4	4				1	锁芯本色
LA18—66Y	钥匙式	6	6				1	锁芯本色
LA19—11A	一般式	1	1				1	红绿蓝黄白黑
LA19—11J	紧急式	1	1				1	红
LA19—11D	带指示灯式	1	1	6	<1		1	红绿蓝白黑
LA19—11DJ	紧急带指示灯	1	1	6	<1		1	红
LA20—11	一般式	1	1				1	红绿黄蓝白
LA20—11J	紧急式	1	1			电压：	1	红
LA20—11D	带指示灯式	1	1			交流380V	1	红绿黄蓝白
LA20—11DJ	紧急带指示灯	1	1	6	<1	直流220V	1	红
LA20—22	一般式	2	2	6	<1	电流5A	2	红绿黄蓝白
LA20—22J	紧急式	2	2			容量：	2	红
LA20—22D	带指示灯式	2	2	6	<1	交流300VA	1	红黄绿蓝白
LA20—2K	开启式	2	2			直流60W	2	白红或绿红
LA20—3K	开启式	3	3				3	白绿红
LA20—2H	保护式	2	2				2	白红或绿红
LA20—3H	保护式	3	3				3	白绿红
LA30—11	一般式	1	1				1	红黄绿白黑蓝
LA30—22	一般式	2	2				1	红黄绿白黑蓝
LA30—33	一般式	3	3				1	红黄绿白黑蓝
LA30—44	一般式	4	4				1	红黄绿白黑蓝
LA30—11M	蘑菇按钮	1	1				1	红黄绿黑蓝
LA30—22M	蘑菇按钮	2	2				1	红黄绿黑蓝
LA30—33M	蘑菇按钮	3	3				1	红黄绿黑蓝
LA30—44M	蘑菇按钮	4	4				1	红黄绿黑蓝
LA30—11K	锁扣按钮	1	1				1	红黄绿黑蓝
LA30—22K	锁扣按钮	2	2				1	红黄绿黑蓝
LA30—33K	锁扣按钮	3	3				1	红黄绿黑蓝
LA30—44K	锁扣按钮	4	4				1	红黄绿黑蓝

（续）

型号	形式	触头数		信号灯		额定电压、电流及控制容量	按钮	
		常开	常闭	电压/V	功率/W		钮数	颜色
LA30—11D	带灯按钮	1	1	6	<1	电压：交流 380V 直流 220V 电流 5A 容量：交流 300VA 直流 60W	1	红黄绿白蓝
LA30—22D	带灯按钮	2	2				1	红黄绿白蓝
LA30—33D	带灯按钮	3	3				1	红黄绿白蓝
LA30—44D	带灯按钮	4	4				1	红黄绿白蓝
LA30—11D/M	带灯蘑菇按钮	1	1				1	红黄绿白蓝
LA30—22D/M	带灯蘑菇按钮	2	2				1	红黄绿白蓝
LA30—33D/M	带灯蘑菇按钮	3	3				1	红黄绿白蓝
LA30—44D/M	带灯蘑菇按钮	4	4				1	红黄绿白蓝
LA30—11X/2	旋钮按钮	1	1				1	白
LA30—22X/2	旋钮按钮	2	2				1	白
LA30—33X/2	旋钮按钮	3	3				1	白
LA30—44X/2	旋钮按钮	4	4				1	白
LA30—11Y	钥匙按钮	1	1				1	锁芯本色
LA30—22Y	钥匙按钮	2	2				1	锁芯本色
LA30—33Y	钥匙按钮	3	3				1	锁芯本色
LA30—44Y	钥匙按钮	4	4				1	锁芯本色
LA30—11W	杠杆按钮	1	1				1	黑
LA30—22W	杠杆按钮	2	2				1	黑
LA30—33W	杠杆按钮	3	3				1	黑
LA30—44W	杠杆按钮	4	4				1	黑

从表 3-31 可以看出，按钮的结构形式有多种，并有不同颜色。按钮的选择应：

1）根据用途和使用场合选择型号和形式。

2）按工作状态指示和工作情况的要求选择按钮和指示灯的颜色。

3）按控制电路的需要选定钮数。

2. 行程开关

行程开关又称为“位置开关”或“限位开关”。常用位置开关有 LX19、LX21、LX22、JLXK1 及 JLXW5 系列。LX19、LX21、LX22 的技术数据见表 3-32。

表 3-32　LX19、LX21、LX22 行程开关的技术数据

型号	额定电压	额定电流/A	触头数		结构形式
			常开	常闭	
LX19K	交流：50Hz 或 60Hz、380V 直流：220V 以下	5	1	1	元件
LX19—111					单轮，滚轮装在传动杆内侧，能自动复位
LX19—121					单轮，滚轮装在传动杆内侧，能自动复位
LX19—131					单轮，滚轮装在传动杆凹槽内，能自动复位
LX19—212					双轮，滚轮装在 U 形传动杆内侧，不能自动复位
LX19—222					双轮，滚轮装在 U 形传动杆内侧，不能自动复位
LX19—232					双轮，滚轮装在 U 形传动杆内外侧，不能自动复位
LX19—001					无滚轮，仅有径向传动杆，能自动复位

(续)

型　号	额定电压	额定电流/A	触头数		结构形式
			常开	常闭	
LX21—21 LX21—22 LX21—23	交流：50Hz、380V 直流：220V	5	1	1	防水式 保护式
LX22—1 LX22—2 LX22—3 LX22—4 LX22—6	交流：50Hz、 380V 以下 直流：440V 以下	20	—	—	带有滚子的垂直臂 用蜗杆传动，凸轮带微动开关 带有滚子的叉形臂 带有三个位置的叉形臂 带有两个操作臂用操杆推动操作臂

位置开关的选择主要考虑其结构形式、触点数目、电压电流等级等因素。

3.4.5 常用低压开关的选择

低压开关在机床中是最常用的一种电器，几乎任何一个控制电路都离不开低压开关。机床中使用的低压开关主要有刀开关、组合开关、断路器等。

1. 刀开关的选择

刀开关又可分为胶盖瓷底刀开关和封闭式负荷开关。

常用的胶盖瓷底刀开关为 HK1 和 HK2 系列，其技术数据见表 3-33。

表 3-33　HK1 和 HK2 系列胶盖瓷底刀开关技术数据

型　号	极　数	额定电压值/V	额定电流值/A	可控制电动机最大容量值/kW		可配用熔丝直径/mm	
				220V	380V		
HK1—15	2	220	15	1.5	—	熔丝	1.45～1.59
HK1—30	2	220	30	3.0	—		2.30～2.52
HK1—60	2	220	60	4.5	—		3.36～4.00
HK1—15	3	380	15	—	2.2		1.45～1.59
HK1—30	3	380	30	—	4.0		2.30～2.52
HH1—60	3	380	60	—	5.5		3.36～4.00
HK2—10	2	250	10	1.1	—	熔丝	0.25
HK2—15	2	250	15	1.5	—		0.41
HK2—30	2	250	30	3.0	—		0.56
HK2—15	3	380	15	—	2.2		0.45
HK2—30	3	380	30	—	4.0		0.71
HH2—60	3	380	60	—	5.5		1.12

常用的封闭式负荷开关为 HH3、HH4、HH10 和 HH11 系列，其技术数据见表 3-34。

选择刀开关时应根据它在电路中的作用和它在成套配电装置中的安装位置来确定它

表 3-34 HH3、HH4、HH10 和 HH11 系列封闭式负荷开关技术数据

型号	极数	额定电压值/V	额定电流值/A	熔体额定电流值/A	可控制电动机功率/kW	熔体	
						熔体材料	熔丝直径/mm
HH3—10/2	2	220	10	6、10	1.1	紫铜丝	0.26、0.35
HH3—15/2			15	6、10、15	2.2		0.26、0.35、0.46
HH3—20/2			20	10、15、20	3		0.35、0.46、0.65
HH3—30/2			30	20、25、30	5		0.65、0.71、0.81
HH3—60/2			60	40、50、60	11		1.02、1.22、1.32
HH3—100/2			100	60、80、100	15		1.32、1.62、1.81
HH3—200/2			200	150、200	15	紫铜片	—
HH4—15/2			15	10、15	2.2	熔丝	1.03、1.25、1.98
HH4—30/2			30	20、25、30	5	紫铜丝	0.61、0.71、0.80
HH4—60/2			60	40、50、60	11		0.92、1.07、1.20
HH3—10/3	3	380	10	6、10	1.1	紫铜丝	0.26、0.35
HH3—15/3			15	6、10、15	2.2		0.26、0.35、0.46
HH3—20/3			20	10、15、20	3		0.35、0.46、0.65
HH3—30/3			30	20、25、30	5		0.65、0.71、0.81
HH3—60/3			60	40、50、60	11		1.02、1.22、1.32
HH3—100/3			100	60、80、100	15		1.32、1.62、1.81
HH3—200/3			200	150、200	15	紫铜片	—
HH4—15/3			15	10、15	2.2	熔丝	1.03、1.25、1.98
HH4—30/3			30	20、25、30	5	紫铜丝	0.61、0.71、0.80
HH4—60/3			60	40、50、60	11		0.92、1.07、1.20
HH10—10/3	3	380	10	6、10		紫铜丝	0.26、0.35
HH10—15/2	2	220	15	10、20			0.26、0.35、0.46
HH10—20/3	3	380	20	25、30			0.35、0.46、0.65
HH10—30/3	3	380	30	40、60			0.65、0.71、0.81
HH10—60/3	3	380	60	80、100			1.02、1.22、1.32
HH10—100/3	3	380	100				1.32、1.62、1.81
HH11—100/3，2	3，2	380	100	60、80、100		紫铜片	—
HH11—200/3，2	3，2		200	100、150、200			—
HH11—300/3，2	3，2	220	300	200、250、300			—
HH11—400/3，2	3，2		400	300、350、400			—

的结构形式。刀开关的额定电流，一般应等于或大于所关断电路中的各个负载额定电流的总和。若负载是电动机，则要考虑其起动电流，故应选用额定电流大一级的刀开关。

2. 组合开关的选择

组合开关实际上也称“转换开关”。在实际应用中，组合开关又可分为无限位型组合开关和有限位型组合开关；另外还有一种“万能转换开关”。

1）常用的无限位型组合开关为 HZ10 系列，主要用于机床中电源的引入开关，交流频率 50Hz、电压 380V 及以下、直流 220V 及以下的电气设备中作不频繁接通、断开电路之用；以及转换电源或负载，测量三相电压，调节电加热器的并、串联和作为电动机功率小于5.5kW时的不频繁直接起动和停止之用。HZ10系列无限位型组合开关技术数据见表3-35。

表3-35　HZ10系列无限位型组合开关技术数据

型　号	额定电压值/V	额定电流值/A	可控制电动机功率/kW	用　途	备　注
HZ10—10		10	1.7	在电气线路中作接通和断开电路；换接电源及负载；测量三相电压；控制小型异步电动机起动、停止等	可取代HZ1、HZ2系列等老产品
HZ10—25	交流：380	25	4		
HZ10—60	直流：220	60	5.5		
HZ10—100		100	—		

2）常用的有限位型组合开关为HZ3系列。有限位型组合开关指的是组合开关的手柄在正、反转时，其转动位置是受限制的。有限位型组合开关又称“倒顺开关”，它分为三档：即“停”、“正转”、“反转”档。通常情况下，“停”档在中间位置，从“停”档扳到“正转”档位置，组合开关手柄转动45°空间角度，电路上接通负载（电动机）的正转电源；从“停”档扳到“反转”档位置，组合开关手柄向相反的方向转动45°空间角度，电路上接通负载（电动机）的反转电源；因此，它主要用于交流50Hz、电压380V的电路中作为引入开关，及功率小于5.5kW的小型异步电动机的正转、反转控制双速异步电动机的变速控制。HZ3系列有限位型组合开关技术数据见表3-36。

表3-36　HZ3系列有限位型组合开关技术数据

型　号	额定电流/A	可控制电动机容量/kW			罩壳	面板	手柄型式	鼓轮节数	安装地点	开关重量/kg	适用范围
		220V	380V	500V							
HZ3—131	10	2.2	3	3	有	—	普通	3	机床外部	0.92	控制电动机起动、停止
HZ3—132	10	2.2	3	3	有	—	普通	3	机床外部	0.92	控制电动机倒、顺、停
HZ3—133	10	2.2	3	3	—	—	普通	3	控制屏	0.60	控制电动机倒、顺、停
HZ3—161	35	5.5	7.5	7.5	—	—	普通	6	控制屏	0.95	控制电动机倒、顺、停
HZ3—431	10	2.2	3	3	—	有	加长	3	机床内部	0.80	控制电动机起动、停止
HZ3—432	10	2.2	3	3	—	有	加长	3	机床内部	0.80	控制电动机倒、顺、停
HZ3—451	10	2.2	3	3	—	有	加长	5	机床内部	1.15	△/YY、Y/YY变速
HZ3—452	5（110V）；10（220V）	—	—	—	—	有	加长	5	机床内部	1.15	控制电磁吸盘

组合开关主要根据电源种类、电压等级及电动机容量来选用。其额定电流选择时要考虑负载类型。当用于照明或电热电路时，组合开关的额定电流应等于或大于被控制电路中各负载电流的总和。当用于电动机电路时，组合开关的额定电流一般取电动机额定电流的1.5~2.5倍。

3）万能转换开关主要作为控制电路的转换及配电设备的远距离控制，亦可作为小容量电动机的起动、制动、换向控制。常用的有LW5、LW6系列。

万能转换开关与转换开关类别、型号表示方法及适用场合见表3-37。

表3-37　万能转换开关与转换开关类别、型号表示方法及适用场合表

类别及名称			型号表示方法	适用场合	说　明
HS型刀型转换开关			表示方法同HD型开关，只是HS型为双投开关，而HD型为单投刀开关	同HD型刀开关	HS11～13可取代HD11～13老系列，其技术参数与HD11～13共用一个部颁标准
手拧式转换开关	HZ系列转换开关	HZ5系列	HZ 5 — □ / □ □ □ HZ—类组代号 5—设计代号 □—额定电流 □—控制电动机功率 □—定位特征代号 □—接线图编号	作电流60A以下的机床线路中的电源开关，控制线路中的换接开关，以及电动机的起动、停止、变速、换向等	可代替HZ1-3系列产品
		HZ10系列	HZ 10 — □ □ / □ HZ—类组代号 10—设计代号 □—额定电流 □—类型 □—极数	作电流100A以下的换接电源开关，三相电压的测量、调节电热电路中电阻的串关开关，控制不频繁操作的小型异步电动机正反转	1）可取代HZ1、HZ2等老产品 2）HZ—10M系列气密式的技术参数和规格均与之相同，用于一些耐腐蚀的特殊场合
	LW系列万能转换开关	LW2系列	LW 2 — □ LW—类组代号 2—设计代号 □—类型：YZ—自复讯号灯型；Z—定位自复型；W—自复型；Y—讯号灯；H—钥匙型；无字母—普通型	作电流在10A以下的远距离控制开关，或各种电气仪表、微电机的转换开关	可取代LW1、LW4及HZ3等系列老产品
		LW5系列	LW 5 — 15 □ □ / □ LW—类组代号 5—设计代号 15—额定电流 □—定位特征代号 □—接线图编号 □—接触系统档数	作电压500V、电流15A以下的主令电器，测量仪表、控制伺服电动机及交直流辅助电路的转换开关，其中LW5型5.5kW手动转换开关可供5.5kW以下电动机的起动、变速和换向用	可取代LW1、LW4、HZ3等系列转换开关

（续）

类别及名称			型号表示方法	适用场合	说明
手拧式转换开关	LW系列万能转换开关	LW6系列	LW 6 — □ / □ — LW—类组代号 6—设计代号 □—基本规格代号（用触点数目表示） □—辅助规格代号｛第一位字母表示定位特征代号；第二位以后数字表示接线图编号｝ 热带产品代号：TH为温带性	作电流5A以下的机床控制电路中的控制开关，也可不频繁控制380V、2kW以下的三相异步电动机	
		LWX1系列	LWX1 — □ □ / □ □ — □ □ — □ ① ② ③ ④ ⑤ ⑥ ⑦	在电压250V和电流5A以下的线路中，作配电设备远距离控制开关及各种仪表的转换开关	
其他转换开关	XH1		XH1-V为电压表换相开关	用于电压500V以下多相电路中换相检测各相电压	
	换相开关		XH1-A为电流表换相开关	用于5A以下的电流互感器的次级中，换相检测各相电流	

① 用拼音字母表示开关型号；无字母为手柄不可取出，带定位及限位；“Y”表示带信号灯手柄，有定位及限位；“H”表示手柄可取出，带定位及限位；“W”表示带自复机构；“Z”表示带自复机构及定位。

② 用数字表示凸轮形式，数字的个数（零除外）为凸轮总数，数字的排列次序，依照凸轮型号从手柄向后，其装配的先后顺序列出（系指原始位置），即1、1a、2、3、4、5、6、6a、7、8、9、20、40等型。其中20型在转轴上有90°自由行程；40型有45°自由行程；其余随轴传动。

③ 用拼音字母表示面板形式，“E”为方形；“Y”为圆形。

④ 用数字表示手柄形式，有1、4、6、7、8五种。

⑤ 表示定位器形式，“8”为45°定位；90°定位则不表示。

⑥ 表示有无限位装置，有者以“X”表示，无者不表示。

⑦ 表示凸轮的排列形式，当凸轮原始位置不按标准形式排列时，以“A”表示为特殊形式排列。此项不标明，则按标准型号排列。

万能转换开关主要是根据工作电压和工作电流选用合适的系列，按控制要求选触点数量及手柄形式和定位特征。

3. 断路器的选择

断路器又称为自动开关，常用的有 DZ5、DZ10、DZ12、DZ13、DZ15、DZ20、DZ23、C45N、C45AD、NC100 等系列，其中 DZ5、DZ10、DZ12 系列在过去应用较为广泛。目前，由于先进新产品的不断涌现，用户更趋向宠爱优质的新产品，例如 DZ23、C45N、C45AD、NC100 等系列。常用的断路器技术数据见表 3-38、表 3-39 所示。

表 3-38　DZ5、DZ10、DZ23 系列断路器技术数据

型号	额定电压/V	主触头额定电流/A	极数	脱扣器形式	热脱扣器额定电流/A	电磁脱扣器瞬时动作整定值/A	最大分断电流/A
DZ5—10 DZ5—10F	交流 380	10	2	复式电磁式	0. 15 ~20	为电磁脱扣器额定电流的 8 ~12 倍，一般出厂时整定于 10 倍	1000
DZ5—20	直流 220	20	2 或 3	复式电磁式无脱扣			1200
DZ5—25	交流 220	25	1	液体阻尼式电磁脱扣	0. 5 ~25		2000
DZ5B—50		50	1		2. 5 ~50		2500
DZ5—50	交流 380	50	3		10 ~50		2500
DZ10—100	交流 200 ~380	100	3	复式、电磁式、热脱扣式、无脱扣式	15 ~100		12000
DZ10—250		250	3		100 ~250		30000
DZ10—600		600	3		200 ~600		50000
DZ10—100R		100	3		60 ~100		100000
DZ10—200R		200	3		120 ~200		100000
DZ23—40B	单极：220/380 多极：380	6，10，16，25，32	1 2 3 4	—	—		6000
DZ23—40C		0. 5，1，2，3，4，6，10，16，25，32，40					
DZ23B—63		6，10，16，20，25，32，40，50，63					10000

选择断路器时应考虑额定电压、额定电流及允许切断的极限电流等，断路器脱扣器的额定电流应等于或大于负载允许的长期平均电流，断路器的极限分断能力要大于或等于电路最大短路电流。作电动机保护用时，长延时电流整定值等于电动机额定电流。电动机额定电流 6 倍长延时，电流整定值的可延回时间大于或等于电动机实际起动时间。对笼型电动机，瞬时整定电流等于 8 ~15 倍的电动机额定电流。

表 3-39　C45N、C45AD、NC100 系列断路器技术数据

型　号	额定电压/V	额定电流 I_{IV}/A	极数	电流分断能力/A	脱扣器形式	瞬时分断电流/A
C45N	240	1，3，6，10，16，20，25，32，40，50，63，（在30℃时）	1、2、3、4	I_{IV} = 1 ~ 40A 时为 6000 I_{IV} = 50 ~ 63A 时为 4500	电磁式热脱扣式	5 ~ 10I_{IV}
C45AD	415	1，3，6，10，16，20，25，32，40（在30℃时）		4500		10 ~ 14I_{IV}
NC100	380/415	63，80，100（在40℃时）		10000		C 型：7 ~ 10I_{IV} D 型：10 ~ 14I_{IV}

3.4.6　电磁铁的选择

电磁铁在机床等自动控制系统中是一种将电磁能转换为机械能的电气元器件，它主要由接触器或继电器控制其电源的通断。电磁铁有直流和交流之分，机床上常用的电磁铁按其作用可分为牵引电磁铁、制动电磁铁和阀用电磁铁等。

1. 牵引电磁铁的选择

牵引电磁铁在机床等自动控制系统中主要用做推斥或牵引机械装置。它主要由铁心、衔铁及线圈组成。线圈通电后，由铁心吸引衔铁，对机械装置进行牵引。

常用的牵引电磁铁有 MQ1、MQ3 系列，其技术数据见表 3-40。

表 3-40　MQ1、MQ3 系列牵引电磁铁技术数据

型　号	使用方式	吸引线圈电压/V	额定吸力/N	额定行程/mm	通电率（%）	操作次数/（次/h）
MQ1-5101	拉动		15	20	100	600
MQ1-5102			30	20	10	400
MQ1-5111			30	25	100	600
MQ1-5112			50	25	10	400
MQ1-5121			50	25	100	200
MQ1-5122			80	25	10	400
MQ1-5131	推动		80	25	100	200
MQ1-5132		110	150	25	10	400
MQ1-5141		127	150	50	100	200
MQ1-5151		220	250	30	100	200
MQ1-6101		380	10	20	100	600
MQ1-6102			30	20	10	400
MQ1-6111			30	25	100	600
MQ1-6112			50	25	10	400
MQ1-6121			50	25	100	200
MQ1-6122			80	25	10	400
MQ1-6131			80	25	100	200
MQ1-6132			150	25	10	400

（续）

型　　号	使用方式	吸引线圈电压/V	额定吸力/N	额定行程/mm	通电率（%）	操作次数/(次/h)
MQ3-6.2N1	推拉两用	36 110 220 380	6.2	10	60	1200
MQ3-7.8N1			7.8	10		1200
MQ3-9.8N1			9.8	10		1200
MQ3-12.5N1			12.5	10		1200
MQ3-15.7N1			15.7	20		600
MQ3-19.6N1			19.6	20		600
MQ3-24.5N1			24.5	20		600
MQ3-31N1	拉动		31	20		600
MQ3-39N1			39	20		600
MQ3-49N1			49	30		600
MQ3-62N1			62	30		600
MQ3-78N1			78	30		600
MQ3-98N1			98	30		600
MQ3-123N1			123	40		300
MQ3-157N1			157	40		300
MQ3-196N1			196	40		300
MQ3-245N1			245	40		300

2. 制动电磁铁的选择

制动电磁铁和牵引电磁铁没有本质上的区别，也都是由线圈通电后，铁心产生吸力，吸引衔铁，由衔铁牵引抱闸装置，对电动机进行抱闸或松开抱闸。制动电磁铁有交、直流之分；单、三相之分；还有通电抱闸和断电抱闸之分。一般情况下采用断电抱闸电磁铁，即电动机通电时，制动电磁铁线圈也得电，此时抱闸松开；当电动机失电时，制动电磁铁线圈也失电，抱闸装置在弹簧力的作用下，将电动机轴抱住，制动电动机，使电动机迅速停转。

制动电磁铁一般用于机床、起重设备控制的制动中，常用的有单相电磁铁 MZD1 系列及三相电磁铁 MZS1 系列，其技术数据分别见表 3-41、表 3-42。

表 3-41　MZD1 系列单相电磁铁技术数据

型　　号	额定电压/V	磁铁力矩/kg·cm		衔铁重量的力矩/kg·cm	回转角度/(°)	额定回转角度杠杆之位移/mm
		暂载率 40%	暂载率 10%			
MZD1-100	200、380、500	55	30	5	7.50	3
MZD1-200		400	200	36	5.50	3.8
MZD1-300		1000	400	92	5.50	4.4

3. 阀用电磁铁

阀用电磁铁主要应用于电磁换向阀中。电磁换向在机床的液压系统中常用来改变液体的流动方向、液体分配、接通及关闭油路等。

换向阀有各种结构，如二位二通、二位四通、三位四通、三位五通等。所谓的二

表 3-42 MZS1 系列三相电磁铁技术数据

型号	额定电压/V	暂载率（%）	吸力（包括衔铁质量/kg	衔铁质量/kg	衔铁额定行程/mm	视在功率	
						吸合瞬间功率	保持吸合功率
MZS1-6	220/380 或 290/500	25、40、100	8	2	20	2700	330
MZS1-7			10	2.8	40	7700	500
MZS1-15			20	4.5	50	14000	750
MZS1-25			35	11.2	50	23000	750
MZS1-25B			35	11.2	50	23000	750
MZS1-25A			38	11.2	50	23000	750
MZS1-45H			70	24.6	50	44000	2500
MZS1-80H			115	33.31	60	96000	3500
MZS1-100H			140	38.23	80	120000	5500

位二通，就是换向阀的阀芯可以在电磁铁的作用下处于阀体中的两个不同位置，但只有两个通口，即一进一出。

阀用电磁铁有交流和直流之分，视其控制系统所用电源而选定。

电磁铁的选择应根据其作用、使用场合、技术参数等综合考虑决定。

3.4.7 控制变压器的选择

选择控制变压器主要是确定其容量。从保证已经吸合的那些电器在起动其他电器吸合时仍能保证都可靠地吸合的原则考虑，可用下式确定其容量：

$$P_B \geqslant 0.6\sum P_{xc} + 0.25\sum P_{qdj} + 0.125\sum P_{qd}$$

式中 P_B——控制变压器容量（VA）；

P_{xc}——电磁器件的吸持功率（VA），见表 3-43；

P_{qdj}——继电器、接触器起动功率（VA）；

P_{qd}——电磁铁起动功率（VA）。

从控制变压器长期运行的温升来考虑，这时变压器容量应大于或等于最大工作负荷的功率，可用下式确定其容量：

$$P_B \geqslant K_f \sum P_{xc}$$

式中 K_f——变压器容量的储备系数，一般 K_f 取 1.1 ~ 1.5。

表 3-43 常用交流电器的起动与吸持功率（均为有效功率）

电器型号	起动功率 P_{qd}/VA	吸持功率 P_{xc}/VA	P_{qd}/P_{xc}
JZ7	75	12	6.3
CJ10-5	35	6	5.8
CJ10-10	65	11	5.9
CJ10-20	140	22	6.4
CJ10-40	230	32	7.2
CJ0-10	77	14	5.5

(续)

电器型号	起动功率 P_{qd}/VA	吸持功率 P_{xc}/VA	P_{qd}/P_{xc}
CJ0-20	156	33	4.75
CJ0-40	280	33	8.5
MQ1-5101	-450	50	9
MQ1-5111	-1000	80	12.5
MQ1-5121	-1700	95	18
MQ1-5131	-2200	130	17
MQ1-5141	-10000	480	21

当电动机和所有的电气元器件选定之后，就可以制订出机床电动机和电气元器件明细表。

任务5　进行机床电气控制系统工艺设计

在完成机床电气原理设计及电气元器件选择之后，就应进行机床电气控制的工艺设计，目的是为了满足机床电气控制设备的制造和使用等要求。

机床电气控制系统工艺设计内容包括以下几点：

1）机床电气控制设备总体配置，即总装配图、总接线图。

2）机床电气控制各部分的电器装配图与接线图，并列出各部分的元件目录清单等技术资料。

3）机床电气控制设备使用、维修说明书。

3.5.1　机床电气设备总体配置设计

机床电气设备中各种电动机及各类电气元器件根据各自的作用，都有一定的装配位置，在构成一个完整的机床自动控制系统时，必须划分组件。以龙门刨床为例，可划分机床电器部分（各拖动电动机、抬刀机构电磁铁、各种行程开关和控制站等）、机组部件（交磁放大机组、电动发电机组等）以及电气箱（各种控制电气、保护电器、调节电器等）。根据各部分的复杂程度又可划分成若干组件，如印制电路组件、电器安装板组件、控制面板组件、电源组件等。同时要解决组件之间、电气箱之间以及电气箱与被控制装置之间的连线问题。

1. 划分组件的原则

1）功能类似的元件组合在一起。例如用于机床操作的各类按钮、开关、键盘、指示检测、调节等元件集中为控制板组件，各种继电器、接触器、熔断器、照明变压器等控制电器集中为电器板组件，各类控制电源、整流、滤波元件集中为电源组件等。

2）尽可能减少组件之间的连线数量，接线关系密切的控制电器置于同一组件中。

3）强弱电控制器分离，以减少干扰。

4）力求整齐美观，外形尺寸、重量相近的电器组合在一起。

5）便于检查与调试，需经常调节、维护和易损元件组合在一起。

2. 电气控制设备的各部分及组件之间的接线方式

1）电器板、控制板，机床电器的进出线一般采用接线端子（按电流大小及进出线数选用不同规格的接线端子）。

2）电器箱与被控制设备或电器箱之间采用多孔接插件，便于拆装、搬运。

3）印制电路板及弱电控制组件之间宜采用各种类型标准接插件。

总体配置设计是以机床电气控制系统的总装配图与总接线图形式来表达的。图中应以示意形式反映出机电设备部分主要组件的位置及各部分接线关系、走线方式及使用管线要求等。

总装配图、接线图是进行分部设计和协调各部分组成一个完整系统的依据。总体设计要使整个系统集中、紧凑，同时在场地允许条件下，对发热严重、噪声和振动大的电气部件，如电动机组、起动电阻箱等尽量放在离操作者较远的地方或隔离起来；对于多工位加工的大型设备，应考虑两地操作的可能；总电源紧急停止控制应安放在方便而明显的位置。总体配置设计合理与否将影响到机床电气控制系统工作的可靠性，并关系到机床电气系统的制造、装配、调试、操作以及维护是否方便。

3.5.2 机床电气元器件布置图的设计及电器部件接线图的绘制

总体配置设计确定了各组件的位置和连线后，就要对每个组件中的电气元器件进行设计，机床电气元器件的设计图包括布置图、接线图、电气箱及非标准零件图的设计。

1. 机床电气元器件布置图

机床电气元器件布置图是依据机床电控总原理图中的部件原理图设计的，是某些电气元器件按一定原则的组合。布置图是根据电气元器件的外形绘制，并标出各元件间距尺寸。每个电气元器件的安装尺寸及其公差范围，应严格按产品手册标准标注，作为底板加工依据，以保证各电器的顺利安装。

同一组件中电气元器件的布置要注意的问题如下：

1）体积大和较重的电气元器件应装在电器板的下面，而发热元件应安装在电器板的上面。

2）强弱电分开并注意弱电屏蔽，防止外界干扰。

3）需要经常维护、检修、调整的电气元器件安装位置不宜过高或过低。

4）电气元器件的布置应考虑整齐、美观、对称，外形尺寸与结构类似的电器安放在一起，以利加工、安装和配线。

5）电气元器件布置不宜过密，要留有一定的间距，若采用板前走线槽配线方式，应适当加大各排电器间距，以利布线和维护。

各电气元器件的位置确定以后，便可绘制电气元器件布置图。在电气元器件布置图设计中，还要根据本部件进出线的数量（由部件原理图统计出来）和采用导线规格，选择进出线方式，并选用适当接线端子板或接插件，按一定顺序标上进出线的接线号。

2. 机床电气元器件接线图

机电气元器件接线图是部件中各电气元器件的接线图。电气元器件的接线要注意的问题如下：

1）接线图和接线表的绘制应符合 GB/T 6988.1—2008 中的规定。

2）电气元器件按外形绘制，并与布置图一致，偏差不要太大。

3）所有电气元器件及其引线应标注与电气原理图中相一致的文字符号及接线号。

4）与电气原理图不同，在接线图中同一电气元器件的各个部分（触点、线圈等）必须画在一起。

5）电气元器件接线图一律采用细线条，走线方式有板前走线及板后走线两种，一般采用板前走线。对于简单电气控制部件，电气元器件数量较少，接线关系不复杂，可直接画出元件间的连线。但对于复杂部件，电气元器件数量多，接线较复杂的情况，一般是采用走线槽，只需在各电气元器件上标出接线号，不必画出各元件间连线。

6）接线图中应标出配线用的各种导线的型号、规格、截面积及颜色要求。

7）部件的进出线除大截面导线外，都应经过接线板．不得直接进出。

3. 机床电气箱及非标准零件图的设计

在机床电气控制系统比较简单时，控制电器可以附在机床机械内部，而在控制系统比较复杂或由于生产环境及操作的需要，通常都带有单独的机床电气控制箱，以利于制造、使用和维护。

机床电气控制箱设计要考虑电气箱总体尺寸及结构方式、方便安装、调整及维修要求，并利于箱内电器的通风散热。

大型机床控制系统，电气箱常设计成立柜式或工作台式，小型机床控制设备则设计成台式、手提式或悬挂式。

3.5.3 机床电气元器件清单汇总和设计使用说明书的编写

在机床电气控制系统原理设计及工艺设计结束后，应根据各种图样，对本机床需要的各种零件及材料进行综合统计，按类别绘出外购成品件汇总清单表、标准件清单表、主要材料消耗定额表及辅助材料消耗定额表。

机床电气控制系统设计及使用说明书是设计审定及调试、使用、维护机床过程中必不可少的技术资料。机床电气控制系统设计及使用说明书应包含的主要内容如下：

1）机床拖动方案选择依据及本设计的主要特点。

2）机床电气控制系统设计主要参数的计算过程。

3）机床电气控制系统各项技术指标的核算与评价。

4）机床电气控制系统设备调试要求与调试方法。

5）机床电气控制系统使用、维护要求及注意事项。

任务 6　典型机床 C6163 型卧式车床电气控制系统的设计案例

3.6.1 C6163 卧式车床的主要结构及设计要求

1. 主要结构

CW6163 型卧式车床实物图如图 3-15 所示，属于普通的小型车床，性能优良，应用较广泛。其主轴运动的正、反转由两组机械式摩擦片离合器控制，主轴的制动采用液压制动器，进给运动的纵向左右运动、横向前后运动及快速移动均由一个手柄操作控制。可完成工件最大车削直径为630mm，工件最大长度为1500mm。

图 3-15　CW6163 型卧式车床实物图

2. 对电气控制的要求

1）根据工件的最大长度要求，为了减少辅助工作时间，要求配备一台主轴运动电动机和一台刀架快速移动电动机，主轴运动的起、停要求两地点操作控制。

2）车削时产生的高温，可由一台普通冷却泵电动机加以控制。

3）根据整个生产线状况，要求配备一套局部照明装置及必要的工作状态指示灯。

3. 电动机的选择

根据设计要求，由机械主体设计计算得知，本设计需配备三台电动机，各自分别为：

1）主轴电动机：M_1，型号选定为 Y160M-4，性能指标为：11kW、380V、22.6A、1460r/min。

2）冷却泵电动机：M_2，型号选定为 JCB-22，性能指标为：0.125 kW、380V、0.43A、2790r/min

3）快速移动电动机：M_3，型号选定为 Y90S-4 ，性能指标为：1.1kW、380V、2.7A、1400r/min。

3.6.2　C6163 卧式车床电气控制电路图的设计

1. 主电路设计

（1）主轴电动机 M_1　根据设计要求，主轴电动机的正、反转由机械式摩擦片离合器加以控制，且根据车削工艺的特点，同时考虑到主轴电动机的功率较大，最后确定 M_1 采用单向直接起动控制方式，由接触器 KM 进行控制。对 M_1 设置过载保护（FR_1），并采用电流表 PA 根据指示的电流监视其车削量。由于向车床供电的电源开关要装熔断器，所以电动机 M_1 没有用熔断器进行短路保护。

（2）冷却泵电动机 M_2 及快速移动电动机 M_3　由于 M_2和 M_3的功率及额定电流均较小，因此可用交流中间继电器 K_1 和 K_2 来进行控制。在设置保护时，考虑到 M_3 属于短时运行，故不需设置过载保护。

综合以上的考虑，可绘出 CW6163 型卧式车床的主电路图，如图 3-16 所示。

2. 控制电路的设计

（1）主轴电动机 M_1的控制设计　根据设计要求，主轴电动机要求实现两地控制。因此，可在机床的床头操作板上和刀架拖板上分别设置起动按钮 SB_3、SB_4 和停止按钮 SB_1、SB_2来进行控制。

（2）冷却泵电动机 M_2 和快速移动电动机 M_3 的控制设计　根据设计要求和 M_2、M_3 需完成的工作任务，确定 M_2 采用单向起、停控制方式，M_3 采用点动控制方式。

综合以上的考虑，设计出 CW6163 型卧式车床的控制电路，如图 3-16 所示。

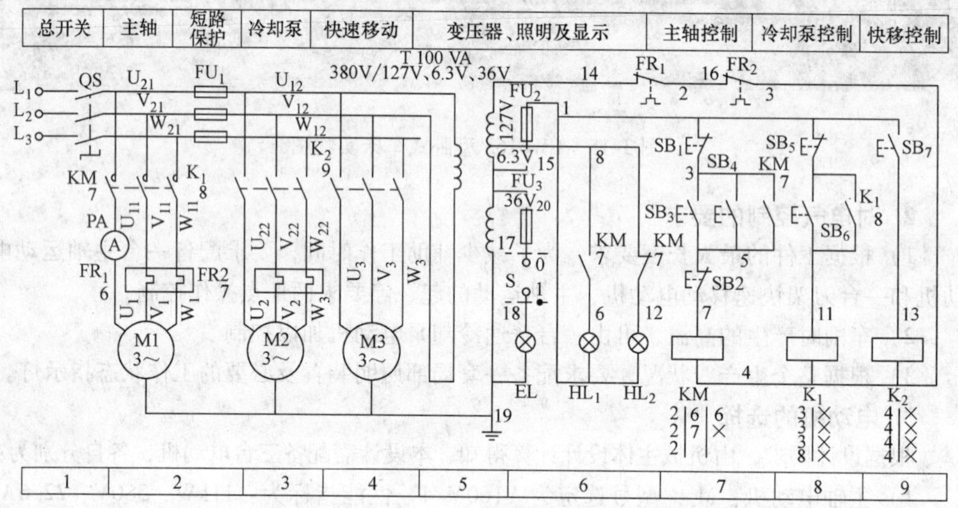

图 3-16　CW6163 型卧式车床的主电路图

3. 局部照明及信号指示电路的设计

局部照明设备用照明灯 EL、灯开关 S 和照明电路熔断器 FU_3 来组合。

信号指示电路由两路构成：一路为三相电源接通指示灯 HL_2（绿色），在电源开关 QS 接通以后立即发光，表示机床电气电路已处于供电状态；另一路指示灯 HL_1（红色），表示主轴电动机是否运行。两路指示灯 HL_1 和 HL_2 分别由接触器 KM 的动合和动断触点进行切换通电显示。

由此，设计出 CW6163 型卧式车床的照明及信号指示电路图，如图 3-16 所示。

3.6.3　C6163 卧式车床电气元器件的选择

在电气原理图设计完毕之后，就可以根据电气原理图进行电气元器件的选择工作。本设计案例中需选择的电气元器件如下：

1. 电源开关 QS 的选择

QS 的作用主要是用于电源的引入及控制 M_1 ~ M_3起、停和正、反转等。因此 QS 的选择主要考虑电动机 M_1 ~ M_3 的额定电流和起动电流。由已知 M_1 ~ M_3 的额定电流数值，通过计算可得额定电流之和为 25.73A，同时考虑到，M_2、M_3 虽为满载起动，但功率较小；M_1 虽功率较大，但为轻载起动。所以，QS 最终选择组合开关：HZ10-25/3 型，额定电流为 25A。

2. 热继电器 FR 的选择

根据电动机的额定电流进行热继电器的选择。

由 M_1 和 M_2 的额定电流，现选择如下：

FR_1 选用 JR0-40 型热继电器。热元件额定电流 25A，额定电流调节范围为 16～25A，工作时调整在 22.6A。

FR_2 选用 JR0-40 型热继电器。热元件额定电流 0.64A，额定电流调节范围为 0.4～0.64A，工作时调整在 0.43A。

3. 接触器 KM 的选择

根据负载电路的电压、电流，接触器所控制电路的电压及所需触点的数量等来进行接触器的选择。

本设计案例中，KM 主要对 M_1 进行控制，而 M_1 的额定电流为 22.6A，控制电路电源为 127V，需主触点三对，辅助动合触点两对，辅助动断触点一对。所以，KM 选择 CJ20-40 型接触器，主触点额定电流为 40A，线圈电压为 127V。

4. 中间继电器的选择

本设计案例中，由于 M_2 和 M_3 的额定电流都很小，因此，可用交流中间继电器代替接触器进行控制。这里，K_1 和 K_2 均选择 JZ7-44 型交流中间继电器，动合动断触点各 4 个，额定电流为 5A，线圈电压为 127V。

5. 熔断器的选择

根据熔断器的额定电压、额定电流和熔体的额定电流等进行熔断器的选择。

本设计案例中涉及的熔断器有三个：FU_1、FU_2、FU_3。这里主要分析 FU_1 的选择，其余类似。

FU_1 主要对 M_2 和 M_3 进行短路保护，M_2 和 M_3 的额定电流分别为 0.43A、2.7A。因此，熔体的额定电流为

$$I_{FU1} \geqslant (1.5 \sim 2.2)\ I_{N\max} + \Sigma I_N$$

计算可得 $I_{FU1} \geqslant 7.18A$，因此，FU_1 选择 RL1-15 型熔断器，熔体电流为 10A。

6. 按钮的选择

根据需要的触点数目、动作要求、使用场合、颜色等进行按钮的选择。

本设计案例中，SB_3、SB_4、SB_6 选择 LA-18 型按钮，颜色为黑色；SB_1、SB_2、SB_5 也选择 LA-18 型按钮，颜色为红色；SB_7 的选择型号相同，但颜色为绿色。

7. 照明及指示灯的选择

照明灯 EL 选择 JC2 型，交流 36V、40W，与灯开关 S 成套配置；指示灯 HL_1 和 HL_2 选择 ZSD-0 型，指标为 6.3V、0.25A，颜色分别为红色和绿色。

8. 控制变压器的选择

变压器的具体计算、选择请参照有关书籍。本设计案例中，变压器选择 BK-100VA，380V、220V/127V、127、36V、6.3V。

综合以上的选择，给出 CW6163 型卧式车床的电气元器件明细表，见表 3-44。

表 3-44　CW6163 型卧式车床的电气元器件明细表

符　　号	名　　称	型　　号	规　　格	数　　量
M_1	三相异步电动机	Y160M-4	11kW，380V，22.6A 1460r/min	1
M_2	冷却泵电动机	JCB-22	0.125kW，0.43A，2790r/min	1
M_3	三相异步电动机	Y90S-4	1.1kW，2.7A，1400r/min	1
QS	组合开关	HZ10-25/3	三极，500V，25A	1
KM	交流接触器	CJ20-40	40A，线圈电压 127V	1
K_1、K_2	交流中间继电器	JZ7-44	5A，线圈电压 127V	2
FR_1	热继电器	JR0-40	热元件额定电流 25A，整定电流 22.6A	1
FR_2	热继电器	JR0-40	热元件额定电流 0.64A，整定电流 0.43A	1
FU_1	熔断器	RL1-15	500V，熔体 10A	1
FU_2，FU_3	熔断器	RC1-15	500V，熔体 2A	2
T	控制变压器	BK-100	100V A，380V/127V、36V、6.3V	1
SB_3、SB_4、SB_6	控制按钮	LA-18	5A，黑色	3
SB_1、SB_2、SB_5	控制按钮	LA-18	5A，红色	3
SB_7	控制按钮	LA-18	5A，绿色	1
HL_1、HL_2	指示灯	ZSD-0	6.3V，绿色 1，红色 1	2
EL、S	照明灯及灯开关		36V，40W	2
PA	交流电流表	62 T2	0～50A，直接接入	1

3.6.4　绘制电气元器件布置图和电气安装接线图

依据电气原理图的布置原则，结合 CW6163 型卧式车床的电气原理图的控制顺序对电气元器件进行合理布局，目标是：连接导线最短，导线交叉最少。

电气元器件布置图完成之后，再依据电气安装接线图的绘制原则及相应的注意事项进行电气安装接线图的绘制。这样，所绘制的电气元器件布置图如图 3-17 所示，电气安装接线图如图 3-18 所示，电气接线图中管内敷线明细表见表 3-45。

表 3-45　CW6163 型卧式车床的电气接线图中管内敷线明细表

代　　号	穿线用管（或电缆类型）内径/mm	电　　线		接　线　号
		截面/mm^2	根数	
#1	内径 15 聚氯乙烯软管	4	3	U1、V1、W1
#2	内径 15 聚氯乙烯软管	4	2	U1、U11
		1	7	1、3、5、6、9、11、12
#3	内径 15 聚氯乙烯软管	1	13	U2、V2、W2、U3、V3、W3、1、3、5、7、13、17、19
#4	G3/4（in）螺纹管			

（续）

代　　号	穿线用管（或电缆类型）内径/mm	电　　线		接　线　号
		截面/mm^2	根数	
#5	15 金属软管	1	10	U3、V3、W3、1、3、5、7、13、17、19
#6	内径 15 聚氯乙烯软管	1	8	U3、V3、W3、1、3、5、7、13
#7	18 × 16mm^2 铝管			
#8	11 金属软管	1	2	17、19
#9	内径 8 聚氯乙烯软管	1	2	1、13
#10	YHZ 橡套电缆	1	3	U3、V3、W3

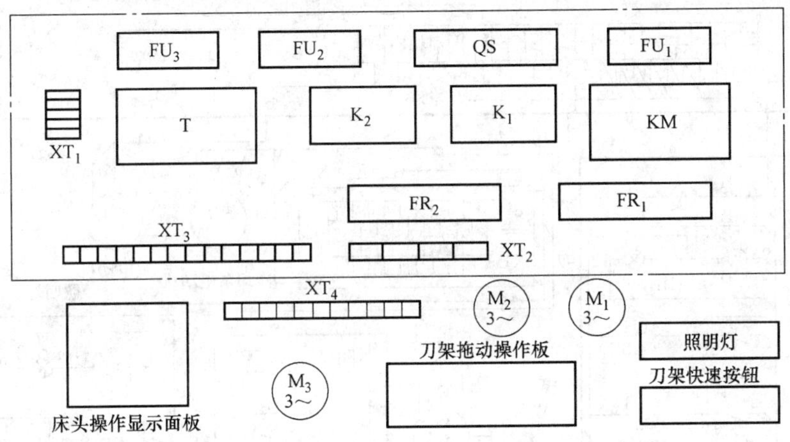

图 3-17　CW6163 型卧式车床电气元器件布置图

3.6.5　检查和调整电气元器件

根据电气元器件明细表中所列的元件，配齐电气设备和电气元器件，并结合前面所讲述的内容，逐件对其检验、检查和调整电气元器件。

3.6.6　电气控制柜的安装配线

（1）制作安装底板　CW6163 型卧式车床电气电路较复杂，根据电气安装接线图，其制作的安装底板有柜内电器板（配电盘）、床头操作显示面板和刀架拖动操作板共三块，对于柜内电器板，可以采用 4mm 的钢板或其他绝缘板作其底板。

（2）选配导线　根据车床的特点，其电气控制柜的配线方式选用明配线。根据 CW6163 型卧式车床的电气接线图中管内敷线明细表中已选配好的导线进行配线。

（3）规划安装线和弯电线管　根据安装的操作规程，首先在底板上规划安装的尺寸以及电线管的走向线，并根据安装尺寸锯电线管，根据走线方向弯管。

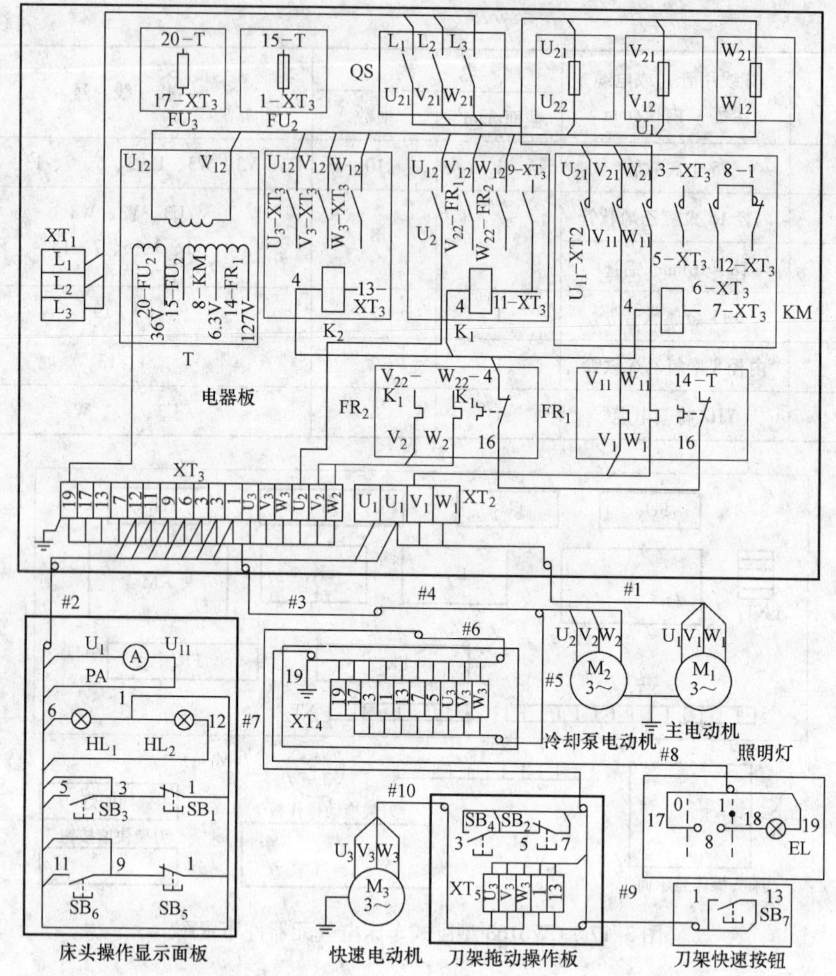

图 3-18　CW6163 型卧式车床电气安装接线图

(4) 安装电气元器件　根据安装尺寸线进行钻孔，并固定电气元器件。

(5) 电气元器件的编号　根据车床的电气原理图给安装完毕的各电气元器件和连接导线进行编号，给出编号标志。

(6) 接线　根据接线的要求，先接控制柜内的主电路、控制电路，再接柜外的其他电路和设备，包括床头操作显示面板、刀架拖动操作板、电动机和刀架快速按钮等。特殊的、需外接的导线接到接线端子排上，引入车床的导线需用金属导管保护。

3.6.7 电气控制柜的安装检查

1. 常规检查

根据 CW6163 型卧式车床的电气原理图及电气安装接线图，对安装完毕的电气控制柜逐线检查，核对线号，防止错接、漏接；检查各接线端子的情况是否有虚接情况，以及时改正。

2. 用万用表检查

在不通电的情况下，用欧姆档进行电路的通断检查。具体如下：

（1）检查控制电路　断开电动机 M_1 的主电路接在 QS 上的三根电源线 U21、V21、W21，再断开 FU_1 之后与电动机 M_1、M_2 的主电路有关的三根电源线 U12、V12、W12，用万用表的 R×100 档，将两个表笔分别接到熔断器 FU_1 两端，此时电阻应为零，否则有断路现象；各个相间，电阻应为无穷大；断开 1、14 两条连接线，分别按下 SB_3、SB_4、SB_6、SB_7，若测得一电阻值（依次为 KM、K_1、K_2 的线圈电阻），则图 3-18 接线正确；按下接触器 KM、K_1 的触点架，此时测得的电阻仍为 KM、K_1 的线圈电阻，则 KM、K_1 自锁起作用，否则，KM、K_1 的动合触点可能虚接或漏接。

（2）检查主电路　接上主电路的三根电源线，断开控制电路（取出 FU_1 的熔芯），取下接触器的灭弧罩，合上开关 QS，将万用表的两个表笔分别接到 L1-L2、L2-L3、L3-L1，此时测得的电阻应为无穷大；若某次测得为零，则说明对应两相接线短路；按下接触器 KM 的触点架，使其动合触点闭合，重复上述测量，则测得的电阻应为电动机 M_1 两相绕组的阻值，三次测的结果应一致，否则应进一步检查。

将万用表的两个表笔分别接到 U12-V12、V12-W12、W12-U12 之间，此时测得的电阻应为无穷大，否则有短路；分别按下中间继电器 K_1、K_2 的触点架，使其动合触点闭合，重复上述测量，则测得的电阻应分别为电动机 M_2、M_3 两相绕组的阻值，三次测的结果应一致，否则应进一步检查。

经上述检查如发现问题，应结合测量结果，分析电气原理图，排除故障之后再进行以下的步骤。

3.6.8　电气控制柜的调试

经以上检查准确无误后，可进行通车试车。

（1）空操作试车　断开图 3-18 中 M_1 主电路接在 QS 上的三根电源线 U21、V21、W21 和 M_2、M_3 主电路接在 FU_1 之后的三根电源线 U12、V12、W12，合上电源开关 QS，使得控制电路得电。按下起动按钮 SB_3 或 SB_4，KM 应吸合并自锁，指示灯 HL_1 应亮；按下 SB_2 或 SB_1，KM 应断电释放，指示灯 HL_2 应亮。合上开关 S，局部照明灯 EL 应亮，断开 S，照明灯 EL 则灭。K_1、K_2 的检查类同。

（2）空载试车　第一步通过之后，断电接上 U12、V12、W12，然后送电，合上 QS。按下 SB_3 或 SB_4，观察主轴电动机 M_1 的转向、转速是否正确；再接上 U21、V21、W21，按下 SB_6 和 SB_7，观察冷却泵电动机 M_2 和快速移动电动机 M_3 的转向、转速是否正确。空载试车时，应先拆下连接主轴电动机和主轴变速箱的皮带，以免转向不正确损坏传动机构。

（3）带负荷试车　在机床电气电路和所有机械部件安装调试后，按照 CW6163 型卧式车床的各项性能指标及工艺要求，进行逐项试车。

3.6.9 编制 CW6163 型卧式车床的设计说明书和使用说明书，完善相关图样和资料（从略）

任务 7 回答应知应会问题，进行自我专业技术知识和岗位技能测试

3.7.1 应知专业技术知识

1）机床电气控制设计中应遵循的总体原则是什么？

2）机床电气控制设计的内容包括哪些方面？一般原则包括哪些方面？

3）如何根据设计要求选择拖动方案与控制方式？

4）如何根据设计要求选择机床传动电动机？

5）机床电气控制电路的设计方法通常有那两种？各有什么特点？最常有的设计方法是哪一种？

6）经验设计法的基本步骤有哪些？

7）逻辑设计法的基本步骤有哪些？

8）继电器常用的有哪几种？如何选用？

9）接触器常用的有哪几种？如何选用？

10）熔断器常用的有哪几种？如何选用？

11）控制电器常用的有哪几种？如何选用？

12）低压开关常用的有哪几种？如何选用？

13）控制变压器常用的有哪几种？如何选用？

14）机床电气控制系统工艺设计包含哪些内容？

15）什么是机床电气设备总体配置设计？包含哪些方面的内容？如何进行设计？

16）如何进行机床电气元器件布置图的设计及电器部件接线图的绘制？

17）机床电气控制系统设计及使用说明书应包含哪些主要内容？

18）C6163 卧式车床电气控制电路图的设计包含哪些内容？

3.7.2 应会专业岗位技能

1）会根据任务书的要求设计一般常用中小型机床的电气原理图。

2）会根据任务书的要求选择机床传动电动机。

3）会根据电气原理图选择机床用各种低压电气元器件。

4）会将所选用的各种低压电气元器件安装组成机床用低压控制设备（柜、屏、箱、台）。

5）会根据电气原理图，进行机床电气控制柜的安装配线。

6）会根据电气原理图，进行机床电气控制系统的安装检查及外部配线。

7）会根据电气原理图，进行机床电气控制系统的调整试车。

8）会编写机床用设计及使用说明书等技术文件。

9）试用经验设计法设计一个小型吊车的控制电路。小型吊车有3台电动机，横梁电机 M_1 带动横梁在车间前后移动，小车电动机 M_2 带动提升机构在横梁上左右移动，提升电动机 M_3 升降重物。3台电动机都采用直接起动，自由停车，要求如下：

① 3台电动机都能正常起、保、停。

② 在升降过程中，横梁与小车不能动。

③ 横梁具有前、后极限保护，提升有上、下极限保护。

10）试用经验设计法设计一个加工零件的孔和倒角的机床，其加工过程为："快进→工进→停留光刀→。该机床有三台电动机，M_1：主电动机，4kW；M_2：工进电动机，1.5kW；M_3：快进电动机，0.8kW。要求如下：

① 工作台工进到终点或返回到原位后，有行程开关使其自动停止，设限位保护，为保证工进准确定位，需采取制动措施。

② 快进电动机可进行点动调整，但在工作进给时点动无效。

③ 设急停按钮。

11）试参照C6163型卧式车床电气控制系统设计的方法、内容、步骤和过程，进行一台实用机床的电气控制系统的完整设计。

本项目小结

本项目从使用的角度出发，以工作过程为导向，将项目目标分解为7项任务。以工作任务来驱动，使学生熟知熟识机床电气控制系统设计的基本内容和一般原则；拟定任务书，掌握机床电力拖动方案确定原则和电动机的选择；了解机床电气控制电路图的设计方法；选择电气元器件；以实地设计CW6163型卧式车床电气控制电路图为示范案例掌握设计典型机床电气控制电路图的方法和技能；回答应知应会问题，进行自我专业技术知识和技能测试。工学结合、学用一致、理论密切联系实践、"教+学+做"一体化，使学生既掌握高技能应用型人才必备的理论知识，又训练培训了高职院学生重实践的岗位技能、创新意识和综合素质，最终实现能熟练设计一般机床实用电气控制电路图的项目目标。

项目4 如何设计机床设备的PLC控制系统

一、项目目标

按照机电一体化专业高素质、高技能应用型人才培养目标和高职高专学生就业职业岗位技能的要求，本项目要求学生在学会阅读分析常用机床电气与PLC控制电路图，即能看懂常用机床电气与PLC控制电路图，把前人所进行机床PLC控制改造或创新设计的智慧精华和经验总结继承下来的基础上，继续提高，能够设计常用机床设备PLC控制的电路图，包括对传统机床电气控制的PLC改造设计、新机床的PLC控制创新设计以及PLC在机床设备现代高新技术中的应用设计。

二、任务驱动

根据项目目标，将其工作过程分解为5个工作任务。通过项目引导、任务驱动，使学生工学结合、理论和实践密切结合、学用一致，既要掌握高素质、高技能应用型人才必备的专业技术理论知识，更着重训练学生工程实践的动手能力，培养学生创新意识和综合素质，最终完成能够设计常用机床的PLC控制电路图的项目目标。

任务1　熟知机床PLC控制系统设计的基本原则和基本内容

任务2　实地进行传统机床PLC控制系统的改造设计案例示范

任务3　实地进行新型机床设备的PLC控制系统创新开发设计案例示范

任务4　实地进行PLC在机床设备现代高新技术变频器中的应用设计案例示范

任务5　回答应知应会问题，进行自我专业技术知识和岗位技能测试

三、任务驱动流程图（见图4-0）

四、项目情景条件

1）实用机床或者机床教学模型。

2）实用机床PLC控制设计参考电路图。

3）机床设计所使用PLC主机。

4）所使用PLC的编程工具或带有PLC编程软件的计算机。

5）机床PLC控制常用的各种基本电路环节图集。

6）机床PLC控制系统设计用CAD软件及设计参考资料。

7）机床PLC安装/接线/调试/维修常用电工工具及万用表等。

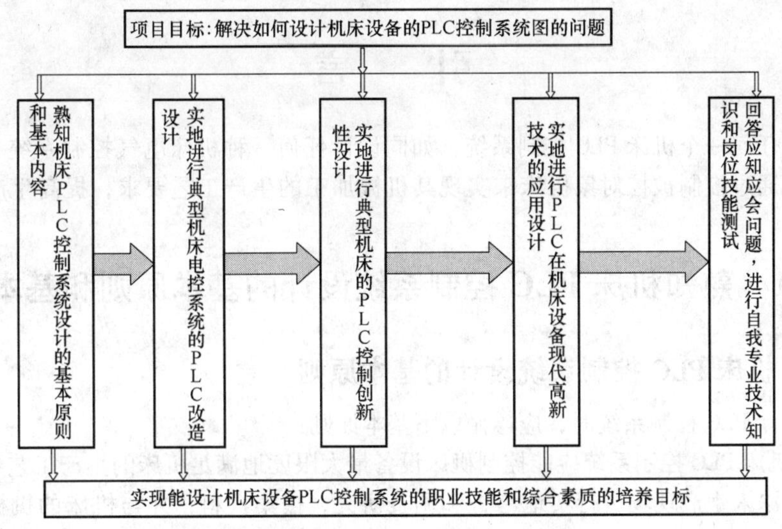

图 4-0　任务驱动流程图

8）机床 PLC 控制设计技术要求或设计任务书。

五、教学环境设置和教学方法选择

任务 1　采用多媒体图示和黑板讲解相结合的方法教学

任务 2　采用课堂讲解示范和学生实地设计实践相结合的方法教学

任务 3　采用课堂讲解示范和学生实地设计实践相结合的方法教学

任务 4　采用课堂讲解示范和学生实地设计实践相结合的方法教学

任务 5　通过回答应知应会问题，进行自我专业技术知识和岗位技能测试，考核本项目目标真实的完成情况

引　言

设计任何一个机床 PLC 控制系统，如同设计任何一种机床电气控制系统一样，其目的都是通过控制被控对象机床来实现其机械加工的生产工艺要求，提高生产效率和产品质量。

任务 1　熟知机床 PLC 控制系统设计的基本原则和基本内容

4.1.1　机床 PLC 控制系统设计的基本原则

在设计 PLC 控制系统时，应遵循以下基本原则：

1）机床 PLC 控制系统应能控制机床设备最大限度地满足机床的生产工艺要求。设计前，应深入生产现场进行实地考查和调查研究，搜集资料，并与机床的机械设计人员和实际操作人员密切配合，共同拟定机床控制方案，协同解决设计中出现的各种问题。

2）在满足生产工艺要求的前提下，力求使 PLC 控制系统越简单、越经济、操作使用及维护维修越方便越好。

3）要充分保证 PLC 控制系统的安全和可靠性。

4）考虑到今后加工生产的可持续发展和机床工艺的不断改进，在配置 PLC 硬件设备时应适当留有一定的扩展裕量。

4.1.2　机床 PLC 控制系统设计的基本内容

机床 PLC 控制系统是由 PLC 与机床输入、输出设备连接而成的。因此，机床 PLC 控制系统设计的基本内容应包括以下主要内容：

1）选择机床输入设备（按钮、操作开关、限位开关、传感器等）、输出设备（继电器、接触器、信号灯等执行元件）以及由输出设备驱动的控制对象（电动机、电磁阀等）。这些设备属于一般的电气元器件，其选择的方法已在项目 3 中作了详细介绍。

2）PLC 的选择。PLC 是 PLC 控制系统的核心部件，正确选择 PLC 对于保证整个控制系统的技术经济性能指标将起着重要的决定性作用。选择 PLC，主要包括机型、容量的选择以及 I/O 模块、电源模块等的选择。

3）分配 I/O 点，绘制 PLC 的实际接线图。

4）控制程序设计，包括控制系统流程图、状态转移图、梯形图、语句表（即指令字程序清单）等的设计。控制程序是控制整个机床系统工作的软件，是保证机床系统工作正常、安全、可靠的关键。因此，设计的机床控制程序必须经过反复调试、修改，直到满足机床生产工艺要求为止。

5）必要时还要设计机床控制台（柜）等。

6）编制机床 PLC 控制系统的技术文件。包括设计说明书、电气图及电气元器件明细表。传统的电气图，一般包括电气原理图、电器布置图及电气安装图。在 PLC 控制系统中，这一部分图统称为“硬件图”。它在传统电气图的基础上增加了 PLC 部分，因此在电气图中应增加 PLC I/O 接口的实际接线图。

另外，在机床 PLC 控制系统中的电气图中还应包括控制程序图（梯形图），通常称它为“软件图”。向机床用户提供“软件图”，可便于机床用户在生产发展或工艺改进时修改程序，并有利于机床用户在维护或维修时分析和排除故障。

4.1.3 机床 PLC 控制系统设计的一般步骤

设计机床 PLC 控制系统的一般步骤如图 4-1 所示。主要包括：

1）深入了解和分析被控对象的工艺条件和控制要求。

① 被控对象就是受控的机床等机械设备、电器设备、生产线或生产过程。

② 控制要求主要指控制的基本方式、应完成的动作、自动工作循环的组成、必要的保护和联锁等。对较复杂的控制系统，可用功能图表或状态流程图的形式全面表达出来，必要时还可将控制任务分成几个独立部分，这样可化繁为简，有利于编程和调试。

③ 根据生产的工艺过程分析控制要求，具体了解需要完成的动作（动作顺序、动作条件、必须的保护和联锁等）、操作方式（手动、自动；连续、单周期、单步等）。

2）确定 PLC 控制系统的输入、输出设备，并选择 PLC 类型。

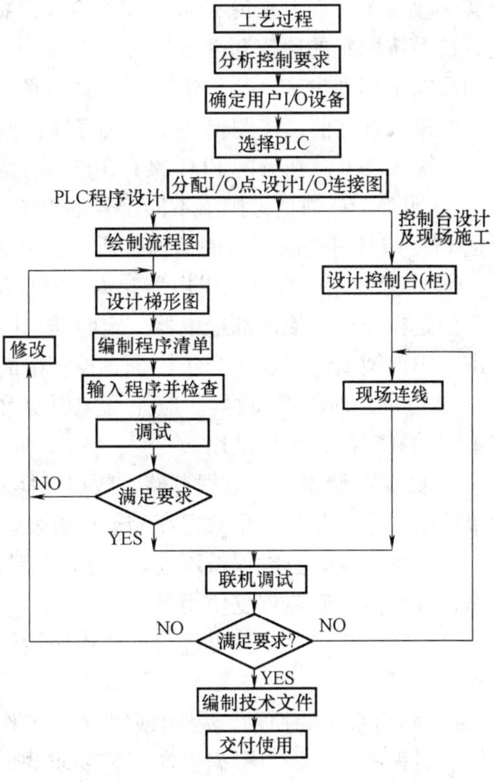

图 4-1 机床 PLC 控制系统设计步骤

根据被控对象对 PLC 控制系统的功能要求，确定系统所需的输入、输出设备。常用的输入设备有按钮、选择开关、行程开关、传感器等，常用的输出设备有继电器、接触器、指示灯、电磁阀等。

根据已确定的 I/O 设备，统计出所需要的输入信号和输出信号的点数，选择合适的 PIC 类型，包括机型、存储容量、I/O 模块、电源模块的选择等。对于开关量控制的应用系统，如对小型泵的顺序控制、单台机械的自动控制等，当对控制速度要求不高时，可选用超小型或微型 PLC，如日本三菱公司 F_1、FX_{ON} 系列 PLC 就能满足要求。对于以开关量控制为主，带有部分模拟量控制的控制系统，如工业生产中常遇到的温度、压力、流量、液位等连续量的控制，应选用带有 A/D 转换的模拟量输入模块和带有 D/A 转换的模拟量输出模块，配接相应的传感器及变送器（对温度控制系统可选用温度传感器直接输入的温度模块）和驱动装置，并选择运算功能较强的小型 PLC，如日本三菱公司 FX_{2N} 系列 PLC。

对于控制比较复杂的中、大型控制系统，如闭环控制、PID 调节、通信联网等，可选择中、大型 PLC，如三菱公司 Ans/QnAs 系列 PLC。当系统的各个控制对象分布在不同的位置时，应根据各部分的具体要求来选择 PLC，以组成分布式控制系统。

3）分配 I/O 点。根据被控对象的 I/O 信号及所选定的 PLC 型号，分配 PLC 的硬件资源，为梯形图的各种继电器或接点进行编号，列出 I/O 点分配表或画出 PLC-I/O 端子实际接线图。一般来说，输入点与输入设备一一对应，输出点与输出设备也一一对应，按系统配置的通道和继电器号，对每一个输入设备和输出设备进行编号，并以表格的形式全部列出来。个别情况下，也有两个设备共用一个输入点，那就应该在接入 PLC 的输入点之前，按逻辑关系先接好线，如将两个按钮先串联（或并联）后再接到 PLC 的输入点上。在分配 PLC 的 I/O 点时，应注意以下几点：

① 明确 I/O 通道范围。不同型号的 PLC，其 I/O 通道的范围是不一样的，应根据所选 PLC 型号，查阅相应的编程手册，不可“张冠李戴”。

② 合理使用内部辅助继电器。内部辅助继电器不对外输出，不能直接连接外部器件，而是在控制其他内部继电器、定时器/计数器时作数据存储或数据处理用。从功能上讲，内部辅助继电器相当于传统电控柜中的中间继电器，只供编程使用。

③ 分配定时器/计数器。应注意定时器和计数器的编号和设定常数。不同的 PLC 有不同的规定值，不得乱用。

④ 数据存储器。在数据存储、数据转换及数据运算等场合，经常需要处理以通道为单位的数据，此时应用数据存储器很方便。数据存储器中的内容，即使在 PLC 断电、运行开始或停止时也能保持不变。数据存储器也应根据程序设计的需要和在程序中的用途合理安排，避免重复使用。

分配完 I/O 点后，就可进行 PIC 程序设计，同时还可进行控制柜或操作台的设计和现场施工。

4）画出系统的控制流程图或时序（工作）波形图。对较复杂的控制系统，在设计梯形图程序之前，应根据生产工艺要求先画出控制流程图或波形图，以清晰地表明每步动作的顺序和转换条件，方便 PLC 程序设计；对于较简单的控制系统，则可省去这一步。

5）设计应用系统的梯形图程序。根据系统的控制流程图或波形图设计 PLC 梯形图程序，即编程。这一步是整个应用系统设计的核心工作，也是比较困难的一步。常用的编程方法有经验设计法、逻辑设计法、波形图设计法和流程图设计法等。要设计好梯形图，首先要深入了解控制要求，同时还要有一定的电器设计的实践经验。在编写程序过程中，可以借鉴现成的标准程序，但必须弄懂这些程序段，否则会给后继工作带来困难。编写程序过程中，要注意及时对编出的程序进行注释，以免忘记其相互关系，要随编随注。注释包括程序的功能、逻辑关系说明、设计思想、信号的来源和去向，以方便阅读和调试。

6）将程序输入 PLC。当使用简易编程器将程序输入 PLC 时，需要先将梯形图转换成指令助记符，以便输入。当使用 PLC 的辅助编程软件在计算机上编程时，可通过 RS-232C 电缆将程序下载到 PLC 中。

7）系统调试。系统调试分为两个阶段，第一阶段为模拟调试，第二阶段为现场运行调试。在程序输入 PLC 后，应首先进行模拟调试。因为在程序设计过程中，难免会有疏漏的地方，因此在将 PLC 连接到现场设备之前，必须进行模拟调试，以排除程序中的错误，同时也为现场运行调试打好基础，缩短现场调试的周期。在模拟调试时，外接适当数量的输入开关作为模拟输入信号，通过输出模块上的发光二极管来观察 PLC 的输出是否满足要求，发现问题立即修改和调整程序，直到满足控制要求。

在 PLC 软、硬件设计和控制柜及现场施工完成后，就可进行整个系统的现场运行调试。如果控制系统由几个部分组成，则先作局部调试，然后进行整体调试，如果控制程序的步序较多，则可先进行分段调试，然后再连接起来总调试。调试中发现的问题，要逐一排除，直至调试成功。

现场调试完成后，为防止程序遭到破坏或丢失，可将已调试通过的用户程序写入 EPROM 或 EEPROM，将程序固化；并使 PLC 执行 EPROM 或 EEPROM 中的用户程序。为方便修改和不断完善，当然也可写入由锂电池保护的 RAM 中。

8）编制技术文件。系统技术文件包括设计和使用维护维修说明书、电路原理图、电器布置图、电气元器件明细表、PLC 梯形图等。

9）经试生产后竣工验收，交付使用。

4.1.4 机床 PLC 控制系统常用的设计和编程方法

1. 经验设计法

所谓经验设计法，就是在典型控制环节程序段的基础上，根据被控对象的具体要求，凭经验进行组合、修改，以满足控制要求。例如，要编制一个控制一台电动机正、反转的梯形图程序，可将两个“起-保-停”环节梯形图组合，再加上互锁的控制要求进行修改即可。有时为了得到一个满意的设计结果，需要进行多次反复调试和修改，增加一些辅助触点和中间编程元件。这种设计方法没有普遍的规律可遵循，具有一定的试探性和随意性，最后得到的结果也不是唯一的，而且设计所用的时间、质量与设计者的经验有关。经验设计法对于简单控制系统的设计是非常有效的，并且它是设计复杂控制系统的基础，要很好地掌握。但这种方法主要依靠设计者的经验，所以要求设计者在日常的工作中注意收集与积累工业控制系统和生产上常用的各种典型环节程序段，从而不断丰富自己的经验。

2. 逻辑设计法

工业控制有不少都是通过继电器、接触器、开关等电气元器件来实现的，而继电器、接触器、开关的触点都只有两种状态，即吸合或断开，因此，可用“1”和“0”两种取值的逻辑代数设计电器控制电路。PLC 的早期应用就是替代继电器控制系统，因此逻辑设计方法同样也适用于 PLC 应用程序的设计。基本逻辑函数和运算式与梯形图、指令助记符有着严密的对应关系。当一个逻辑函数用逻辑变量的基本运算式表达出来后，实现这个逻辑函数的梯形图也就确定了。

逻辑设计法是以逻辑代数为理论基础，根据生产过程中各工步之间各个检测元件（输入元件）状态的不同变化，列出检测元件表和中间各记忆元件，再根据各输出的动作情况列出各输出元件的动作表或工作顺序表，然后根据以上输入元件、输出元件状态的表格，列出检测元件（输入元件）、中间各记忆元件和输出元件的逻辑表达式，最后转换成梯形图。

逻辑设计法的优点是逻辑严密，当这种方法使用熟练后，甚至可直接由逻辑函数表达式写出对应的指令助记符程序。但当系统较为复杂，难以用列表法表示各元件状态变化关系时，这种方法就显示不出其优越性了，且设计周期也较长。

3. 波形图设计法

波形图设计法是根据控制要求先画出对应信号的工作波形图，然后找出各信号状态转换的时刻和条件，再对应时间用逻辑关系去组合，从而设计出梯形图程序。波形图设计法对于按时间先后顺序动作的时序控制系统的设计尤为方便。如城市交通指挥灯时序控制系统。

4. 流程图设计法

流程图是用框图表示系统的工作过程，以及输入条件与输出之间关系的一种图形。流程图设计法特别适合那些按动作先后顺序进行工作的顺序控制系统，这种设计方法规律性很强，虽然编出的程序偏长，但程序结构清晰，可读性好。

5. 调用子程序编程方法

PLC 的工作原理是自上而下、从左到右地循环扫描程序，周而复始。对于复杂的控制系统，程序的执行时间可能会超出主机的扫描周期，影响主机的正常工作。

对应于某一设备设计的某段子程序，以隐含的方式存放于存储器（RAM）中。当某个输入点的状态变化时，扫描程序调用相应的数据字，并由此去调用相应的子程序。这种调用子程序的方法，节约了主机的扫描时间，提高了主机的运行速度和处理数据的能力，在编制复杂的控制系统程序时，常被采用。

6. 矩阵式编程方法

有些生产过程需要任意组合，采用矩阵式编程方法设计 PLC 控制程序，能非常方便地实现流程的组合和控制。这特别适用于联锁顺序需要变化的场合。

在数学中，矩阵是由若干个数按特定的行和列规定所排成的方阵。对 PLC，矩阵是指多个寄存器的组合：以寄存器为行，以寄存器的位为列，组成 PLC 矩阵。

因为寄存器是 16 位，所以矩阵的列也是 16。有的 PLC，最多可允许 256 个寄存器同时做矩阵运算。

矩阵的每一个位都有一定的意义。首先，它代表某个设备，所有设备都按照流程的起动、停止顺序，由矩阵的低位向高位排列，每个设备只占用一个固定不变的位置。另外，设备的各种信息组成了各个矩阵，每个矩阵代表了所有设备的同一种信息，而一个设备的所有信息在各个矩阵中占据同一个位置。这个位置取决于设备排列顺序。例如某台定尺送料辊，按其设备顺序排列在第 20 位，在矩阵中就处于第 2 行第 4 列的点。因此，有关定尺送料辊的所有信息，在各个短阵中都占据同一行和同一列的点。

在实际编程中，建立了多种矩阵，分别代表了流程的组成方式、设备状态及控制指令。要了解点地址与寄存器之间的关系，才能正确地建立各种矩阵。

短阵式编程方法对 PLC 的要求是：矩阵运算指令丰富，运算长度长，并有足够的寄存器。例如 GE S6 PLC 有 16K 寄存器，运算长度可达 256 个字，就特别适于采用矩阵式编程方法。

7. 步进式编程方法

利用 PLC 内部的逻辑功能指令，可使逻辑设计更加简单与合理。例如：应用移位寄存器指令 SFT 作步进工作的节拍发生器。步进编程方法为：

1）根据工艺流程，以一个完整的动作作为一步。

2）选择步指令。步指令用于将完成一工步的那部分程序子程序化。步指令借助步逻辑条件（即移位寄存器相应位的状态），使程序按步执行，正确实现工艺流程。

3）用移位寄存器指令 SFT 作步进节拍发生器。要正确使用逻辑条件，保证正确的时序效果。

4）输出逻辑设计。输出逻辑设计分为两步以上复用输出（即两步以上对同一输出点进行操作）和不复用输出两种。

5）分支逻辑设计。它反映不同的加工零件需要采用不同的工艺，要求正确选用不同的逻辑条件。

步进程序的特点是，程序按步执行，只在一步之内存在相关信号的联锁关系。

步进编程方法可将逻辑设计分步进行，简化了逻辑的联锁关系，减少错误。另外需要改变工艺时，只需改动相应的程序段，对整个程序不会产生影响。

8. 功能表图编程方法

功能表图也称为状态转移图，它是描述控制系统的控制过程、功能和特性的一种图形，也是设计 PLC 顺序控制功能的工具。功能表图是在梯形图、控制系统流程图、指令（语句）表和高级语言之上的图形语言。它不涉及实现所描述的控制功能的具体技术。

用顺序控制方式来编制 PLC 的梯形图程序时，将系统的工作过程分解成若干个清晰的连续的阶段，这些阶段称为“步”或“状态”。步与步之间由“转换”分隔。相邻的步具有不同的“动作”。当相邻两步之间的转换条件得到满足时，就实现了转换，表示上一步活动结束而开始进行下一步活动，不会产生步的活动的重叠。一个步可以是动作的开始、持续或结束。一个工作过程分步越多，描述工艺流程就越精确。

任务 2　用 PLC 技术改造传统机床电气控制系统的设计案例

学习 PLC 技术的一个突出重要应用就是能够用 PLC 技术对大量存在的原有传统落后的机床电气控制进行技术改造，变为由先进的 PLC 进行控制，使其升级换代，发挥更大效用。本任务将由浅入深，介绍两个典型的传统机床电气控制改造为 PLC 控制的设计案例，以期达到举一反三，抛砖引玉之功效。

4.2.1 设计案例 1 试将机床工作台自动循环电气控制电路改造为 PLC 控制

1. 机床工作台自动循环电气控制电路

机床工作台前进/后退自动循环电气控制电路如图 4-2 所示，现要将它改造为 PLC 控制。

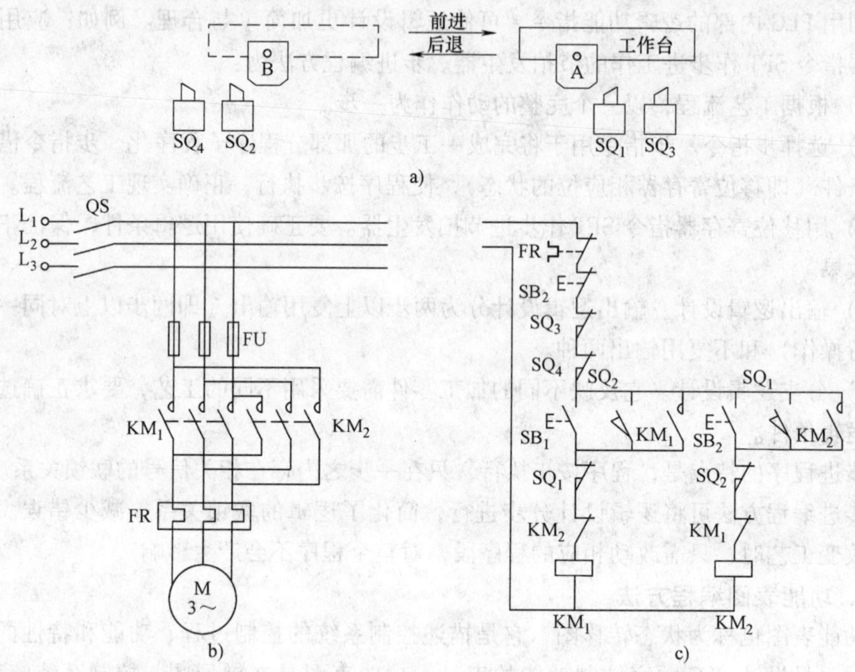

图 4-2 机床工作台前进/后退自动循环电气控制电路图

a）工作示意图 b）主电路 c）继电器接触器控制电路

2. 认真分析机床工作台自动循环电气控制电路图，根据其输入/输出设备数量，选用 PLC

认真分析机床工作台自动循环电气控制电路，根据控制要求确认：

1）需要和 PLC 输入端子相连接的输入设备有 8 个：

① 正转起动按钮：SB_1。

② 反转起动按钮：SB_2。

③ 停止按钮：SB_3。

④ 过热继电器接点：FR。

⑤ 正向限位开关：SQ_1。

⑥ 反向限位开关：SQ_2。

⑦ 正向极限限位开关：SQ_3。

⑧ 反向极限限位开关：SQ_4。

2）需要和 PLC 输出端子相连接的输出设备有两个：

① 正向运行接触器：KM_1。

② 正向运行接触器：KM_2。

因此，只要选用具有 8 个输入端口/两个输出端口的 PLC 即能满足控制要求。本案例可选用 8 个输入端口/8 个输出端口的 FX_{2N}-MR16 型 PLC，其多余的 6 个输出端口可作为他用（如增加电源显示、工作/停机状态显示、前进/后退方向显示等或留作功能扩展时备用）。

3. 根据控制要求，对 PLC 进行 I/O 口地址分配，画出 PLC 控制的实际接线图

根据控制要求，对 PLC 进行的 I/O 口地址分配，见表 4-1，其 PLC 控制的实际接线图如图 4-3 所示。

表 4-1 机床工作台“自动循环”PLC 控制 I/O 设备及地址分配

输入设备		PLC 输入继电器	输出设备		PLC 输出继电器
代号	功能		代号	功能	
SB_1	正转起动按钮	X0	KM_1	正向运行接触器	Y0
SB_2	反转起动按钮	X1	KM_2	反向运行接触器	Y1
SB_3	停止按钮	X2			
FR	过载继电器	X3			
SQ_1	正向限位开关	X4			
SQ_2	反向限位开关	X5			
SQ_3	正向极限限位开关	X6			
SQ_4	反向极限限位开关	X7			

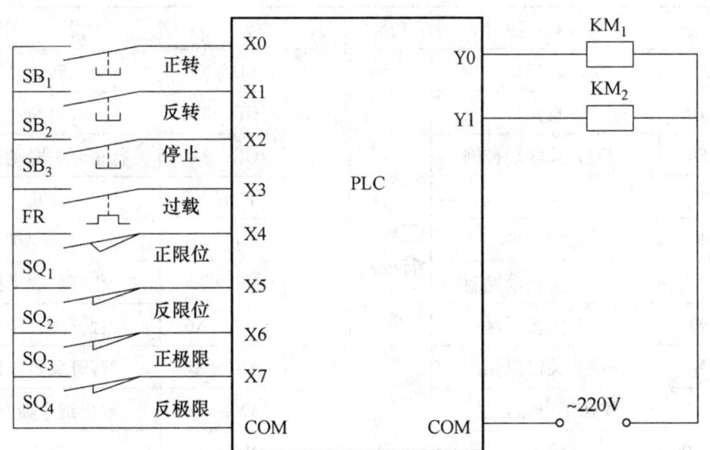

图 4-3 机床工作台“自动循环”PLC 控制实际接线图

4. 根据 PLC 控制的实际接线图，参照电气控制电路图，编写 PLC 控制的梯形图

根据 PLC 控制的实际接线图，参照电气控制电路图，就可以很容易地编写 PLC 控制的梯形图，如图4-4所示。

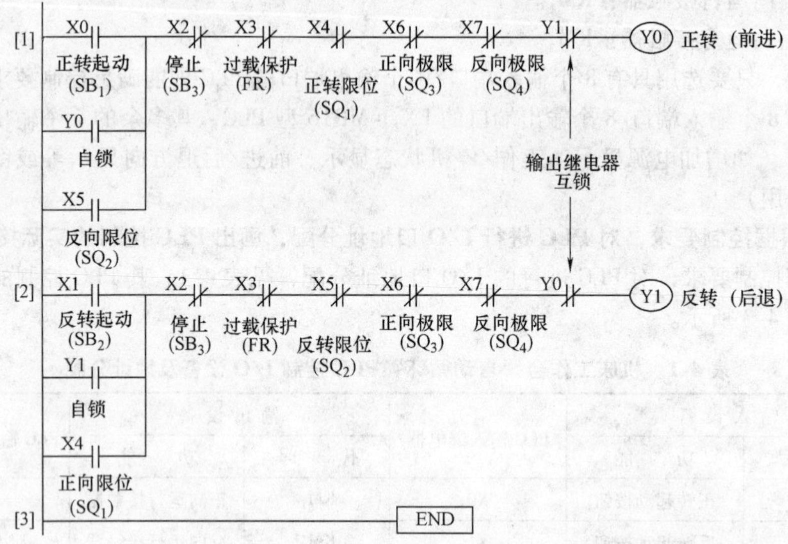

图4-4　机床工作台“自动循环”PLC控制梯形图程序

5. 根据PLC控制的梯形图，利用FX_{2N}系列PLC的指令字指令，编写PLC控制的语句表程序

根据PLC控制的梯形图，利用FX_{2N}系列PLC的指令字指令，就可以编写PLC控制的语句表程序，见表4-2。

表4-2　机床工作台“自动循环”PLC控制语句表程序

段	指　令	说　明	功能	段	指　令	说　明	功能
1	LD　X0	正转起动	正转运行控制	2	LD　X1	反转起动	反转运行控制
	OR　Y0	自锁			OR　Y1	自锁	
	OR　X5	行程开关联动控制			OR　X4	行程开关联动控制	
	ANI　X2	停止			ANI　X2	停止	
	ANI　X3	过载保护			ANI　X3	过载保护	
	ANI　X4	行程开关联动控制			ANI　X5	行程开关联动控制	
	ANI　X6	行程开关极限保护			ANI　X6	行程开关极限保护	
	ANI　X7	行程开关极限保护			ANI　X7	行程开关极限保护	
	ANI　Y1	输出继电器互锁			ANI　Y0	输出继电器互锁	
	OUT　Y0	输出			OUT　Y1	输出	
				3	END		

6. 将PLC控制的梯形图程序或语句表程序送入PLC，调试和运行程序

将PLC控制的梯形图程序或语句表程序送入PLC，调试和运行程序，就完成了对机床工作台前进/后退自动循环电气控制电路的改造设计。

以此案例为示范，机床的正反转、Y-△起动、电阻/自偶调压器减压起动、能耗制动、反接制动、顺序控制、多地点控制等，都可以改造为 PLC 进行控制。

4.2.2 设计案例 2 Z3040 摇臂钻床 PLC 控制系统的改造设计

下面以机床中最常用的 Z3040 摇臂钻床电气控制系统为案例，介绍如何用 PLC 控制系统取代 Z3040 摇臂钻床电气控制系统的设计方法。Z3040 摇臂钻床的电气原理图如图 4-5 所示。

1. 分析控制对象，确定控制要求

仔细阅读、分析 Z3040 摇臂钻床的电气原理图，确定各电动机的控制要求。

1）对主轴电动机 M_1 的要求是：单方向旋转，有过载保护。

2）对摇臂升降电动机 M_2 的要求是：全压正反转控制，点动控制；起动时，先起动液压泵电动机 M_3，再起动摇臂升降电动机 M_2；停机时，摇臂升降电动机 M_2 先停止，然后液压泵电动机 M_3 才能停止；电动机 M_3 对 M_2 设有必要的联锁保护。

3）对液压泵电动机 M_3 的要求是：全压正反转控制，设长期过载保护。

4）冷却泵电动机 M_4 容量小，由开关 SA_1 控制，单方向运转。

2. 分析控制要求，确定 I/O 点数

分析图 4-5 所示 Z3040 摇臂钻床的控制要求，找出要改用 PLC 控制的输入、输出信号，共有 13 个输入信号，9 个输出信号。照明灯可不通过 PLC 而由外电路直接控制，可以节约 PLC 的 I/O 端子数。考虑将来的发展需要，留一定余量，选用 FX_{2N}-32MR PLC。将输入、输出信号进行地址分配，见表 4-3。

表 4-3 PLC 的 I/O 端子分配表

输入信号	输入端子号	输出信号	输出端子
摇臂下降限位行程开关 SQ_5	X0	电磁阀 YA	Y0
电动机 M_1 起动按钮 SB_1	X1	接触器 KM_1	Y1
电动机 M_1 停止按钮 SB_2	X2	接触器 KM_2	Y2
摇臂上升按钮 SB_3	X3	接触器 KM_3	Y3
摇臂下降按钮 SB_4	X4	接触器 KM_4	Y4
主轴箱松开按钮 SB_5	X5	接触器 KM_5	Y5
主轴箱夹紧按钮 SB_6	X6	指示灯 HL_1	Y10
摇臂上升限位行程开关 SQ_1	X7	指示灯 HL_2	Y11
摇臂松开行程开关 SQ_2	X10	指示灯 HL_3	Y12
摇臂自动夹紧行程开关 SQ_3	X11		
主轴箱与立柱箱夹紧松开行程开关 SQ_4	X12		
电动机 M_1 过载保护 FR_1	X13		
电动机 M_3 过载保护 FR_2	X14		

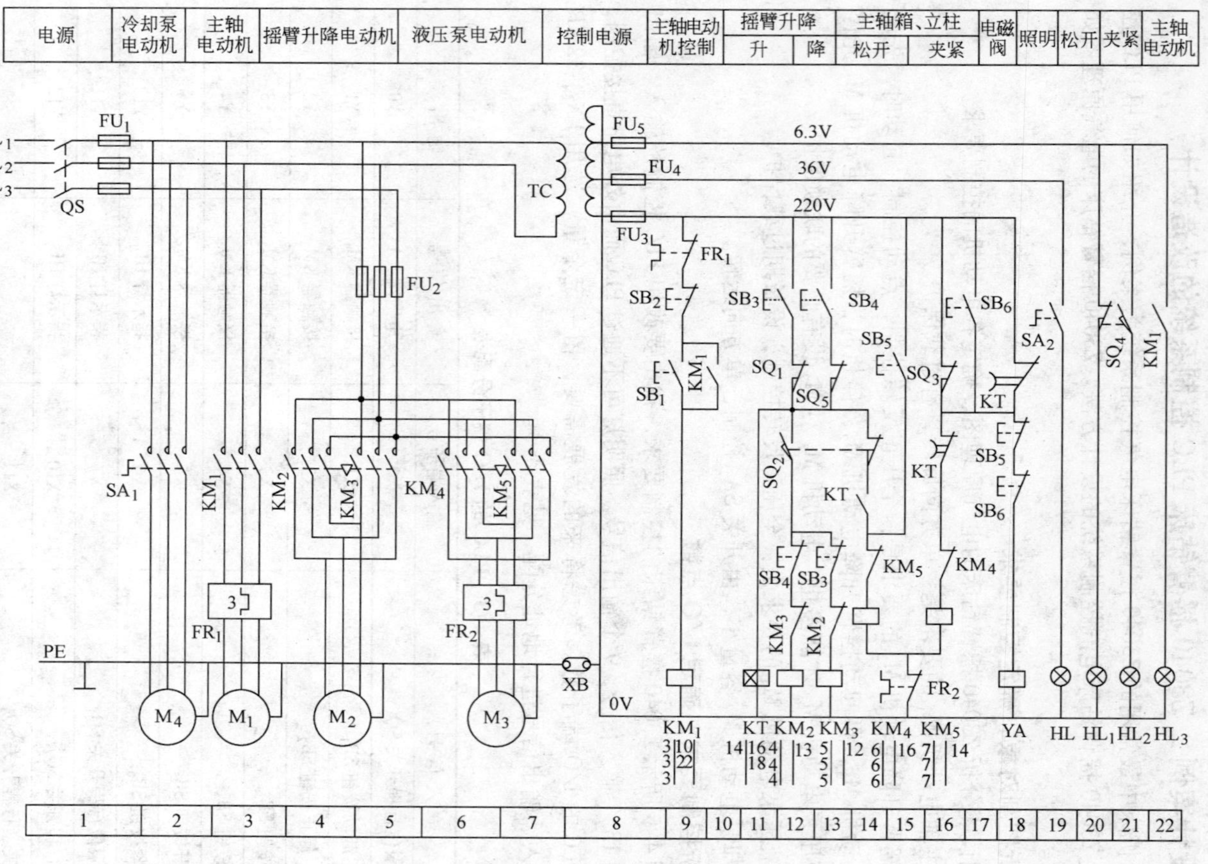

图 4-5　Z3040 摇臂钻床的电气原理图

3. 绘制 PLC 的实际（I/O 端子）接线图

根据表 4-3 PLC 的 I/O 分配结果，绘制 PLC（I/O 端子）的实际接线图，如图4-6所示。在 PLC（I/O 端子）的实际接线图中，热继电器和保护信号仍采用常闭触点（可改用常开触点）作输入，而将主令电器的常闭触点改用常开触点作输入，使编程简单。接触器和电磁阀线圈用交流 220V 电源供电，信号灯用交流 6. 3V 电源供电。

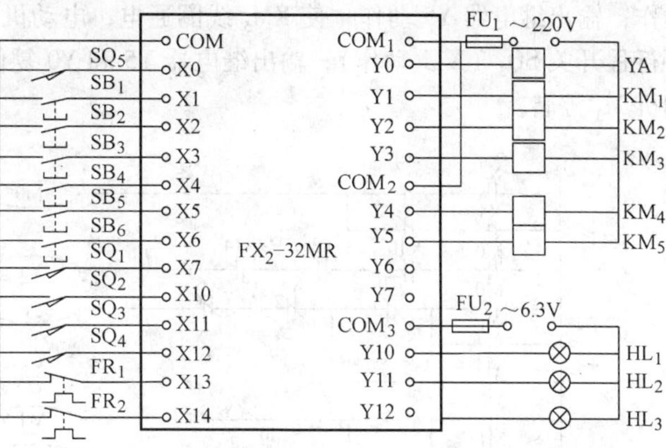

图 4-6 改用 PLC 控制的实际（I/O 端子）接线图

4. 设计 PLC 控制的梯形图

对 Z3040 摇臂钻床梯形图的改造设计，可根据 PLC（I/O 端子）的实际接线图，参照原有的电气控制原理图，用习惯常用的翻译法进行 PLC 控制系统的梯形图改造设计。首先，将整个控制电路分解成若干个控制环节，分别设计出各控制环节的梯形图；然后，根据再控制要求把它们综合在一起；最后，经整理、修改和完善，设计出符合 Z3040 摇臂钻床控制要求的完整的梯形图。

（1）设计控制主轴电动机 M_1 的梯形图　在电气控制原理图中，主轴电动机 M_1 的控制比较简单，梯形图如图 4-7 所示。

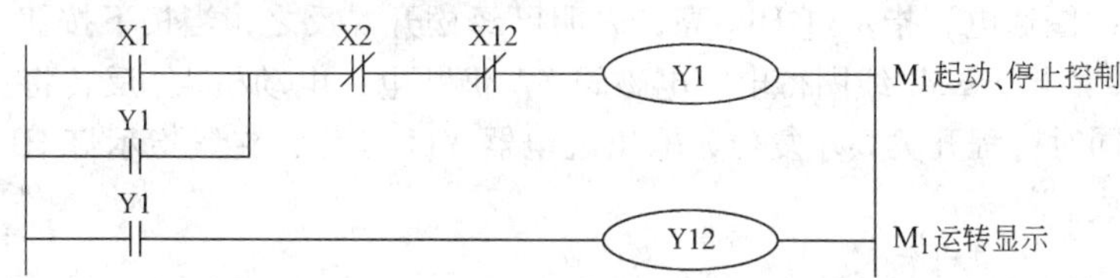

图 4-7 控制主轴电动机 M_1 的 PLC 梯形图

（2）设计控制摇臂升降电动机 M_2 和液压泵电动机 M_3 的梯形图

1）摇臂升降过程。摇臂的升降、夹紧控制与液压系统紧密配合，梯形图如图 4-8 所示。由上升按钮 SB_3 和下降按钮 SB_4 与正、反转接触器 KM_2、KM_3 组成电动机 M_2 的正反转电动机点动控制。摇臂升降为点动控制，且摇臂升降前必须先起动液压泵电动机 M_3，将摇臂松开，然后方能起动摇臂升降电动机 M_2。按摇臂上升按钮 SB_3（X3 = ON），PLC 内部继电器 M_0 线圈通电，电气原理图中的时间继电器 KT 在梯形图中由定时器 T0 代替，时间继电器的瞬时动作触点 KT 由辅助继电器 M_0 代替，使得输出继电器 Y4 和 Y0 动作，则 KM_4 和电磁阀 YA 线圈同时通电，电动机 M_3 正转将摇臂松开。松开到位压下摇臂松开的行程开关 SQ_2（X10 动作），使输出继电器 Y4 断电，Y2 动作，KM_4 断电，同时 KM_2 通电，摇臂维持松开进行上升。上升到位松开按钮 SB_3（X3 =

OFF)，M0 线圈断电，摇臂停止上升，同时定时器 T0 线圈通电延时（1～3）s 后触点动作，输出继电器 Y5 动作，使 KM_5 线圈通电，电动机 M_3 反转，摇臂夹紧。夹紧时压下行程开关 SQ_3（X11 动作），输出继电器 Y5 和 Y0 复位，KM_5 和电磁阀线圈断电，电动机 M_3 停转。

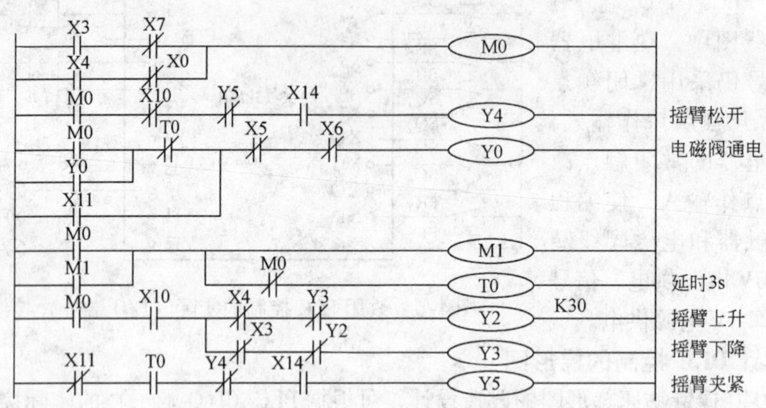

图 4-8　摇臂升、降控制梯形图

2）主轴箱和立柱箱的松开与夹紧控制。主轴箱和立柱箱的松开与夹紧控制是同时进行的，梯形图如图 4-9 所示，在电气控制电路中由按钮 SB_5 和 SB_6 控制。按下按钮 SB_5（X5 触点动作），输出继电器 Y4 动作，使 KM_4 线圈得电，电磁阀线圈 YA 断电，电动机 M_3 正转，将主轴和立柱箱松开；同时，压下行程开关 SQ_4（X12 动作），输出继电器 Y10 线圈通电，指示灯 HL_1 亮，表明已经松开。反之，当按下按钮 SB_6 时，使 Y5 通电、Y0 断电，KM_5 线圈得电，电磁阀 YA 仍断电，电动机 M_3 反转将主轴箱和立柱箱夹紧；同时行程开关 SQ_4 复位，输出继电器 Y11 动作，夹紧指示灯 HL_2 亮，表明夹紧动作完成。

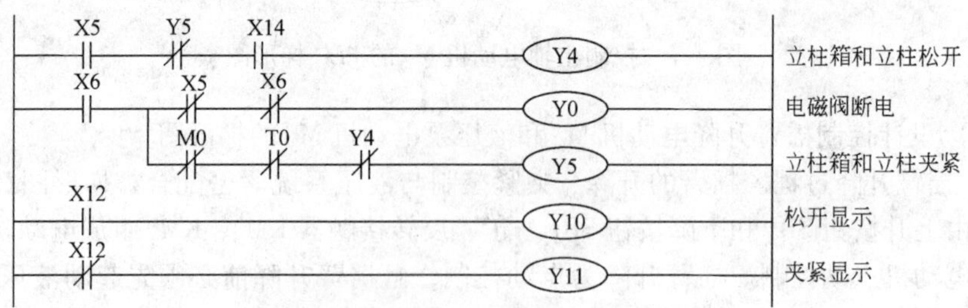

图 4-9　主轴箱和立柱箱的松开与夹紧 PLC 控制梯形图

（3）梯形图的综合整理、修改和完善　在上述梯形图的基础上，将各部分梯形图综合在一起进行整理、修改和完善，把其中的重复项去掉，最后设计出完整的梯形图，如图 4-10 所示。

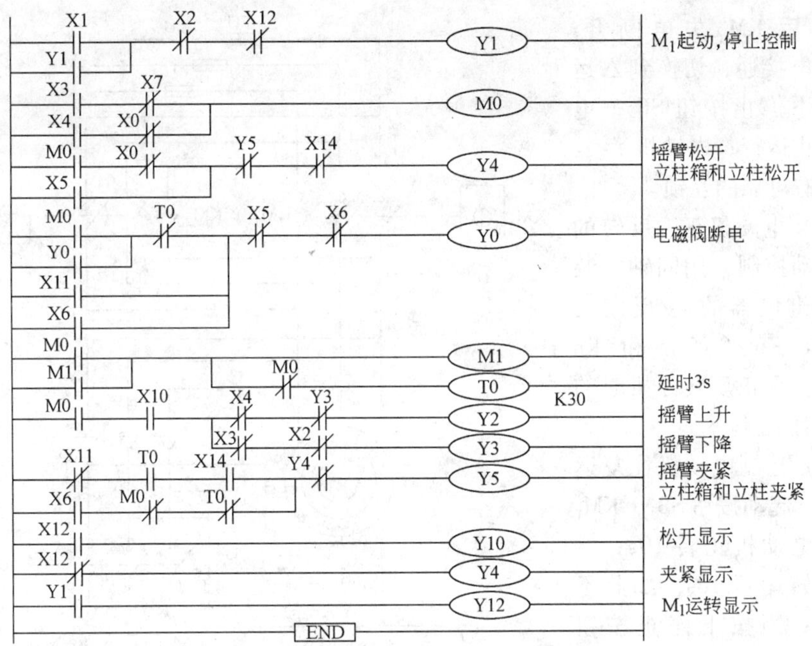

图 4-10　Z3040 摇臂钻床 PLC 控制梯形图

5. 程序输入

针对设计出的梯形图，编写相应的用户程序，用编程器进行程序的输入、调试、修改。最后将无误的程序用编程器写入 PLC 内部的 EPROM 或 EEPROM 芯片内，投入现场使用。用户程序（指令表）请读者自行编制。

4.2.3　设计案例 3 PLC 控制机床电动机正、反转，Y-△起动，按时间往复运行和正反转停机时的反接制动综合设计

1. 设计要求

现有某机床传动三相交流异步电动机 M，其控制模型如图 4-11 所示。图中有 4 台接触器，其中 KM_1 和 KM_2 可用来控制三相交流异步电动机 M 的正、反转；KM_Y 和 $KM_\triangle$ 可用来控制三相交流异步电动机 M 的Y-△减压起动；电动机 M 同轴可安装一只速度继电器（见项目 1 中图 1-35 和中图 1-36），用于三相交流异步电动机 M 停机的反接制动控制；有三只按钮 SB_1、SB_2、SB_3，可用于三相交流异步电动机 M 正、反转起动和停机控制。现设计用 PLC 完成三相交流异步电动机 M 的正、反转，Y-△起动，按时间往复运行和正反转停机时的反接制动综合控制。其控制要求如下：

（1）控制电动机正、反转　按下起动按钮 SB_1，KM_1 得电，电动机正转；按下起动按钮 SB_2，KM_2 得电，电动机反转；按下停止按钮 SB_3，电动机停转；电动机正反转之间要有可靠的互锁。

（2）控制电动机Y-△起动　按下起动按钮 SB_1，KM_1、KM_Y 得电接通，电动机Y起

动；2s 后 KM_Y 失电断开，KM_Δ 得电接通，切换到△运性；按下停止按钮 SB_3，电动机停止运行；电动机Y-△之间要有可靠的互锁。

（3）电动机正、反转的反接制动控制　用同轴安装的速度继电器的正/反向两个接点 Kn（正）和 Kn（反），实现正反转停机时的反接制动控制。

（4）控制电动机往复运行　按下起动按钮 SB_1，KM_1 得电，电动机正转 10s；然后再反转运行 10s；如此不断循环；当按下停止按钮 SB_3 后，电动机停转；电动机正反转之间要有可靠的互锁。

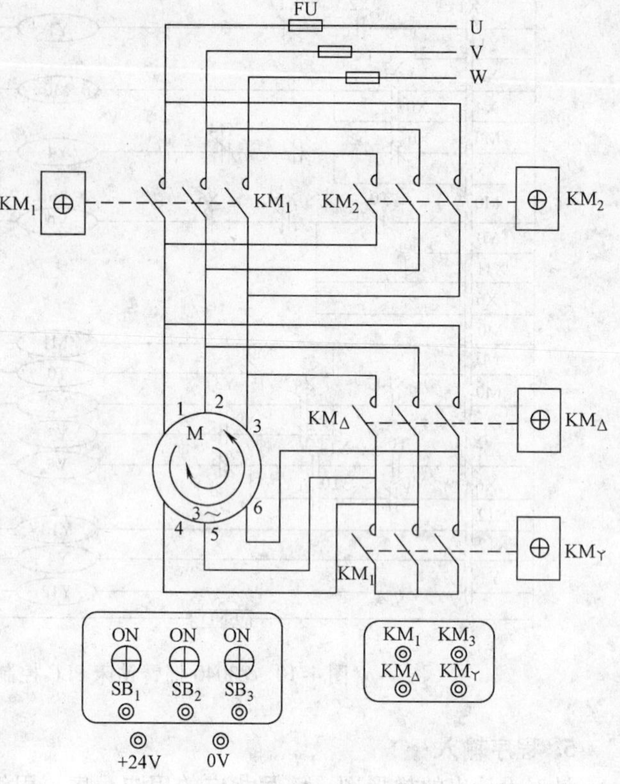

图 4-11　某机床传动电动机 M 的控制模型

注意：三相交流异步电动机 M 的各环节 PLC 控制均已基本掌握，现要求完成的是 4 个环节的综合控制设计。为实现该 4 个环节的综合控制设计的重点，其他环节诸如过载、短路保护等常规设计，这里可暂不作设计考虑。

2. 认真分析机床电动机 M 的综合控制设计要求，根据其输入/输出设备数量，选用 PLC

认真分析机床电动机 M 的综合控制设计要求，根据控制要求确认：

1）需要和 PLC 输入端子相连接的输入设备 5 个：

① 正转起动按钮：SB_1。

② 反转起动按钮：SB_2。

③ 停止按钮：SB_3。

④ 转速继电器正转接点 Kn（正）。

⑤ 转速继电器反转接点 Kn（反）。

2）需要和 PLC 输出端子相连接的输出设备 4 个：

① 正向运行接触器：KM_1。

② 反向运行接触器：KM_2。

③ Y接线接触器 KM_Y。

④ △接线接触器 KM_Δ。

因此，只要选用具有5个输入端口/4个输出端口的PLC即能满足控制要求。本案例可选用8个输入端口/8个输出端口的FX_{2N}-MR16型PLC，其多余的3个输入端口/4个输出端口可作为他用。

3. 根据控制要求，对PLC进行I/O口地址分配

根据控制要求，对PLC进行I/O口地址分配，并根据I/O地址分配表4-4与PLC主机输入/输出端口进行相应连接。

表4-4 PLC的I/O地址分配表

输入		输出		输入（Kn为速度传感器）		输出	
SB_1（正）	X001	KM_1（正）	Y000	Kn（正）	X003	$KM_{\triangle}$	Y003
SB_2（反）	X002	KM_2（反）	Y001	Kn（反）	X004		
SB_3（停）	X000	KM_Y	Y002				

4. 设计PLC控制的梯形图

根据控制要求，可直接设计出PLC控制机床电动机正、反转，Y-△起动，按时间往复运行和正反转停机时的反接制动综合控制梯形图程序如图4-12所示。

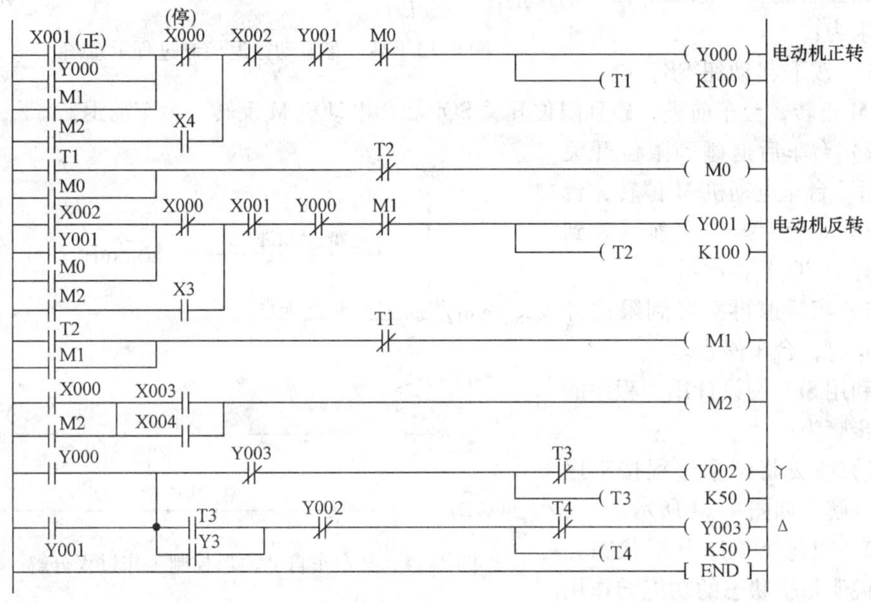

图4-12 PLC控制电动机正、反转，Y-△起动，按时间往复运行和正反转停机时的反接制动综合控制梯形图程序

任务3 新型机床设备的PLC控制系统创新开发设计

学习PLC技术的另一个突出重要应用就是应用PLC技术创新设计以前没有的新型机床设备PLC控制系统，开发研制新的现代化机床设备，赶超世界先进水平，缩短我

国机床设备与世界先进国家之间的技术差距。本任务仅以状态编程法的应用和搬运工件的机械手为例，介绍其创新开发设计的方法；其目的是举一反三，达到引领和示范作用，使读者能够启迪和唤发聪明才智，创新设计出更多更新更好的现代化机床设备。

4.3.1 状态编程法的设计应用

状态转移图是状态编程法的重要工具。状态编程法的一般设计思想是：将一个复杂的控制过程分解为若干个工作状态，弄清各工作状态的工作细节（状态功能、转移条件和转移方向），再依据总的控制顺序要求，将这些工作状态联系起来，就构成了状态转移图，简称为SFC图。图4-13为某台车自动往返控制过程示意图。控制要求为：

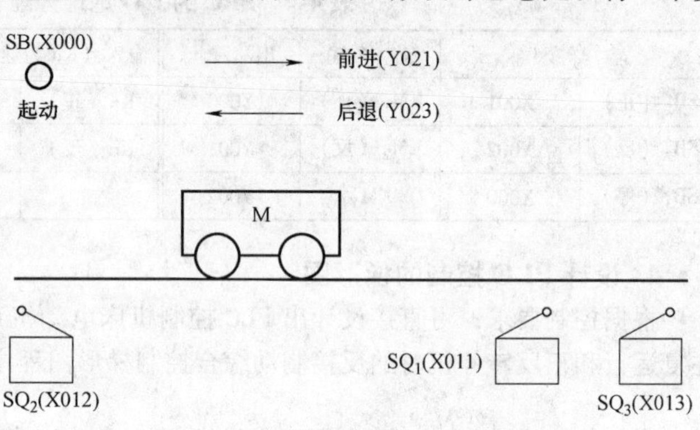

图4-13 某台车自动往返控制过程示意图

1）按下起动钮SB，电动机M正转，台车前进，碰到限位开关SQ_1后，电动机M反转，台车后退。

2）台车后退碰到限位开关SQ_2后，台车电动机M停转，台车停车5s后，第二次前进碰到限位开关SQ_3，再次后退。

3）当后退再次碰到限位开关SQ_2时，台车停止。

利用SFC图设计用户程序的方法步骤为：

1）首先将整个过程按工序要求分解，如图4-14所示。

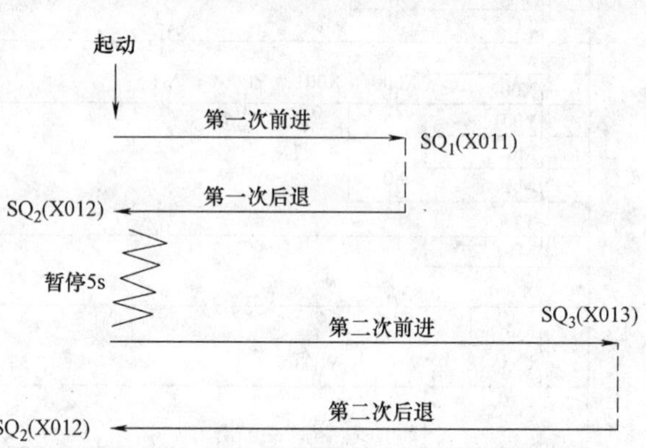

图4-14 某台车自动往返控制工作过程分解

2）对每个工序分配状态元件，说明每个状态的功能与作用以及转移条件，见表4-5。

表4-5 每个工序分配的状态元件、每个状态的功能与作用以及转移条件表

工　序	分配的状态元件	功能与作用	转移条件
0. 初始状态	S0	PLC上电做好工作准备	M8002
1. 第一次前进	S20	驱动输出线圈Y021，M正转	X000（SB）
2. 第一次后退	S21	驱动输出线圈Y023，M反转	X011（SQ_1）

（续）

工　　序	分配的状态元件	功能与作用	转 移 条 件
3. 暂停 5s	S22	驱动定时器 T0 延时 5s	X012（SQ_2）
4. 第二次前进	S23	驱动输出线圈 Y021，M 正转	T0
5. 第二次后退	S24	驱动输出线圈 Y023，M 反转	X013（SQ_3）

3）根据表 4-5 可绘出状态转移（SFC）图如图 4-15 所示。图中初始状态 S0 要用双框表示，驱动 S0 的电路要在对应的状态梯形图中的开始处绘出。SFC 图和状态梯形图结束时要使用 RET 和 END。由图 4-15 可以看出，状态转移图具有以下特点：

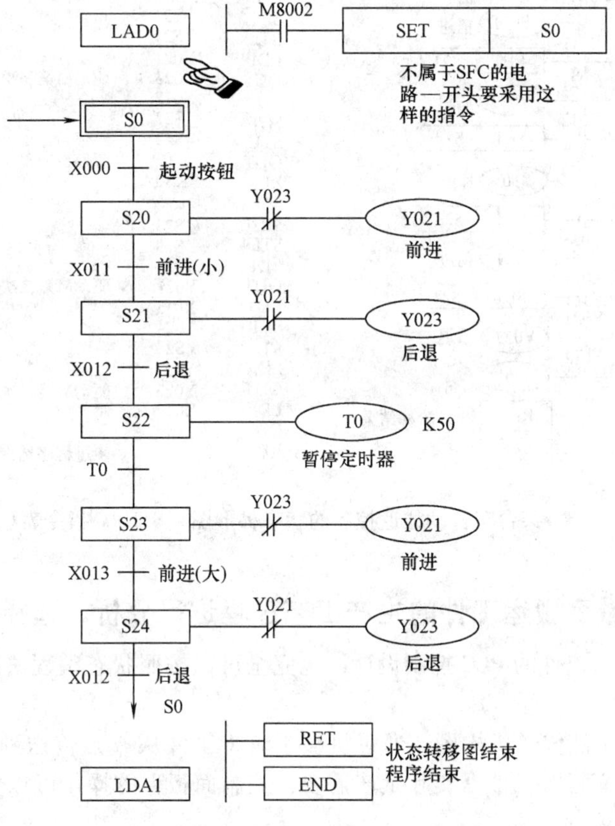

图 4-15　根据表 4-5 绘出的状态转移图

① SFC 将复杂的任务或过程分解成了若干个工序（状态）。无论多么复杂的过程均能分化为小的工序，有利于程序的结构化设计。

② 相对某一个具体的工序来说，控制任务实现了简化，并给局部程序的编写带来了方便。

③ 整体程序是局部程序的综合，只要弄清各工序成立的条件、工序转移的条件和

转移的方向，就可以进行这类图形的设计。

④ SFC 容易理解，可读性强，能清晰地反映全部控制工艺过程。

4）将状态转移图（SFC）转换成状态梯形图（STL）、指令表程序，如图 4-16 所示。这就是所要编写的某台车自动往返控制的用户程序，该程序虽小，却极具有经典编程的代表性。

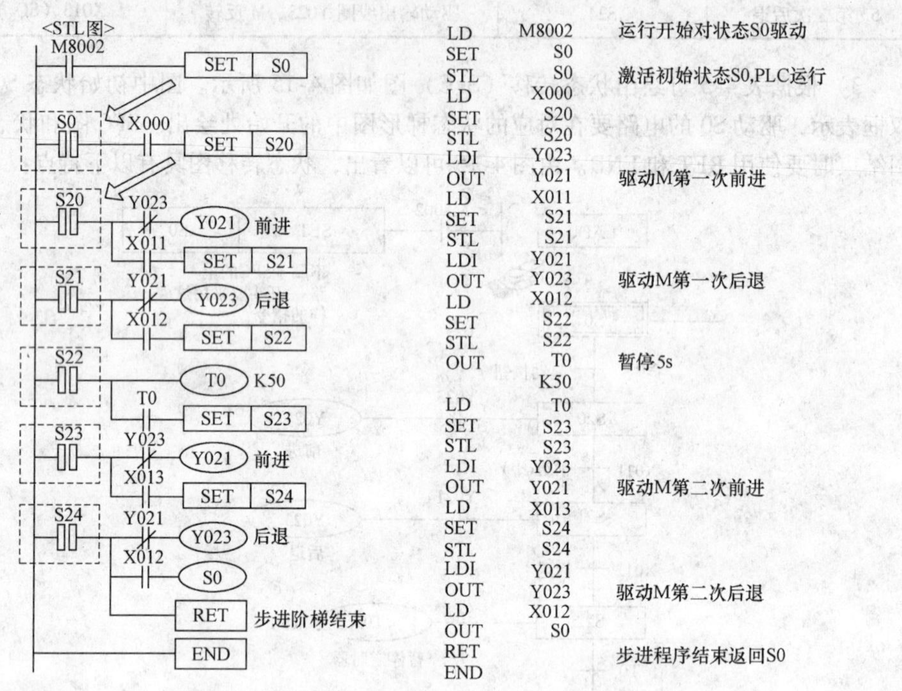

图 4-16　某台车自动往返控制的状态梯形图（STL）、指令表程序

4.3.2　对机械手搬运工件的生产工艺过程进行分析，选择适当的 PLC

对机械手搬运工件的 PLC 控制设计，也完全可以按照状态编程法的一般设计思想进行。

图 4-17a 是工件传送机构图，通过机械手可将工件从 A 点传送到 B 点。图 4-17b 是机械手的操作面板图，根据实际生产需要，控制面板上的操作可以实现手动和自动两种操作控制要求。

（1）手动

1）单个操作：用单个按钮分别接通或切断各负载的模式。

2）原点复位：按下原点复归按钮时，使机械自动复归原点的模式。

（2）自动

1）单步：每次按下起动按钮，前进一个工序。

2）循环运行一次：在原点位置上按起动按钮时，进行一次循环的自动运行到原点停止。途中按停止按钮，工作停止；若再按起动按钮则在停止位置继续运行至原点停止。

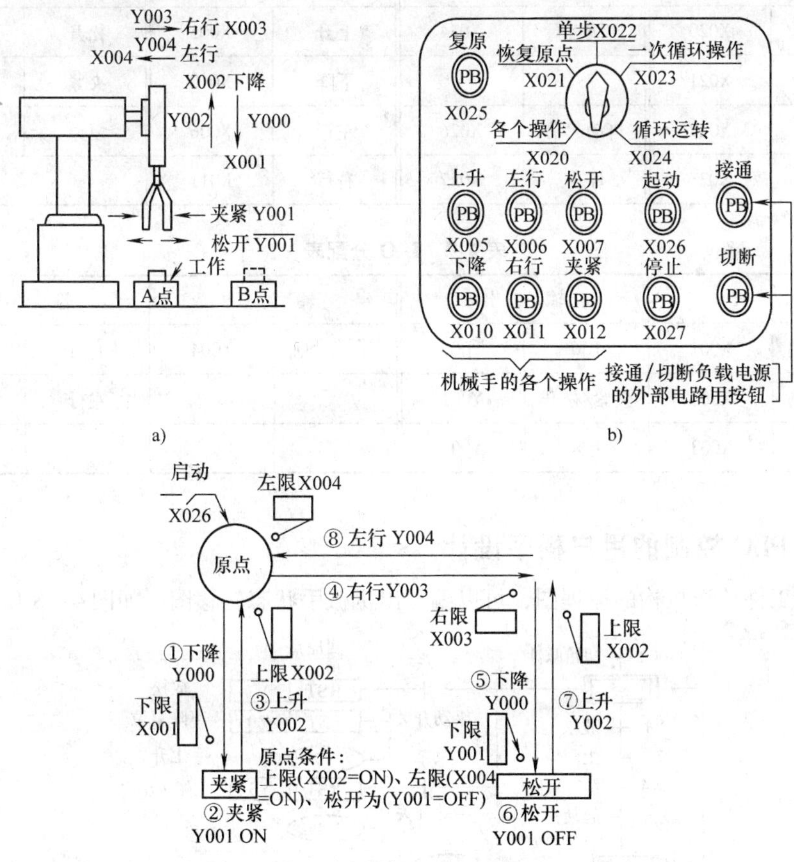

图 4-17 工件传动控制机构示意图

a）工件传送机构输入、输出控制 b）工件传送机构操作面板 c）传送机构控制原理图

3）连续运转：在原点位置上按起动按钮，开始连续反复运转。若按停止按钮，运转至原点位置后停止。

图 4－17c 是工件传送机构的控制原理图。左上为原点，按照①下降→②夹紧→③上升→④右行→⑤下降→⑥松开→⑦上升→⑧左行回原点的工作顺序从左向右传送。下降/上升、左行/右行使用的是双电磁阀（驱动/非驱动 2 个输入），夹紧使用的是单电磁阀（只在通电中动作）。

根据输入/输出设备数量选择适当的 PLC 设备。

4.3.3 进行 PLC 的 I/O 接点地址分配

根据操作面板模式和控制原理图，分配 I/O 接点地址，见表 4-6、表 4-7。

表 4-6 I 分配表

输入		输入		输入		输入	
各个操作	X020	连续运行	X024	上升	X005	松开	X007
原点复位	X021			下降	X010	夹紧	X012
单步操作	X022	自动起动	X026	左行	X006	复原	X025
循环一次	X023	停止	X027	右行	X011		

表 4-7 I/O 分配表

输入		输出		输入		输出	
下限位 SQ_1	X001	下降	Y000	左限位 SQ_4	X004	右行	Y003
上限位 SQ_2	X002	夹紧/松开	Y001			左行	Y004
右限位 SQ_3	X003	上升	Y002				

4.3.4 PLC 控制的用户程序设计

根据工件传送机构的原理图，可以编写出机械手状态转移图，如图 4-18 所示；其

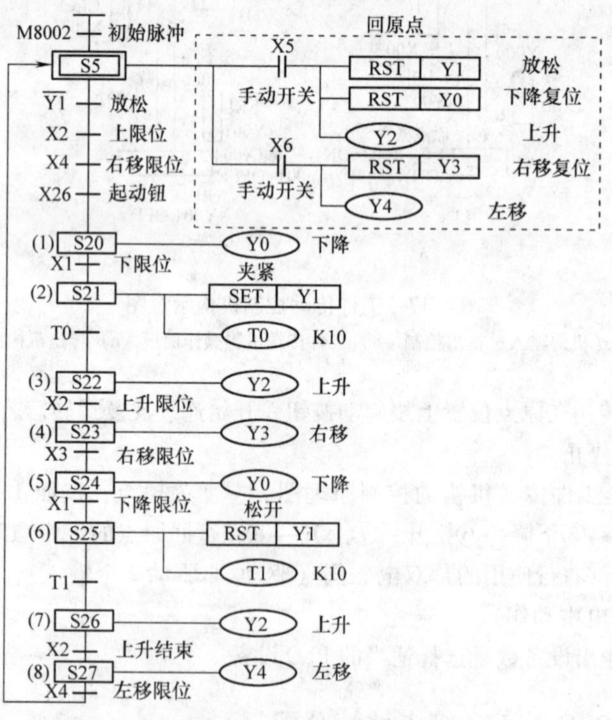

图 4-18 机械手状态转移图

步进状态初始化、各个操作、原点复位、自动运行（包括单步、循环一次、连续运行）四部分梯形图程序如图 4-19 所示。

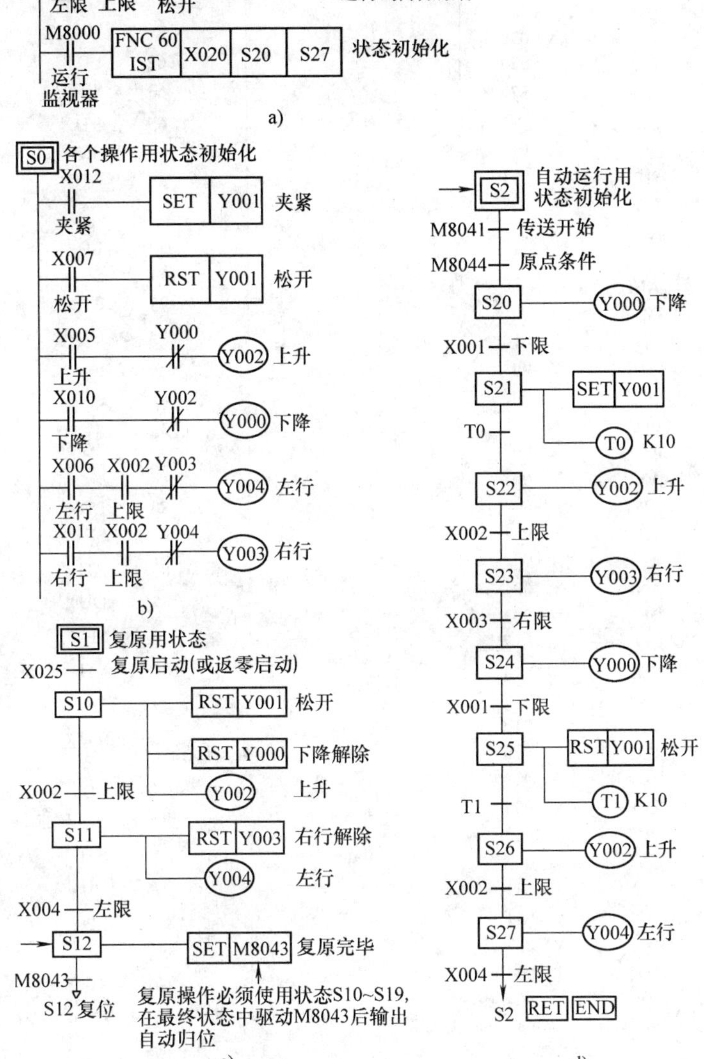

图 4-19 机械手搬运工件的步进状态初始化、单个操作、原点复位、自动运行四部分梯形图程序

a）步进状态初始化 b）各个操作 c）原点复位 d）自动运行（单步、循环一次、连续运行）

按照梯形图程序，编写出机械手搬运工件的步进状态初始化、单个操作、原点复位、自动运行四部分指令字程序如下：

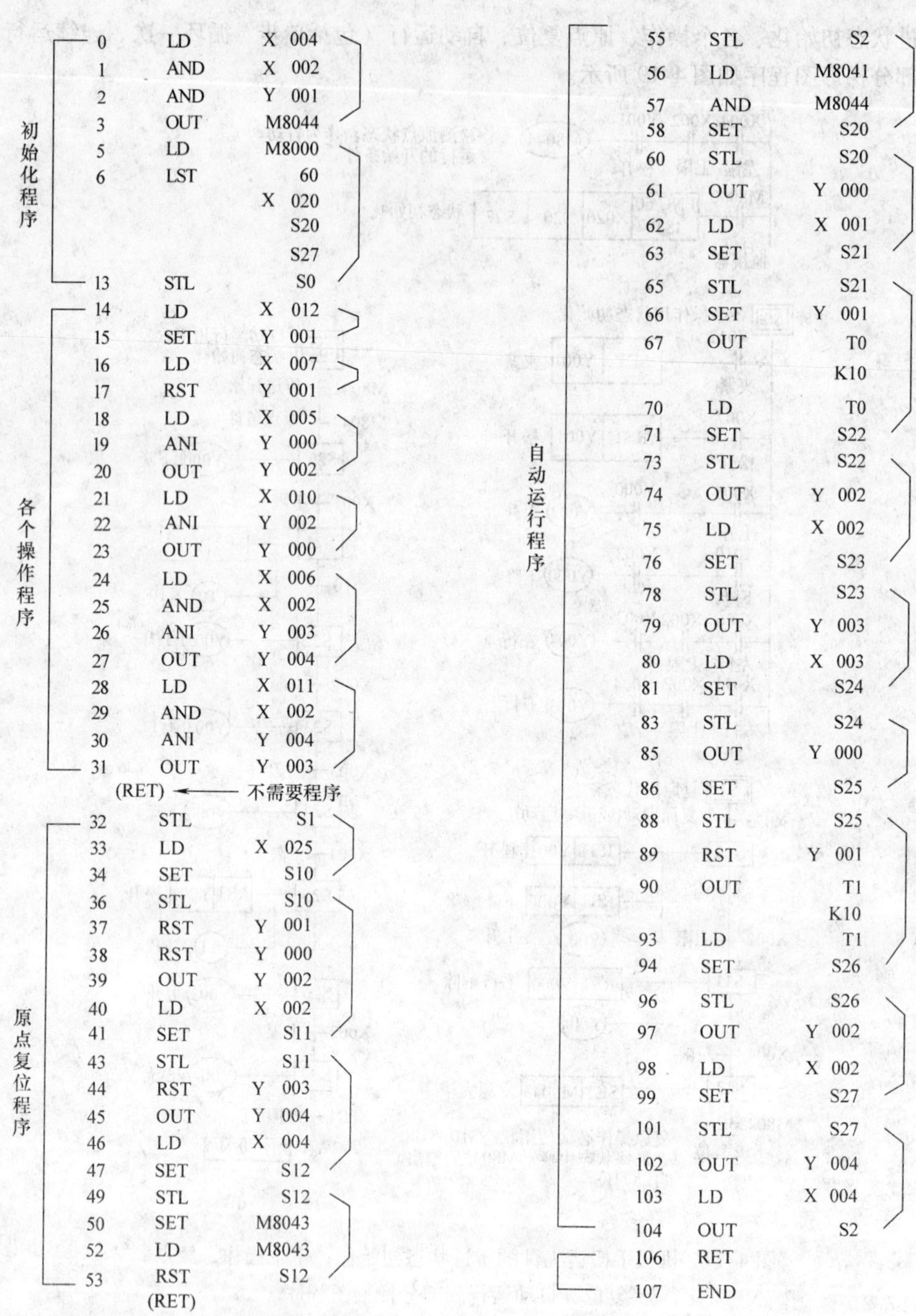

初始化程序

```
0    LD     X 004
1    AND    X 002
2    AND    Y 001
3    OUT    M8044
5    LD     M8000
6    LST    60
            X 020
            S20
            S27
13   STL    S0
```

各个操作程序

```
14   LD     X 012
15   SET    Y 001
16   LD     X 007
17   RST    Y 001
18   LD     X 005
19   ANI    Y 000
20   OUT    Y 002
21   LD     X 010
22   ANI    Y 002
23   OUT    Y 000
24   LD     X 006
25   AND    X 002
26   ANI    Y 003
27   OUT    Y 004
28   LD     X 011
29   AND    X 002
30   ANI    Y 004
31   OUT    Y 003
(RET) ←—— 不需要程序
```

原点复位程序

```
32   STL    S1
33   LD     X 025
34   SET    S10
36   STL    S10
37   RST    Y 001
38   RST    Y 000
39   OUT    Y 002
40   LD     X 002
41   SET    S11
43   STL    S11
44   RST    Y 003
45   OUT    Y 004
46   LD     X 004
47   SET    S12
49   STL    S12
50   SET    M8043
52   LD     M8043
53   RST    S12
     (RET)
```

自动运行程序

```
55   STL    S2
56   LD     M8041
57   AND    M8044
58   SET    S20
60   STL    S20
61   OUT    Y 000
62   LD     X 001
63   SET    S21
65   STL    S21
66   SET    Y 001
67   OUT    T0
            K10
70   LD     T0
71   SET    S22
73   STL    S22
74   OUT    Y 002
75   LD     X 002
76   SET    S23
78   STL    S23
79   OUT    Y 003
80   LD     X 003
81   SET    S24
83   STL    S24
85   OUT    Y 000
86   SET    S25
88   STL    S25
89   RST    Y 001
90   OUT    T1
            K10
93   LD     T1
94   SET    S26
96   STL    S26
97   OUT    Y 002
98   LD     X 002
99   SET    S27
101  STL    S27
102  OUT    Y 004
103  LD     X 004
104  OUT    S2
```

```
106  RET
107  END
```

任务 4　PLC 在机床设备现代高新技术中的应用设计

PLC 作为一种先进的新型控制器件，还可以嵌入到机床设备的其他现代高新技术中进行控制。变频调速是近代出现的高新技术，日本安川 VS-616G5 变频器属电压型变频器，具有全程磁通矢量电流控制的特点，它包含四种控制方式：标准 V/F 控制、带 PG 反馈（速度反馈）的 V/F 控制、无传感器的磁通矢量控制、带 PG 反馈的磁通矢量控制，具有广泛的应用领域，从高精度的伺服机床到多电动机系统的驱动设备均能适应。其外部接线图如图 4-20 所示。

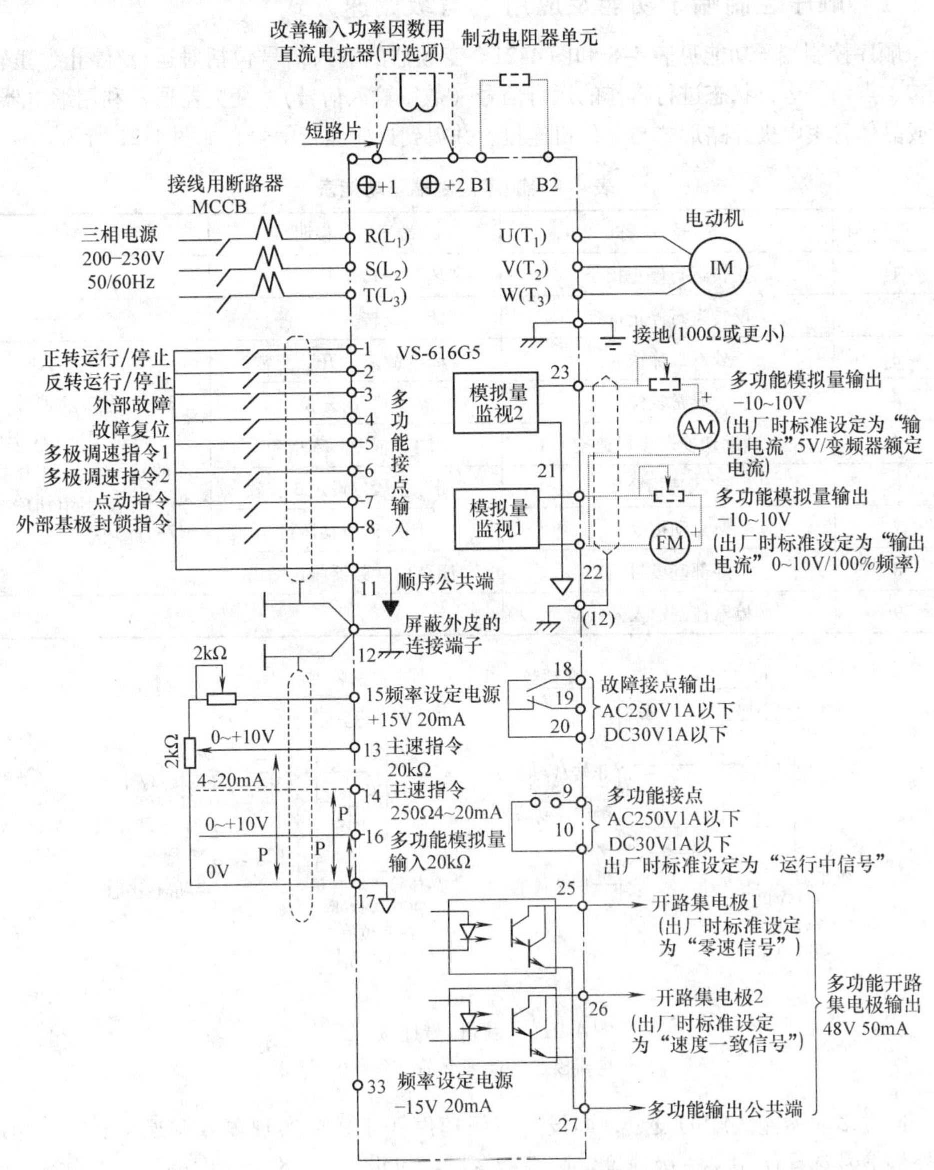

图 4-20　日本安川 VS-616G5 变频器外部接线图

在 VS-616G5 变频器的使用中，为了更有效更充分地利用其有限的端子，通常采取可以自由地改变一些端子（多功能输入端）和接点功能的做法，以使变频器具有更多的功能。另外，当用变频器构成自动控制系统时，它需要接收来自自控系统的频率指令信号和其他运行控制信号等，并给系统提供变频器运行状态的监测信号。在许多情况下变频器需要和 PLC 等上位机配合使用。本任务就介绍 PLC 在变频器的外部控制端子上应用连接设计。

4.4.1 顺序控制端子功能及应用（有级调速方式）

顺序控制端子功能见表 4-8 和图 4-21。变频器的输入信号包括对运行/停止、正转/反转、点动等运行状态进行操作的运行信号（数字输入信号）。变频器通常利用继电器接点或晶体管集电极开路形式与上位机连接，并得到这些运行信号，如图 4-21 所示。

表 4-8　顺序控制端子功能表

端子记号	信号名称	端子功能说明	
1	正转运行停止指令	“闭” 正转 “开” 停止	
2	反转运行停止指令	“闭” 反转 “开” 停止	
3	外部故障输入	“闭” 故障 “开” 正常	3～8 为多功能输入端（根据 H1-01～H1-06 的设定，可选择指令信号）。表中功能为出厂时设定
4	异常复位	“闭” 时复位	
5	主速/辅助切换（多段速指令 1）	“闭” 辅助频率指令	
6	多段速指令 2	“闭” 多段速设定 2 有效	
7	点动指令	“闭” 时点动运行	
8	外部基极封锁	“闭” 时变频器停止输出	
9	顺控器控制输入公共端		

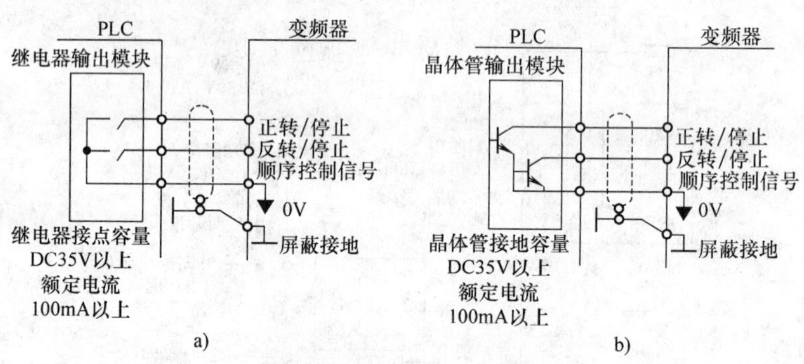

图 4-21　运行信号连接方式

a）继电器接点　b）晶体管（集电极开路）

通过多功能输入端的设定，即设定多级速度频率，可实现多级调速运转，并可通过外部信号选择使用某一级速度，高性能变频器可设定 3～8 级速度频率。实际上，可用 PLC 的开关量输入输出模块控制变频器多功能输入端，以控制电动机的正反转、转速等，实现有级调速。对于大多数系统，这种控制方式不但能满足其工艺要求，而且接线简单，抗干扰能力强，使用方便。与用模拟信号进行速度给定的方法相比，这种方式的设定精度高、成本低，不存在由漂移和噪声带来的各种问题。下面介绍这种控制方法。

用数字操作器可对参数 H1-01 ~ H1-06 进行设定。根据不同的设定，VS-616G5 变频器可有 3 线制程序运行、3 段 L 速运行以及最多 9 段速运行。下面是 9 段速运行的例子。图 4-22 是三菱公司的 $FX_{2(2N)}$-24MR 型 PLC 与安川变频器 VS-616G5 的硬件接线图，其中将端子 20、11 与端子 27 相连。

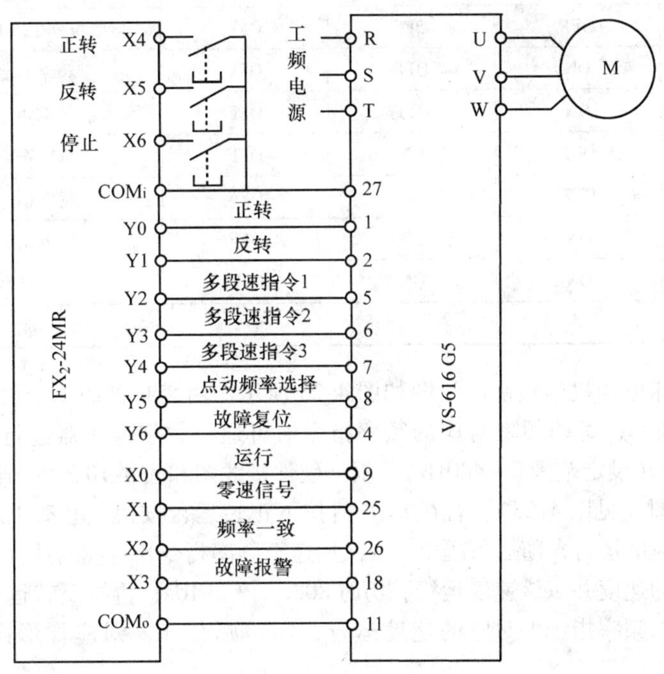

图 4-22　三菱公司的 $FX_{2(2N)}$-24MR 型 PLC 与安川变频器 VS-616G5 的硬件接线图

在变频器运行之前，必须用其数字操作器对有关的功能指令码和参数进行设定，如上升时间、下降时间等。现仅列出多段速指令的设定。

VS-616G5 可使用 8 个频率指令和 1 个点动频率指令，由此，最多可有 9 段速。为了切换这些频率指令，须在多功能输出中设定多段速指令，其设定见表 4-9。

表 4-9　多段速参数设定

端　子	参数 NO	设 定 值	内　容
5	H1-03	3	多段速指令 1
6	H1-04	4	多段速指令 2
7	H1-05	5	多段速指令 3
8	H1-06	6	点动（JOG）频率选择（较多段速指令优先）

图 4-22 中的多功能端子是出厂时设定的，而根据表 4-9 的设定，多功能端子和被选择的频率见表 4-10。其中，点动运转是一种与所设置的加减速时间无关的、单步的、以点动频率运转的驱动功能。点动频率可为固定值，亦可任意设定。

表 4-10 多功能端子与频率指令

端子 5	端子 6	端子 7	端子 8	被选择的频率
多段速指令 1	多段速指令 2	多段速指令 3	点动频率选择	
OFF	OFF	OFF	OFF	频率指令 1d1-01 主速频率数
ON	OFF	OFF	OFF	频率指令 2d1-02 辅助频率数
OFF	ON	OFF	OFF	频率指令 3d1-03
ON	ON	OFF	OFF	频率指令 4d1-04
OFF	OFF	ON	OFF	频率指令 5d1-05
ON	OFF	ON	OFF	频率指令 6d1-06
OFF	ON	ON	OFF	频率指令 7d1-07
ON	ON	ON	OFF	频率指令 8d1-08
			ON	点动频率 d1-09

如果某机床电动机的频率曲线图如图 4-23 所示，用变频器的 3 个输入端子 5、6、7 可控制 8 档频率，每档频率对应的频率指令值可通过数字操作器进行参数 d1-01 ~ d1-09设置而定（设定范围 0 ~ 400Hz）。根据硬件接线图和表 4-10，可画出 PLC 有关输出信号的波形图（见图 4-23）。若在 $t=0$ 时按下正转运行按钮，电动机起动并以频率指令 1 对应的速度运行；随后每隔 10s 依次加速至频率指令 8 对应的速度，然后减速至点动频率对应的速度并以该速度运行，历时 80s 后停车 10s；再按反转运行按钮，电动机反向起动并以频率指令 1 对应的速度运行，1min 后停车。对应梯形图的设计如图 4-24 所示。

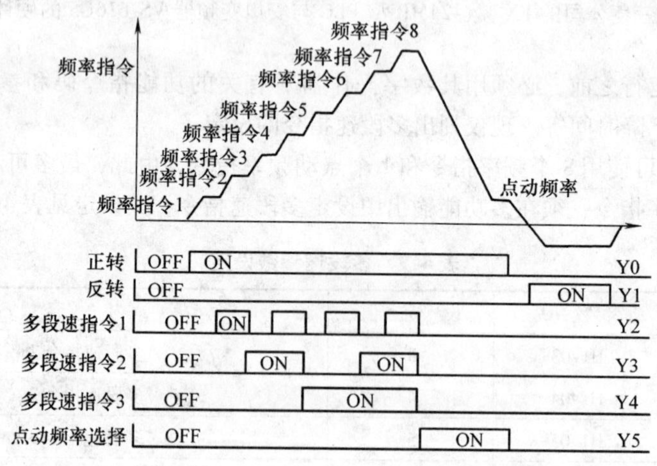

图 4-23 多段速度指令下对应的波形图

4.4.2 变频器的频率指令信号（无级调速方式）

变频器的频率指令信号可以从变频器的模拟输入端子送入，进行变频器的无级调

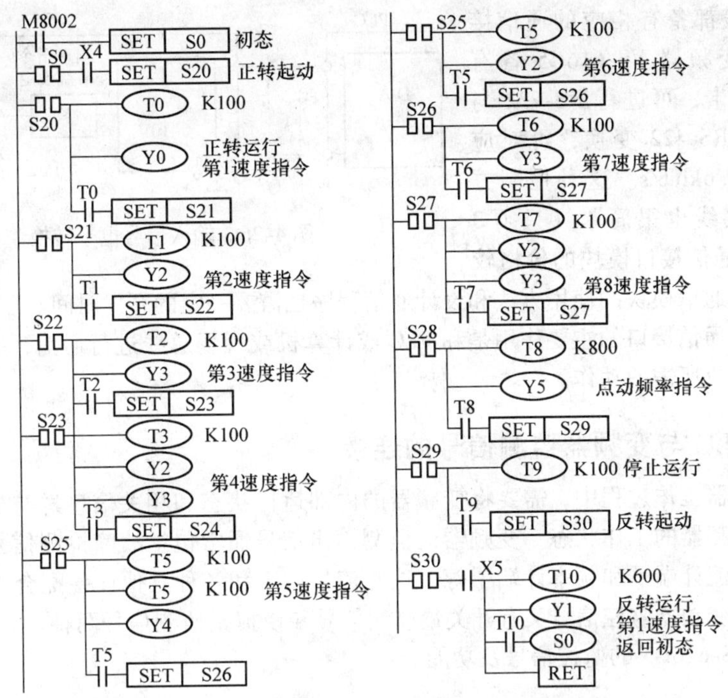

图 4-24　PLC 与变频器多段速控制梯形图

速。通过变频器模拟输入端子送入的信号可以是 0～10V、－10～＋10V、4～20mA。在图 4-20 中，给出了利用变频器自身的频率设定电源来进行频率指令给定的方式，但在实际的自动控制系统中，频率指令信号往往来自于调节器或 PLC。调节器一般输出标准的 4～20mA 信号，可直接与变频器的端子 14、17 连接。对于 PLC，须选用模拟量输出模块，将 PLC 输出的 0～10V 或 4～20mA 信号送给变频器相应的模拟电压/电流输入端。如送出的是电压信号，其连接如图 4-25 所示。这种控制方式的特点是硬件接线简单，可进行无级调速，但是 PLC 的模拟量输出模块的价格较高，有的用户难以接受。特别要注意的是，当变频器与 PLC 的模拟输出模块的电压范围不同时，例如变频器的输入电压为 0～10V，而 PLC 的输出电压信号范围为 0～5V 时，虽可以通过调节变频器的内部参数（见图 4-26）使系统工作，但进行频率设定时的分辨率会变差。总之，在选择 PLC 时，一是必须根据变频器的输入阻抗来选择 PLC 的模拟输出模块；二是选择 PLC 的模拟输出模块应与变频器的输入信号范围一致为好。

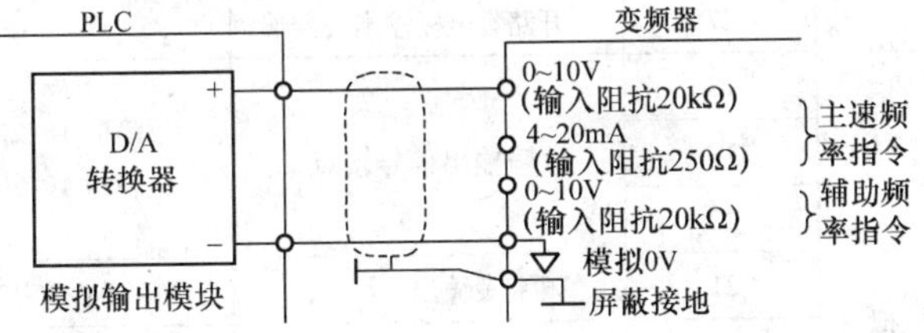

图 4-25　频率指令与 PLC 的连接

此外，还可以通过串行通信口将频率指令信号送入，PLC 的串行通信口为 RS-422，

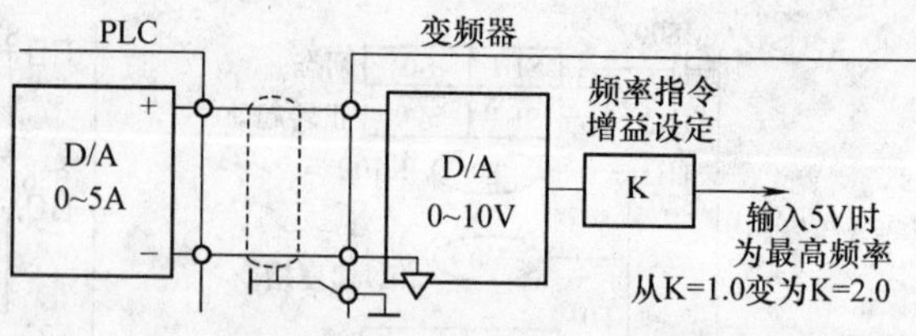

图 4-26 输入信号电平转换

变频器一般都备有相应的通信接口卡。如变频器 VS-616G5 备有 SI-K2 变换卡，可进行 RS-232 与 RS-485 或 RS-422 变换，可对应通信速度 9.6kbit/s。这种控制方式的硬件接线也很简单（只须 3 根线），但通信接口模块的价格较贵，且熟悉通信模块的使用方法和设计通信程序也需要一定的开发时间。

变频器通信接口的主要作用是和 PLC 或计算机或现场总线进行通信，并按照上位机的指令完成所需的动作。

4.4.3 PLC 与变频器监测信号的连接

在变频器工作过程中，需要将变频器的内部运行状态和相关信息送与外部，以便系统检测变频器的工作状态。变频器的监测输出信号通常包括故障检测信号、速度检测信号、电流计端子和频率计端子等，这些信号用于和各种其他设备配合以构成控制系统。这类变频器监控信号又有开关量监测信号和模拟量监测信号两种。表 4-11 列出了变频器 VS-616G5 的监控信号及功能。

表 4-11 变频器 VS-616G5 的监控信号及功能

种类	端子记号	信号名	端子功能说明	
顺控器输出信号	9	运行中信号接点	运行“闭”	多功能输出
	10			
	25	零速检出	零速值（b2-01）以下时“闭”	
	26	速度一致检出	设定频率的 ±2Hz 以下内“闭”	
	27	开路集电极输出公共端	—	
	18	故障输出信号接点	故障时 18-20 间“闭” 故障时 19-20 间“开”	
	19			
	20			
模拟量输出信号	21	频率表输出	0～10V/100% 频率	多功能模拟监测 1
	22	公共端	—	
	23	电流监视	5V/变频器额定电流	多功能模拟监测 2

监测端子的外部参考接线如图 4-20 所示，变频器的开关量监测信号与 PLC 的连接如图 4-27 所示。由于这些开关量信号是通过继电器接点或晶体管集电极开路的形式输出的，其额定值均在 24V/50mA 之上，符合 FX 系列 PLC 对输入信号的要求，因此可以将它们与 PLC 的输入端直接相连。变频器的模拟量监测信号与 PLC 的连接对应的是 PLC 的模拟量输入模块，必须注意 PLC 侧输入阻抗的大小，保证该输入电路中的电流不超过电路的额定电流。

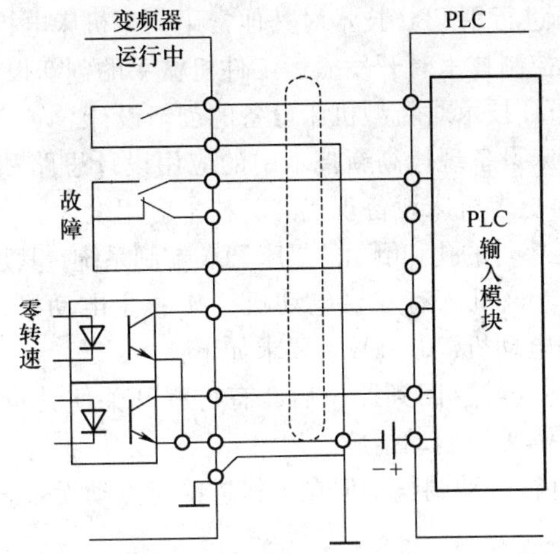

图 4-27　变频器的开关量监测信号与 PLC 的连接

任务 5　回答应知应会问题，进行自我专业技术知识和岗位技能测试

4.5.1　应知专业技术知识

1）机床 PLC 控制系统设计的基本原则是什么?

2）机床 PLC 控制系统设计的基本内容有哪些?

3）机床 PLC 控制系统设计的一般步骤有哪些?

4）如何运用翻译法对传统机床电控装置进行 PLC 控制技术的改造设计?

5）试分析总结用 PLC 技术改造设计机床工作台自动循环电气控制电路的方法、内容、步骤和全过程。

6）试分析运用 PLC 控制技术对传统 Z3040 摇臂钻床电控系统进行技术改造设计的方法、步骤以及全过程。

7）试分析运用 PLC 控制技术开发搬运工件的机械手的设计思路和设计过程。

8）了解变频器的电路组成和工作原理，试分析 PLC 在变频器的外部控制端子上的应用连接设计方法、步骤和过程。

4.5.2　应会专业岗位技能

1）参照机床工作台自动循环电气控制电路的 PLC 技术改造设计，举一反三，自行进行用 PLC 技术对机床的正反转、Y-△起动、串电阻/自偶调压器减压起动、能耗制动、反接制动、高低速控制、顺序控制、多地点控制等电气控制基本电路环节的改造设计。

2）参照运用 PLC 控制技术对传统 Z3040 摇臂钻床电控系统进行技术改造设计的全

过程，举一反三，自行进行用 PLC 技术对其他常用典型机床电控系统的技术改造设计。

3）参照运用 PLC 控制技术对开发搬运工件机械手的创新设计思路和设计过程，举一反三，自行进行用 PLC 技术对新型机床设备的创新设计。

4）参照 PLC 在机床设备现代高新技术中的应用设计思路和设计过程，举一反三，自行进行用 PLC 技术对更多机床设备现代高新技术应用设计。

5）试设计一个加工零件的孔和倒角的机床 PLC 控制系统，其加工过程为："快进→工进→停留光刀→快退"。该机床有三台电动机，M_1：主电动机，4kW；M_2：工进电动机，1.5kW；M_3：快进电动机，0.8kW。要求如下：

① 工作台工进到终点或返回到原位后，有行程开关使其自动停止，设限位保护，为保证工进准确定位，需采取制动措施。

② 快进电动机可进行点动调整，但在工作进给时点动无效。

③ 设急停按钮。

④ 应有短路和过载保护。

本项目小结

本项目从使用的角度出发，以工作过程为导向，将项目目标分解为 5 项任务。通过工作任务，使学生熟识机床 PLC 控制系统设计的基本原则和基本内容。以实地将机床工作台自动循环电气控制电路改造为 PLC 控制，进行 Z3040 摇臂钻床 PLC 控制系统的改造设计、机械手搬运工件的 PLC 控制创新设计以及 PLC 在机床设备现代高新技术中的应用设计。回答应知应会问题，进行自我专业技术知识和技能测试。工学结合、学用一致、理论密切联系实践、"教 + 学 + 做"一体化，使学生既掌握高技能应用型人才必备的理论知识，又训练培训了高职高专学生重实践的岗位技能、创新意识和综合素质，最终实现熟练设计一般机床 PLC 控制电路图的项目目标。

本模块在已初步掌握阅读和分析电气控制电路能力的基础上，阐述了机床 PLC 控制的设计原则、内容和步骤；给出了机床 PLC 控制系统经典设计案例，力图使读者通过举一反三，掌握机床 PLC 控制系统设计的方法，能有效地改造我国大量存在的原有传统旧机床老设备和自主创新、开发研制出现代机床新设备。

设计机床 PLC 控制系统有其一般的原则，用户必须认真遵照这些基本原则设计电路，才能避免出现一些常见的故障，使设计的电路安全、可靠。

设计机床 PLC 控制系统有技术改造和自主研发创新两大类。对原有传统旧机床老设备的改造设计常采用翻译法；对新机床的自主研发创新，常借助于流程图、状态转移图。

PLC 控制技术是近代刚发展起来的高科学新技术，大多数人学习 PLC 的目的主要在于对 PLC 的开发应用，要从熟练掌握它的硬件资源和编程工具入手，先学习别人的编程思想、编程方法和技巧，通过边学边练、熟能生巧，最终灵活、熟练掌握 PLC 的开发应用技术。

项目5 如何进行机床电气与PLC控制系统常见故障的维修

一、项目目标

按照机电一体化专业高素质、高技能应用型人才培养目标和高职高专学生就业职业岗位技能的要求，本项目要求学生在学会阅读、分析和设计常用机床电气与PLC控制电路图的基础上，继续提高，能够进行机床电气与PLC控制系统常见故障的维修。

二、任务驱动

根据项目目标，将其工作过程分解为3个工作任务。通过项目引导、任务驱动，使学生工学结合、理论和实践密切结合、学用一致，既要掌握高素质、高技能应用型人才必备的专业技术理论知识，更着重训练学生工程实践的动手能力，培养学生创新意识和综合素质，最终实现能够维修机床电气与PLC控制系统常见故障的项目目标。

任务1　实地进行机床电气控制系统常见故障的维修

任务2　实地进行机床PLC控制系统的调试、故障分析与维护

任务3　回答应知应会问题，进行自我专业技术知识和岗位技能测试

三、任务驱动流程图（见图5-0）

四、项目情景条件

1）实用机床或者机床教学模型。

2）实用机床电气控制电路图。

3）实用机床PLC控制电路图。

4）实用机床电气与PLC控制设计与使用说明书。

5）机床PLC安装、接线、调试、维修常用电工工具及万用表等。

6）机床电气与PLC控制工程实践训练基地或者校企合作实习工厂等。

五、教学环境设置和教学方法选择

任务1　采用讲解方法和常用电气故障维修实践相结合的方法教学

任务2　采用讲解方法和常用PLC故障维修实践相结合的方法教学

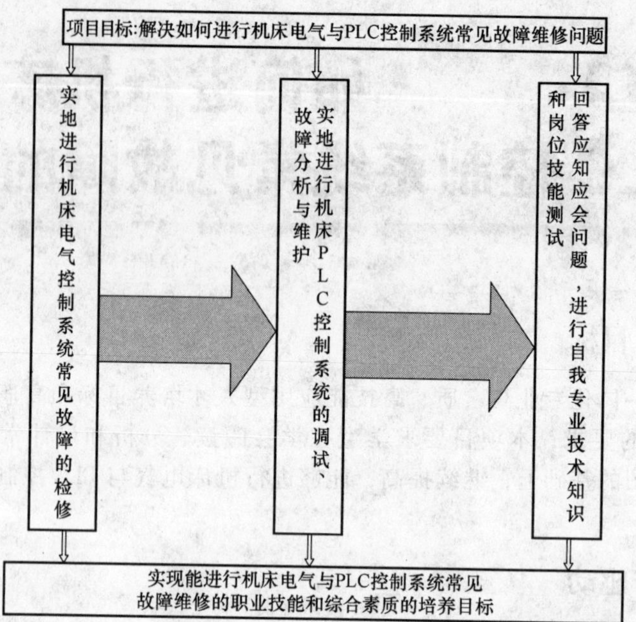

图 5-0　任务驱动流程图

任务 3　回答应知应会问题，进行自我专业技术知识和岗位技能测试，考核本项目目标真实的完成情况

引　言

人需要保养方能健康长寿，设备需要维修方能经久耐用。机床电气与 PLC 控制系统故障的维修是机床设备安全生产、延长使用寿命的重要保障，是机电一体化专业高职高专学生重要的岗位专业技能，也是机床电气与 PLC 控制技术课程重要的教学目标。

任务 1　如何进行机床电气控制系统常见故障的维修

机床的种类很多，现仅以最常用笼型异步电动机拖动的“继电器-接触器”控制的机床电气控制电路为例来示范分析其常见故障的维修。

机床电气故障，论其原因，大致有两种情况：一是自然故障；二是人为故障。自然故障是由于机床在运行当中各种元器件老化，机床本身的振动等诸多因素所引起；人为故障则是因为机床在运行过程中操作人员使用不当或不熟练的检修人员在检修过程中造成的扩大性故障等。不论是自然故障还是人为故障，只要出了故障就应该及时进行检修。本任务主要讨论机床故障的常用检修方法及步骤。

5.1.1　机床电气设备发生故障后的一般检查和分析方法

1. 了解故障发生的经过情况

了解故障前的工作情况及故障后的症状，对处理故障很重要，这便于根据电气设备的工作原理来分析和处理故障，必须格外重视。

2. 认真分析故障产生的原因或范围

了解故障情况后，再对照电气原理图进行分析。如果电路比较简单，则可以很快找到故障的原因；如果电路比较复杂，则根据故障的现象分析故障的范围可能发生在原理图中的哪个单元，以便进一步进行分析诊断；对于大型或重要机床设备的电气事故，还常常召开事故分析会，专门进行事故分析和研究处理排除方法。

3. 进行外表检查

在了解到故障的范围后，应进一步对该范围内的电器进行外观检查。为了安全起见，外表检查一般要在切断电源的情况下进行。主要检查熔断器、继电器、接触器和行程开关等的固定螺钉和接线螺钉是否松动？有无断线的地方？有没有线圈烧坏或触点熔焊等现象？电器的活动机构是否灵活等。在外观无法检查出故障时，可用仪器、仪表及检查装置进行检查。在用仪器检查时，有的是在电源断电情况下进行的，也有的要在电源通电情况下进行。

4. 断电检查

断开电源开关，一般用万用表的电阻档检查故障区域的元器件及电路是否有开路、短路或接地现象。有时还可借助绝缘电阻表及其他装置进行检查。断电检查如找不到故障原因，则可以进行通电检查。

5. 通电检查

通电检查即是带电作业，一定要特别注意人身安全和设备安全。通电检查应在不带负载下进行，以免发生事故。在有下列情况时不能进行通电检查：

1）发生飞车和打坏传动机构。

2）因短路烧坏熔断器熔丝，原因尚未查明。

3）通电会烧坏电动机和电器等。

4）尚未确定相序是否正确等。

通电检查时应根据动作顺序来检查有故障的电路。操作一只开关或按钮时，观察电路的有关继电器和接触器是否按要求顺序进行工作。如果发现一个电器不能进行正常工作，则该电器或有关的电路可能有故障，再进一步通电检查故障的原因。一般用万用表的电压档检查电路有无开路的地方。在使用万用表时要注意档位，测电压时绝不允许错用电流档和电阻档，以免烧坏万用表。有时怀疑某触点接触不良，也可用导线短接该触点进行试验，此法称为短接法。有时也可用验电笔进行检查，但此法有时若有串电回路时，易造成假象。用验电笔进行检查时，一定要事先对验电笔的氖管进行检查。还可用灯泡检查故障所在，此方法较简单，材料易取，检查指示明显。

通电检查时应注意以下几点：

1）随时注意总停按钮和电源总开关所在地方，发现不正常情况应立即停车检查。

2）不要随意触动带电电器。

3）养成单手操作习惯。

4）一般可断开主电路，检查控制电路。

每次排除故障后应及时总结，这样可以积累经验，使再次发生类似故障时能迅速排除。

5.1.2 机床电气故障常采用的检测方法

机床电气故障常采用的检测方法主要有电压法、电阻法、短路法、开路法和电流法等。

1. 电压法

利用仪表测量电路上某点的电压值来判断确定机床电气故障点的范围或元器件故障的方法叫电压法或电压测量法。

用电压法测量机床电气故障时，应根据该电路上的电压值，选择好万用表的量程进行测量。例如，某机床液压泵电动机控制电路，其主电路和控制电路如图 5-1 所示。若按下液压泵电动机 M_1 的起动按钮 SB_3，液压泵电动机 M_1 不起动。根据故障现象，这时可用电压法检查。如果按下液压泵电动机 M_1 的起动按钮 SB_3，接触器 KM_1 闭合，但液压泵电动机 M_1 不能起动，这是主电路的问题。可以用万用表交流 500V 档测量 U_{12}、V_{12}、W_{12} 点三相是否有

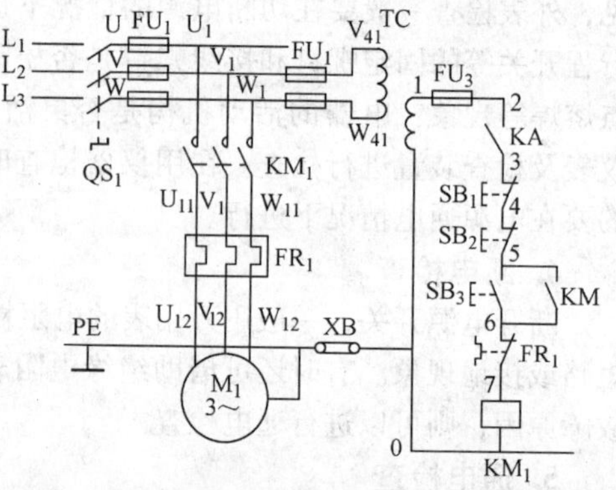

图 5-1　某机床液压泵电动机控制电路

380V 电压。如果有 380V，则液压泵电动机 M_1有问题，应检查电动机 M_1。若一相没有或三相都没有 380V 电压、则测量 U_{11}、V_{11}，W_{11}点有没有 380V 电压，如果有，则 FR_1断路；如果没有，测量 U_1、V_1、W_1点是否有 380V 电压，若有，则 KM_1主触点接触不好；若无，则往上检查。依此类推直至查出主电路上的故障点。如果按下液压泵电动机 M_1起动按钮 SB_3（KA 预先闭合），KM_1没有闭合，则为控制电路的故障，这时可用万用表交流 250V 档测量 1 号线和 0 号线的电压是否为 110V，若没有 110V 电压则为变压器 TC、FU_1或电源有问题，重点检查这些元器件。若有 110V，依次测量 2 号、3 号、4 号、5 号线与 0 号线的电压是否为 110V，然后按下液压泵电动机 M_1的起动按钮 SB_3，测量 6 号、7 号线与 0 号线的电压是否为 110V。直至检查出控制电路上的故障点。电压法检测示意图如图 5-2 所示。

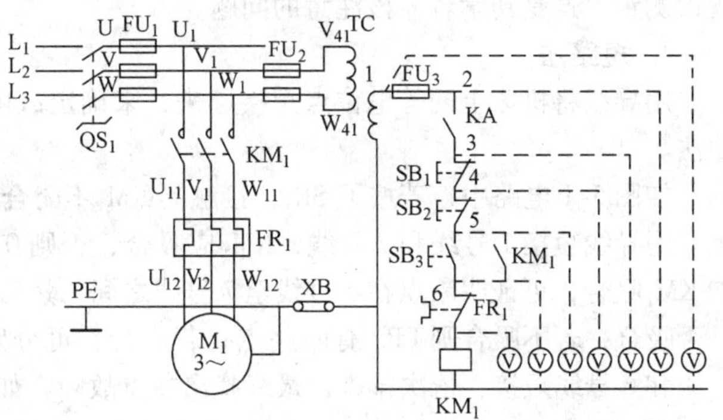

图 5-2　电压法检测控制电路上故障点的示意图

用电压法检测电路的故障点简单、明了、直观，但应注意电路中的交流电压和直流电压的测量，并应注意选用万用表电压的量程，切不可错用万用表的电流档或电阻档在电路上带电进行测量，以免烧坏万用表。

2. 电阻法

利用仪表测量电路上某点或某个元器件的通断来确定故障点的方法叫电阻法。

用电阻法来检查机床故障时，应先切断机床电源，然后用万用表电阻档对有怀疑的电路或器件进行测量。例如在图 5-2 中，若用电压法测量主电路 U_{12}、V_{12}、W_{12}点上无 380V 电压，但测得 U_{11}、V_{11}、W_{11}点上有 380V 电压，则可怀疑 FR_1断路，此时可用万用表 R×1 档或 R×10 档分别测量 U_{11}与 U_{12}、V_{11}与 V_{12}、W_{11}与 W_{12}两点之间的电阻值，进一步断定 FR_1是否断路。对于图 5-1 中的控制电路，如果按下按钮 SB_3，接触器 KM_1不闭合，则可断定从 0 号线到 1 号线有断点。切断电源，用万用表 R×1 档或 R×10 档分别测量电路上每两点之间的电阻值，当测量到某两点之间的电阻为无穷大时，则该两点或该元器件为故障点，如图 5-3 所示。用电阻法测量同电压法一样，同样简单、明

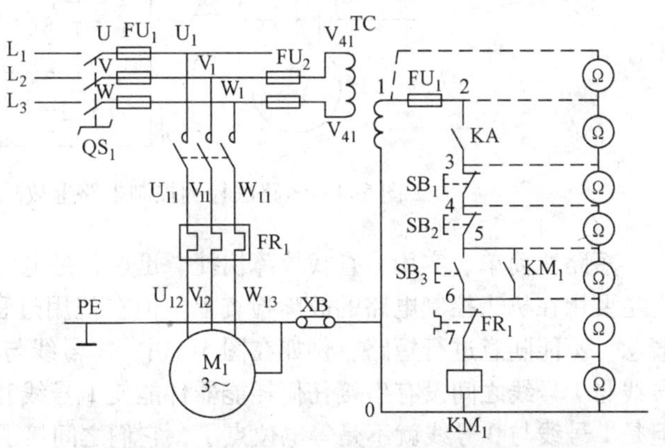

图 5-3　电阻法检测控制电路上故障点的示意图

了、直观，它主要用在检测元器件好坏或电路的通断上，但特别要注意在测量前一定要切断机床电源，否则会烧坏万用表。

用电阻法检查电路时还应注意的一个问题是：有时应断开电路中某些元件。例如，对于图 5-3 所示电路，如果按下 SB_3，接触器 KM_1 不闭合，可以怀疑是起动按钮 SB_3 接触不良。断开机床电路后，用电阻法测量起动按钮 SB_3 两端的电阻，这时可以将熔断器 FU_2 旋开，取出熔芯，然后选择万用表欧姆档，将万用表笔搭在起动按钮 SB_3 的两端，按下 SB_3 就可以检查按钮 SB_3 是否接触不良。如果在测量中，不断开熔断器 FU_2，那么万用表测量出来的电阻则为接触器 KM_1 线圈和变压器 TC 二次绕组的电阻值，这样会出现误测量。这是初学者应该注意的问题。

3. 短路法

用导线将机床上两等电位点短接起来，来确定故障点的范围或故障点的方法叫短路法。

如图 5-1 电路中，若按下 SB_3，接触器 KM_1 不闭合，可以断定 0 号线至 1 号线有断点。用导线短接 1 号线和 7 号线，KM_1 应吸合，否则 0 号线或 KM_1 线圈本身有断路点。如 KM_1 吸合，可证明断点在 1 号线至 7 号线之间，然后将 1 号线与 6 号线短接，看 KM_1 是否吸合，若不吸合则 FR_1 有断路点；若吸合，可分别将 2 号线、3 号线、4 号线、5 号线和 6 号线短接，依次排查，最终找出断点故障，如图 5-4 所示。

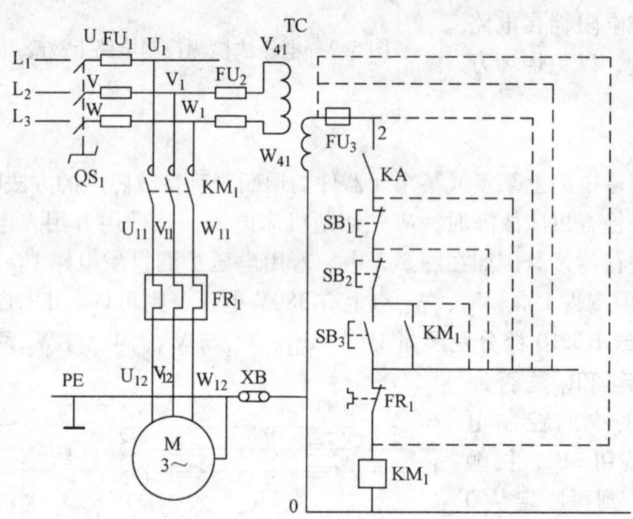

图 5-4　短路法检测控制电路上故障点的示意图

短路法简单、实用，查找故障快捷、迅速，是电气熟练维修人员常用的方法之一。它主要用在机床控制电路的故障检查上。但在使用过程中一定要注重“等电位”点的概念，不能随意进行短路。例如在图 5-1 中，1 号线与 7 号线为“等电位”点，即在 1 号线与 7 号线之间没有串接任何耗能器件能使 1 号线和 7 导线产生电位差，可以短接。但是 1 号线与 0 号线就不是等电位点了，它们之间接了一个 KM_1 的线圈，存在 110V 的电压差，如果将它们短接，就会发生短路事故，这是读者在进行短路法之前务必要弄清楚的重要概念。

4. 开路法

在检修机床电路中，有时为了检测特殊需要，必须将电路断开进行检查，这种方法叫做开路法。

例如，在图5-1电路中，如果按下SB_3，接触器KM_1闭合，电动机不起动，但有“嗡、嗡”声，可以断定电动机缺相。但是究竟是电动机本身绕组断路还是电源缺相？这时必须断开电动机的三相电源进行测量，否则在测量时若电动机处于缺相运行状态，可能会烧毁电动机。如果测量电路上均有380V电压，则证明电动机有问题，应重点检查电动机，否则应检查主电路。

5. 电流法

用测量通过某电路上的电流是否正常的方法来确定故障点的方法叫电流法。电流法一般使用在特殊的情况下，这里不做详细讨论。

机床电气故障的检修方法大致为以上所述，在运用中每种方法又可互相渗透，交错使用，读者可在实际工作中灵活掌握，切不可机械模仿，生搬硬套。

5.1.3 机床电气故障常采用的检修步骤

对于初学者来说，一旦机床出现电气故障，怎样去检修，如何确定检修步骤是很重要的。机床电气故障检修一般可分为以下几个步骤。

1. 准备工作

准备工作包括准备必须的工具、仪表、机床电路图和其他资料等。

2. 读图

对于要检修的机床，首先必须读懂电路原理图。如果原理图都弄不清楚，根本就无法进行检修。初学者对有的电路图一时弄不清楚，这不要紧，慢慢地读，在读图的过程中分清主电路、控制电路及其他部分，并将主电路和控制电路化整为零，明确哪部分控制电路控制哪部分主电路。慢慢习惯了，自然会读图了。

对于如何阅读和分析机床电路图已在项目1进行详尽论述，这里不再赘述。

3. 通过“一问、二看、三听、四摸、五操作”，弄清楚故障现象和故障发生前后的情况

一问：向机床操作者询问了解故障发生的前后情况；故障是突然发生的还是经常发生的？有什么异常现象出现？有什么失常现象等。这样准确掌握初始的第一手资料，有利于判断故障发生的部位，迅速找出故障点。

二看：认真观察机床电器或电路的表面情况。有的故障能一目了然，例如看元器件或导线连接处有无烧焦痕迹，熔断器内的熔芯是否熔断等。根据具体情况采取相应的措施予以排除，这样可以事半功倍。

三听：起动机床，听电动机、控制变压器、接触器、继电器等是否有异常声和闭合声。

四摸：当机床运行一段时间后，切断电源，用手摸有关电器的外壳或电磁线圈，检查是否有不正常的发热现象等。

五操作：从起动机床开始，对机床的所有功能进行一一操作演示，在一步一步的操作中仔细观察操作过程，从中查找发现机床的电气故障，以利于迅速准确无误地确定机床的电气故障范围。

4. 根据故障现象结合电路图分析故障大致范围

由以上“问、看、听、摸、操作”等过程基本弄清楚故障的现象后，这时即可结合电路图分析故障的大致范围，然后采用相应的检测方法，找出故障点。

现仍以图 5-1 来说明。故障现象为按下 SB_3，M_1不起动，这时就可以用“听”来分析判断是主电路的问题还是控制电路的问题。如果我们听到有接触器的闭合声，M_1不起动，这时可以断定为主电路的问题，应用电压法检测主电路的三相电压是否正常。若听不到接触器的闭合声，可断定为控制电路的故障，此时可用电压法、电阻法或短路法对电路进行检测，找出电气故障点。

5. 更换元器件

故障点找出后，需要更换元器件。更换元器件时，新的元器件必须符合机床原有元器件的标准，比如额定电压值、额定电流值、功率等。例如，接触器在更换时不但要注意它的额定电流值，还要注意它的额定电压值。机床上一般使用 110V 电压的接触器，绝对不能将额定电压为 24V 的接触器装上．否则会烧毁接触器线圈；也不能将额定电压为 380V 的接触器装上，这样将会造成接触器通电后接触器不闭合或吸力不足产生振动，使接触器线圈中电流增大而烧毁接触器线圈。

5.1.4 典型机床常见故障的类型分析

现以 CA6140 车床为例进行典型机床常见故障的类型分析。CA6140 车床电气原理图、电气安装接线图、部分电器在 CA6140 车床上的安装位置见图 1-101 ~ 图 1-103。

1. 漏电断路器合不上

1）未用钥匙将锁子开关 SA_3 断开。

2）电气箱盖子未盖好，开关 SQ_2 未压上。

2. 三台电动机均不能起动

1）挂轮箱罩未放上或未放好，使开关 SQ_1 压不上，SQ_1 触点不能闭合。

2）控制电路熔断器 FU_6 熔断器接触不良。

3）若指示灯 HL 不亮，动力配电箱总熔断器或熔断器 FU_3 熔断。

4）电源无电压。

3. 主轴电动机不能起动

1）热继电器已动作过，其常闭触点尚未复位。这时应检查热继电器 FR_1 动作的原因。可能的原因是：

① 长期过载。

② 热继电器规格选配不当。

③ 热继电器整定电流值太小。

待消除故障产生的因素后，再将热继电器触点按复位按钮复位。

2）接触器 KM_1 不吸合。可能是：

① 起动按钮内的触点接触不良，使 SB_1 不能接通。

② 接触器 KM_1 线圈引出线断开或已损坏。

③ 电动机 M_1 损坏，应修复或更换。

4. 按下主轴电动机起动按钮 SB_1，电动机发出嗡嗡声，不能起动

这是电动机缺一相电源造成的。可能的原因是：

1）动力配电箱熔断器一相熔断。

2）接触器 KM_1 有一对常开主触点接触不良。

3）电动机三根引出线有一根断线。

4）电动机绕组有一相绕组开焊。

发生这种故障时应立即切断电源，否则会烧坏电动机。排除故障后再重新起动，直到正常工作为止。

5. 主轴电动机起动后，松开起动按钮，电动机停止

该故障的原因是无自锁。接触器 KM_1 自锁用的常开辅助触点接触不良或接线松开。

6. 按下停止按钮，主轴电动机 M_1 不停止

1）接触器主触点熔焊在一起或被杂物卡住。也可能是有接触器铁心剩磁，使衔铁不能复位，主触点也就无法复位。

2）停止按钮常闭触点被卡住，不能断开。

3）停止按钮绝缘击穿。

7. 冷却泵电动机 M_2 不能起动

1）主轴电动机未起动，应先起动主轴电动机。

2）旋转开关 SA_2 触点不能闭合。

3）熔断器 FU_1 熔体熔断。

4）热继电器 FR_2 动作，未复位。

5）接触器 KM_2 线圈损坏。

6）冷却泵电动机已损坏。

8. 快移电动机不能起动

1）停止按钮 SB_2 触点不能闭合。

2）点动按钮 SB_3 不能闭合。

3）接触器 KM_3 线圈断线或损坏。

4）熔断器 FU_2 熔体熔断。

5）电动机 M_3 损坏。

9. 照明灯不亮

1）灯泡 EL 已坏。

2）照明开关 SA_1 已损坏。

3）熔断器 FU_5 熔体熔断。

4）变压器一、二次绕组烧毁。

10. 指示灯不亮

1）灯泡 HL 已坏。

2）灯泡底座接线断开。

3）熔断器 FU_4 熔体熔断。

5.1.5 CA6140 型普通车床电气控制电路故障检修实例

1. 三台电动机均不能起动

故障现象：合上电源总开关 QF，电源指示灯 HL 亮，但按下 SB_1、SB_3及扳动 SA_2，三台电动机均不能起动运转。

故障分析：扳动 SA_2，冷却泵电动机 M_2不能起动运转，是因为冷却泵电动机 M_2必须在主轴电动机 M_1起动后才能起动运转，故 M_2不能起动运转可以不考虑为故障。至于按下 SB_1、SB_3不起动运转，但当合上 QF_1时，电源指示灯 HL 亮，则可以认为是控制电路中 SQ_1 未闭合（挂轮箱罩未放上或未放好）、KM 及 KA_2线圈公共回路中有问题，故查找故障点应从它们的公共电路入手。

故障检查排除：合上电源总开关 QF，首先确定挂轮箱罩是否放上并放好。若 SQ_1 已闭合，分别按下 SB_1、SB_3，接触器 KM_1 和 KM_3 不闭合；按短路法用导线短接 2 号线和 4 号线，分别按下 SB_1、SB_3，接触器 KM_1 和 KM_3 仍不闭合；用导线短接 2 号线和 6 号线，再按 SB_1，接触器 KM_1 依然不闭合。可以怀疑是 FR_1 接点不通或者接触器 KM_1 和 KM_3 线圈的 0 号线与从控制变压器 TC 引出来的 0 号线有断点。将从控制变压器引出来的 0 号线与 KM_3 线圈的 0 号线用导线短接，并按 SB_3闭合，工作台快速移动电动机 M_3能点动运转，说明接触器 KM_1 和 KM_3 的 0 号线与从控制变压器 TC 引出来的 0 号线之间确有断点。仔细查找，发现控制变压器 0 号线接往接触器 KM_1 和 KM_3 线圈的接线脱落。经询问工作人员，被告之，在此之前，因机床照明原因有人检修过机床照明故障，但未修理好。接上脱线，故障排除。此故障属于人为扩大性故障。

2. 工作台不能快速移动

故障现象：扳动操作杆，压下点动按钮 SB_3，工作台不能快速移动。

故障分析：工作台不能快速移动，可能为主电路的问题，也可能为控制电路的问题。如何判别是主电路或控制电路问题？只要扳动操纵杆，压下点动按钮 SB_3，观察 KM_3 是否闭合就可以判断。

故障检查排除：扳动操纵杆，压下点动按钮 SB_3，KM_3 不闭合，由此确定为控制电路故障。按“短路法”，用导线将控制电路中 2 号线和 8 号线短接，KM_3 闭合；再用导线短接 2 号线和 4 号线，KM_3 闭合；这说明是点动按钮 SB_3常开触点接触不良，拆下 SB_3，发现 SB_3有油污垢，按下 SB_3，用万用表电阻档测量 SB_3常开触点电阻值为无穷大。更换 SB_3后，故障排除。

任务2　如何进行机床PLC控制系统的调试、故障分析与维护

目前，虽然机电PLC控制系统的应用已相当普及，但在某些场合，其调试、维修工作仍然有待于规范化。为了能够迅速、规范地完成现场的调试与维修工作，使得系统可靠、安全地工作，本任务将简要介绍PLC控制系统调试、维修的基本方法与具体步骤，供读者参考。

5.2.1　PLC控制系统的调试

1. 调试前的准备

技术资料是调试与维修工作的指南，它在调试与维修工作中起着至关重要的作用，借助于技术资料可以大大提高调试与维修工作的效率。

PLC控制系统的调试工作，一般来说都是由系统硬件、软件设计者本人承担，调试者应对设备、生产现场的控制要求非常了解，对自己设计的PLC程序了如指掌，因此，调试所需要的基本技术资料准备一般比较充分与具体。通常情况下，调试人员应具备以下资料，以便开展并完成调试工作。

1）设备的控制要求汇总表。

2）设备电气与PLC控制原理图。

3）设备电气与PLC接线图。

4）设备电气元器件与PLC布置图。

5）PLC使用手册、编程手册。

6）设备PLC程序清单（初稿）。

7）PLC特殊功能模块、专用控制装置（如变频器、驱动器等）的使用说明书等。

但是，设备到达生产现场（用户）后，PLC控制系统的调试工作有可能不是由设计者本人承担，因此，调试人员需要有对设备、生产现场的控制要求、系统设计思想的了解与熟悉过程，为此，现场调试人员应在以上资料的基础上增加以下资料：

1）设备的操作手册（包括设备的控制要求与动作过程）。

2）设备主要部件的结构原理示意图。

3）设备液压、气动、润滑系统图。

4）设备最终的PLC程序清单等。

设备的控制要求汇总表是系统设计的依据，也是检验系统软件、硬件设计正确与否的标准，在调试阶段，需要根据以上要求，逐一试验PLC用户程序的设计正确性。一般情况下，设备的控制要求汇总表仅仅是系统设计者的设计准备资料，并不向用户提供，因此，当非设计者本人进行调试与维修时，需要通过设备的操作手册（包括设备的控制要求与动作过程，安装和调整的方法与步骤等）、主要部件的结构原理示意图以及液压、气动、润滑系统图等，来熟悉设备控制要求，了解设备动作情况。

设备电气与PLC控制原理图、电气与PLC接线图、电气元器件布置图是检查系统硬件连接、安装的技术文件。在调试阶段或维修时必须以此为依据来检查系统的硬件

连接情况或确认故障部位，资料必须与实际电路、元器件安装相符合。

PLC 使用与编程说明书，既是调试人员调试用户程序，对 PLC 程序进行修改的参考资料，也是其他人员分析、理解 PLC 程序，详细了解、分析机床动作过程、动作条件、动作顺序以及各信号之间的逻辑关系的依据。用于最终调试或维修的 PLC 程序清单应是设备生产厂家的设计人员在完成调试后的最终版本。

虽然 PLC 程序可以通过从现场 PLC 下载等方法得到，但这样的 PLC 程序往往无注释，阅读程序需要花费一定的时间。为了调试与维修方便，最好使用生产厂家提供的、具有注释的 PLC 文件，生产厂家在设备出厂时也应予以提供。

PLC 特殊功能模块、专用控制装置（如变频器、驱动器等）的使用说明书，是系统中使用的功能模块、伺服驱动、变频器等特殊部件的原理与连接说明书。主要包括以上部件的连接与控制要求、调试要点等，它是系统调试与维修的重要参考资料。当设备中使用了控制装置、功能部件时，设备生产厂家也应将其提供给用户，以便这些部件发生故障时，调试、维修人员可以进行现场处理。

2. 调试与维修工具

合格的调试、维修工具是进行 PLC 系统调试与维修的基本条件。PLC 控制系统常用的调试与维修工具主要有以下几种。

（1）数字万用表　数字万用表可用于大部分电气参数的准确测量，以判别电气元器件的性能好坏。用于 PLC 系统调试与维修的数字万用表，应满足基本测量范围以及精度的一定要求。

（2）PLC 编程器　PLC 编程器主要用于 PLC 用户程序的输入、编辑、调试和监控。对于小型 PLC 简单顺序控制程序的现场调试与维修，可使用价格便宜、体积小、携带方便的便携式编程器；对于大型复杂 PLC 控制系统的调试与维修，必须使用能进行实时、动态显示，图形形象、直观的图形编程器。

（3）示波器　当 PLC 系统中使用脉冲输入输出模块、模拟量输入输出模块等功能模块时，调试与维修时需要使用示波器。示波器可以用于检测系统中的高速脉冲信号、连续模拟量信号的动态波形，如脉冲输出、脉冲输入波形，编码器、光栅的输出波形，测速反馈等模拟量输入、速度给定等模拟量输出的动态波形等，还可以用于检测系统中的其他部件，如开关电源、显示器等装置的各级电压、电流波形。示波器在 PLC 控制系统调试、维修时，可以根据系统的实际情况酌情使用。用于 PLC 系统调试、维修用的示波器，通常选用频率带宽为 10～100MHz 的双通道示波器。

3. 调试前的基本检查

为了保证调试工作的顺利进行，在进行系统调试前，应根据系统设计规定的要求，认真对照系统、设备的设计要求与图样，进行各项检查。尽可能排除设备在安装、制造过程中存在的各类问题，改正控制系统在安装、连接等过程中可能存在的不合理、不正确因素。

（1）设备基本状况检查　设备基本状况检查通常包括如下内容：

1）机械部件检查

① 设备的机械、液压、气动部件是否已经安装就绪？设备的工作条件是否均已经

符合运行的要求？

② 设备的可动部件是否均已经可以自由移动？可动部件的停止位置是否恰当？

③ 设备的各种检测开关、传感器是否能够可靠发出信号？位置的调整是否合适？是否已经可靠安装与固定？

2）外部条件检查

① 设备的进线电源电压、频率、接地线、接地电阻是否满足设备要求？

② 设备的工作环境（温度、湿度等）是否满足 PLC 工作条件。电气柜、操纵台等部件的安装位置是否受到阳光的直射？

③ 设备的周围是否有强烈振动或者其他强电磁干扰设备？如果有，是否已经对设备采取了有效的减振、电磁屏蔽与防护措施？

④ 设备的周围是否有足够的维修空间？

（2）电气检查

1）部件安装检查

① 电气柜安装、固定、密封是否良好？是否能够有效防止切削液或粉末进入柜内？空气过滤器（如果安装）清洁状况是否良好？

② 电气柜内部的风扇、热交换器等部件是否可以正常工作？PLC 上的防尘罩（防尘纸）是否已经取下？

③ 电气柜内部的 PLC 模块、其他控制装置的表面、内部是否有线头、螺钉、灰尘、金属粉末等异物进入？

④ 控制系统各模块、部件的数量是否齐全？模块、部件的安装是否牢固、可靠？

⑤ 系统的总线、扩展电缆是否已经正确连接？连接器插头是否完全插入、拧紧？模块地址设置（如需要）是否正确？

⑥ 系统操作面板上的按钮有无破损？安装是否可靠？设定位置是否正确？

⑦ 继电器、电磁铁以及电动机等电磁部件的噪声抑制器是否已经按照要求安装？

2）部件连接检查

① 电气柜与设备间的连接电线是否有破损？电缆拐弯处是否有破裂、损伤现象？

② 电源线与信号线布置是否合理？电缆连接是否正确、可靠？

③ 机床电源进线是否可靠接地？接地线的规格是否符合要求？

④ 信号屏蔽线的接地是否正确？端子板上接线是否牢固、可靠？系统接地线是否连接可靠？

⑤ 系统的总线、扩展电缆是否已经正确连接？连接器插头是否完全插入、拧紧？模块地址的设置（如需要）是否正确？

⑥ 全部低压 PLC 输入端（如 DC24V）与高压（如 AC220V）控制电路间有无短路或不正确的连接？

⑦ 全部 PLC 的输出有无“短路”现象？

4. PLC 现场调试的基本步骤

PLC 的现场调试是检查、优化 PLC 控制系统硬件、软件设计，提高控制系统可靠性的重要步骤。为了防止调试过程中可能出现的问题，确保调试工作的顺利进行，现场调试应在完成控制系统的安装、连接、用户程序编制后，按照规定的步骤进行。

尽管在不同场合使用的PLC型号、控制对象、控制要求各不相同，但PLC控制系统现场调试的基本方法与步骤相似。通常来说，调试应按照图5-5所示的步骤进行。

由图5-5可见，PLC控制系统的现场调试主要可分为调试前的基本检查、硬件调试、软件调试三个阶段。

调试前的检查包括PLC安装检查、连接检查、电源电压检查等步骤，检查的具体要求已在前节叙述。其中，特别需要注意以下几点。

① 调试（通电）前应确保PLC上的防尘纸已经取下。

② PLC各输入、输出模块的地址已经正确分配与设定（需要时），且I/O信号的地址已经做了明确的标记。

③ PLC必须已经按照要求进行可靠接地，接地系统必须符合规范。

④ 确认PLC全部低压输入端（如DC24V）与高压（如AC220V）控制电路间无短路或不正确的连接。

⑤ 确认全部PLC的输出无“短路”现象。

⑥ 确认PLC的扩展连线已经可靠连接，且已经安装终端电阻（需要时）。

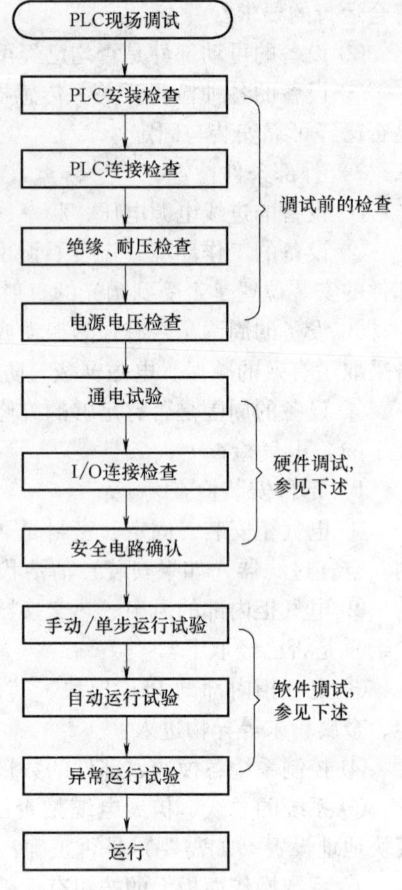

图5-5　PLC现场调试步骤

在以上检查完成后可以进入如下的PLC控制系统的试运行阶段（包括硬件调试与软件调试两个阶段）。

5. PLC硬件调试

在基本检查确认无误后，可以进一步进行PLC控制系统的硬件调试。PLC的硬件调试主要可分为通电检查、手动旋转电动机试验、I/O连接检查、安全电路确认四部分。

（1）通电检查　通电检查的主要目的是确认强电控制电路以及PLC外围电路的工作情况。以图5-6a所示的主电路与图5-6b所示控制电路为例，通电检查可以按以下步骤进行。

1）首先将PLC运行开关置“STOP”，停止PLC的运行，并将电气控制系统的全部断路器（俗称自动开关）均置于“OFF”状态。

2）根据电气控制原理图的要求，依次设定、检查各种断路器、热继电器等的保护电值。如在图5-6中Q_2应设定0.25A，确认F_5、F_6、F_{12}均为2A等。

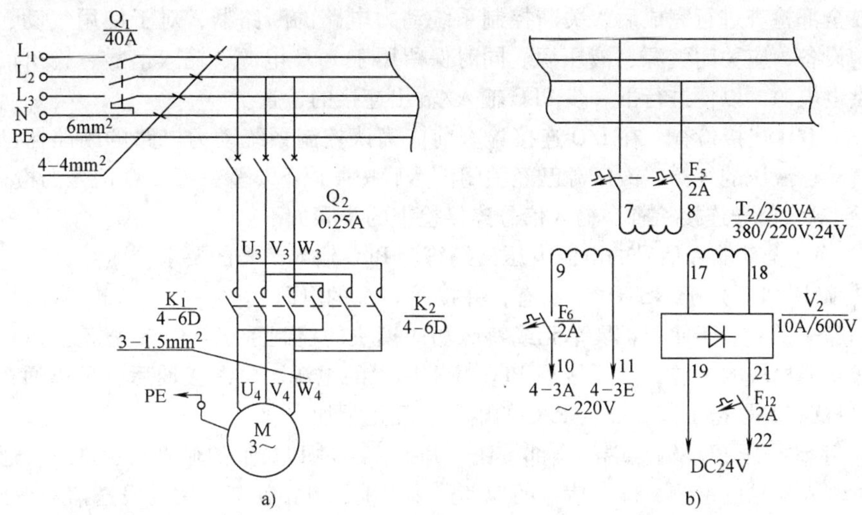

图 5-6 通电检查电路举例

a）主电路 b）控制电路

3）检查设备电源输入，并确认与电气控制原理图设计要求相符合。如在图 5-6 中 L_1、L_2、L_3 间线电压为 AC380V，$L_{1\text{-}N}$、$L_{2\text{-}N}$、$L_{2\text{-}N}$间相电压为 AC220V 等。

4）合上总电源开关，按照电气控制原理图，逐页、依次测量检查各电路连接点的电压，确认符合原理图的要求。如在图 5-6 中 Q_2 及 F_5 上两端点之间的电压为 AC380V 等。

5）按照电气控制原理图，逐页、依次合上各断路器，依次测量检查各电路连接点的电压，确认符合原理图的要求。如在图 5-6a 中，首先接通 Q_2，检查接触器 K_1、K_2 上端 U_3、V_3、W_3 每两点间的电压为 AC380V。在图 5-6b 中，首先接通 F_5，检查变压器 T_2 的一次绕组 7-8 两点间电压为 AC380V，T_2 二次绕组的电压：9-11 两点间电压为 AC220V；17-18 两点间电压为 AC24V；19-21 两点间电压为 DC24V 等。然后接通 F_6，测量 10-11 两点间电压为 AC220V；接通 F_{12}，测量 19-22 两点间电压为 DC224V 等。

注意：检查过程中如出现断路器“跳闸”或者不能合上的情况，表明相应的电路中存在短路，应立即检查对应电路，找出短路点，然后才能进行下一步试验。

（2）手动旋转电动机试验　在合上全部断路器，并测量无误后就可以进行电动机的旋转试验。电动机旋转试验应通过手动按下接触器上部的机械联锁部件进行，不可以使用线圈通电的形式试验。

如在图 5-6a 中，应手动按下接触器 K_1 上部的机械联锁部件，并确认电动机转向与要求相符（正转），必要时交换电动机电枢的“相序”，确保转向正确。然后手动按下 K_2 上部的机械联锁部件，并确认电动机转向与要求相符（反转）。

注意：为防止手动旋转电动机检查过程中，出现因接触器辅助触点的“吸合”而引起其他电路的接通，应断开 AC220V 或 DC24V 等控制电路中断路器，切断控制电路的电源，如图 5-6b 中的 F_6、F_{12}或 F_5 等。

在全部检查进行完成后，关断控制系统动力电路的断路器，对于使用气动、液压控制的设备，应关闭气源、液压源。同时保留用于 PLC 电源、输入信号、输出信号的外部供电电源，以便进行下一步 PLC 输入/输出连接的检查。

（3）I/O 连接检查　在 I/O 连接检查前应确认控制系统动力电路的断路器已经断开，气动、液压的气源、液压源已经关闭。然后按照以下步骤进行 I/O 信号的检查。

1）输入信号连接检查。输入信号连接检查的步骤如下：

① 确认全部输入信号的电源电压已经符合 PLC 输入信号的要求。

② 确认 PLC 处于“STOP”状态，并接通 PLC 的电源。

一般来说，对于使用扩展单元或特殊功能模块的控制系统，应首先接通 PLC 扩展单元或功能模块的电源，然后接通 PLC 基本单元的电源。电源接通后，可以通过 PLC 上的“POWER”指示灯，确认 PLC 的电源已经正常加入。

③ 手动按压 PLC 输入端的全部按钮、开关，通过 PLC 上的输入指示灯或者通过编程器对输入信号的检测，确认信号的地址连接正确，且按钮与开关的发送信号正常。

④ 对于接近开关类的检测信号输入，应利用其他发信装置（如螺钉旋具等）代替“发信挡块”进行试验，确认信号地址与接近开关的动作。对于信号无法通过手动方式进行发信的输入点，也应在检测元件侧通过对输入信号的“短接”等方式对其连接情况与地址进行检查确认。

2）输出信号连接检查。输出信号连接检查的步骤如下：

① 确认全部输出点外部无短路，且输出点的外部电源电压已经符合 PLC 对输出信号的要求。

② 确认 PLC 处于“STOP”状态，且 PLC 的电源已经正常加入。

③ 在调试现场有编程器的场合，通过对输出信号的强制 ON/OFF，检查输出端连接的执行元件动作情况与输出地址连接的正确性。

④ 在现场无编程器或无法对 PLC 输出进行强制 ON/OFF 的场合，也应通过对 PLC 的输出进行模拟（如“短接”PLC 输出点两端）动作，检查 PLC 输出地址连接与对应的执行元件动作情况。

（4）安全电路确认　安全电路是指用于设备紧急分断、安全保护等的保护电路，这部分电路必须由继电器-接触器等电磁动作元件所组成，而不可以通过 PLC 进行控制，电路的具体设计方法与要求可以参见本书项目 3 的有关内容。

在进行 PLC 软件调试前，必须对电路中的安全电路的动作进行一一确认，保证控制系统的保护电路能够可靠动作，真正起到安全保护的作用。对于紧急分断电路，应进行多次通断试验，确认其安全性与可靠性。

6. PLC 软件调试

在 PLC 硬件调试完成后，就可以进行 PLC 控制系统的软件调试。在 PLC 的软件调试前，应首先利用外部编程器对所编制的程序进行语法、程序结构等检查，排除程序中的语法与结构错误。然后将程序输入 PLC，并根据如下步骤进行软件调试。

（1）手动/单步运行试验　PLC 软件调试的第一步应对程序中的动作进行手动/单步运行试验，试验的基本方法与步骤如下：

① 确认控制系统中动力电路的断路器已经断开，气动的气源、液压的液压源都已切断。

② 检查 PLC 内部程序，确认输入程序正确。

③ 接通 PLC 电源，将 PLC 运行开关置于“RUN”位置，使 PLC 进入运行状态。

④ 确认 PLC 的“POWER”、“RUN”指示灯亮。当 PLC 出现诸如“PROG-E”、“CPU-E”、“ERROR”、“BATTERY ERROR”之类报警灯亮时，表明 PLC 存在软件、硬件、电池等方面的报警，应首先排除故障，然后进行进一步的调试。

⑤ 根据 PLC 程序的设计，在设备手动运行方式下逐一对机械的动作进行单步调试，并通过观察 PLC 的输出确认动作的正确性。

在单步调试时，最好在断开动力电路、气动的气源、液压的液压源的情况下进行；对于调试过程中需要的开关动作，可以通过手动发信的方式进行。

⑥ 通过观察 PLC 的输出，在全部单步动作的正确性得到确认后，可以接通动力电路、气动的气源、液压的液压源，进行实际机械动作试验，确认机械部件动作正常。

⑦ 逐一调整机械运动部件的动作，检测开关的检测位置等，使得机械部件的运动速度、工作压力、工作行程等参数与设计要求相符合。

（2）自动运行试验　在手动/单步运行试验完成后，可以进行系统的自动运行试验。自动运行试验原则上应在系统全部动力电路、气动的气源、液压的液压源正常工作的情况下进行。试验时应注意以下几点：

① 自动运行试验建议分步进行，即对机械部件的特定部分，通过采取必要的措施（如采用手动发信等方式）进行单独的自动循环试验。然后再进行整体试验。

② 为避免自动运行过程中可能出现的问题，对于运动部件，可以通过调整检测开关、发信元件位置等方式减少机械部件的实际运动行程，以保证运动行程留有足够的余量，防止事故发生。

③ 在全部自动运行动作试验完成后，恢复运动部件的检测开关、发信元件的位置，进行整体试验。

（3）异常运行试验　异常运行试验的目的是提高系统可靠性，尽可能避免不应有的事故发生。异常运行试验可以进行如下几项：

① 外部突然断电实验。当设备在手动或自动运行时，不论在何种情况下，对于外部的突然断电，均能可靠停止，且通过规定的操作步骤能使设备恢复正常工作。

② 紧急分断试验。当设备在手动或自动运行时，不论在何种情况下，对于紧急分断操作（如按下控制面板上的急停按钮），均能使得设备可靠停止，且通过规定的操作步骤能恢复正常工作。

③ 检测开关不良试验。应考虑到系统检测开关不良的可能性，特别是对于容易产生机械部件碰撞、干涉、影响安全的部件，应对行程终点检测等信号作异常试验，必须保证即使某一检测开关不良或者损坏，仍然不会发生安全事故。

④ 执行元件不良试验。应考虑到系统执行元件不良的可能性，特别是对于容易产生机械碰撞、干涉、影响安全的执行部件，应对其进行异常试验，必须保证即使某一执行元件不良或者损坏，仍然不会发生安全事故。

⑤ 保护电路动作试验。应考虑到系统保护电路动作的可能性，特别是对于断路器

等保护器件，应对其进行异常试验，必须保证在保护器件动作时，设备能够可靠停止，且通过规定的操作步骤，能恢复正常工作。

5.2.2 PLC 控制系统的故障分析

当 PLC 控制系统在调试或运行过程中出现故障时，首先应进行故障分析。通过故障分析，一方面可以迅速查明故障原因，排除故障；另一方面也可以起到预防故障的发生与扩大的作用。一般来说，PLC 控制系统故障分析的主要方法有以下几种：

1. 常规分析法

(1) 测量检查法　测量检查法是通过对故障设备的机、电、液等部分进行测量检查，以此来判断故障发生原因的一种方法。测量检查法通常包括以下内容：

① 检查电源的规格（包括电压、频率、相序、容量等）是否符合要求。

② 检查 PLC 控制系统中的各控制装置与控制部件，如伺服驱动器、变频器、电动机、输入/输出信号等的连接是否正确、可靠。

③ 检查 PLC 控制系统中的各控制装置与控制部件是否安装牢固，接插部位是否有松动。

④ 检查系统中的各控制装置与控制部件的设定端、电位器的设定、调整是否正确。

⑤ 检查液压、气动、润滑部件的油压、气压等是否符合要求。

⑥ 检查电气元器件、机械部件是否有明显的损坏等。

(2) 动作分析法　动作分析法是通过观察、监视实际动作，判定动作不良部位，并由此来追溯故障根源的一种方法。

一般来说，设备中采用液压、气动控制的部位，可以根据设计时的动作要求，通过每一步动作的动作条件与动作过程进行诊断来判定故障原因。当故障在某一动作发生时，首先可以检查输入信号的条件是否已经满足，然后检查 PLC 输出是否已经接通、执行元件是否动作，在此基础上，判断出故障存在的部位。

当 PLC 输入条件未具备时，应首先检查输入信号，找到相应的传感器、开关，检查其发信情况，确定是传感器、开关原因，还是连接原因。如果 PLC 输入条件已经具备，但 PLC 无输出信号时，可以确认故障与 PLC 程序有关，应检查 PLC 程序。如果 PLC 输出已经接通，但执行元件没有动作时，故障与 PLC 输出连接、执行元件的连接、执行元件的强电控制电路的“互锁”等有关。当执行元件已经动作，但实际动作不正确或者无动作时，故障与设备的机械、液压、气动等方面的因素有关。

(3) 动态检测法　动态检测法是通过动态监测 PLC 程序梯形图判定故障原因的一种方法，这一方法在系统维修过程中使用最广。

在绝大部分 PLC 控制系统中，借助于 PLC 的图形编辑器或者安装有 PLC 开发软件的计算机，可以对执行中的 PLC 程序进行动态监控，通过观察确定程序中哪些条件输入信号或者内部继电器的条件没有具备，以及造成条件不具备的原因。

通过动态检测法，可以借助于 PLC 的图形编辑器，迅速找到故障的原因，在 PLC 系统调试与维修过程中使用最广。

2. PLC 自诊断

PLC 控制系统故障可以分为外部设备故障（如 I/O 信号动作不正确、输入/输出装置不良等）、程序错误以及 PLC 本身不良等几种类型。其中，前两者属于 PLC 应用故障，一般可以利用常规分析法，通过对 I/O 信号的检测与程序的调试予以解决，它与 PLC 本身无关。根据系统控制对象的不同和程序的区别，故障千差万别，无法进行一一介绍，因此，本节所述的所谓“PLC 故障”，仅仅是针对 PLC 本身所出现的故障而言。

PLC 故障诊断，一般可以借助于 PLC 的自诊断功能进行。PLC 自诊断的结果，可以通过观察设置于 PLC 基本单元（或模块上）的状态指示灯的信号，以及读出 PLC 特殊内部继电器的状态进行。两种诊断方法有所区别。

（1）利用指示灯的故障诊断　一般来说，PLC 基本单元以及 PLC 模块（主要是 CPU 模块）均安装有若干状态指示灯（LED），用于指示 PLC 的工作状态与内部报警。

PLC 状态指示灯的数量与显示的内容，根据 PLC 的不同有所不同，指示灯代表的详细含义需要查阅 PLC 的使用手册。其中，最基本的 PLC 状态指示灯及所代表的含义通常如下：

① 电源指示灯（POWER，英文标记可能略有区别，下同）：用于指示 PLC 的输入电源。指示灯亮，表明 PLC 的电源已经正常输入。在 PLC 正常工作时，此指示灯应一直亮着。

② PLC 错误指示灯（ERR）：用于指示 PLC 的故障。指示灯亮，表示 PLC 的硬件或者软件存在故障，一般情况下 PLC 将停止工作，故障原因需要通过进一步的诊断予以确认。

③ 电池故障指示灯（BATT）：用于指示 PLC 内部电池的状态。指示灯亮，表示 PLC 的内部电池电压过低，一般情况下 PLC 仍然可以正常一段工作时间，但应尽快更换电池，以避免数据的丢失。

④ 运行指示灯（RUN）：用于指示 PLC 的运行情况。指示灯亮，表明 PLC 处于正常工作状态，PLC 内部无故障或无重大故障。

对于 PLC 的其他指示灯，其代表的含义可以根据实际 PLC 的型号与生产厂家查阅 PLC 随机提供的使用手册。

（2）利用特殊内部继电器的故障诊断　由于 PLC 基本单元以及 PLC 模块上的状态指示灯较少，它只能指示 PLC 的最基本工作状态，而对于发生故障的具体内容与原因，无法通过指示灯予以进一步确认。因此，还需要通过更为具体的自诊断功能指明故障原因，缩小故障范围。在 PLC 中，这一功能通常由 PLC 的特殊内部继电器或专用数据寄存器完成。

在 PLC 内部，一般有大量的特殊内部继电器或专用数据寄存器，用于寄存 PLC 的实际工作状态与故障自诊断结果。这些特殊内部继电器与专用数据寄存器的内容不仅可以通过编程器读出后，作为 PLC 诊断的状态显示，而且可以像其他内部继电器与数据寄存器一样，在 PLC 用户程序中使用（只能读出其内容或者使用其“触点”，不能对其内容进行写入）。因此，充分利用这些状态信息，不但可以方便故障诊断，还能够提高 PLC 用户程序的可靠性。

用于寄存 PLC 状态的特殊内部继电器或专用数据寄存器数量众多，内容、地址各不相同，具体使用时，应查阅 PLC 随机提供的使用手册。

5.2.3 PLC 控制系统故障分析流程

1. 基本故障的分析流程

（1）电源指示灯 POWER 不亮的故障分析　几乎所有的 PLC 上都安装有电源指示灯，通过电源指示灯，可以初步诊断外部电源的基本情况。电源指示灯一般都安装于 PLC 的基本单元模块（基本单元加扩展型 PLC）或电源模块（模块化结构 PLC）上，只要接通外部电源，模块上的 POWER 指示灯就应该立即点亮。

如果 POWER 指示灯不亮，表明 PLC 内部电源不能建立或外部无输入电源。POWER 指示灯不亮的故障原因一般与外部电源连接有关。此外，电源模块的安装不良、负载电流过大、电源模块本身的不良，也是引起故障的可能原因。

故障的分析与检查流程如图 5-7 所示。

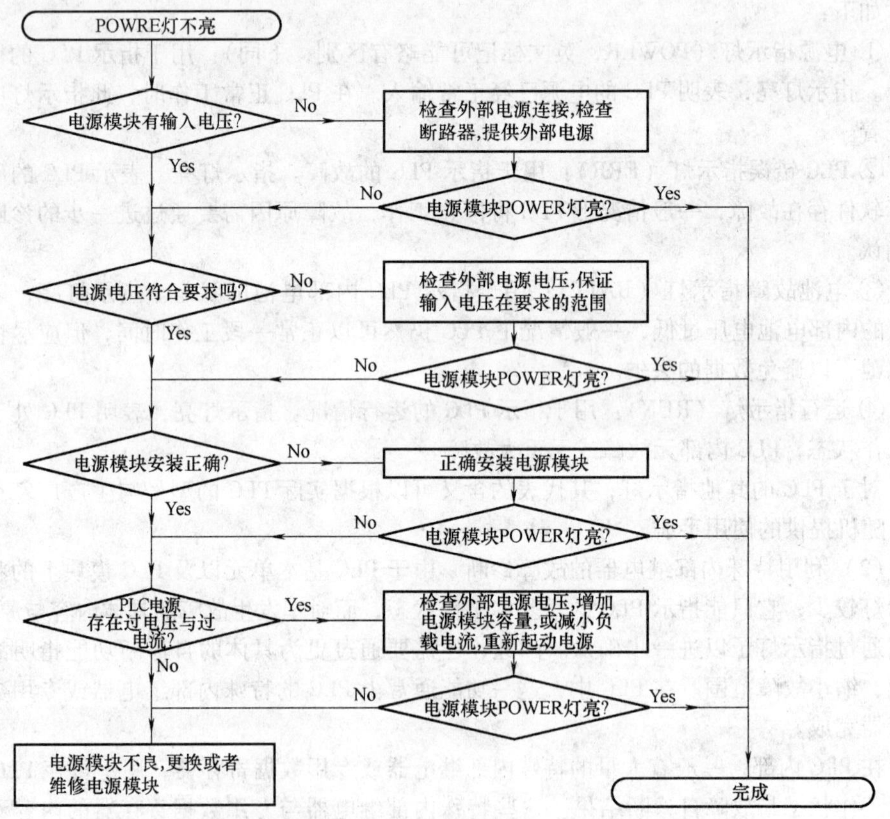

图 5-7　电源指示灯 POWER 不亮的故障分析与检查流程

（2）CPU 错误指示灯亮或闪烁的故障分析　错误指示灯 ERR 在日本三菱 Q 系列 PLC 中，安装于 CPU 模块上，用于指示 PLC 的自诊断情况。当 PLC 在开机过程中或运行过程中检测到错误时，指示灯 ERR 亮或闪烁。具体的故障原因，可以通过编程器，利用 GX Developer 软件的诊断操作，读取 PLC 内部特殊继电器或特殊寄存器的信息得到。在日本三菱 FX 系列 PLC 中，ERR 指示灯对应于 CPU-E 指示，指示灯亮或闪烁的故障原因与 Q 系列有所不同，但故障分析与检查的过程与方法类似。

Q 系列 PLC ERR 指示灯亮或闪烁的故障分析流程如图 5-8 所示。

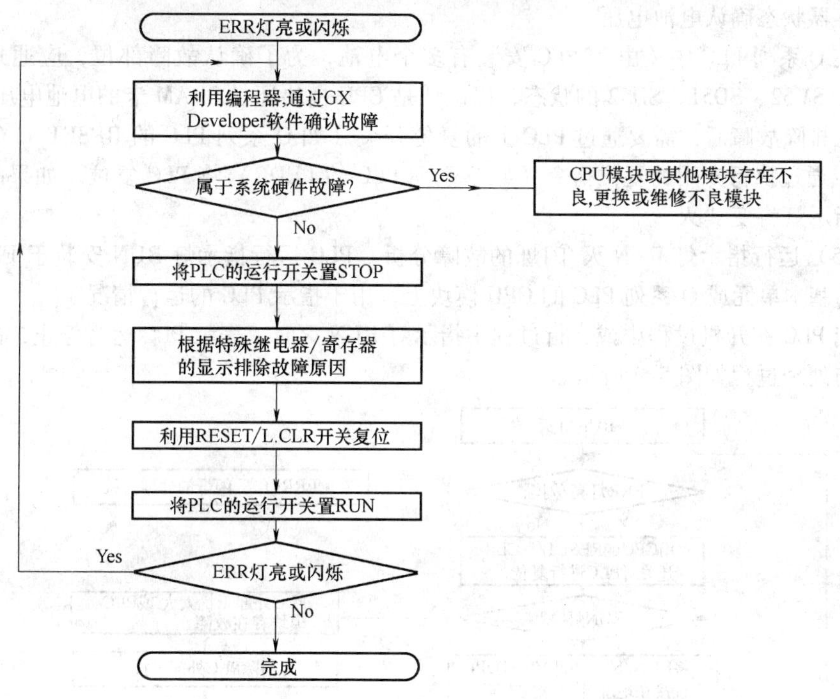

图 5-8　ERR 指示灯亮或闪烁的故障分析流程

（3）用户程序错误指示灯亮的故障分析　用户程序出错指示灯在 Q 系列 PLC 中安装于 CPU 模块上，指示灯标记为 USER；在 FX 系列 PLC 中安装于基本单元上，指示灯标记为 PROG-E。

该指示灯用于指示 PLC 用户程序的执行情况。当 PLC 在开机或运行过程中检测到用户程序存在错误时，指示灯 USER（或 PROG-E）亮。

USER（或 PROG-E）指示灯亮故障的分析需要借助编程器，通过 GX Developer（或 FX-PCS/WIN）软件检测 PLC 内部特殊继电器与特殊寄存器的状态，对故障发生的具体原因进行确认。

在排除故障后，需要通过 PLC 上的复位开关（如 Q 系列 PLC 的 RESET/L. CLR 开关），或通过执行专用的复位指令（如 Q 系列 PLC 的 LEDR）将 PLC 复位。如果故障排除，指示灯将变“灭”。

注意：Q 系列 PLC 在执行 PLC“清零”操作时（RESET/L. CLR 开关置 L. CLR 位数次），USER 指示灯将闪烁，表示 PLC 正在进行“清零”操作。当 USER 指示灯闪烁时，再次将 RESET/L. CLR 开关置 L. CLR 位，USER 指示灯将变“灭”，并且结束“清零“操作。

(4) 电池报警指示灯亮的故障分析　电池报警 BAT 或 BATT. V 指示灯安装于 FX 系列 PLC 的基本单元或 Q 系列 PLC 的 CPU 模块上。电池报警指示灯亮，表示 PLC 的内部电池电压过低，应尽快更换电池。

在三菱 PLC 中，当指示灯亮时，还可以通过编程器检测 PLC 内部特殊继电器与特殊寄存器状态确认电池电压。

在 Q 系列 PLC 中，由于 PLC 安装有多个电池，为了确认故障部位，应通过检查 SM51、SM52、SD51、SD52 的状态，以确认是 CPU 模块还是 SRAM 卡的电池电压低。

在排除故障后，需要通过 PLC 上的复位开关（如 Q 系列 PLC 的 RESET/L. CLR 开关）或通过执行专用的复位指令（如 Q 系列 PLC 的 LEDR）将 PLC 复位。如果故障排除，指示灯将变“灭”。

(5) 运行指示灯 RUN 灭/闪烁的故障分析　PLC 运行指示灯 RUN 安装于 FX 系列 PLC 的基本单元或 Q 系列 PLC 的 CPU 模块上，用于指示 PLC 的运行情况。

当 PLC 在开机过程中或运行过程中指示灯 RUN 灭时，表示 PLC 运行停止，故障的分析与处理过程如图 5-9 所示。

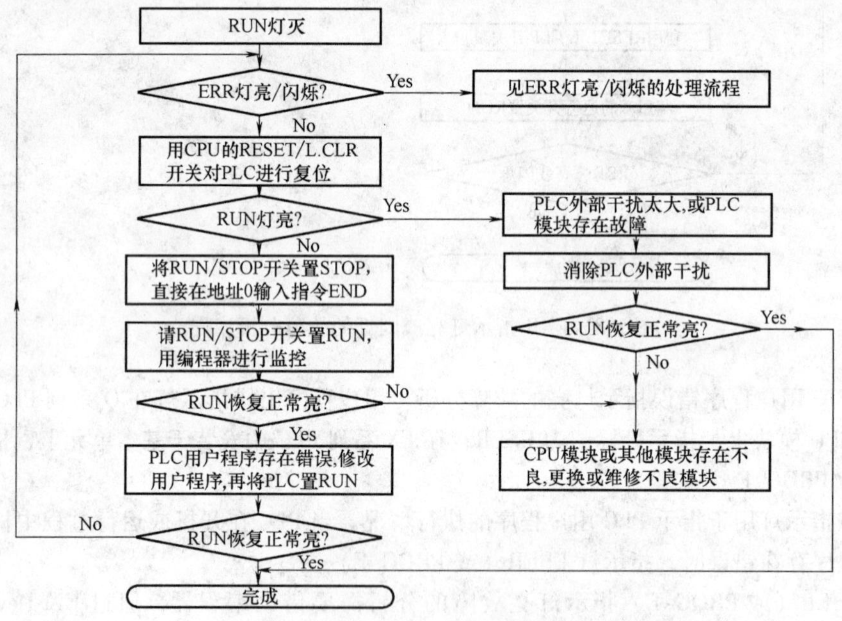

图 5-9　指示灯 RUN 灭时的检查流程

如果 PLC 出现 RUN 灯闪烁，可能是由于操作不正确引起的故障，如在 PLC 停止时写入了 PLC 程序或参数，在程序、参数写入完成后，直接将 RUN/STOP 开关设定到了 RUN。

在这种情况下，PLC 本身无故障，但由于操作不正确，仍然会导致 PLC 的停止。解决的方法是对 PLC 进行复位，然后再将 PLC 设定到 RUN 即可。

(6) PLC 输入指示灯不亮的故障分析　PLC 输入指示灯安装于各自的输入模块上，用于指示 PLC 输入信号的状态。当设备侧输入发信时，对应的指示灯亮。如输入发信时（对应 PLC 输入端有信号输入），指示灯不亮，可能的原因有：

① 采用汇点输入（无源）时，信号的接触电阻太大或负载过重、短路引起了 PLC 内部电源电压的降低、保护，使得输入电流不足以驱动 PLC 的输入接口电路。

② 采用源输入（有源）时，因信号的接触电阻太大或输入信号的电压过低，使得输入电流不足以驱动 PLC 的输入接口电路。

③ 输入端子的接触不良或输入连接线连接不良。

④ 当故障发生在扩展单元时，可能是基本单元与扩展单元间的连接不良。

⑤ PLC 输入接口电路损坏。

测量 PLC 输入电压，检查模块安装与连接，在确认正确后，更换输入模块或进行输入模块的维修与处理。

（7）PLC 输出指示灯不亮的故障分析　PLC 输出指示灯安装于各自的输出模块上，PLC 输出指示灯用于指示 PLC 输出信号的状态。当输出指示灯不亮时，按照图 5-10 所示的检查流程，检查、确定故障原因。

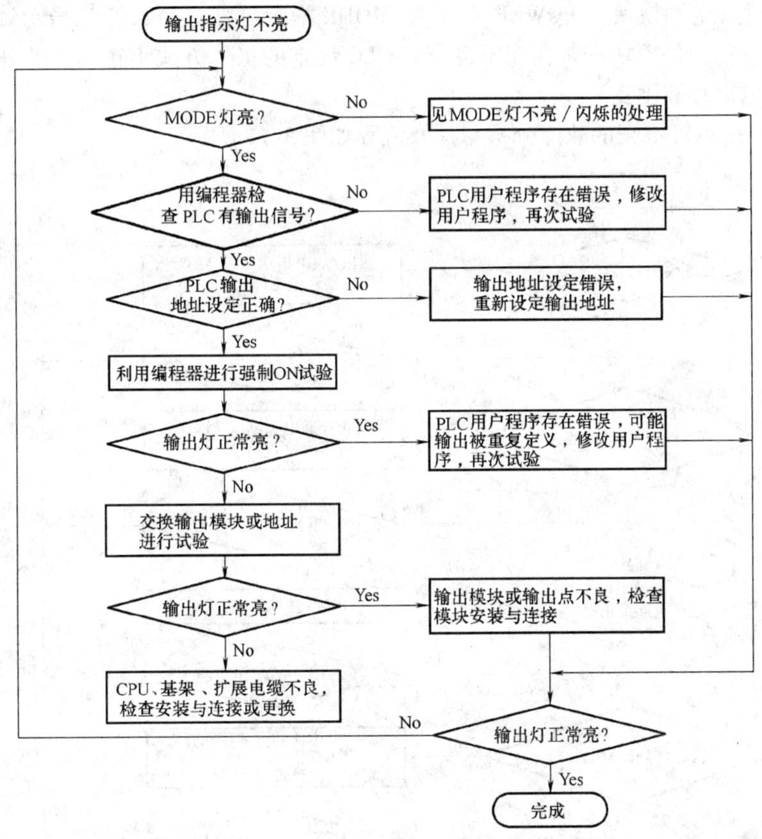

图 5-10　输出指示灯不亮的检查流程

当利用编程器检查，确认 PLC 输出已经为“1”，且更换模块后 PLC 输出可以正常输出时，如对应的指示灯还是不亮，在检查输出模块安装、连接正确的基础上，可以确认故障是 PLC 输出模块或对应的输出点本身不良引起的。

输出模块、输出点本身不良可能的原因有：

① 采用汇点输出（无源）时，可能 PLC 输出接口电路损坏。

② 采用源输出（有源）时，因输出负载过重、短路引起了 PLC 内部电源电压的降低、保护。

③ 当故障发生在扩展单元时，可能是基本单元与扩展单元间的连接不良。

④ PLC 输出接口电路损坏等。

测量 PLC 输出电压，检查模块安装与连接，在确认正确后，应更换输出模块或进行输出模块的维修与处理。

2. 模式与引导系统故障的分析流程

（1）模式指示灯 MODE 不亮或闪烁的故障分析　模式指示灯 MODE 仅用于 Q 系列 PLC，它安装于 CPU 模块上（Q00/Q01 型 CPU 除外），用于指示 PLC 硬件模块的安装情况与工作方式。一般来说，只要 PLC 硬件模块的安装与工作方式设定正确，在接通外部电源后（电源模块上 POWER 灯亮），MODE 指示灯亮。如 MODE 指示灯不亮，代表 PLC 系统的硬件模块安装存在不良或者 PLC 设定的工作方式不正确，此外，也可能是 PLC 的电源存在不良。

MODE 指示灯不亮的故障分析与检查流程如图 5-11 所示。

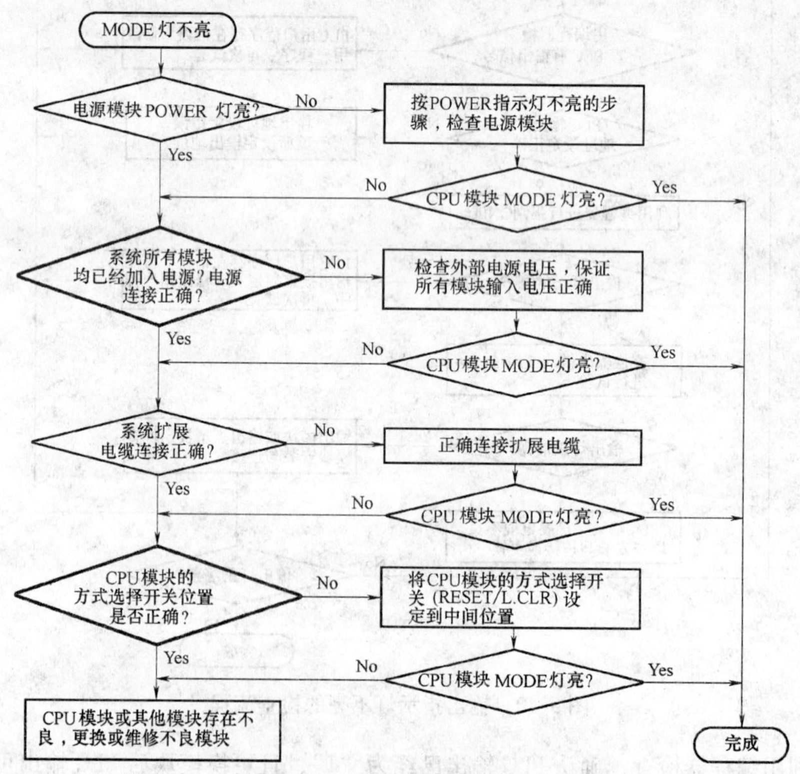

图 5-11　MODE 指示灯不亮的故障分析与检查流程

如 MODE 指示灯闪烁，故障应与 PLC 电源无关，通常原因是 PLC 设定的工作方式不正确。MODE 指示灯闪烁的故障分析与检查流程如图 5-12 所示。

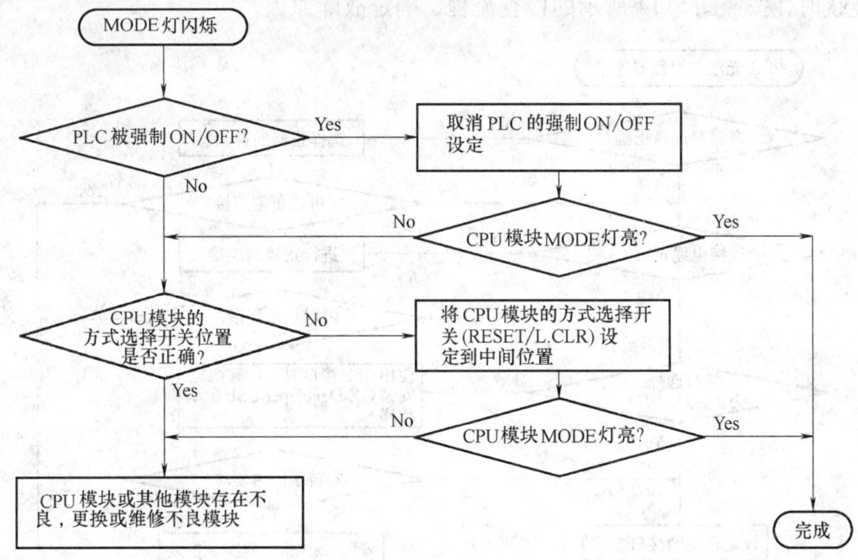

图 5-12 MODE 指示灯闪烁的故障分析与检查流程

（2）起动指示灯 BOOT 闪烁的故障分析　起动指示灯 BOOT 仅用于 Q 系列 PLC，它安装于 CPU 模块上（Q00/Q01 型 CPU 除外），用于指示 PLC 引导系统起动的情况。当 PLC 在开机或运行过程中检测到引导系统错误时，指示灯 BOOT 闪烁。BOOT 指示灯闪烁故障的分析与处理流程如图 5-13 所示。

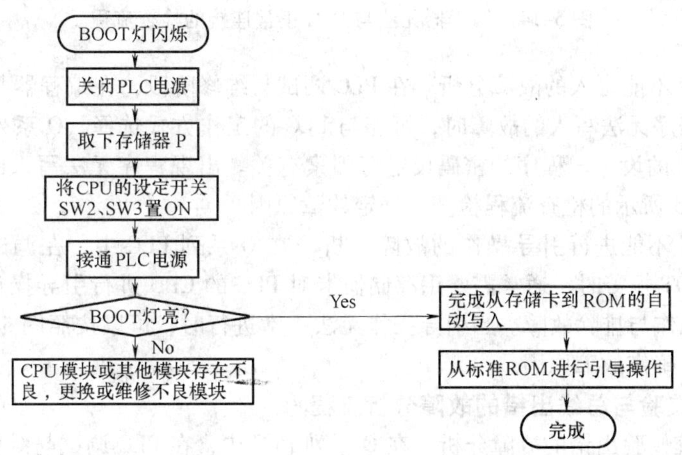

图 5-13 BOOT 指示灯闪烁的故障分析与处理流程

3. 操作、编程故障的分析流程

（1）编程器不能与 PLC 正常连接的故障分析　在 PLC 调试与维修阶段，编程器是最为常用、最为重要的调试仪器。当编程器无法与 PLC 连接时，就无法进行 PLC 的动态监控与检测，也无法读取 PLC 内部特殊继电器、特殊寄存器的状态。编程器无法与 PLC 连接时，按照图 5-14 所示的检查流程，确定故障原因。

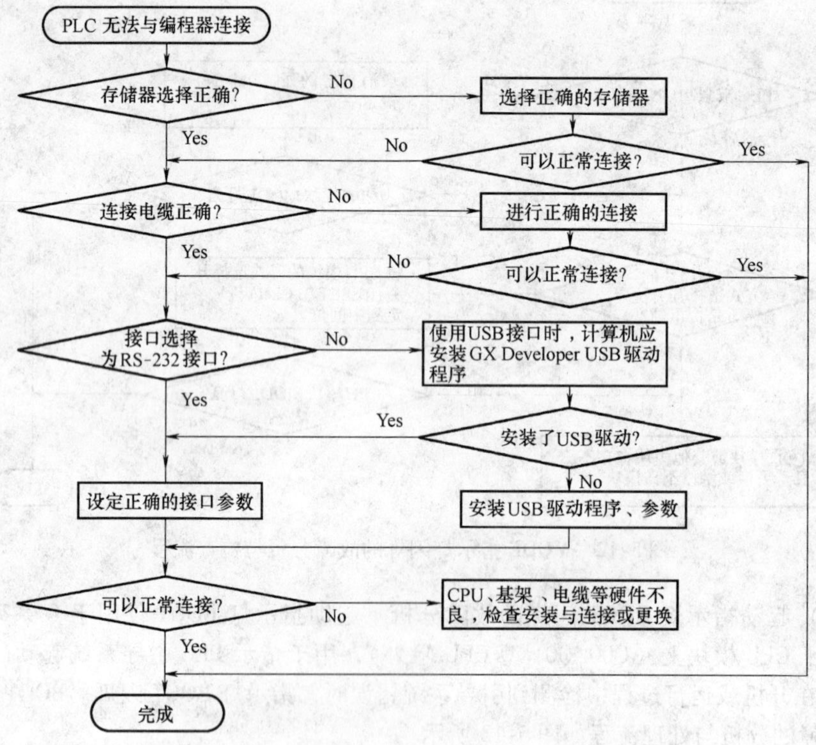

图 5-14　编程器无法与 PLC 正常连接的检查流程

（2）程序不能写入的故障分析　在 PLC 调试与维修阶段，在编程器与 PLC 连接正常后，出现程序无法写入的故障时，可能与 PLC 的工作方式选择、Q 系列 PLC 的程序保护开关 SW_1 的设定、程序的密码设定等因素有关。出现程序无法写入的故障时，可以按照图 5-15 所示的检查流程检查，确定故障原因。

（3）CPU 不能进行引导操作的故障分析　在 Q 系列 PLC 中，在调试与维修前或 PLC 出现 BOOT 报警时，通常需要用存储器卡对 PLC 的 CPU 进行引导操作，才能保证 PLC 的正常工作与排除故障。当引导操作无法正常进行时，可以按照图 5-16 所示的检查流程检查，确定故障原因。

4. 系统校验与总线出错的故障分析流程

（1）系统校验出错的故障分析　在 Q 系列 PLC 中，在 PLC 调试与维修时，如 PLC 出现 CPU 模块 ERR 报警，编程器显示系统校验出错“UNIT VERIFY ERR”的故障，表示 PLC 自诊断系统检测到硬件错误。错误的硬件与安装位置（插槽）可以通过编程器检查 PLC 内部特殊继电器、特殊寄存器的状态进行确认。

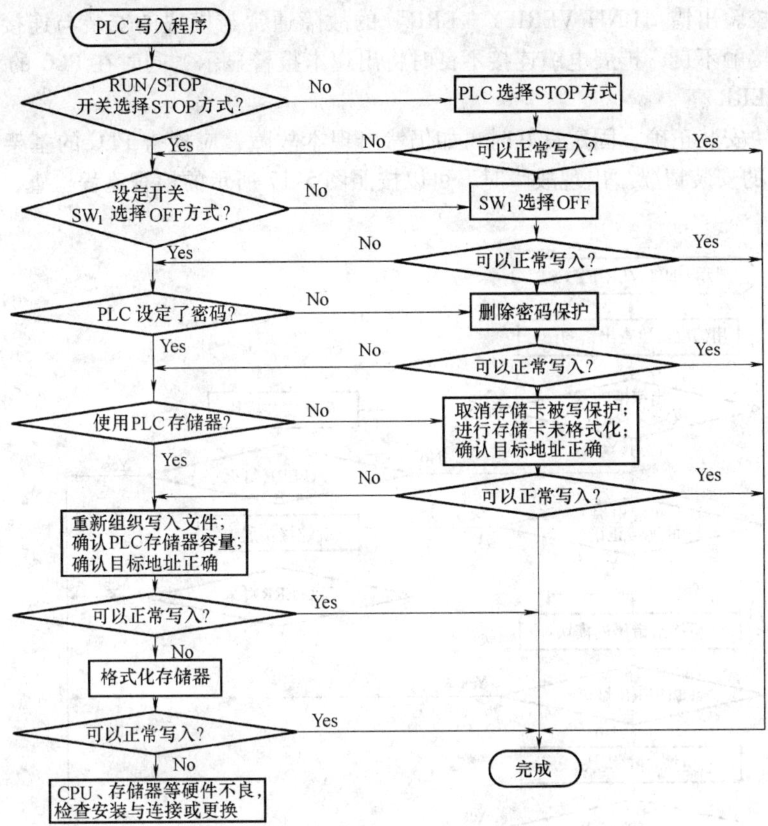

图 5-15　程序无法写入 PLC 的检查流程

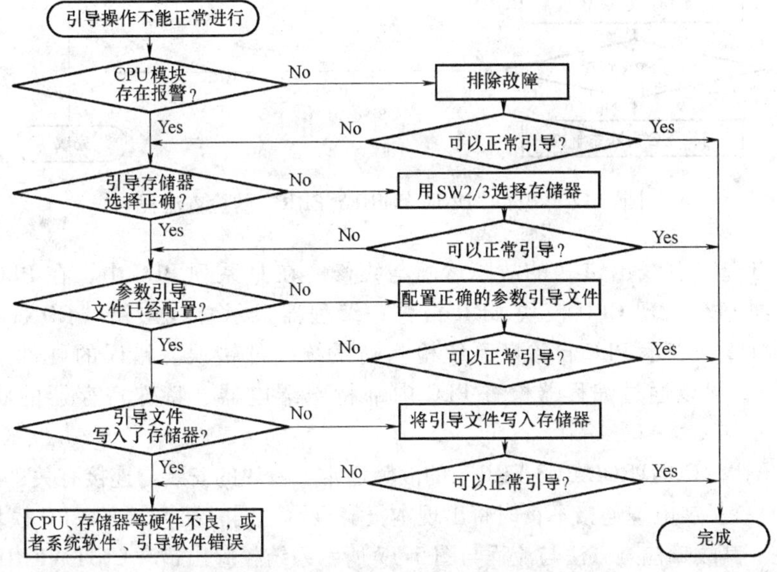

图 5-16　引导操作无法进行的检查流程

系统校验出错“UNIT VERIFY　ERR”的故障通常与模块的安装与连接有关，当模块安装接触不良，扩展电缆连接不良时将出现本报警显示，同时在 PLC 的 CPU 模块上指示灯 ERR 亮。

在模块安装正确、固定良好时，如仍然出现本故障，应检查 PLC 的基架安装情况或者 CPU 的安装情况。出现故障时，可以按照图 5-17 所示的检查流程检查，确定故障原因。

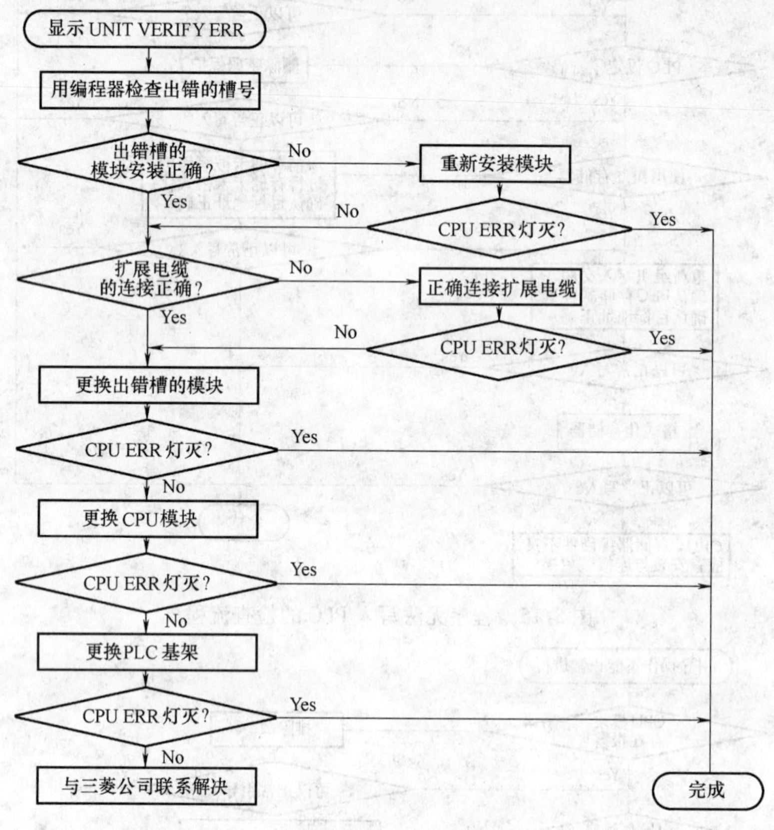

图 5-17　显示“UNIT VERIFY ERR”的检查流程

(2) 出现“总线出错”的故障诊断与维修　在 Q 系列 PLC 中，在 PLC 调试与维修时，如 PLC 出现 CPU 模块 ERR 报警，编程器显示总线出错“CONTROL BUS ERR”的故障，表示 PLC 自诊断系统检测到系统硬件错误。错误的硬件与安装位置（插槽），可以通过编程器检查 PLC 内部特殊继电器、特殊寄存器的状态进行确认。

总线出错“CONTROL BUS ERR”的故障通常与模块的安装与连接有关，当模块安装接触不良，扩展电缆连接不良时将出现本报警显示，同时在 PLC 的 CPU 模块上指示灯 ERR 亮。其故障检查方法与流程与图 5-17 所示系统校验出错“UNIT VERIFY ERR”的检查流程完全相同。

5.2.4 PLC 的日常维护

1. 定期检查

虽然 PLC 是一种可靠性很高的工业控制设备，但是周围的工作环境也往往会影响到 PLC 的使用寿命，因此，对 PLC 控制系统进行定期检查仍然很重要。

PLC 的定期检查应包括如下内容：

① PLC 工作状态检查。PLC 的工作状态可以通过观察 PLC CPU 模块上的错误指示灯与运行指示灯进行检查，应保证 PLC 的运行指示灯在工作时始终处在“亮”的状态，而错误指示灯处在“灭”的状态。

② 电源电压检查。当对设备进行了更新安装、外部电网进行调整或是电源更新进行连接后，必须对 PLC 的输入电源进行更新检查，以保证电源电压在允许的波动范围内。

③ I/O 继电器的检查。应定期检查 PLC I/O 继电器的情况，防止触点的短路与“熔焊”、线圈的绝缘老化与短路。

④ 环境检查。应定期对照 PLC 对环境的要求，检查工作条件是否符合 PLC 的环境条件。

⑤ 安装检查。应定期检查 PLC 的安装，检查安装是否牢固、插接件连接是否可靠、电线连接是否有松动等。

⑥ 电池检查。应定期检查电池的工作情况，并根据 PLC 生产厂家提供的电池使用寿命要求按时更换电池。更换电池必须按照 PLC 生产厂家有关电池更换的要求进行，并且确保电池极性的正确连接。

⑦ PLC 程序的检查。应定期核对 PLC 程序，保证程序的正确性，特别是在更换模块、更换电池后，务必对 PLC 程序进行一次全面检查，以防止程序错误引起的故障。

2. 日常维护

PLC 控制系统的日常维护对提高控制系统的可靠性与延长使用寿命关系密切。PLC 控制系统的日常维护与其他工业计算机控制系统类似，主要包括以下几方面：

① 安装有 PLC 的电气控制柜要有整洁、干燥的环境。电气柜内部应安放吸湿干燥物，并防止冷却液、油雾的飞溅。

② 无论在系统工作或者停机状态下，电气柜门要始终处于关闭状态，保持电气部件有良好的密封性。

③ 保持电气柜风机（如安装）的通风良好，通风门要避开冷却液、油雾飞溅的区域，保持进风口的清洁与干燥。

④ 按照规定要求，定期检查、清洗或更换风机过滤、防尘网。

⑤ 定期清洁电气柜内部与电气元器件，特别安装有内部风机的部件，表面容易积尘，应对其进行定期清理，保证电气元器件处于良好的工作环境与工作状态。

⑥ 电缆、电线进出口应保持密封的状态，防止异物、灰尘的侵入。

⑦ 定期检查、更换电器易损部件，确保全部电气元器件都在规定的使用寿命之内。

⑧ 对于通/断大功率部件的接触器，应定期检查触点的接触状态，清理触点表面，防止氧化。

⑨ 应定期检查安装于设备上的检测元件、开关，随时清除检测元件、开关上的铁屑、灰尘等污物，保证动作的可靠性。

3. 电池的更换

PLC 的大量数据都需要通过电池予以保持，因此，必须定期检查、更换电池。一般来说，PLC 的锂电池的使用寿命为3~5年，定期更换时间为2~3年。以三菱公司生产的 F 系列 PLC 为例，电池寿命与定期更换标准如表 5-1 所示，其他 PLC 与此基本类同。

表 5-1　三菱公司 PLC 锂电池寿命与定期更换标准

存储器种类	电池寿命与更换标准		
	保 存 期	寿　命	定期更换时间
PLC 内部存储器	1 年	5 年	3 年
PLC 存储卡	1 年	3 年	2 年

当电池电压降低时，通常情况下在 PLC 上有相应的报警灯显示（如 BATTV 等）。当报警灯亮时，原则上应立即更换电池。如无法立即予以更换，需要注意报警后的一个月内电池将失效，保存的数据将丢失，因此必须采取数据备份等措施进行当前数据的保存。

更换电池必须按照 PLC 生产厂家有关电池更换的要求进行。

5.2.5　FX 系列 PLC 的故障诊断与维修

1. 状态指示灯检查

（1）状态指示灯安装　利用 PLC 上的状态指示灯，可以迅速判定故障的大致类别与故障的范围，这是一种最简单的故障诊断方法。

三菱 FX 系列 PLC 用于状态指示的指示灯主要有：电源指示 POWER、运行指示 RUN、电池电压不足指示 BATT. V、程序出错指示 PROG-E、CPU 出错指示 CPU-E 以及与 I/O 点直接对应的 I/O 指示灯等。

指示灯的安装根据 PLC 型号的不同有所区别，在部分 FX 系列 PLC 中（如 $FX_{1S/1N}$、FX_{3U}），程序出错指示与 CPU 出错指示合并，使用统一的出错（ERROR）指示。此外，在 $FX_{1S/1N}$ 中也无电池电压不足指示 BATT。维修时应根据实际使用的 PLC 情况，并参照 5.2.3 节的故障分析流程，进行检查、分析。

对于 FX 系列 PLC 的典型产品，PLC 指示灯的安装如下：

1）$FX_{1S/1N}$ 系列 PLC。由于 $FX_{1S/1N}$ 系列 PLC 结构较简单，PLC 仅在基本单元上安装有电源（POWER）、运行（RUN）与出错（ERROR）三只指示灯（见图 5-18）。

指示灯 ERROR 表示了 CPU 出错与用户程序出错两种情况。输入/输出指示灯根据 I/O 点数的不同而不同，与 I/O 地址一一对应。

2）FX_{2N} 系列 PLC。FX_{2N} 系列 PLC 在基本单元上安装有电源（POWER）、运行（RUN）、电池电压低（BATT. V）、CPU 出错（CPU-E）、程序出错（PROG-E）共 5 只指示灯（见图 5-19）。输入/输出指示灯根据 I/O 点数的不同而不同，与 I/O 地址一一对应。

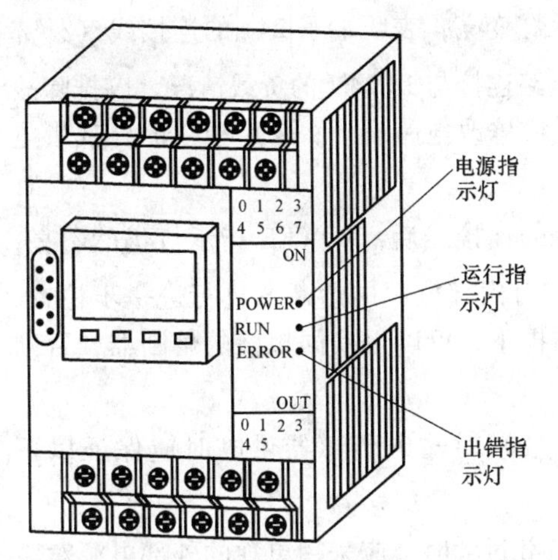

图 5-18　$FX_{1S/1N}$ 系列 PLC 指示灯的安装

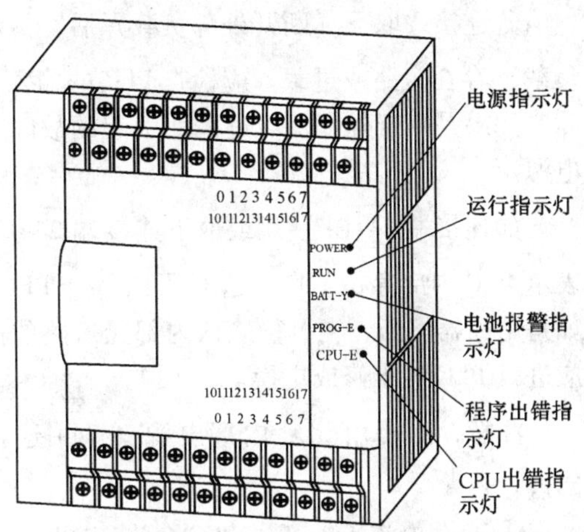

图 5-19　FX_{2N} 系列 PLC 指示灯的安装

3）FX_{3U} 系列 PLC。FX_{3U} 系列 PLC 在基本单元上安装有电源（POWER）、运行（RUN）、电池电压低（BATT）、出错（ERROR）共 4 只指示灯（见图 5-20）。

指示灯 ERROR 表示了 CPU 出错与用户程序出错两种情况。输入/输出指示灯根据 I/O 点数的不同而不同，与 I/O 地址一一对应。

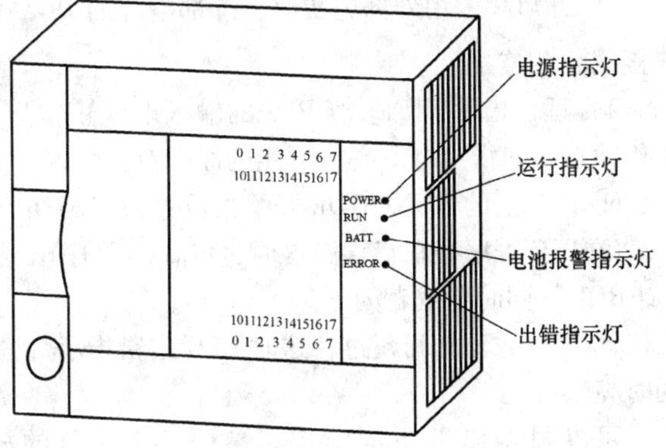

图 5-20　FX_{3U} 系列 PLC 指示灯的安装

（2）故障诊断与维修

1）电源指示 POWER。一般情况下，FX 系列 PLC 的基本单元、扩展单元与功能模块均安装有电源指示灯 POWER。

指示灯亮，表示 PLC 的基本单元（或扩展单元与特殊功能模块）的电源已经正常工作。

当 PLC 外部电源接通后，指示灯不亮，首先应检查外部电源是否符合要求。如：

① PLC 电源的交/直流选择是否正确？

② 外部电源是否已经正确连接到 PLC 的电源连接端？

③ 电源的连接是否存在接触不良现象？

在检查确认外部电源已经正确连接到 PLC 后，如指示灯仍然不亮，可检查 PLC 上的连接端24+（此连接端用于提供 PLC 外部输入传感器的 DC24V 电源），当该连接端24+上有连接线时，表示 PLC 需要为外部输入提供 24V 电源，为确认故障部位，可以取下连接线，在断开外部负载的情况下再进行检查、试验。

若连接线取下（断开外部负载）后，指示灯变亮，表明端子24+的连接线（外部负载）存在短路或过载。应检查 PLC 的输入电路连接与 DC24V 的负载情况，以排除故障。如果是由于外部负载过大而引起的故障，应修改电路设计，采用独立的外部供电电源。

如连接端24+未使用或取下连接端24+上的连接线后，POWER 指示灯仍然不亮，表示 PLC 内部存在不良。这时可以打开 PLC，对内部电源的熔断器进行进一步检查，如是熔断器熔断，在测量确认内部无短路的前提下，可以更换同规格的熔断器，否则应进行 PLC 的维修或更换。

注意，当使用 PLC 内部电源（24+连接端）对输入传感器供电时应保证以下两点：

① 负载电流不能超过 PLC 允许范围。当负载过大时，应采用单独的外部电源对输入传感器供电，而不应使用 PLC 内部电源供电的形式。

② 当 PLC 采用外部电源时，外部电源的 DC24V 端不可以与 PLC 的内部 24V（24+连接端）相连接。

2）运行指示 RUN。当 PLC 的输入电源正常后，该指示灯亮，表示 PLC 处于正常工作状态。如指示灯不亮，可能的原因有：

① PLC 上的 RUN/STOP 开关被设置为“STOP”状态，使得 PLC 停止运行。

② PLC 程序存在错误，这时，PLC 的程序出错指示灯“PROG-E”或出错指示灯“ERROR”同时亮或者闪烁。

③ PLC 循环时间超过，这时 CPU 出错指示灯“CPU-E”或出错指示灯“ERROR”同时亮。

可以根据以上不同情况，参照 5.2.3 节的故障分析流程，进行检查、分析、处理。

3）电池电压不足指示 BATT. V。电池电压不足指示灯 BATT. V 亮，表明 PLC 的内部电池电压过低，这时 PLC 特殊内部继电器 M8006 为“1”（FX_{2N}）。

当 BATT. V 指示灯亮时，从理论上说，PLC 程序与数据还可以继续保持一段时间（约 1 个月），但考虑到 PLC 因为停机、故障未及时发现等方面的原因，原则上应在指示灯亮后尽快更换电池。

4）程序出错指示 PROG-E。程序出错指示灯 PROG-E 闪烁，表示 PLC 用户程序存在错误，可能的原因有：

① 定时器、计数据的时间值、计数值未设置。

② PLC 程序存在语法错误或程序错误。

③ 电池电压下降引起的 PLC 用户程序出错。

④ 由于灰尘、导电物的进入，引起的 PLC 内部工作错误。

⑤ 由于外部干扰引起的 PLC 内部工作错误。

当用户程序存在错误时，通过查看 PLC 特殊数据寄存器 D8004（FX_{2N}）的内容，可以知道对应的用于错误寄存的 PLC 特殊内部继电器号，通过查阅 PLC 特殊内部继电器，便可以知道出错的原因。有关错误寄存的 PLC 特殊内部继电器内容详见后述。

5）CPU 出错指示 CPU-E。CPU 出错指示灯 CPU-E 亮，表示 PLC 用户程序的循环执行时间超过，可能的原因有：

① 由于灰尘、导电物的进入，引起的 PLC 内部工作错误。

② 由于外部干扰引起的 PLC 内部工作错误。

③ PLC 的功能模块使用过多，引起 PLC 用户程序的循环执行时间超过（可以通过检查 PLC 特殊数据寄存器 D8012 的内容，了解 PLC 程序的最长执行时间）。

④ 在通电情况下进行了 PLC 存储器卡的安装与取下操作。

⑤ PLC 硬件存在故障。

6）PLC 出错指示 ERROR。在部分 FX 系列 PLC 中（如 $FX_{1S/1N}$、FX_{3U}），PLC 未安装单独的 CPU 出错（CPU-E）与程序出错指示灯（PROG-E），这时，PLC 的出错指示灯 ERROR 表示了以上两种指示灯亮的情况。即当 PLC 的出错指示灯 ERROR 亮时，应同时进行以上两方面的检查。

7）PLC 输入指示灯。PLC 输入指示灯用于指示 PLC 输入信号的状态。当设备侧输入发信时，对应的指示灯亮。当输入发信时，如指示灯不亮，可能的原因有：

① 采用汇点输入（无源）时，信号的接触电阻太大或负载过重、短路引起了 PLC 内部电源电压的降低与保护，使得输入电流不足以驱动 PLC 的输入接口电路。

② 采用源输入（有源）时，因信号的接触电阻太大或输入信号的电压过低，使得输入电流不足以驱动 PLC 的输入接口电路。

③ 输入端子的接触不良或输入连接线连接不良。

④ 当故障发生在扩展单元时，可能是基本单元与扩展单元间的连接不良。

⑤ PLC 输入接口电路损坏。

8）PLC 输出指示灯。PLC 输出指示灯用于指示 PLC 输出信号的状态。当 PLC 输出为“1”时。对应的指示灯应亮，如指示灯不亮，可能的原因有：

① 采用汇点输出（无源）时，可能 PLC 输出接口电路损坏。

② 采用源输出（有源）时，可能因输出负载过重、短路引起了 PLC 内部电源电压的降低与保护。

③ 当故障发生在扩展单元时，可能是基本单元与扩展单元间的连接不良引起的故障。

④ PLC 输出接口电路损坏。

2. 内部特殊继电器/数据寄存器检测

利用 PLC 的特殊内部继电器与特殊数据寄存器状态，可以详细了解 PLC 发生的故障原因，这是一种比利用状态指示灯更为具体、准确的故障诊断方法。

利用 PLC 的特殊内部继电器与特殊数据寄存器，可以对 PLC 的基本运行状态、出错等进行进一步深入分析，现分类说明如下。

（1）PLC 基本运行状态信息　FX 系列 PLC 基本运行状态监控信息，可以通过对应的特殊内部继电器与特殊内部数据寄存器进行显示，显示的内容与运行状态间的关系如下。

1）特殊内部继电器显示。特殊内部继电器 M8000 ~ M8009 显示的 PLC 基本运行状态监护信息见表 5-2。

表 5-2　M8000 ~ M8009 显示的 PLC 基本运行状态信息

地　址	功　能	PLC 型号			
		FX_{1S}	FX_{1N}	FX_{2N}	FX_{3U}
M8000	PLC 运行指示（常开触点），PLC 运行时为“1”	○	○	○	○
M8001	PLC 运行指示（常闭触点），PLC 运行时为“0”	○	○	○	○
M8002	PLC 初始脉冲（常开触点），PLC 运行的第 1 循环周期为“1”	○	○	○	○
M8003	PLC 初始脉冲（常闭触点），PLC 运行的第 1 循环周期为“0”	○	○	○	○
M8004	PLC 出错指示，当 M8060、M8061、M8063 ~ M8067 中任何一个为“1”，本信号即为“1”	○	○	○	○
M8005	电池电压过低报警	—	—	○	○
M8006	电池电压过低状态寄存	—	—	○	○
M8007	电源瞬时停电检测①	—	—	○	○
M8008	瞬时停电检测中	—	—	○	○
M8009	扩展单元、扩展模块 24V 故障	—	—	○	○

① 可以通过修改 PLC 特殊数据寄存器 D8008 的内容，来改变 AC200V 输入型 PLC 的允许电网瞬时断电时间，此时间可以在 10 ~ 100ms 进行调整。

对于 DC24V 型 PLC，一般来说允许电网瞬时断电的时间固定为 5ms，原则上不可以修改。当电网瞬时断电时，M8007 将自动产生脉冲宽度为 1 个 PLC 循环周期的脉冲输出，M8008 状态自动变为“1”。当电网瞬时断电时间小于 D8008 设定的值时，PLC 将继续运行；超过时，PLC 将自动停止。

2）特殊内部数据寄存器显示。特殊内部继电器 D8000 ~ D8009 显示的 PLC 基本运行状态监控信息见表 5-3。

表 5-3　D8000 ~ D8009 显示的 PLC 基本运行状态监控信息

地　址	功　能	PLC 型号			
		FX_{1S}	FX_{1N}	FX_{2N}	FX_{3U}
D8000	PLC 运行时间监控，各型号 PLC 的初始设定时间见右	200ms	200ms	200ms	200ms
D8001	PLC 规格与软件版本①	○	○	○	○
D8002	PLC 程序存储器容量（单位：K 步）	○	○	○	○
D8003	存储器类型②	○	○	○	○
D8004	PLC 出错指示，显示对应的特殊内部继电器编号 8060 ~ 8068	○	○	○	○
D8005	现行的电池电压实际值（单位：0.1V）	—	—	○	○
D8006	电池电压过低报警检测值设定（单位：0.1V）	—	—	○	○
D8007	电源瞬时停电次数记忆	—	—	○	○
D8008	瞬时停电允许时间设定	—	—	○	○
D8009	24V 故障的扩展单元/扩展模块的输入点首地址	—	—	○	○

① PLC 的规格与软件版本以 5 位数字□□□□□显示，含义如下：

前 2 位（■■□□□）：PLC 规格。FX_{1S}：22；FX_{1N}：26；FX_{2N}/FX_{3U}：24。

后 3 位（□□■■■）：PLC 软件版本。如 100 代表版本 V1.00 等。

② PLC 的存储器类型以 2 位 16 进制数字□□显示，含义如下：

00H：RAM 选件；

01H：EPROM 选件；

02H：EEPROM 选件（FX_{1N}-EEPROM-8L），且保护开关已经 OFF；

0AH：EEPROM 选件（FX_{1N}-EEPROM-8L），且保护开关已经 ON；

10H：PLC 内置存储器。

3）PLC 运算、处理结果显示。PLC 的运算、处理结果，可以通过表 5-4 所示的特殊内部继电器与特殊数据寄存器进行显示。

表 5-4　PLC 运算、处理结果显示

地　址	功　能	PLC 型号			
		FX_{1S}	FX_{1N}	FX_{2N}	FX_{3U}
M8020	加、减运算结果为“0”	○	○	○	○
M8021	减法运算结果溢出	○	○	○	○
M8022	加法运算结果溢出	○	○	○	○
M8030	电池电压过低报警被关闭	—	—	○	○
M8034	PLC 全部输出禁止	○	○	○	○
M8040	禁止步进梯形图程序的状态转换	○	○	○	○
D8010	PLC 累计执行时间（单位：0.1ms）	○	○	○	○
D8011	PLC 最小循环时间（单位：0.1ms）	○	○	○	○
D8012	PLC 最大循环时间（单位：0.1ms）	○	○	○	○
D8020	PLC 输入 X0 ~ X17 的滤波时间	○	○	○	○

（2）PLC 报警显示　FX 系列 PLC 报警信息，可以通过特定的 PLC 内部继电器与内部数据寄存器进行显示，显示的内容与运行状态间的关系如下。

1）特殊内部继电器显示。特殊内部继电器 M8060 ~ M8069 等显示的 PLC 报警信息以及 PLC 的出错状态指示、PLC 的工作状态可参见表 5-5。在无 PROG-E 指示的 FX 系列 PLC 中，对应的指示灯为 ERR0R。

表 5-5　M8060 ~ M8069 等显示的 PLC 报警信息

地　址	功　能	PROG-E 指示灯状态	PLC 状态	PLC 型号			
				FX_{1S}	FX_{1N}	FX_{2N}	FX_{3U}
M8060	I/O 连接出错	OFF	RUN	○	○	○	○
M8061	PLC 硬件不良	闪烁	STOP	○	○	○	○
M8062	PLC 通信出错	OFF	RUN	○	○	○	○
M8063	RS-232 通信出错	OFF	RUN	○	○	○	○
M8064	PLC 参数出错	闪烁	STOP	○	○	○	○
M8065	用户程序语法出错	闪烁	STOP	○	○	○	○
M8066	用户程序梯形图设计出错	闪烁	STOP	○	○	○	○
M8067	PLC 应用指令出错	OFF	RUN	○	○	○	○
M8068	PLC 运算出错记忆	OFF	RUN	○	○	○	○
M8069	I/O 总线连接出错		—	—	—	○	○
M8109	输出刷新出错	OFF	RUN	—	—	○	○

注：1. 在以上报警中，当出现 M8060 ~ M8067（M8062 除外）报警时，对应的地址（如 8060）将被传送到 D8004 中，同时特殊内部继电器 M8004 为“1”。当出现多个报警时，D8004 将记忆最小的报警地址。

2. 当 PLC 出现 M8069 总线报警时，在 D8061 中显示出错代码 6103，同时使得 M8061 为“1”。

3. PLC 的运算出现 M8065、M8066、M8067 报警时，可以通过特殊数据寄存器 D8068、D8069 的状态，显示出错的“程序步”号，以进一步缩小检查范围。

4. PLC 的程序出现 M8067 报警时，可以通过 PLC 的 STOP→RUN 的转换清除，但 M8068 的状态只能通过 PLC 的关机进行清除。

2）特殊内部数据寄存器显示。特殊内部数据寄存器 D8060 ~ D8069 等显示的 PLC 报警信息可以参见表 5-6。

表 5-6　D8060 ~ D8069 等显示的 PLC 报警信息

地　址	功　能	PLC 型号			
		FX_{1S}	FX_{1N}	FX_{2N}	FX_{3U}
D8060	I/O 连接出错的 I/O 起始地址号	○	○	○	○
D8061	PLC 硬件出错代码	○	○	○	○
D8062	PLC 通信出错代码	○	○	○	○
D8063	RS-232 通信出错代码	○	○	○	○

（续）

地址	功能	PLC 型号			
		FX_{1S}	FX_{1N}	FX_{2N}	FX_{3U}
D8064	PLC 参数出错代码	○	○	○	○
D8065	用户程序语法出错代码	○	○	○	○
D8066	用户程序梯形图设计出错代码	○	○	○	○
D8067	PLC 应用指令出错代码	○	○	○	○
D8068	PLC 运算出错步号	○	○	○	○
D8069	PLC 程序出错步号	○	○	○	○
D8109	输出刷新出错的地址号	—	—	○	○

3）通信出错特殊内部继电器显示。当 PLC 构成网络链接时，如果网络通信存在错误，PLC 可以通过特殊内部继电器与特殊内部数据寄存器 M8183～M8190 显示 PLC 报警信息，特殊内部继电器显示的通信出错报警信息可参见表 5-7。

表 5-7　特殊内部继电器显示的通信出错报警信息

地址	功能	PLC 型号			
		FX_{1S}①	FX_{1N}	FX_{2N}	FX_{3U}
M8183	PLC 主站通信出错	M504	○	○	○
M8184	PLC1 号站通信出错	M505	○	○	○
M8185	PLC2 号站通信出错	M506	○	○	○
M8186	PLC3 号站通信出错	M507	○	○	○
M8187	PLC4 号站通信出错	M508	○	○	○
M8188	PLC5 号站通信出错	M509	○	○	○
M8189	PLC6 号站通信出错	M510	○	○	○
M8190	PLC7 号站通信出错	M511	○	○	○

① FX_{1S}用于通信出错报警的内部特殊继电器地址与 FX_{1N}、FX_{2N} 等不同，表中为对应的特殊内部继电器号。

4）通信出错特殊内部数据寄存器显示。当 PLC 构成网络链接时，如果网络通信存在错误，PLC 可以通过特殊内部继电器与特殊内部数据寄存器 D8203～D8218 显示 PLC 报警信息，特殊内部数据寄存器显示的报警信息可参见表 5-8。

表 5-8　特殊内部数据寄存器显示的报警信息

地址	功能	PLC 型号			
		FX_{1S}①	FX_{1N}	FX_{2N}	FX_{3U}
D8203	PLC 主站通信出错计数值	D203	○	○	○
D8204	PLC1 号站通信出错计数值	D204	○	○	○
D8205	PLC2 号站通信出错计数值	D205	○	○	○

（续）

地　址	功　能	PLC 型号			
		FX_{1S}①	FX_{1N}	FX_{2N}	FX_{3U}
D8206	PLC3 号站通信出错计数值	D206	○	○	○
D8207	PLC4 号站通信出错计数值	D207	○	○	○
D8208	PLC5 号站通信出错计数值	D208	○	○	○
D8209	PLC6 号站通信出错计数值	D209	○	○	○
D8210	PLC7 号站通信出错计数值	D210	○	○	○
D8211	PLC 主站通信出错代码	D211	○	○	○
D8212	PLC1 号站通信出错代码	D212	○	○	○
D8213	PLC2 号站通信出错代码	D213	○	○	○
D8214	PLC3 号站通信出错代码	D214	○	○	○
D8215	PLC4 号站通信出错代码	D215	○	○	○
D8216	PLC5 号站通信出错代码	D216	○	○	○
D8217	PLC6 号站通信出错代码	D217	○	○	○
D8218	PLC7 号站通信出错代码	D218	○	○	○

① FX_{1S}用于通信出错报警的内部特殊数据寄存器地址与 FX_{1N}、FX_{2N} 等不同，表中为对应的殊殊内部数据寄存器号。

3. 出错代码与故障处理

（1）硬件出错代码与处理　PLC 硬件出错包括安装、连接出错与通信出错等方面。当 PLC 检测到 M8060 ~ M8063 硬件错误时，在对应的数据寄存器 D8060 ~ D8063 中将显示错误代码。错误代码所代表的意义与故障处理方法分类说明如下：

1）PLC 安装、连接出错。PLC 安装、连接出错错误代码所表示的意义与故障处理方法见表 5-9。

表 5-9　PLC 安装、连接出错代码的意义与故障处理

出错显示	代码寄存器	错误代码	错误内容	故障处理
M8060	D8060	annn	对未安装的 I/O 模块进行了编程 a：模块类型，1 为输入模块，0 为输出模块。 nnn：出错模块的首地址	安装需要的 I/O 模块；修改 PLC 程序
M8061	D8061	0000	PLC 正常工作	—
		6101	RAM 出错	检查 PLC 安装、连接；检查扩展单元、扩展模块的连接
		6102	PLC 连接、运算出错	
		6103	I/O 总线连接出错	
		6104	扩展单元连接出错	
		6105	PLC 循环时间超过	

2）PLC 通信出错。PLC 通信出错错误代码所表示的意义与故障处理方法见表 5-10。

表 5-10　PLC 通信出错代码的意义与故障处理

出错显示	代码寄存器	错误代码	错误内容	故障处理
M8062	D8062	0000	PLC 正常工作	—
		6201	奇偶校验出错、溢出	检查接口安装、连接；检查通信设定参数；检查通信指令
		6202	字符传送出错	
		6203	求和校验出错	
		6204	数据格式出错	
		6205	传送指令出错	
M8063	D8063	0000	PLC 正常工作	检查接口安装、连接；检查通信设定参数；检查通信指令；检查通信设备电源
		6301	RS-232 奇偶校验出错、溢出	
		6302	RS-232 字符传送出错	
		6303	RS-232 求和校验出错	
		6304	RS-232 数据格式出错	
		6305	RS-232 传送指令出错	
		6312	并联链接字符传送出错	
		6313	并联链接求和校验出错	
		6314	并联链接数据格式出错	

（2）软件出错代码与处理　PLC 软件出错包括 PLC 参数设定出错、用户程序出错、功能模块编程出错等方面。当 PLC 检测到 M8064 ~ M8067 错误时，在对应的数据寄存器 D8064 ~ D8067 中将显示错误代码。错误代码所代表的意义与故障处理方法分类说明如下：

1）PLC 参数设定出错。PLC 参数设定出错代码所表示的意义与故障处理方法见表 5-11。

表 5-11　PLC 参数设定出错代码的意义与故障处理

出错显示	代码寄存器	错误代码	错误内容	故障处理
M8064	D8064	0000	PLC 正常工作	—
		6401	PLC 程序求和出错	停止 PLC 运行，重新设定 PLC 参数
		6402	存储器容量设定出错	
		6403	停电保持区域设定出错	
		6404	指令区域设定出错	
		6405	文件寄存器设定出错	
		6409	其他设定出错	

2）PLC 程序语法出错。PLC 程序语法出错代码所表示的意义与故障处理方法见表 5-12。

表 5-12 PLC 程序语法出错代码的意义与故障处理

出错显示	代码寄存器	错误代码	错误内容	故障处理
M8065	D8065	0000	PLC 正常工作	—
		6501	指令地址、符号错误	停止 PLC 运行，修改 PLC 程序
		6502	定时器、计数器缺少 OUT 指令	
		6503	定时器、计数器缺少操作数 应用指令缺少操作数	
		6504	编号重复 中断输入与高速计数输入重复	
		6505	地址范围不正确	
		6506	使用了未定义的指令	
		6507	跳转指针 P 定义不正确	
		6508	中断输入定义不正确	
		6509	其他出错	
		6510	主控线圈设定不正确	
		6511	中断输入与高速计数输入重复	

3）PLC 程序梯形图出错。PLC 程序梯形图出错代码所表示的意义与故障处理方法见表 5-13。

表 5-13 PLC 程序梯形图出错代码的意义与故障处理

出错显示	代码寄存器	错误代码	错误内容	故障处理
M8066	D8066	0000	PLC 正常工作	—
		6601	LD、LDI 连续使用次数超过 9 次	停止 PLC 运行，修改 PLC 程序
		6602	缺少 LD、LDI 指令； 缺少输出线圈； LD、LDI、ANB、ORB 编程错误； STL、RET、MCR、P、中断输入、EI、DI、SRET、IRET、FOR、NEXT、FEND、END 等指令未与母线连接； 缺少 MPP 指令	
		6603	MPS 指令连续使用超过 12 次	
		6604	MPS 与 MRD、MPP 的关系不正确	

（续）

出错显示	代码寄存器	错误代码	错误内容	故障处理
M8066	D8066	6605	STL 指令连续使用超过 9 次； STL 中出现 MC、MCR、中断输入、SRET 指令； RET 指令位置错误	停止 PLC 运行，修改 PLC 程序
		6606	缺少指针 P、中断输入 I； 缺少 SRET、IRET 指令； 主程序中出现中断输入、SRET、IRET 指令； 子程序与中断程序中编入了 STL、RET、MC、MCR 指令	
		6607	FOR、NEXT 编程不正确，嵌套超过 6 重； FOR、NEXT 指令间编入了 STL、RET、MC、MCR、IRET、SRET、FEND、END 指令	
		6608	MC、MCR 编程不正确； 缺少 MCRD 指令； MC、MCR 间编入了 SRET、IRET、中断输入指令	
		6609	其他出错	
		6610	LD、LDI 连续使用次数超过 9 次	
		6611	ANB、ORB 指令过多，缺少 LD、LDI 指令	
		6612	ANB、ORB 指令过少，LD、LDI 指令太多	
		6613	MPS 指令连续使用超过 12 次	
		6614	缺少 MPS 指令	
		6615	缺少 MPP 指令	
		6616	MPS、MRD、MPP 间的线圈不正确	
		6617	STL、RET、MCR、P、中断输入、EI、DI、SRET、IRET、FOR、NEXT、FEND、END 等指令未与母线连接	
		6618	在子程序、中断程序中编入了 STL、MC、MCR 指令	
		6619	在 FOR、NEXT 中编入了 STL、RET、MC、MCR、IRET、中断输入等指令	
		6620	FOR、NEXT 嵌套超过	
		6621	FOR、NEXT 未对应	
		6622	缺少 NEXT 指令	
		6623	缺少 MC 指令	
		6624	缺少 MCR 指令	

（续）

出错显示	代码寄存器	错误代码	错误内容	故障处理
M8066	D8066	6625	STL 使用次数超过 9 次	停止 PLC 运行，修改 PLC 程序
		6626	STL、RET 间使用了 MC、MCR、SRET、IRET、中断输入指令	
		6627	缺少 RET 指令	
		6628	在主程序中使用了 SRET、IRET、中断输入指令	
		6629	缺少指针 P、中断输入	
		6630	缺少 SRET、IRET 指令	
		6631	SRET 指令编程错误	
		6632	FEND 指令编程错误	

4）PLC 应用指令出错。PLC 程序应用指令出错代码所代表的意义与故障处理方法见表 5-14。

表 5-14　PLC 应用指令出错代码的意义与故障处理

出错显示	代码寄存器	错误代码	错误内容	故障处理
M8067	D8067	0000	PLC 正常工作	—
		6701	CJ、CALL 指令编程错误； END 指令编程错误； FOR、NEXT 间有单独的标记	停止 PLC 运行，修改 PLC 程序，正确使用应用指令
		6702	CALL 嵌套超过 6 重	
		6703	中断嵌套超过 3 重	
		6704	FOR、NEXT 嵌套超过 6 重	
		6705	应用指令的操作数编程错误	
		6706	应用指令的操作数地址错误	
		6707	文件寄存器未设定	
		6708	FROM/TO 指令编程错误	
		6709	其他出错	
		6730	PID 调节采样时间小于 0	
		6732	PID 调节输入滤波时间设定错误	
		6733	PID 调节增益小于 0	
		6734	PID 调节积分时间小于 0	
		6735	PID 调节微分增益设定错误	
		6736	PID 调节微分时间小于 0	
		6740	PID 调节采样时间小于运算周期	

（续）

出错显示	代码寄存器	错误代码	错误内容	故障处理
M8067	D8067	6742	PID 调节测量值变化量溢出	停止 PLC 运行，修改 PLC 程序，正确使用应用指令
		6743	PID 调节偏差溢出	
		6744	PID 调节积分计算值溢出	
		6745	PID 调节微分增益溢出	
		6746	PID 调节微分计算值溢出	
		6747	PID 调节运算结果溢出	
		6750	自动调谐结果不正确	
		6751	自动调谐方向不正确	
		6752	自动调谐动作无法正常进行	
		6753	自动调谐输出设定错误	
		6754	自动调谐 PV 值内容设定错误	
		6755	自动调谐编程元件错误	
		6756	超过自动调谐测定时间	
		6757	自动调谐比例增益设定错误	
		6758	自动调谐积分时间溢出	
		6759	自动调谐微分时间溢出	
		6760	伺服驱动连接错误	
		6762	变频器接口连接错误	
		6763	DSZR、DVIT、ZRN 输入定义错误	
		6764	脉冲输出定义错误	
		6765	应用指令使用次数不正确	
		6770	内存卡写入不良	
		6771	内存卡未安装	
		6772	内存卡写入保护	
		6773	内存卡存/取异常	

（3）操作出错与处理　当 PLC 采用显示器模块或编程器操作时，由于操作方法不正确或其他原因，可能会使得操作无法进行。这时，显示器模块或编程器上可以显示出错信息，出错的处理方法可参见表 5-15。

表 5-15　操作出错与处理

错误显示	错误内容	错误处理
Entry Code error	操作被密码保护	解除密码保护
The Entry Code is not set	密码未输入	输入正确的密码
Incorrect Entry Code	密码输入不正确	输入正确的密码
The wrong device is registered	指定了不存在的监视元件	修改程序

（续）

错误显示	错误内容	错误处理
PLC is running	PLC 运行中，无法进行要求的操作	停止 PLC 运行
Memory Cassette is write-protected	存储器卡被写保护	取消存储器卡写保护
Write error	写入失败	确认存储器卡安装
Read error	读出失败	确认存储器卡安装
Fatal error occurred	PLC 存在报警	
Programs match	存储器卡程序与 RAM 程序相同	
Programs don't match	存储器卡程序与 RAM 程序不同	
Transfer completed	传送完成	
Transfer failed	传送出错	确认存储器卡安装
Memory Cassette is misconnected	存储器卡连接出错	确认存储器卡安装
The Entry Code is set in the internal Memory	PLC 内部 RAM 被设定了密码	解除密码

4. 日常维护与电池更换

（1）FX 系列 PLC 的日常维护　PLC 日常检查与维护的一般方法可以参见 5.2.4 节所述。本节仅针对 FX 系列 PLC 的特殊组件介绍日常维护的一般注意事项。

当 FX 系列 PLC 的基本单元或者扩展单元采用继电器输出时，其使用寿命与所驱动的负载容量有关。

当继电器触点接触不良时，将引起接触电阻的增加与性能的下降，在动作频繁、负载容量较大时，必须予以定期检查和更换。

FX 系列 PLC 不同的模块所使用的继电器寿命见表 5-16。

表 5-16　FX 系列 PLC 所使用继电器的寿命

负载容量	使用寿命	型　号	适用模块
20VA，0.2A/AC100V	300 万次	三菱 SK10 ~ SK95	FX_{2N}-16EYR-T；FX_{2N}-16EYR；FX_{0N}-8ER；FX_{0N}-8EYR；FX_{0N}-16EYR
20VA，0.1A/AC200V	300 万次		
35VA，0.35A/AC100V	100 万次	三菱 SK100 ~ SK150	
35VA，0.17A/AC200V	100 万次		
80VA，0.8A/AC100V	20 万次	三菱 SK180 ~ SK400	
80VA，0.4A/AC200V	20 万次		
35VA，0.35A/AC100V	300 万次	三菱 SK100 ~ SK150 三菱 SN10 ~ SN35	FX16-16EYR-TB
35VA，0.17A/AC200V	300 万次		
80VA，0.8A/AC100V	100 万次	三菱 SK180 ~ SK400	
80VA，0.4A/AC200V	100 万次		
120VA，1.2A/AC100V	20 万次	三菱 SK600 ~ SK800	
120VA，0.6A/AC200V	20 万次		

(2) 电池的更换

1) FX_{2N}电池的更换。更换电池必须按照 PLC 生产厂家有关电池更换的要求进行，原则上，更换电池需要在 20s 完成，以保证 PLC 数据不丢失。

对于三菱公司 FX_{2N}系列 PLC，电池更换的方法如下（参见图 5-21）：

① 准备好新的电池，关闭 PLC 电源。

② 用手握住 PLC 上盖的左角，抬起右侧，拿下盖板。

③ 从电池架上拿出旧电池，拔出连接插头。

④ 仔细检查新电池的极性，并迅速（20s 内）将新电池的插头插入 PLC。

⑤ 将新电池装入电池架内。

⑥ 重新安装 PLC 盖板。

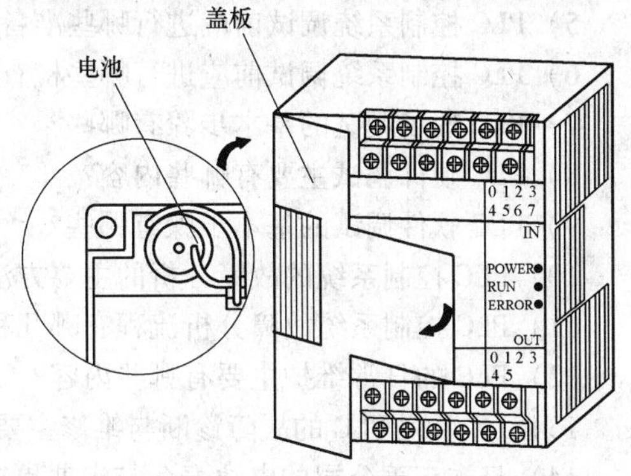

图 5-21 FX_{2N}系列 PLC 电池的更换

2) FX_{3UC}电池的更换。对于三菱公司 FX_{3UC}系列 PLC，电池更换的方法如下（参见图 5-22）：

① 准备好新的电池，关闭 PLC 电源。

② 从控制柜内取下基本单元，并将单元的电源连接线、I/O 连接线、通信线、扩展连接线全部取下。

③ 取下电池盖板。

a. 用螺钉旋具插入 PLC 下部的电池外盖内（如图 5-22 中①所示）。

b. 轻轻按动螺钉旋具，使得电池外盖松动（如图 5-22 中②所示）。

c. 用手取出电池外盖（如图 5-22 中③所示）。

④ 取出旧电池，仔细检查新电池的极性，并迅速（20s 内）将新电池的插头插入 PLC。

⑤ 将新电池装入电池架内。

⑥ 重新安装 PLC 盖板。

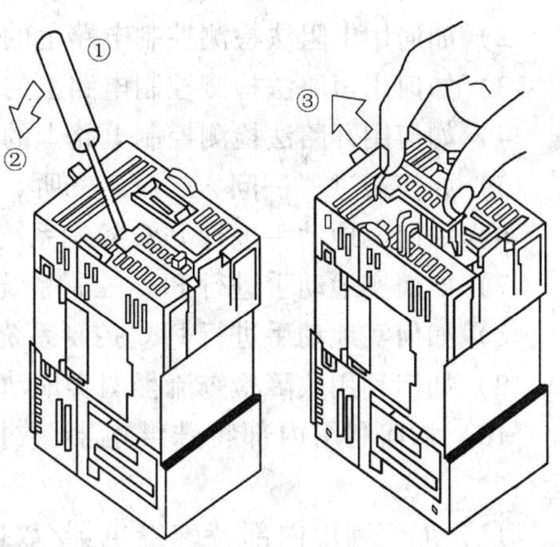

图 5-22 FX_{3UC}系列 PLC 电池的更换

任务 3 回答应知应会问题，进行自我专业技术知识和岗位技能测试

5.3.1 应知专业技术知识

1) 机床电气设备发生故障后，一般应进行哪些检查和分析？

2）机床电气故障常采用的检测方法有哪些？

3）机床电气故障常采用的检修步骤有哪些？

4）典型机床常见故障的类型有哪些？

5）PLC 控制系统调试前应进行哪些准备工作？

6）PLC 控制系统调试前应进行哪些检查工作？

7）PLC 现场调试的基本步骤有哪些？

8）PLC 硬件调试主要有哪些内容？

9）PLC 软件调试的基本步骤有哪些？

10）PLC 控制系统的故障分析的主要方法有哪几种？

11）PLC 控制系统故障分析流程有哪几种？

12）PLC 的日常维护主要有哪些内容？

13）FX 系列 PLC 的故障诊断与维修主要包含哪些内容？

14）日本三菱公司的电池寿命与定期更换标准是如何规定的？

15）通过本项目的学习您掌握了哪些技术知识？

5.3.2 应会专业岗位技能

1）如何用电压法检测控制电路上的故障点？

2）如何用电阻法检测控制电路上的故障点？

3）如何用短路法检测控制电路上的故障点？

4）如何用开路法检测控制电路上的故障点？

5）如何通过“一问、二看、三听、四摸、五操作”弄清楚故障现象？

6）如何实地动手进行 PLC 控制系统的硬件调试？

7）如何实地动手进行 PLC 控制系统的软件调试？

8）如何实地动手进行 PLC 控制系统的异常运行试验？

9）如何利用故障检查流程图实地动手找出 PLC 控制系统的故障点？

10）如何利用内部特殊继电器/数据寄存器中的状态信息监视 PLC 控制系统的运行？

11）如何利用内部特殊继电器/数据寄存器中的报警信息查找 PLC 控制系统的故障？

12）如何利用 PLC 的出错代码实地查找出 PLC 中的故障？

13）如何实地维护好 PLC 控制系统的正常运行？

14）如何实地动手更换 FX_{2N} 系列 PLC 的电池？

15）通过本项目的训练您掌握了哪些操作技能？

本项目小结

本项目从使用的角度出发，以工作过程为导向，将项目目标分解为 3 项任务。以工作任务来驱动，使学生熟练掌握如何进行机床电气控制系统常见故障的维修；如何进行机床 PLC 控制系统的调试和常见故障的维修；回答应知应会问题，进行自我专业技术知识和技能测试；工学结合、学用一致、理论密切联系实践、“教＋学＋做”一体化，使学生既掌握高技能应用型人才必备的专业技术知识，又训练培训了高职院学生重实践的岗位技能、创新意识和综合素质，最终实现熟练维修一般机床电气与 PLC 控制系统常见故障的项目目标。

本模块是在已初步掌握阅读、分析和设计电气与 PLC 控制电路的基础上，阐述了机床电气与 PLC 控制系统常见故障的检修方法、检修步骤、检修流程图；给出了某机床液压泵电动机控制电路的检修举例、CA3140 车床常见故障类型及检修实例、日本三菱公司 FX_{2N} 系列 PLC 的故障检修示范等；力图使读者通过举一反三，掌握机床电气与 PLC 控制系统维修方法，能有效地维护好机床电气与 PLC 控制系统的正常运行。

机床电气与 PLC 控制系统常见故障的维修是机电一体化及相关专业高职高专大学生重要的职业岗位技能，也是本课程重要的教学目标，必须熟练掌握。

项目6 拓展与提高：几种常用典型复杂机床设备电气与PLC控制设计/维修案例

一、项目目标

按照机电一体化专业高素质、高技能应用型人才培养目标和高职高专学生就业职业岗位技能的要求，本项目要求学生在学会阅读分析、设计一般常用机床电气与PLC控制电路图和能够进行机床电气与PLC控制系统常见故障维修的基础上，继续拓展与提高，能够进行一些较复杂机床设备电气与PLC控制系统的设计和维修。

二、任务驱动

根据项目目标，将其工作过程分解为5个较复杂机床设备电气与PLC控制设计/维修案例。通过项目引导、任务驱动，使学生工学结合、理论和实践密切结合、学用一致，既要掌握高素质、高技能应用型人才必备的专业技术理论知识，更着重训练学生工程实践的动手能力，培养学生创新意识和综合素质，最终实现能够设计和维修一些较复杂机床设备电气与PLC控制系统的项目目标。

案例1　C5225型立式车床的电气与PLC控制

案例2　T610型卧式镗床的电气与PLC控制

案例3　M7475型立轴圆台平面磨床的电气与PLC控制

案例4　B2012A型龙门刨床的电气与PLC控制

案例5　双面单工液压传动组合机床的电气与PLC控制

三、任务驱动流程图（见图6-0）

四、项目情景条件

1）一些较复杂机床或者机床教学模型。

2）较复杂机床电气控制参考电路图。

3）较复杂机床PLC控制参考电路图。

4）实用机床电气与PLC控制设计手册。

5）较复杂机床电气与PLC控制设计参考资料。

6）机床电气与PLC控制工程实践训练基地或者校企合作实习工厂等。

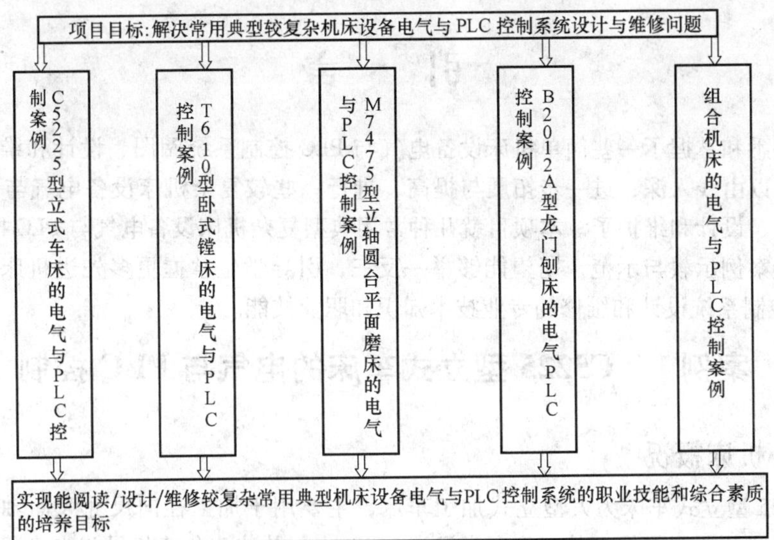

图6-0　任务驱动图

五、教学环境设置和教学方法选择

通过课堂讲解和学生参与讨论，边学习边进行设计实践的方式来完成本项目目标。

引　言

在熟悉和掌握了一些简单机床设备电气与 PLC 控制系统阅图、设计和维护的基础上，就可以由浅入深，进一步拓展与提高，进行一些较复杂机床设备电气与 PLC 控制系统阅图、设计和维护了。本项目就几种常用典型复杂机床设备电气与 PLC 控制设计/维修进行案例示教与示范，期望能够举一反三，引导学生掌握更多先进机床设备电气与 PLC 控制系统设计和维修的专业技术知识和职业技能。

案例 1　C5225 型立式车床的电气与 PLC 控制

6.1.1　机床概况

C5225 型立式车床为大型立式加工车床，主要用于加工径向尺寸大而轴向尺寸相对小的重型及大型工件。其工作台直径为 2500mm，共装 7 台三相异步电动机，机床的全部主要用电设备均由 380V 电源供电，控制电路的电压为 220V。

主拖动电动机 M_1 通过变速箱能实现 16 种转速的变换。横梁的两端装有两个进给箱，在进给箱的后部装有刀架进给和快速移动电动机各一台。两个立柱上各装有一个侧刀架和进给箱。每个进给箱上装有刀架进给和快速移动电动机各一台。

机床的主运动为工作台的旋转运动。进给运动包括垂直刀架的垂直移动和水平移动，侧刀架的横向移动和上下移动。辅助运动有横梁的上下移动。

6.1.2　电控特点及拖动要求

1）工作台由主电动机经变速箱直接起动。因立式车床在工作时主要是正向切削，所以电动机只需要正向转动。但是为了调整工件或刀具，电动机必须有正、反向点动控制。

2）由于工作台直径大、重量大、惯性也大，所以必须在停车时采用制动措施。

3）工作台的变速由电气、液压装置和机械联合实现。

4）由于机床体积大，操作人员的活动范围也大，采用悬挂按钮站来控制，其选择开关和主要操作按钮都置于其上。

5）在车削时，横梁应夹紧在立柱上，横梁上升的程序是松开夹紧装置→横梁上升→夹紧。当横梁下降时，丝杠和螺母间出现的空隙影响横梁的水平精度，故设有回升环节，使横梁下降到位后略为上升一下。所以横梁下降的程序是松开→下降→回升→夹紧。

6）必须有完善的联锁与保护措施。

6.1.3　C5225 型立式车床电气控制电路设计

C5225 型立式车床电气控制电路原理图如图 6-1 所示。

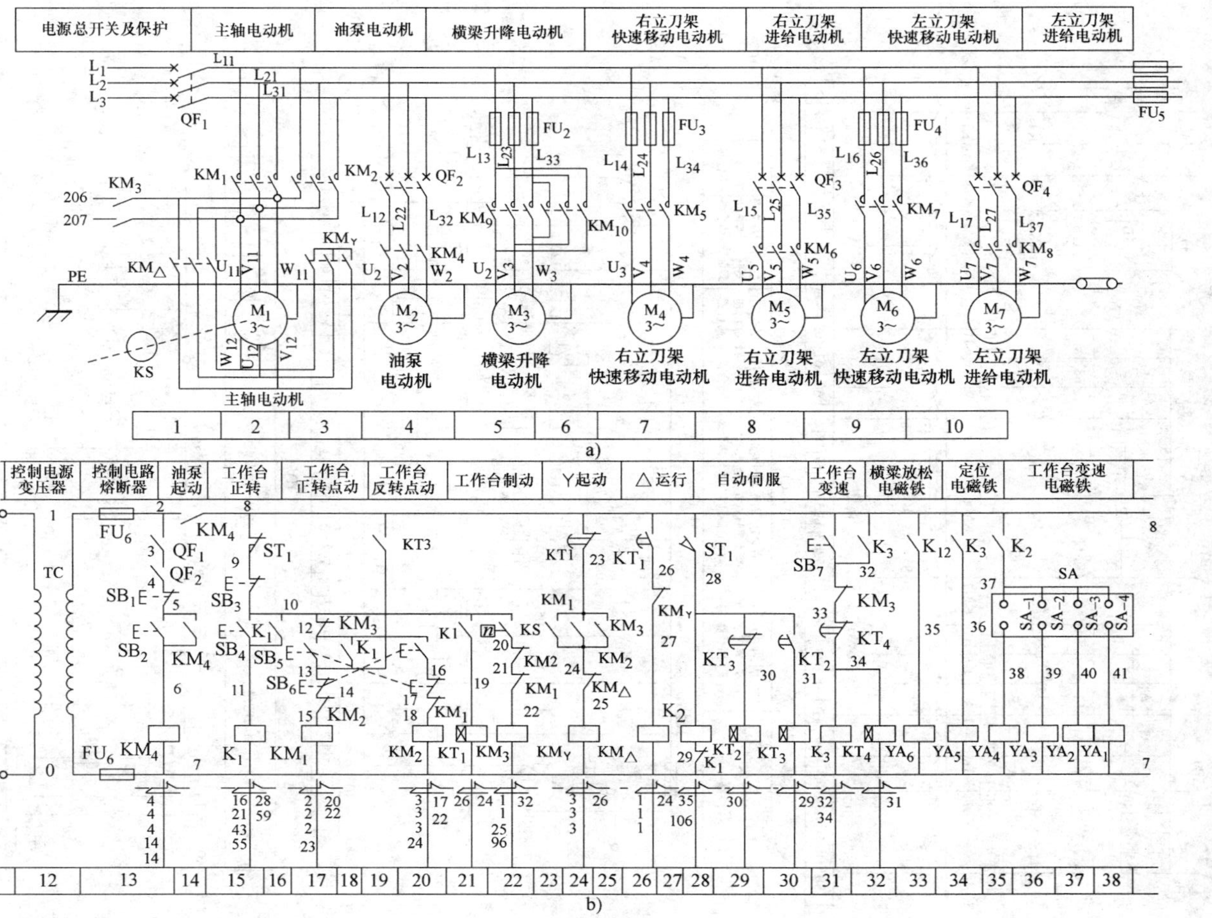

图 6-1　C5225 型立式车床电气控制电路原理图

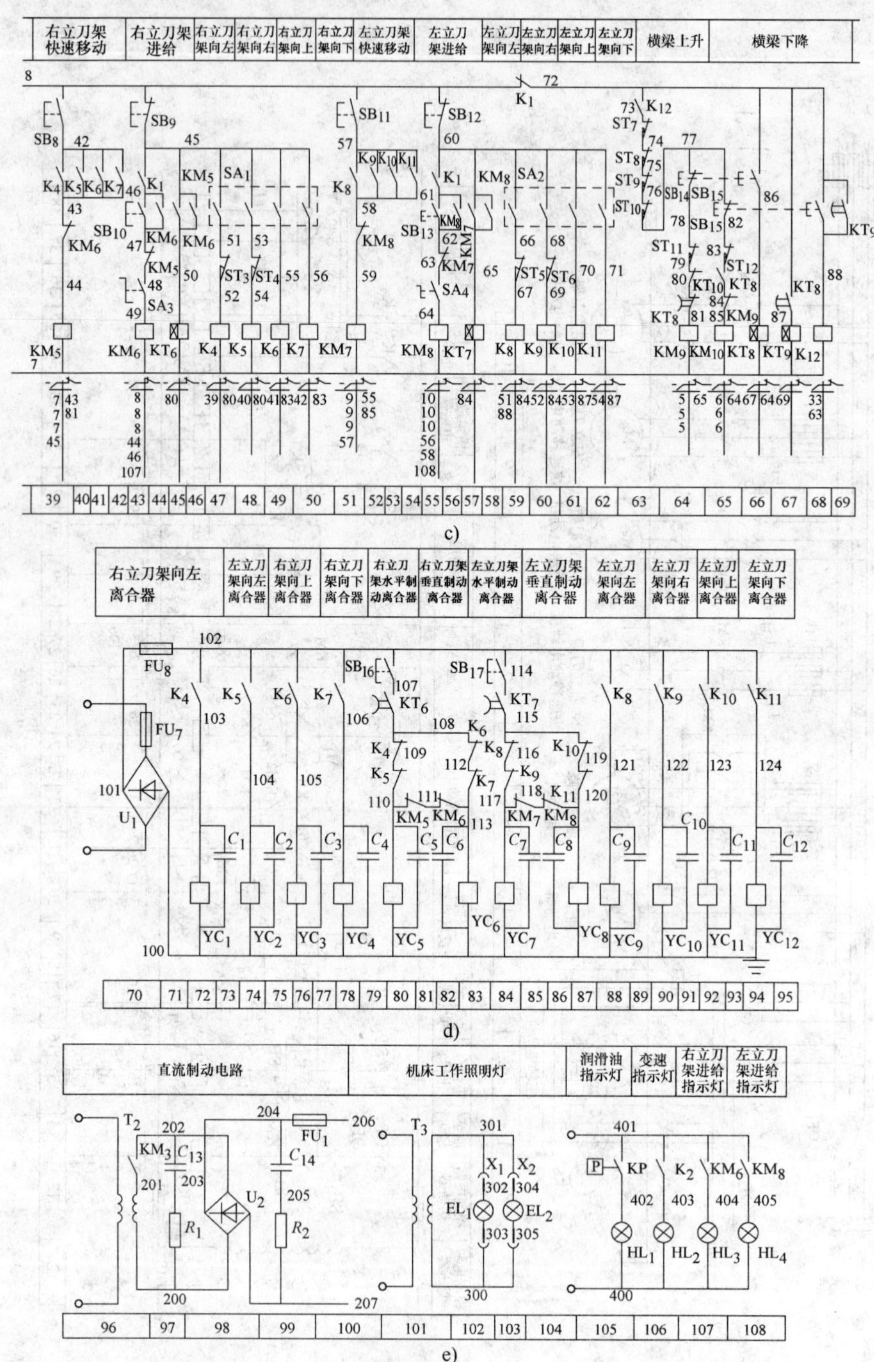

图 6-1　C5225 型立式车床电气控制电路原理图（续）

从图 6-1a 可知，C5225 型立式车床由 7 台电动机拖动：主轴电动机 M_1，油泵电动机 M_2、横梁升降电动机 M_3、右立刀架快速移动电动机 M_4、右立刀架进给电动机 M_5、左立刀架快速移动电动机 M_6、左立刀架进给电动机 M_7。从图 6-1b、c 可知，只有在油泵电动机 M_2 起动运行、机床润滑状态良好的情况下，其他电动机才能起动。

1. 油泵电动机 M_2 控制

按下按钮 SB_2，接触器 KM_4 闭合，油泵电动机 M_2 起动运转，同时 14 区接触器 KM_4 的常开触点闭合，接通了其他电动机控制电路的电源，为其他电动机的起动运行做好了准备。

2. 主拖动电动机 M_1 控制

主拖动电动机 M_1 可采用Y-△减压起动控制，也可采用正、反转点动控制，还可采用停车制动控制，由主拖动电动机 M_1 拖动的工作台还可以通过电磁阀的控制来达到变速的目的。

（1）主拖动电动机 M_1 的Y-△减压起动控制　按下按钮 SB_4（15 区），中间继电器 K_1 闭合并自锁，接触器 KM_1 线圈（17 区）通电闭合，继而接触器 KM_Y线圈（24 区）通电闭合，同时时间继电器 KT_1 线圈（21 区）通电闭合，主拖动电动机 M_1 开始Y-△减压起动。经过一定的时间，时间继电器 KT_1 动作，KT_1 线圈断电释放，接触器 KM_Y线圈（24 区）断电，接触器 $KM_\triangle$线圈（26 区）通电闭合，主拖动电动机 M_1△接法全压运行。

（2）主拖动电动机 M_1 正、反转点动控制　按下正转点动按钮 SB_5（17 区），接触器 KM_1线圈通电闭合，继而接触器 KM_Y通电闭合，主拖动电动机 M_1 正向Y接法点动起动运转。按下反转点动按钮 SB_6（20 区），接触器 KM_2 线圈（20 区）通电闭合，继而触器 KM_Y通电闭合，主拖动电动机 M_1 反向Y接法点动起动运转。

（3）主拖动电动机 M_1 停车制动控制　当主拖动电动机 M_1 起动运转时，速度继电器 KS 的常开触点（22 区）闭合。按下停止按钮 SB_3（15 区），中间继电器 K_1、接触器 KM_1、时间继电器 KT_1、接触器 $KM_\triangle$线圈失电释放，接触器 KM_3 线圈通电闭合，主拖动电动机 M_1 反接制动。当速度下降至 100r/min 时，速度继电器的常开触点（22 区）复位断开，主拖动电动机 M_1 制动停车完毕。

（4）工作台的变速控制　工作台的变速由手动开关 SA 控制，改变手动开关 SA 的位置（电路图中 35 ~ 38 区），电磁铁 YA_1 ~ YA_4 有不同的通断组合，可得到工作台各种不同的转速。表 6-1 列出了 C5225 型立式车床转速表。

表 6-1　C5225 型立式车床转速表

电磁铁	SA 转换开关触点	花盘各级转速、电磁铁及 SA 通断情况															
		2	2.5	3.4	4	6	6.3	8	10	12.5	16	20	25	31.5	40	50	63
YA_1	SA_1	–	+	+	–	+	–	+	–	+	–	+	–	+	–	+	–
YA_2	SA_2	+	+	–	–	+	–	+	–	+	+	–	–	+	+	–	–
YA_3	SA_3	+	+	+	+	–	–	–	–	+	+	+	+	–	–	–	–
YA_4	SA_4	+	+	+	+	+	+	+	+	–	–	–	–	–	–	–	–

注：表中“+”表示接通状态，“–”表示断开状态。

将 SA 扳至所需转速位置，按下按钮 SB_7（31 区），中间继电器 K_3、时间继电器

KT_4 线圈通电吸合，继而电磁铁 YA_5 线圈通电吸合，接通锁杆油路，锁杆压合行程开关 ST_1（28 区）闭合，使中间继电器 K_2、时间继电器 KT_2 线圈通电吸合，变速指示灯 HL_2 亮，相应的变速电磁铁（YA_1 ~ YA_4）线圈通电，工作台得到相应的转速。

时间继电器 KT_2 闭合后，经过一定的时间，KT_3 线圈通电闭合，使接触器 KM_1、KM_Y 通电吸合，主拖动电动机 M_1 做短时起动运行，促使变速齿轮啮合。变速齿轮啮合后，ST_1 复位，中间继电器 K_2、时间继电器 KT_2、KT_3、电磁铁 YA_1 ~ YA_4 失电释放，完成工作台的变速过程。

3. 横梁升、降控制

（1）横梁上升控制　按下横梁上升按钮 SB_{15}（68 区），中间继电器 K_{12} 通电吸合，继而横梁放松电磁铁 YA_6（33 区）通电吸合，接通液压系统油路，横梁夹紧机构放松，然后行程开关 ST_7、ST_8、ST_9、ST_{10}（63 区）复位闭合，接触器 KM_9 线圈（64 区）通电闭合，横梁升降电动机 M_3 正向起动运转，带动横梁上升。松开按钮 SB_{15}，横梁停止上升。

（2）横梁下降控制　按下横梁下降按钮 SB_{14}（66 区），时间继电器 KT_8（66 区）、KT_9（67 区）及中间继电器 K_{12}（68 区）线圈通电吸合，继而横梁放松电磁铁 YA_6（33 区）通电吸合，接通液压系统油路，横梁夹紧机构放松，然后行程开关 ST_7、ST_8、ST_9、ST_{10}（63 区）复位闭合，接触器 KM_{10} 线圈（65 区）通电闭合，横梁升降电动机 M_3 反向起动运转，带动横梁下降。松开按钮 SB_{14}，横梁下降停止。

4. 刀架控制

（1）右立刀架快速移动控制　将十字手动开关 SA_1 扳至“向左”（47 ~ 50 区）位置，中间继电器 K_4（47 区）通电吸合，继而右立刀架向左快速离合器电磁铁 YC_1 线圈（72 区）通电吸合。然后按下右立刀架快速移动电动机 M_4 的起动按钮 SB_8（39 区），接触器 KM_5 通电吸合，右立刀架电动机 M_4 起动运转，带动右立刀架快速向左移动。松开按钮 SB_8，右立刀架快速移动电动机 M_4 停转。

同理，将十字手动开关 SA_1 扳至“向右”、“向上”、“向下”位置，分别可使右立刀架各移动方向电磁离合器电磁铁 YC_2 ~ YC_4（74 区 ~ 79 区）线圈吸合，从而控制右立刀架向右、向上、向下快速移动。

与右立刀架快速移动控制的原理相同，左立刀架快速移动通过十字手动开关 SA_2（59 区 ~ 62 区）扳至不同位置来控制电磁离合器电磁铁 YC_9 ~ YC_{12} 的通断，按下左立刀架快速移动电动机 M_6 起动按钮 SB_{11}（51 区）控制左立刀架快速移动电动机 M_6 的起停来实现。

（2）右立刀架进给控制　在工作台电动机 M_1 起动的前提下，将手动开关 SA_3（43 区）扳至接通位置，按下右立刀架进给电动机 M_5 起动按钮 SB_{10}，接触器 KM_6 通电吸合，右立刀架进给电动机 M_5 起动运转，带动右立刀架工作进给。按下右立刀架进给电动机 M_5 的停止按钮 SB_9，右立刀架进给电动机 M_5 停转。

左立力架进给电动机 M_7 的控制过程相同。

（3）左、右立刀架快速移动和工作进给制动控制　当右立刀架快速移动电动机 M_3 或右立刀架进给电动机 M_4 起动运转时，时间继电器 KT_6 通电闭合，80 区瞬时闭合延时断开触点闭合。当松开右立刀架快速进给移动电动机 M_3 的点动按钮 SB_8 或按下右立

刀架进给电动机 M_4 的停止按钮 SB_9 时，接触器 KM_5 或 KM_6 失电释放，由于 KT_6 为断电延时，因而 80 区中的时间继电器 KT_6 的瞬时闭合延时断开触点仍然闭合，此时按下右立刀架水平制动离合器按钮 SB_{16}（80 区），右立刀架水平制动离合器电磁铁 YC_5、YC_6 线圈通电吸合，使制动离合器动作，对右立刀架的快速进给及工作进给进行制动。

左立刀架快速移动和工作进给制动控制的工作过程相同。

6.1.4 C5225 型立式车床 PLC 控制设计

1）C5225 型立式车床 PLC 控制输入输出点分配表见表 6-2。

表 6-2 C5225 型立式车床 PLC 控制输入输出点分配表

输入信号			输出信号		
名称	代号	输入点编号	名称	代号	输出点编号
总停止按钮	SB_1	X0	润滑指示灯	HL_1	Y0
总起动开关、按钮	SB_2、QF_1、QF_2	X1	变速指示灯	HL_2	Y1
电动机 M_1 停止按钮	SB_3	X2	主拖动电动机 M_1 正转接触器	KM_1	Y2
电动机 M_1 起动按钮	SB_4	X3	主拖动电动机 M_1 反转接触器	KM_2	Y3
电动机 M_1 正转点动	SB_5	X4	主拖动电动机 M_1 制动接触器	KM_3	Y4
电动机 M_1 反转点动	SB_6	X5	主拖动电动机Y起动接触器	KM_Y	Y5
工作台变速按钮	SB_7	X6	主拖动电动机△起动接触器	$KM_\triangle$	Y6
右立刀架快速移动按钮	SB_8	X7	油泵电动机 M_2 接触器	KM_4	Y7
右立刀架进给停止按钮	SB_9	X10	右立刀架快速移动电机接触器	KM_5	Y10
右立刀架进给起动	SB_{10}、SA_3	X11	右立刀架进给电动机接触器	KM_6	Y11
左立刀架快速移动按钮	SB_{11}	X12	左立刀架快速移动电机接触器	KM_7	Y12
左立刀架进给停止按钮	SB_{12}	X 13	左立刀架进给电动机接触器	KM_8	Y13
左立刀架进给起动	SB_{13}、SA_4	X14	横梁上升接触器	KM_9	Y14
横梁下降按钮	SB_{14}	X15	横梁下降接触器	KM_{10}	Y15
横梁上升按钮	SB_{15}	X16	工作台变速电磁铁	YA_1	Y16
右立刀架制动按钮	SB_{16}	X17	工作台变速电磁铁	YA_2	Y17
左立刀架制动按钮	SB_{17}	X20	工作台变速电磁铁	YA_3	Y18
工作台变速选择	SA_{-1}	X21	工作台变速电磁铁	YA_4	Y21
	SA_{-2}	X22	定位电磁铁	YA_5	Y22
	SA_{-3}	X23	横梁放松电磁铁	YA_6	Y23
	SA_{-4}	X24	右立刀架向左离合器电磁铁	YC_1	Y24
右立刀架向左	SA_{1-1}	X25	右立刀架向右离合器电磁铁	YC_2	Y25
右立刀架向右	SA_{1-2}	X26	右立刀架向上离合器电磁铁	YC_3	Y26
右立刀架向上	SA_{1-3}	X27	右立刀架向下离合器电磁铁	YC_4	Y27
右立刀架向下	SA_{1-4}	X30	右立刀架水平制动离合器电磁铁	YC_5	Y30
左立刀架向左	SA_{2-1}	X31	右立刀架垂直制动离合器电磁铁	YC_6	Y31
左立刀架向右	SA_{2-2}	X32	左立刀架水平制动离合器电磁铁	YC_7	Y32

（续）

输入信号			输出信号		
名称	代号	输入点编号	名称	代号	输出点编号
左立刀架向上	$SA_{2\text{-}3}$	X33	左立刀架垂直制动离合器电磁铁	YC_8	Y33
左立刀架向下	$SA_{2\text{-}4}$	X34	左立刀架向左离合器电磁铁	YC_9	Y34
速度继电器	KS	X35	左立刀架向右离合器电磁铁	YC_{10}	Y35
压力继电器	KP	X36	左立刀架向上离合器电磁铁	YC_{11}	Y36
自动伺服行程开关	ST_1	X37	左立刀架向下离合器电磁铁	YC_{12}	Y37
右立刀架向左限位开关	ST_3	X40			
右立刀架制动右限位开关	ST_4	X41			
左立刀架向左限位开关	ST_5	X42			
左立刀架制动右限位开关	ST_6	X43			
横梁上升下降行程开关	ST_7、ST_8、ST_9、ST_{10}	X44			
横梁上升限位行程开关	ST_{11}	X45			
横梁下降限位行程开关	ST_{12}	X46			

2）C5225型立式车床PLC控制接线图如图6-2所示。

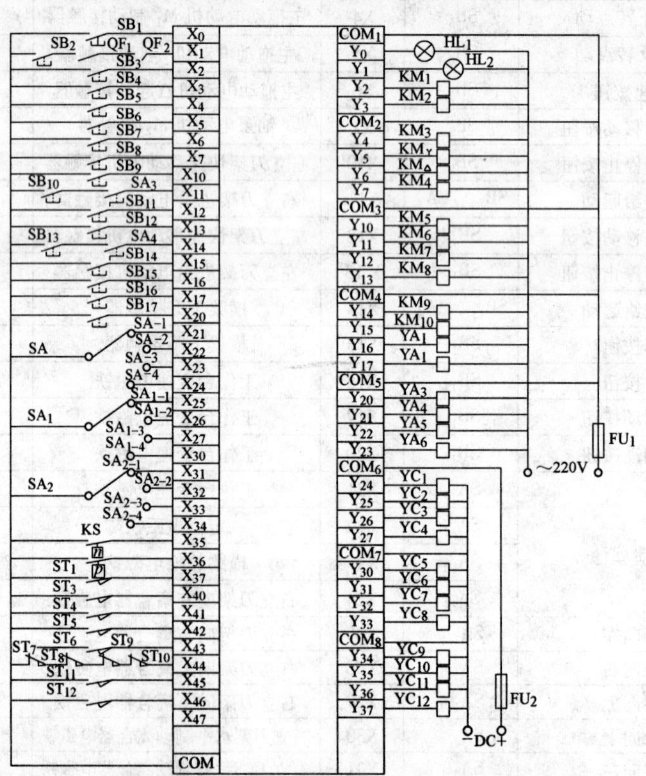

图6-2　C5225型立式车床PLC控制接线图

3）根据 C5225 型立式车床的控制要求，设计出 C5225 型立式车床 PLC 控制梯形图，如图 6-3 所示。

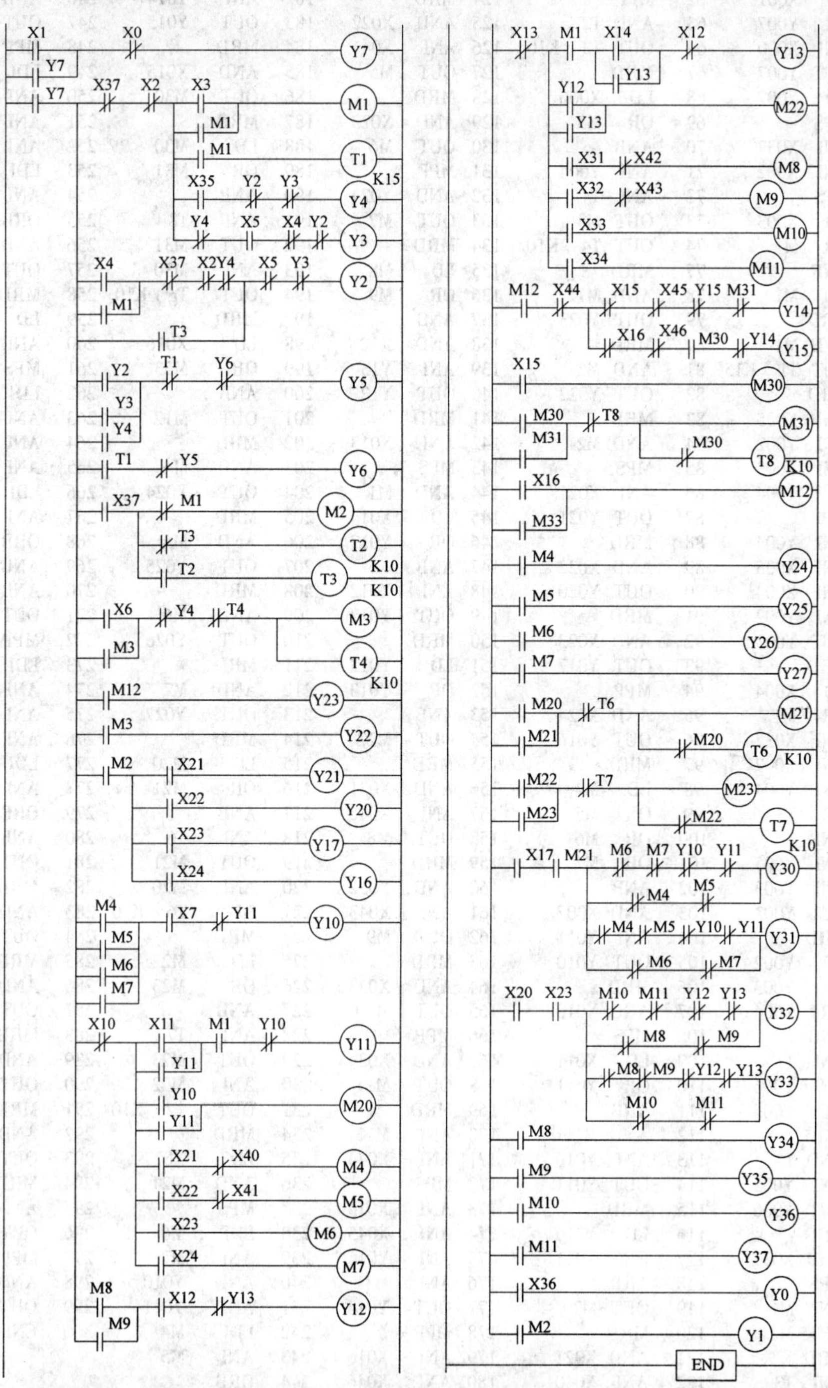

图 6-3　C5225 型立式车床 PLC 控制梯形图

4）根据接线图，参照梯形图，就可写出 C5225 型立式车床 PLC 控制指令语句表。

```
0   LD   X001
1   OR   Y007
2   ANI  X000
3   OUT  Y007
4   LD   Y007
5   MPS
6   ANI  X037
7   ANI  X002
8   MPS
9   LD   X003
10  OR   M1
11  ANB
12  OUT  M1
13  MRD
14  AND  M1
15  OUT  T1   K15
18  MRD
19  AND  X035
20  ANI  Y002
21  ANI  Y003
22  OUT  Y004
23  MPP
24  ANI  Y004
25  AND  X005
26  ANI  X004
27  ANI  Y002
28  OUT  Y003
29  MRD
30  LD   X004
31  OR   M1
32  ANI  X037
33  ANI  X002
34  ANI  Y004
35  OR   T3
36  ANB
37  ANI  X005
38  ANI  Y003
39  OUT  Y002
40  MRD
41  LD   Y002
42  OR   Y003
43  OR   Y004
44  ANB
45  ANI  T1
46  ANI  Y006
47  OUT  Y005
48  MRD
49  AND  T1
50  ANI  Y005
51  OUT  Y006
52  MRD
53  AND  X037
54  MPS
55  ANI  M1
56  OUT  M2
57  MRD
58  ANI  T3
59  OUT  T2   K10
62  MPP
63  AND  T2
64  OUT  T3   K10
67  MRD
68  LD   X006
69  OR   M3
70  ANB
71  ANI  Y004
72  ANI  T4
73  OUT  M3
74  OUT  T4   K10
77  MRD
78  AND  M12
79  OUT  Y023
80  MRD
81  AND  M3
82  OUT  Y022
83  MRD
84  AND  M2
85  MPS
86  AND  X021
87  OUT  Y021
88  MRD
89  AND  X022
90  OUT  Y020
91  MRD
92  AND  X023
93  OUT  Y017
94  MPP
95  AND  X024
96  OUT  Y016
97  MRD
98  LD   M4
99  OR   M5
100 OR   M6
101 OR   M7
102 ANB
103 AND  X007
104 ANI  Y011
105 OUT  Y010
106 MRD
107 ANI  X010
108 MPS
109 LD   X011
110 OR   Y011
111 ANB
112 AND  M1
113 ANI  Y010
114 OUT  Y011
115 MRD
116 LD   Y010
117 OR   Y011
118 ANB
119 OUT  M20
120 MRD
121 AND  X021
122 ANI  X040
123 OUT  M4
124 MRD
125 AND  X022
126 ANI  X041
127 OUT  M5
128 MRD
129 AND  X023
130 OUT  M6
131 MPP
132 AND  X024
133 OUT  M7
134 MRD
135 LD   M8
136 OR   M9
137 ANB
138 AND  X12
139 ANI  Y13
140 OUT  Y12
141 MRD
142 ANI  X013
143 MPS
144 AND  M1
145 LD   X014
146 OR   Y013
147 ANB
148 ANI  X012
149 OUT  Y013
150 MRD
151 LD   Y012
152 OR   Y013
153 ANB
154 OUT  M22
155 MRD
156 AND  X031
157 ANI  X042
158 OUT  M8
159 MRD
160 AND  X032
161 ANI  X043
162 OUT  M9
163 MRD
164 AND  X033
165 OUT  M10
166 MPP
167 AND  X034
168 OUT  M11
169 MRD
170 AND  M12
171 ANI  X044
172 MPS
173 ANI  X015
174 ANI  X045
175 ANI  Y015
176 ANI  M31
177 OUT  Y014
178 MPP
179 ANI  X016
180 ANI  X046
181 AND  M30
182 ANI  Y014
183 OUT  Y015
184 MRD
185 AND  X015
186 OUT  M30
187 MRD
188 LD   M30
189 OR   M31
190 ANB
191 ANI  T8
192 OUT  M31
193 ANI  M30
194 OUT  Tg   K10
197 MRD
198 LD   X016
199 OR   M33
200 ANB
201 OUT  M12
202 MRD
203 AND  M4
204 OUT  Y024
205 MRD
206 AND  M5
207 OUT  Y025
208 MRD
209 AND  M6
210 OUT  Y026
211 MRD
212 AND  M7
213 OUT  Y027
214 MRD
215 LD   M20
216 OR   M21
217 ANB
218 ANI  T6
219 OUT  M21
220 ANI  M20
221 OUT  T6   K10
224 MRD
225 LD   M22
226 OR   M23
227 ANB
228 ANI  T7
229 OUT  M23
230 ANI  M22
231 OUT  T7   K10
234 MRD
235 LD   X017
236 AND  M21
237 MPS
238 LDI  M6
239 ANI  M7
240 ANI  Y010
241 ANI  Y011
242 LDI  M4
243 ANI  M5
244 ORB
245 ANB
246 ANB
247 OUT  Y030
248 MPP
249 LDI  M4
250 ANI  M5
251 ANI  Y010
252 ANI  Y011
253 LDI  M6
254 ANI  M7
255 ORB
256 ANB
257 OUT  Y031
258 MRD
259 LD   X020
260 AND  X023
261 MPS
262 LD1  M10
263 ANI  M11
264 ANI  Y012
265 ANI  Y013
266 LDI  M8
267 ANI  M9
268 ORB
269 ANB
270 ANB
271 OUT  Y032
272 MPP
273 LDI  M8
274 ANI  M9
275 ANI  Y012
276 ANI  Y013
277 LDI  M10
278 ANI  M11
279 ORB
280 ANB
281 OUT  Y033
282 MRD
283 AND  M8
284 OUT  Y034
285 MRD
286 AND  M9
287 OUT  Y035
288 MRD
289 AND  M10
290 OUT  Y036
291 MRD
292 AND  M11
293 OUT  Y037
294 MRD
295 AND  X036
296 OUT  Y000
297 MPP
298 AND  M2
299 OUT  Y001
300 END
```

6.1.5 C5225 型立式车床的常见故障及检修

机床电气常用短接法检查故障。在运用短接法检查故障时，要注意观察电器的动作程序，然后才能确定需要短接的开关、触点及导线。

（1）按下 SB_2，油泵电动机不能起动 观察接触器 KM_4 是否吸合。如不吸合，测量 3~6是否有电压。确定电压正常后，按下 SB_2，看 KM_4 是否吸合。如不吸合，可短接 3~4、4~5、5~6。当排除 KM_4 故障或看到 KM_4 吸合后，可断定故障在 KM_4 以后的电路。

看 QF_2 是否闭合或者 KM_4 主触点是否接触良好。如果这些均没有问题，则是油泵电动机本身的故障。则根据电气原理图一步一步地进行排查寻找。

（2）工作台变速故障 工作台变速分四步进行：第一步锁杆抬起；第二步变速电磁铁根据 SA_1 变速开关接通情况，推动齿轮动作；第三步电动机自动伺服；第四步齿轮啮合后锁杆复位。检查故障时，可根据这四步的工作情况进行检查。

当按下 SB_7 后，锁杆不动作，可按下列步骤检查：

① 观察电磁铁 YA_5 是否吸合。如不动作，看继电器 K_3 是否动作。若不动作，可短接触点 SB_7（8~32）、KM_3 常闭触点（32~33）、KT_4（33~34），这样可以检查出继电器 K_3 的故障。如 K_3 工作时间太短，可调整 KT_4 的延时时间。

② 观察锁杆是否在抬起位置，如锁杆不动，可短接 K_3 的触点（8~36），观察电磁铁 YA_5 的动作。如 YA_5 吸合而锁杆不动，故障在液压装置和机械部分。

③ 经检查或看到锁杆抬起，观察变速电磁铁是否在相应位置动作。变速开关 SA 扳到相应的位置，看电磁铁 YA_1 和 YA_4 是否吸合，并注意电动机是否作伺服冲动。经检查以上动作均正常，只是锁杆不能恢复原位，说明液压和机械方面有故障。

（3）横梁升降故障 检查时间继电器 KT_8 是否动作。如不动作，可在按着 SB_{14}的情况下，短接 SB_{14}（72~86）。如 KT_8 仍不动作，故障在其本身。如时间继电器 KT_8 吸合而 KT_9 不吸合，可短接 KT_8 的延时触点（72~87），检查 KT_9 的故障，用同样的方法可检查出 K_{12}不动作的故障点。

对于中间继电器 K_{12}吸合而横梁不下降故障。因横梁下降接触器 KM_{10}的线圈电路中串联的触点较多，其中任一触点接触不良或不闭合，都会导致 KM_{10}不吸合，用短接法检查更为方便。

这种故障，检查前应注意检查横梁夹紧装置是否放松。若确认横梁已放松，可在按住按钮 SB_{14}的情况下，逐个短接 K_{12}（72~73）、ST_7（73~74）、ST_8（74~75）、ST_9（75~76）、ST_{10}（76~77）、SB_{15}（77~82）、ST_{12}（82~83）、KT_8（83~84）、KM_9（84~85）。当短接到某处，接触器 KM_{10}吸合，说明故障就在于此。特别强调，ST_7~ST_{10}是夹紧装置控制的行程开关，绝对不能用长短接法短接标号 73~77 来检查故障，这是因为四个行程开关在横梁放松时才闭合，如因某原因有一夹紧装置没有放松，同时短接四个行程开关，会使升降电动机、丝杠和其他机构损坏。

（4）利用电气控制柜中的接线端子板检查电路故障 在运用局部短接法时，对所检查的电气开关都要打开护盖进行检查。有的开关直接装在机床较狭窄的部位，检查很费时间而且很难接触到接线柱。在这种情况下，可利用电气控制柜和接线盒来检查故障。下面以左立刀架为例分析故障的检查方法。

当按下按钮 SB_{11} 刀架不作快速移动时，观察电动机 M_6 是否起动，如不起动，故障在其控制电路中；观察 K_8 是否吸合，如不吸合，可在电气控制柜的接线端子板上短接 SB_{12}（8～60）、SA_2（60～66）、ST_5（66～67）各接线柱。如 K_8 吸合，看接触器 KM_7 是否吸合。如不吸合，可短接 SB_{11}（8～57）、K_8（57～58）、KM_8（58～59），便可检查出 KM_7 不吸合的故障点。

利用电气控制柜内的接线端子板检查电路故障，既可进行局部短接，又可进行长短接；不但可短接电器的触点，而且可短接连接导线，检查时方便省力。

案例 2　T610 型卧式镗床的电气与 PLC 控制

镗床是一种精密加工机床，主要用于加工工件上的精密圆柱孔。这些孔的轴心线往往要求严格地平行或垂直，相互间的距离也要求很准确。这些要求都是钻床难以达到的。而镗床本身刚性好，其可动部分在导轨上的活动间隙很小，且有附加支撑，所以，能满足上述加工要求。

镗床除能完成镗孔工序外，在万能镗床上还可以进行镗、钻、扩、铰、车及铣等工序，因此，镗床的加工范围很广。

按用途的不同，镗床可分为卧式镗床、坐标镗床、金刚镗床及专门化镗床等。本节仅以最常用的卧式镗床为例介绍它的电气与 PLC 控制电路。

卧式镗床用于加工各种复杂的大型工件，如箱体零件、机体等，是一种功能很全的机床。除了镗孔外，还可以进行钻、扩、铰孔以及车削内外螺纹、用丝锥攻螺纹、车外圆柱面和端面。安装了端面铣刀与圆柱铣刀后，还可以完成铣削平面等多种工作。因此，在卧式镗床上，工件一次安装后，即能完成大部分表面的加工，有时甚至可以完成全部加工，这在加工大型及笨重的工件时，具有特别重要的意义。

6.2.1　卧式镗床的主要结构

卧式镗床的外形结构如图 6-4 所示。主要由床身、尾架、导轨、后立柱、工作台、镗床、前立柱、镗头架、下溜板、上溜板等组成。

6.2.2　卧式镗床的主要运动

卧式镗床的床身 1 由整体的铸件制成，床身的一端装有固定不动的前立柱 7，在前立柱的垂直导轨上装有镗头架 8，可以上下移动。镗头架上集中了主轴部件、变速箱、进给箱与操纵机构等部件。切削刀具安装在镗轴前端的锥孔里，或装在平旋盘的刀具溜板上。在工作过程中，镗轴一面旋转，一面沿轴向做进给运动。平旋盘只能旋转，装在上面的刀具溜板可在垂直于主轴轴线方向的径向做进给运动。平旋盘主轴是空心轴，镗轴穿过其中空部分，通过各自的传动链传动，因此可独立转动。在大部分工作情况下，使用镗轴加工，只有在用车刀切削端面时才使用平旋盘。

卧式镗床后立柱 4 上安装有尾架 2，用来夹持装在镗轴上的镗杆的末端。尾架 2 可随镗头架 8 同时升降，并且其轴心线与镗头架轴心线保持在同一直线上。后立柱 4 可

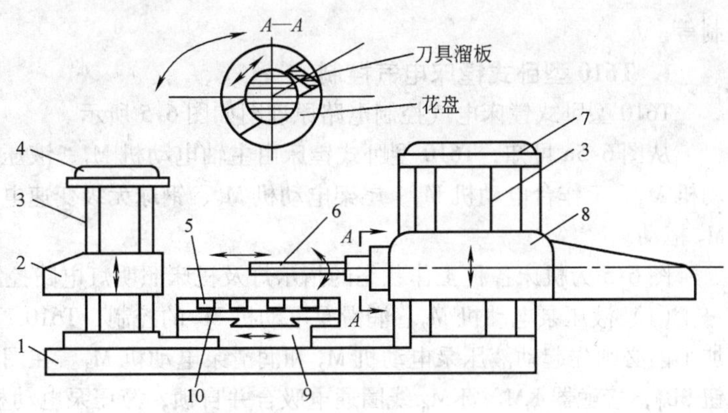

图6-4 卧式镗床的外形结构示意图

1—床身 2—尾架 3—导轨 4—后立柱 5—工作台 6—镗床 7—前立柱 8—镗头架 9—下溜板 10—上溜板

在床身导轨上沿镗轴轴线方向上做调整移动。

加工时，工件安放在床身1中部的工作台5上，工作台在溜板上面，上溜板10下面是下溜板9，下溜板安装在床身导轨上，并可沿床身导轨运动。上溜板又可沿下溜板上的导轨运动，工作台相对于上溜板可做回转运动。这样，工作台就可在床身上作前、后、左、右任一个方向的直线运动，并可做回旋运动。再配合镗头架的垂直移动，就可以加工工件上一系列与轴线相平行或垂直的孔。

由以上分析，可将卧式镗床的运动归纳如下：

主运动：镗轴的旋转运动与平旋盘的旋转运动。

进给运动：镗轴的轴向进给、平旋盘刀具溜板的径向进给、镗头架的垂直进给、工作台的横向进给与纵向进给。

辅助运动：工作台的回旋、后立柱的轴向移动及垂直移动。

6.2.3 卧式镗床的拖动特点及控制要求

镗床加工范围广，运动部件多，调速范围广，对电力拖动及控制提出的要求如下：

1）主轴应有较大的调速范围，且要求恒功率调速，往往采用机电联合调速。

2）变速时，为使滑移齿轮能顺利进入正常啮合位置，应有低速或断续变速冲动。

3）主轴能作正反转低速点动调整，要求对主轴电动机实现正反转及点动控制。

4）为使主轴迅速、准确停车，主轴电动机应具有电气制动。

5）由于进给运动直接影响切削量，而切削量又与主轴转速、刀具、工件材料、加工精度等因素有关，所以一般卧式镗床主运动与进给运动由一台主轴电动机拖动，由各自传动链传动。主轴和工作台除工作进给外，为缩短辅助时间，还应有快速移功，由另一台快速移动电动机拖动。

6）由于镗床运动部件较多，应设置必要的联锁和保护，并使操作尽量集中。

6.2.4 T 610 型卧式镗床的电气与PLC控制设计

T610型卧式镗床的电气控制电路图和液压系统均较为复杂。它主要包括机床中的主轴旋转、平旋盘旋转、工作台转动、尾架升降用电动机拖动；主轴和平旋盘刀架进给、主轴箱进给、工作台的纵向及横向进给、各部件的夹紧采用液压传动控制等。

1. T610 型卧式镗床电气控制

T610 型卧式镗床电气控制电路原理图如图 6-5 所示。

从图 6-5a 可知，T610 型卧式镗床由主轴电动机 M_1、液压泵电动机 M_2、润滑泵电动机 M_3、工作台电动机 M_4、尾架电动机 M_5、钢球无级变速电动机 M_6、冷却泵电动机 M_7 拖动。

图 6-5 为机床各种工作状态的指示灯及机床照明灯电路控制原理图。

（1）液压泵电动机 M_2、润滑泵电动机 M_3 的控制　T610 型卧式镗床在对工件进行加工前必须先起动液压泵电动机 M_2 和润滑泵电动机 M_3。在图 6-5 第 28 区中，按下按钮 SB_1，接触器 KM_5、KM_6 线圈通电吸合并自锁，液压泵电动机 M_2、润滑泵电动机 M_3 起动运转；按下按钮 SB_2，接触器 KM_5、KM_6 失电释放，液压泵电动机 M_2、润滑泵电动机 M_3 停止运转。

（2）机床起动准备控制电路　液压泵电动机 M_2、润滑泵电动机 M_3 起动运转后，当机床中的液压油具有一定压力时，压力继电器 KP_2 动作，第 52 区中 KP_2 常开触点闭合，KP_2 的常闭触点断开，为主轴电动机 M_1 的正转点动和反转点动作好了准备。当压力继电器 KP_3 动作时，接通中间继电器 K_{17} 和 K_{18} 线圈的电源，为主轴平旋盘进给、主轴箱进给及工作台进给作准备。

（3）主轴电动机 M_1 的控制　主轴电动机 M_1 可进行正、反转Y-△减压起动控制，也可进行正、反转点动控制和停止制动控制。

1）主轴电动机 M_1 正、反转Y-△减压起动控制。按下 30 区中的按钮 SB_4，中间继电器 K_1 线圈通电吸合并自锁，中间继电器 K_1 线圈通电吸合，中间继电器 K_1 在 17 区中 204 号线与 207 号线间的常开触点、31 区中 9 号线与 10 号线间的常开触点、35 区中 9 号线与 15 号线间的常开触点、38 区中 21 号线与 22 号线间的常开触点闭合。继而接通信号指示灯 HL_4 的电源，HL_4 发亮，表示主轴电动机 M_1 正在正向旋转，并为接通时间继电器 KT_1 线圈电源作好了准备。中间继电器 K_1 的闭合，也接通了接触器 KM_1 线圈的电源，接触器 KM_1 通电吸合。

接触器 KM_1 闭合，切断接触器 KM_2 线圈的电源通路及中间继电器 K_3 线圈的电源通路，接通主轴电动机 M_1 的正转电源，为主轴钢球无级变速作好准备；继而 38 区中的时间继电器 KT_1 线圈和 40 区中的接触器 KM_3 线圈通电吸合，主轴电动机 M_1 绕组接成Y接法正向减压起动。

经过一定的时间，时间继电器 KT_1 动作，切断接触器 KM_3 线圈的电源，接触器 KM_3 失电释放；继而接通接触器 KM_4 线圈的电源，接触器 KM_4 通电闭合，主轴电动机 M_1 的绕组接成△接法正向全压运行。

当需要主轴电动机 M_1 制动停止时，按下主轴电动机 M_1 的制动停止按钮 SB_3，中间继电器 K_1 线圈、接触器 KM_1 线圈失电释放，继而接触器 KM_4 失电释放。中间继电器 K_1、接触器 KM_1、接触器 KM_4 的所有常开、常闭触点复位，主轴电动机 M_1 断电。但由于惯性的作用，主轴继续旋转。然后按钮 SB_3 在 42 区中 3 号线与 27 号线间的常开触点闭合，中间继电器 K_3 通电吸合，接通主轴制动电磁铁 YC 的电源，对主轴进行抱

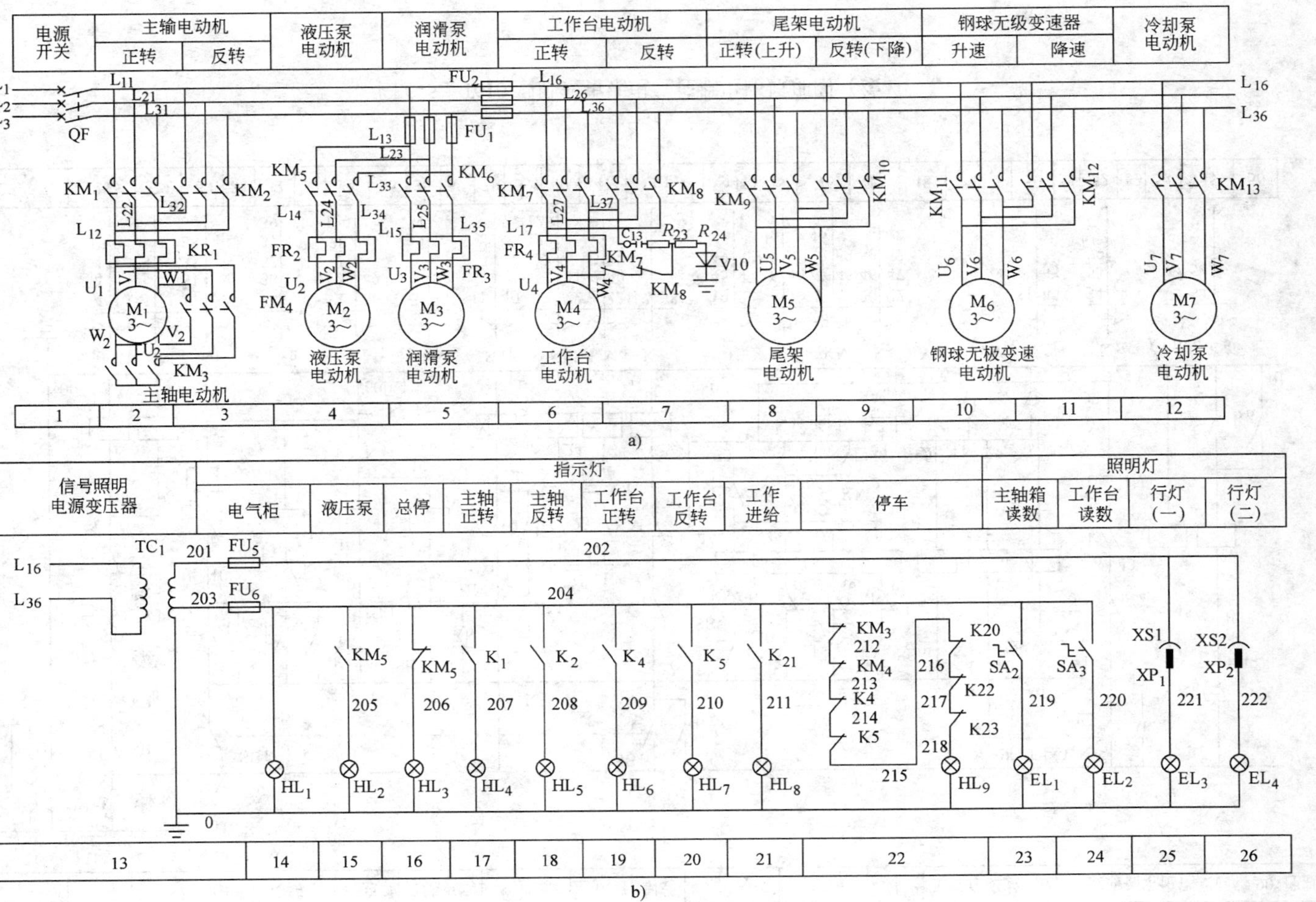

图 6-5　T610 型卧式镗床电气控制电路原理图

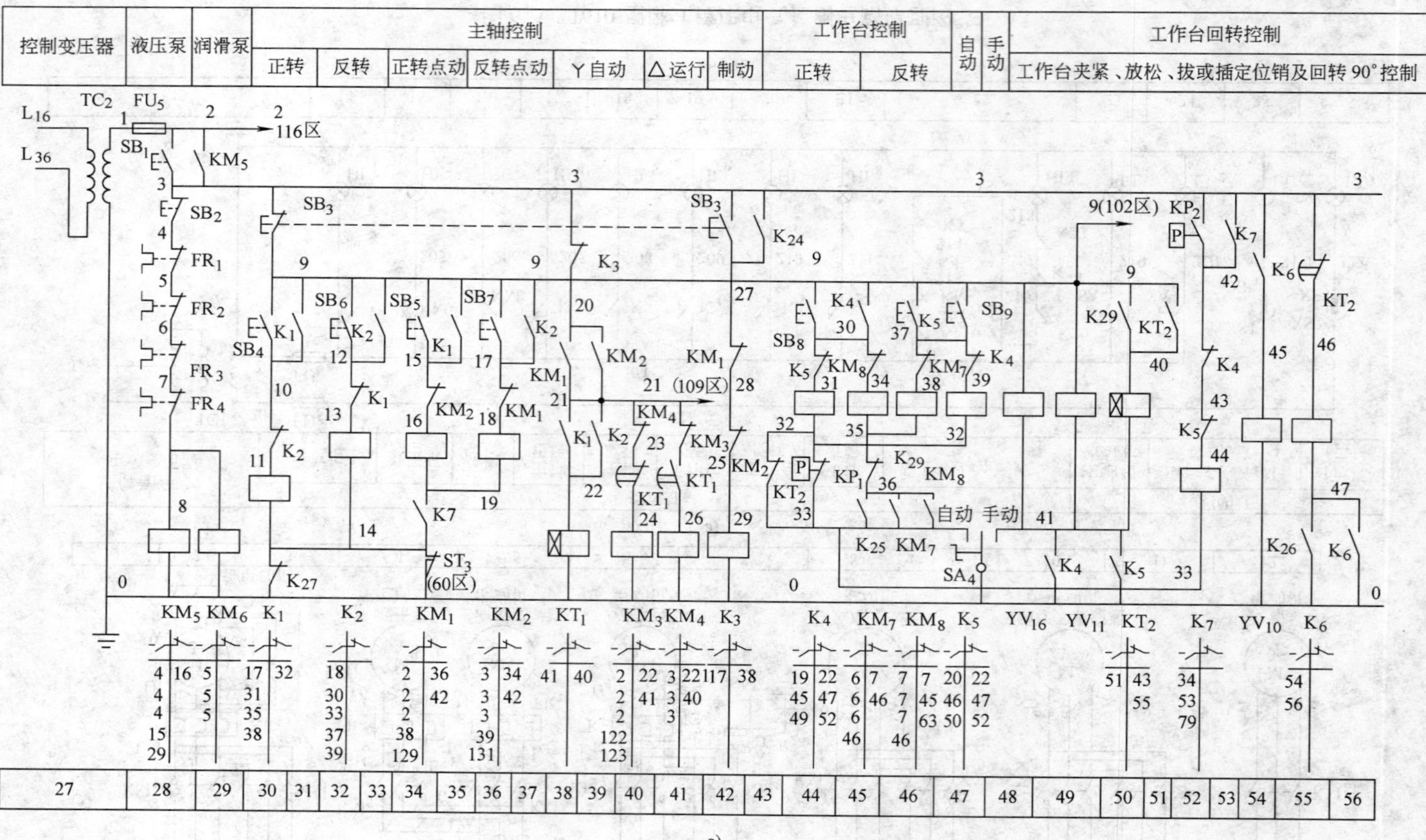

c)

图 6-5 T610 型卧式镗床电气控制电路原理图（续）

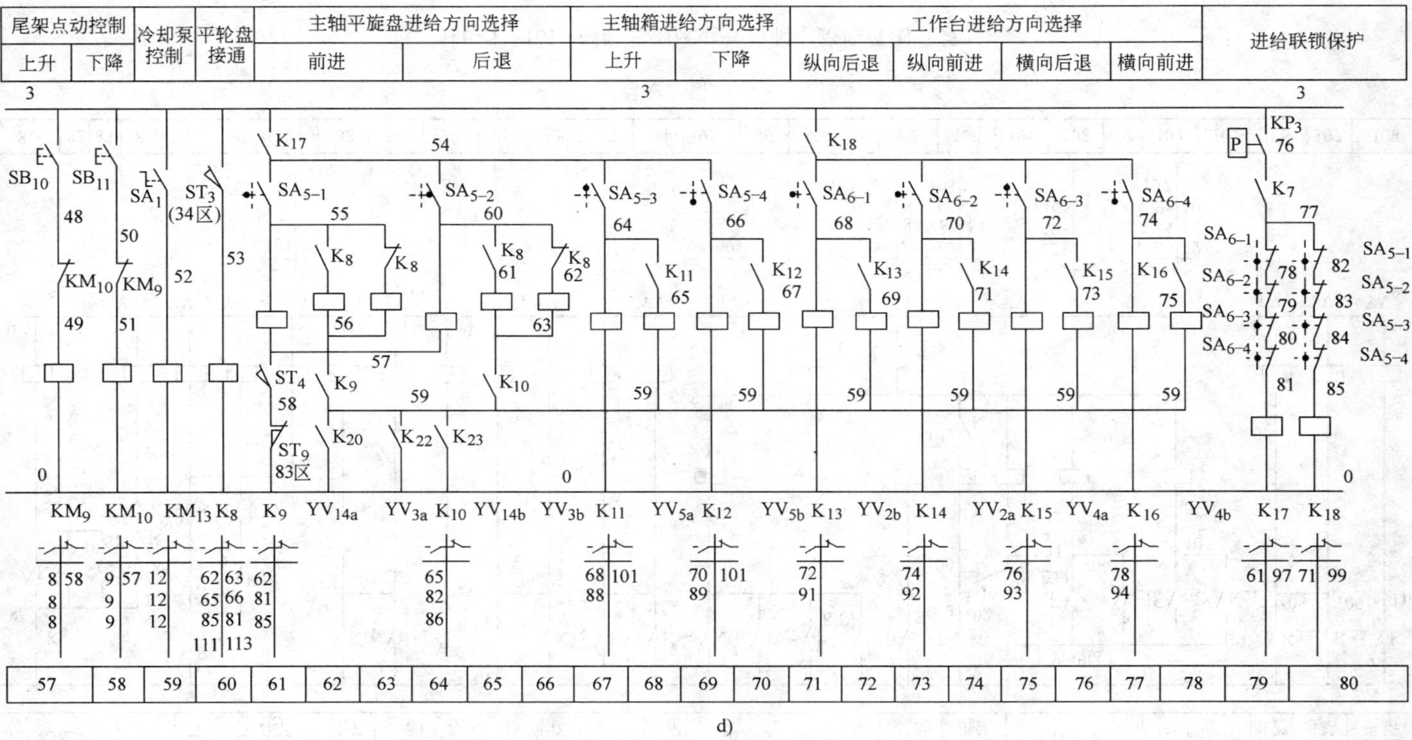

图 6-5　T610 型卧式镗床电气控制电路原理图（续）

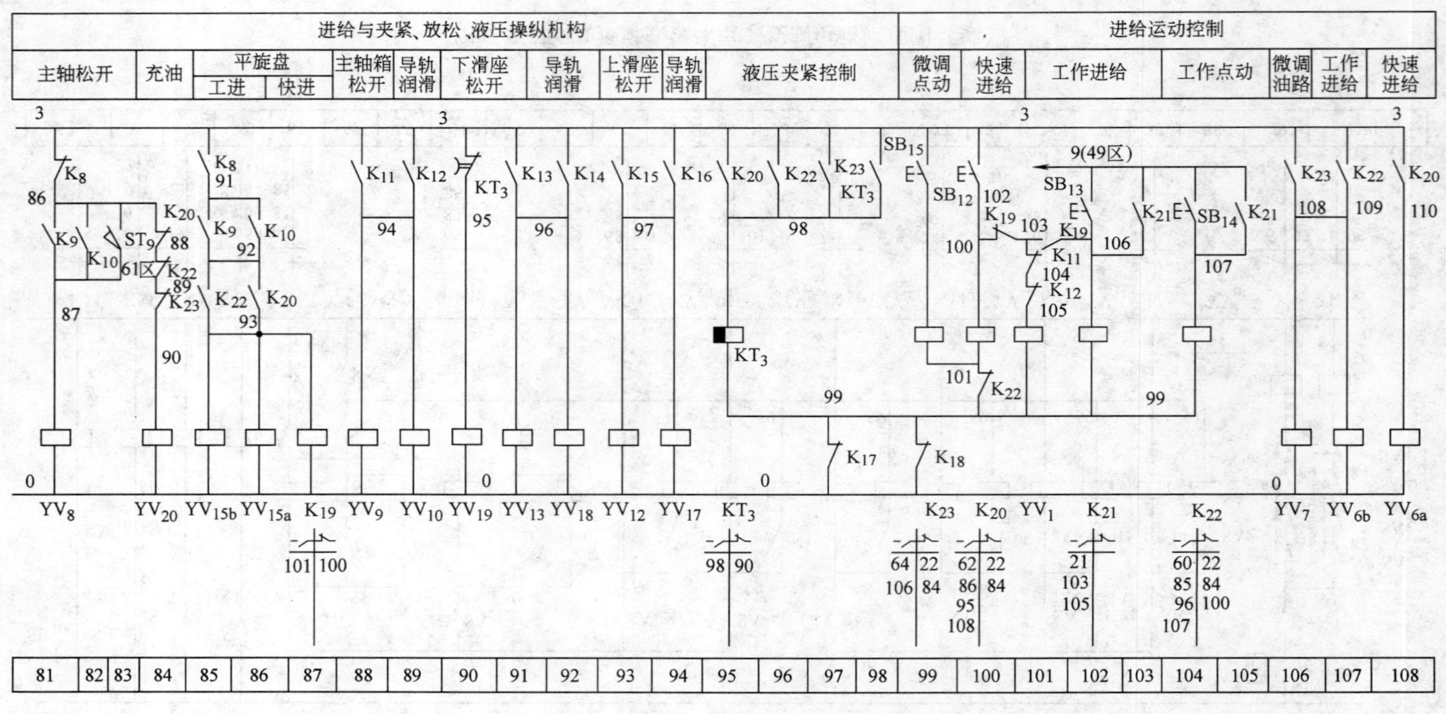

图 6-5 T610 型卧式镗床电气控制电路原理图（续）

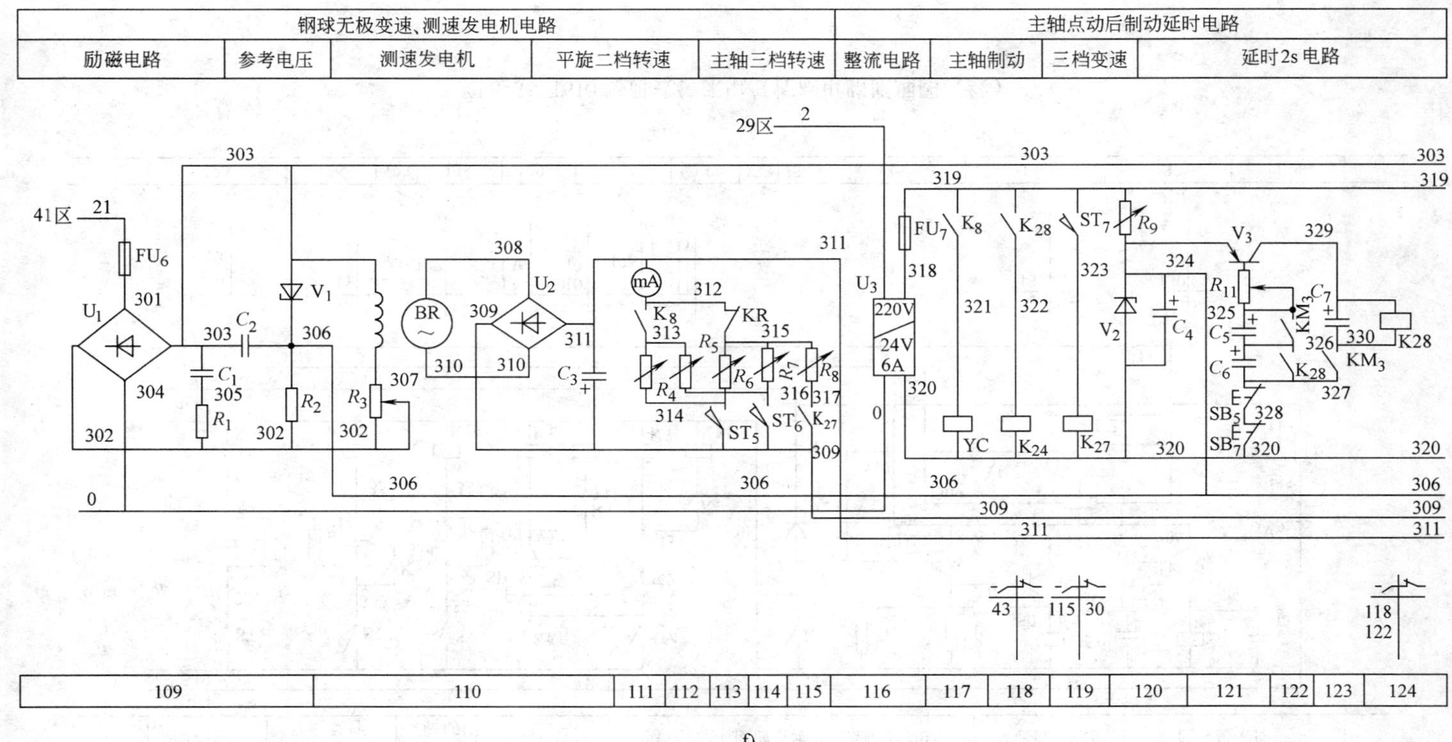

f)

图 6-5　T610 型卧式镗床电气控制电路原理图（续）

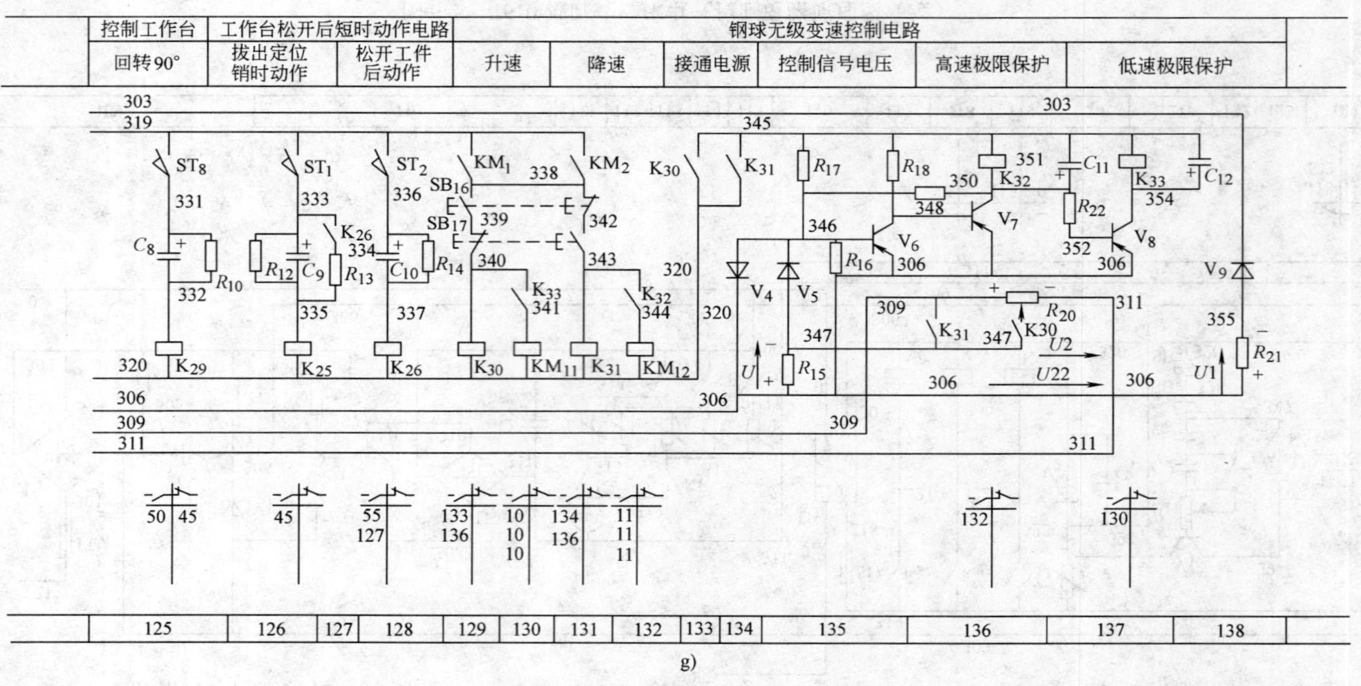

g)

图 6-5　T610 型卧式镗床电气控制电路原理图（续）

闸制动。松开按钮 SB_3，中间继电器 K_3、主轴制动电磁铁 YC 失电，完成主轴的停车制动过程。

主轴电动机 M_1 的反向Y-△减压起动过程与正向Y-△减压起动过程完全相同，请读者自行完成其减压起动过程的分析。

2）主轴电动机 M_1 点动起动、制动停止控制。当需要主轴电动机 M_1 正转点动时，按下主轴电动机 M_1 的正转点动按钮 SB_5，接触器 KM_1 线圈通电闭合（此时液压泵电动机 M_2 和润滑泵电动机 M_3 起动后中间继电器 K_7 已闭合），继而接触器 KM_3 线圈通电闭合，接触器 KM_3 闭合。主轴电动机 M_1 的绕组接成Y接法减压起动运转。

接触器 KM_3 闭合的同时，接触器 KM_3 在 122 区及 123 区中的 325 号线与 326 号线间的常开触点及 326 号与 327 号 线间的常开触点闭合短接电容器 C_5 和 C_6，消除电容器 C_5、C_6 上的残余电量，为主轴电动机 M_1 点动停止制动作准备。

松开主轴电动机 M_1 的正转点动按钮 SB_5，接触器 KM_1 和接触器 KM_3 断电释放，其常开常闭触点复位，主轴电动机 M_1 断电，但在惯性的作用下主轴继续旋转。此时按钮 SB_5 的常闭触点也复位闭合，通过晶体管电路控制，使中间继电器 K_{28} 通电闭合，继而中间继电器 K_{24} 线圈通电闭合，中间继电器 K_3 线圈通电闭合，并切断时间继电器 KT_1 线圈、接触器 KM_3 线圈、接触器 KM_4 线圈的电源通路。

中间继电器 K_3 闭合，接通主轴电动机 M_1 的制动电磁铁 YC 的电源，制动电磁铁 YC 动作，对主轴进行制动，使主轴电动机 M_1 迅速停车。

主轴电动机 M_1 点动反转起动、停止制动控制过程与主轴电动机 M_1 点动正转起动、停止制动控制过程相同。

（4）平旋盘的控制　平旋盘也是由主轴电动机 M_1 拖动工作的。30 区中中间继电器 K_{27} 在 14 号线与 0 号线间的常闭触点为平旋盘误入三档速度时的保护触点；34 区中行程开关 ST_3 的常闭触点及 60 区中行程开关 ST_3 的常开触点担负着接通和断开主轴或平旋盘进给的转换作用；111 区和 112 区中电阻器 R_4 和 R_5 分别调整平旋盘的两档转速。

主轴的速度调节和平旋盘的速度调节是用一个速度操作手柄进行的，主轴有三档速度（即当 113 区、114 区、119 区中行程开关 ST_5、ST_6、ST_7 闭合时有三档不同的主轴速度）。平旋盘则只有两档速度（即当 113 区、114 区中行程开关 ST_5、ST_6 闭合时平旋盘有两档不同的速度）。在 119 区电路中，当速度操作手柄误操作将速度扳到三档位置时，中间继电器 K_{27} 闭合，其在 30 区中的 14 号线与 0 号线间的常闭触点断开，切断接触器 KM_1、KM_2 及中间继电器 K_1、K_2 线圈的电源，主轴电动机 M_1 反而不能起动运转，已起动运行的则停止运行。

（5）主轴及平旋盘的调速控制　主轴及平旋盘的调速是通过电动机 M_6 拖动钢球无级变速器实现的。当钢球变速拖动电动机 M_6 拖动钢球无级变速器正转时，变速器的转速就上升；当钢球变速拖动电动机 M_6 拖动钢球无级变速器反转时，变速器的转速就下降。当变速器的转速为 3000r/min 时，测速发电机 BR 发出的电压约为 50V，此时有关元件应立即动作，切断钢球拖动电动机 M_6 的正转电源，使变速器的转速不再上升。当变速器的转速为 500r/min 时，测速发电机 BR 发出的电压约为 8.3V，有关元件也应立即动作，切断钢球拖动电动机 M_6 的反转电源，使变速器的转速不再下降。

1）主轴升速控制。当需要主轴升速时，按下 129 区中钢球无级变速升速起动按钮 SB_{16}，按钮 SB_{16} 在 130 区中的 338 号线与 339 号线间的常开触点闭合，接通中间继电器 K_{30} 线圈的电源，中间继电器 K_{30} 通电吸合，其在 133 区的 320 号线与 345 号线间的常开触点和 136 区中的 347 号线与电阻器 R_{20} 的中间抽头线相连接的常开触点闭合。

中间继电器 K_{30} 在 133 区中的 320 号线与 345 号线间的常开触点闭合，接通了钢球无级变速电子控制电路的电源；中间继电器 K_{30} 在 136 区中的 347 号线与电阻器 R_{20} 的中间抽头线相连接的常开触点闭合，接通了从 110 区中交流测速发电机 BR 发出的电压经整流滤波后由 309 号线和 311 号线输出加在电阻器 R_{20} 上经中间抽头分压后的部分电压 U_2。这个电压 U_2 与由 303 号线与 306 号线从 109 区中引来加在 138 区中电阻 R_{21} 上的参考电压 U_1 经过电阻 R_{15} 后反极性串联进行比较，并在电阻 R_{15} 上产生一个控制电压 U，$U=|U_2-U_1|$。当参考电压 U_1 高于测速发电机 BR 输出电压中的部分电压 U_2 时，在电阻 R_{15} 中有电流流过，亦即在 135 区中 306 号线与 347 号线之间有电流流过，且电流方向是从 306 号线流向 347 号线，此时 306 号线的电位高于 347 号线。由于 306 号线与 135 区中晶体管 V_6 的发射极相连接，而 347 号线与 135 区中的二极管的阳极相连接，故晶体管 V_6 处于截止状态，此时控制电压 U 对钢球无级变速电子控制电路不起作用。晶体管 V_6 在由 306 号线和 320 号线在 120 区中稳压二极管 V_2 两端取出的给定电压作用下饱和导通。其通路为：120 区中 306 号线→135 区 306 号线→晶体管 V_6 发射极→晶体管 V_6 基极→346 号线→电阻 R_{17}→345 号线→中间继电器 K_{30} 常开触点→133 区 320 号线→120 区 320 号线。由于晶体管 V_6 饱和导通，故晶体管 V_7 截止，而晶体管 V_8 饱和导通，此时中间继电器 K_{32} 串联在晶体管 V_8 的基极电路中，流过中间继电器 K_{32} 的电流较小，因此中间继电器 K_{32} 不闭合，但中间继电器 K_{33} 通电闭合。中间继电器 K_{33} 在 130 区中的 340 号线与 341 号线间的常开触点闭合，接通接触器 KM_{11} 线圈的电源，接触器 KM_{11} 通电吸合，其在 10 区的主触点接通钢球变速拖动电动机 M_6 的正转电源，钢球拖动电动机 M_6 正向起动运转，拖动钢球无级变速器升速。当升到所需的转速时，松开钢球无级变速升速起动按钮 SB_{16}，中间继电器 K_{30} 失电释放，其 133 区、136 区中的常开触点复位断开，使得中间继电器 K_{33} 和接触器 KM_{11} 相继失电释放，钢球变速拖动电动机 M_6 停止正转，完成升速控制过程。

若按下主轴升速起动按钮 SB_{16} 一直不松开，则主轴的转速一直上升，而与主轴同轴相连的测速发电机 BR 的转速也随之上升。当变速器的转速达到 3000r/min 时，从测速发电机 BR 发出的电压经整流滤波后取出的取样电压 U_2 略高于参考电压 U_1；在 135 区电阻 R_{15} 两端的电压中，347 号线的电位高于 306 号线的电位，故流过电阻 R_{15} 上的电流方向为从 347 号线流入 306 号线。此时控制电压 U 使二极管 V_4 和 V_5 立即导通，晶体管 V_6 的发射极加上反偏电压；晶体管 V_6 立即截止；晶体管 V_7 基极电压降低，立即进入饱和状态，其集电极电位急剧下降，使晶体管 V_8 基极电位上升而截止；中间继电器 K_{33} 失电释放，继而接触器 KM_{11} 失电释放，钢球变速拖动电动机 M_6 停止正转。而晶体管 V_7 饱和导通，中间继电器 K_{32} 通电吸合动作，132 区中的常开触点虽然闭合，但此时按钮 SB_{16} 并未松开，按钮 SB_{16} 在 131 区中的 338 号线与 342 号线间的触点没有复位闭合，且按钮 SB_{17} 也没有按下去，按钮 SB_{17} 在 131 区中的 342 号线与 343 号线间的常开触点也没有闭合，因此中间继电器 K_{31} 和接触器 KM_{12} 不会通电吸合，钢球拖动电动机 M_6 不会反转。

2）主轴降速控制。当需要主轴降速时，按下 131 区中钢球无级变速降速起动按钮 SB_{17}，按钮 SB_{17} 在 342 号线与 343 号线间的常开触点闭合，接通中间继电器 K_{31} 线圈的电源，中间继电器 K_{31} 通电吸合，其在 134 区 320 号线与 345 号线间的常开触点和 136 区中 309 号线与 347 号线间的常开触点闭合。中间继电器 K_{31} 在 134 区中的 320 号线与 345 号线间的常开触点闭合，接通了钢球无级变速电子控制电路的电源；中间继电器 K_{31} 在 136 区中的 309 号线与 347 号线间的常开触点闭合，接通了从 110 区中交流测速发电机 BR 发出的电压经整流滤波后由 309 号线和 311 号线输出加在电阻器 R_{20} 上的电压 U_{22}。电压 U_{22} 与由 303 号线和 306 号线从 109 区中引来加在 138 区中电阻 R_{21} 上的参考电压 U_1 经过电阻 R_{15} 后反极性串联进行比较，并在电阻 R_{15} 上产生一个控制电压 U，$U = U_{22} - U_1$。由于 U_{22} 大于 U_1，因而在电阻 R_{15} 上产生的控制电压为上正下负，即 347 号线端为正，306 号线端为负。此时二极管 V_4、V_5 导通，晶体管 V_6 截止，晶体管 V_7 饱和导通，晶体管 V_8 截止。晶体管 V_7 饱和导通，使得中间继电器 K_{32} 通电动作，中间继电器 K_{32} 在 132 区中的常开触点闭合，接通接触器 KM_{12} 线圈的电源，接触器 KM_{12} 通电闭合，其 11 区中的主触点接通钢球变速拖动电动机 M_6 的反转电源，钢球变速拖动电动机 M_6 反向起动运转，拖动变速器减速。当转速降到所需速度时，松开钢球无级变速降速起动按钮 SB_{17}，中间继电器 K_{31} 失电释放，其 134 区、136 区中的常开触点复位断开，使得中间继电器 K_{32} 和接触器 KM_{12} 相继失电释放，钢球变速拖动电动机 M_6 停止反转，完成降速控制过程。

若按下主轴降速起动按钮 SB_{17} 一直不松开，则主轴的转速一直下降，而与主轴同轴相连的测速发电机 BR 的转速也随之下降。当变速器的转速下降至 500r/min 时，从测速发电机 BR 发出的电压经整流滤波后取出的取样电压 U_{22} 低于参考电压 U_1；在 135 区电阻 R_{15} 两端的电压中，347 号线的电位低于 306 号线的电位，故流过电阻 R_{15} 上的电流方向为从 306 号线流入 347 号线。此时控制电压 U 使二极管 V_4 和 V_5 立即截止，晶体管 V_6 在由 306 号线和 320 号线在 12 区中稳压二极管 V_2 两端取出的给定电压作用下饱和导通，晶体管 V_7 立即截止，使得中间继电器 K_{32} 断电释放，继而接触器 KM_{12} 失电释放，钢球变速拖动电动机 M_6 停止反转，晶体管 V_8 饱和导通，中间继电器 K_{33} 通电吸合动作，130 区中的常开触点虽然闭合，但此时按钮 SB_{17} 并未松开，按钮 SB_{17} 在 129 区中的 339 号线与 340 号线间的触点没有复位闭合，且按钮 SB_{16} 也没有按下去，按钮 SB_{16} 在 129 区中的 338 号线与 339 号线间的常开触点也没有闭合，因此中间继电器 K_{30} 和接触器 KM_{11} 不会通电吸合，钢球拖动电动机 M_6 不会正转。

3）平旋盘的调速控制。平旋盘的调速控制原理与主轴的调速控制原理相同，不同之处在于平旋盘调速时，应将平旋盘操作手柄扳至接通位置。

（6）进给控制　机床的进给控制分为主轴进给、平旋盘刀架进给、工作台进给及主轴箱的进给控制等。机床的各种进给运动都是由控制电路控制电磁阀的动作，从而控制液压系统对各种进给运动进行驱动的。

1）主轴向前进给控制

① 初始条件：平旋盘通断操作手柄扳至“断开”位置；液压泵电动机 M_2 和润滑泵电动机 M_3 已起动且运转正常；压力继电器 KP_2（52 区）、KP_3（79 区）的常开触点已闭合；中间继电器 K_7（52 区）、K_{17}（79 区）、K_{18}（80 区）通电闭合。

② 操作：将十字开关 SA_5 扳至左边位置档，中间继电器 K_{18} 失电释放，而中间继电器 K_{17} 仍然通电吸合。

③ 松开主轴夹紧装置：当机床使用自动进给时，行程开关 ST_4 在 61 区中的常开触点闭合，中间继电器 K_9 通电闭合，为电磁阀 YV_{3a} 线圈的通电作好了准备。且 K_9 接通了电磁阀 YV_8 线圈的电源，YV_8 动作，接通主轴松开油路，使主轴夹紧装置松开。

④ 主轴快速进给控制：当需要主轴快速进给时，按下 100 区中的点动快速进给按钮 SB_{12}，中间继电器 K_{20} 线圈和电磁阀 YV_1 线圈通电。电磁阀 YV_1 动作，关闭低压油泄放阀，使液压系统能推动进给机构快速进给。中间继电器 K_{20} 动作，使电磁阀 YV_{3a} 通电动作，主轴选择前进进给方向，且 K_{20} 接通快速进给电磁阀 YV_{6a} 线圈的电源，电磁阀 YV_{6a} 动作。电磁阀 YV_{3a} 和电磁阀 YV_{6a} 动作的组合使机床压力油按预定的方向进入主轴液压缸，驱动主轴快速前进。

松开点动快速进给按钮 SB_{12}，中间继电器 K_{20} 失电释放，电磁阀 YV_1、YV_{3a}、YV_{6a} 先后失电释放，完成主轴快速进给控制过程。

⑤ 主轴工作进给控制：当需要主轴工作进给时，按下 102 区中的工作进给按钮 SB_{13}，中间继电器 K_{21} 线圈通电吸合并自锁，接通工作进给指示信号灯电源，工作进给指示灯亮，显示主轴正在工作进给，同时接通中间继电器 K_{22} 线圈的电源，继而接通了电磁阀 YV_{3a} 和 YV_{6b} 的电源，电磁阀 YV_{3a} 和 YV_{6b} 动作，主轴以工作进给速度移动。

当需要停止主轴工作进给时，按下 30 区中的主轴停止按钮，或将十字开关 SA_5 扳至中间位置档，主轴停止工作进给。

⑥ 主轴点动工作进给控制：当需要主轴点动工作进给时，按下 104 区中的主轴点动工作进给按钮 SB_{14}，中间继电器 K_{22} 通电闭合，继而接通了电磁阀 YV_{3a} 和 YV_{6b} 的电源，电磁阀 YV_{3a} 和 YV_{6b} 动作，使高压油按选择好的方向进入主轴油箱，主轴以工作进给速度移动。

松开主轴点动工作进给按钮 SB_{14}，中间继电器 K_{22} 失电释放，继而电磁阀 YV_{3a} 和 YV_{6b} 失电，主轴停止进给。

⑦ 主轴进给量微调控制：当主轴需要对进给量进行微调控制时，按下 99 区中主轴微调点动按钮 SB_{15}，中间继电器 K_{23} 通电闭合，继而接通电磁阀 YV_{3a} 和 YV_7 的电源，电磁阀 YV_{3a} 和 YV_7 通电动作，使主轴以很微小的移动量进给。

松开主轴微调点动按钮 SB_{15}，主轴停止微调量进给。

2）平旋盘进给控制。平旋盘的进给控制与主轴的进给控制相同，它也有点动快速进给、工作进给、点动工作进给、点动微调进给控制，同样由按钮 SB_{12}、SB_{13}、SB_{14}、SB_{15} 分别控制。当需要对平旋盘进行控制时，只需将平旋盘通断操作手柄扳至接通位置，其他操作与主轴进给控制相同。

3）主轴后退运动控制。主轴后退运动控制与主轴进给控制相同，也有点动快速进给、工作进给、点动工作进给、点动微调进给控制，同样由按钮 SB_{12}、SB_{13}、SB_{14}、SB_{15}分别控制。当需要对主轴进行后退运动控制时，应将平旋盘通断操作手柄扳至断开位置，并将十字开关 SA_5 扳至右边位置档，其他操作与主轴的进给控制相同。

4）主轴箱的进给控制。主轴箱可上升或下降进给。将十字开关 SA_5 扳至上边位置档，主轴箱上升进给；将十字开关 SA_5 扳至下边位置档，主轴箱下降进给。

① 主轴箱上升进给控制：将十字开关 SA_5 扳至上边位置档，67 区中的 SA_{5-3} 常开触点闭合，SA_5 其他常开触点断开；80 区中的 SA_{5-3} 常闭触点断开，SA_5 其他常闭触点闭合。中间继电器 K_{17}闭合，同时中间继电器 K_{11} 通电闭合，继而接通电磁阀 YV_9、YV_{10} 的电源。电磁阀 YV_9 动作，驱动主轴箱夹紧机构松开；电磁阀 YV_{10} 动作，供给润滑油对导轨进行润滑。中间继电器 K_{11} 接通主轴箱向上进给电磁阀 YV_{5a} 的电源，主轴箱被选择为向上进给。分别按下按钮 SB_{12}、SB_{13}、SB_{14}、SB_{15}，可分别进行主轴箱上升的点动快速进给、工作进给、点动工作进给及点动微调进给控制。

② 主轴箱下降进给控制：将十字开关 SA_5 扳至下边位置档，69 区中的 SA_{5-4} 常开触点闭合，SA_5 其他常开触点断开；80 区中的 SA_{5-4} 常闭触点断开，SA_5 其他常闭触点闭合。中间继电器 K_{17}闭合，同时 69 区中间继电器 K_{12} 通电闭合。中间继电器 K_{12} 接通电磁阀 YV_9、YV_{10} 的电源，电磁阀 YV_9、YV_{10} 动作，驱动主轴箱夹紧机构松开及对导轨进行润滑。中间继电器 K_{12} 接通主轴箱向下进给电磁阀 YV_{5b} 的电源，主轴箱被选择为下降进给。分别按下按钮 SB_{12}、SB_{13}、SB_{14}、SB_{15}，可分别进行主轴箱下降的点动快速进给、工作进给、点动工作进给及点动微调进给控制。

5）工作台的进给控制。工作台的进给控制分为纵向后退、纵向前进、横向后退和横向前进方向进给。

① 工作台纵向后退进给控制：将十字开关 SA_6 扳至左边位置档，71 区中的 SA_{6-1} 常开触点闭合，SA_6 其他常开触点断开；79 区中的 SA_{6-1} 常闭触点断开，SA_6 其他常闭触点闭合。这使得中间继电器 K_{17} 断开，中间继电器 K_{18} 闭合。中间继电器 K_{18} 接通中间继电器 K_{13} 的电源，中间继电器 K_{13} 通电闭合，接通电磁阀 YV_{13}、YV_{18} 的电源。电磁阀 YV_{13}、YV_{18} 动作，驱动下滑座夹紧机构松开及供给导轨润滑油。中间继电器 K_{13} 接通工作台纵向后退进给电磁阀 YV_{2b} 的电源，工作台被选择为纵向后退进给。分别按下按钮 SB_{12}、SB_{13}、SB_{14}、SB_{15}，可分别进行工作台纵向后退运动的点动快速进给、工作进给、点动工作进给及点动微调进给控制。

② 工作台纵向前进进给控制：工作台纵向前进进给控制的原理与工作台纵向后退进给控制原理相同。在对工作台进行纵向前进进给控制时，须将十字开关 SA_6 扳至右边位置档。

③ 工作台横向后退进给控制：当需要工作台横向后退进给时，将十字开关 SA_6 扳至上边位置档，75 区中的 SA_{6-3} 常开触点闭合，SA_6 其他常开触点断开；79 区中的 SA_{6-3} 常闭触点断开，SA_6 其他常闭触点闭合。中间继电器 K_{17} 断开，中间继电器 K_{18} 闭合。中间继电器 K_{18} 接通中间继电器 K_{15} 的电源，中间继电器 K_{15} 接通电磁阀 YV_{12}、YV_{17} 的电源，电磁阀 YV_{12}、YV_{17} 动作，驱动上滑座夹紧机构松开及供给导轨润滑油。中间继电器 K_{15} 接通工作台横向后退进给电磁阀 YV_{4b} 的电源，工作台被选择为横向后退进给。分

别按下按钮 SB_{12}、SB_{13}、SB_{14}、SB_{15}，可分别进行工作台纵向后退运动的点动快速进给、工作进给、点动工作进给及点动微调进给控制。

④ 工作台横向前进进给控制：工作台横向前进进给控制的原理与工作台横向后退进给控制原理相同。在对工作台进行横向前进进给控制时，须将十字开关 SA_6 扳至下边位置档。

(7) 工作台回转控制　工作台回转运动由回转工作台电动机 M_4 拖动，工作台的夹紧及放松和回转 90°的定位由液压系统控制。可以手动控制机床工作台的回转运动，也可以自动进行控制。

1) 工作台自动回转控制。将 47 区中工作台回转自动及手动转换开关 SA_4 扳至“自动”档，按下 44 区中工作台正向回转起动按钮 SB_8，中间继电器 K_4 通电闭合，继而接通电磁阀 YV_{16} 和 YV_{11} 的电源，电磁阀 YV_{16} 和 YV_{11} 通电动作。同时中间继电器 K_4 切断中间继电器 K_7 线圈的电源，中间继电器 K_7 失电释放，继而切断中间继电器 K_{17}、K_{18} 线圈的电源通路，使工作台在回转时其他进给不能进行。

电磁阀 YV_{16} 动作，接通工作台压力导轨油路，给工作台压力导轨充压力油。电磁阀 YV_{11} 动作，接通工作台夹紧机构的放松油路，使夹紧机构松开。工作台夹紧机构松开后，机械装置压下行程开关 ST_2，ST_2 在 128 区中的常开触点被压下闭合，中间继电器 K_{26} 在电子装置的控制下短时闭合，接通中间继电器 K_6 线圈的电源，中间继电器 K_6 通电闭合并自锁，并接通电磁阀 YV_{10} 的电源，YV_{10} 通电动作，将定位销拔出并使传动机构的蜗轮与蜗杆啮合。

在拔出定位销的过程中，机械装置压下行程开关 ST_1，ST_1 在 126 区中的常开触点被压下闭合，短时接通中间继电器 K_{25} 线圈的电源，中间继电器 K_{25} 短时闭合，接通接触器 KM_7 线圈电源，接触器 KM_7 通电闭合并自锁，使工作台回转拖动电动机 M_4 拖动工作台正向回转。

当工作台回转过 90°时，压合行程开关 ST_8，ST_8 在 125 区中的常开触点闭合，短时接通中间继电器 K_{29} 线圈的电源，中间继电器 K_{29} 通电闭合，切断接触器 KM_7 线圈电源通路，接触器 KM_7 失电释放，工作台回转电动机 M_4 断电停止正转，完成正向回转。同时，中间继电器 K_{29} 在 50 区中的常开触点闭合，接通通电延时时间继电器 KT_2 线圈的电源。时间继电器 KT_2 通电闭合并自锁，为中间继电器 K_4 断电作好了准备。

KT_2 在 55 区中的延时断开常闭触点经过通电延时一定时间后断开，切断中间继电器 K_6 线圈的电源，使电磁阀 YV_{10} 断电，传动机构的蜗轮与蜗杆分离，定位销插入销座，压力继电器 KP_1 动作，中间继电器 K_4 断电释放，时间继电器 K_2、电磁阀 YV_{11} 及 YV_{16} 失电，工作台夹紧，完成工作台自动回转的控制。

2) 工作台回转电动机 M_4 的停车制动控制。工作台回转电动机 M_4 的停车制动控制电路结构比较简单，它采用了电容式能耗制动电路。当工作台回转电动机 M_4 停车时，接触器 KM_7 或 KM_8 失电释放，在 7 区中接触器 KM_7 或 KM_8 的常闭触点复位闭合，电容器 C_{13} 通过电阻 R_{23} 对工作台回转电动机 M_4 绕组放电产生直流电流，从而产生制动力矩对工作台回转电动机 M_4 进行能耗制动，工作台回转电动机 M_4 迅速停止转动。

3) 工作台手动回转控制。将 48 区中的工作台回转自动及手动转换开关 SA_4 扳至

“手动”档，则可对工作台进行手动回转控制。此时电磁阀 YV_{16}、YV_{11} 通电动作，电磁阀 YV_{11} 使工作台松开，电磁阀 YV_{16} 使压力导轨充油。工作台松开后，压下 128 区中的行程开关 ST_2，ST_2 的常开触点被压下闭合，继而中间继电器 K_{26}、K_6 及电磁阀 YV_{10} 先后通电动作并将定位销拔出，此时即可用手轮操作工作台微量回转，实现工作台手动回转控制。

（8）尾架电动机 M_5 和冷却泵电动机 M_7 的控制

1）尾架电动机 M_5 的控制。尾架电动机 M_5 的控制电路为点动控制电路。当按下尾架电动机 M_5 的正转点动按钮 SB_{10} 时，尾架电动机 M_5 正向起动运转，尾架上升；当按下尾架电动机 M_5 的反转点动按钮 SB_{11} 时，尾架电动机 M_5 反向起动运转，尾架下降。

2）冷却泵电动机 M_7 的控制。冷却泵电动机 M_7 由单极开关 SA_1 控制接触器 KM_{13} 线圈电源的通断来进行控制。当单极开关 SA_1 闭合时，冷却泵电动机 M_7 通电运转；当单极开关 SA_1 断开时，冷却泵电动机 M_7 停转。

2. T610 型卧式镗床 PLC 控制设计

1）T610 型卧式镗床 PLC 控制输入输出点分配表见表 6-3。

表 6-3　T610 型卧式镗床 PLC 控制输入输出点分配表

输入信号			输出信号		
名　称	代　号	输入点编号	名　称	代　号	输出点编号
电动机 M_2、M_3 起动按钮	SB_1	X0	电动机 M_1 正转接触器	KM_1	Y0
电动机 M_2、M_3 停止按钮，热继电器	SB_2，FR_1 ~ FR_4	X1	电动机 M_1 反转接触器	KM_2	Y1
主轴电动机 M_1 制动停止按钮	SB_3	X2	电动机 M_1 Y起动接触器	KM_3	Y2
电动机 M_1 正转Y-△减压起动按钮	SB_4	X3	电动机 M_1 △运行接触器	KM_4	Y3
电动机 M_1 反转Y-△减压起动按钮	SB_5	X4	液压泵电动机 M_2 接触器	KM_5	Y4
主轴电动机 M_1 正转点动按钮	SB_6	X5	润滑泵电动机 M_3 接触器	KM_6	Y5
主轴电动机 M_1 反转点动按钮	SB_7	X6	工作台电动机 M_4 正转接触器	KM_7	Y6
工作台电动机 M_4 正转点动按钮	SB_8	X7	工作台电动机 M_4 反转接触器	KM_8	Y7
工作台电动机 M_4 反转点动按钮	SB_9	X10	尾架电动机 M_5 正转接触器	KM_9	Y10

（续）

输入信号			输出信号		
名称	代号	输入点编号	名称	代号	输出点编号
尾架电动机 M_5 正转点动按钮	SB_{10}	X11	尾架电动机 M_5 反转接触器	KM_{10}	Y11
尾架电动机 M_5 反转点动按钮	SB_{11}	X12	钢球变速电动机 M_6 升速接触器	KM_{11}	Y12
机床快速点动进给按钮	SB_{12}	X13	钢球变速电动机 M_6 降速接触器	KM_{12}	Y13
机床工作进给按钮	SB_{13}	X14	冷却泵电动机 M_7 接触器	KM_{13}	Y14
机床工作点动进给按钮	SB_{14}	X15	平旋盘接通继电器	K_8	Y15
机床微动进给点动按钮	SB_{15}	X16	电磁阀	YV_0	Y16
钢球无极变速电动机 M_6 升速按钮	SB_{16}	X17	电磁阀	YV_1	Y17
钢球无级变速电动机 M_6 降速按钮	SB_{17}	X20	电磁阀	YV_{2a}	Y20
压力继电器	KP_1	X21	电磁阀	YV_{2b}	Y21
压力继电器	KP_2	X22	电磁阀	YV_{3a}	Y22
压力继电器	KP_3	X23	电磁阀	YV_{3b}	Y23
冷却泵电动机 M_7 手动控制开关	SA_1	X24	电磁阀	YV_{4a}	Y24
工作台回转自动控制开关	$SA_{4\text{-}1}$	X25	电磁阀	YV_{4b}	Y25
工作台回转手动控制开关	$SA_{4\text{-}2}$	X26	电磁阀	YV_{5a}	Y26
主轴、平旋盘“前进”方向进给	$SA_{5\text{-}1}$	X27	电磁阀	YV_{5b}	Y27
主轴、平旋盘“后退”方向进给	$SA_{5\text{-}2}$	X30	电磁阀	YV_{6a}	Y30
主轴箱“上升”	$SA_{5\text{-}3}$	X31	电磁阀	YV_{6b}	Y31
主轴箱“下降”	$SA_{5\text{-}4}$	X32	电磁阀	YV_7	Y32
工作台“纵向后退”	$SA_{6\text{-}1}$	X33	电磁阀	YV_8	Y33
工作台“纵向前进”	$SA_{6\text{-}2}$	X34	电磁阀	YV_9	Y34
工作台“横向后退”	$SA_{6\text{-}3}$	X35	电磁阀	YV_{10}	Y35

（续）

输入信号			输出信号		
名　称	代　号	输入点编号	名　称	代　号	输出点编号
工作台“横向前进”	$SA_{6\text{-}4}$	X36	电磁阀	YV_{11}	Y36
行程开关	ST_1	X37	电磁阀	YV_{12}	Y37
行程开关	ST_2	X40	电磁阀	YV_{13}	Y40
行程开关	ST_3	X41	电磁阀	YV_{14a}	Y41
行程开关	ST_4	X42	电磁阀	YV_{14b}	Y42
行程开关	ST_5	X43	电磁阀	YV_{15a}	Y43
行程开关	ST_6	X44	电磁阀	YV_{15b}	Y44
行程开关	ST_7	X45	电磁阀	YV_{16}	Y45
行程开关	ST_8	X46	电磁阀	YV_{17}	Y46
行程开关	ST_9	X47	电磁阀	YV_{18}	Y47
继电器	K_{32}	X50	电磁阀	YV_{19}	Y50
继电器	K_{33}	X51	电磁阀	YV_{20}	Y51
			停车制动电磁铁	YC	Y52
			停车指示灯	HL_9	Y53
			三档变速控制继电器	K_{27}	Y54
			主轴（平旋盘）一档	K_{34}	Y55
			主轴（平旋盘）二档	K_{35}	Y56

2）T610 型卧式镗床 PLC 控制接线图如图 6-6 所示，梯形图如图 6-7 所示。

由于 T610 型卧式镗床 PLC 控制指令语句表太长，此处不再列出，有兴趣的读者可以自己写出。

6.2.5　T610 型卧式镗床常见的电控故障分析

T610 型卧式镗床控制电路的某一个工作状态要涉及几个电器同时动作。例如，主轴电动机正转，必须在中间继电器 K_1、KM_1、KM_3、KM_4 或 KM_5 等接触器动作后，才能完成。因此，采用强迫闭合法检查电路故障就比较方便。

1）主轴电动机不能起动。故障的主要原因是：起动按钮 SB_4、SB_5 或停止按钮 SB_3 损坏或接触不良；接触器 KM_1、KM_2、KM_3 或 KM_5 线圈断线、接线脱落及主触点接触不良或接线脱落；热继电器 KR_1 动作过；电源开关 QF 跳闸；这些情况都可能引起主轴电动机不能起动，应逐项采用强迫闭合法检查排除。

2）主轴电动机不能停止。主要是由于接触器 KM_1、KM_2、KM_4 或 KM_5 的主触点熔焊在一起造成的，断开电源后更换接触器 KM_1、KM_2、KM_4 或 KM_5 的主触点即可。

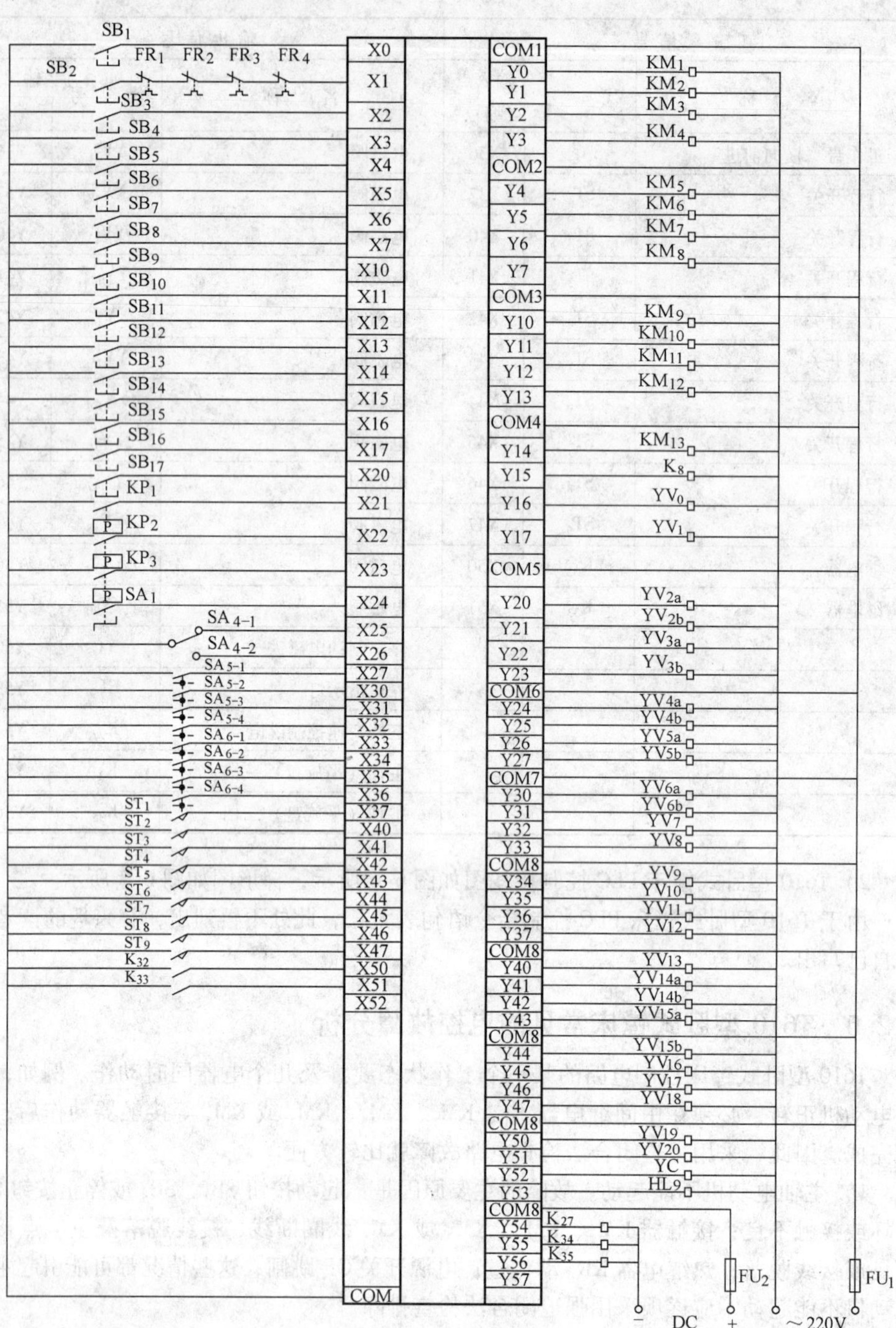

图 6-6　T610 型卧式镗床 PLC 控制接线图

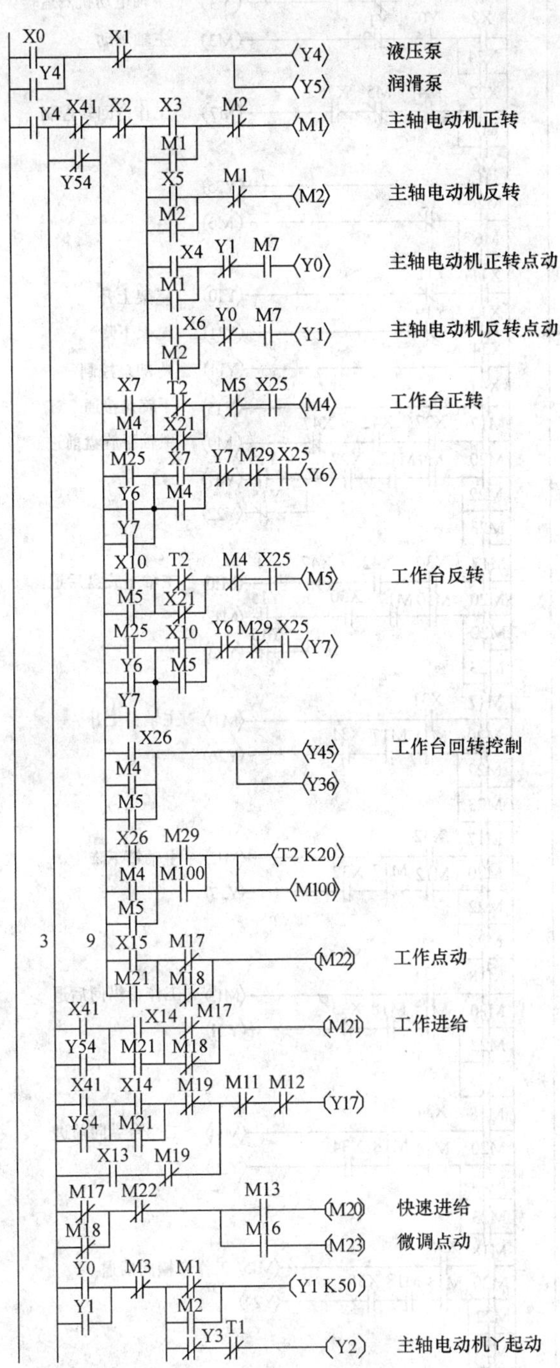

图 6-7　T610 型卧式镗床 PLC 控制梯形图

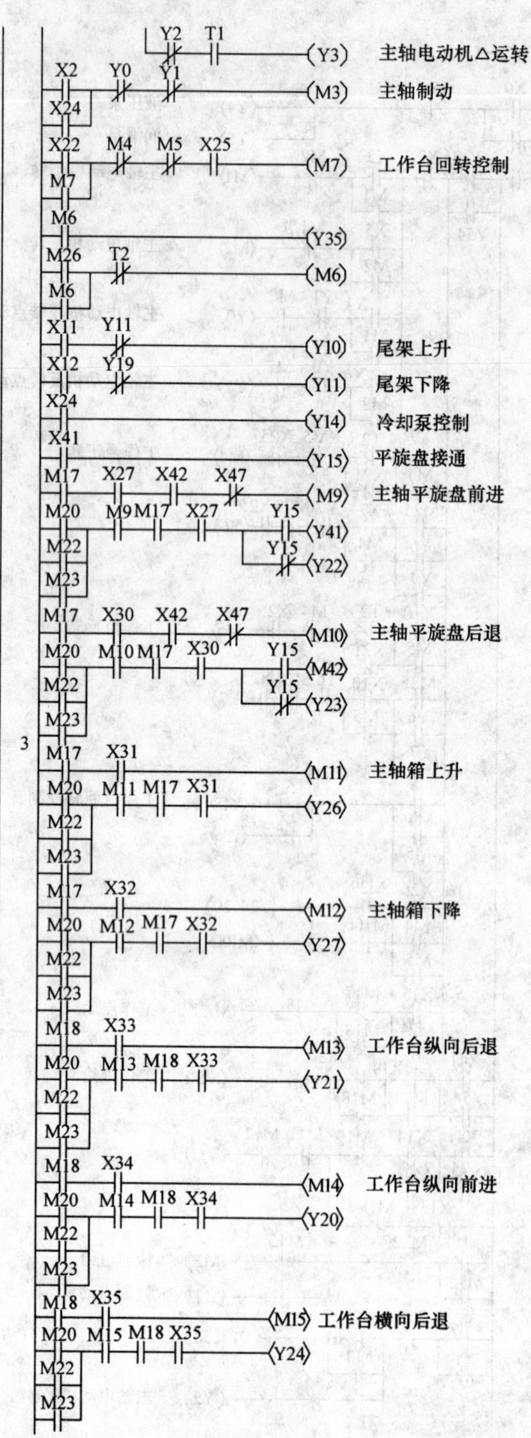

图 6-7 T610 型卧式镗床 PLC 控制梯形图（续）

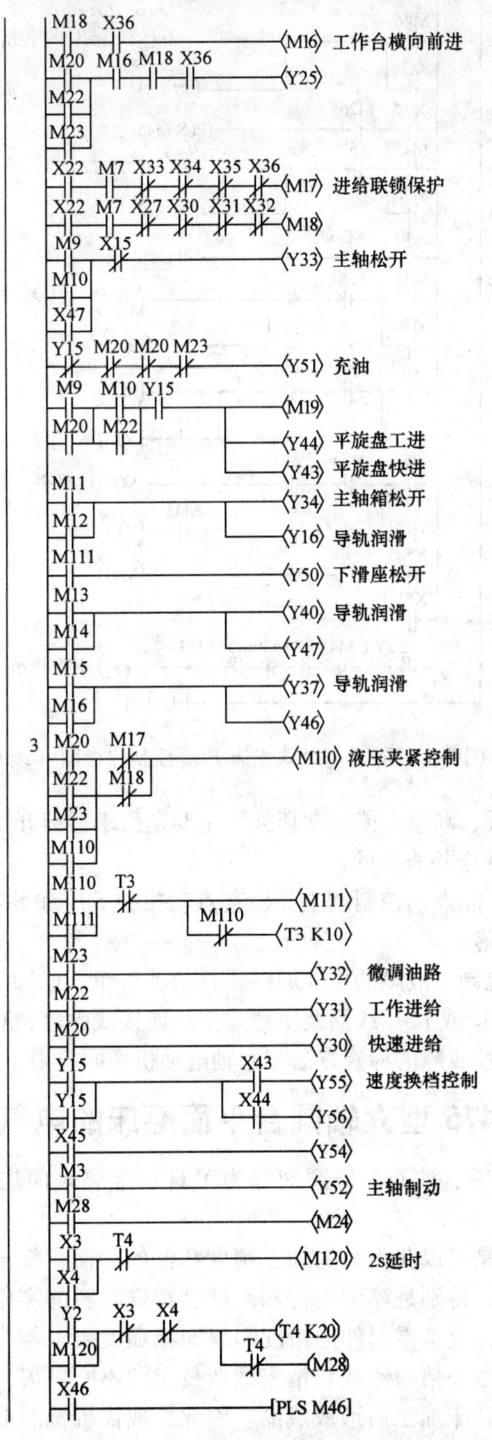

图 6-7 T610 型卧式镗床 PLC 控制梯形图（续）

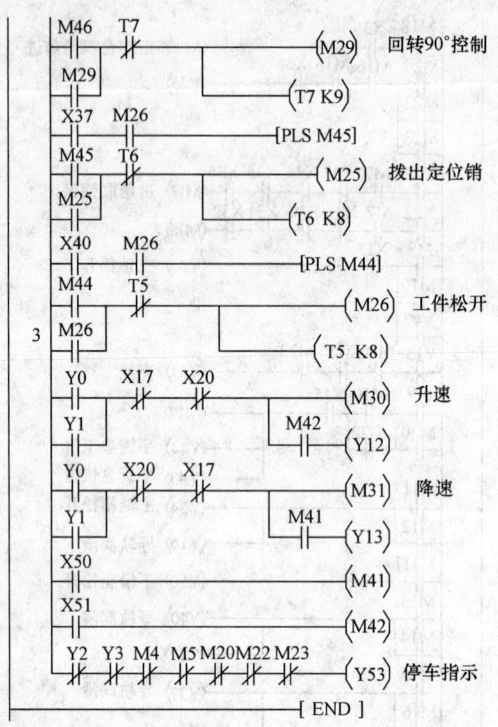

图 6-7 T610 型卧式镗床 PLC 控制梯形图（续）

3）主轴电动机低、高速不能正常切换。主要是由于行程开关 ST_3、ST_9、时间继电器 KT 故障所致，应逐个检查排除。

4）主轴电动机不能点动控制。主要检查点动按钮 SB_5 和 SB_7，检查其动合触点是否损坏或接线是否脱落。

5）工作台不能控制。故障的主要原因是：起动按钮 SB_8 和 SB_9 损坏、接触不良或接线脱落；接触器 KM_7 或 KM_8 线圈及主触点损坏或接线脱落；M_4 电动机故障等。

其他部分常见电控故障的检查方法与主轴电动机类同，限于篇幅，本书从略。

案例 3　M7475 型立轴圆台平面磨床的电气与 PLC 控制

所有用砂轮、砂带、油石、研磨剂等为工具对金属表面进行加工的机床，称为磨床。

磨床的加工特点是可以获得高的加工精度和低的表面粗糙度，因此，磨床主要用于零件的精加工工序，特别是淬硬钢件和高硬度特殊材料的零件表面。随着科学技术的不断发展，对仪器、设备零部件的精度和表面粗糙度要求越来越高，各种高硬度材料的应用日益增多，由于精密铸造和精密锻造技术的不断发展，有可能将毛坯不经其他切削加工而直接由磨床加工后形成成品。因此，现代机械制造业中磨床的使用越来越广泛，磨床在机床总量中的比重也在不断上升。

由于被加工零件的加工表面、结构形状、尺寸大小和生产批量的不同，磨床也有不同的种类。主要类型有：

1）外圆磨床：主要用于磨削外回转表面。

2）内圆磨床：主要用于磨削内回转表面。

3）平面磨床：用于磨削各种平面。

4）导轨磨床：用于磨削各种形状的导轨。

5）工具磨床：用于磨削各种工具，如样板、卡板等。

6）刀具刃具磨床：主要用于刃磨各种刀具。

7）各种专门化磨床：用于专门磨削某一类零件的磨床。如曲轴磨床、花键轴磨床、球轴承套圈沟磨床等。

8）精磨机床：用于对工件进行光整加工，获得很高的精度和低的表面粗糙度。

本案例仅以立轴圆台平面磨床为例介绍平面磨床的电气和 PLC 控制。

6.3.1　立轴圆台平面磨床的结构

74 系列立轴圆台平面磨床机床的结构外形图如图 6-8 所示，它采用立柱布局工作台拖板移动形式。磨头垂直进给、工作台拖板纵向移动和工作台旋转运动均为滑动导轨结构机械传动，磨头垂直升降由滚珠丝杠交流电动机驱动并有机动进给和零位停止装置，其特点是磨头功率大，生产效率高。

图 6-8　74 系列立轴圆台平面磨床机床的结构外形图

6.3.2　外圆磨床的运动形式

外圆磨床主要用于磨削外圆柱面和外圆锥面，它包括下列几种类型：普通外圆磨床、万能外圆磨床、无心外圆磨床等。

在外圆磨床上，一般有两种基本的磨削方法：纵磨法和切入磨法。它们的主运动都是砂轮的旋转运动，只是进给运动方式有所不同。纵磨法如图 6-9a 所示，砂轮在旋转的同时，作间歇横向进给运动（s_1），工件旋转并作纵向往复进给运动（s_2）。切入磨法如图 6-9b 所示，砂轮旋转并连续横向进给，而工件只有回转运动，没有纵向往复运动。

外圆磨床作为机床加工的重要磨削工具，其主要的运动形式可归纳为：

（1）主运动　砂轮的旋转运动。

（2）进给运动　进给运动包括砂轮的升降运动、工作台的转动和工作台的移动。

（3）辅助运动　工作台的自动工进等。

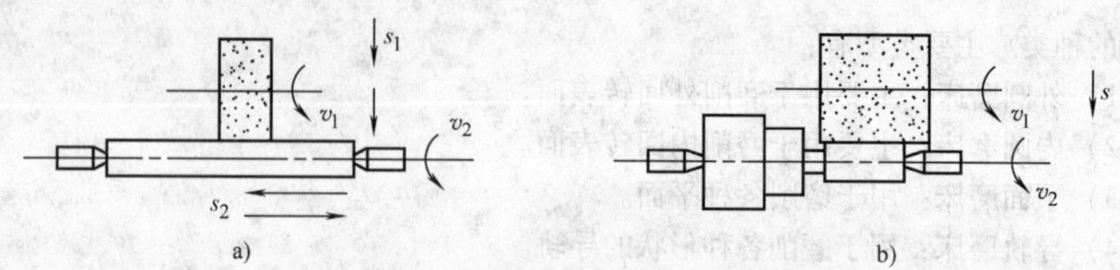

图 6-9　外圆磨削的两种基本方法

a）纵磨法　b）切入磨法

6.3.3　M7475 型立轴圆台平面磨床的电气控制和 PLC 控制设计

M7475 型立轴圆台平面磨床主要使用立式砂轮头及砂轮端面对工件进行削磨加工。

1. M7475 型立轴圆台平面磨床的电气控制

M7475 型立轴圆台平面磨床各电动机的电气控制电路原理图如图 6-10 所示。从图 6-10 所示电路中可以看出，M7475 型立轴圆台平面磨床由六台电动机拖动：砂轮电动机 M_1、工作台转动电动机 M_2、工作台移动电动机 M_3、砂轮升降电动机 M_4、冷却泵电动机 M_5、自动进给电动机 M_6。

按钮 SB_1 为机床的总起动按钮；SB_9 为总停止按钮；SB_2 为砂轮电动机 M_1 的起动按钮；SB_3 为砂轮电动机的停止按钮；SB_4、SB_5 为工作台移动电动机 M_3 的退出和进入的点动按钮；SB_6、SB_7 为砂轮升降电动机 M_4 的上升、下降点动按钮；SB_8、SB_{10} 为自动进给起动和停止按钮；手动开关 SA_1 为工作台转动电动机 M_2 的高、低速转换开关；SA_5 为砂轮升降电动机 M_4 自动和手动转换开关；SA_3 为冷却泵电动机 M_5 的控制开关；SA_2 为充、去磁转换开关。

按下按钮 SB_1，电压继电器 KV 通电闭合并自锁，按下砂轮电动机 M_1 的起动按钮 SB_2，接触器 KM_1、KM_2、KM_3 先后闭合，砂轮电动机 M_1 作Y-△减压起动运行。

将手动开关 SA_1 扳至“高速”档，工作台转动电动机 M_2 高速起动运转；将手动开关 SA1 扳至“低速”档，工作台转动电动机 M_2 低速起动运转。

按下按钮 SB_4，接触器 KM_6 通电闭合，工作台电动机 M_3 带动工作台退出；按下按钮 SB_5，接触器 KM_7 通电闭合，工作台电动机 M_3 带动工作台进入。

砂轮升降电动机 M_4 的控制分为自动和手动。将转换开关 SA_5 扳至“手动”档位置（$SA_{5\text{-}1}$），按下上升或下降按钮 SB_6 或 SB_7，接触器 KM_8 或 KM_9 得电，砂轮升降电动机 M_4 正转或反转，带动砂轮上升或下降。

将转换开关 SA_5 扳至“自动”档位置（$SA_{5\text{-}2}$），按下按钮 SB_{10}，接触器 KM_{11} 和电磁铁 YA 通电，自动进给电动机 M_6 起动运转，带动工作台自动向下工进，对工件进行磨削加工。加工完毕，压合行程开关 ST_4，时间继电器 KT_2 通电闭合并自锁，YA 断电，工作台停止进给，经过一定的时间后，接触器 KM_{11}、KT_2 失电，自动进给电动机 M_6 停转。

冷却泵电动机 M_5 由手动开关 SA_3 控制。

图 6-11 为 M7475 型立轴圆台平面磨床电磁吸盘充、去磁电路的原理图。电磁吸盘

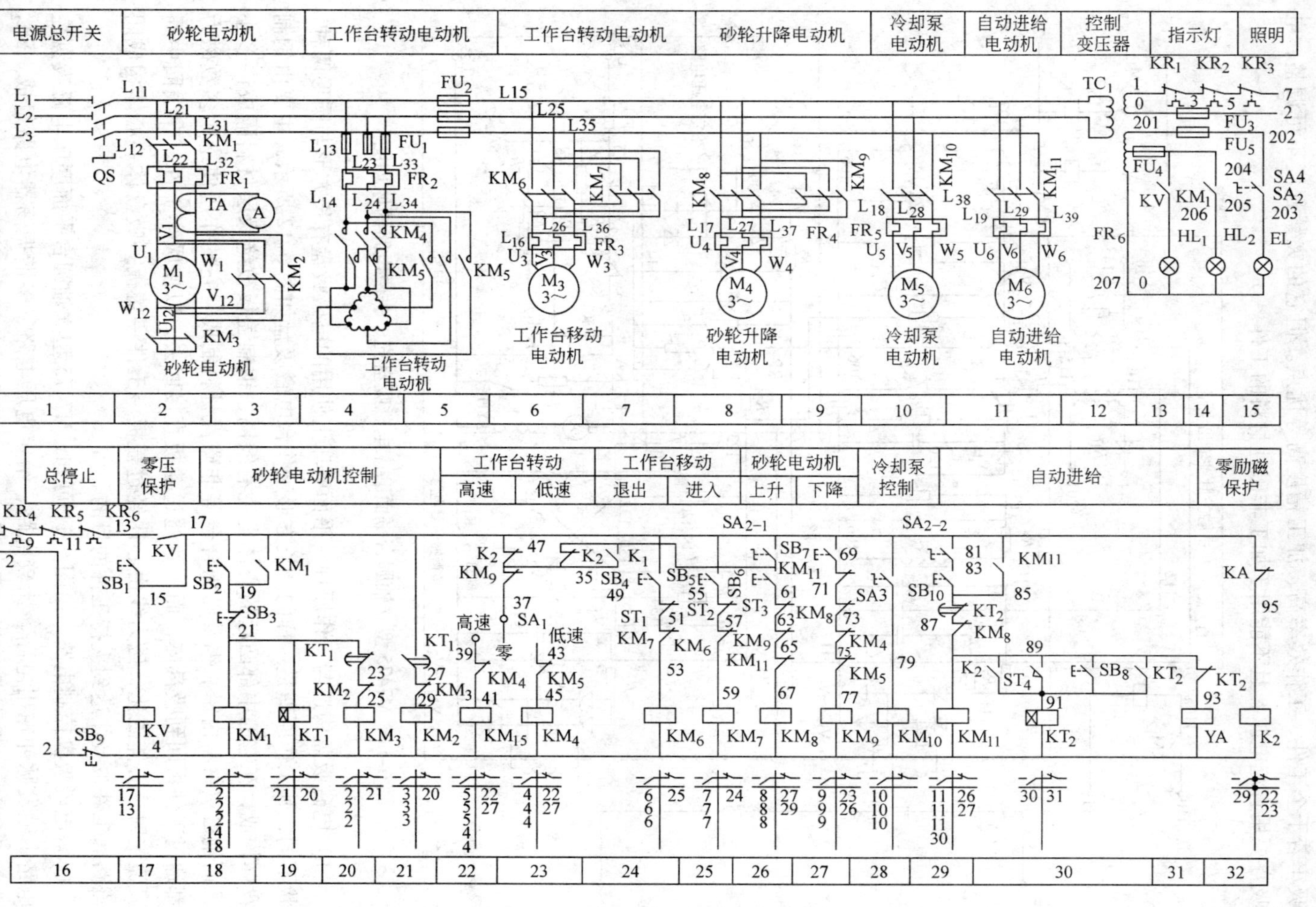

图 6-10 M7475 型立轴圆台平面磨床各电动机电气控制电路原理图

又称为电磁工作台，它也是安装工件的一种夹具。具有夹紧迅速、不损伤工件且一次能吸牢若干个工件、工作效率高、加工精度高等优点。但它的夹紧程度不可调整，电磁吸盘要用直流电源，且不能用于加工非磁性材料的工件。

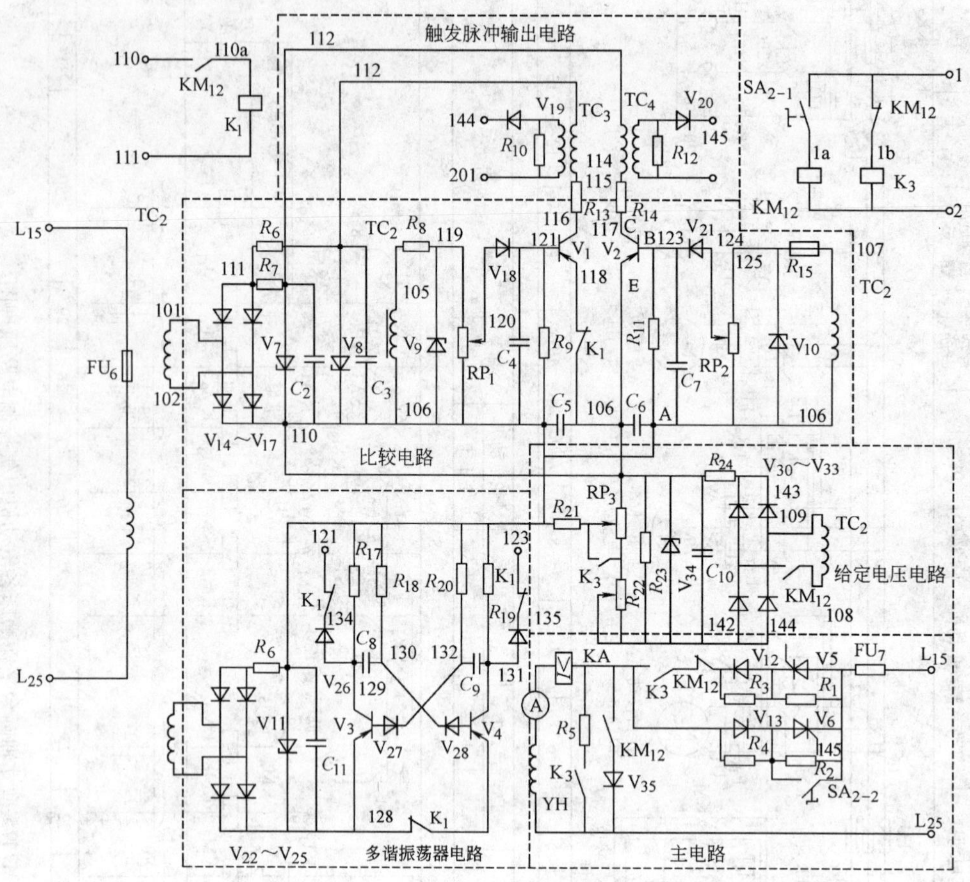

图 6-11　M7475 型立轴圆台平面磨床电磁吸盘充、去磁电路的原理图

（1）电磁吸盘构造与工作原理　平面磨床上使用的电磁吸盘有长方形与圆形两种，形状不同，其工作原理是一样的。长方形工作台电磁吸盘如图 6-12 所示，主要由钢制吸盘体构成，在它的中部凸起的心体上绕有线圈，钢制盖板被绝缘层材料隔成许多小块，而绝磁层材料由铅、铜及巴氏合金等非磁性材料制成。它的作用使绝大多数磁力线都通过工件再回到吸盘体，而不致通过盖板直接回去，以便吸牢工件。在线圈中通入直流电时，心体磁化，磁力线由心体经过盖板→工件→盖板→吸盘体→心体构成闭合磁路。工件被吸住达到夹持工件的目的。

（2）电磁吸盘控制电路　由图 6-11 可知，M7475 型立轴圆台平面磨床电磁吸盘控制电路由触发脉冲输出电路、比较电路、给定电压电路、多谐振荡器电路组成。SA_2 为电磁吸盘充、去磁转换开关，通过扳动 SA_2 至不同的位置，可获得可调（于 SA_{2-1} 位置）与不可调（于 SA_{2-2} 位置）的充磁控制。

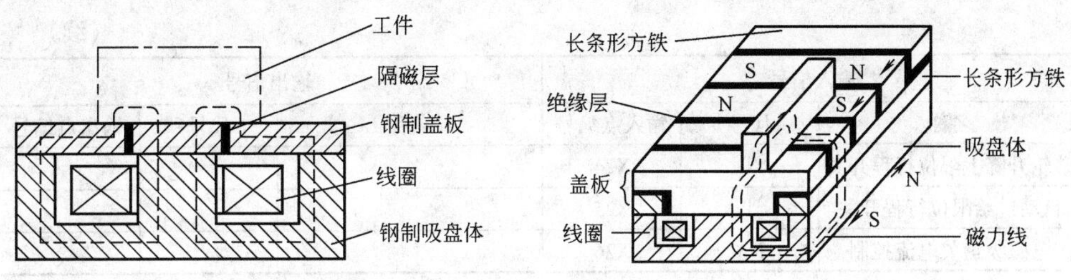

图 6-12　电磁吸盘构造与工作原理图

2. M7475 型立轴圆台平面磨床 PLC 控制

1）M7475 型立轴圆台平面磨床 PLC 控制输入输出点分配表见表 6-4。

表 6-4　M7475 型立轴圆台平面磨床 PLC 控制输入输出点分配表

输入信号			输出信号		
名称	代号	输入点编号	名称	代号	输出点编号
热继电器	FR_1 ~ FR_6	X0	电源指示灯	HL_1	Y0
总起动按钮	SB_1	X1	砂轮指示灯	HL_2	Y1
砂轮电动机 M_1 起动按钮	SB_2	X2	电压继电器	KV	Y2
砂轮电动机 M_1 停止按钮	SB_3	X3	砂轮电动机 M_1 接触器	KM_1	Y3
电动机 M_3 退出点动按钮	SB_4	X4	砂轮电动机 M_1 接触器	KM_2	Y4
电动机 M_3 进入点动按钮	SB_5	X5	砂轮电动机 M_1 接触器	KM_3	Y5
电动机 M_4（正转）上升点动按钮	SB_6	X6	工作台转动电动机高速接触器	KM_4	Y6
电动机 M_4（反转）下降点动按钮	SB_7	X7	工作台转动电动机正转接触器	KM_5	Y7
自动进给停止按钮	SB_8	X10	工作台转动电动机反转接触器	KM_6	Y10
总停止按钮	SB_9	X11	砂轮升降电动机上升接触器	KM_7	Y11
自动进给起动按钮	SB_{10}	X12	砂轮升降电动机下降接触器	KM_8	Y12
电动机 M_2 高速转换开关	SA_{1-1}	X13	冷却泵电动机接触器	KM_9	Y13
电动机 M_2 低速转换开关	SA_{1-2}	X14	自动进给电动机接触器	KM_{10}	Y14
电磁吸盘充磁可调控制	SA_{2-1}	X15	电磁吸盘控制接触器	KM_{11}	Y15
电磁吸盘充磁不可调控制	SA_{2-2}	X16	自动进给控制电磁铁	KM_{12}	Y16
冷却泵电动机控制	SA_3	X17	中间继电器	YA	Y17
砂轮升降电动机手动控制开关	SA_{5-1}	X20	中间继电器	K_1	Y20
自动进给控制	SA_{5-2}	X21	中间继电器	K_2	Y21
工作台退出限位行程开关	ST_1	X22		K_3	Y22
工作台进入限位行程开关	ST_2	X23			

（续）

输入信号			输出信号		
名称	代号	输入点编号	名称	代号	输出点编号
砂轮升降上限位行程开关	ST_3	X24			
自动进给限位行程开关	ST_4	X25			
电磁吸盘欠电流控制	KA	X26			

2）根据 PLC 的 I/O 口的地址分配表，画出 M7475 型立轴圆台平面磨床 PLC 控制的实际接线图，如图 6-13 所示。

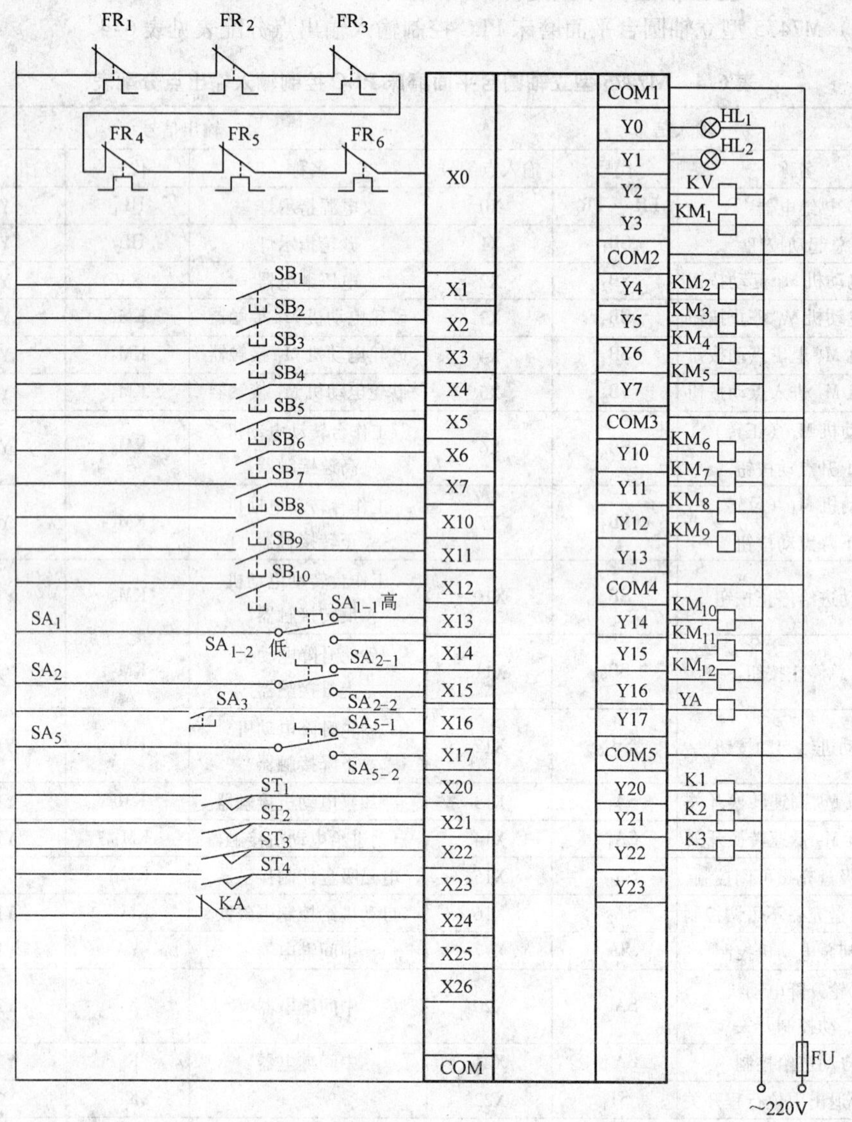

图 6-13　M7475 型立轴圆台平面磨床 PLC 控制接线图

3）根据接线图和 M7475 型立轴圆台平面磨床控制要求，设计出 M7475 型立轴圆台平面磨床 PLC 控制梯形图，如图 6-14 所示。

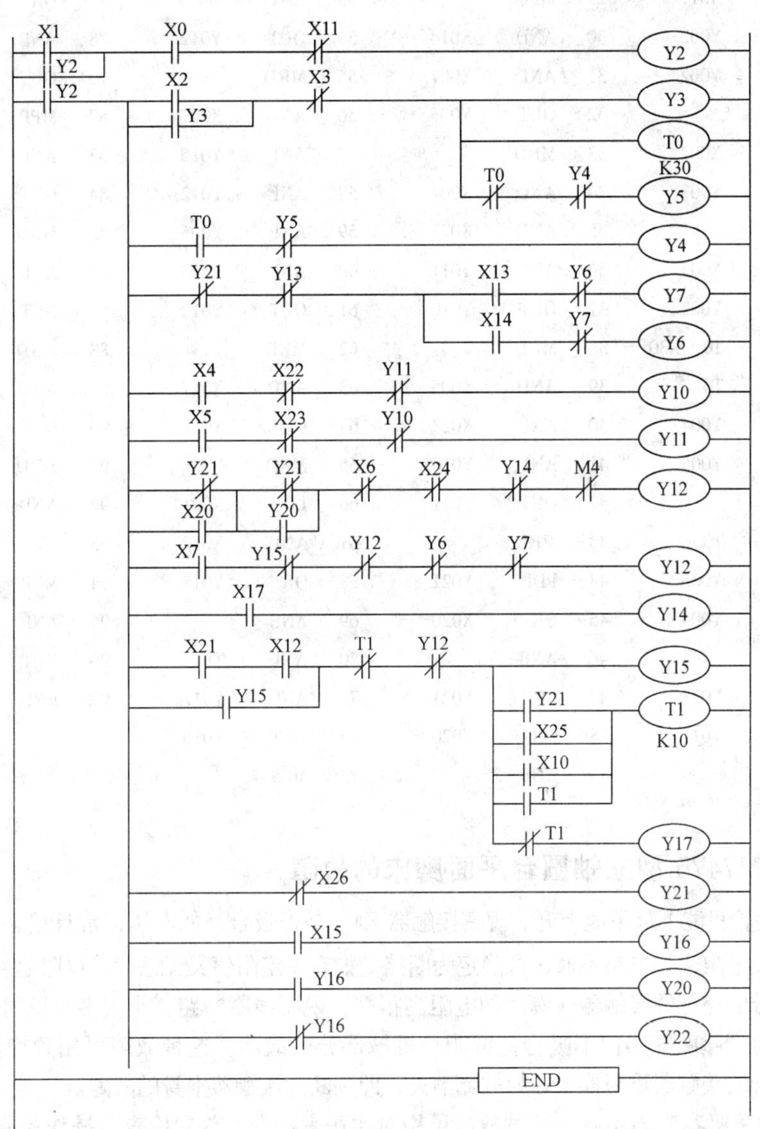

图 6-14　M7475 型立轴圆台平面磨床 PLC 控制梯形图

4）对照梯形图，编写出 M7475 型立轴圆台平面磨床 PLC 控制指令语句表如下：

```
0   LD    X001
1   OR    Y002
2   AND   X000
3   ANI   X011
4   OUT   Y002
5   LD    Y002
6   MPS
7   LD    X002
8   OR    Y003
9   ANB
10  ANI   X003
11  OUT   Y003
12  OUT   T0  K30
15  ANI   T0
16  ANI   Y004
17  OUT   Y005
18  MRD
19  AND   T0
20  ANI   Y005
21  OUT   Y004
22  MRD
23  ANI   Y021
24  ANI   Y013
25  MPS
26  AND   X013
27  ANI   Y006
28  OUT   Y007
29  MPP
30  AND   X014
31  ANI   Y007
32  OUT   Y006
33  MRD
34  AND   X004
35  ANI   X022
36  ANI   Y011
37  OUT   Y010
38  MRD
39  AND   X005
40  ANI   X023
41  ANI   Y010
42  OUT   Y011
43  MRD
44  LDI   Y021
45  OR    X020
46  ANB
47  LDI   Y021
48  OR    Y020
49  ANB
50  ANI   X006
51  ANI   X024
52  ANI   Y014
53  ANI   M4
54  OUT   Y012
55  MRD
56  AND   X007
57  ANI   Y015
58  ANI   Y012
59  ANI   Y006
60  ANI   Y007
61  OUT   Y012
62  MRD
63  AND   X017
64  OUT   Y014
65  MRD
66  LD    X021
67  AND   X012
68  OR    Y015
69  ANB
70  ANI   T1
71  ANI   Y012
72  OUT   Y015
73  MPS
74  LD    Y021
75  OR    X025
76  OR    X010
77  OR    T1
78  ANB
79  OUT   T1  K10
82  MPP
83  ANI   T1
84  OUT   Y017
85  MRD
86  ANI   X026
87  OUT   Y021
88  MRD
89  AND   X015
90  OUT   Y016
91  MRD
92  AND   Y016
93  OUT   Y020
94  MPP
95  ANI   Y016
96  OUT   Y022
97  END
```

6.3.4 M7475 型立轴圆台平面磨床的故障

1）砂轮只能下降不能上升。观察接触器 KM_8 是否吸合，如电压正常且接触器无声音，可测量线圈电阻。如电路不通，可确定为断路。如有一定阻值又无法确定电阻是否正常，可对比同型号的完好的接触器线圈。如电阻高很多，说明线圈断路；小很多，说明线圈短路。如接触器有“嗡嗡”声但不吸合，可能是机械部分的故障。这种故障可用置换法来试验，用一同型号的接触器重新换上，如故障消失，即判断为接触器本身的故障。

2）电磁吸盘吸力不够。这种故障可用对比法来检查，首先检查各操作控制器件是否工作正常；然后根据控制原理图检查整流电源部分各元器件是否工作正常；逐步测量各部分的电压来进行逐点排查。在检查时，要注意先用简单的方法，后用复杂的方法。

3）电磁吸盘控制电路短路。如果 FU_6熔断后，更换新的熔体后继续熔断，可判断为短路。检查的重点是电磁吸盘的接插器口和电磁吸盘进线口，原因是电磁吸盘随机床工作台活动，运动频繁，而且切削液直接喷洒在上面，很容易造成短路。电磁工作台线圈损坏需重绕时，应持慎重态度，因拆卸很费力，线圈绕好后要用沥青灌注在台座内，所以修理应一次成功。绕制线圈的匝数及导线规格应与原来的一致。若选的导线截面偏小，则电阻大，线圈通过的电流小，电磁工作台吸力比原来的减小，影响使用。修理完毕，应进行吸力实验，用电工纯铁或10号钢制成试块，跨放在两极之间，用弹簧在垂直方向测试，应达到70N/cm^2。线圈对地绝缘应不小于5MΩ。因为加工时经常用切削液且工作台往复运动很频繁，应注意两出线端的密封和加牢，否则容易出现接地、短路和断路等故障。

案例4　B2012A型龙门刨床的电气与PLC控制

龙门刨床是机械加工工业中重要的工作母机。龙门刨床主要用于加工各种平面、槽及斜面，特别是大型及狭长的机械零件和各种机床床身、工作导轨等。龙门刨床的电气控制电路比较复杂，它的主拖动动作完全依靠电气自动控制来执行。本案例以B2012A型龙门刨床为例进行解析介绍龙门刨床的电气与PLC控制。

6.4.1　龙门刨床的组成结构

龙门刨床主要用于加工大型零件上长而窄的平面或同时加工几个中、小型零件的平面。

龙门刨床主要由床身、工作台、横梁、顶梁、主柱、立刀架、侧刀架、进给箱等部分组成，如图6-15所示。它因有一个龙门式的框架而得名。

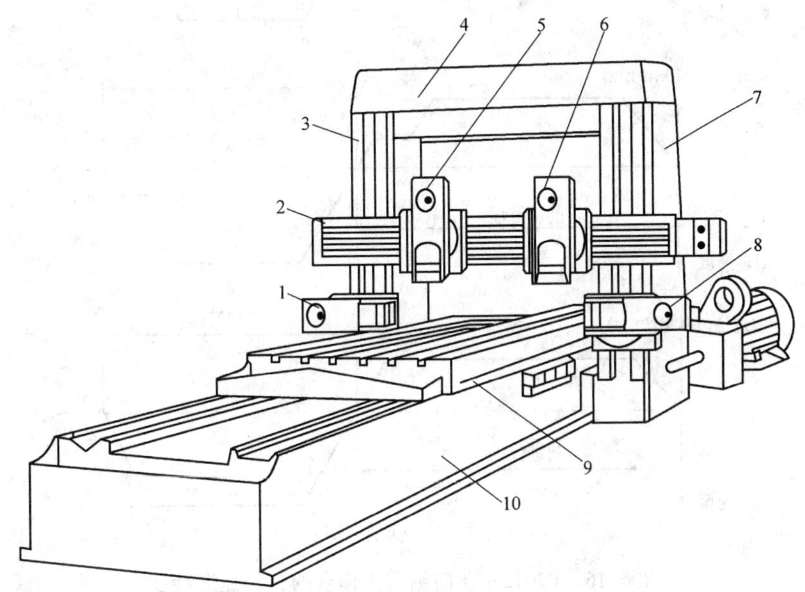

图6-15　龙门刨床机床的组成结构图

1、8—侧刀架　2—横梁　3、7—主柱　4—顶梁　5、6—立刀架　9—工作台　10—床身

6.4.2　龙门刨床的运动

龙门刨床在加工时，床身水平导轨上的工作台带动工件作直线运动，实现主运动。

装在横梁上的立刀架5、6可沿横梁导轨作间歇的横向进给运动，以刨削工件的水平平面。刀架上的滑板（溜板）可使刨刀上、下移动，作切入运动或刨削竖直平面。滑板还能绕水平轴调整至一定的角度位置，以加工倾斜平面。装在立柱上的侧刀架1和8可沿立柱导轨在上下方向间歇进给，以刨削工件的竖直平面。横梁还可沿立柱导轨升降至一定位置，以根据工件高度调整刀具的位置。

6.4.3 龙门刨床生产工艺对电控的要求

龙门刨床加工的工件质量不同，用的刀具不同，所需要的速度就不同，加之B2012A型龙门刨床是刨磨联合机床，所以要求调速范围一定要宽。该机床采用以电动机扩大机作励磁调节器的直流发电机-电动机系统，并加两级机械变速（变速比2:1），从而保证了工作台调速范围达到20:1（最高速90r/min，最低速4.5r/min）。在低速档和高速档的范围内，能实现工作台的无级调速。B2012A型龙门刨床能完成如图6-16所示三种速度特性的要求。

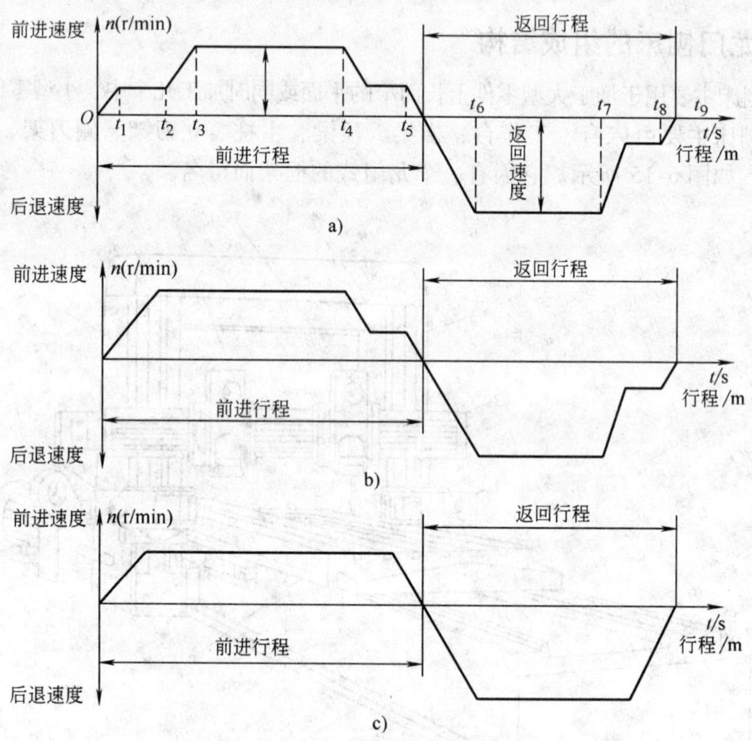

图6-16 B2012A龙门刨床工作台的三种速度特性

在高速加工时，为了减少刀具承受的冲击和防止工件边缘的剥型。切削工作的开始，要求刀具慢速切入；切削工作的末尾，工作台应自动减速，以保证刀具慢速离开工件。为了提高生产效率，要求工作台返回速度要高于切削速度，如图6-16a所示。图中，0 ~ t_1为工作台前进起动阶段；t_1 ~ t_2为刀具慢速切入工件阶段；t_2 ~ t_3为加速至稳定工作速度阶段；t_3 ~ t_4为切削工件阶段；t_4 ~ t_5为刀具减速退出工件阶段；t_5 ~ t_6为反向制动到后退起动阶段；$t_6 \sim t_7$为高速返回阶段；$t_7 \sim t_8$为后退减速阶段；$t_8 \sim t_9$为后退反向制动阶段。

若切削速度与冲击为刀具所能承受，利用转换开关，可取消慢速切入环节，如图6-16b所示。当机床作磨削加工时，利用转换开关，可把慢速切入和后退减速都取消，如图6-16c所示。

为了提高加工精度，要求工作台的速度不因切削负载的变化而波动过大，即系统的机械特性应具有一定硬度（静差度为10%）。同时，系统的机械特性应具有陡峭的挖土机特性（下垂特性），即当电动机短路或超过额定转矩时，工作台拖动电动机的转速应快速下降，以致停止，使发电机、电动机、机械部分免于损坏。

机床应能单独调整工作行程与返回行程的速度；能作无级变速，且调速时不必停车；要求工作台运动方向能迅速平滑地改变，冲击小；刀架进给和抬刀能自动进行，并有快速回程；有必要的联锁保护，通用化程度高，成本低，系统简单，易于维修。

6.4.4 龙门刨床的电气控制和PLC控制设计

1. B2012A型龙门刨床电气控制

B2012A型龙门刨床电气控制电路原理如图6-17～图6-20所示。其中图6-17为直流发电-拖动系统电路原理图；图6-18为B2012A型龙门刨床主拖动系统及抬刀电路原理图；图6-19为主拖动机组Y-△起动及刀架控制电路原理图；图6-20为B2012A型龙门刨床横梁及工作台控制电路原理图。

（1）直流发电-拖动系统组成　直流发电-拖动系统主电路如图6-17所示，它包括电机放大机AG、直流发电机G、直流电动机M和励磁发电机GE。

电机放大机AG由交流电动机M_2拖动。电机放大机AG的主要作用是根据机床刨床各种运动的需要，通过控制绕组WC的各个控制量调节其向直流发电机G励磁绕组供电的输出电压，从而调节直流发电机发出的电压。

直流发电机G和励磁发电机GE由交流电动机M_1拖动。直流发电机G的主要作用是发出直流电动机M所需要的直流电压，满足直流电动机M拖动刨床运动的需要。

励磁发电机GE的主要作用是由交流电动机M_1拖动，发出直流电压，向直流电动机M的励磁绕组供给励磁电源。直流电动机M的主要作用是拖动刨床往返交替做直线运动，对工件进行切削加工。

（2）交流机组拖动系统组成　B2012A型龙门刨床交流机组拖动系统主电路原理图如图6-18所示。交流机组共由9台电动机拖动：拖动直流发电机G、励磁发电机GE用交流电动机M_1，拖动电机放大机用电动机M_2，拖动通风用电动机M_3，润滑泵电动机M_4，垂直刀架电动机M_5，右侧刀架电动机M_6，左侧刀架电动机M_7，横梁升降电动机M_8和横梁放松、夹紧电动机M_9。

（3）各控制电路分析

1）主拖动机组电动机M_1控制电路。由交流电动机M_1拖动直流发电机G和励磁发电机GE组成主拖动机组，其控制电路如图6-19所示。其中33区中的按钮SB_2为交流电动机M_1的起动按钮，按钮SB_1为交流电动机M_1的停止按钮。

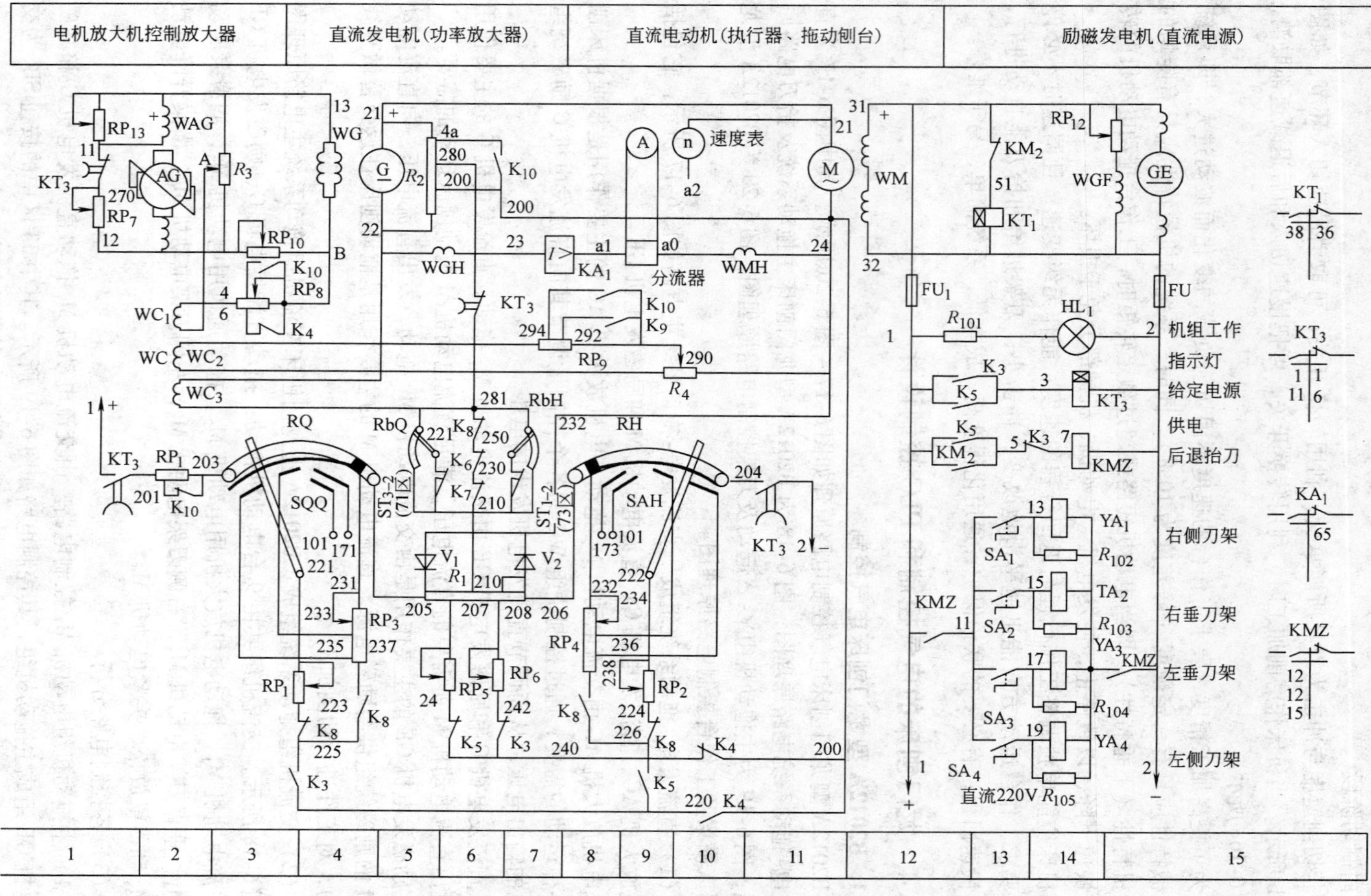

图 6-17　B2012A 型龙门刨床直流发电-拖动系统电路原理图

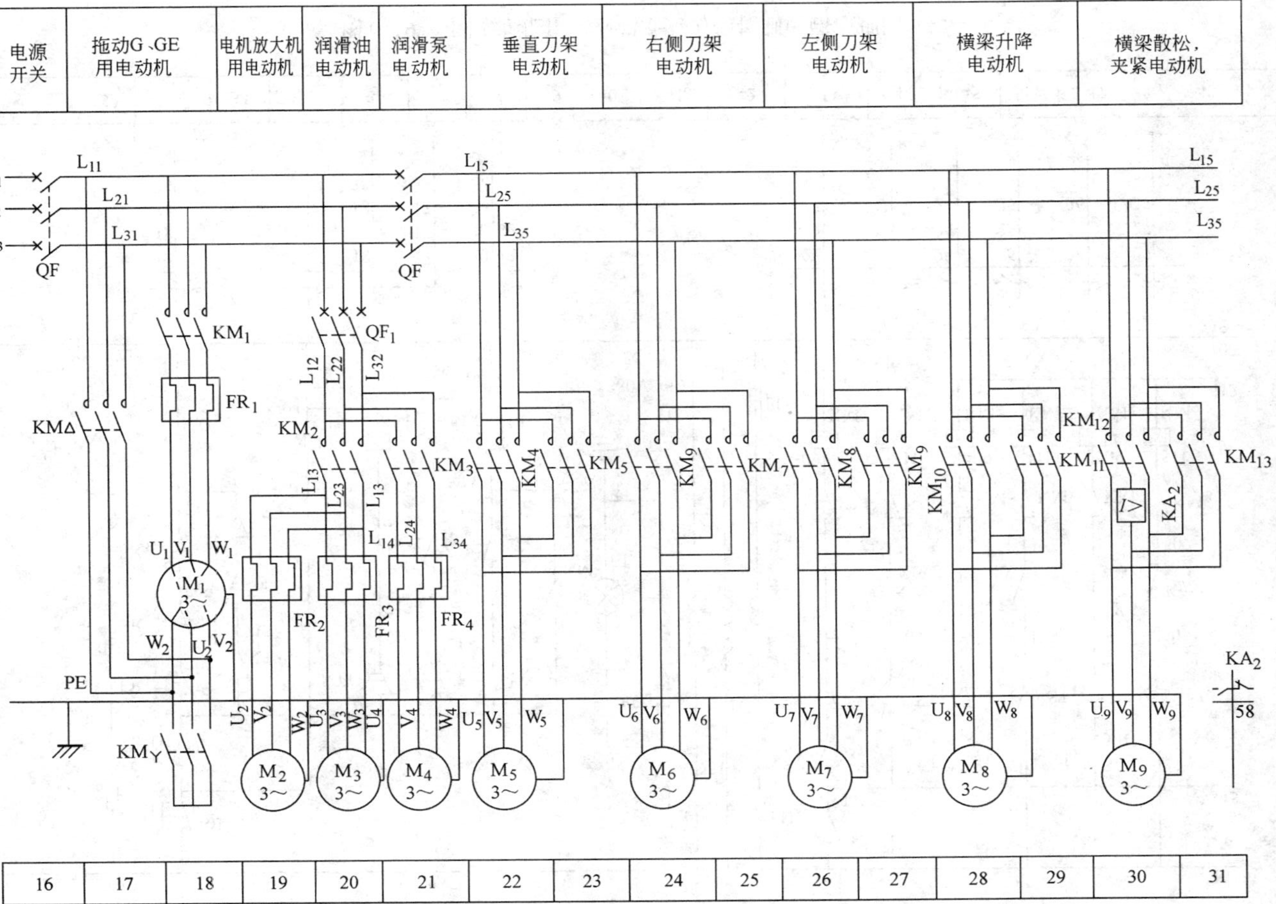

图 6-18　B2012A 型龙门刨床主拖动系统及抬刀电路原理图

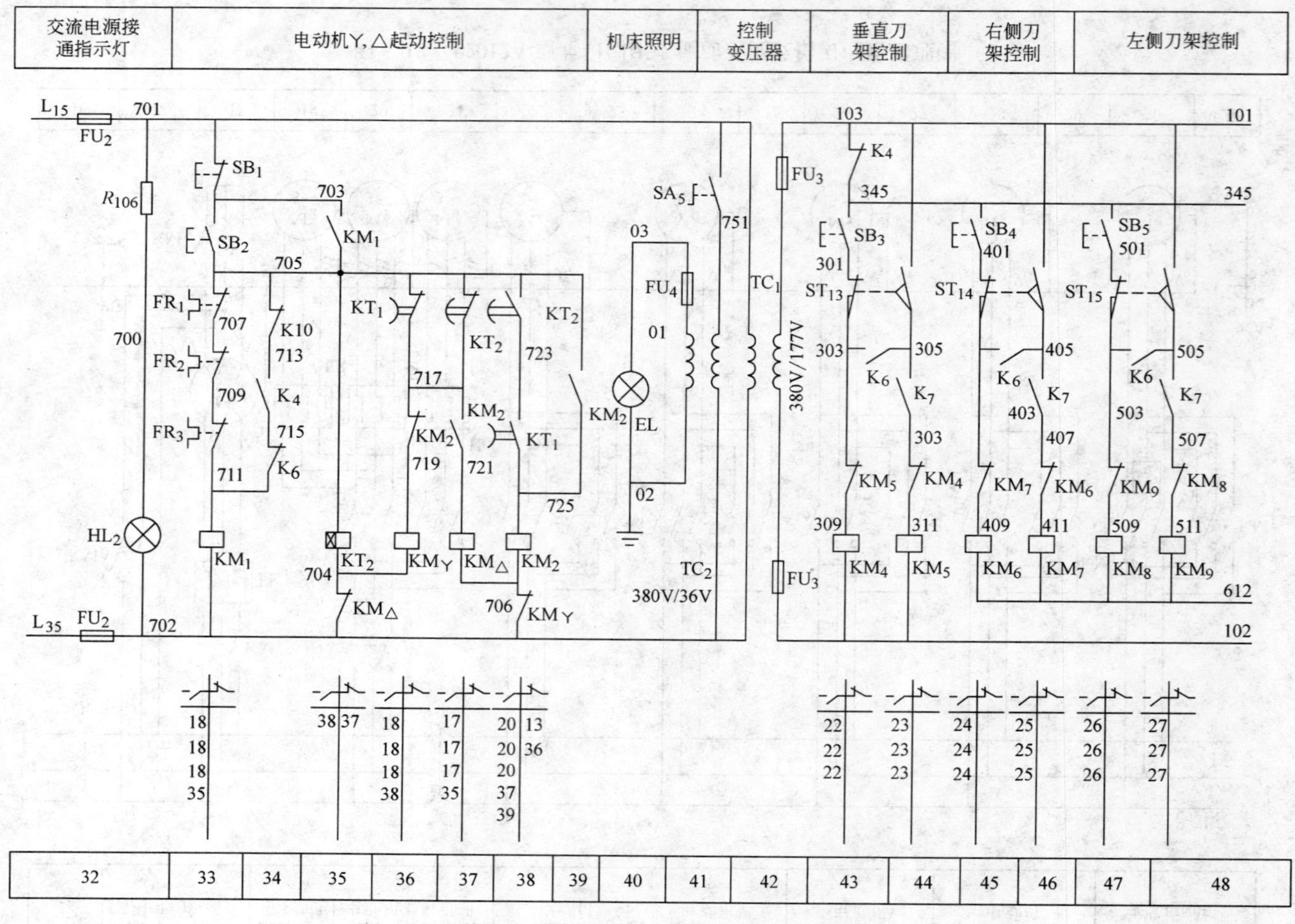

图 6-19　主拖动机组Y-△起动及刀架控制电路原理图

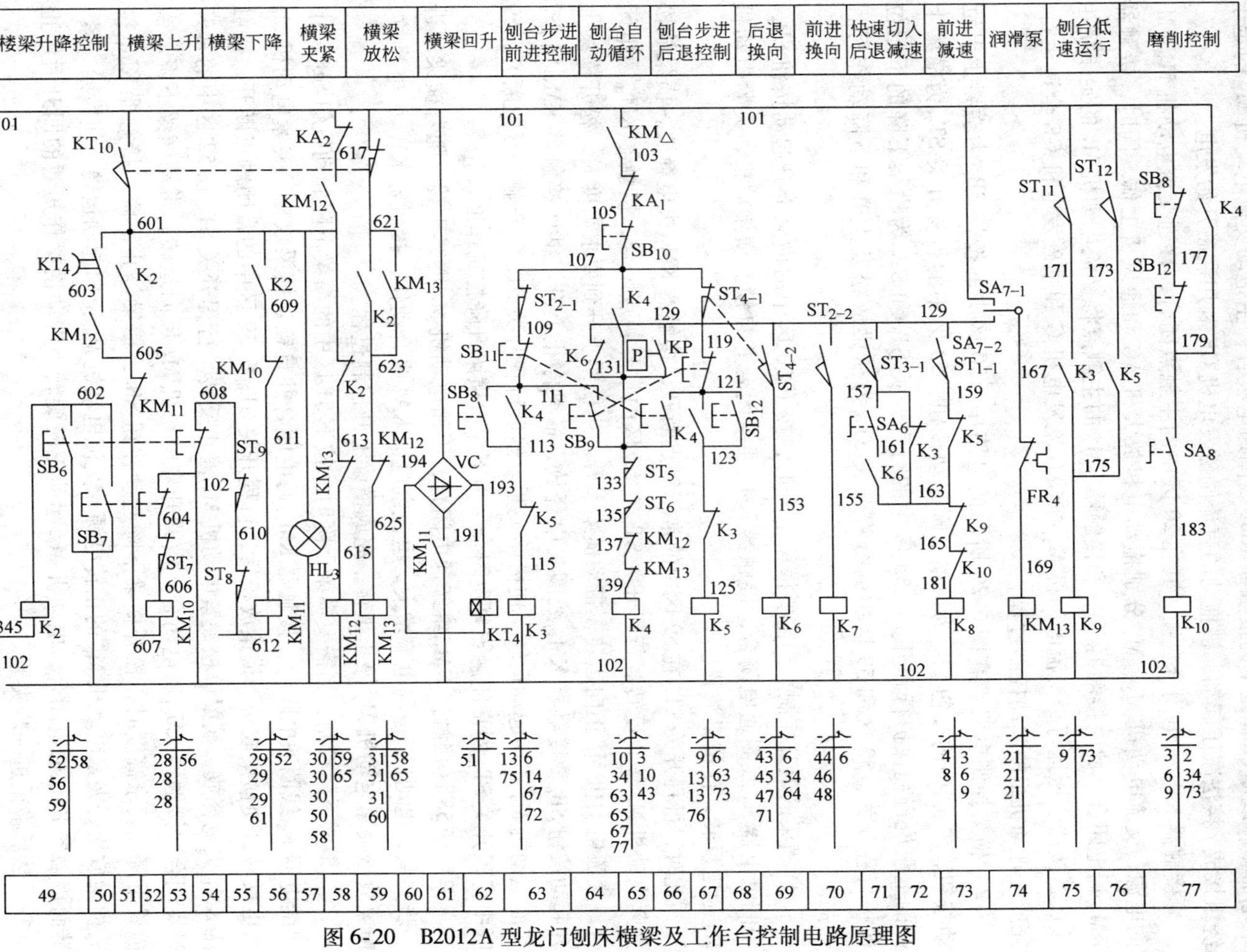

图 6-20 B2012A 型龙门刨床横梁及工作台控制电路原理图

当需要主拖动电动机 M_1 拖动直流发电机 G 和励磁发电机 GE 工作时，按下 33 区中主拖动交流电动机 M_1 的起动按钮 SB_2，33 区中的接触器 KM_1 线圈、35 区中的时间继电器 KT_2 线圈、36 区中的接触器 KM_Y线圈通电吸合，主拖动交流电动机 M_1 的定子绕组接成Y接法减压起动，被拖动的直流励磁发电机 GE 利用剩磁开始发电。

接触器 KM_2 通电闭合自锁，其在 20 区中的主触点闭合，接通交流电动机 M_2、M_3 的电源，交流电动机 M_2、M_3 分别拖动电机放大机 AG 和通风机工作。同时，接触器 $KM_\triangle$通电闭合。此时接触器 KM_1 和接触器 $KM_\triangle$的主触点将交流电动机 M_1 的定子绕组接成△接法全压运行，交流电动机 M_1 拖动直流发电机 G 和励磁发电机 GE 全速运行，完成主拖动机组的起动控制过程。

2）横梁控制电路。在图 6-20 所示的电路中，50 区中的按钮 SB_6 为横梁上升起动按钮，51 区中的按钮 SB_7 为横梁下降起动按钮，53 区中的行程开关 ST_7 为横梁上升的上限位行程保护行程开关，55 区中的行程开关 ST_8 和 ST_9 为横梁下降的下限位保护行程开关，52 区和 59 区中的行程开关 ST_{10}为横梁放松及上升和下降动作行程开关。

① 横梁的上升控制。当需要横梁上升时，按下 50 区中的横梁上升起动按钮 SB_6，中间继电器 K_2 线圈通电闭合，接触器 KM_{13}通电闭合并自锁。横梁放松、夹紧电动机 M_9 通电反转，使横梁放松。

此时，行程开关 ST_{10}在 59 区中的常闭触点断开，接触器 KM_{13}失电释放，横梁放松夹紧电动机 M_9 停止反转。行程开关 ST_{10}在 52 区的常开触点闭合，接触器 KM_{10}通电闭合，交流电动机 M_8 正向运转，带动横梁上升。当横梁上升到要求高度时，松开横梁上升起动按钮 SB_6，接触器 KM_{10}线圈失电释放，横梁停止上升。继而接触器 KM_{12}闭合，交流电动机 M_9 正向起动运转，使横梁夹紧。然后行程开关 ST_{10}常开触点复位断开，59 区中行程开关 ST_{10}的常闭触点复位闭合，为下一次横梁升降控制作准备。

但由于 58 区接触器 KM_{12}继续通电闭合，因而电动机 M_9 继续正转。随着横梁的进一步夹紧，电动机 M_9 的电流增大。电流继电器 KA_2 吸合动作，接触器 KM_{12}失电释放，横梁放松夹紧电动机 M_9 停止正转，完成横梁上升控制过程。

② 横梁下降控制。当需要横梁下降时，按下 51 区中的横梁下降起动按钮 SB_7，中间继电器 K_2 线圈通电闭合，接触器 KM_{13}通电闭合并自锁。横梁放松、夹紧电动机 M_9 通电反转，使横梁放松。横梁放松后，行程开关 ST_{10}在 59 区中的常闭触点断开，接触器 KM_{13}失电释放，横梁放松夹紧电动机 M_9 停止反转。行程开关 ST_{10}在 52 区中的常开触点闭合，接触器 KM_{11}通电闭合，横梁升降电动机 M_8 反向运转，带动横梁下降。当横梁下降到要求高度时，松开横梁下降起动按钮 SB_7，横梁停止下降。接触器 KM_{12} 接通横梁放松、夹紧电动机 M_9 的正转电源，交流电动机 M_9 正向起动运转，使横梁夹紧。继而接触器 KM_{10}通电闭合，电动机 M_8 起动正向旋转，带动横梁作短暂的回升后停止上升，然后横梁进一步夹紧。

3）工作台自动循环控制电路。工作台自动循环控制电路分为慢速切入控制、工作台工进速度前进控制、工作台前进减速运动控制、工作台后退返回控制、工作台返回减速控制、工作台返回结束并转入慢速控制等。

工作台自动循环控制主要通过安装在龙门刨床工作台侧面上的四个撞块 A、B、C、D 按一定的规律撞击安装在机床床身上的四个行程开关 ST_1、ST_2、ST_3、ST_4，使行程开关 ST_1、ST_2、ST_3、ST_4 的触点按照一定的规律闭合或断开，从而控制工作台按预定的要求进行运动。

4）工作台步进、步退控制。工作台的步进、步退控制主要用于在加工工件时调整机床工作台的位置。

当需要工作台步进时，按下 62 区中的工作台步进起动按钮 SB_8，工作台步进；松开按钮 SB_8，工作台可迅速制动停止。

当需要工作台步退时，按下 68 区中的工作台步退起动按钮 SB_{12}，工作台步退；松开按钮 SB_{12}，工作台也可迅速制动停止。

5）刀架控制电路。在龙门刨床上装有左侧刀架、右侧刀架和垂直刀架，分别由交流电动机 M_7、M_6、M_5 拖动。各刀架可实现自动进给运动和快速移动运动，由装在刀架进刀箱上的机械手柄来进行控制。刀架的自动进给采用拨叉盘装置来实现，拨叉盘由交流电动机拖动，依靠改变旋转拨叉盘角度的大小来控制每次的进刀量。在每次进刀完成后，让拖动刀架的电动机反向旋转，使拨叉盘复位，以便为第二次自动进刀作准备。

刀架控制电路由自动进刀控制、刀架快速移动控制电路组成。

2. B2012A 型龙门刨床 PLC 控制

1）B2012A 型龙门刨床 PLC 控制输入输出点分配表见表 6-5。

表 6-5　B2012A 型龙门刨床 PLC 控制输入输出点分配表

输入信号			输出信号		
名称	代号	输入点编号	名称	代号	输出点编号
热继电器	FR_1 ~ FR_4	X0	交流电动机 M_1 起动接触器	KM_1	Y0
电动机 M_1 停止按钮	SB_1	X1	交流电动机 M_2、M_3 接触器	KM_2	Y1
电动机 M_1 起动按钮	SB_2	X2	交流电动机 M_1 Y起动接触器	KM_Y	Y2
垂直刀架控制按钮	SB_3	X3	交流电动机 M_1 △运行接触器	$KM_\triangle$	Y3
右侧刀架控制按钮	SB_4	X4	交流电动机 M_4 接触器	KM_3	Y4
左侧刀架控制按钮	SB_5	X5	交流电动机 M_5 正转接触器	KM_4	Y5
横梁上升起动按钮	SB_6	X6	交流电动机 M_5 反转接触器	KM_5	Y6
横梁下降起动按钮	SB_7	X7	交流电动机 M_6 正转接触器	KM_6	Y7
工作台步进起动按钮	SB_8	X10	交流电动机 M_6 反转接触器	KM_7	Y10
工作台自动循环起动按钮	SB_9	X11	交流电动机 M_7 正转接触器	KM_8	Y11
工作台自动循环停止按钮	SB_{10}	X12	交流电动机 M_7 反转接触器	KM_9	Y12

（续）

输入信号			输出信号		
名称	代号	输入点编号	名称	代号	输出点编号
工作台自动循环后退按钮	SB_{11}	X13	交流电动机 M_8 正转接触器	KM_{10}	Y13
工作台步进起动按钮	SB_{12}	X14	交流电动机 M_8 反转接触器	KM_{11}	Y14
工作台循环前进减速行程开关	ST_1	X15	交流电动机 M_9 正转接触器	KM_{12}	Y15
工作台循环前进换向行程开关	ST_2	X16	交流电动机 M_9 反转接触器	KM_{13}	Y16
工作台循环后退减速行程开关	ST_3	X17	工作台步进控制继电器	K_3	Y17
工作台循环后退换向行程开关	ST_4	X20	工作台自动循环控制继电器	K_4	Y20
工作台前进终端限位行程开关	ST_5	X21	工作台步退控制继电器	K_5	Y21
工作台后退终端限位行程开关	ST_6	X22	工作台后退换向继电器	K_6	Y22
横梁上升限位行程开关	ST_7	X23	工作台前进换向继电器	K_7	Y23
横梁下降限位行程开关	ST_8	X24	工作台前进减速继电器	K_8	Y24
横梁下降限位行程开关	ST_9	X25	工作台低速运行继电器	K_9	Y25
横梁放松动作行程开关	ST_{10}	X26	磨削控制继电器	K_{10}	Y26
工作台低速运行行程开关	ST_{11}	X27			
工作台低速运行行程开关	ST_{12}	X30			
自动进刀控制行程开关	ST_{13}	X31			
自动进刀控制行程开关	ST_{14}	X32			
自动进刀控制行程开关	ST_{15}	X33			
润滑泵电动机 M_4 手动控制	$SA_{7\text{-}1}$	X34			
润滑泵电动机 M_4 自动控制	$SA_{7\text{-}2}$	X35			
磨削控制开关	SA_8	X36			
压力继电器	KP	X37			
过电流继电器	KA_1	X40			
过电流继电器	KA_2	X41			
时间继电器	KT_1	X42			
手动控制开关	SA_6	X43			

2）B2012A 型龙门刨床 PLC 控制接线图如图 6-21 所示。

3）根据 B2012 型龙门刨床的控制要求，设计出 B2012A 型龙门刨床 PLC 控制梯形图，如图 6-22 所示。

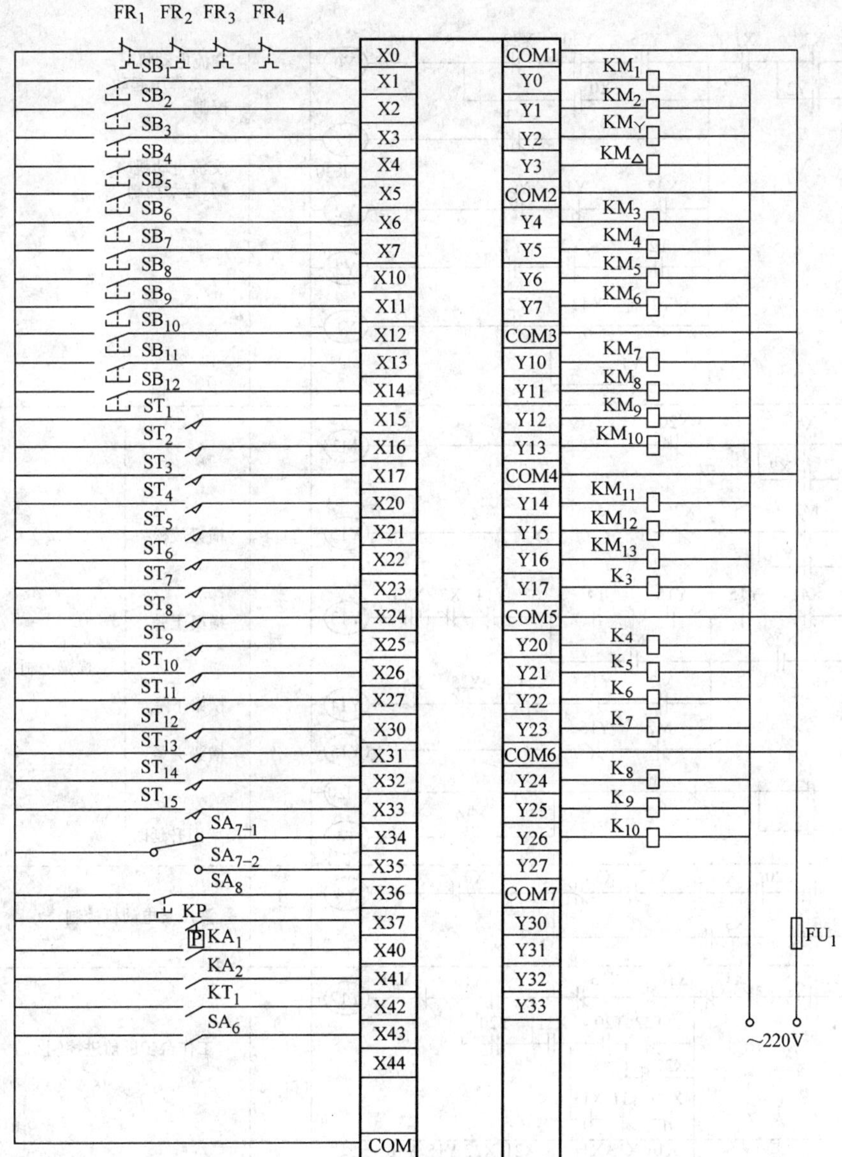

图 6-21 B2012A 型龙门刨床 PLC 控制接线图

B2012A 型龙门刨床 PLC 控制指令语句表请读者自己写出。

6.4.5 龙门刨床的常见故障分析

B2012A 型龙门刨床控制电路由交流电路和直流电路互相配合，得以完成各种切削控制。出现故障时，首先应确定故障在交流电路还是在直流电路。如估计故障可能涉及两种电路时，因交流电路中多为有触点电器，故障较多，且较易分析检查，所以一

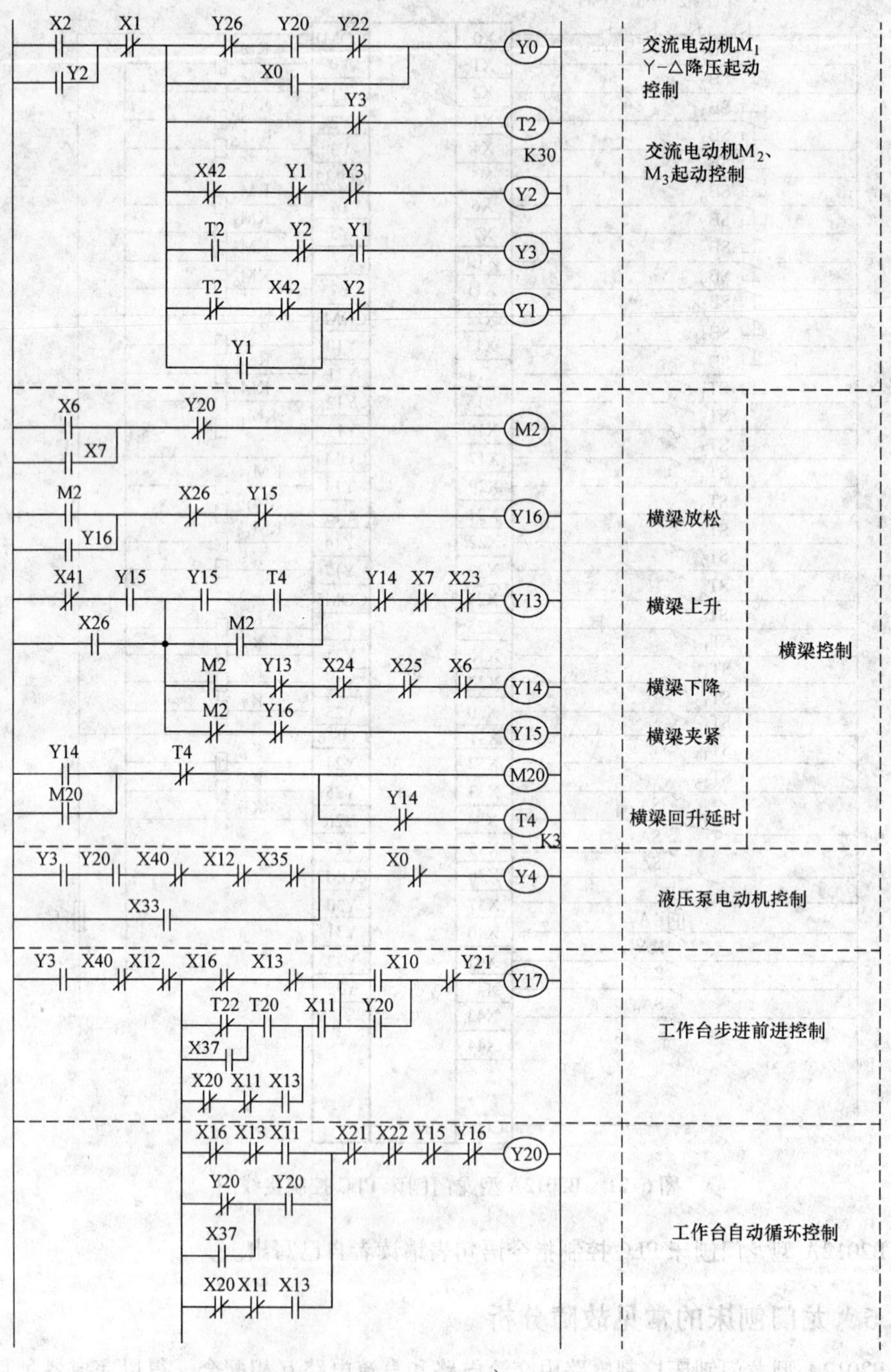

图 6-22　B2012A 型龙门刨床 PLC 控制梯形图

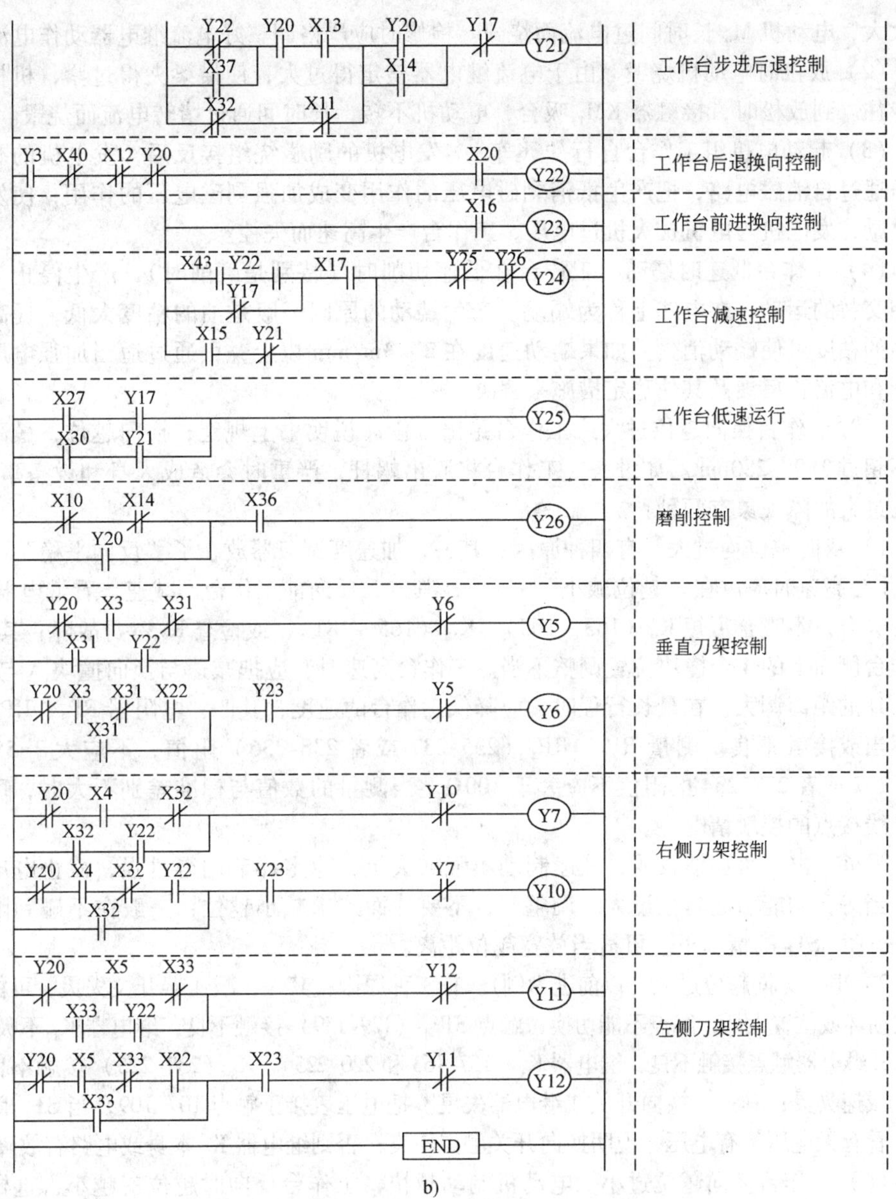

图 6-22　B2012A 型龙门刨床 PLC 控制梯形图（续）

般应先检查交流电路，后检查直流电路。B201A 常见故障及检修内容很多，这里仅抛砖引玉介绍其主要的几条：

（1）夹紧电动机烧毁　在龙门刨床诸电动机中，横梁夹紧电动机 M_9 损坏率最高，其原因可能是：电流继电器 KA_2 失灵，按规定，电动机 M_9 的电流达到 2.2～2.5A 时，串联在其主电路中的电流继电器 KA_2 应动作，自动切断接触器 KM_{12} 线圈电路。由于电流电器 KA_2 调整不当或修理时不用仪表测量而凭经验随便调整，使电流继电器动作电流太大，电动机 M_9 长时间过电流而烧毁。检修时应严格调整好电流继电器动作电流。

（2）放松时电动机烧毁　由于电流继电器整定得过大，使横梁夹得过紧，机械部分卡住。到放松时，接触器 KM_{13} 吸合，电动机不转，长时间通过堵转电流而烧毁。

（3）起动电机组工作台自行“飞车”　发电机的励磁绕组接反后，发电机的剩磁电压通过自消磁电路，把产生抵消剩磁电压的作用变成加强剩磁电压的作用，使发电机自励，发电机与电机扩大机过电压，工作台产生高速而失控。

（4）工作台低速时蠕动　工作台在低速切削时（特别是磨削时），产生停止与滑动相交替的运动，在电气上称为蠕动。产生蠕动的原因一般是油的粘度太低，提高润滑油的粘度可使蠕动消失。如果蠕动速度在 2～3m/min 以上，可通过适当加强电压负反馈和电流正反馈及其他稳定措施来解决。

（5）工作台换向越位过大或工作台跑出　刨床说明书上规定，换向越位，最高速时不超过 250～280mm。如过大，工作台将脱出蜗杆，严重时会造成人身和设备事故，越位过大故障现象有两种：

1）双向越位均过大。有四种原因：其一，加速度调节器放在了“反向平稳”一边（工作台高速时应放在“越位减小”一边）；其二，反向前工作台不减速。看继电器 K_8 是否吸合，不吸合可短 K_9（163～165）、K_{10}（165～181），或检查 K_8 本身故障；其三，工作台侧面上的 4 个撞块位置调整不当。工作台高速时，应把减速与换向撞块 A 与 B、C 与 D 的距离调大。在最长行程时，应降低工作台的速度；其四，电阻器 RP_3、RP_4 调整不当或接触不良。测量 RP_3、RP_4（235-237 或者 238-236）阻值，不应大于 55Ω；233-237 或者 238-234 的阻值不应大于 100Ω。当测量的数值与标准差别不大时，可检查导线接点的接触情况。

另外，电压负反馈较弱，减速制动不强或失灵，稳定环节调得过强，截止电压调整不当等，均能引起越位过大。调整时，不要片面追求减小越位，一般在不碰到限位开关 ST_5、ST_6 的情况下，可适当放宽越位距离。

2）某一方向越位过大（以前进为例）。有三种原因：其一，减速器开关失灵，可能是开关损坏或位置太低，触点不能切换，触点 ST_{1-1}（129-159）接触不良，继电器 K_8 不吸合；其二，继电器触点接触不良，继电器 K_3（157-163 和 220-225）、K_8（237-225）接触不良会造成减速失灵；其三，换向开关或继电器失灵。把电压表接于触点 107-109，当 ST_{2-1} 闭合时，看有无电压，有电压，说明换向开关触点不良；否则继电器 K_3 本身或电路有故障。

（6）工作台换向越位过小　电动机制动越快，工作台反向时越位就越小，这样势必引起主电路制动电流过大，会使电动机电刷下的火花严重，并会给机械部分带来过大的打击，影响电动机和机床的寿命。另外，在进刀量较大时，还会产生进刀不能走完就反向的缺点。因为进刀的时间主要取决于换向时越位的时间，即后退未了从碰撞行程开关 ST_4 开始，经过一段越位，到变为前进时使转向开关复位为止的一段时间。换向越位的最小距离规定为在最高速时不小于 30～50mm。造成换向越位过小的原因和处理方法正好与越位过大相反，首先应把加速度调节器放在“反向平衡”一边。一般在电压负反馈调好的情况下，可适当加强稳定环节或减弱减速制动强度，使换向越位不致过小。还可以将电机扩大机补偿绕组的并联电阻减小一些，以减小电机扩大机的补偿强度，增大换向越位。

（7）工作台反向冲击　由传动机构间隙过大、缺乏润滑及电气参数调整不当等原因造成，如电压负反馈、电流正反馈过强等。以上各环节可参照机床说明书进行调整。

（8）工作台停车爬行　爬行是指发电机-电动机系统无输入条件下，工作台仍在以较低的速度运动。爬行发生的时间，或在开车前，或在停车后。造成爬行的原因是剩磁电压的影响。停车爬行有两种情况：一是削磁作用太弱，电压负反馈、自消磁环节及欠补偿能耗制动环节调整不当，电路接触不良或断路；二是消磁作用太强，造成反向磁化，形成停车后反向爬行。对于第一种情况，主要应检查有关触点、接头、电路是否断路、接触不良等，而系统在出厂时已经调整好，不宜随便调整。对于第二种情况，主要是因某些环节调整不当造成，必须对自消磁和欠补偿能耗制动环节进行适当调整。

（9）工作台停车振荡　在停车时，工作台来回摆动若干次，叫做停车振荡。其振荡幅度一般逐渐减小，但有时振荡幅度不变，更甚者振荡幅度会越来越大。发生振荡的原因在于稳定环节不起作用，如 WC_1 绕组断线或电路断路。如 WC_1 绕组接反，不但不能抑制电机扩大机输出电压的突变，反而起到增强的作用，致使振荡幅度越来越大。电机扩大机电刷位置调整不当，也会造成停车振荡。

（10）工作台反向不正常　前进调速手柄放在低速位置时，工作台碰减速开关即反向运动，减速开关复位后又恢复原来方向，这样来回不断运动。其原因是前进调速电位器上 101 与 231 短路，或后退调速电位器上 101 与 234、236 间短路。另外，RP_3 上的 231、233、235、237 接点与 RP_4 上 232、234、236、238 接点中任一对接点互换后，也会发生碰减速开关反向的现象。

（11）加速调节器不起作用　加速调节器是两个阻值为 300Ω 的电位器，放在“反向平稳”一边（即加大电阻值），减速时有减弱制动强度的作用；换向时起减小强励磁倍数的作用，所以，过渡过程平稳。但电位器的调节必须在行程开关 ST_{3-2} 和 ST_{1-2} 闭合后才能起作用，如某触点接触不良，某方向的加速调节器就不起作用。另外，若把 211 与 212 互换了位置，加速调节器也不起作用。

（12）油泵压力继电器的故障

1）如油压符合要求，但微动开关触点 KP 不闭合。如油压开关调整不当，位置太高，则压力油不能使顶杆推动开关 KP（131-129）闭合，工作台开不动。

2）油压太小（或无压力），但是触点 KP 不跳开。如把压力开关调得太低，会造成油压不足或油泵尚未工作时触点 KP 不断开的故障。工作台若继续运行，会造成严重事故。

（13）直流系统接地　这种故障会引起机床无规则运动，甚至是异常运动，而且在运行时还会造成一定的危险。

（14）接触器、继电器铁心粘住造成的故障　其故障现象多数表现为机床无规则的异常运动，有时也能造成危险。例如，继电器 K_3 的铁心粘住，就会使工作台控制电路失灵而造成工作台在前进方向跑出。横梁上下接触（KM_{10}、KM_{11}）铁心粘住，就会使限位开关不起作用而发生碰撞事故。

案例 5　组合机床的电气与 PLC 控制

前面主要介绍了通用机床的控制，在机床加工中工序只能一道一道地进行，不能实现多道、多面同时加工。其生产效率低，加工质量不稳定，操作频繁。为了改善生产条件，满足生产发展的专业化、自动化要求，人们经过长期生产实践的不断探索、不断改进、不断创造，逐步形成了各类专用机床，专用机床是为完成工件某一道工序的加工而设计制造的，可采用多刀加工，具有自动化程度高、生产效率高、加工精度稳定、机床结构简单、操作方便等优点。但当零件结构与尺寸改变时，需重新调整机床或重新设计、制造，因而专用机床又不利于产品的更新换代。

为了克服专用机床的不足，在生产中又发展了一种新型的加工机床。它以通用部件为基础，配合少量的专用部件组合而成，具有结构简单、生产效率和自动化程度高等特点。一旦被加工零件的结构与尺寸改变时，能较快地进行重新调整，组合成新的机床。这一特点有利于产品的不断更新换代，目前在许多行业得到广泛的应用。这就是本节要介绍的组合机床。

6.5.1 组合机床的组成结构

组合机床是由一些通用部件及少量专用部件组成的高效自动化或半自动化专用机床。可以完成钻孔、扩孔、铰孔、镗孔、攻螺纹、车削、铣削及精加工等多道工序，一般采用多轴、多刀、多工序、多面、多工位同时加工，适用于大批量生产，能稳定地保证产品的质量。图6-34为单工位三面复合式组合机床结构示意图。它由底座、立柱、滑台、切削头、动力箱等通用部件，多轴箱、夹具等专用部件以及控制、冷却、排屑、润滑等辅助部件组成。

通用部件是经过系列设计、试验和长期生产实践考验的，其结构稳定、工作可靠，由专业生产厂成批制造，经济效果好，使用维修方便。一旦被加工零件的结构与尺寸改变时，这些通用部件可根据需要组合成新的机床。在组合机床中，通用部件一般占机床零部件总量的70% ~80%；其他20% ~30%的专用部件由被加工件的形状、轮廓尺寸、工艺和工序决定。

组合机床的通用部件主要包括以下几种：

（1）动力部件　动力部件用来实现主运动或进给运动，有动力头、动力箱、各种切削头。

（2）支承部件　支承部件主要为各种底座，用于支承、安装组合机床的其他零部件，它是组合机床的基础部件。

（3）输送部件　输送部件用于多工位组合机床，用来完成工件的工位转换，有直线移动工作台、回转工作台、回转鼓轮工作台等。

（4）控制部件　用于组合机床完成预定的工作循环程序。它包括液压元件、控制挡铁、操纵板、按钮盒及电气控制部分。

（5）辅助部件　辅助部件包括冷却、排屑、润滑等装置，以及机械手、定位、夹紧、导向等部件。

6.5.2 组合机床的工作特点

组合机床主要由通用部件装配组成，各种通用部件的结构虽有差异，但它们在组合机床中的工作却是协调的，能发挥较好的效果。

组合机床通常是从几个方向对工件进行加工，它的加工工序集中，要求各个部件的动作顺序、速度、起动、停止、正向、反向、前进、后退等均应协调配合，并按一定的程序自动或半自动地进行。加工时应注意各部件之间的相互位置，精心调整每个环节，避免大批量加工生产中造成严重的经济损失。

单工位三面复合式组合机床结构示意图如图 6-23 所示。

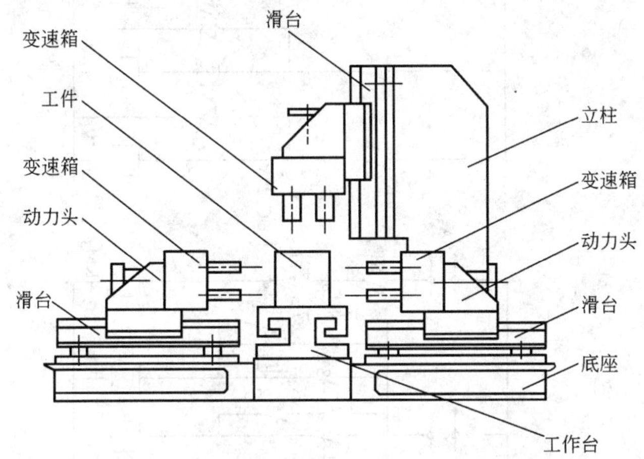

图 6-23　单工位三面复合式组合机床结构示意图

6.5.3　双面单工液压传动组合机床的电气控制与 PLC 控制设计

1. 双面单工液压传动组合机床的电气控制

双面单工液压传动组合机床电气控制电路原理如图 6-24 所示。双面单工液压传动组合机床由左、右动力头电动机 M_1、M_2 及冷却泵电动机 M_3 三台电动机拖动。在双面单工液压传动组合机床控制电路中，手动开关 SA_1 为左动力头单独调整开关，SA_2 为右动力头单独调整开关，SA_3 为冷却泵电动机的工作选择开关。

各电磁阀及液压继电器动作见表 6-6；左、右动力头的工作循环图如图6-25所示。当左、右动力头在原位时，行程开关 ST_1、ST_2、ST_3、ST_4、ST_5、ST_6 被压下。

表 6-6　各电磁阀及液压继电器动作表

工步	YV_1	YV_2	YV_3	YV_4	KP_1	KP_2
快进	+	−	+	−	−	−
工进	+	−	+	−	−	−
挡铁停留	+	−	+	−	+	+
快退	−	+	−	+	−	−
原位停止	−	−	−	−	−	−

注：表格中“+”代表相应的元件接通，“−”代表相应的元件断电。

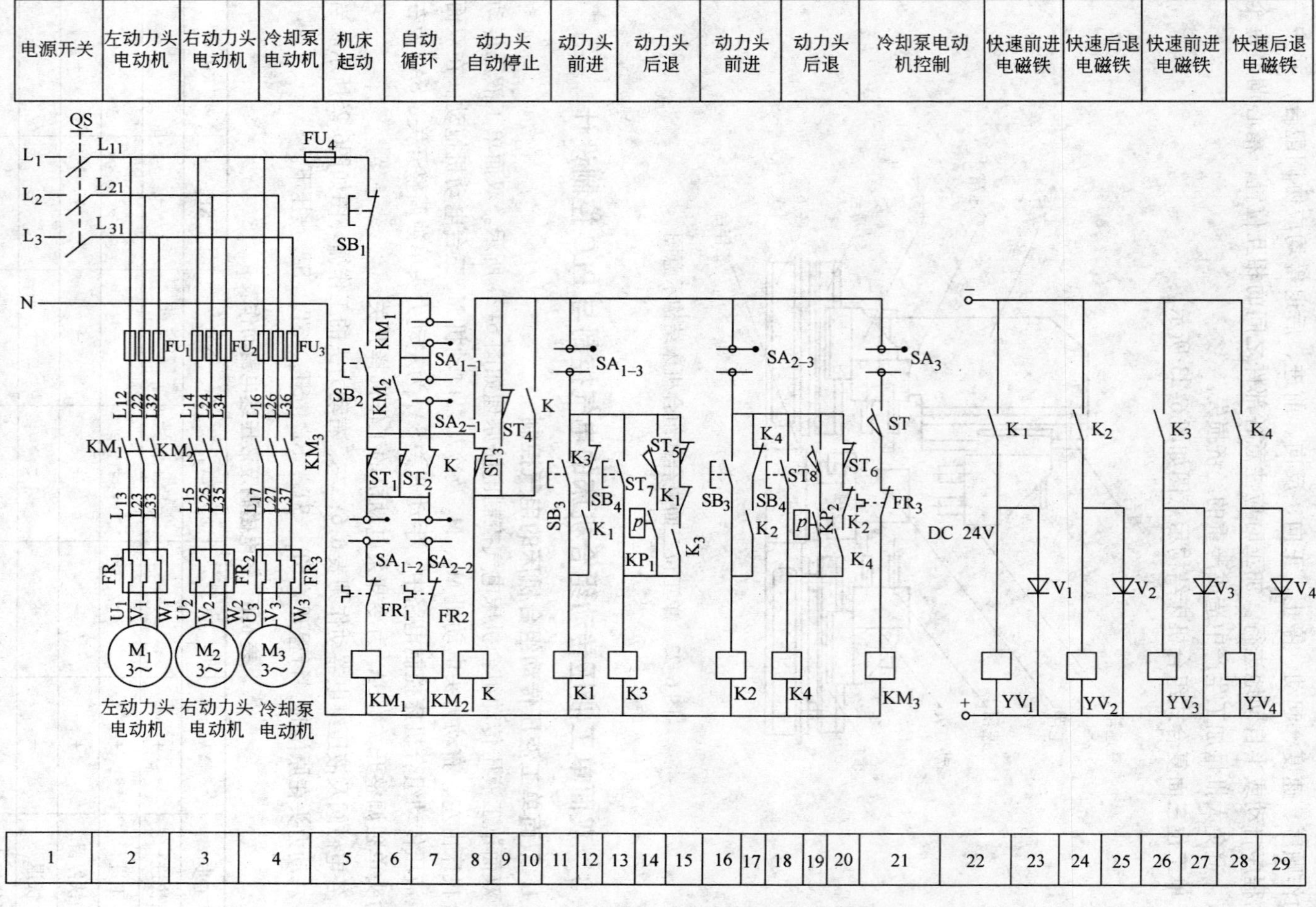

图 6-24　双面单工液压传动组合机床电气控制电路原理图

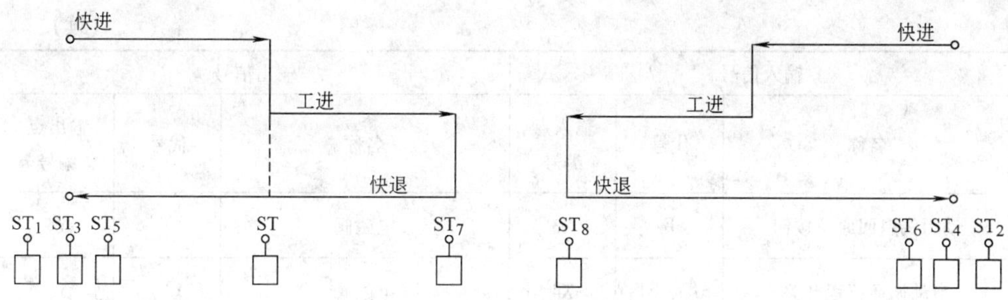

图 6-25　左、右动力头的工作循环图

当需要机床工作时，将手动开关 SA_1、SA_2 扳至自动循环位置，按下机床起动按钮 SB_2，接触器 KM_1、KM_2 通电闭合并自锁，其主触点闭合，左、右动力头电动机 M_1、M_2 起动运转。然后按下“前进”按钮 SB_3，中间继电器 K_1、K_2 通电闭合并自锁，电磁阀 YV_1、YV_3 线圈通电动作，左、右动力头离开原位快速前进。此时行程开关 ST_1、ST_2、ST_5、ST_6 首先复位，接着行程开关 ST_3、ST_4 也复位。由于行程开关 ST_3、ST_4 复位，因而中间继电器 K 通电闭合并自锁，为左、右动力头自动停止作好准备。动力头在快速前进的过程中，由各自的行程阀自动转换为工进，并压下行程开关 ST，使得接触器 KM_3 通电闭合，冷却泵电动机 M_3 起动运转，供给机床切削液。左动力头加工完毕后，压下行程开关 ST_7，并通过挡铁机械装置动作使油压系统油压升高，压力继电器 KP_1 动作，使图 6-24 电路中 14 区压力继电器 KP_1 的常开触点闭合，中间继电器 K_3 闭合并自锁，K_1 失电释放。同理，右动力头加工完毕后，压下行程开关 ST_8，使得压力继电器 KP_2 动作，19 区中压力继电器 KP_2 的常开触点闭合，中间继电器 K_4 闭合并自锁，K_2 失电释放。由于中间继电器 K_1、K_2 失电释放，YV_1、YV_3 失电且 YV_2、YV_4 通电，根据表 6-6 中各电磁阀及液压继电器的工作动作表可知，此时左、右动力头快速后退。当左、右动力头退回至行程开关 ST 处时，ST 复位，接触器 KM_3 失电释放，冷却泵电动机 M_3 停转。而当左、右动力头退回至原位时，首先压下行程开关 ST_3、ST_4，然后压下行程开关 ST_1、ST_2、ST_5、ST_6，接触器 KM_1、KM_2 失电释放，左、右动力头电动机 M_1、M_2 停转，完成一次循环加工过程。

图中按钮 SB_4 为左、右快退手动操作按钮，按下 SB_4，能使左、右动力头退至原位停止。

2. 双面单工液压传动组合机床 PLC 控制

1）双面单工液压传动组合机床 PLC 控制输入输出点分配表见表 6-7。

表 6-7　双面单工液压传动组合机床 PLC 控制输入输出点分配表

输入信号			输出信号		
名称	代号	输入点编号	名称	代号	输出点编号
总停按钮	SB_1	X0	左动力头电动机 M_1 接触器	KM_1	Y0
总起动按钮	SB_2	X1	右动力头电动机 M_2 接触器	KM_2	Y1
动力头前进按钮	SB_3	X2	冷却泵电动机 M_3 接触器	KM_3	Y2

（续）

输入信号			输出信号		
名称	代号	输入点编号	名称	代号	输出点编号
动力头退回原位按钮	SB_4	X3	电磁阀	YV_1	Y4
自动循环行程开关	ST_1、ST_2	X4	电磁阀	YV_2	Y5
动力头自动停止行程开关	ST_3、ST_4	X5	电磁阀	YV_3	Y5
自动循环行程开关	ST_5	X6	电磁阀	YV_4	Y7
自动循环行程开关	ST_6	X7	输入信号		
			热继电器	FR_1	X13
左动力头后退行程开关、压力继电器	ST_7、KP_1	X10	热继电器	FR_2	X14
右动力头后退行程开关、压力继电器	ST_8、KP_2	X11	冷却泵电动机起停行程开关及控制元件	ST、SA_3 FR_3	X12
手动开关	SA_1	X15	手动开关	SA_2	X16

2）双面单工液压传动组合机床 PLC 控制接线图如图 6-26 所示，控制梯形图如图 6-27 所示。

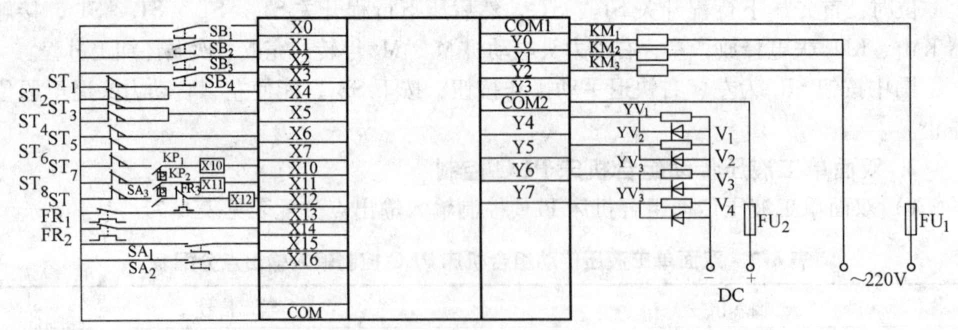

图 6-26　双面单工液压传动组合机床 PLC 控制接线图

3）根据接线图，对照梯形图 6-27，编写出双面单工液压传动组合机床 PLC 控制指令语句表如下：

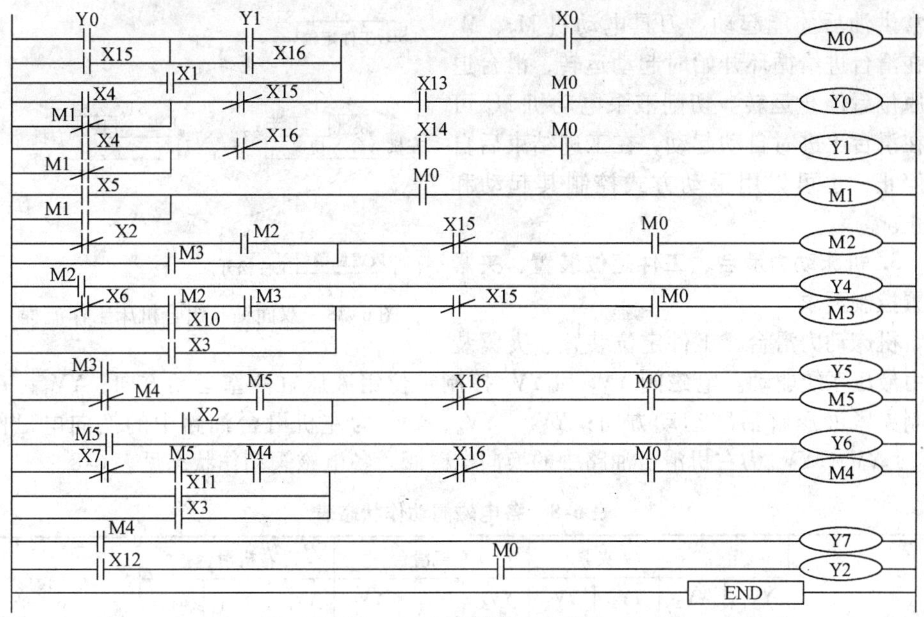

图 6-27　双面单工液压传动组合机床 PLC 控制梯形图

0	LD	Y0	13	OUT	Y0	26	OR	M3	39	OUT	M3	52	AND	M4
1	OR	X15	14	LD	X4	27	ANI	X15	40	LD	M3	53	OR	X11
2	LD	Y1	15	ORI	M1	28	AND	M0	41	OUT	Y5	54	OR	X3
3	OR	X16	16	ANI	X16	29	OUT	M2	42	LDI	M4	55	ANI	X16
4	ANB		17	AND	X14	30	LD	M2	43	AND	M5	56	AND	M0
5	OR	X1	18	AND	M0	31	OUT	Y4	44	OR	X2	57	OUT	M4
6	AND	X0	19	OUT	Y1	32	LDI	X6	45	ANI	X16	58	LD	M4
7	OUT	M0	20	LD	X5	33	AND	M2	46	AND	M0	59	OUT	Y7
8	LD	X4	21	OR	M1	34	AND	M3	47	OUT	M5	60	LD	X12
9	ORI	M1	22	AND	M0	35	OR	X10	48	LD	M5	61	AND	M0
10	ANI	X15	23	OUT	M1	36	OR	X3	49	OUT	Y6	62	OUT	Y2
11	AND	X13	24	LDI	X2	37	ANI	X15	50	LDI	X7	63	END	
12	AND	M0	25	AND	M2	38	AND	M0	51	AND	M5			

6.5.4　双面钻孔组合机床的 PLC 控制设计

双面钻孔组合机床主要用于在工件的两相对表面上钻孔。

1. 双面钻孔组合机床的工作流程

双面钻孔组合机床的工作流程如图6-28所示。

2. 双面钻孔组合机床各电动机控制要求

双面钻孔组合机床各电动机只有在液压泵电动机 M_1 正常起动运转、机床供油系统正常供油后才能起动。刀具电动机 M_2、M_3 应在滑台进给循环开始时起动运转，滑台退回原位后停止运转。切削液泵电动机 M_4 可以在滑台工进时自动起动，在工进结束后自动停止，也可以用手动方式控制其起动和停止。

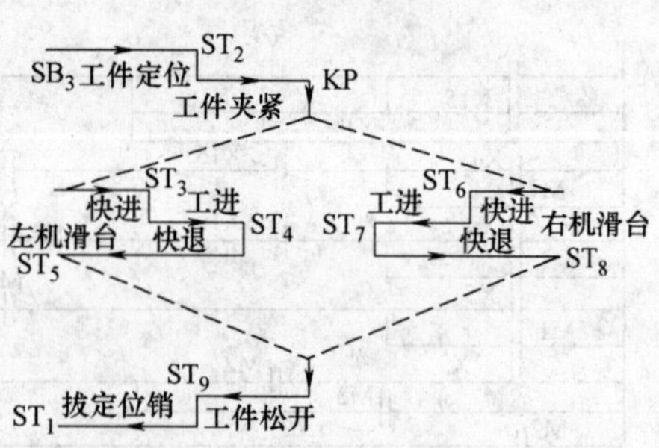

图 6-28　双面钻孔组合机床工作流程

3. 机床动力滑台、工件定位装置、夹紧装置控制要求

机床动力滑台、工件定位装置、夹紧装置由液压系统驱动。电磁阀 YV_1 和 YV_2 控制定位销液压缸活塞运动方向；YV_3、YV_4 控制夹紧液压缸活塞运动方向；YV_5、YV_6、YV_7 为左机滑台油路中的换向电磁阀；YV_8、YV_9、YV_{10} 为右机滑台油路中的换向电磁阀。各电磁阀动作状态见表 6-8。

表 6-8　各电磁阀动作状态表

	定位		夹紧		左机滑台			右机滑台			转换指令
	YV_1	YV_2	YV_3	YV_4	YV_5	YV_6	YV_7	YV_8	YV_9	YV_{10}	
工件定位	+										SB_4
工件夹紧			+								ST_2
滑台快进			+		+		+	+		+	KP
滑台工进			+		+			+			ST_3、ST_6
滑台快退			+			+			+		ST_4、ST_7
松开工件				+							ST_5、ST_8
拔定位销		+									ST_9
停止											ST_1

注：表中“+”表示电磁阀线圈接通。

从表 6-8 中可以看到，电磁阀 YV_1 线圈通电时，机床工件定位装置将工件定位；当电磁阀 YV_3 通电时，机床工件夹紧装置将工件夹紧；当电磁阀 YV_3、YV_5、YV_7 通电时，左机滑台快速移动；当电磁阀 YV_3、YV_8、YV_{10} 通电时，右机滑台快速移动；当电磁阀 YV_3、YV_5 或 YV_3、YV_8 通电时，左机滑台或右机滑台工进；当电磁阀 YV_3、YV_6 或 YV_3、YV_9 通电时，左机滑台或右机滑台快速后退；当电磁阀 YV_4 通电时，松开定位销；当电磁阀 YV_2 通电时，机床拔开定位销；定位销松开后，撞击行程开关 ST_1，机床停止运行。

当需要机床工作时，将工件装入定位夹紧装置，按下液压系统起动按钮 SB_4，机床按以下步骤工作：工件定位和夹紧→左、右两面动力滑台同时快速进给→左、右两面动力滑台同时工进→左、右两面动力滑台快退至原位→夹紧装置松开→拔出定位销。在左、右动力滑台快速进给的同时，左机刀具电动机 M_2、右机刀具电动机 M_3 起动运转，提供切削动力。当左、右两面动力滑台工进时，切削液泵电动机 M_4 自动起动。在工进结束后，切削液泵电动机 M_4 自动停止。在滑台退回原位后，左、右机刀具电动机 M_2、M_3 停止运转。

4. 双面钻孔组合机床电气主电路

如图6-29所示。双面钻孔组合机床电气主电路由液压泵电动机 M_1、左机刀具电动机 M_2、右机刀具电动机 M_3 和切削液泵电动机 M_4 拖动。

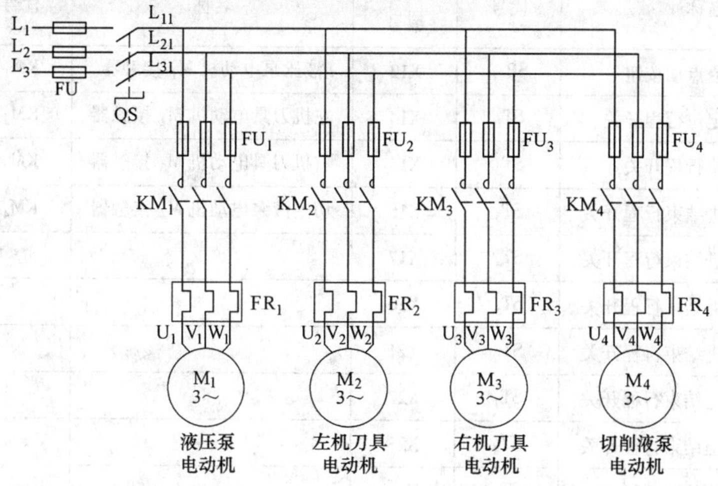

图6-29 双面钻孔组合机床电气主电路

5. 双面钻孔组合机床 PLC 控制

1）双面钻孔组合机床 PLC 控制输入输出点分配表见表6-9。

表6-9 双面钻孔组合机床 PLC 控制输入输出点分配表

输入信号			输出信号		
名称	代号	输入点编号	名称	代号	输出点编号
工件手动夹紧按钮	SB_0	X0	工件夹紧指示灯	HL	Y0
总停止按钮	SB_1	X1	电磁阀	YV_1	Y1
液压泵电动机 M_1 起动按钮	SB_2	X2	电磁阀	YV_2	Y2
液压系统停止按钮	SB_3	X3	电磁阀	YV_3	Y3
液压系统起动按钮	SB_4	X4	电磁阀	YV_4	Y4
左刀具电动机 M_2 点动按钮	SB_5	X5	电磁阀	YV_5	Y5
右刀具电动机 M_3 点动按钮	SB_6	X6	电磁阀	YV_6	Y6
夹紧松开手动按钮	SB_7	X7	电磁阀	YV_7	Y7
左机快进点动按钮	SB_8	X10	电磁阀	YV_8	Y10
左机快退点动按钮	SB_9	X11	电磁阀	YV_9	Y11
右机快进点动按钮	SB_{10}	X12	电磁阀	YV_{10}	Y12

（续）

输入信号			输出信号		
名称	代号	输入点编号	名称	代号	输出点编号
右机快退点动按钮	SB_{11}	X13	液压泵电动机 M_1 接触器	KM_1	Y13
松开工件定位行程开关	ST_1	X14	左机刀具电动机 M_2 接触器	KM_2	Y14
工件定位行程开关	ST_2	X15	右机刀具电动机 M_3 接触器	KM_3	Y15
左机滑台快进结束行程开关	ST_3	X16	切削液泵电动机 M_4 接触器	KM_4	Y16
左机滑台工进结束行程开关	ST_4	X17			
左机滑台快退结束行程开关	ST_5	X20			
右机滑台快进结束行程开关	ST_6	X21			
右机滑台工进结束行程开关	ST_7	X22			
右机滑台快退结束行程开关	ST_8	X23			
工件压紧原位行程开关	ST_9	X24			
工件夹紧压力继电器	KP	X25			
手动和自动选择开关	SA	X26			

2）双面钻孔组合机床 PLC 控制接线图如图 6-30 所示。

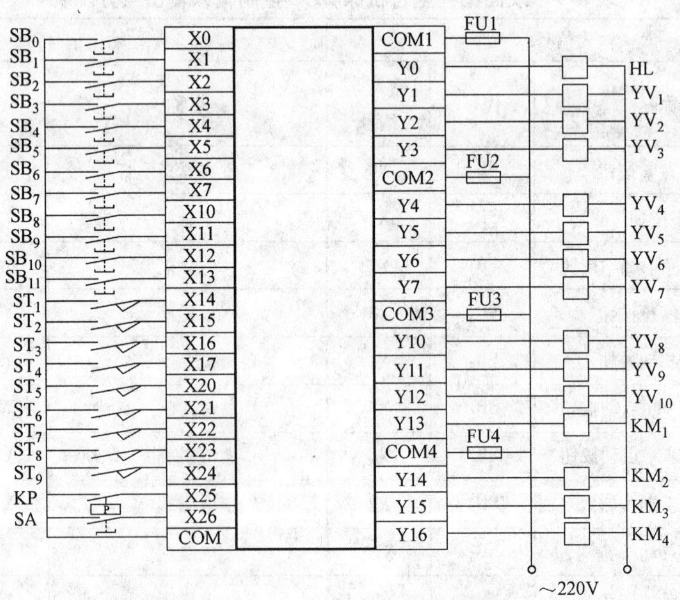

图 6-30　双面钻孔组合机床 PLC 控制接线图

3）根据双面钻孔组合机床的控制要求，设计双面钻孔组合机床 PLC 控制梯形图，如图 6-31 所示。

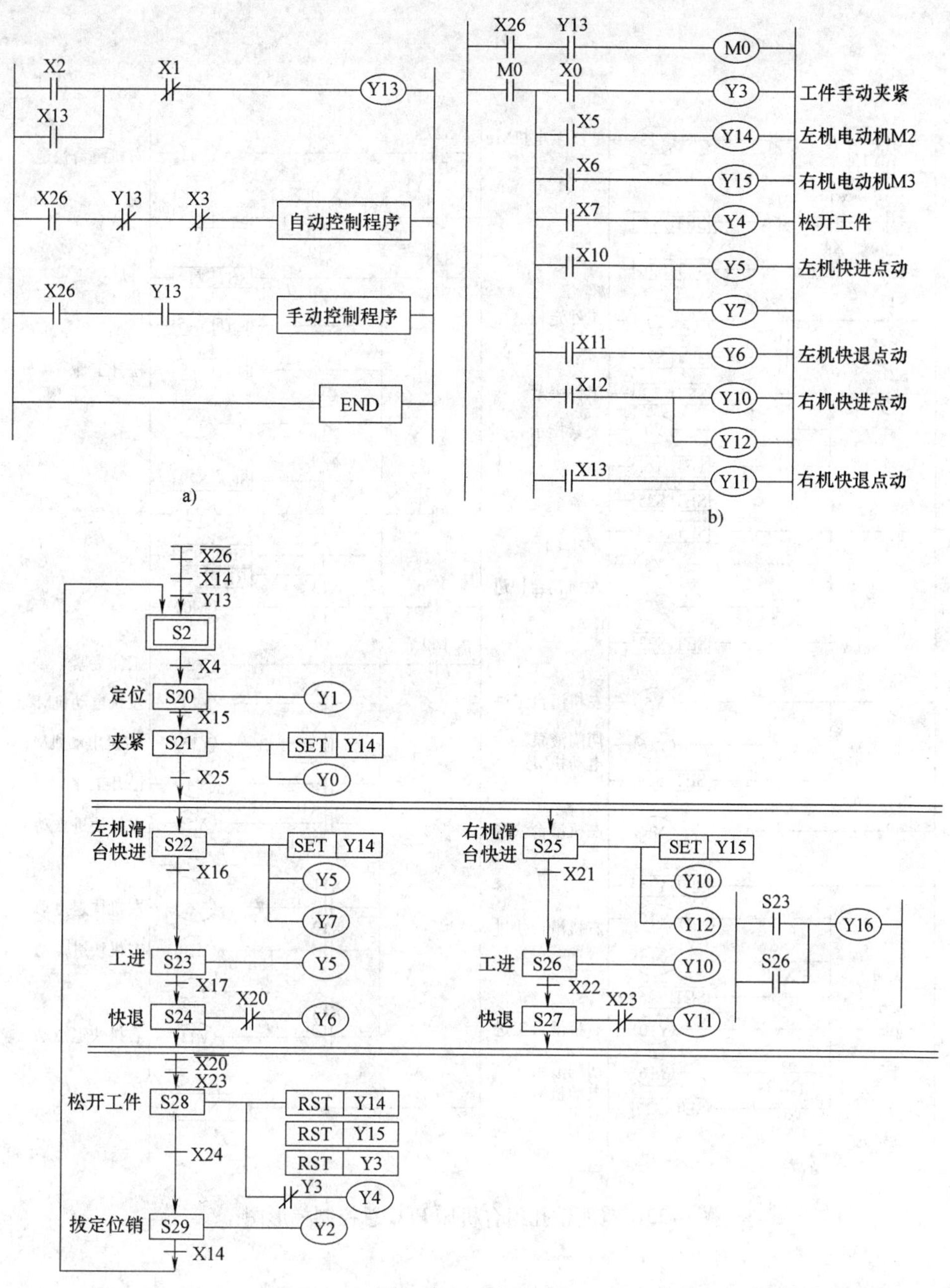

图 6-31　双面钻孔组合机床 PLC 控制梯形图

a）控制程序总框图　b）手动控制程序梯形图　c）自动控制状态流程图

4）双面钻孔组合机床 PLC 总控制梯形图如图 6-32 所示，图中标出了各逻辑行所控制机床的各状态。

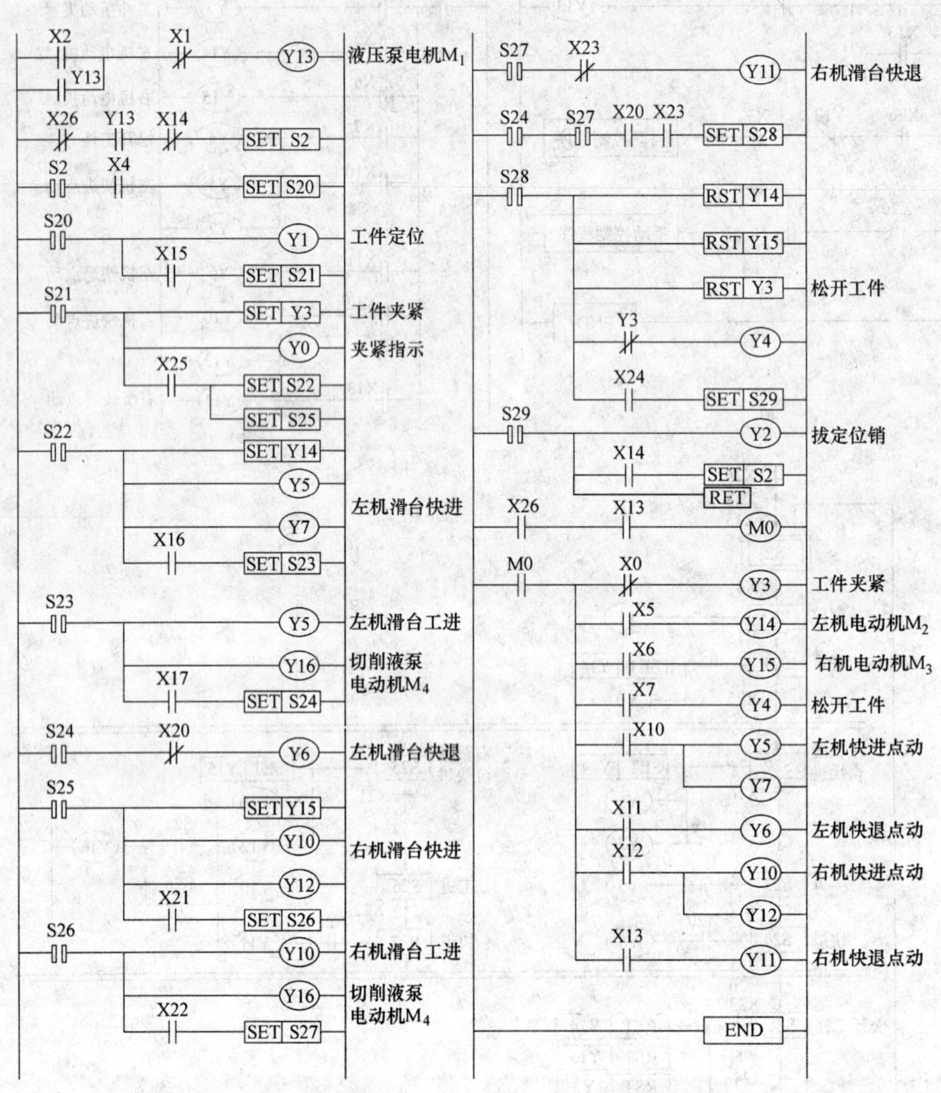

图 6-32　双面钻孔组合机床 PLC 总控制梯形图

5）根据接线图，参照梯形图，写出双面钻孔组合机床 PLC 控制指令语句表如下：

```
0    LD    X2
1    OR    Y13
2    ANI   X1
3    OUT   Y13
4    LDI   X26
5    AND   Y13
6    ANI   Y14
7    SET   S2
9    STL   S2
10   LD    X4
11   SET   S20
13   STL   S2
14   OUT   Y1
15   LD    X15
16   SET   S21
18   STL   S21
19   SET   Y3
20   OUT   Y0
21   LD    X25
22   SET   S22
24   SET   S25
26   STL   S22
27   SET   Y14
28   OUT   Y5
29   OUT   Y7
30   LD    X16
31   SET   S23
33   STL   S23
34   OUT   Y5
35   OUT   Y16
36   LD    X17
37   SET   S24
39   STL   S24
40   LDI   X20
41   OUT   Y6
42   STL   S25
43   SET   Y15
44   OUT   Y10
45   OUT   Y12
46   LD    X21
47   SET   S26
49   STL   S26
50   OUT   Y10
51   OUT   Y16
52   LD    X22
53   SET   S27
55   STL   S27
56   LDI   X23
57   OUT   Y11
58   STL   S24
59   STL   S27
60   LD    X20
61   AND   X23
62   SET   S28
64   STL   S28
65   RST   Y14
66   RST   Y15
67   RST   Y3
68   LDI   Y3
69   OUT   Y4
70   LD    X24
71   SET   S29
73   STL   S29
74   OUT   Y2
75   LD    X14
76   SET   S2
77   RET
78   LD    X26
79   AND   Y13
80   OUT   M0
81   LD    M0
82   MPS
83   AND   X0
84   OUT   Y3
85   MRD
86   AND   X5
87   OUT   Y14
88   MRD
89   AND   X6
90   OUT   Y15
91   AND   X7
92   AND   X7
93   OUT   Y4
94   OUT   Y4
95   AND   X10
96   OUT   Y5
97   OUT   Y7
98   MRD
99   AND   X11
100  OUT   Y6
101  MRD
102  AND   X12
103  OUT   Y10
104  OUT   Y12
105  MPP
106  AND   X13
107  OUT   Y11
108  END
```

本项目小结

本项目从使用的角度出发，以工作过程为导向，将项目目标分解为 5 项案例。以工作任务来驱动，示范了 C5225 型立式车床、T610 型卧式镗床、M7475 型立轴圆台平面磨床、B2012A 型龙门刨床、双面单工液压传动组合机床等 5 台较复杂机床的电气与 PLC 控制系统的设计及故障维修。使学生既掌握高技能应用型人才必备的理论知识，又训练培训了高职院学生重实践的岗位技能、创新意识和综合素质，最终实现本项目能设计和维修较复杂机床设备电气与 PLC 控制电路图的项目目标。

本项目属于本课程教学目标的拓展和提高，供教学中教师选用或学习能力较强同学自主学习用。

附　录

附录 A　电气图常用图形符号和文字符号新/旧标准对照表

名称		新标准图形符号	新标准文字符号	旧标准图形符号	旧标准文字符号	名称		新标准图形符号	新标准文字符号	旧标准图形符号	旧标准文字符号
一般三极开关			QS		K	按钮	停止		SB		AN
						按钮	复合		SB		AN
低压断路器			QF		UZ	接触器	线圈		KM		C
						接触器	主触点		KM		C
位置开关	常开触点		SQ(T)		XK	接触器	常开辅助触点		KM		C
位置开关	常闭触点		SQ(T)		XK	接触器	常闭辅助触点		KM		C
位置开关	复合触点		SQ(T)		XK	速度继电器	常开触点		KS		SDJ
熔断器			FU		RD	速度继电器	常闭触点		KS		SDJ
按钮	起动		SB		AN	时间继电器	线圈		KT		SJ

（续）

名称		新标准 图形符号	新标准 文字符号	旧标准 图形符号	旧标准 文字符号
时间继电器	延时闭合常开触点		KT	或	SJ
	延时断开常闭触点			或	
	延时闭合常闭触点			或	
	延时断开常开触点			或	
热继电器	线圈		FR（KR）		RJ
	常闭触点				
继电器	中间继电器线圈		KA		ZJ
	欠电压继电器线圈	U<	KU		QYJ
	过电压继电器线圈	U>	KU		GYJ
	常开触点		相应继电器符号		相应继电器符号
	常闭触点				
继电器	欠电流继电器线圈	I<	KI		QLJ
	过电流继电器线圈	I>	KI		GLJ
转换开关			SA		HK
制动电磁铁			YB		DT
电磁离合器			YC		CH
电位器			RP		W
桥式整流装置			UC		ZL
照明灯			EL		ZD
信号灯			HL		XD
电阻器			R		R
插头和插座			X		CZ
电磁铁			YA		DT
电磁吸盘			YH		DX

（续）

名称	新标准		旧标准	
	图形符号	文字符号	图形符号	文字符号
串励直流电动机				
并励直流电动机				
他励直流电动机		M		ZD
复励直流电动机				
直流发电机		G		ZF
三相笼型异步电动机		M		D
三相绕线转子异步电动机		M		D

名称	新标准		旧标准	
	图形符号	文字符号	图形符号	文字符号
单相变压器				B
整流变压器		T		ZLB
照明变压器				ZB
隔离变压器		TC		B
三相自耦变压器		T		ZOB
半导体二极管		V		D
PNP型三极管		V		T
NPN型三极管		V		T
晶闸管		V		SCR

附录 B　FX 系列 PLC 应用指令简介

在 PLC 程序编制过程中，为了进一步简化编程，增强 PLC 的应用功能和范围，常采用应用指令进行编程。FX 系列 PLC 共有 246 条应用指令，根据型号不同，所对应的应用指令有所不同，本附录仅对 FX 系列 PLC 中常用的应用指令进行介绍，以进一步提升高职高专学生对 PLC 技术的应用能力。

B.1　程序流程指令

FX 系列 PLC 用于程序流程控制的常用应用指令共有 10 条，见表 B-1。

表 B-1　程序流程指令表

指令代号	指令助记符	指令名称	适用机型
FNC 00	CJ	条件跳转指令	FX_{1S}、FX_{1N}、FX_{2N}、FX_{3UC}
FNC 01	CALL	子程序调用指令	FX_{1S}、FX_{1N}、FX_{2N}、FX_{3UC}
FNC 02	SRET	子程序返回指令	FX_{1S}、FX_{1N}、FX_{2N}、FX_{3UC}
FNC 03	IRET	中断返回指令	FX_{1S}、FX_{1N}、FX_{2N}、FX_{3UC}
FNC 04	EI	中断许可指令	FX_{1S}、FX_{1N}、FX_{2N}、FX_{3UC}
FNC 05	DI	中断禁止指令	FX_{1S}、FX_{1N}、FX_{2N}、FX_{3UC}
FNC 06	FEND	主程序结束指令	FX_{1S}、FX_{1N}、FX_{2N}、FX_{3UC}
FNC 07	WDT	监控定时器指令	FX_{1S}、FX_{1N}、FX_{2N}、FX_{3UC}
FNC 08	FOR	循环范围开始指令	FX_{1S}、FX_{1N}、FX_{2N}、FX_{3UC}
FNC 09	NEXT	循环范围终了指令	FX_{1S}、FX_{1N}、FX_{2N}、FX_{3UC}

1. 条件跳转指令 [CJ（FNC00）]

（1）指令格式　该指令的指令名称、助记符、功能号、操作数和程序步长见表 B-2。

表 B-2　条件跳转指令表

指令名称	助记符、功能号	操作数 [D.]	程序步长	备注
条件跳转	FNC 00 CJ [P]	FX_{1S}：P0～P63；FX_{1N}、FX_{2N}、FX_{3UC}：P0～P127；P63 为 END	16 位—3 步，标号 P—1 步	①16 位指令 ②连续脉冲

（2）指令说明　该指令为条件跳转指令，指令说明参见图 B-1。在图 B-1 中，若 X0 为 ON，程序跳转到标号 P1 处；若 X0 为 OFF，则按顺序执行程序，这称为条件转移。当执行条件为 M8000 时，称为无条件转移。指令中的跳转标记 P□□不可重复使用，但两条跳转指令可以使用同一跳转标记。使用 CJ 跳转指令时，跳转只执行一个扫描周期。编程时，跳转标记占一行，当程序需要直接跳转到 END 指令时，可以将跳转标记指定为 P63，而无须在

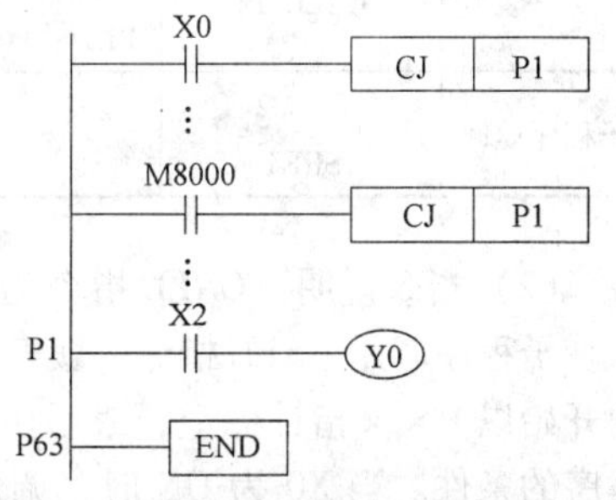

图 B-1　条件跳转指令的基本应用

END 前标记 P63。CJP 指令为该指令的脉冲执行型指令。

（3）应用举例

[例 1] 图 B-2 所示实例为采用 CJ 指令完成的手动和自动控制方式切换的程序，其中 X0 为方式切换开关，X1 为计数脉冲输入，M8013 为 1Hz 脉冲信号，X10 为清零开关。

当 X0 为 OFF 时，执行手动程序，X1 输入 3 个脉冲信号，Y0 有输出；当 X0 为 ON 时，执行自动程序，Y1 为 1Hz 脉冲状态指示输出，C1 对 M8013 计数，计满 5 个数时，Y2 有输出。

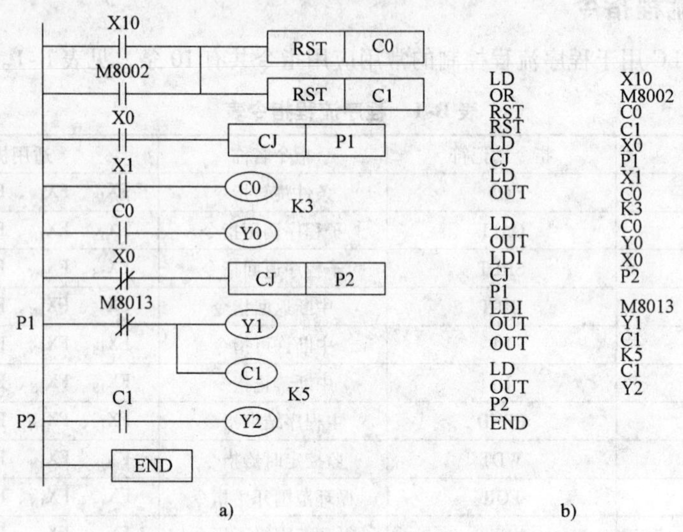

图 B-2 利用 CJ 指令完成的手动和自动控制方式切换的程序

a）梯形图 b）指令表

2. 子程序调用指令 [CALL、SRET（FNC01、FNC02）]

（1）指令格式 该指令的指令名称、助记符、功能号、操作数及程序步长见表 B-3。

表 B-3 子程序调用指令表

指令名称	助记符、功能号	操作数	程序步长	备注
子程序调用	FNC01 CALL [P]	FX_{0S}、FX_{0N}、FX_{1S}、FX_{2S}：指针 P0 ~ P62（允许变址）；FX_{1N}、FX_{2N}、FX_{3UC}：P0 ~ P127；P63 为 END，不作指针	CALL [P]：3 步	
子程序返回	FNC02 SRET	无	1 步	

（2）指令说明 CALL 指令为子程序调用指令，指令的基本使用格式如图 B-3 所示。子程序调用 CALL 指令一般安排在主程序中，子程序的结束用 FEND 指令。子程序的开始以 P××指针标记，最后由 RR2T 指令返回主程序。在图 B-3 中，X0 为调用子程序的条件。当 X0 为 ON 时，调用 P1 ~ SRET 段子程序，并执行；当 X0 为 OFF 时，程序顺序执行。CALLP 指令为该指令的脉冲执行型指令。

（3）应用举例

［**例 2**］在图 B-4 中，子程序 P1 的调用因采用 CALLP 指令，是脉冲执行方式，所以在 X0 由 OFF→ON 时，仅执行一次。即当 X0 从 OFF→ON 时，调用 P1 子程序。P1 子程序执行时，若 X11 = 1，又要调用 P2 子程序并要执行，当 P2 子程序执行完毕后，又要返回到 P1 原断点处执行 P1 子程序，当执行到 SRET 处时，又返回到主程序。

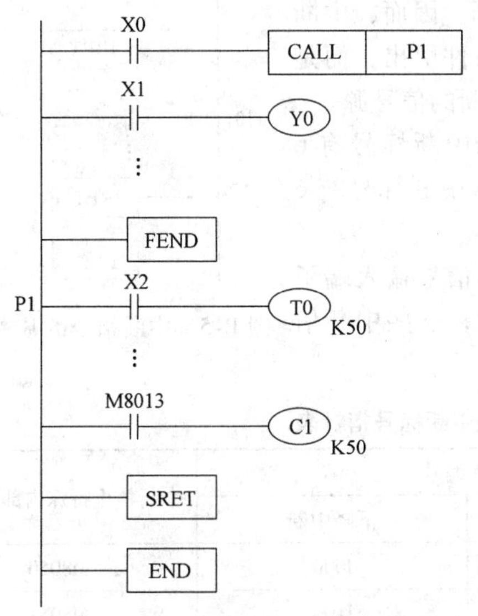

图 B-3　子程序调用指令的基本应用

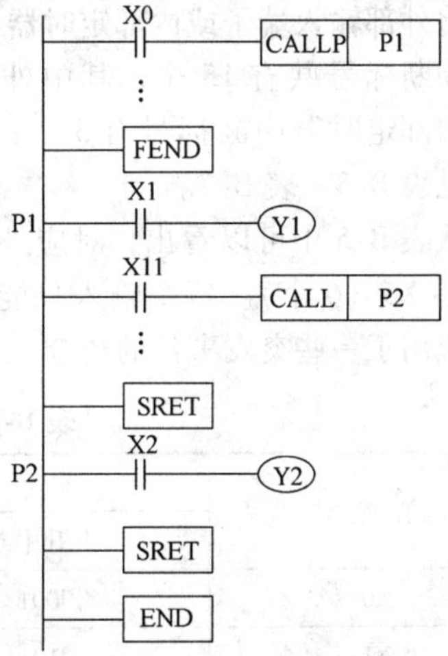

图 B-4　子程序的嵌套应用

3. 中断指令［IRET、EI、DI（FNC03、FNC04、FNC05）］

（1）指令格式　该指令的指令名称、助记符、功能号、操作数及程序步长见表 B-4。

表 B-4　中断指令表

指令名称	助记符、功能号	操作数	程序步长
中断返回	FNC03 IRET	无	1 步
中断允许	FNC04 EI	无	1 步
中断禁止	FNC05 DI	无	1 步

（2）指令说明　中断指令的应用如图 B-5 所示。EI ~ FEND 为允许中断区间，I001、I101 分别为中断子程序Ⅰ和中断子程序Ⅱ的指针标号。FX 系列 PLC 中断有三种

类型，一是外部输入中断；二是内部定时器中断；三是计数器中断方式。中断方式是计算机所特有的一种工作方式，是指在执行主程序的过程中，中断主程序的执行而去执行中断子程序。中断子程序的功能实际上和调用子程序的功能一样，也是完成某一特定的控制功能。但中断子程序又和子程序有所区别，即中断响应（执行中断子程序）的时间应小于机器的扫描周期。因而，中断子程序的条件都不能由程序内部安排的条件引出，而是直接将外部输入端子或内部定时器作为中断的信号源。

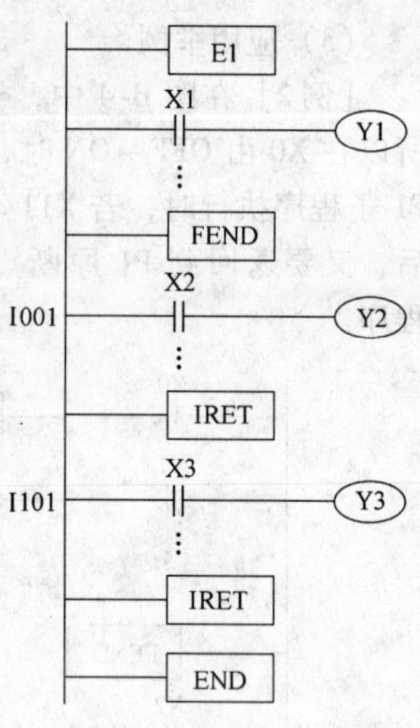

图 B-5　中断指令的基本应用

中断标号共有 15 个，其中外部输入中断标号有 6 个；内部定时器中断标号有 3 个；计数器中断标号有 6 个；见表 B-5 ~ 表 B-7。

从表 B-5 中可以看出，对应外部中断信号输入端子有 X0 ~ X5（6 个）。每个输入只能用一次，这些中断信号可应用于一些突发事件的场合。

表 B-5　输入中断标号指针表

输入编号	指针编号		中断禁止特殊内部继电器
	上升中断	下降中断	
X0	I001	I000	M8050
X1	I101	I100	M8051
X2	I201	I200	M8052
X3	I301	I300	M8053
X4	I401	I400	M8054
X5	I501	I500	M8055

表 B-6　定时器中断指针表

输入编号	中断周期	中断禁止特殊内部继电器
I6 × ×	在指针名称的 × × 部分中，输入 10 ~ 99 的整数。I610 为每 10ms 执行一次定时器中断	M8056
I7 × ×		M8057
I8 × ×		M8058

注：M8050 ~ M8058 =“0” 允许，M8050 ~ M8058 =“1” 禁止。

表 B-7　计数器中断标号指针表

指针编号	中断禁止继电器	指针编号	中断禁止继电器
I010	M8059 =“0” 允许 M8059 =“1” 禁止	I040	M8059 =“0” 允许 M8059 =“1” 禁止
I020		I050	
I030		I060	

定时器中断有3个中断标号（适用于FX_{2N}、FX_{3UC}，参见表B-6），分别为16××~18××，××分别为10~99的整数，时间单位为ms，如1610意味着每10ms执行一次中断。若在程序中要对某一中断信号源禁止封锁，将对应的某一特殊内部继电器（M8050~M8058）置“1”即可。对于计数器中断信号源，仅适用于FX_{2N}、FX_{3UC}，其中，中断标号指针见表B-7。当M8059=“1”时，禁止所有的计数器中断。当M8059=“0”时，允许计数器中断。当多个中断信号同时出现时，中断指针号低的有优先权。IRET为中断子程序返回指令。每个中断子程序后均有IRET作为结束返回标志。中断子程序一般出现在主程序后面。中断子程序可以进行嵌套，最多为二级。

（3）应用举例

［例3］图B-6所示为一外部输入中断子程序。在主程序执行时，若特殊内部继电器M8050=0，标号为I001的中断子程序允许执行。当PLC外部输入端X0有上升沿信号时，中断就执行一次，执行完毕后，返回主程序。本程序中，Y10由M8013驱动，每秒闪一次，而Y0输出是当X0在上升沿脉冲时，驱动其为“1”信号，此时Y11输出就由M8013当时状态所决定。

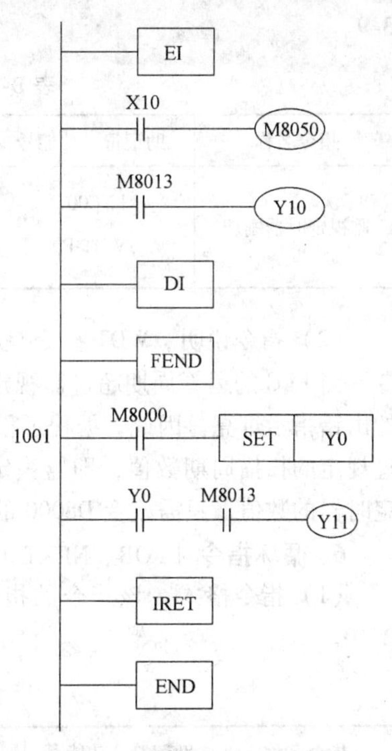

图B-6　外部输入中断子程序

若X10=1，使M8050为“1”状态，则I001中断禁止。

4. 子程序结束指令［FEND（FNC06）］

（1）指令格式　该指令的指令名称、助记符、功能号、操作数及程序步长见表B-8。

表B-8　子程序结束指令表

指令名称	助记符、功能号	操作数	程序步长	备注
子程序结束	FNC06 FEND	无	1步	结束指令

（2）指令说明　该指令为子程序结束指令，执行此指令，功能同END指令。跳转（CJ）指令的程序中，用FEND作为子程序及跳转程序的结束。但在调用子程序（CALL）中，子程序、中断子程序应写在FEND指令之后，且其结束端均用SRET和IRET作为返回指令。

注意：若FEND指令在CALL或CALLP指令执行之后，SRET指令执行之前出现，则程序认为是错误的。另一类似的错误是FEND指令处于FOR-NEXT循环之中。子程序及中断子程序必须写在FEND与END之间，若使用多个FEND指令的话，则在最后的FENG与END之间编写子程序或中断子程序。

5. 监视定时器刷新指令［WDT（FNC07）］

（1）指令格式　该指令的指令名称、助记符、功能号、操作数及程序步长见表B-9。

表 B-9　监视定时器刷新指令表

指令名称	助记符、功能号	操作数	程序步长	备注
监视定时器刷新	FNC007 WDT[P]	无	1 步	连续/单步执行

（2）指令说明　WDT 指令是在 PLC 顺序执行程序中，进行监视定时器刷新的指令。当 PLC 的运算周期超过监视定时器规定的某一值时，PLC 将停止工作，此时 CPU 的出错指示灯亮。因此，编程过程中插入 WDT 指令，可以检测 PLC 的运行周期是否超过规定的扫描周期数值，即监视定时器值。WDTP 为脉冲执行型指令。若要改变监视定时器的数值，只需改变 D8000 的内容即可。

6. 循环指令［FOR、NEXT（FNC08、FNC09）］

（1）指令格式　该指令的指令名称、助记符、功能号、操作数及程序步长见表B-10。

表 B-10　循环指令表

指令名称	助记符、功能号	操作数	程序步长	备注
循环开始	FNC08 FOR	K、H、KnH、KnY、KnM、KnS、T、C、D、V、Z	3 步	可嵌套 5 层
循环结束	FNC09 NEXT	无	1 步	

（2）指令说明　循外次数 n 由 FOR 指令指定，在 1～32767 时有效，在 n 为 -3276～0 时，n 将当作 1 处理。当 n = K4 时，FOR-NEXT 循环执行 4 次；若 n = D0，并且 D0 =5 时，对应的 FOR-NEXT 循环执行 5 次。FOR、NENT 循外次数一共可以嵌套 5 层。

应当注意的是，循环次数多时，会延长 PLC 的扫描周期，可能出现监视定时器出错；编写程序时，若 NEXT 指令编写在 FOR 指令之前，或 FOR 指令无对应的 NEXT 指令，或在 FEND、ENG 指令以后再有 NEXT 指令，或 FOR 指令与 NEXT 指令的个数不相等时，都会出错。

B.2　传送指令

常用的程序流程指令共有 10 条，见表 B-11。

表 B-11　程序流程指令表

指令代号	指令助记符	指令名称	适用机型
FNC 12	MOV	传送指令	FX_{1S}、FX_{1N}、FX_{2N}、FX_{3UC}
FNC 13	SMOV	移位传送指令	FX_{2N}、FX_{3UC}
FNC 14	CML	倒转传送指令	FX_{2N}、FX_{3UC}
FNC 15	BMOV	一并传送指令	FX_{1S}、FX_{1N}、FX_{2N}、FX_{3UC}
FNC 16	PMOV	多点传送指令	FX_{2N}、FX_{3UC}
FNC 17	XCH	交换指令	FX_{2N}、FX_{3UC}
FNC 18	BCD	BCD 转换指令	FX_{1S}、FX_{1N}、FX_{2N}、FX_{3UC}
FNC 19	BIN	BIN 转换指令	FX_{1S}、FX_{1N}、FX_{2N}、FX_{3UC}
FNC 78	FROM	BFM 读出	FX_{1N}、FX_{2N}、FX_{3UC}
FNC 79	TO	BFM 写入	FX_{1N}、FX_{2N}、FX_{3UC}

1. 传送指令［MOV（FNC12）］

（1）指令格式　该指令的指令名称、助记符、功能号、操作数及程序步长见表 B-12。

表 B-12　传送指令表

指令名称	助记符、功能号	操作数		程序步长	备注
		［S.］	［D.］		
传送	FNC12 [D] MOV [P]	K、H、KnX、KnY、KnM、KnS、T、C、D、V、Z	K、H、KnY、KnM、KnS、T、C、D、V、Z	16 位—5 步 32 位—9 步	① 16/32 位指令 ② 脉冲/连续执行

（2）指令说明　图 B-7 所示为 MOV 指令的基本格式，MOV 指令的功能是将源数据送到目标数据中，即当 X0 为 ON 时，［S.］→［D.］；当 X0 为 OFF 时，指令不执行，D0 数据保持不变。MOV 指令为连续执行型，MOVP 指令为脉冲执行型。编程时若［S.］源数据是一个变量，则要用脉冲型传送指令 MOVP。对于 32 位数据的传送，需要用 DMOV 指令。

2. 位传送指令［SMOV（FNC13）］

（1）指令格式　该指令的指令名称、助记符、功能号、操作数及程序步长见表 B-13 所示。该指令仅适用于 FX_{2N}、FX_{3UC}。

表 B-13　位传送指令表

指令名称	助记符、功能号	操作数		程序步长	备注
		［S.］	［D.］		
位传送	FNC13 SMOV [P]	K、H、KnX、KnY、KnM、KnS、T、C、D、V、Z、X、Y、M、S	KnY、KnM、KnS、T、C、D、V、Z	16 位—11 步	① 16 位指令 ② 脉冲/连续执行

（2）指令说明　如图 B-7 所示，当 X0 为 ON 时，将数据寄存器 D1 中的二进制先转换成 BCD 码，然后再把 BCD 码传送至数据寄存器 D2 中，再把 D2 中的 BCD 码数转换成二进制数。

如图 B-7 所示，将源数据（D1）中的数据（已转换成 BCD 码）第 4 位（10^3位，因为 m1 = K4）起的低 2 位部分（10^3位与10^2位，因 m2 = K2）向目标 D2 中传送，传送至 D2 的第 3 位和第 2 位（10^2位与10^1位，因 n = K3）。D2 中的 10^3、10^0位源数据不变。传送完毕后，再转换成二进制数。若 BCD 码的数值超过 9999 将会出错。SMOVP 指令为该指令的脉冲执行型指令。

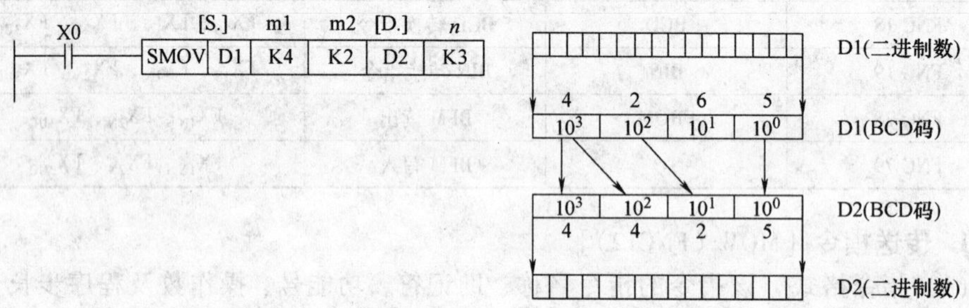

图 B-7　位传送指令说明

3. 求反传送指令［CML（FNC14）］

（1）指令格式　该指令的指令名称、助记符、功能号、操作数及程序步长见表 B-14。该指令仅适用于 FX_{2N}、FX_{3UC}。

表 B-14　求反传送指令表

指令名称	助记符、功能号	操作数		程序步长	备注
		［S.］	［D.］		
反相传送（或取反传送）	FNC14 D CML P	K、H、KnX、KnY、KnM、KnS、T、C、D、V、Z、X、Y、M、S	KnY、KnM、KnS、T、C、D、V、Z	16 位—5 步 32 位—9 步	① 16/32 位指令 ② 脉冲/连续执行

（2）指令说明　图 B-8 所示为求反传送指令功能说明。当 X0 为 ON 时，将［S.］求反后传送到［D.］，即把操作数源数据（二进制数）每位取反后送到目标数据中。当源数据为常数时，将自动地转换成二进制数。CML 为连续执行型指令，CWLP 为脉冲执行型指令。当进行 32 位数据传送时，采用 DCML 指令。本指令可作为 PLC 的输入求反或输出求反指令。

4. 块传送指令［BMOV［FNC15）］

指令格式　该指令的指令名称、助记符、功能号、操作数及程序步长见表 B-15。

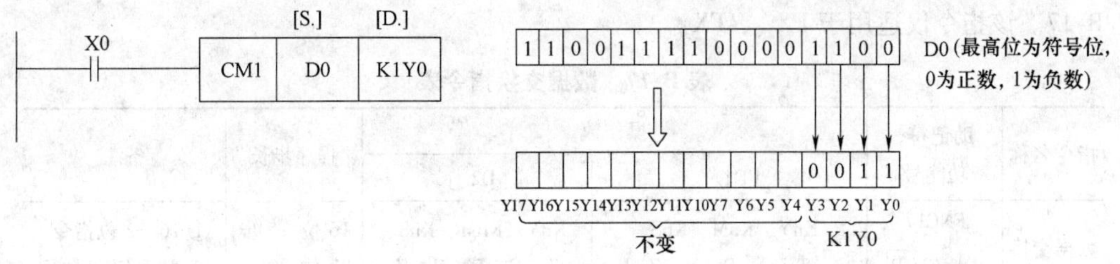

图 B-8　求反指令说明

表 B-15　块传送指令表

指令名称	助记符、功能号	操作数		程序步长	备注
		［S.］	［D.］		
块传送（或成批传送）	FNC15 BMOV[P]	K、H、KnX、KnY、KnM、KnS、T、C、D	KnY、KnM、KnS、T、C、D	16 位—7 步	① 16 位指令 ② 脉冲/连续执行 n≤512

注：1. 若块传送指令传送的是位元件的话，则目标数与源操作的位数要相同。

2. 在传送数据的源与目标地址号范围重叠时，为了防止输送源数据在未传输前被改写，PLC 将自动地确定传送顺序。

3. 当特殊内部继电器 M8024 置于 ON 时，BMOV 指令的数据传送将变反向传送，即从［D.］→［S.］；当 M8024 再次为 OFF 时，块传送指令仍恢复到原来的功能。

5. 多点传送指令［FMOV［FNC16)］

（1）指令格式　该指令的指令名称、助记符、功能号、操作数及程序步长见表 B-16。该指令仅适用于 FX_{2N}、FX_{3UC}。

表 B-16　多点传送指令表

指令名称	助记符、功能号	操作数		程序步长	备注
		［S.］	［D.］		
多点传送	FNC16 [D]FMOV[P]	K、H、KnX、KnY、KnM、KnS、T、C、D、V、Z	KnY、KnM、KnS、T、C、D、V、Z	16 位—7 步 32 位—13 步	① 16/32 位指令 ② 脉冲/连续执行 n≤512

（2）指令说明　多点传送指令的功能为数据多点传送指令，其功能说明如图 B-9 所示。当 X0 为 ON 时，将同一数据值 K1 分别传送至 D0 ~ D4（n = K5）中。如果元件号超出允许的元件号范围，数据仅传送到允许的范围内。FMOVP 为脉冲执行型指令。当进行 32 位数据传送时，采用 DFMOV 指令。

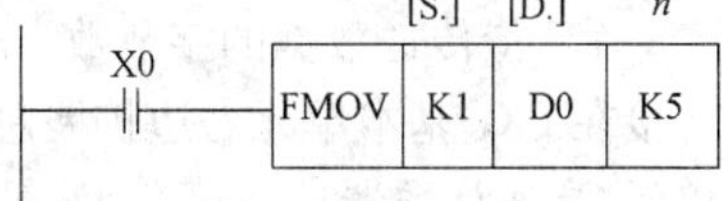

图 B-9　多点传送指令功能说明

6. 数据交换指令［XCH（FNC17)］

（1）指令格式　该指令的指令名称、助记符、功能号、操作数及程序步长见表

B-17。该指令仅适用于 FX_{2N}、FX_{3UC}。

表 B-17 数据交换指令表

指令名称	助记符、功能号	操作数		程序步长	备注
		[D1.]	[D2.]		
数据交换	FNC17 D XCH P	KnY、KnM、KnS、T、C、D、V、Z	KnY、KnM、KnS、T、C、D、V、Z	16 位—5 步 32 位—9 步	① 16/32 位指令 ② 脉冲/连续执行

（2）指令说明 数据交换指令功能是将两个指定的目标数据进行相互交换，如图 B-10 所示。当 X0 为 ON 时，D0 与 D1 的内容进行互换。若执行前（D0）=100、（D1）=150，则执行该指令后，变为（D0）=150，（D1）=100。XCHP 为脉冲执行型指令。当［D1.］与［D2.］为同一地址号，且特殊继电器 M8160 接通时，则同一地址对应元件的低 8 位与高 8 位进行互换，32 位指令的互换为高 16 位和低 16 位互换。当进行 32 位数据交换时，采用 DXCH 指令。

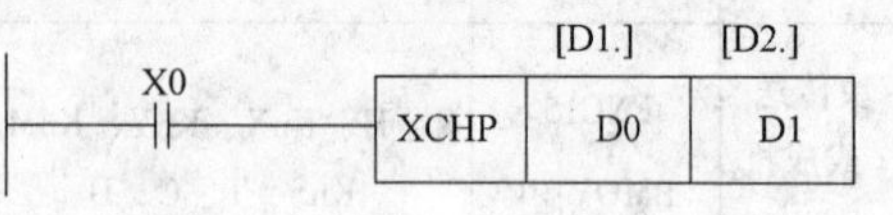

图 B-10 数据交换指令功能说明

7. BFM 读出指令［FROM（FNC78）］

（1）指令格式 该指令的指令名称、助记符、功能号、操作数和程序步长见表 B-18。

表 B-18 特殊功能模块数据读出指令表

指令名称	助记符、功能号	操作数				程序步长	备注
		m1	m2	[D.]	*n*		
特殊功能模块数据读出	FNC78 D FROM P	K、H（m1 = 0 ~ 7）	K、H（m2 = 0 ~ 32767）	KnY、KnM、KnS、T、C、D、V、Z	K、H *n* = 1 ~ 32767	16 位—9 步 32 位—17 步	① 16 位/32 位指令 ② 脉冲/连续执行

（2）指令说明 该指令为特殊功能模块缓冲存储器数据读出指令。当执行条件满足时，通过 FROM 指令将编号为 m1 的特殊功能模块从模块缓冲存储器（BFM）编号为 m2 开始的 *n* 个数据读入 PLC，并存入［D.］指定元件中的 *n* 个数据寄存器中。

m1 表示特殊功能模块号，m1 = 0 ~ 7。

M2 表示缓冲寄存器（BFM）号，m2 = 0 ~ 32767。

n 表示待传送数据的字节数，*n* = 1 ~ 32767。

接在 FX_{2N} 基本单元右边扩展总线上的功能模块（例如模拟量输入单元、模拟量输出单元/高速计数器单元等），从最靠近基本单元那个开始，顺次编号 0 ~ 7。

FROMP 为脉冲执行型指令。当进行 32 位数据读出时，采用 DFROM 指令。

8. BFM 写入指令［TO（FNC79）］

（1）指令格式 该指令的指令名称、助记符、功能号、操作数和程序步长见表 B-19。

表 B-19　特殊功能模块数据写入指令表

指令名称	助记符、功能号	操作数				程序步长	备注
		m1	m2	[S.]	*n*		
特殊功能模块数据写入	FNC79 [D]TO[P]	K、H (m1 =0 ~7)	K、H (m2 =0 ~31)	KnY、KnM、KnS、T、C、D、V、Z	K、H *n* =1 ~32	16 位—9 步 32 位—17 步	① 16 位/32 位指令 ② 脉冲/连续执行

（2）指令说明　该指令为 PLC 向特殊功能模块缓冲器 BPM 写入数据的指令。当条件满足时，将 PLC 指定的传动源数据送至特殊功能模块中指定的 BFM 号中，传送字数在指令中给定。

m1 表示特殊功能模块号，m1 =0 ~7。

n6 表示缓冲器旨元件号，m2 =0 ~31。

n 表示待传送数据的字数，*n* =1 ~316（16 位），*n* =1 ~32（32 位）。

FROM 和 TO 指令是特殊功能模块编程必须使用的指令。

TOP 为脉冲执行型指令。当进行 32 位数据写入时，采用 DTO 指令。

B.3　比较与移位指令

常用的程序流程指令共有 12 条，见表 B-20。

表 B-20　比较与移位指令表

指令代号	指令助记符	指令名称	适用机型
FNC 10	CMP	比较指令	FX_{1S}、FX_{1N}、FX_{2N}、FX_{3UC}
FNC 11	ZCP	区域比较指令	FX_{1S}、FX_{1N}、FX_{2N}、FX_{3UC}
FNC 30	ROR	循环右移指令	FX_{2N}、FX_{3UC}
FNC 31	ROL	循环左移指令	FX_{2N}、FX_{3UC}
FNC 32	RCR	带进位的循环右移指令	FX_{2N}、FX_{3UC}
FNC 33	RCL	带进位的循环左移指令	FX_{2N}、FX_{3UC}
FNC 34	SFTR	位右移指令	FX_{1S}、FX_{1N}、FX_{2N}、FX_{3UC}
FNC 35	SFTL	位左移指令	FX_{1S}、FX_{1N}、FX_{2N}、FX_{3UC}
FNC 36	WSFR	字右移指令	FX_{2N}、FX_{3UC}
FNC 37	WSFL	字左移指令	FX_{2N}、FX_{3UC}
FNC 38	SFWR	移位写入（先入先出写入）指令	FX_{1S}、FX_{1N}、FX_{2N}、FX_{3UC}
FNC 39	SFRD	移位读出（先入先出读出）指令	FX_{1S}、FX_{1N}、FX_{2N}、FX_{3UC}

1. 比较指令［CMP、ZCP（FNA10、FNC11）］

（1）指令格式　该指令的指令名称、助记符、功能号、操作数及程序步长见表 B-21。

表 B-21 比较指令表

指令名称	助记符、功能号	操作数			程序步长	备注
		[S1.]	[S2.]	[D.]		
比较	FNC10 D CMP P	K、H、KnX、KnY、KnM、KnS、T、C、D、V、Z		Y、M、S	16 位—7 步 32 位—13 步	① 16/32 位指令 ② 脉冲/连续指令
区间比较	FNC11 D ZCP P	K、H、KnX、KnY、KnM、KnS、T、C、D、V、Z		Y、M、S	16 位—7 步 32 位—13 步	① 16/32 位指令 ② 脉冲/连续指令

(2) 指令说明 比较指令 CMP 是将源数据 [S1.]、[S2.] 的数据进行比较，比较结果送到操作数 [D.] 中，如图 B-11 所示。当 X0 为 OFF 时，不执行 CMP 指令，M0、M1、M2 保持不变；当 X0 为 0N 时，[S1.]、[S2.] 进行比较，即 C1 计数器与 K10（常数 10）比较。若 C1 当前值小于 10，则 M0 = 1；若 C1 当前值等于 10，则 M1 = 1；若 C1 当前值大于 10，则 M2 = 1。比较数据均为二进制数且带符号，如 -5 < 2。存放比较的结果的操作数地址应为 Y、M、S，若把结果存放到其他继电器（例如 X、D、T、C），则会出错。若要清除比较结果，需要 RST 和 ZRST 指令。

区间比较指令 ZCP 使用说明如图 B-12 所示。它是将一个数据 [S.] 与两个源数据 [S1.]、[S2.] 进行代数比较，比较结果影响目标存储到操作数 [D.] 中。X0 为 ON，C1 的当前值与 K10 和 K12 比较，若 C1 < 10，则 M0 = 1；若 10 ≤ C1 ≤ 12，则 M1 = 1；若 C1 > 12，则 M2 = 1。区间比较指令的数据均为二进制数，且带符号位比较。

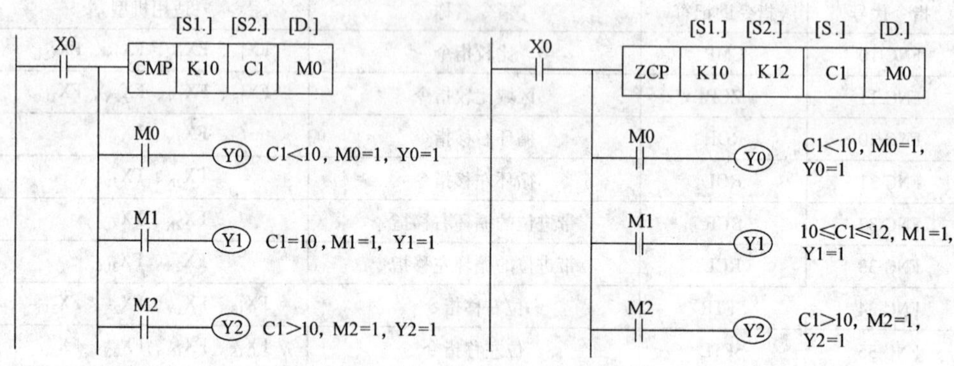

图 B-11 比较指令使用说明　　图 B-12 区间比较指令使用说明

(3) 应用举例

[例 4] 比较指令的应用如图 B-13 所示。图 B-13a 所示是 CMP 指令的应用。当 X0 = 1时，若 C0 计数器计数个数小于 10，即 C0 < 10，Y0 = 1；若计数器 C0 = 10，Y1 = 1；若计数器 C0 > 10，Y2 = 1。当计数器 C0 计数到 15 时，Y3 为 0N。

图 B-13b 所示为 ZMP 指令的应用。X0 为 ON，当 C1 < 10 时，Y0 = 1；当 10 ≤ C1 ≤ 12 时，Y1 = 1；当 C1 > 12 时，Y2 = 1。

Y3 为 M8013 的输出指示灯。当计数器 C1 = 15 时，C1 清零，在下一个扫描周期，PLC 又开始循环工作。

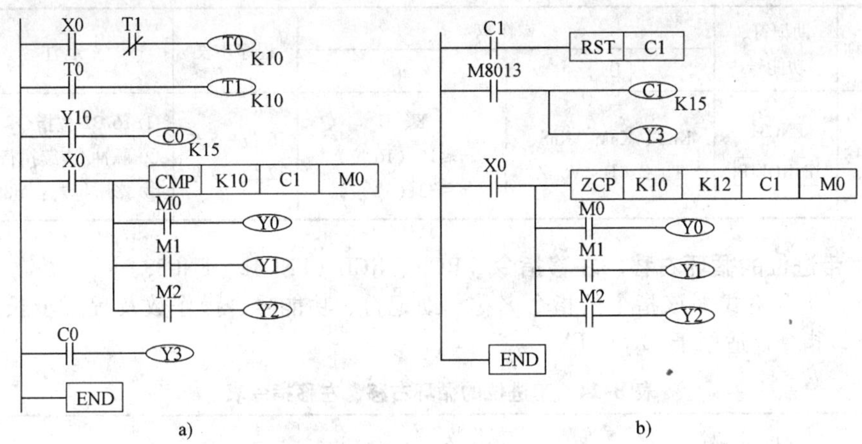

图 B-13　比较指令的应用实例

a）CMP 指令应用实例　b）ZMP 指令应用实例

2. 循环右移指令［ROR（FNC30）］

（1）指令格式　该指令的指令名称、助记符、功能号、操作数及程序步长见表 B-22。

表 B-22　循环右移指令表

指令名称	助记符、功能号	操作数		程序步长	备注
		［D.］	n		
循环右移	FNC30 [D] ROR [P]	KnY、KnM、KnS、T、C、D、V、Z	K、H $n \leqslant 16$（16 位） $n \leqslant 32$（32 位）	16 位—5 步 32 位—9 步	① 16/32 位指令 ② 脉冲/连续执行 ③ 影响标志：M8022

（2）指令说明　在使用循环右移指令功能中，当执行条件满足时，则［D.］的各位数据向右移 n 位，最后一次从最低位移出的状态存于进位标志 M8022 中。循环右移指令中［D.］可以是 16 位数据寄存器，也可以是 32 位数据寄存器。RORP 为脉冲型指令，ROR 为连续型指令，其循环移位操作每个周期执行一次。若在目标元件中指定“位”数，则只能用 K4（16 位指令）和 K8（32 位指令）表示。

3. 循环左移指令［ROL（FNC31）］

（1）指令格式　该指令的指令名称、助记符、功能号、操作数及程序步长见表 B-23。

（2）指令说明　使用循环左指令功能时，当执行条件满足时，则［D.］内的各位数据向左移 n 位，最后一次从最高位移出的状态存于进位标志 M8022 中。和循环右移指令一样，［D.］可以是 16 位数据寄存器，也可以是 32 位数据寄存器，有脉冲型和连续型指令。若目标元件中指定“位”数，则用K4（16位指令）和K8（32位指令）表示。

表 B-23 循环左移指令表

指令名称	助记符、功能号	操作数		程序步长	备注
		[D.]	n		
循环左移	FNC31 D ROL P	KnY、KnM、KnS、T、C、D、V、Z	K、H $n \leqslant 16$（16位） $n \leqslant 32$（32位）	16位—5步 32位—9步	① 16/32位指令 ② 脉冲/连续执行 ③ 影响标志：M8022

4. 带进位的循环右移、左移指令［RCR、RCL（FNC32、FNC33）］

（1）指令格式 该指令的指令名称、助记符、功能号、操作数及程序步长见表B-24。该指令仅适用于FX_{2N}、FX_{3UC}。

表 B-24 带进位的循环右移、左移指令表

指令名称	助记符、功能号	操作数		程序步长	备注
		[D.]	n		
带进位循环右移	FNC32 D RCR P	KnY、KnM、KnS、T、C、D、V、Z	K、H $n \leqslant 16$（16位） $n \leqslant 32$（32位）	16位—5步 32位—9步	① 16/32位指令 ② 脉冲/连续执行 ③ 影响标志：M8022
带进位循环左移	FNC33 D RCL P				

（2）指令说明 带进位的循环左移是用来移位的指令，当执行条件满足时，［D.］中的各位数据（各位）向左移n位，若n=K4，则向左移动4位，此时，移位是带着进位M8022一起移位的。RCL为连续型指令，而RCLP是脉冲型指令。带进位的循环右移指令功能与左移相似。

操作数［D.］中的数据寄存器可以是16位或32位数据寄存器。若用位元件表示，则用K4（16位）或K8（32位）表示，例如K4Y10、K8M0。

5. 位右移、位左移指令［SFTR、SFTL（FNC34、FNC35）］

（1）指令格式 这两条指令的指令名称、助记符、功能号、操作数及程序步长见表B-25。

表 B-25 位移位指令表

指令名称	助记符、功能号	操作数				程序步长	备注
		[S.]	[D.]	$n1$	$n2$		
位右移	FNC34 SFTR P	X、Y、M、S	Y、M、S	K、H $n2 \leqslant n1 \leqslant 1024$		16位—7步	① 32位指令 ② 脉冲/连续执行
位左移	FNC35 SFTL P						

（2）指令说明　SFTR 和 SFTL 这两条指令使位元件中的状态向右、向左移位，$n1$ 指定位元件长度，$n2$ 指定移位的位数，且 $n2 \leqslant n1 \leqslant 1024$。如图 B-14 所示为位右移指令功能说明。当 X0 为 ON 时，执行该指令，向右移位。每次 4 位向前一移，其中 X3 ~ X0→M15 ~ M12；M15 ~ M12→M11 ~ M8；M11 ~ M8→M7 ~ M4；M7 ~ M4→M3 ~ M0；M3 ~ M0 移出；即从高位移入，低位移出。用 SFTRP 脉冲型指令时，仅执行一次；而用 SFTR 连续指令执行时，移位操作是每个周期执行一次。

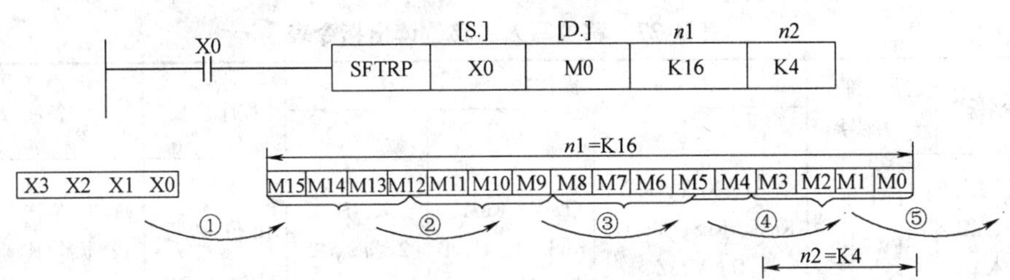

图 B-14　位右移指令功能说明

位左移指令功能说明如图 B-15 所示。当 X0 为 ON 时，数据向左移位，每次向左移 4 位，其中 X3 ~ X0→M3 ~ M0；M3 ~ M0→M7 ~ M4，M7 ~ M4→M11 ~ M8，M11 ~ M8→M15 ~ M12，M15 ~ M12 移出。

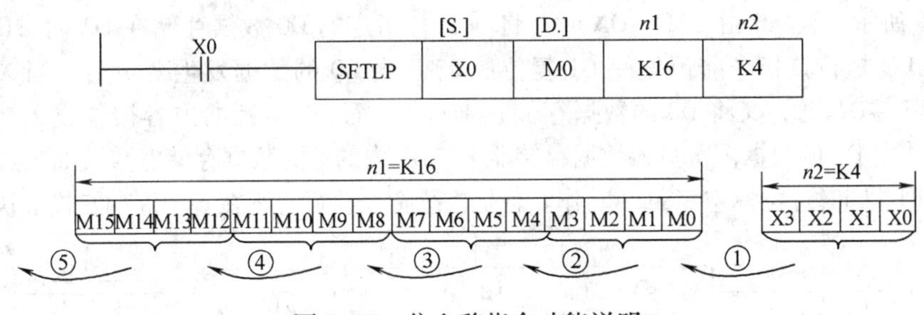

图 B-15　位左移指令功能说明

6. 字右移、字左移指令［WSFR、WSFL（FNC36、FNC37）］

（1）指令格式　该指令的指令名称、助记符、功能号、操作数及程序步长见表 B-26。这两条指令仅适用 FX_{2N}、FX_{3UC}。

表 B-26　字移位指令表

指令名称	助记符、功能号	操作数				程序步长	备注
		［S.］	［D.］	$n1$	$n2$		
字右移	FNC36 WSFR(P)	KnX、KnY、KnM、KnS、T、C、D	KnY、KnM、KnS、T、C、D	K、H $n2 \leqslant n1 \leqslant 512$		16 位—9 步	① 16 位指令 ② 脉冲/连续执行
字左移	FNC37 WSFL(P)						

（2）指令说明　字左右移指令的功能与位左右移指令功能相似，所不同的是，位的左右移动指令是指将指定位元件的状态向左或向右移动，而字的左右移动是以字为单位向左或向右移动。指令说明和使用注意点可以参见位左移或右移指令说明。

7. 移位写入、移位读出指令［SFWR（FNC38）、SFRD（FNC39）］

（1）指令格式　该指令的指令名称、助记符、功能号、操作数及程序步长见表B-27。

表B-27　移位写入、移位读出指令表

指令名称	助记符、功能号	操作数			程序步长	备注
		［S.］	［D.］	n		
移位写入（先入先出写入）	FNC38 SFWR[P]	K、H、KnX、KnY、KnM、KnS、T、C、D、V、Z	KnY、KnM、KnS、T、C、D	K、H、$2\leqslant n\leqslant 512$	16位—7步	① 32位指令 ② 脉冲/连续执行
移位读出（先入先出读出）	FNC39 SFRD[P]	KnY、KnM、KnS、T、C、D	KnY、KnM、KnS、T、C、D、V、Z	K、H、$2\leqslant n\leqslant 512$	16位—7步	① 32位指令 ② 脉冲/连续执行

（2）指令说明　移位写入（先入先出写入）控制的数据写入指令，其功能说明如图B-16所示。当X0由OFF→ON时，将［S.］指定的D0数据存储在D2内，D1的内容变为1（执行该指令前预先使D1复位成0）。当D0的数据发生变更后，当X0再一次由OFF→ON时，又将D0的数据存储在D3中，而D1指针的内容被置成2。依此类推，源数据D0的数据依次写入数据存储器中。D1内的数为数据存储点数，如超过$n-1$，则不处理，同时进位标志M8022动作。若是连续指令执行，则在各个周期扫描都执行。

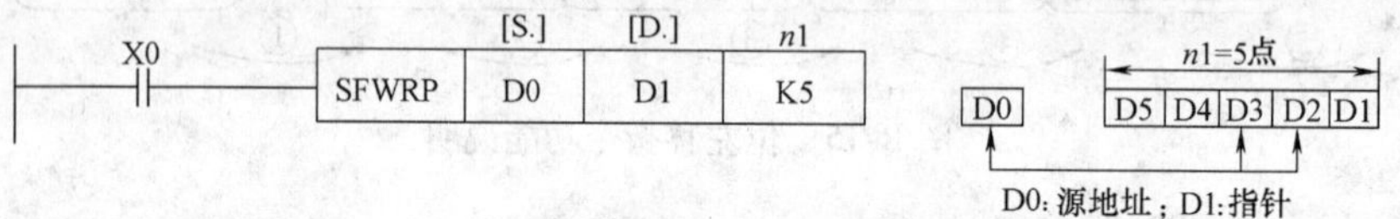

图B-16　移位写入（先入先出写入）指令功能说明

移位读出（先入先出读出）指令功能说明如图B-17所示。该指令用SFRD表示，当X0从OFF→ON时，将D2的内容传送到D10中，与此同时，指针D1的内容减少，左侧的数据逐字向右侧移动。数据的读出通常从D2开始。指针的内容为0时，则不处理，同时零点标志M8020动作。

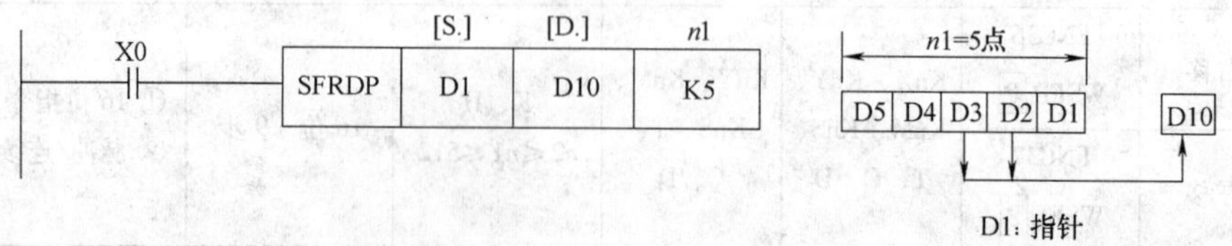

图B-17　移位读出（先入先出读出）指令功能说明

B.4 数据运算指令

常用的数据运算指令共有10条，见表B-28。

表B-28 数据运算指令表

指令代号	指令助记符	指令名称	适用机型
FNC 20	ADD	BIN加法指令	FX_{1S}、FX_{1N}、FX_{2N}、FX_{3UC}
FNC 21	SUB	BIN减法指令	FX_{1S}、FX_{1N}、FX_{2N}、FX_{3UC}
FNC 22	MUL	BIN乘法指令	FX_{1S}、FX_{1N}、FX_{2N}、FX_{3UC}
FNC 23	DIV	BIN除法指令	FX_{1S}、FX_{1N}、FX_{2N}、FX_{3UC}
FNC 24	INC	BIN加1指令	FX_{1S}、FX_{1N}、FX_{2N}、FX_{3UC}
FNC 25	DEC	BIN减1指令	FX_{1S}、FX_{1N}、FX_{2N}、FX_{3UC}
FNC 26	WAND	逻辑字与指令	FX_{1S}、FX_{1N}、FX_{2N}、FX_{3UC}
FNC 27	WOR	逻辑字或指令	FX_{1S}、FX_{1N}、FX_{2N}、FX_{3UC}
FNC 28	WXOR	逻辑字异或指令	FX_{1S}、FX_{1N}、FX_{2N}、FX_{3UC}
FNC 29	NEG	求补码指令	FX_{2N}、FX_{3UC}

1. 加法、减法指令［ADD（FNC20）、SUB（FNC21）］

（1）指令格式 该指令的指令名称、助记符、功能号、操作数及程序步长见表B-29。

表B-29 加法、减法指令表

指令名称	助记符、功能号	操作数			程序步长	备注
		［S1.］	［S2.］	［D.］		
加法	FNC20 [D] ADD [P]	KnX、KnY、KnM、KnS、T、C、D、V、Z		KnY、KnM、KnS、T、C、D、V、Z	16位—7步 32位—13步	① 16/32位指令 ② 脉冲/连续执行
减法	FNC21 [D] SUB [P]	K、H、KnX、KnY、KnM、KnS、T、C、D、V、Z		KnY、KnM、KnS、T、C、D、V、Z	16位—7步 32位—13步	① 16/32位指令 ② 脉冲/连续执行

（2）指令说明 加法指令是将指定的源元件［S1.］、［S2.］中的二进制数相加，结果送到指定的目标元件中去。加法指令功能说明如图B-18所示。

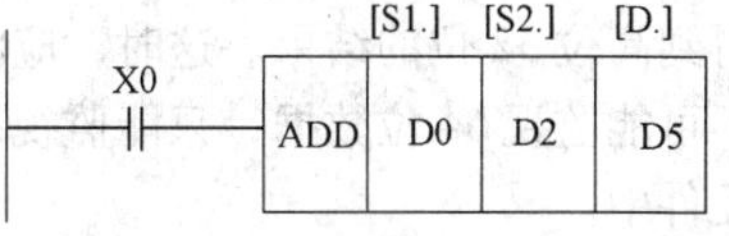

图B-18 加法指令功能说明

当执行条件X0由OFF→ON时，（D1）+（D2）→（D5）。运算是代数运算，例如5+（−8）=−3。加法指令操作影响3个常用标志：即M8020零标志、M8021借位标志、M8022进位标志。

如果运算结果为0，则零标志M8020置1；如果运算结果超过32767（16位）或2147483647（32位），则进位标志M8022置1；如果运算结果小于−32767（16位）或

-2147483647（32位），则借位标志M8021置1。

在32位运算中，被指定的字元件是低16位元件，而下一个元件是高16位元件。

而对于减法指令SUB而言，其功能和使用方法与加法指令相似，它是将指定的源元件［S1.］、［S2.］中的二进制数相减，把结果送到指定的目标［D.］中。其他各种标志、32位运算中编程元件的指定方法、连续执行型和脉冲执行型的差异等均与加法指令相同，在此不再赘述。

2. 乘法指令［MUL（FNC22）］

（1）指令格式　该指令的指令名称、助记符、功能号、操作数及程序步长见表B-30。

表B-30　乘法指令表

指令名称	助记符、功能号	操作数			程序步长	备注
		［S1.］	［S2.］	［D.］		
乘法	FNC22 D MUL P	K、H、KnX、KnY、KnM、KnS、T、C、D、Z		KnY、KnM、KnS、T、C、D	16位—7步 32位—13步	① 16/32位指令 ② 脉冲/连续执行

（2）指令说明　MUL指令为乘法指令，该指令是将指定的源操作元件中的二进制数相乘，结果存储在目标地址［D.］中。指令功能说明如图B-19所示，它分16位和32位两种运算。

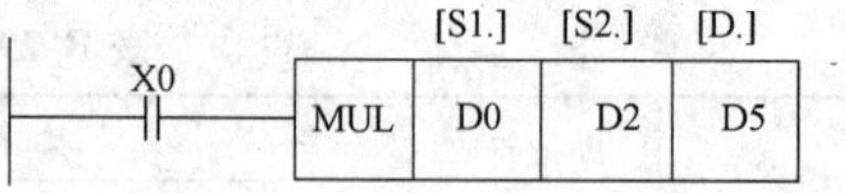

当进行16位运算、执行条件满足时，(D0)×(D2)→(D5，D4)。源数据是16位，目标数据是32位。当（D0）=8、(D2)=9时，(D5，D4)=72。最高位为符号位，“0”为正，“1”为负。若为32位运算，当执行条件满足时，(D1，D0)×(D3，D2)→(D7，D6，D5，D4)。源数据是32位，目标数据是64位。当（D1，D0）=150、(D3，D2)=189时，(D7，D6，D5，D4)=28350。最高位为符号位，“0”为正，“1”为负。

图B-19　乘法指令使用说明

如将位组合元件用于目标数据，限于K的取值，只能得到低位32位的结果，不能得到高位32位的结果。这时，应将数据移入字元件再进行计算。当采用字元件时，也不可能监视64位数据，只能监视高32位和低32位。V、Z不能用于［D.］目标操作元件中。

3. 除法指令［DIV（FNC23）］

（1）指令格式　该指令的指令名称、助记符、功能号、操作数及程序步长见表B-31。

（2）指令说明　DIV指令为除法指令，该指令是将指定的源数据中的二进制数相除，［S1.］为被除数，［S2.］为除数，运算结果存储在［D.］中，余数送到［D.］的下一个目标元件。DIV除法指令功能说明如图B-20所示。

表 B-31　除法指令

指令名称	助记符、功能号	操作数			程序步长	备注
		[S1.]	[S2.]	[D.]		
除法	FNC23 D DIV P	K、H、KnX、KnY、KnM、KnS、T、C、D、Z		KnY、KnM、KnS、T、C、D、	16 位—7 步 32 位—13 步	① 16/32 位指令 ② 脉冲/连续执行

当进行 16 位运算且执行条件满足时，(D0) ÷ (D2) → (D4)。当 (D0) = 14，(D2) = 5 时，(D2) = 2，(D5) = 4。V 和 Z 不能用于 [D.] 中。若为 32 位运算且执行条件满足时，(D1、D0) ÷ (D3、D2)，商存储在 (D5、D4) 中，余数存储在 (D7、D6) 中。V 和 Z 不能用于 [D.] 中。当除数是 0 时不执行指令。

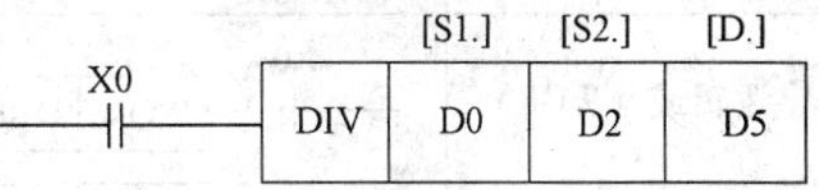

图 B-20　除法指令功能说明

4. 加 1、减 1 指令 [INC (FNC24)、DEC (FNC25)]

(1) 指令格式　该指令的指令名称、助记符、功能号、操作数及程序步长见表 B-32。

表 B-32　加 1、减 1 指令表

指令名称	助记符、功能号	操作数	程序步长	备注
		[D.]		
加 1	FNC24 D INC P	KnY、KnM、KnS、T、C、D、V、Z	16 位—3 步 32 位—5 步	① 16/32 位指令 ② 脉冲/连续执行
减 1	FNC25 D DEC P	KnY、KnM、KnS、T、C、D、V、Z	16 位—3 步 32 位—5 步	① 16/32 位指令 ② 脉冲/连续执行

(2) 指令说明　INC 指令为加 1 指令，功能说明如图 B-21 所示。当执行条件满足时，由 [D.] 指定的元件 D0 中的二进制数自动加 1。当用连续指令时，每个扫描周期加 1。

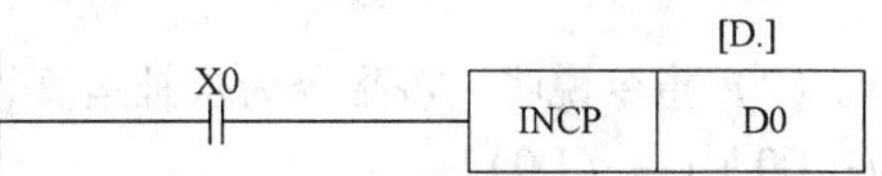

图 B-21　加 1 指令功能说明

当进行 16 位数据运算时，+326767 再加 1 就变为 -32768，但标志不置位。同样，在进行 32 位运算时，+2147483647 再加 1 就变为 -2147483648，但标志不置位。

5. 字逻辑与、或、异或指令 [WAND、WOR、WXOR (FNC26、FNC27、FNC28)]

(1) 指令格式　这三条指令的指令名称、助记符、功能号、操作数及程序步长见表 B-33。

表 B-33　字逻辑与、或、异或指令功能说明表

指令名称	助记符、功能号	操作数			程序步长	备注
		[S1.]	[S2.]	[D.]		
字逻辑与 (WAND)	FNC26　D WAND P	K、H、KnX、KnY、KnM、KnS、T、C、D、V、Z		KnY、KnM、KnS、T、C、D、V、Z	16 位—7 步 32 位—13 步	① 16/32 位指令 ② 脉冲/连续执行
字逻辑或 (WOR)	FNC27　D WOR P					
字逻辑异或 (WXOR)	FNC28　D WXOR P					

（2）指令说明　这三条指令均为字逻辑运算，各自的操作见表 B-34。

表 B-34　字逻辑与、或、异或指令功能说明表

指令名称	指令格式	指令功能
字逻辑与（WAND）	X0 ─┤├─ WAND D10 D12 D14	各位进行与运算：$(D10)\wedge(D12)\rightarrow(D14)$ $1\cdot1=1$，$0\cdot1=0$，$1\cdot0=0$，$0\cdot0=0$
字逻辑或（WOR）	X0 ─┤├─ WOR D10 D12 D14	各位进行或运算：$(D10)\vee(D12)\rightarrow(D14)$ $1+1=1$，$1+0=1$，$0+1=1$，$0+0=0$
字逻辑异或（WXOR）	X0 ─┤├─ WXOR D10 D12 D14	各位进行异或运算：$(D10)\oplus(D12)\rightarrow(D14)$ $1\oplus1=0$，$1\oplus0=1$，$0\oplus1=1$，$0\oplus0=0$

在表 B-34 中，当执行条件满足时，以上指令指定的数据进行相应的逻辑操作运算。

6. 求补指令［NEG（FNC29）］

（1）指令格式　该指令的指令名称、助记符、功能号、操作数及程序步长见表 B-35。该指令仅适用于 FX_{2N}、FX_{3UC}。

表 B-35　求补指令表

指令名称	助记符、功能号	操作数	程序步长	备注
		［D.］		
求补	FNC29 D NEG P	KnY、KnM、KnS、T、C、D、V、Z	16 位—3 步 32 位—5 步	① 16/32 位指令 ② 脉冲/连续执行

（2）指令说明　该指令为求补运算，如图 B-22 所示为求补指令功能说明，其操作为：$\overline{D0}+1\rightarrow$（D0）。

其中，NEGP 为脉冲执行型指令，而 NEG 指令为连续执行型指令。

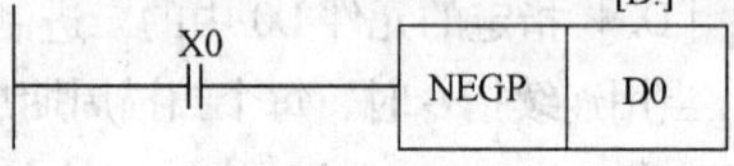

图 B-22　求补指令功能

7. 应用实例

［**例 5**］某控制程序要进行运算式（2A+3)/5 的运算。

式中“A”代表输入端口 K2X0 送入的二进制数，运算结果需要送输出口 K2Y0；X20 为起停开关，其梯形图如图 B-23 所示。

B.5　代码处理指令

常用的代码处理指令共有 10 条，见表 B-36。

表 B-36　代码处理指令表

指令代号	指令助记符	指令名称	适用机型
FNC 40	ZRST	区间复位指令	FX_{1S}、FX_{1N}、FX_{2N}、FX_{3UC}
FNC 41	DECO	译码指令	FX_{1S}、FX_{1N}、FX_{2N}、FX_{3UC}

（续）

指令代号	指令助记符	指令名称	适用机型
FNC 42	ENCO	编码指令	FX_{1S}、FX_{1N}、FX_{2N}、FX_{3UC}
FNC 43	SUM	ON 位数指令	FX_{2N}、FX_{3UC}
FNC 44	BON	ON 位数判定指令	FX_{2N}、FX_{3UC}
FNC 45	MEAN	平均值指令	FX_{2N}、FX_{3UC}
FNC 46	ANS	信号报警置位指令	FX_{2N}、FX_{3UC}
FNC 47	ANR	信号报警器复位指令	FX_{2N}、FX_{3UC}
FNC 48	SOR	BIN 开方指令	FX_{2N}、FX_{3UC}
FNC 49	FLT	BIN 整数→2 进制浮点数转换指令	FX_{2N}、FX_{3UC}

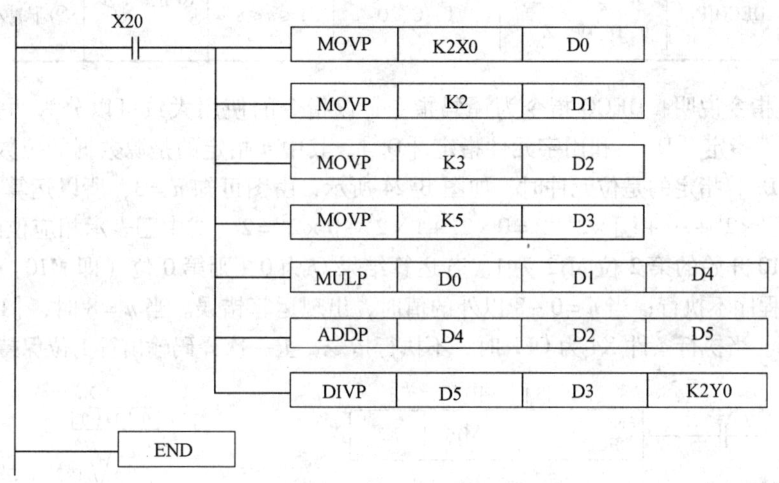

图 B-23　四则运算式应用举例控制梯形图

1. 区间复位指令［ZRST（FNC40）］

（1）指令格式　区间复位指令的指令名称、助记符、功能号、操作数及程序步长见表 B-37。

表 B-37　全部（区间）复位指令

指令名称	助记符、功能号	操作数		程序步长	备注
		［D1.］	［D2.］		
全部复位（区间复位）	FNC40 ZRST[P]	Y、M、S、T、C、D D1≤D2		16 位—5 步	① 16 位指令 ② 脉冲/连续执行

（2）指令说明　当执行条件满足时，区间复位指令执行被指定的［D1.］到［D2.］之间的位元件执行成批复位操作。应当注意的是，目标数据［D1.］和［D2.］指定的元件应为同类元件；［D1.］指定的元件号应小于［D2.］指定的元件号，若

［D1.］的元件号大于［D2.］的元件号，则只有［D1.］指定的元件号复位。该指令为16位处理指令，但是在对计数器执行复位操作时，可在［D1.］和［D2.］中指定32位计数器。不过不能混合指定，即不能在［D1.］中指定16位计数器，在［D2.］中指定32位计数器。

2. 译码指令［DECO（FNC41）］

（1）指令格式　该指令的指令名称、助记符、功能号、操作数及程序步长见表B-38。

表B-38　译码指令表

指令名称	助记符、功能号	操作数			程序步长	备注
		［S.］	［D.］	n		
译码	FNC41 DECO[P]	K、H、X、Y、M、S、T、C、D、V、Z	Y、M、S、T、C、D	K、H $1\leqslant n\leqslant 8$	16位—7步	① 16位指令 ② 脉冲/连续执行

（2）指令说明　DECO指令为译码指令，该指令的使用大致可以分为两类，分别为用位元件指定［D.］和用字元件指定［D.］。其中n指定的是源数据的位数。

当［D.］指定的是位元件时，如图B-24所示，由图可知$n=3$，所以运算结果$Q=\square\times2^0+\square\times2^1+\cdots+\square\times2^{n-1}2=0\times2^0+1\times2^1+0\times2^2=2$（式中□表示相应位的状态），因此从M10开始的第2位M12为1。若运算结果Q为0，则第0位（即M10）为1。当$n=0$时，程序不执行；当$n=0\sim8$以外的值时，出现运算错误。当$n=8$时，［D.］位数为$2^8=256$。当执行条件X4为OFF时，不执行指令，上一次译码输出置1位保持不变。

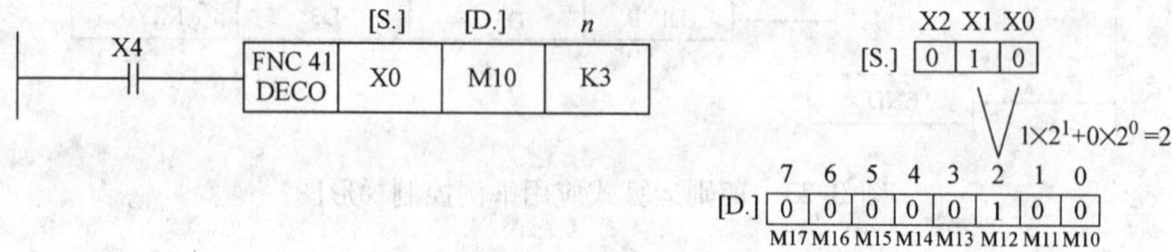

图B-24　译码指令功能说明

当［D.］指定的是子元件时，使用方法与指定的是位元件方法类似。如当［D.］=D0、n=K3时，运算结果通过D0的b0~b3位计算。

3. 编码指令［ENCO（FN以2）］

（1）指令格式　读指令的指令名称、助记符、功能号、操作数及程序步长见表B-39。

表B-39　编码指令

指令名称	助记符、功能号	操作数			程序步长	备注
		［S.］	［D.］	n		
编码	FNC42 ENCO[P]	X、Y、M、S、T、C、D、V、Z	T、C、D、V、Z	K、H $1\leqslant n\leqslant 8$	16位—7步	① 16位指令 ② 脉冲/连续执行

（2）指令说明　ENCO 指令为编码指令，该指令为译码的逆运算，［D.］中的数值的范围由 n 确定。功能说明如图 B-25a 所示，其中 $n=3$，即 $2^3=8$，所以指定的源数据为 M10～M17，其最高置 1 位是 M13，即第 3 位，将“3”的二进制存放到 D10 的低 3 位中。当源数据中无 1 时，出现运算错误。

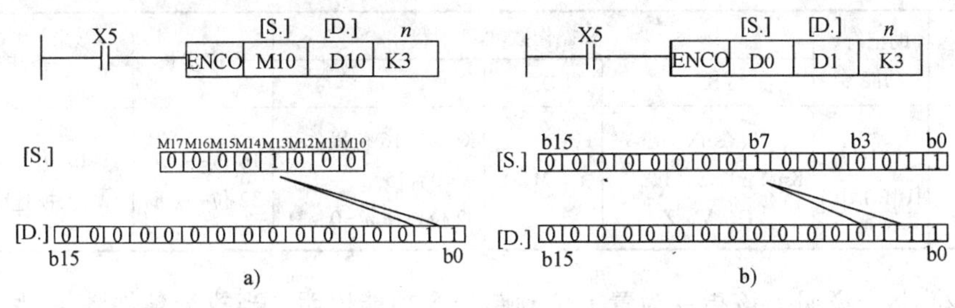

图 B-25　编码指令功能说明

当 $n=0$ 时，程序不执行；当 $n=1\sim8$ 以外的值时，出现运算错误；当 $n=8$ 时，［S.］位数为 $2^8=256$。当驱动输入 X5 为 OFF 时，不执行指令，上一次编码输出保持不变。

当［S.］是字元件时，在其可读长度为 2^n 中，最高置 1 的位被存放到目标元件［D.］指定的元件中去，［D.］中的数值的范围由 n 确定。功能说明如图 B-25b 所示，源数据的长度 $2^n=2^3=8$ 位，其最高置 1 位是 b7 位。将“7”的二进制存放到 D1 的低 3 位中。当源数据中无 1 时，出现运算错误。

当 $n=0$ 时，程序不执行；当 $n=1\sim4$ 以外数时，出现运算错误；当 $n=4$ 时，［S.］位数为 $2^4=16$；当驱动输入 X5 为 OFF 时，不执行指令，上一次编码输出保持不变。

4. 求 1 位数总和指令［SUN（FNC43）］

（1）指令格式　该指令的指令名称、助记符、功能号、操作数及程序步长见表 B-40。该指令仅适用于 FX_{2N}、FX_{3UC}。

表 B-40　求 1 位数总和指令

指令名称	助记符、功能号	操作数		程序步长	备注
		［S.］	［D.］		
求 1 位数总和	FNC43 D SUN P	K、H、KnX、KnY、KnM、KnS、T、C、D、V、Z	KnY、KnM、KnS、T、C、D、V、Z	16 位—7 步 32 位—9 步	① 16 位/32 位指令 ② 脉冲/连续执行

（2）指令说明　该指令为求 1 位数总和指令。当执行条件满足时，执行 SUN 指令，即将源［S.］中的“1”进行求和，结果存入目标［D.］。例如，源（D0）中有 3 个“1”，则目标［D.］（D2）中存入 3，且为二进制数 0011。若用到 DSUNP32 位指令操作时，则将（D1、D2）的 32 位中的“1”的总和数 3 写到（D3、D2）中，其中 D3 全为 0，而 D2 中存入 3。

5. 置1位判断指令［BON（FNC44）］

（1）指令格式　该指令的指令名称、助记符、功能号、操作数及程序步长见表B-41。该指令仅适用于FX_{2N}、FX_{3UC}。

表B-41　置1位判断指令

指令名称	助记符、功能号	操作数			程序步长	备注
		［S.］	［D.］	*n*		
置1位判断	FNC44 D BON P	K、H、KnX、KnY、KnM、KnS、T、C、D、V、Z	Y、M、S	K、*n*：16位操作 *n*=0~15 32位操作*n*=0~31	16位—7步 32位—9步	①16位/32位指令 ②脉冲/连续执行

（2）指令说明　该指令为置1位判断指令功能说明。当执行条件满足时，执行BON指令，即检测源［S.］中指定的*n*位是否为1。若为“1”，则影响目标［D.］；若为“0”，则不影响目标［D.］。

6. 平均值指令［MEAN（FNC45）］

（1）指令格式　该指令的指令名称、助记符、功能号、操作数及程序步长见表B-42。该指令仅适用于FX_{2N}、FX_{3UC}。

表B-42　平均值指令表

指令名称	助记符、功能号	操作数			程序步长	备注
		［S.］	［D.］	*n*		
平均值	FNC45 D MEAN P	KnX、KnY、KnM、KnS、T、C、D	KnY、KnM、KnS、T、C、D、V、Z	K、H *n*=0~64	16位—7步 32位—13步	①16位/32位指令 ②脉冲/连续执行

（2）指令说明　图B-26所示为平均值指令功能说明。当X0为ON时，源［S.］指定的*n*个数据的代数和被*n*除得的商（即平均值）送到［D.］指定的目标中，而除得的余数舍去。*n*应在1~64，超过64则出错。

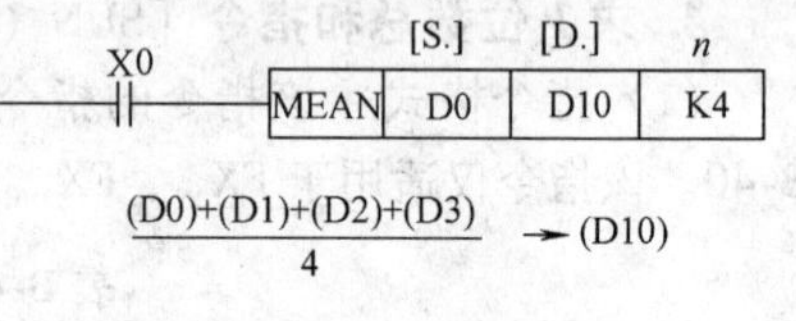

图B-26　平均值指令功能说明

7. 报警信号置位指令［ANS（FNC46）］

（1）指令格式　该指令的指令名称、助记符、功能号、操作数及程序步长见表B-43。该指令仅适用于FX_{2N}、FX_{3UC}。

表B-43　报警信号置位指令表

指令名称	助记符、功能号	操作数			程序步长	备注
		［S.］	［D.］	*n*		
报警信号置位	FNC46 ANS	T（T0~T199）	S（S900~S999）	*m*=1~32767	16位—7步	①16位指令 ②连续执行

（2）指令说明　图 B-27 所示为报警信号置位指令功能说明。若 X0 接通 1s 以上，则 S900 被置位（置 1），以后即使 X0 断开，S900 仍为 1 状态，但定时器被复位。

若信号报警信号器 S900 ~ S999 中，任意有一个为 ON 时，则报警信号动作，继电器 M8048 为 ON。

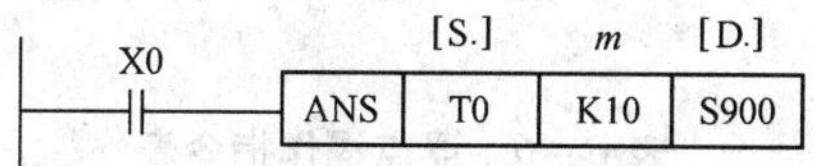

图 B-27　报警信号置位指令功能说明

8. 报警信号复位指令［ANR（FNC47）］

（1）指令格式　该指令的指令名称、助记符、功能号、操作数及程序步长见表 B-44。

表 B-44　报警信号复位指令表

指令名称	助记符、功能号	操作数	程序步长	备注
		［D.］		
报警信号复位	FNC47　ANR[P]	无	1 步	脉冲/连续执行

（2）指令说明　图 B-28 所示为报警信号复位指令功能说明。当 X0 为 ON 时，则报警信号器 S900 ~ S999 中正在动作的报警信号被复位。若超过 1 个报警信号位被置 1，则元件号最低的那个报警信号被复位。X0 再一次变为 ON 时，下一个被置 1 的报警器复位。

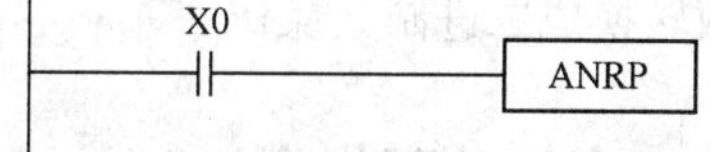

图 B-28　报警信号复位指令功能说明

若采用 ANRP 指令，仅为脉冲指令，X0 接通一次，进行一次操作。若采用 ANR 指令，则为连续指令。当 X0 为 ON 时，每个扫描周期执行一次，这一点要注意。

9. 数据开方运算指令［SQR（FNC48）

（1）指令格式　该指令的指令名称、助记符、功能号、操作数及程序步长见表 B-45。该指令仅适用于 FX_{2N}、FX_{3UC}。

表 B-45　数据开方运算指令

指令名称	助记符、功能号	操作数		程序步长	备注
		［S.］	［D.］		
平方根	FNC48 [D]SQR[P]	K、H、D		16 位—5 步 32 位—9 步	① 16/32 位指令 ② 脉冲/连续执行

（2）指令说明　图 B-29 所示为数据开方运算平方根指令功能说明。当 X0 为 ON 时，将源［S.］的内容进行开方结果送到目标［D.］中，即该指令（D10）中存放的数只有正数才有效。若为负数，指令不执行，且运算错误标志 M8067 为 ON。此时，运

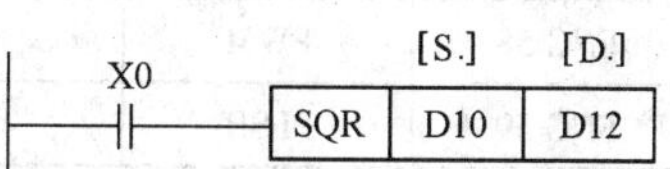

图 B-29　数据开方运算平方根指令功能说明

算结果为整数，小数舍去。舍去小数时，标志位 M8021 为 ON。若运算结果全为“0”，零标志位 M8020 为 ON。

10. 浮点操作指令 [FLT（FNC49）]

（1）指令格式　该指令的指令名称、助记符、功能号、操作数及程序步长见表 B-46。

表 B-46　浮点操作指令表

指令名称	助记符、功能号	操作数		程序步长	备注
		[S.]	[D.]		
浮点操作	FNC49 D FLT P	D	D	16 位—5 步 32 位—9 步	① 16/32 位指令 ② 脉冲/连续执行

（2）指令说明　图 B-30 所示为浮点操作指令功能说明。当 X0 为 ON 时，将源 [S.] 中的数据转换成浮点数存入目标数 [D.] 中，即将 D10 中的二进制转换成浮点数存入 D12 中。该指令还有 32 位操作和脉冲指令操作，使用时要注意这一点。FLT 指令的逆指令为 INT（FNC129），即把浮点数转换成二进制数操作。

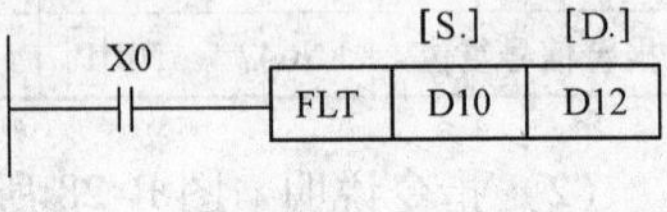

图 B-30　浮点操作指令功能说明

B.6　高速处理指令

常用的高速处理指令共有 10 条，见表 B-47。

表 B-47　高速处理指令

指令代号	指令助记符	指 令 名 称	适 用 机 型
FNC 50	REF	输入输出刷新指令	FX_{1S}、FX_{1N}、FX_{2N}、FX_{3UC}
FNC 51	REFF	刷新及滤波时间调整指令	FX_{2N}、FX_{3UC}
FNC 52	MTR	矩阵输入指令	FX_{1S}、FX_{1N}、FX_{2N}、FX_{3UC}
FNC 53	HSCS	比较置位（高速计数器置位）指令	FX_{1S}、FX_{1N}、FX_{2N}、FX_{3UC}
FNC 54	HSCR	比较复位（高速计数器复位）指令	FX_{1S}、FX_{1N}、FX_{2N}、FX_{3UC}
FNC 55	HSZ	区间比较（高速计数器区间比较）指令	FX_{2N}、FX_{3UC}
FNC 56	SPD	速度检测指令	FX_{1S}、FX_{1N}、FX_{2N}、FX_{3UC}
FNC 57	PLSY	脉冲输出指令	FX_{1S}、FX_{1N}、FX_{2N}、FX_{3UC}
FNC 58	PWM	脉宽调制指令	FX_{1S}、FX_{1N}、FX_{2N}、FX_{3UC}
FNC 59	PLSR	可调脉冲输出指令	FX_{1S}、FX_{1N}、FX_{2N}、FX_{3UC}

1. 输入、输出刷新指令 [REF（FNC50）]

（1）指令格式　该指令的指令名称、助记符、功能号、操作数及程序步长见表 B-48。

表 B-48　高速处理指令

指令名称	助记符、功能号	操作数		程序步长	备注
		[D.]	n		
输入、输出刷新	FNC50 REF [P]	X、Y	K、H	16 位—5 步	① 16 位指令 ② 脉冲/连续执行

（2）指令说明　图 B-31 所示为输入、输出刷新指令功能说明。FX 系列 PLC 采用 I/O 批处理的方法，即输入数据在程序处理之前成批读入到映像寄存器，而输出数据是在 END 结束指令执行后由输出映像寄存器通过锁存器到输出端子的。刷新指令用于在某段程序处理时开始读入最新信息或用于在某一操作结束之后立即将操作结果输出。刷新又分为输入刷新和输出刷新两种。

图 B-31　输入、输出刷新指令功能说明

图 B-31a 所示是输入刷新指令应用说明。当 X0 为 ON 时，X10 ~ X17（n = K8，指定的 8 点）被刷新。图 B-31b 所示是输出刷新指令应用说明。当 X1 为 ON 时，输出端 Y0 ~ Y7、Y10 ~ Y17、Y20 ~ Y27 共 24 点（n = K24 指定的 24 点）被刷新。

要说明的是，目标元件［D.］的首元件必须是 10 的倍数，即 X0、X10、X20、…或 Y0、Y10、Y20、…刷新点数 n 应为 8 的倍数，即 8、16、24、32、40、…、256，否则会出错。

2. 刷新指令及滤波时间调整指令［REFF（FNC51）］

（1）指令格式　该指令的指令名称、助记符、功能号、操作数及程序步长见表 B-49。

表 B-49　刷新指令及滤波时间调整指令

指令名称	助记符、功能号	操作数	程序步长	备注
		n		
刷新指令及滤波时间调整	FNC51 REFF [P]	K、H	16 位—3 步	① 16 位指令 ② 脉冲/连续执行

（2）指令说明　FX 系列 PLC 的输入端 X0 ~ X17 使用了数字滤波器，通过指令 REFF 可将滤波时间的值改变为 0 ~ 60ms。

图 B-32 所示为刷新及滤波时间调整指令功能说明。当 X10 为 ON 时，X0 ~ X17 的映像寄存器被刷新，输入滤波时间为 1ms。而指令 REFF 再次执行前，滤波时间为 10ms。

当M8000为ON时，REFF指令被执行，因 n 取K20，所以，这条指令执行以后的输入滤波时间为20ms。

当X10为OFF时，REFF指令不执行，X0～X17的滤波时间为10ms。另外，还可以通过MOV指令把D8020数据寄存器的内容改写，来改变输入滤波时间。因为X10～X17的初始滤波值(10ms)一开始就被传送到特殊数据寄存器D8020中。此外，当中断指针、高速计数器或者SPD（FNC56）速度测试指令在采用X0～X7作为输入条件时，这些输入端的滤波器的时间已自动设置为50μs（X1、X0为20μs）。本指令有REFF连续执行和REFFP脉冲执行两种方式。

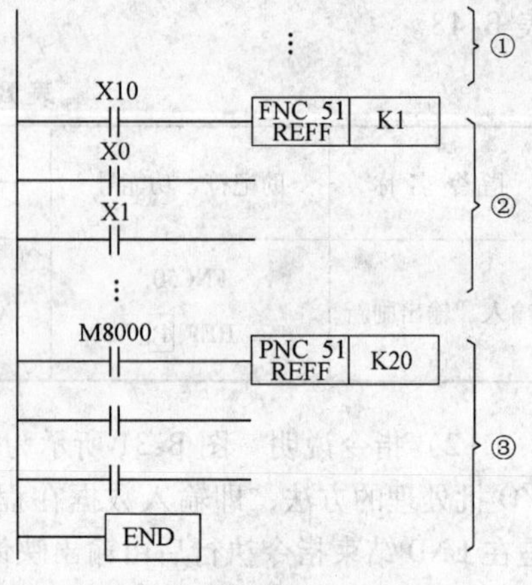

图B-32　刷新及滤波时间调整指令功能说明

3. 矩阵输入指令［MTR（FN C52)］

（1）指令格式　该指令的指令名称、助记符、功能号、操作数及程序步长见表B-50。

表B-50　矩阵输入指令表

指令名称	助记符、功能号	操作数				程序步长	备注
		[S.]	[D1.]	[D2.]	n		
矩阵输入	FNC52 MTR	X	Y	Y、M、S	K、H $n=2\sim8$	16位—9步	① 16位指令 ② 连续执行

（2）指令说明　图B-33所示为矩阵输入指令功能说明。当执行条件满足时，可以分别将 $8\times n$ 的矩阵输入开关信号存到内部继电器中，即存入［D2.］指定的内部继电器中。

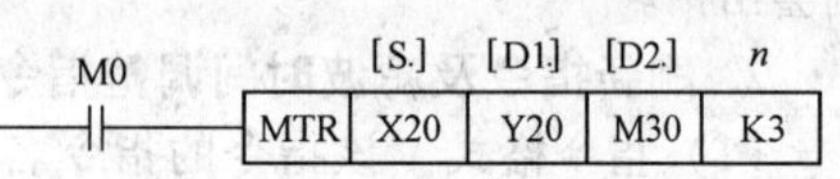

图B-33　矩阵输入指令功能说明

在图B-35中，Y20～Y22依次输入一定宽度的脉冲，当Y20接通时，将X20～X27的状态存到M30～M37中；当Y21接通时，将X20～X27的状态存到M40～M47中；当Y22接通时，将X20～X27的状态存到M50～M57中。矩阵输入矩列指令最多存储开关信号是8×8，最少存储开关信号是8×2。当读入8×8=64输入点时，读取总的时间需要20ms×8=160ms，所以，这种矩阵输入法不适宜高速输入操作。通常情况下，MTR指令的输入地址是用X20以后的地址作为矩阵指令的输入。

4. 高速计数器置位指令［HSCS（FNC53)］

（1）指令格式　该指令的指令名称、助记符、功能号、操作数及程序步长见表B-51。

表 B-51　高速计数器置位指令

指令名称	助记符、功能号	操作数			程序步长	备注
		[S1.]	[S2.]	[D.]		
高速计数器置位	FNC53 D HSCS	K、H、KnY、KnX、KnM、KnS、T、C、D、V、Z	C (C235～C255)	Y、M、S	32 位—13 步	① 32 位指令 ② 连续执行

（2）指令说明　图 B-34 所示为高速计数器置位指令功能说明。X0 为 1 时，高速计数器 C255 的当前值由 99 变为 100，或由 101 变为 100，Y0 立即置 1，该指令仅有 32 位指令操作，即 DHSCS 操作。

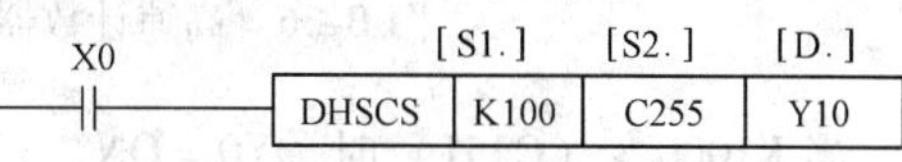

图 B-34　高速计数器置位指令功能说明

5. 高速计数器复位指令［HNCR（FNC54）］

（1）指令格式　该指令的指令名称、助记符、功能号、操作数及程序步长见表 B-52。

表 B-52　高速计数器复位指令

指令名称	助记符、功能号	操作数			程序步长	备注
		[S1.]	[S2.]	[D.]		
高速计数器复位	FNC54 D HSCR	K、H、KnY、KnX、KnM、KnS、T、C、D、V、Z	C (C235～C255)	Y、M、S	32 位—13 步	① 32 位指令 ② 连续执行

（2）指令说明　图 B-35 所示为高速计数器复位指令功能说明。当 M8000 为 ON 时，用于比较，外部采用中断处理，C255 的当前值变为 200，Y10 立即复位。

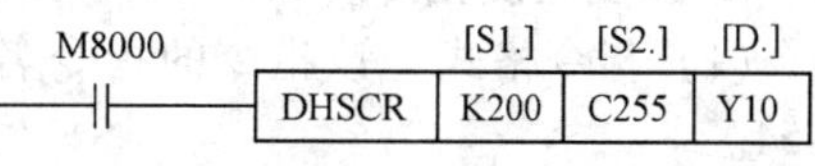

图 B-35　高速计数器复位指令功能说明

6. 高速计数器区间比较指令［HSZ(FNC55)］

指令格式　该指令的指令名称、助记符、功能号、操作数及程序步长见表 B-53。

表 B-53　高速计数器区间比较指令表

指令名称	助记符、功能号	操作数			程序步长	备注
		[S1.]	[S2.]	[D.]		
高速计数器区间比较	FNC55 D HSZ	K、H、KnY、KnX、KnM、KnS、T、C、D、V、Z	C (C235～C255)	Y、M、S	32 位—17 步	① 32 位指令 ② 连续执行

高速计数器区间比较指令（HSZ）与传送比较功能指令组中的区间比较指令（ZCP）相类似。图 B-36 所示为高速计数器区间比较指令功能说明。当 X10 合上后，

C251 计数器的值大小与 K1000 和 X2000 比较，满足下列条件时，相应的 Y0、Y1、Y2 有输出。

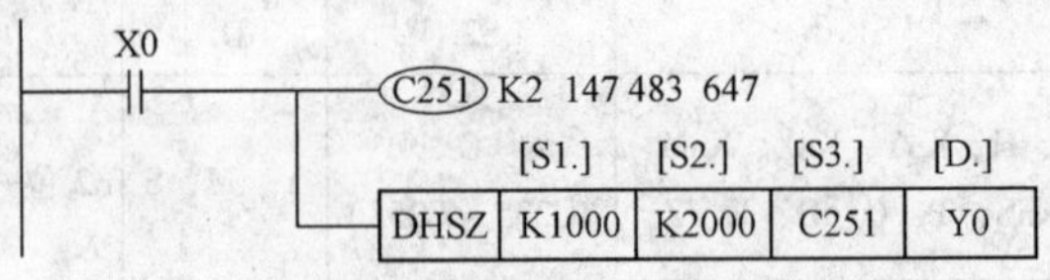

图 B-36　高速计数器区间比较指令功能说明

当 K1000 >（C251）时，Y0 = ON，Y1 = OFF，Y2 = OFF；

当 K1000 ≤（C251）≤K2000 时，Y0 = OFF，Y1 = ON，Y2 = OFF；

当（C251）>K2000 时，Y0 = OFF，Y1 = OFF，Y2 = ON。

HSZ 指令是 32 位专用指令，所以必须以 DHSZ 指令输入。此外，Y0、Y1、Y2 的动作仅仅是在计数器 C251 有脉冲信号输入时，其当前值从 999 ~ 1000 或 1999 ~ 2000 变化时，输出 Y0、Y1、Y2 才有变化。因此在图 B-37 中，若没有脉冲输入，即使 X0 = ON 时，给 C251 传送 K3000，即 C251 = K3000，输出 Y2 也不会变为 ON。

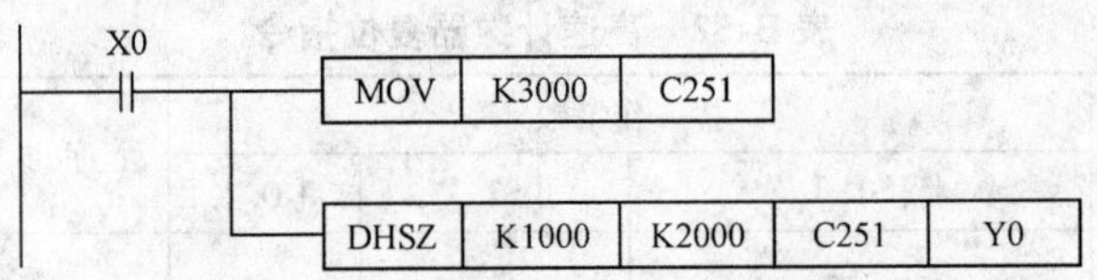

图 B-37　脉冲输入指令功能说明

7. 速度检测指令［SPD（FNC56）］

（1）指令格式　该指令的指令名称、助记符、功能号、操作数及程序步长见表 B-54。

表 B-54　速度检测指令标

指令名称	助记符、功能号	操作数			程序步长	备注
		［S1.］	［S2.］	［D.］		
速度检测	FNC56 SPD	X0 ~ X5	K、H、KnY、KnX KnM、KnS、T、C、 D、V、Z	T、C、D、 V、Z	16 位—7 步	① 16 位指令 ② 连续执行

（2）指令说明　速度检测是用来检测在给定时间内编码器的脉冲个数的指令。当执行条件满足时，执行速度检测指令，［S1.］指定输入点，［S2.］指定计数时间，单位为 ms。［D.］共有 3 个单元指定存放计数结果。其中 D0 存放计数个数，D1 存放计数当前值，D2 存放剩余时间。

通过测定，转速 N（r/min）可利用下述公式求出：

$$N=\frac{60\times(D0)}{n\cdot t}\times 10^{3}\quad（n\ 为每转脉冲个数）$$

8. 脉冲输出指令［PLSY（FNC57）］

（1）指令格式　该指令的指令名称、助记符、功能号、操作数及程序步长见表B-55。

表 B-55　脉冲输出指令表

指令名称	助记符、功能号	操作数			程序步长	备注
		［S1.］	［S2.］	［D.］		
脉冲输出	FNC57 D PLSY	K、H、KnY、KnX、KnM、KnS、T、C、D、V、Z		T、C、D、V、Z	16位—7步 32位—13步	① 16位/32位指令 ② 连续执行

（2）指令说明　图B-38所示为脉冲输出指令功能说明。当X10为ON时，以［S1.］指令的频率，按［S2.］指定的脉冲个数输出，输出端为［D.］指定的输出端。［S1.］指定脉冲频率，其中FX_{2N}、FX_{3UC}为2～20000Hz；FX_{1S}、FX_{1N}为1～32767Hz（16位），1～1000000Hz（32位）。［S2.］指定脉冲个数，16位指令为1～32767，32位指令为1～2147483647。

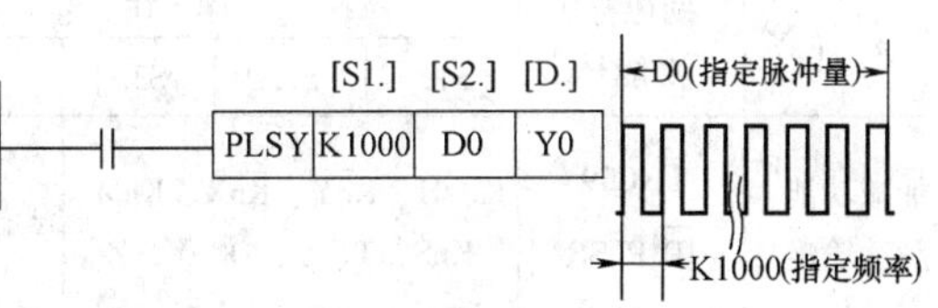

图 B-38　脉冲输出指令功能说明

［D.］指定输出口仅为Y0和Y1，PLC机型要选用晶体管输出型。

PLSY指令输出脉冲的占空比为50%。由于采用中断处理，所以输出控制不受扫描周期的影响，设定的输出脉冲发送完毕后，执行结束标志位M8029置1。若X10为OFF，则M8029也复位。

另外，指令PLSY、PLSR（FNC59）两条指令Y0或Y1输出的脉冲个数分别保存在（D8141，D8140）和（D8143，D8142）中，Y0和Y2的总数保存在（D8137，D8136）中。

9. 脉宽调制指令［PWM（FNC58）］

（1）指令格式　该指令的指令名称、助记符、功能号、操作数及程序步长见表B-56。

表 B-56　脉宽调制指令表

指令名称	助记符、功能号	操作数			程序步长	备注
		［S1.］	［S2.］	［D.］		
脉宽调制	FNC58 PWM	K、H、KnY、KnX、KnM、KnS、T、C、D、V、Z		仅Y0或Y1有效	16位—7步	① 16位指令 ② 连续执行

（2）指令说明　脉宽调制指令（PWM）用来产生的脉冲宽度和周期是可以控制的，其功能说明如图B-39所示。当X0合上时，Y0有脉冲信号输出，其中［S1.］用来指定脉宽；［S2.］用来指定周期；［D.］用来指定脉冲输出口。要求［S1.］≤

[S2.]，S2 的范围为 0 ~ 32767；[S2.] 在 1 ~ 32767ms 内，[D.] 只能指定 Y0、Y1。PWM 指令仅适用于晶体管方式输出的 PLC。

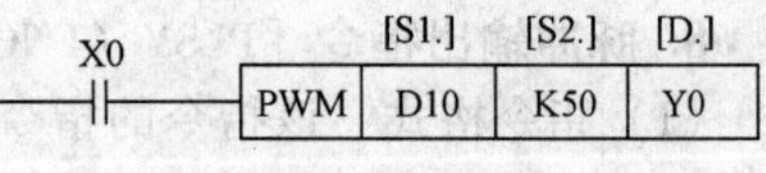

图 B-39　脉宽调制指令功能说明

在工程实践中，经常通过 PWM 指令控制变频器，从而实现电动机的速度控制。

10. 可调脉冲输出 [PLSR（FNC59）]

（1）指令格式　该指令的指令名称、助记符、功能号、操作数及程序步长见表 B-57。

表 B-57　可调脉冲输出指令

指令名称	助记符、功能号	操作数				程序步长	备注
		[S1.]	[S2.]	[S3.]	[D.]		
加减功能脉冲输出	FNC59 D PLSR	K、H、KnY、KnX、KnM、KnS、T、C、D、V、Z			仅 Y0 或 Y1 有效	6 位—7 步 32 位—17 步	① 16 位/32 位指令 ② 连续执行

（2）指令说明　图 B-40 所示为可调脉冲输出指令（或称带加减功能脉冲输出指令）功能说明。当 X10 为 ON 时，从 [D.] 输出频率从 0 加速到达 [S1.] 指定的最高频率，减速时由最高频率减速到达 0。输出脉冲的总数由 [S2.] 指定，加速、减速的时间由 [S3.] 指定。

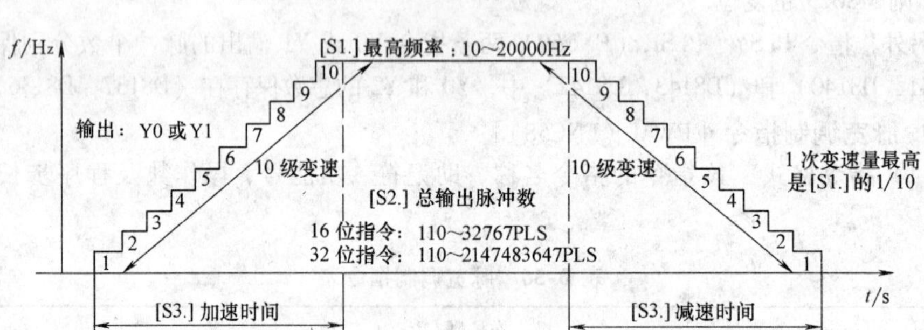

图 B-40　带加减功能脉冲输出指令功能说明

[S1.] 的设定范围是 10 ~ 20000Hz，若是 16 位操作，[S2.] 是 110 ~ 32767；若是 32 位操作，[S2.] 是 110 ~ 2147483647。当 [S2.] 限定值小于 110 时，脉冲不能正常输出；[S3.] 为加减速度时间，范围是 0 ~ 5000ms，其值应大于 PLC 扫描周期最大值（D8012）中的 10 倍，且应满足：

$$\frac{9000\times5}{[S1.]}\leqslant[S3.]\leqslant\frac{[S2.]\times818}{[S1.]}$$

加减速的变速次数固定为10次；[D.] 用来指定脉冲输出的元件号（Y0或Y1）。

当X10为OFF时，中断输出，X10再次为ON时，从初始值开始动作。在指令执行过程中，改变操作数，指令运行不受影响。变更内容只有从下一次指令执行开始有效。

当[S2.] 指定的脉冲数输出结束后，执行结束标志继电器M8029动作（为ON）。

本指令在程序中只能使用一次，且要选择晶体管方式输出的PLC。此外，Y0、Y1输出的脉冲数存入以下特殊寄存器：[D8141，D8140] 存放Y0的脉冲总数；[D8143，D8142] 存放Y1的脉冲总数；[D8137，D8136] 存放Y0和Y1的脉冲数之和。要清除以上数据寄存器的内容，可通过传送指令做到，即DMOVK0 × × ×可清除。

对于FX_{1S}、FX_{1N}来说，[S1.] 为10～10000Hz，[S2.] 同上述FX_{2N}数值，[S3.] 为50～5000ms，[D.] 为Y0或Y1（晶体管方式输出）。

参 考 文 献

[1] 高安邦，等. 机电一体化系统设计实例精解 [M]. 北京：机械工业出版社，2008.

[2] 高安邦，智淑亚，徐建俊. 新编机床电气与 PLC 控制技术 [M]. 北京：机械工业出版社；2008.

[3] 高安邦，等. 机电一体化系统设计禁忌 [M]. 北京：机械工业出版社，2008.

[4] 高安邦，杨帅，陈俊生. LonWorks 技术原理与应用 [M]. 北京：机械工业出版社，2009.

[5] 高安邦，孙社文，单洪，等. LonWorks 技术开发和应用 [M]. 北京：机械工业出版社，2009.

[6] 高安邦. 典型电线电缆设备电气控制 [M]. 北京：机械工业出版社，1996.

[7] 张海根，高安邦. 机电传动控制 [M]. 北京：高等教育出版社，2001.

[8] 朱伯欣. 德国电气技术 [M]. 上海：上海科学技术文献出版社，1992.

[9] 朱立义. 冷冲压工艺与模具设计 [M]. 重庆：重庆大学出版社，2006.

[10] 张立勋. 电气传动与调速系统 [M]. 北京：中央广播电视大学出版社，2005.

[11] 徐建俊. 电机与电气控制项目教程 [M]. 北京：机械工业出版社，2008.

[12] 徐建俊. 电机与电气控制 [M]. 北京：清华大学出版社，2004.

[13] 徐建俊. 电工考工实训教程 [M]. 北京：交通大学出版社，2005.

[14] 徐建俊. 机电设备控制与维修 [M]. 北京：电子工业出版社，2002.

[15] 史宜巧，等. PLC 技术与应用 [M]. 北京：机械工业出版社，2009.

[16] 史国生. 电气控制与可编程控制器技术 [M]. 北京：化学工业出版社，2004.

[17] 张万忠. 可编程控制器应用技术 [M]. 2 版. 北京：化学工业出版社，2005.

[18] 贺哲荣，石帅军. 流行 PLC 实用程序及设计 [M]. 西安：西安电子科技大学出版社，2006.

[19] 贺哲荣. 实用机床电气控制线路故障维修 [M]. 北京：电子工业出版社，2003.

[20] 王卫兵，高峻山. 可编程控制器原理及应用 [M]. 北京：机械工业出版社，2002.

[21] 江秀汉，李萍，薄保中. 可编程控制器原理及应用 [M]. 西安：西安电子科技大学山版社. 2000.

[22] 刘敏. 可编程控制器技术 [M]. 北京：机械工业出版社，2001.

[23] 台方，耿红旗，吕冬艳，等. 可编程控制器应用教程 [M]. 北京：中国水利出版社，2001.

[24] 夏幸明. 可编程控制器计数及应用 [M]. 北京：北京理工大学出版社，2001.

[25] 郑瑜平. 可编程控制器 [M]. 北京：北京航空航天大学出版社，2000.

[26] 漆汉宏. PLC 电气控制技术 [M]. 北京：机械工业出版社，2007.

[27] 李道霖. 电气控制与 PLC 原理及应用 [M]. 北京：电子工业出版社，2004.

[28] 周美兰，等. PLC 电气控制与组态设计 [M]. 北京：科学出版社，2003.

[29] 黄云龙. 可编程控制器教程 [M]. 北京：科学出版社，2003.

[30] 尹昭辉，姜福详，高安邦. 数控机床的机电一体化改造设计 [J]. 电脑学习，2006 (4)，8.

[31] 高安邦，杜新芳，高云. 全自动钢管表面除锈机 PLC 控制系统 [J]. 电脑学习，1998 (5).

[32] 邵俊鹏，高安邦，司俊山．钢坯高压水除鳞设备自动检测及 PLC 控制系统 [J]．电脑学习，1998 (3)．
[33] 赵莉，高安邦．全自动集成式燃油锅炉燃烧器的研制 [J]．电脑学习，1998 (2)．
[34] 马春山，智淑亚，高安邦．现代化高速话缆绝缘线芯生产线的电控（PLC）系统设计 [J]．基础自动化，1996 (4)．
[35] 高安邦、崔永焕、崔勇．同位素分装机 PLC 控制系统 [J]．电脑学习，1995 (4)．
[36] 贺哲荣．机床电气控制线路识图技巧 [M]．北京：机械工业出版社，2005.
[37] 周建清．机床电气控制（项目式教学）[M]．北京：机械工业出版社，2008.
[38] 沈志雄．金属切削机床 [M]．北京：机械工业出版社，2008.